유전자의 내밀한 역사

유전자의
내밀한 역사

싯다르타 무케르지
이한음 옮김

까치

THE GENE : An Intimate History

by Siddhartha Mukherjee

역자 이한음
서울대학교 생물학과를 졸업했다. 저서로 과학 소설집 『신이 되고 싶은 컴퓨
터』가 있으며, 역서로 『세포의 노래』, 『DNA : 생명의 비밀』, 『유전자, 여자,
가모브』, 『살아 있는 지구의 역사』, 『조상 이야기 : 생명의 기원을 찾아서』,
『생명 : 40억 년의 비밀』, 『암 : 만병의 황제의 역사』, 『위대한 생존자들』,
『식물의 왕국』, 『새로운 생명의 역사』 등이 있다.

편집, 교정 _ 박후영(朴厚映)

유전자의 내밀한 역사

저자 / 싯다르타 무케르지
역자 / 이한음
발행처 / 까치글방
발행인 / 박후영
주소 / 서울시 용산구 서빙고로 67, 파크타워 103동 1003호
전화 / 02 · 735 · 8998, 736 · 7768
팩시밀리 / 02 · 723 · 4591
홈페이지 / www.kachibooks.co.kr
전자우편 / kachibooks@gmail.com
등록번호 / 1-528
등록일 / 1977. 8. 5
초판 1쇄 발행일 / 2017. 3. 6
　　6쇄 발행일 / 2024. 6. 17
값 / 뒤표지에 쓰여 있음

ISBN 978-89-7291-631-4 03400

이 도서의 국립중앙도서관 출판예정도서목록(CIP)은 서지정보유통지원시스
템 홈페이지(http://seoji.nl.go.kr)와 국가자료공동목록시스템(http://www.nl.
go.kr/kolisnet)에서 이용하실 수 있습니다. (CIP제어번호 : CIP2017004208)

세상이 위험천만한 곳임을 아셨던 프리야발라 무케르지(1906-1985)와

그 위험을 몸소 겪으며 살아간 캐리 벅(1906-1983)에게

머지않아 이루어질 만한 자연에 관한 그 어떤 지식의 발전보다도 유전 법칙을 정확히 알아내는 것이 인류가 세계를 보는 관점, 더 나아가 자연을 다스리는 힘에 가장 큰 변화를 가져올 것이다.

—윌리엄 베이트슨[1]

유전자에게 인간이란 그저 탈것, 통로에 불과할 뿐이에요. 말이 지쳐 쓰러지면 바꿔 타듯이, 세대에서 세대로 우리를 타고 계속 가지요. 그리고 유전자는 무엇이 선이고 악인지 생각하지 않아요. 우리가 행복하든 불행하든 관심 없어요. 우리는 그저 수단에 불과하니까요. 유전자는 그저 무엇이 자기에게 효율적이냐만 생각할 뿐이에요.

—무라카미 하루키, 『1Q84(*1Q84*)』[2]

차례

프롤로그 : 가문 11

제1부 : "빠져 있는 유전 과학" 29
1865-1935

제2부 : "부분들의 합에는 부분들만 있을 뿐이야" 119
1930-1970

제3부 : "유전학자들의 꿈" 257
1970-2001

제4부 : "인류가 연구할 대상은 바로 인간이다" 321
1970-2005

제5부 : 거울 속으로 411
2001-2015

제6부 : 유전체 이후 515
2015-…

에필로그 : 베다, 아베다 599

감사의 말 613
용어 설명 615
주 621
참고 문헌 671
역자 후기 677
인명 색인 679

프롤로그 : 가문

선대의 혈통이 그대들에게 남아 있구려.
—메넬라오스, 『오디세이아(*Odysseia*)』[1]

그들이 떡을 쳐서 널 가졌어. 네 엄마와 아빠가.
가질 생각이 없었을지도 모르지만, 어쨌든 그렇게 되었지.
그들은 자신들의 결점들만 네게 꾹꾹 채워넣었지.
게다가 덤으로 더 넣었어, 너만의 것도 말이야.
—필립 라킨,「이게 바로 시라는 거다(This Be The Verse)」[2]

2012년 겨울, 나는 사촌 형 모니를 만나러 델리에서 캘커타(현재 지칭은 콜카타/역주)로 향했다. 안내인 겸 길동무로서 아버지가 함께했다. 그러나 아버지는 언짢은 표정으로 죽 입을 다물고 있었다. 어떤 말 못할 고민이 있는 듯했다. 나는 어렴풋이 짐작만 할 뿐이었다. 아버지는 5형제 중 막내이고, 모니는 맏형의 장남, 즉 맏조카였다. 모니 형은 마흔 살이던 2004년에 조현병(정신분열병)이라는 진단을 받은 이후로 줄곧 정신질환자들을 위한 시설(아버지는 "미치광이들의 집"이라고 부른다)에서 지내고 있었다. 그는 집중적인 처방을 받고 있는 상태였다. 온갖 정신병 치료약과 진정제의 바다에 휩쓸려 다닌다고나 할까. 그리고 온종일 간병인이 붙어서 지켜보고 씻기고 먹이고 했다.

아버지는 모니 형이 조현병이라는 말을 결코 받아들이지 않았다. 오랜 세월 아버지는 조카의 치료를 맡은 정신과 의사들을 상대로 홀로 고집스럽게 항의 운동을 벌였다. 아버지는 의사들의 그 진단이 전적으로 잘못된 것임을, 혹은 모니 형의 망가진 정신이 어떻게든 마법처럼 저절로 회복될 것임을 의사들에게 설득할 수 있을 것이라는 희망을 버리지 않았다. 아버지는 캘커타에 있는 그 시설에 두 차례 가본 적이 있었다. 한 번은 예고 없이 방문했다. 아버지는 창살문 뒤편에서 모니 형이 정상적인 생활을 은밀하게 하고 있는 모습을 볼 수 있지 않을까 생각했다.

그러나 아버지는 알고 있었다. 단지 조카를 사랑하는 마음 때문에 찾아간 것이 아님을 말이다. 나도 알고 있었다. 우리 친가에서 정신질환이 있는 사람은 모니 형만이 아니었다. 아버지의 형제 4명 중 2명─모니 형의 부친이 아닌 다른 삼촌들─은 다양한 정신질환에 시달렸다. 즉 광기는 적어도 두 세대 동안 무케르지 집안에 계속 있었다. 아버지가 모니 형의 진단을 받아들이지 않으려고 한 것도 어느 정도는 그 때문이었다. 그것은 어떤 질병의 씨앗이 독성 폐기물처럼 자신의 안에도 묻혀 있을지도 모른다는 끔찍한 생각을 떠올리게 했다.

1946년에 아버지의 셋째 형인 라제시 삼촌이 캘커타에서 이른 나이에 사망했다. 그때 겨우 그는 22세였다. 이틀 밤을 겨울비를 맞으면서 운동을 하다가 폐렴에 걸리는 바람에 그렇게 되었다고 한다. 그러나 그 폐렴은 다른 병이 한계에 이르면서 나온 증상일 뿐이었다. 라제시 삼촌은 형제들 가운데 가장 촉망받는 사람이었다. 가장 영리하고, 가장 융통성이 있는, 가장 카리스마가 넘치고, 가장 활력이 넘치는 인물, 우리 친가의 기대와 사랑을 한 몸에 받던 사람이었다.

나의 할아버지는 그보다 10년 전인 1936년에 돌아가셨다. 운모(雲母) 광산을 두고 다투다가 살해당했다. 그래서 할머니가 홀로 어린 5형제를 키웠다. 라제시 삼촌은 장남은 아니었지만 별 반대 없이 아버지의 뒤를 이을 재목으로 받아들여졌다. 그는 당시 겨우 12세였지만, 22세까지는 별 문제없이 잘

이끌어나갔다. 그때쯤에는 훨훨 타올랐던 그의 지성은 이미 냉철함을 회복하고, 사춘기의 어설펐던 자만심은 청년기의 자신감으로 굳어져 있었다.

그러나 아버지의 기억에 따르면, 1946년 여름에 라제시 삼촌은 이미 기이한 행동을 보이기 시작했다고 한다. 마치 뇌의 어떤 회로가 망가진 듯했다. 가장 두드러진 변화는 어디로 튈지 종잡을 수 없는 성격이 되었다는 것이다. 좋은 소식을 들으면 주체할 수 없이 기뻐 날뛰었다. 그런 격한 감정은 신체 운동을 마치 곡예를 하는 수준으로 격렬하게 해야만 겨우 가라앉고는 했고, 시간이 흐를수록 그 운동의 강도는 더 높아져갔다. 반대로 나쁜 소식을 들으면 그는 견딜 수 없는 절망감에 빠져들었다. 맥락 면에서 보면 그 감정들은 정상적이었다. 비정상적인 점은 변이 폭이 극단적이었다는 것이다. 그해 겨울, 라제시 삼촌의 오락가락하는 정신 상태는 주기가 점점 짧아지고 진폭은 더욱 커져갔다. 격정과 자신감으로 활력이 충만해지다 못해 넘치는 모습에 이어서 극심한 슬픔에 잠기는 모습을 보이는 일이 점점 더 잦아졌고, 정도도 더 심해졌다. 그는 신비주의에도 빠졌다. 집에서 강령회(降靈會)를 열고 귀신을 불러내서 점을 치기도 하고, 영혼과 소통하겠다고 밤에 화장장에서 친구들과 모임을 가지기도 했다. 그가 자가 처방을 했는지에 대한 여부는 알지 못한다. 1940년대에 캘커타 차이나타운의 아편굴에서는 젊은이들의 신경을 진정시키는 버마의 아편과 아프가니스탄에서 들여온 해시시를 얼마든지 구할 수 있었다. 하지만 아버지는 달라진 형의 모습을 기억한다. 어떤 때는 겁에 질렸다가 어떤 때는 무모한 행동을 하고, 어느 날 아침에는 온갖 성질을 부리다가 다음날 아침에는 미친 듯이 기뻐 날뛰는 등 감정 기복이 극심했던 형을 말이다(미친 듯이 **기뻐 날뛴다**[overjoy]는 말은 일상생활에서는 순수한 의미로 쓰인다. 너무나 기뻐한다는 뜻이다. 그러나 그 말은 한계이자 경고, 제정신을 잃는 경계를 의미하기도 한다. 뒤에서 언급하겠지만, 미친 듯이 기뻐 날뛰는 단계를 넘어서면, 기쁨이란 더 이상 없다. 광기와 조증[躁症]이 있을 뿐이다).

폐렴에 걸리기 일주일 전, 라제시는 대학 시험에서 놀라운 성적이 나왔다는 소식을 들었고, 그 흥분을 가라앉히느라 그는 이틀 동안 밤 산책을 나섰다. 아마 레슬링 도장에서 "운동"을 했을 것이다. 집에 돌아왔을 때, 그는 열과 환각에 펄펄 끓고 있었다.

여러 해가 지나고 의대에 다닐 때에야, 나는 라제시 삼촌이 급성 조증에 한창 시달리고 있었을 가능성이 높다는 것을 깨달았다. 그의 정신 붕괴는 조울병, 즉 양극성 기분 장애의 거의 교과서적인 사례였다.

아버지의 넷째 형인 자구 삼촌은 우리와 함께 살기 위해서 1975년에 델리로 왔다. 내가 다섯 살 때였다. 그의 정신도 무너지는 중이었다. 키가 크고 깡마른 체형에, 약간 섬뜩해 보이는 눈빛, 마구 자란 헝클어진 머리를 한 삼촌은 벵갈판 짐 모리슨(미국의 록 가수/역주)과 같았다. 20대에 병이 겉으로 드러난 라제시 삼촌과 달리, 자구 삼촌은 어릴 때부터 병에 시달렸다. 사교적이지 못하고 할머니를 제외한 모든 사람들과 거리를 두었던 그는 직장을 가질 수도 홀로 살아갈 수도 없었다. 1975년 무렵에는 더 심각한 인지적 문제들이 드러난 상태가 되었다. 그는 환각, 유령을 보았고, 머릿속에서 이렇게 저렇게 하라는 목소리를 듣고는 했다. 그는 수십 가지의 음모 이론을 꾸며냈다. 우리 집 앞에서 바나나 같은 과일을 파는 행상이 은밀하게 자신의 일거일동을 감시하고 있다는 식이었다. 가끔 자기 자신을 향해서 말하기도 했다. 특히 자신이 만들어낸 열차 시각표를 강박적으로 암송하고는 했다("칼카 편으로 심라에서 하우라까지 가서, 시리자가가나트 급행으로 갈아타고 푸리로 가는 거야"). 그렇기는 해도 때로는 매우 다정한 행동을 하기도 했다. 내가 집에 있는 소중한 베네치아 꽃병을 실수로 깨뜨렸을 때, 삼촌은 자신의 이불 속에 나를 숨기고는 나의 엄마한테 말했다. 자신이 그런 꽃병을 "1,000개"나 살 수 있는 "돈을 산더미처럼" 숨겨놓고 있으니 걱정하지 말라고 했다. 그러나 이런 일화는 하나의 증세였다. 나에 대한 애정조차도 정신병과 말짓기증(confabulation)

14

의 연장선상에 포함된 것이었다.

정식으로 진단을 받은 적이 없는 라제시 삼촌과 달리, 자구 삼촌은 진단을 받았다. 1970년대 말에, 델리의 한 의사가 그를 진찰한 뒤 조현병이라는 진단을 했다. 그러나 아무런 처방도 하지 않았다. 대신에 자구 삼촌은 계속 집에 있었다. 할머니의 방(인도의 많은 가정들이 그렇듯이, 우리 할머니도 우리와 함께 살았다)에서 거의 숨어 살았다. 다시금 고통에, 그것도 이제는 이중고에 시달리게 된 할머니는 자구 삼촌의 국선 변호인 역할을 자임했다. 거의 10년 동안, 할머니와 아버지는 암묵적인 협정을 맺었다. 자구 삼촌을 할머니가 보살피기로 말이다. 삼촌은 할머니의 방에서 식사를 했고, 할머니가 직접 뜬 옷을 입고 지냈다. 밤에 삼촌이 공포와 환상에 시달려서 도저히 잠을 이루지 못할 때면, 할머니는 삼촌의 이마에 손을 올리고 아이처럼 달래면서 잠을 재웠다. 1985년에 할머니가 돌아가시면서, 삼촌은 집을 나갔고 아무리 설득해도 돌아오지 않았다. 그는 델리의 한 종교 단체에서 지내다가 1998년에 세상을 떠났다.

아버지와 할머니는 자구 삼촌과 라제시 삼촌의 정신질환이 인도 분할(영국 식민지였던 인도가 1947년 인도와 파키스탄으로 분할되어 독립한 사건/역주) 당시의 지옥 같은 상황 때문에 악화된 것이라고, 아니 아마도 그것 때문에 생긴 것이라고 믿었다. 정치적 외상이 심리적 외상으로 승화한 것이라고 여겼다. 두 분은 인도 분할이 단지 나라만이 아니라 마음도 쪼갠 것임을 알았다. 인도 분할을 다룬 단편소설 중 가장 유명한 사다트 하산 만토의 『토바 텍 싱(*Toba Tek Singh*)』에서 인도와 파키스탄 사이의 국경을 떠나지 못하는 광인인 주인공은 제정신과 광기 사이의 경계선상에서 살고 있는 사람이다. 할머니는 동(東)벵골에서 격변을 겪고 내몰려서 캘커타로 이주한 일이 자구 삼촌과 라제시 삼촌의 마음에 상처로 남은 것이라고 믿었다. 비록 두 삼촌에게서 정반대 양상으로 나타나기는 했지만 말이다.

라제시 삼촌은 1946년에 캘커타로 왔다. 그 도시 자체도 제정신을 잃어가던 시기였다. 신경쇠약에 걸리고 애향심이 사라지고 인내심이 고갈되어 가던 시기였다. 동벵골에서 꾸준히 사람들—정치 격변이 일어나리라는 것을 이웃들보다 먼저 예감한 이들—이 밀려오면서 이미 실다 역 주변의 공동주택과 저층 아파트는 채워지고 있었다. 할머니도 입에 겨우 풀칠하며 살아가는 이 무리의 일원 중 하나였다. 할머니는 역에서 가까운 하야트칸 거리의 방 3개짜리 집에 세를 들었다. 월세는 55루피였다. 오늘날의 화폐 가치로는 약 1달러에 불과했지만, 할머니 가족의 입장에서는 엄청난 돈이었다. 엎치락뒤치락하며 몸싸움을 벌이는 형제들처럼 대충 방들을 쌓아놓은 모습의 그 공동주택은 쓰레기 산과 마주보는 곳에 있었다. 그러나 작은 창문도 있었고, 서로 이어져 있는 지붕 위에서 소년들은 막 탄생하고 있는 새로운 도시, 새로운 국가를 지켜볼 수 있었다. 거리의 구석구석에서는 틈만 나면 소요 사태가 벌어지고는 했다. 그해 8월, 힌두교도와 무슬림 사이에 몹시 추악한 충돌이 발생해서 (나중에 캘커타 대학살[Great Calcutta Killing]이라고 불리게 된다) 5,000명이 살해되고 10만 명이 고향에서 쫓겨나는 상황이 일어났다.

라제시 삼촌은 그 여름에 물밀듯이 쏟아져 나오던 그 폭도들을 직접 보았다. 힌두교도들은 랄바자르의 상점과 사무실에 있는 무슬림들을 끌어내어 거리에서 산 채로 배를 갈라 내장을 끄집어냈다. 무슬림들은 라자바자르와 해리슨 가 인근의 어시장에서 마찬가지로 잔혹한 보복을 저질렀다. 삼촌의 정신이 붕괴된 것은 그 폭동이 일어난 직후였다. 도시는 안정을 되찾고 치유가 되었지만, 삼촌은 영구적인 상처를 입었다. 8월의 대학살 직후에, 삼촌은 잦은 편집증적 환각에 시달렸다. 그러면서 점점 겁에 질려갔다. 저녁에 도장[道場]에 다녀오는 일도 부쩍 잦아졌다. 그러다가 조증 발작이 일어났고, 열에 들떠서 헛것을 보았고, 그의 마지막을 장식한 질병으로 갑작스럽게 생을 마감했다.

라제시 삼촌의 광기가 도착의 광기라면, 자구 삼촌의 광기는 출발의 광기였다. 할머니는 그렇게 확신했다. 대대로 살던 바리살 인근의 데헤르고티라는 고향 마을에서 지낼 때, 자구 삼촌은 친구들과 식구들의 도움으로 그럭저럭 무난한 정신 상태를 유지하고 있었다. 다른 아이들과 마찬가지로 논두렁을 뛰어다니고 물웅덩이에서 물장구를 치면서 아무 걱정 없이 신나게 지낼 수 있었던 것 같았다. 거의 정상적으로 말이다. 그러나 캘커타에서는 본래 서식지에서 뽑혀 옮겨진 식물처럼 점점 시들어 부서졌다. 삼촌은 대학교를 중퇴하더니 집의 한 창문 앞에 틀어박혀서 멍하니 세상을 내다보면서 지냈다. 머릿속에서 생각이 뒤엉키기 시작했고, 말은 일관성을 잃어갔다. 라제시 삼촌의 정신이 무너지기 쉬운 극단으로 치닫고 있을 때, 자구 삼촌은 자기 방에 말없이 틀어박혔다. 라제시 삼촌이 밤에 도시를 방황할 때, 자구 삼촌은 스스로 자신을 집안에 가두었다.

이 기이한 방식의 정신질환 분류법(라제시 삼촌을 정신 붕괴를 일으킨 도시 쥐로, 자구 삼촌을 시골 쥐로 보는)은 그런 상황이 유지될 동안에는 유용했지만, 모니 형의 정신도 무너지기 시작하자 그 방법 역시 덩달아 무너졌다. 당연하게도 모니 형은 "분할의 아이"가 아니었다. 그는 고향을 떠난 적도 없다. 줄곧 캘커타의 안전한 집에서 살았다. 그러나 괴이하게도 그의 정신은 자구 삼촌이 간 길을 고스란히 따라가기 시작했다. 사춘기 때부터 환각과 환청이 나타나기 시작했다. 홀로 있으려는 욕구, 자신만만하게 꾸며내는 이야기, 혼미와 혼란 등, 이 모든 것들은 섬뜩하게도 삼촌의 몰락 과정을 상기시켰다. 10대 때 그는 델리에 있는 우리를 방문한 적이 있었다. 우리는 함께 영화를 보러가기로 했다. 그런데 그는 위층 욕실 안에서 문을 잠근 채 거의 한 시간 동안 나오지 않겠다고 버텼다. 결국 할머니가 나섰다. 할머니가 욕실 안으로 들어가 보니, 삼촌은 구석에 몸을 숨긴 채 웅크리고 있었다.

2004년에 모니 형은 한 무리의 깡패들에게 얻어맞았다. 형이 공원에서 오줌을 누었다는 것이 이유였다(형은 머릿속에서 명령하는 목소리가 들렸다고 내게 말했다. "여기서 쉬를 해, 쉬를 하라고"). 몇 주일 뒤, 형은 제정신을 잃었다는 증언으로밖에 쓸 수 없는 터무니없을 만큼의 우스꽝스러운 "범죄"를 저질렀다. 그 깡패 중 한 명의 여동생과 불장난을 하다가 들켰다(이번에도 형은 머릿속에서 그렇게 하라고 명령하는 목소리를 들었다고 했다). 형의 아버지가 말리려고 나섰지만 소용이 없었다. 이번에는 지독히 얻어맞아서, 입술이 찢어지고, 이마에 깊은 상처가 나는 바람에 병원 신세를 져야 했다.

구타는 일종의 퇴마 의식이었지만(나중에 경찰이 묻자, 깡패들은 "모니에게서 악마를 쫓아내기 위해서" 때렸을 뿐이라고 우겼다), 모니 형의 머릿속에 있는 병적인 지휘관들은 더 대담해지고 더 집요해지기만 했다. 그해 겨울, 다시 한번 속삭이는 환청과 환각에 굴복한 형은 시설에 수용되었다.

형은 내게 어느 정도는 자발적이었다고 말했다. 정신의 회복보다는 신체적으로 안전한 피신처를 원했다고 했다. 여러 가지 정신병 치료약이 처방되고, 형은 조금씩 나아지기는 했지만, 결코 퇴원할 정도까지 회복되지는 못했다. 몇 달 뒤, 모니 형이 아직 시설에 있는 동안 형의 부친이 돌아가셨다. 형의 어머니는 몇 년 전에 이미 세상을 뜬 상태였고, 유일한 동기인 형의 누이는 멀리 떨어진 곳에 살고 있었다. 그래서 형은 그냥 시설에 남아 있기로 결심했다. 달리 갈 곳이 없었기 때문이기도 했다. 정신과 의사들은 정신병원(mental asylum)이라는 옛날 명칭을 쓰지 말라고 하지만, 모니 형에게는 그 말이 진정으로 정확한 것이었다. 그의 삶에 빠져 있던 안전과 평화를 제공하는 곳이었다. 그는 스스로 새장 안에 갇힌 새였다.

2012년에 아버지와 함께 찾아갔을 때, 나는 형을 거의 20년 만에 만난 것이었다. 그래도 나는 그를 알아볼 수 있을 것이라고 여겼다. 그러나 면회실에서 내가 만난 사람은 기억 속의 사촌 형과는 닮은 구석이 거의 없었다. 간병인이 이름을 확인해주지 않았더라면, 나는 낯선 사람을 만나고 있다고 생각했을 것이다. 그는 자신의 나이보다 한참 더 늙어 보였다. 그때 그는 48세였는데, 10년은 더 늙어 보였다. 조현병 약 때문에 몸에 변화가 일어났고, 형은 아이처럼 균형을 제대로 못 잡고 불안하게 걸었다. 예전에는 말을 빠르게 쏟아내고는 했지만, 이제는 머뭇거리다가 발작적으로 입을 열 뿐이었다. 마치 입에 넣었던 음식에서 이물질을 내뱉듯이, 불쑥 단어들을 힘차게 내뱉었다. 그는 나의 부친이나 나에 대해서 거의 기억하지 못했다. 내가 나의 누이의 이름을 말했더니, 그녀가 나의 아내냐고 물었다. 대화를 진행하고 있자니, 마치 내가 그를 면담하기 위해서 갑자기 나타난 신문기자인 것처럼 느껴졌다.

그러나 그의 병의 가장 인상적인 특징은 그의 정신 속에서 몰아치는 폭풍이 아니라, 눈 속의 잠잠함이었다. 모니(moni)라는 단어는 벵골어로 "보석"이라는 뜻이지만, 이루 말할 수 없이 아름다운 것 즉 양쪽 눈에서 반짝이는 빛을 가리키는 말로도 흔히 쓰인다. 그런데 모니 형의 눈에서는 바로 그 모니가 사라지고 없었다. 그의 두 눈은 탁했고, 빛은 거의 사라졌다. 마치 누군가가 눈 속으로 들어가서 작은 붓으로 회색으로 칠해버린 것 같았다.

나의 유년기와 성년기 내내 모니 형, 자구와 라제시 삼촌은 우리 가족의 뇌리에서 큰 자리를 차지하고 있었다. 10대 때 청소년기의 불안을 붙들고 씨름하던 6개월 동안, 나는 부모님과 대화를 중단했고, 숙제를 제출하기를 거부했고, 가지고 있던 책들을 다 쓰레기통에 던져버렸다. 이루 말할 수 없이 불안해진 아버지는 무뚝뚝하게 나를 끌고 자구 삼촌을 진단했던 의사에게 데려갔다. 이제 아들까지 제정신을 잃어가는 것일까? 할머니는 80대에 접어들면서 기억력이 떨어지자, 실수로 나를 라제시와르—줄이면 라제시—라고 부르고는 했다. 처음에는 당황해서 얼굴을 붉히면서 잘못 말했다고 바로잡고는 했지만, 마지막까지 남아 있던 현실과의 고리가 끊기자 그 실수를 거의 의도적으로 저지르는 것처럼 보였다. 마치 그 환상이 안겨주는 금지된 쾌감을 알아차린 듯이 말이다. 나의 아내가 된 사라와 네 번인가 다섯 번쯤 만났을 때, 나에게는 정신질환이 있는 사촌 형 한 명과 삼촌 두 분이 있다는 이야기를 했다. 내게 경고 딱지가 붙어 있음을 장래 동반자가 될 사람에게 알리는 것이

도리였다.

그때쯤에는 유전, 병, 정상 상태, 가족, 정체성은 우리 식구들의 대화에 으레 나오는 주제가 되어 있었다. 뱅골인들이 대개 그렇듯이, 내 부모님도 난해하고 고상한 주제는 피하고 거부해왔지만, 그렇다고 해도 이 특별한 집안 역사에 의문이 생기는 것은 어쩔 수 없었다. 모니 형, 라제시 삼촌, 자구 삼촌은 증상은 달랐지만 정신질환으로 피폐해졌다. 나는 이 집안의 역사에 유전적 요소가 잠복해 있다는 생각을 억누르기가 어려웠다. 모니 형이 정신질환에 취약하게 만드는 어떤 유전자나 유전자 집합을 물려받았다면? 같은 유전자가 삼촌들에게도 영향을 미쳤다면? 다른 친척들도 다른 유형의 정신질환을 겪었다면? 아버지는 평생에 적어도 두 번의 정신병적 배회증(徘徊症)을 겪었다. 두 번 다 방(bhang : 대마 싹을 으깨어 버터에 녹인 뒤 휘저어 종교 축제용으로 쓸 거품이 이는 음료로 만든 것)을 마시고서 그랬다. 그것도 그 동일한 역사의 상흔과 관련이 있을까?

2009년 스웨덴 연구자들은 수천 가구의 남녀 수십만 명을 대상으로 한 대규모 국제적인 연구 결과를 발표했다. 두 세대 이상에 걸친 정신질환 병력을 가진 집안들을 분석한 결과, 연구진은 양극성 장애와 조현병이 유전적으로 강한 연관 관계가 있다는 놀라운 증거를 발견했다. 우리 집안처럼 정신질환들이 번갈아 나타나는 가슴 아픈 병력을 가진 집안들도 있었다. 형제자매 중한 명은 조현병에 걸리고, 다른 한 명은 양극성 장애에 걸리고, 조카나 질녀는 조현병에 걸리는 식으로 말이다. 2012년에는 이 연구가 옳았음을 확인하는 후속 연구 결과들이 발표되면서, 이 정신질환들과 집안 병력이 연관되어 있음이 재확인되었고 병인론(病因論, etiology : 병의 원인을 광범위하게 연구하는 학문/역주), 역학(疫學, epidemiology : 어떤 지역이나 집단 안에서 일어나는 질병의 원인이나 변동 상태를 연구하는 학문/역주), 유발 요인, 촉진 요인을 더 깊이 조사할 여건이 마련되었다.[3]

캘커타에서 돌아온 지 몇 달 뒤, 나는 어느 겨울 아침 뉴욕의 지하철 안에서 이 연구 논문 중 두 편을 읽었다. 맞은편에서는 회색 털모자를 쓴 남자가 아들에게 똑같은 회색 털모자를 똑바로 씌워주고 있었다. 59번 가(街)로 나가니, 한 엄마가 유모차에 내 귀에는 똑같이 들리는 소리로 울어대는 쌍둥이를 태우고 지나갔다.

기이하게도 한 가지 면에서 그 연구는 내게 위로가 되었다. 나의 아버지와 할머니께 그토록 번민을 안겨준 질문들 중 몇 가지에 답을 하고 있었기 때문이다. 그런 한편으로 많은 새로운 의문들도 제기했다. 모니 형의 병이 유전적인 것이라면, 왜 형의 부친과 누이는 무사했을까? 그 소인(素因)을 드러내게 만든 "유발 요인(triggers)"이 있었을까? "본성(nature)"(즉 정신질환의 소인이 되는 유전자)과 "양육(nurture)"(격변, 불화, 심리적 외상 같은 환경 유발 요인)은 자구 삼촌과 모니 형의 병에 얼마나 영향을 미쳤을까? 나의 아버지도 그 소인을 지니고 있을까? 나 역시 보인자일까? 이 유전적 결함의 정확한 특성을 알아낼 수 있다면 어떨까? 내 자신이나, 내 두 딸을 검사하고 싶어질까? 딸들에게 결과를 알리고 싶을까? 둘 중 한 명만이 그 표식을 지니고 있다고 한다면 어떻게 해야 할까?

내 집안의 정신질환 역사가 빨간 줄처럼 내 의식을 가로지르고 있는 동안, 암 생물학자로서의 내 연구도 유전자의 정상 상태와 비정상 상태라는 문제로 수렴되고 있었다. 아마도 암은 유전학의 궁극적인 도착(倒錯, perversion) 사례일 것이다. 유전체(genome)가 스스로를 복제하는 일에 병적으로 집착하게 됨으로써 생기니 말이다. 자기 복제 기계로서의 유전체는 세포의 생리, 대사, 행동, 정체성을 강탈하여 제멋대로 사용함으로써, 변신을 거듭하는 병을 일으킨다. 상당히 많은 것을 알아냈음에도, 여전히 치료하거나 완치하기가 어려운 병을 말이다.

그러나 나는 암을 연구하려면 그 이면도 함께 연구해야 함을 깨달았다.

망가져서 암으로 종지부를 찍기 전, 정상 상태의 유전 암호는 어떤 모습일까? 정상적인 유전체는 무슨 일을 할까? 어떻게 우리를 비슷비슷하게 만들면서 한편으로는 서로 뚜렷이 다른 존재로 만드는 것일까? 항상성 대 변이, 혹은 정상 대 비정상의 문제는 우리 유전체에서 어떻게 정해져, 즉 적혀 있는 것일까?

그리고 우리가 유전 암호를 의도한 대로 바꾸는 법을 터득한다면 어떻게 될까? 그런 기술이 손에 들어온다면, 누가 그것을 통제할 것이고, 안전은 누가 책임지게 될까? 누가 그 기술의 주인이 되고, 누가 희생자가 될까? 이 기술의 습득과 통제—그리고 필연적으로 뒤따를 우리의 사적 및 공적 생활로의 침입—로 우리가 사회, 자녀, 자기 자신을 바라보는 방식은 어떻게 바뀔까?

이 책은 과학의 역사에서 가장 강력하면서 가장 위험한 개념 중 하나의 탄생과 성장 과정, 그리고 그 영향과 미래를 살펴본다. 바로 유전의 근본 단위이자, 모든 생명 정보의 기본 단위인 "유전자(gene)"를 말이다.

나는 여기서 "위험한(dangerous)"이라는 형용사를 진심으로 받아들이려고 한다. 20세기에 종횡무진하면서 우리를 몹시 불안에 떨게 만든 세 가지의 과학 개념이 있다. 정도의 차이가 있기는 하지만, 원자(atom), 바이트(byte), 유전자(gene)가 바로 그것이다.[4] 각각은 19세기부터 어렴풋이 모습을 드러냈지만, 전면으로 부상하여 우리를 휘둥그레 만든 것은 20세기에 들어서였다. 각각은 처음에 다소 추상적인 과학 개념으로서 출발했지만, 성장하면서 인류의 모든 활동 영역으로 침투했고, 그럼으로써 문화, 사회, 정치, 언어를 변모시켜왔다. 그러나 세 가지 개념 사이의 가장 중요한 공통점은 바로 개념적인 측면에 있다. 각각은 더 큰 전체를 구성하는 더 이상 환원이 불가능한 단위, 즉 구성단위 또는 기본 조직 단위를 가리킨다는 것이다. 원자는 물질의 기본 단위이고, 바이트(byte 또는 "비트[bit]")는 디지털 정보의 기본 단위이며, 유전자는 유전과 생명 정보의 기본 단위이다.*

이 성질—더 큰 형태를 구성하는 더 이상 나눌 수 없는 단위—이 그 특정한 개념들에 그렇게 강한 잠재력과 힘을 불어넣는 이유는 무엇일까? 단순하게 답하자면 물질, 정보, 생물이 본질적으로 계층 조직을 이루기 때문이다. 그러므로 최소 단위를 이해하는 것이 전체를 이해하는 데에 대단히 중요하다. 시인인 월리스 스티븐스가 "부분들의 합에는 부분들만 있을 뿐이야"라고 썼을 때,[5] 그는 언어를 관통하는 심오한 구조적인 측면의 수수께끼를 가리키고 있었다. 문장의 의미는 개별 단어를 해독함으로써만 해독할 수 있지만, 문장은 개별 단어들 이상의 의미를 가진다는 것이다. 유전자도 마찬가지이다. 물론 생물은 단순히 유전자들의 합이 아니지만, 생물을 이해하려면 먼저 그 유전자를 이해해야 한다. 네덜란드 생물학자 휘고 더프리스는 1890년대에 유전자라는 개념을 처음 떠올렸을 때, 그 개념이 우리가 자연 세계를 이해하는 방식을 재편하리라는 것을 즉시 직감했다. "생물 세계 전체는 비교적 적은 요소들의 무수한 조합과 치환의 산물이다……물리학과 화학이 분자와 원자로 회귀하듯이, 생명과학은 살아 있는 세계의 현상들을 설명하려면……이 단위[유전자]를 파고들어야 한다."[6]

원자, 바이트, 유전자는 각자의 체계를 근본적으로 새로운 과학적 및 기술적 관점에서 이해할 수 있게 해준다. 물질의 원자적 특성을 언급하지 않고서는 물질의 행동—금은 왜 빛날까, 수소는 왜 산소와 만나면 탈까— 을 설명할 수가 없다. 디지털 정보의 구조를 파악하지 않고서는 컴퓨터 연산의 복잡

---

* 여기서 나는 **바이트**라는 말을 다소 복잡한 개념으로 쓰고자 한다. 단순히 컴퓨터 설계에 쓰이는 친숙한 용어로서만이 아닌, 자연 세계의 모든 복잡한 정보를 오로지 "켜짐"과 "꺼짐"이라는 두 상태로 이루어진 불연속적인 상태의 총합으로서 부호화하거나 기술할 수 있는 더 일반적이면서 수수께끼 같은 개념으로 쓰려고 한다. 제임스 글릭은 『정보 : 역사, 이론, 홍수(*Information: A History, a Theory, a Flood*)』에서 이 개념과 그것이 자연과학과 철학에 미친 영향을 전반적으로 살펴보았다. 이 이론은 1990년대에 물리학자 존 휠러가 가장 적극적으로 개진한 바 있다. "모든 입자, 모든 역장(力場), 더 나아가 시공간 연속체 자체의 기능, 의미, 존재 자체는 전적으로 예-아니오 질문, 양자택일, 비트의 답으로부터 나오는 것이다. 다시 말해서, 물리적인 모든 것은 기원을 따지면 정보 이론적이다." 바이트 또는 비트는 인간의 발명품이지만, 그 바탕에 놓인 디지털 정보의 이론은 아름다운 자연법칙의 하나이다.

성—알고리듬의 특성, 자료의 저장이나 오류—을 이해할 수 없다. 19세기의 한 과학자는 "화학의 근본 단위가 발견되고 나서야 연금술은 비로소 화학이 될 수 있었다"라고 썼다.[7] 같은 맥락에서 나는 먼저 유전자의 개념을 파악하지 않고서는 생물과 세포의 생물학이나 진화—혹은 인간의 병리학, 행동, 기질, 질병, 종족, 정체성, 운명—를 이해하기가 불가능하다고 이 책에서 주장하려고 한다.

이와 관련된 두 번째 현안이 있다. 우리는 원자의 과학을 이해함으로써 비로소 물질을 조작할 (그리고 물질을 조작하여 원자폭탄을 발명할) 수 있었다. 마찬가지로 유전자를 이해함으로써 비로소 유례없이 능숙하고도 강력하게 생물을 조작할 수 있게 되었다. 유전 암호의 실제 본질은 놀라울 만큼 단순하다는 것이 드러났다. 유전 정보를 담고 있는 분자는 단 하나에 불과하고, 유전 암호도 단 한 종류에 불과하다. 많은 영향을 끼친 유전학자인 토머스 모건은 이렇게 썼다. "유전의 근본적인 측면들이 그토록 놀라울 만큼 단순하다는 사실이 드러남으로써, 우리는 어쨌거나 자연의 모든 것을 파악할 수 있지 않을까 하는 희망을 품게 된다……그토록 오랫동안 회자되어 온 자연이 불가사의하다는 생각은 착각에 불과하다는 것이 드러났다."[8]

지금 우리는 시험관 속에서가 아니라 인간 세포라는 본연의 환경 속에서 유전자를 연구하고 변형할 만큼, 깊이 있고 상세한 수준으로 유전자를 이해하고 있다. 유전자는 염색체에 들어 있다. 염색체는 세포 안에 들어 있는 긴 실 같은 구조물로서, 그 안에 수만 개의 유전자가 줄줄이 연결되어 있다.* 사람의 염색체는 총 46개이다. 양쪽 부모로부터 23개씩 물려받는다. 한 생물이 지닌 유전자 명령문의 집합 전체를 **유전체**(genome)라고 한다(유전체는 모든 유전자에다가 각주, 주석, 설명서, 참고문헌까지 달린 백과사전이라고 보면 된다). 사람의 유전체에는 사람을 만들고 수선하고 유지하는 주된 명령문들을 담은 유전자가 약 2만1,000-2만3,000개 들어 있다. 지난 20년 동안

---

* 일부 세균의 염색체는 원의 형태이다.

유전 기술이 너무나 급속히 발전한 덕분에, 우리는 이 유전자들 중 몇 개가 시공간에서 어떻게 작용하여 그런 복잡한 기능을 수행할 수 있는지를 해독할 수 있는 수준에 이르렀다. 또 우리는 이따금 이 유전자 중의 일부를 의도적으로 변형시켜서 기능 변화를 유도함으로써, 인간의 상태, 생리, 존재에 변화를 일으킬 수도 있게 되었다.

이 전환—설명에서 조작으로—이 바로 유전학이라는 분야가 과학의 세계 너머에까지 폭넓게 파장을 미치고 있는 이유이다. 그러나 유전자가 인간의 정체성이나 성적 취향이나 기질에 어떻게 영향을 미치는지를 이해하고자 애쓰는 것과, 유전자가 바뀔 때 정체성이나 성적 취향, 행동이 어떻게 바뀔지를 상상하는 것은 전혀 다른 문제이다. 심리학 분야의 교수들 및 이웃에 있는 신경과학 분야의 동료 교수들은 전자에 치중할지 모른다. 한편, 후자는 희망과 위험 양쪽을 다 지니고 있기에, 우리 모두의 관심사가 될 수밖에 없다.

이 글을 쓰고 있는 현재, 유전체를 타고난 생물이 유전체를 타고난 생물의 유전 특징을 변화시키는 법을 터득하고 있다. 다시 말하면 이렇다. 바로 지난 4년 동안—2012-2016년—, 인류는 인간 유전체를 의도한 대로 영구히 바꿀 수 있는 기술을 창안했다(비록 이 "유전체공학" 기술의 안전성과 신뢰성에 대해서는 앞으로 세심하게 평가할 필요가 있지만). 그와 동시에, 개별 유전체의 형태, 기능, 미래, 운명을 예측하는 능력도 극적으로 향상되었다(비록 이 기술들이 진정으로 얼마나 예측 능력을 가지는지는 앞으로 더 밝혀내야 하겠지만). 지금 우리는 인간의 유전체를 "읽을" 수 있으며, 3-4년 전만 해도 상상도 하지 못했을 방식으로 인간의 유전체를 "쓸" 수도 있다.

분자생물학이나 철학, 또는 역사에 해박하지 않더라도, 이 두 사건의 수렴이 심연으로 곤두박질치는 것과 비슷하다는 점을 어렵지 않게 알아차릴 수 있다. 일단 개별 유전체에 암호로 담긴 운명의 본질을 이해할 수 있다면(설령 그 예측이 확실성이라기보다는 가능성이라고 할지라도), 그리고 이 가능성을 의도대로 바꿀 기술을 일단 갖추게 되면(설령 그 기술이 효율이 떨어지고 거추장스럽다고 할지라도), 우리의 미래는 근본적으로 바뀌게 된다. 조지 오웰은 비평가가 "인간"이라는 단어를 사용할 때마다, 대개 그 단어를 무의미하게 만들 뿐이라고 쓴 적이 있다. 나는 좀 과장하는 듯도 하지만, 그의 말이 여기에도 적용되지 않을까 생각한다. 인간의 유전체를 이해하고 조작하는 우리의 능력이 "인간"이라는 단어에 담긴 개념 자체를 바꾸고 있다고 말이다.

원자는 현대 물리학의 조직 원리를 제공하며, 발전이 좀 느리기는 하지만 물질과 에너지를 통제할 수 있을 것이라는 전망을 계속적으로 제시한다. 유전자는 현대 생물학의 조직 원리를 제공하며, 마찬가지로 좀 감질나기는 하지만 우리의 몸, 운명, 미래를 통제할 수 있을 것이라는 전망을 제시한다. 유전자의 역사에는 "영원한 젊음의 추구, 갑작스러운 운명의 역전이라는 파우스트적 신화, 인간을 완전하게 하려는 우리 시대의 시도"가 담겨 있다.[9] 또한 명령문의 사용 설명서를 해독하려는 욕망도 들어 있다. 그것이 바로 이 이야기의 핵심이다.

이 책은 시대별로, 주제별로 구성되어 있다. 전체적으로는 역사의 흐름을 따른다. 1864년 모라비아의 어느 작은 수도원에 있는 멘델의 완두 밭에서 이야기는 시작된다. "유전자"가 발견되었다가 곧바로 잊힌 곳이다(물론 유전자라는 단어는 수십 년 뒤에야 등장한다). 그 이야기는 다윈의 진화론과 교차한다. 영국과 미국의 개혁가들은 유전자라는 개념에 현혹되었고, 그들은 인간의 유전자를 조작하여 인류의 진화와 해방을 촉진할 수 있기를 바랐다. 그 개념은 1940년대에 나치 독일에서 섬뜩한 정점에 이르렀다. 그곳에서 인류 우생학은 기괴한 실험을 정당화하는 데에 동원되고, 이윽고 감금, 불임 수술, 안락사, 대량 학살로 귀결된다.

제2차 세계대전 이후에 일련의 발견이 이루지면서 생물학에 혁명이 시작된다. DNA가 유전 정보의 원천임이 밝혀진다. 유전자의 "작용"은 기계론적 언어로 묘사된다. 즉 유전자에는 화학 메시지가 암호로 담겨 있고, 그 암호로부터 제 형태와 기능을 갖춘 단백질이 만들어진다는 것이다. 제임스 왓슨, 프랜시스 크릭, 모리스 윌킨스, 로절린드 프랭클린은 DNA의 삼차원 구조를 밝혀냄으로써, 이중나선(二重螺旋, double helix)이라는 시대의 상징을 제공한다. 유전 암호가 염기 세 쌍으로 이루어진다는 것도 밝혀진다.

1970년대에는 두 기술이 출현하여 유전학을 변모시킨다. 유전자 서열 분석 기술과 유전자 클로닝(gene cloning) 기술, 즉 유전자를 "읽고 쓰는" 기술이다(유전자 클로닝이라는 말은 한 생물의 유전자를 추출하여 시험관에서 조작하고, 유전자 잡종을 만들고, 그 잡종을 살아 있는 세포에 넣어 수백만 개로 복제하는 일련의 기술들을 가리킨다). 1980년대에 인류유전학자들은 이 기술들을 이용하여 헌팅턴병과 낭성 섬유증(Cystic Fibrosis, CF) 같은 질병들과 연관된 유전자를 찾아내는 일을 시작한다. 이 질병 연관 유전자들은 유전자 관리라는 새 시대로 나아가는 길을 닦는다. 태아의 유전자를 검사하여 돌연변이가 발견되면 낙태시킬 수도 있는 시대이다(부모가 태아의 다운증후군, 낭성 섬유증, 태이색스병 유전자를 검사하고, 여성이 자신의 BRCA1 또는 BRCA2 유전자를 검사하는 일은 이미 이루어지고 있다. 유전자 관리와 최적화는 먼 미래의 이야기가 아니다. 이미 현재의 일부가 되었다).

사람의 암과 관련되어 있는 유전자 돌연변이도 많이 파악됨으로써, 암을 유전적으로 더욱 깊이 이해할 수 있게 된다. 이런 노력들은 인간 유전체 계획(Human Genome Project)으로 정점에 이른다. 인간 유전체 전체의 서열을 분석하여 지도에 담겠다는 국제적인 계획이다. 2001년에 인간 유전체 초안이 발표된다. 이어서 유전체 계획은 인간의 변이, 정체성, 기질, "정상" 행동을 유전자의 관점에서 이해하려는 노력을 자극한다.

그 사이에 유전자는 인종, 인종 차별, "인종별 지능"에 관한 담론에 침투하며, 우리의 정치적 및 문화적 영역에까지 뻗어 있는 가장 영향력이 큰 질문들의 일부에 답하기 시작한다. 성, 성적 정체성, 성적 선호, 성적 선택을 새롭게 이해함으로써, 사적인 영역에까지 뻗어 있는 가장 긴요한 질문들 중 일부의 핵심에도 파고든다.

2000년대 중반에는 유전적 진단(그리고 논리적으로 뒤집어 보면, 유전적 차별)을 할 수 있는 새로운 도구들이 창안된다. 2015년에는 계산유전체학 (computational genomics)과 유전체공학 기술―인간 유전체 전체를 읽고 쓰는 기술―이 등장하면서 유전체를 이해하고 거기에 개입을 하는 상상하기조차 어려운 방법이 등장할 것임을 예고한다.*

이 각각의 이야기 속에는 많은 이야기가 들어 있다. 그러나 이 책은 지극히 개인적인 이야기, 즉 나의 내밀한 역사이기도 하다. 나에게 유전, 운명, 미래 같은 말들은 추상적인 개념이 아니다. 라제시와 자구 삼촌은 세상을 떠났다. 모니 형은 캘커타의 정신병원에 있다. 그러나 그들의 삶, 죽음, 운명은 내가 감히 상상도 못할 수준으로 과학자, 학자, 역사가, 의사, 아들, 아버지로서의 내 사고에 지대한 영향을 미쳤다. 나는 성년이 된 이후로 유전과 가족을 생각하지 않고 지낸 날은 거의 단 하루도 없을 정도이다.

가장 중요한 점은 내가 할머니께 큰 빚을 지고 있다는 것이다. 할머니는 유전의 비통함에서 벗어나지 못했지만―그럴 수도 없었다―강인한 의지로 가장 취약한 자식들을 보듬고 지켜냈다. 할머니는 늘 꿋꿋하게 세월의 풍파에 맞섰다. 그러나 유전의 풍파 앞에는 꿋꿋함만이 아니라 그 이상의 무언가로 맞섰다. 그것은 후손인 우리로서는 감히 흉내도 내지 못할 수준의 우아함이었다. 그런 할머니에게 이 책을 바치고자 한다.

---

* 유전자 변형 생물(GMO), 유전자 특허의 미래, 유전자를 이용한 신약의 발견 또는 생합성, 유전적으로 새로운 생물의 창조 같은 주제들은 별도의 책으로 쓰일 만하며, 이 책의 범위를 벗어난다.

제1부
"빠져 있는 유전 과학"

유전자의 발견과 재발견

(1865–1935)

이 빠져 있는 유전의 과학은, 생물학과 인류학의 경계에 있는 이 미채굴된, 온갖 실용적인 목적에 쓰일 수 있음에도 불구하고 플라톤의 시대나 지금이나 여전히 채굴되지 않은 채로 남아 있는 이 지식의 광산은 한마디로 말해서 지금까지 발견되거나 앞으로 발견될 모든 화학과 물리학, 모든 기술과 산업 분야의 지식보다 인류에게 10배나 더 중요하다.

— 허버트 G. 웰스, 『형성 중인 인류(*Mankind in the Making*)』[1]

잭 : 그래, 하지만 전에는 오한을 심하게 느끼는 건 유전이 아니라고 했잖아.

앨저넌 : 전에는 그랬지. 하지만 지금은 아니야. 과학은 늘 놀라운 발전을 거듭하잖나.

— 오스카 와일드, 『진지함의 중요성(*The Importance of Being Earnest*)』[2]

울타리가 있는 정원

특히 유전을 연구하는 사람들은 자신의 연구 대상을 제외한 그 대상의
모든 것들을 이해한다. 그들은 그 가시덤불 밭떼기에서 식물들을 교배
하고 키웠으며, 실제로 끝없이 탐구하고 또한 탐구를 했다. 즉 그들은
모든 것을 연구했다. 자신이 연구하는 것이 무엇이냐는 질문만 빼고
말이다.

—G. K. 체스터턴,
『우생학과 그 밖의 악덕들(Eugenics and Other Evils)』[1]

땅의 식물들에게 물어보게, 그들이 알려줄 걸세.

—「욥기」, 12:8

그 수도원은 본래 수녀원이었다. 성 아우구스티누스 교단의 수사들은 원래
중세 도시인 브르노(체코어로는 브르노, 독일어로는 브륀)의 중심에 있는 언
덕 정상에 위치한 대수도원의 석조 건물의 널찍한 방에서, 풍족한 환경 속에
서 살았었다. 그들은 그 시절이 좋았다고 툴툴거리고는 했다. 그 도시는 비탈
을 따라 내려가다가 이윽고 평지의 농장과 초원으로 뻗어나갔고, 대수도원을
중심으로 4세기에 걸쳐서 성장했다. 그러나 1783년에 수사들은 요제프 2세의
눈 밖에 났다. 가치가 매우 높은 그 도심지를 수사들이 차지하고 있던 것이
못마땅했던 황제는 퉁명스럽게 명령을 내렸다. 수사들은 짐을 꾸려서 구시가
지의 언덕 자락에 있는 무너져가는 수녀원 건물로 향했다. 게다가 원래 여성

들에게 지정된 구역에서 살라고 했으니 여간 불명예스러운 것이 아니었다. 복도의 축축한 회반죽에서는 정체 모를 고약한 동물 냄새가 풍겼고, 땅에는 풀, 가시덤불, 잡초가 가득했다. 이 14세기 건물—도살장처럼 냉랭하고 감옥처럼 황량한—에서 유일하게 멀쩡한 곳은 직사각형 모양의 정원이었다. 돌계단과 긴 통로가 있고 둘러선 나무들의 그늘이 드리워지는 곳이었다. 그곳에서 수사들은 홀로 걸으면서 사색에 잠길 수 있었다.

수사들은 최선을 다해서 그들의 새 주거지를 만들어갔다. 2층에는 도서관을 복원했다. 바로 옆에는 서재가 있었고, 소나무로 만든 책상들과 램프 몇 개를 두었다. 책은 점점 늘어서 거의 1만 권이 되었고, 자연사, 지질학, 천문학의 최신 문헌도 소장하고 있었다. (다행히도 아우구스티누스파는 종교와 대다수의 과학 사이에 아무런 갈등도 없다고 여겼다. 사실 그들은 과학을 세계에서 신의 명령이 이행되고 있음을 보여주는 또다른 증거라고 받아들였다.)[2] 지하를 파서 포도주 저장실을 마련했고, 그 위에는 둥근 천장이 있는 아담한 식당도 만들었다. 각 수사들은 가장 기본적인 목재 가구들로 꾸며진 2층의 한 칸짜리 방에서 기거했다.

1843년 10월, 농부의 아들인 한 젊은이가 실레지아에서 왔다.[3] 그는 키가 작았고, 표정은 진지했으며, 근시를 가진 좀 통통한 사람이었다. 그는 영적인 삶에는 별 관심이 없다고 고백했다. 그러나 지적 호기심이 많았고, 손재주가 좋았고, 타고난 정원사였다. 수도원은 그에게 지낼 곳과 읽고 배울 공간을 제공했다. 그는 1847년 8월 6일에 서품을 받았다. 그의 본명은 요한이었지만, 수사들은 그레고어 요한 멘델로 바꾸었다.

교육을 받는 젊은 사제의 수도원 생활은 곧 틀에 박힌 일상으로 되었다. 1845년, 수도사 교육의 일부로서 멘델은 브르노 신학대학으로 가서 신학, 역사, 자연과학 강의를 들었다. 1848년 유럽은 혁명—프랑스, 덴마크, 독일, 오스트리아를 휩쓴 격렬한 유혈 민중 혁명으로서 기존의 사회적, 정치적, 종교적 질서를 뒤엎었다—의 열기에 휩싸였지만, 그에게는 그저 멀리서 울리는 천둥이나 다름없었다.[4] 젊은 시절의 멘델에게서는 나중에 출현할 혁신적인 과학자의 모습을 암시하는 단서를 전혀 찾아볼 수 없다. 그는 규칙을 잘 지키고 끈기 있고 공손했다. 수사들 중에서도 모범적인 수사였다. 의무적으로 써야 하는 학생용 모자를 이따금 안 쓰고 강의실에 들어간 것이 그가 권위에 도전한 유일한 사례인 듯하다. 그러다가 지적을 받으면, 그는 공손히 따랐다.

1848년 여름, 멘델은 브르노에서 본당 신부로 일하기 시작했다. 그는 어느 모로 보아도 그 일에 서툴렀다. "극복할 수 없는 소심함에 사로잡혔다"[5]라는 수도원장의 평가처럼, 멘델은 체코어(대다수의 교구민들이 쓰는 언어)를 잘 하지 못했고, 사제로서의 직분인 신앙심을 고취시키는 일도 제대로 못했고, 가난한 이들의 감정적인 태도에는 신경질적으로 반응하고는 했다. 그해 늦게, 그는 그곳을 빠져나갈 완벽한 계획을 세웠다. 츠나임 고등학교에서 수학, 자연과학, 초급 그리스어를 가르치는 교사 자리에 지원했다.[6] 수도원장의 도움으로 멘델이 뽑히게 되었다. 그러나 한 가지 문제가 있었다. 그가 교원 교육을 받은 적이 없다는 것을 안 학교 측은 멘델에게 자연과학 분야에서 정식으로 고등학교 교사 자격시험을 치르라고 요구했다.

1850년 늦봄에 멘델은 브르노에서 필기시험을 치렀다.[7] 그는 떨어졌다. 특히 지질학 점수가 형편없었다(한 심사관은 멘델의 답안이 "무미건조하고 모호하고 흐릿하다"라고 불평했다). 7월 20일, 오스트리아가 한창 열파에 시달리고 있을 때, 그는 구두시험을 치르기 위해서 브르노에서 빈으로 향했다.[8] 8월 16일, 그는 자연과학 시험을 치르기 위해서 심사관들 앞에 섰다.[9] 이번에는 점수가 더 좋지 않았다. 생물학 분야에서였다. 포유동물을 설명하고 분류하라는 질문에 그는 불완전하고 터무니없는 분류 체계를 제시했다. 있는 범주를 빼먹고 다른 범주를 창안하고, 캥거루를 비버와 한데 묶고, 돼지를 코끼리와 묶었다. 심사관 한 명은 이렇게 적었다. "후보자는 모든 동물의 이름을 독일어 일상 어휘로 말하고, 체계적인 명명법을 회피하는 등 전문용어를 전혀 모르는 듯하다." 멘델은 이번에도 떨어졌다.

8월에 시험 결과를 받은 멘델은 브르노로 돌아왔다. 심사관들의 평가는 명백했다. 멘델이 학생을 가르치려면, 자연과학 쪽으로 추가 교육을 받아야 한다는 것이었다. 수도원의 도서관이나 울타리가 쳐진 정원이 제공할 수 있는 것보다 더 수준 높은 교육을 받아야 한다고 말이다. 멘델은 자연과학 학위를 따기 위해서 빈 대학교에 지원했다. 수도원장은 편지와 청원으로 지원 사격을 했다. 멘델은 받아들여졌다.

1851년 겨울, 멘델은 기차를 타고 대학교 수업을 들으러 갔다. 바야흐로 멘델과 생물학의 관계—그리고 생물학과 멘델의 관계—가 시작되려 하고 있었다.

브르노에서 빈으로 향하는 야간열차는 장엄하리만큼 황량한 겨울 경관 속을 나아간다. 서리로 뒤덮인 농경지와 포도밭, 푸르스름한 얼음으로 뒤덮인 운하, 중부 유럽의 짙은 어둠 속에 갇힌 농가가 드문드문 보인다. 타야 강이 반쯤 얼어붙은 채 느릿느릿 그 땅을 가로지른다. 다뉴브 강의 섬들이 눈에 들어온다. 여행 거리는 약 150킬로미터이다. 멘델의 시대에는 약 4시간이 걸리는 여정이었다. 그러나 도착한 그날 아침에, 멘델은 마치 새로운 우주에서 깨어난 듯했다.

빈에서 과학은 전기 불꽃을 튀기며 살아 숨 쉬고 있었다. 인발리덴스트라세의 빈민가에 마련한 하숙집에서 몇 킬로미터 떨어진 대학교에서 멘델은 브르노에서 그토록 열렬히 추구했던 지적 세례를 받기 시작했다. 물리학은 크리스티안 도플러가 가르쳤다. 오스트리아의 거장 과학자인 그는 멘델의 스승이자 교사이자 우상이 된다. 1842년 39세의 신랄한 성격에 깡마른 도플러는 수학 추론을 이용하여 음의 높이(또는 빛의 색깔)는 고정된 것이 아니라, 관찰자의 위치와 속도에 따라 달라지는 것이라고 주장했다.[10] 듣는 사람을 향해서 다가오는 음원에서 나오는 소리는 압축되어서 더 높은 소리로 들릴 것이고, 멀어져가는 소리는 더 낮은 음으로 들릴 것이라는 것이었다. 회의론자들은 코웃음을 쳤다. 동일한 램프에서 나오는 동일한 빛이 어떻게 관찰자마다 다른 색깔로 보일 수 있단 말인가? 그러나 1845년에 도플러는 트럼펫 연주자들을 기차에 태운 뒤, 열차가 다가올 때 한 음을 연주해달라고 했다.[11] 역에서 듣던 청중은 믿을 수가 없었다. 기차가 다가오면서 음은 점점 더 높아지고, 기차가 멀어지면서 음은 점점 더 낮아졌다.

도플러는 소리와 빛이 보편적인 자연법칙에 따라서 행동한다고 주장했다. 설령 일반 관찰자나 청취자에게는 몹시 반직관적으로 여겨질지라도 말이다. 사실 꼼꼼히 살펴본다면, 세계의 모든 혼란스럽고 복잡한 현상들은 고도로 조직된 자연법칙의 산물이다. 이따금 우리는 직관과 지각을 통해서 이 자연법칙을 이해할 수도 있다. 그러나 이런 법칙을 이해하고 설명하기 위해서는 달리는 열차에 트럼펫 연주자를 태우는 식의 몹시 인위적인 실험이 필요할 경우가 더 흔하다.

멘델은 도플러의 시연과 실험에 매료되는 한편으로 그만큼 좌절했다. 그의 전공인 생물학은 체계적인 조직 원리가 없이, 잡초들이 혼란스럽게 마구 웃자라는 정원이나 다름없는 분야처럼 보였다. 언뜻 보면, 질서로 아니 생물들로 넘치는 듯했다. 생물학의 주된 분야는 분류학이었다. 모든 생물을 계, 문, 강 목, 과, 속, 종이라는 분류 범주들로 세심하게 분류하고 다시 세분하는 일을 하는 분야였다. 그러나 스웨덴 생물학자 칼 린네가 1700년대 중반에 고안한 이 분류 체계는 근본 원리를 살펴보는 것이 아니라, 오로지 기재하는 일만 하는 것이었다.[12] 지구의 생물들을 어떤 식으로 나누고 묶을지를 이야기할 뿐, 그렇게 묶는 근본 원리가 무엇인지는 말하지 않았다. 생물학자라면 당연히 의문을 품을 만했다. 왜 생물들은 이런 식으로 분류되는 것일까? 이 분류의 항구성 또는 신뢰성을 유지하는 것이 무엇일까? 코끼리가 돼지로, 캥거루가 비버로 변하지 않게 막는 것은? 유전의 메커니즘은? 왜, 아니 어떻게, 생물은 자신을 닮은 자손을 낳는 것일까?

오랜 세월 동안 과학자들과 철학자들은 "닮음"이라는 문제를 붙들고 씨름했다. 기원전 530년경에 크로톤에 살았던 그리스의 학자 ― 반쯤은 과학자이고 반쯤은 신비주의자였던 ― 피타고라스는 부모와 자식 사이의 유사성을 설명하기 위해서 최초의 이론 중의 하나이자 가장 널리 받아들여진 이론을 내놓았다. 피타고라스 이론의 핵심은 유전정보("닮음")가 주로 남성의 정액을 통해서 운반된다는 것이었다. 정액은 남성의 몸속을 돌면서 각 장기로부터 신비한 증기를 흡수함으로써 유전 명령문들을 수집한다(눈은 색깔, 피부는 질감, 뼈는 길이 같은 정보를 제공한다). 남성의 평생에 걸쳐, 정액은 계속 돌면서 몸의 모든 부위들에 관한 정보를 담은 이동 도서관이 된다. 자아를 농축한 증류물이었다.

이 자기 정보―말 그대로 씨―는 성교 때 여성의 몸에 전달된다. 자궁 안에 들어가면, 정액은 모체로부터 영양분을 받아서 태아로 자란다. 피타고라스는 번식 때(모든 생산이 다 그렇듯이) 남성과 여성의 역할이 뚜렷이 나누어진다고 했다. 아버지는 태아를 만드는 핵심 정보를 제공한다. 어머니의 자궁은 이 정보가 아이로 자랄 수 있도록 양분을 제공한다는 것이다. 이 이론은 정원론(精原論, spermism)이라고 불리게 되었다. 이 이론은 정자가 태아의 모든 특징을 결정하는 중추적인 역할을 한다는 점을 강조했다.

피타고라스가 사망한 지 수십 년이 지난 기원전 458년, 극작가인 아이스킬로스는 이 기이한 논리를 동원하여 모친 살해를 법적으로 옹호하는 역사상 가장 별난 논지를 펼쳤다. 그의 비극인 『에우메니데스(Eumenides)』는 어머니 클리템네스트라를 살해한 아르고스의 왕자 오레스테스의 재판을 중심으로 전개된다. 대다수의 문화에서 모친 살해는 도덕적 타락의 궁극적인 행위로 인식된다. 『에우메니데스』에서 오레스테스의 변호인으로 뽑힌 아폴론은 놀라운 독창적인 주장을 한다. 아폴론은 오레스테스의 어머니가 그에게는 낯선 사람에 불과하다는 논지를 펼친다. 임신한 여성은 그저 영예를 얻는 인간 보육기, 탯줄을 통해서 아이에게 영양분을 공급하는 정맥 주사용 수액 주머니에 불과하다. 모든 인간의 진정한 조상은 아버지, 즉 "닮음"을 전달하는 정자를 지닌 사람이다. 아폴론은 호의적인 배심원단에게 말한다. "진정한 부모는 아기를 밴 여성의 자궁이 아닙니다. 여성은 새로 뿌려진 씨를 키우는 것일 뿐입니다. 남성이야말로 부모이지요. 여성은 그를 위해서 생명의 씨앗을 품고 있는 낯선 자를 위한 낯선 자일뿐입니다."[13]

피타고라스의 추종자들은 이 유전 이론의 명백한 비대칭성—남성이 모든 "본성"을 제공하고 여성이 자궁에서 첫 "양육"을 제공한다—에 그다지 개의치 않은 듯하다. 사실 그들은 그 부분에서 흡족해했을지도 모른다. 피타고라스학파는 삼각형의 신비한 기하학적 측면에 집착했다. 피타고라스는 삼각형 정리를, 즉 직각삼각형의 빗변 길이를 다른 두 변의 길이로부터 수학적으로 추론할 수 있다는 것을 인도나 바빌론의 기하학자들로부터 배웠다.[14] 그러나 나중에 그 정리는 그의 이름과 불가분하게 연결되었고(그래서 피타고라스 정리라고 한다), 그의 제자들은 그것을 매우 은밀한 수학적 패턴—"조화"—이 자연의 모든 곳에 숨어 있다는 증거라고 여겼다. 삼각형 모양의 렌즈를 통해서 세상을 들여다보려고 애쓰던 피타고라스학파는 유전에서도 삼각형의 조화가 작동하고 있다고 주장했다. 어머니와 아버지가 두 변이고, 아이가 세 번째 변이라는 것이다. 부모라는 두 변의 생물학적 빗변이었다. 삼각형의 빗변을 엄밀한 수학 공식을 써서 다른 두변으로부터 산술적으로 유도할 수 있는 것처럼, 아이도 부모 각자의 기여분으로부터 유도할 수 있었다. 아버지가 제공하는 본성과 어머니가 제공하는 양육으로부터 말이다.

피타고라스가 사망한 지 한 세기 뒤인 기원전 380년, 플라톤은 이 비유에 매료되었다.[15] 『공화국(The Republic)』의 가장 흥미로운 대목들 중 하나—어느 정도는 피타고라스에서 빌린—를 살펴보면, 아이가 부모의 산술적 유도물이라면 적어도 원리상 그 공식을 알아낼 수 있을 것이라고 플라톤은 주장한다.[16] 완벽하게 조합된 부모로부터 시기를 완벽하게 조정하여 잉태를 함으로써 완벽한 아이를 얻을 수 있는 공식이었다. 즉 유전의 "정리"는 존재했다. 단지 알려지기까지 기다리기만 하면 되는 것이었다. 그 정리를 알리고 그에 따른 조합을 이루도록 강요한다면, 어느 사회든 간에 가장 적합한 아이들을 확실히 얻을 수 있을 터였다. 일종의 수비학적 우생학이었다. 플라톤은 이렇게 결론지었다. "수호자들이 출생의 법칙에 무지하고, 신랑과 신부가 맞지 않는 시기에 합방을 한다면, 아이들은 빼어나지도 운이 좋지도 못할 것이다."[17] 미래에는 "출생의 법칙"을 해독한 그의 공화국의 수호자들, 엘리트 통치 계급이 그런 조화로운 "운 좋은" 결합만이 이루어질 수 있도록 조치할 것이다. 정치적 유토피아는 유전적 유토피아의 결과물로서 나올 것이다.

피타고라스의 유전 이론을 체계적으로 무너뜨리기 위해서는 아리스토텔레스 같은 엄밀하고 분석적인 정신의 소유자가 필요했다. 아리스토텔레스가 여성을 적극적으로 옹호했다고 할 수는 없지만, 그럼에도 불구하고 그는 그 이론의 토대를 구축할 때는 증거를 사용해야 한다고 믿었다. 그는 생물로부터 얻은 실험 자료를 써서 "정원론"의 장점과 문제점을 살펴보기 시작했다. 그 결과물인 『동물발생론(*On the Generation of Animals*)』이라는 압축된 저작은, 플라톤의 『공화국』이 정치철학의 기본 교과서가 된 것처럼, 인류유전학의 기본 교과서가 된다.[18]

아리스토텔레스는 유전이 오로지 남성의 정액이나 정자를 통해서만 이루어진다는 개념을 거부했다. 그는 아이가 어머니와 할머니로부터 특징들을 물려받을 수 있고(아버지와 할아버지로부터 물려받는 것과 똑같이) 이 특징들이 심지어 한 세대에서는 사라졌다가 그 다음 세대에서 다시 나타나는 식으로 세대를 건너뛸 수도 있다고 예리하게 지적했다. "그리고 절름발이에서 절름발이가 나오고 맹인에게서 맹인이 나오듯이, 기형[부모]으로부터 기형[자식]이 나오며, 일반적으로 그들은 자연에 반하는 특징들을 닮고는 하며, 종양과 흉터 같은 선천적인 표지를 지닌다. 그런 특징 중에는 3대까지 전달되는 것도 있었다. 한 예로, 팔에 검은 반점이 있는 사람의 아들에게는 그 반점이 없었는데, 손자에게는 좀 흐릿해지긴 하지만 같은 부위에 같은 검은 반점이나 있었다……시칠리아의 한 여성은 에티오피아 출신의 남성과 불륜을 저질렀다. 그 딸은 에티오피아인이 되지 않았지만, 그녀의 딸[손녀]은 에티오피아인이 되었다."[19] 손자는 부모에게서는 드러나지 않았던 특징인 할머니의 코나 피부색을 지닐 수 있으며, 그 현상은 오로지 부계를 통해서만 유전이 이루어진다는 피타고라스의 체계로는 거의 설명이 불가능하다.

아리스토텔레스는 정액이 전신을 돌아다니면서 각 신체 부위에서 비밀 "명령문"을 받음으로써 유전정보를 수집한다는 피타고라스의 "이동 도서관" 개념을 반박했다. 그는 "남성이 턱수염이나 흰 머리 같은 특징이 아직 드러나기 이전에 자식을 낳는"[20] 데도 자식에게 그런 특징들을 물려준다고 날카롭게 지적했다. 때로는 무형의 특징도 유전되고는 했다. 걸음걸이나 먼 곳을 응시하는 습관, 심지어 정신 상태도 그랬다. 아리스토텔레스는 그런 형질 ― 애초에 물질적이지 않은 ― 은 정액 안에서 물질화될 수가 없는 것이라고 주장했다. 그리고 마지막이자 아마 더욱 명료하게, 그는 가장 자명한 논거를 토대로 피타고라스 체계를 공격했다. 그 체계로는 여성의 해부구조를 설명할 수가 없다는 것이다. 그는 아버지의 몸 어디에서도 딸의 "생식기관"을 전혀 찾을 수 없는데, 그 기관을 만들 명령문을 아버지의 정자가 어떻게 "흡수할" 수 있냐고 반문했다. 피타고라스의 이론은 발생의 모든 측면을 설명할 수 있었다. 생식기관이라는 가장 중요한 측면을 빼고 말이다.

아리스토텔레스는 당대에 놀라울 만큼의 급진적인 대안 이론을 내놓았다.[21] 남성과 마찬가지로 여성도 태아에 실제 물질을 줄 수 있을 것이라는 이론이었다. 여성 정액이라는 형태로 말이다. 그리고 아마 태아는 남성 쪽과 여성 쪽의 **공동** 기여를 통해서 형성될 것이라고 했다. 유추를 통해서 이해를 돕고자, 그는 남성의 기여분을 "운동 원리(principle of movement)"라고 했다. 여기서 "운동"은 진짜 운동을 말하는 것이 아니라, 명령문, 즉 정보를 의미했다. 오늘날의 표현을 쓰면 **유전 암호(code)**이다. 성교 때 교환되는 실제 물질은 더 모호하면서 수수께끼처럼 이루어지는 교환의 대역에 불과했다. 사실, 물질은 실제로는 물질이 아니었다. 남성에게서 여성에게로 전달되는 것은 물질이 아니라, 메시지였다. 건물을 지을 설계도처럼, 혹은 나무를 다듬을 목수의 수작업처럼, 남성의 정액은 아이를 만들 명령문을 전달했다. 아리스토텔레스는 이렇게 썼다. "목수가 나무를 다듬을 때 목수에게서 나무로 들어가는 물질 따위는 전혀 없지만, 목수가 계획한 움직임을 통해서 목수로부터 재료로 모양과 형태가 전달된다……그렇듯이 자연은 정액을 도구로 사용한다."[22]

대조적으로 여성 정액은 태아를 위한 물질 원료를 제공했다. 목수를 위한 나무나 건물을 위한 회반죽처럼 말이다. 원료와 함께 거기에 채워넣을 생명을 제공했다. 아리스토텔레스는 여성이 실제로 제공하는 물질이 생리혈이라고 주장했다. 남성의 정액은 그 생리혈을 태아 모양으로 조각했다(지금 들으면 어처구니없어 보일지 몰라도, 여기에도 아리스토텔레스의 꼼꼼한 논리가 배어 있다. 생리혈이 사라지는 시기에 잉태가 이루어지므로, 그는 태아가 생리혈로부터 만들어지는 것이 틀림없다고 여겼다).

남성과 여성의 기여분을 "물질"과 "메시지"로 나누었다는 점은 잘못되었지만, 추상적으로 볼 때 아리스토텔레스는 유전의 본질에 관한 핵심 진리 중 하나를 포착했다. 그가 간파했듯이, 유전의 전달은 본질적으로 정보의 전달이었다. 전달된 정보는 무에서 생물을 만드는 데에 쓰였다. 메시지는 물질이 되었다. 그리고 개인은 성숙하면, 다시 남성 또는 여성의 정액을 만들었다. 물질이 다시 메시지로 변형되었다. 사실상 피타고라스의 삼각형보다 원에서 순환 주기가 작동을 한다. 형태는 정보를 낳고, 정보는 다시 형태를 낳았다. 오랜 세월이 흐른 뒤, 생물학자 막스 델브뤼크는 아리스토텔레스에게 노벨상을 추서해야 한다고 농담을 하고는 했다.[23] DNA 발견의 공로자로서 말이다.

그러나 유전이 정보로서 전달된다면, 그 정보는 어떻게 유전 암호로 담긴 것일까? 암호(code)라는 영어 단어는 필기구로 글을 새기는 나무판을 가리키는 라틴어인 카우덱스(caudex)에서 유래했다. 그렇다면 유전의 카우덱스는 무엇이었을까? 무엇이 새겨지며, 어떻게 새겨졌을까? 물질은 한 몸에서 다른 몸으로 어떻게 꾸려져서 운반되었을까? 아기를 만들 암호는 누가 짰고, 누가 해독했을까?

이 질문들에 대한 가장 창의적인 답은 가장 단순한 것이었다. 유전 암호의 필요성을 아예 없앤 것이다. 이 이론은 정자에 이미 아주 작은 인간이 들어 있다고 주장했다. 형태를 다 갖춘 작은 태아가 쭈그러들고 웅크려져서 아주 극소의 크기로 있다가 서서히 팽창하여 아기가 된다는 것이었다. 이 이론은 중세 신화와 민담에 다양하게 변형되어 나타난다. 1520년대에 스위스의 연금술사 파라켈수스는 정자 속의 미소 인간(微小人間) 이론을 토대로, 사람의 정자를 말똥과 섞어서 가열한 뒤 진흙 속에 정상적인 임신 기간인 40주일 동안을 묻어두면, 몇 가지 괴물 같은 모습을 지니기는 하겠지만 사람으로 자랄 것이라고 주장했다.[24] 정상적인 아기의 잉태는 그저 이 미소 인간—호문쿨루스(homunculus)—을 아빠의 정자에서 엄마의 자궁으로 옮기는 것에 불과했다. 이 미소 인간은 자궁 속에서 부풀어서 태아 크기가 되었다. 유전 암호 같은 것은 없었다. 그저 축소화만 있을 뿐이었다.

전성설(前成說, preformation)이라는 이 개념의 독특한 매력은 무한 반복된다는 데에 있었다. 호문쿨루스가 성숙하여 자신의 아이를 만들므로, 호문쿨루스 안에는 작은 호문쿨루스, 후자의 안에는 더욱 작은 호문쿨루스가 차곡차곡 미리 형성되어 있어야 했다. 무한히 이어지면서 속에 겹겹이 들어 있는 러시아 인형처럼, 인간 안에는 갈수록 더 작은 인간이 차곡차곡 들어 있어야 했다. 최초의 인간인 아담에게서부터 먼 미래의 인간에게 이르기까지, 기나긴 존재의 사슬이 죽 이어져야 했다. 중세 기독교인들에게는 그런 인간 존재의 사슬이 원죄(原罪)를 가장 강력하면서 독창적으로 이해하는 방편이 되었다. 미래의 모든 인간이 모든 인간의 몸속에 들어 있으므로, 우리 각자는 아담이 아담의 중대한 죄를 저지르는 순간에 그의 몸속에 물리적으로 들어 있어야 했다. 한 신학자는 "우리 최초의 아버지의 고환 안에……둥둥 뜬 채로"
라고 묘사했다.[25] 따라서 우리가 태어나기 수천 년 전에 이미 우리 안에 죄가
담겨 있었다. 아담의 고환으로부터 곧바로 그의 후손들에게 이어졌다. 우리
모두는 오점을 지녔다. 우리의 직계 조상이 오래 전 그 동산에서 유혹에 넘어
갔기 때문이 아니라, 우리 각자가 아담의 몸속에서 실제로 그 과일의 맛을
보았기 때문이다.

전성설의 두 번째 매력은 암호 해독이라는 문제를 아예 없애버린다는 점이
었다. 초창기의 생물학자들은 암호화—인체가 모종의 암호로 전환되는 과정
(피타고라스는 삼투 현상을 통해서 일어난다고 했다)—에서는 통찰력을 발
휘할 수 있었을지라도, 그 반대 과정인 암호를 다시 인간으로 **되돌리는** 해독
문제에서는 갈피조차 잡지 못했다. 인간처럼 복잡한 형태를 갖춘 무언가가
어떻게 정자와 난자의 결합에서 나올 수 있단 말인가? 호문쿨루스는 이 개념
적 문제를 비켜갔다. 아이가 사전에 이미 들어 있다면, 형성 과정은 그저 팽
창 행위에 불과한 것이었다. 풍선 인형의 생물학적 판본이나 다름없었다. 암
호 해독에 쓸 열쇠도 해독표도 아예 필요 없었다. 사람의 발생은 그저 물을
첨가하는 문제일 뿐이었다.

그 이론이 너무나 매혹적이었기 때문에—너무나 생생하게 와 닿았기 때문
에—현미경이 발명되었어도 호문쿨루스 이론에 치명적인 타격을 입히지 못
했다. 1694년, 네덜란드의 의사이자 현미경 연구자인 니콜라스 하르추커르는
그런 미소 인간의 모습을 꾸며냈다.[26] 정자의 머리 속에 커다란 머리를 지닌
미소 인간이 태아 자세로 웅크리고 들어 있는 모습이었다. 1699년 네덜란드
의 다른 현미경 연구자는 사람의 정자 안에서 호문쿨루스처럼 생긴 것이 많
이 떠다니는 광경을 보았다고 주장했다. 여느 의인화 환상—달에서 사람 얼
굴을 찾아내는 것과 같은—과 마찬가지로, 그 이론도 상상이라는 렌즈를 통
해서 확대된 사례에 불과했다. 호문쿨루스 그림은 정자의 꼬리를 사람의 머
리카락으로 표현하고, 정자의 머리를 사람의 작은 머리뼈로 그리는 식으로

수정되어 17세기에 널리 퍼졌다. 17세기 말 무렵에 전성설은 인간과 동물의 유전을 가장 논리적으로 그리고 일관적으로 설명할 수 있는 이론이라고 받아들여진 상태였다. 커다란 나무가 작은 묘목에서 자라듯이, 인간은 작은 인간에게서 나온다고 여겼다. 1669년 네덜란드 과학자 얀 스바메르담은 이렇게 썼다. "자연에 발생이란 없으며, 오직 번식만 있을 뿐이다."[27]

그러나 사람의 몸속에 축소판 사람이 무한히 반복되어 들어 있다는 이 말에 모든 사람들이 넘어간 것은 아니었다. 전성설을 반박하는 주된 개념은 배아가 발생할 때 배아에게서 전혀 **새로운** 부위가 형성되도록 이끄는 어떤 일이 일어나야 한다는 것이었다. 인간은 미리 만들어져서 쪼그라든 상태로 존재하다가 그저 부풀어 오르는 것이 아니었다. 정자와 난자에 담긴 특정한 명령문들을 이용하여 무(無)에서 발생해야 했다. 팔다리, 몸통, 뇌, 눈, 얼굴, 더 나아가 대물림되는 기질이나 성향에 이르기까지, 모두 배아가 태아로 펼쳐질 때마다 매번 새롭게 만들어져야 했다. 발생은 일어났다. 발생은 실제로 일어났다.

그렇다면 어떤 추진력, 즉 명령문이 정자와 난자로부터 배아, 그리고 궁극적으로 생물을 발생시키는 것일까? 1768년, 베를린의 발생학자 카스파르 볼프는 수정란이 자라서 점점 사람의 형태를 갖추어가는 과정을 주관하는 지도 원리—본질적인 형성력(vis essentialis corporis)—를 고안함으로써 답을 제시하고자 했다.[28] 아리스토텔레스처럼 볼프도 배아에 단지 인간의 축소판이 있는 것이 아니라, 무에서 인간을 만드는 명령문인 일종의 암호화한 정보—**유전 암호**—가 들어 있다고 추측했다. 그러나 볼프는 라틴어 명칭을 붙인 모호한 원리를 창안했을 뿐, 그것의 구체적인 내용을 전혀 제시하지 못했다. 그는 명령문들이 수정란에서 뒤섞인다고 모호하게 주장했다. 보이지 않는 손처럼 어떤 본질적인 형성력이 작용하여 이 덩어리를 사람의 형상으로 빚어낸다는 것이었다.

18세기의 대부분 동안에 생물학자, 철학자, 기독교 학자, 발생학자는 전성설과 "보이지 않는 손"을 놓고서 격렬한 논쟁을 벌였다. 외부인은 별로 중요하지 않은 문제로 여겼을지도 모르지만 말이다. 어쨌든 케케묵은 주장들만 난무했다. 19세기의 한 생물학자는 "지금 대립하는 견해들은 한 세기 전부터 이미 있던 것들이다"[29]라고 타당한 불평을 했다. 사실 전성설은 대체로 피타고라스의 이론, 즉 정자에 새로운 사람을 만드는 모든 정보가 담겨 있다는 이론을 고쳐 말한 것이었다. 그리고 "보이지 않는 손"은 유전이 물질을 만들 메시지의 형태로 운반된다는 아리스토텔레스의 개념을 좀더 번지르르하게 고쳐 말한 것에 불과했다(명령문들을 지닌 "손"이 배아를 빚어냈다).

이윽고 두 이론은 현란하게 옹호되었다가, 장엄하게 무너지게 된다. 아리스토텔레스와 피타고라스 모두 옳은 부분도 있고 틀린 부분도 있었다. 그러나 1800년대 초가 되자, 유전과 배아발생이라는 분야 전체는 개념적 막다른 골목에 도달한 듯이 보였다. 생물학 분야의 세계 최고의 학자들은 유전이라는 문제를 붙들고 고심을 거듭했지만, 2,000년 전 그리스의 두 섬에서 살았던 두 사람의 모호한 생각을 뛰어넘는 발전을 거의 이루어내지 못했다.

"수수께끼 중의 수수께끼"

……그것들은 우리에게 모든 것이 맹목적으로 돌아갔다고 말하는 듯
하다
정글에 사는 한 하얀 원숭이의
마음속에 우연히 가 닿을 때까지,
그런 뒤에도 그 마음은 서툴게 더듬거려야 했다
어느 날 다윈이 등장할 때까지……
　　─로버트 프로스트, 「우연을 가장한(Accidentally on Purpose)」[1]

멘델이 아직 실레지아의 어린 학생이었던 1831년 겨울, 젊은 성직자인 찰스 다윈은 영국 남서부 연안의 플리머스 해협에서 대포 10문을 장착한 범선인 HMS 비글 호에 올랐다.[2] 당시 다윈은 22세였다. 그의 아버지도 할아버지도 저명한 의사였다. 그는 아버지를 닮아서 얼굴이 넓적하고 잘 생겼고, 피부는 어머니를 닮아서 새하얬으며, 집안 특유의 도드라진 짙은 눈썹을 가지고 있었다. 그는 에든버러에서 의학을 공부하려고 했다.[3] 그러나 "수술실에서…… 피와 톱밥이 튀는 가운데 꽁꽁 묶인 채 누워서 비명을 지르는 아이"의 모습을 보고 겁에 질려서 그만둔 그는 대신 케임브리지의 크리스트 칼리지로 가서 신학을 공부했다.[4] 그렇지만 다윈은 신학 외의 다른 분야에도 두루 관심을 가지고 있었다. 시드니 가의 담배 가게 위층 방에 지내면서, 딱정벌레를 수집하고, 식물학과 지질학을 공부하고, 기하학과 물리학을 배우는 한편, 신의 개입과 동물의 창조에 관해서 열띤 논쟁을 벌이고는 했다.[5] 다윈은 신학이나

철학보다 자연사, 즉 체계적인 과학 원리를 이용하여 자연 세계를 연구하는 분야에 더 마음이 끌렸다. 그는 성직자이자 식물학자 그리고 지질학자였던 존 헨슬로에게서 배웠다.[6] 헨슬로는 드넓은 야외 자연사 박물관이라고 할 수 있는 케임브리지 식물원을 조성하여 운영했다. 다윈은 처음에 그곳에서 동식물 표본을 수집하고 동정(同定)하고 분류하는 법을 배웠다.

다윈의 학창시절에 그의 상상력을 유달리 자극한 두 권의 책이 있었다. 하나는 달스턴 교구의 신부였던 윌리엄 페일리가 1802년에 출간한 『자연신학(*Natural Theology*)』이었다.[7] 다윈은 그 책에 실린 논증에 깊이 공감했다. 페일리는 이렇게 썼다. 누군가가 황무지를 걷다가 우연히 땅에 떨어진 시계를 발견했다고 가정하자. 그는 시계를 주워서 열어본다. 맞물려 돌아가는 톱니바퀴들로 이루어진 정교한 장치가 보인다. 시간을 알려줄 수 있는 기계 장치이다. 그런 장치는 시계공만이 만들 수 있다고 가정하는 것이 논리적이지 않겠는가? 페일리는 자연계에도 같은 논리가 적용되어야 한다고 추론했다. "머리를 돌릴 수 있는 축, 엉덩이 관절 안에 있는 인대"처럼 인간의 신체 기관과 생물의 절묘한 구조는 오직 한 가지 사실을 가리키는 것일 수 있다. 모든 생물을 대단히 뛰어난 설계자, 신성한 시계공, 바로 신이 창조했다는 것이다.

두 번째 책인 천문학자 존 허셜 경이 1830년에 출간한 『자연철학 연구에 관한 예비 고찰(*A Preliminary Discourse on the Study of Natural Philosophy*)』에는 전혀 다른 견해가 들어 있었다.[8] 허셜은 자연계가 언뜻 보면 믿어지지 않을 만큼 복잡해 보인다고 인정했다. 그러나 과학은 복잡해 보이는 현상을 원인과 결과로 환원시킬 수 있다. 운동은 물체에 힘이 작용한 결과이고, 열은 에너지 전달이 관여하며, 소리는 공기의 진동을 통해서 생긴다. 허셜은 화학적 현상, 그리고 궁극적으로 생물학적 현상도 그런 인과 법칙으로 설명될 수 있을 것이라고 믿었다.

허셜은 생물의 창조에 특히 관심이 많았다. 그는 그 문제를 체계적으로 분석하여 두 가지의 기본 문제로 세분했다. 하나는 무생물에서부터 생물이 창조되었다는 문제였다. 무(無)로부터의 발생(genesis ex nihilo)이었다. 그는 이 부분에서는 신의 창조라는 교리에 도전할 수 없음을 알았다. "만물의 기원까지 거슬러올라가서 창조에 관해서 생각하는 것은 자연철학자가 할 일이 아니다."[9] 신체 기관과 생물은 물리학과 화학의 법칙에 따라 행동할지 몰라도, 생명의 발생 자체는 이 법칙을 통해서는 결코 이해할 수 없다. 그것은 마치 신이 아담에게 에덴동산에 멋진 작은 연구실을 주었지만, 에덴동산의 벽 너머를 들여다보지 말라고 금지한 것과 같았다.

그러나 허셜은 두 번째 문제는 더 파고들 여지가 있다고 생각했다. 일단 생명이 탄생한 뒤에, 자연에서 관찰되는 다양성은 어떤 과정을 통해서 나온 것일까? 이를테면, 새로운 동물 종은 다른 종에게서 어떻게 나왔을까? 언어를 연구하는 인류학자들은 말이 변형되어 기존 언어에서 새 언어가 출현했다는 것을 보여주었다. 산스크리트어와 라틴어는 고대 인도유럽어에서 돌연변이와 변이를 거쳐 나왔음을 추적할 수 있으며, 영어와 플랑드르어도 공통의 어원을 가졌다. 지질학자들은 지구의 현재 모습—암석, 균열, 산—이 기존 요소들의 변형을 통해서 형성되었다고 주장해왔다. 허셜은 이렇게 썼다. "옛 시대의 스러진 유적에는……해석이 가능한 지워지지 않은 기록이 담겨 있다."[10] 선견지명이 담긴 깨달음이었다. 과학자는 과거의 "스러진 유적"을 조사하여 현재와 미래를 이해할 수 있기 때문이다. 허셜은 종의 기원을 설명할 올바른 메커니즘을 제시하지는 못했지만, 올바른 질문을 했다. 그는 그것을 "수수께끼 중의 수수께끼"라고 했다.

케임브리지에서 다윈이 푹 빠진 분야인 자연사에서는 허셜의 "수수께끼 중의 수수께끼"[11]를 푸는 일에 별 관심이 없었다. 몹시 탐구적이었던 고대 그리스인들은 생물 연구가 자연계의 기원이라는 문제와 긴밀한 관련이 있다고 보았다. 그러나 중세 기독교인들은 그쪽으로 계속 탐구를 하다가는 불편한 이론으로 이어질 수밖에 없음을 곧 알아차렸다. "자연"은 신의 창조물이었다. 그리고 기독교 교리 안에서 안주하려면, 자연사학자들은 창세기에 비추어서 자연의 이야기를 해야만 했다.

기재적 자연관, 즉 동식물을 식별하고 이름을 붙이고 분류하는 행위는 얼마든지 용납되었다. 자연의 경이를 기재하는 행위는 사실상 전능한 신이 창조한 생물들의 엄청난 다양성을 찬미하는 것이었다. 그러나 **기계론적** 자연관은 창조라는 교리의 토대 자체에 의구심을 품게 할 위험성을 가지고 있었다. 동물이 왜 그리고 언제 창조되었는지, 어떤 메커니즘이나 힘이 관여했는지를 묻는 것은 신의 창조라는 신화에 도전하는 것이자 이단에 위험할 만큼 가까이 다가가는 것이었다. 이런 상황 속에 18세기 말까지 이른바 성직자-자연사학자들이 자연사 분야의 주류였던 것도 놀랄 일이 아니었다.[12] 그들 즉 교구 신부, 주임 신부, 수도원장, 부제, 수사 등은 경이로운 신의 창조물을 찬미하기 위해서 정원을 가꾸고 동식물 표본을 채집했지만, 대개 창조의 근본적인 가정들에는 의문을 품지 않으려고 했다. 교회는 이 과학자들에게 안식처를 제공했다. 그런 한편으로 사실상 그들의 호기심을 거세했다. 다른 방향의 탐구를 너무나 가혹하게 금지했기 때문에, 성직자-자연사학자들은 창조 신화에 **의문**을 제기하는 일조차 없었다. 교회와 탐구 정신은 완벽하게 분리되어 있었다. 그 결과, 그 분야에는 독특한 왜곡 현상이 발생했다. 동식물 종을 분류하는 분류학이 번창했음에도, 생명의 기원 탐구는 금지 구역으로 내던져졌다. 자연사는 역사 없는 자연을 연구하는 분야가 되었다.

다윈은 이 정적인 자연관이 마음에 들지 않았다. 그는 자연사학자란 모름지기 자연계의 현황을 원인과 결과라는 관점에서 기술할 수 있어야 한다고 보았다. 물리학자가 공중에 뜬 공의 움직임을 묘사하는 식으로 말이다. 다윈의 파괴적인 재능의 본질은 자연을 단순히 사실로서가 아니라, 과정으로서, 진행으로서, 역사로서 고찰하는 능력이었다. 그것은 멘델과의 공통점이기도 했다. 둘 다 성직자이자 정원사이자 열정적인 자연 관찰자인 다윈과 멘델은 동일한 질문을 서로 다른 관점에서 함으로써 중대한 도약을 이루었다. "자연"

은 어떻게 존재하게 되었을까 하는 질문이었다. 멘델은 미시적으로 물었다. 한 생물은 어떻게 유전정보를 바로 다음 세대로 전달할까? 다윈은 거시적으로 물었다. 생물은 어떻게 형질에 관한 정보를 수천 세대에 걸쳐 전달할까? 이윽고 두 관점은 수렴되어 현대 생물학에서 가장 중요한 종합을 이루면서, 인간의 유전을 이해하는 데에 가장 강력한 도구가 되었다.

케임브리지를 졸업한 지 2달 뒤인 1831년 8월, 다윈은 스승인 존 헨슬로가 보낸 편지를 받았다.[13] 남아메리카 해안 "측량"을 위한 탐사대가 꾸려졌는데, 표본 수집을 도울 수 있는 "신사 과학자(gentleman scientist)"를 구하는 중이라는 내용이었다. 비록 과학자보다는 신사 쪽에 가까웠지만(중요한 과학 논문을 발표한 적이 없으므로), 다윈은 자신이야말로 적임자라고 생각했다. 그는 비글 호에 타기로 마음먹었다. "완성된 자연사학자"로서가 아니라, "자연사에 기록될 가치가 있는 모든 것을 수집하고 관찰하고 기록할 충분한 능력을 갖춘" 훈련 중인 과학자로서 말이다.

비글 호는 1831년 12월 27일 닻을 올리고서 73명을 태우고 강풍을 뚫고 맞바람을 맞으면서 남쪽의 테네리페 섬으로 향했다.[14] 1월 초에 배는 케이프베르데로 향했다. 배는 그가 예상했던 것보다 더 작았고, 바람은 예상보다 훨씬 더 변덕스러웠다. 그의 발밑에서 바다는 끊임없이 요동치고 있었다. 그는 외로웠고, 멀미에 시달렸고, 탈수 증세를 보였다. 그는 건포도와 빵을 먹으면서 간신히 버텼다. 그 달부터 그는 일지를 쓰기 시작했다. 소금기에 찌든 측량 지도 위에 걸친 해먹에 기댄 채, 그는 가져온 몇 권의 책을 숙독했다. 밀턴의 『실낙원(*Paradise Lost*)』(그의 현재 상황과 너무나 잘 들어맞는 듯했다)과 1830-33년에 걸쳐 나온 찰스 라이엘의 『지질학 원리(*Principles of Geology*)』였다.[15]

그는 라이엘의 책에 매우 깊은 인상을 받았다. 라이엘은 암반이나 산처럼 복잡한 지질학적 특징들이 신의 손을 통해서가 아니라, 아주 오랜 시간에 걸쳐 침식, 침강, 퇴적 같은 느린 자연적인 과정을 통해서 만들어진 것이라고 주장했다(당시로서는 급진적이었다).[16] 그는 성경에 나온 한 차례의 대홍수가 아니라, 수백만 번의 홍수가 있었다고 주장했다. 신이 한 차례의 대격변이 아니라 100만 번의 종이 오리기를 통해서 지구를 만들었다는 것이다. 라이엘의 핵심 개념, 즉 느리게 작용하는 자연력들이 지구를 형성하고 재형성하면서 자연을 조각한다는 개념이 다윈에게 강력한 지적 자극제였음이 드러난다. 1832년 2월, 여전히 "속이 거북하고 토하고는 하면서" 다윈은 남반구로 넘어갔다. 바람의 방향이 바뀌었고, 해류도 바뀌었으며, 새로운 세계가 그의 눈앞에 펼쳐졌다.

스승이 예측한 대로, 다윈은 탁월한 표본 채집가이자 관찰자임을 증명했다. 비글 호가 몬테비데오, 바이아, 블랑카, 포트데지레를 거쳐 남아메리카의 동해안을 따라 남쪽으로 향하는 동안, 그는 총을 들고 만(灣), 우림, 절벽을 돌아다니면서, 온갖 뼈, 식물, 털가죽, 암석, 패류 껍데기를 수집하여 배에 실었다. 선장은 "쓰레기 화물"이라고 불평했다. 다윈은 남아메리카에서 살아 있는 표본만이 아니라, 고대 화석도 채집했다. 다윈이 갑판에 그것들을 길게 죽 늘어놓으면, 마치 자신만의 비교해부학 박물관을 차린 듯했다. 1832년 9월, 그는 푼타 알타 인근의 회색 절벽과 갯벌로 덮인 만을 탐사하다가, 경이로운 자연의 묘지를 발견했다.[17] 멸종한 거대 포유동물들의 화석 뼈들이 눈앞에 널려 있었다. 그는 미친 치과 의사마냥 암석에서 한 화석의 턱뼈를 캐냈다. 다음 주에 다시 간 그는 이번에는 석영이 박힌 암석에서 거대한 머리뼈를 캤다. 그 머리뼈는 나무늘보의 매머드 버전인 메가테리움(megatherium)의 것이었다.[18]

그 달에 다윈은 자갈과 암석 사이에 널려 있는 뼈들을 더 많이 찾아냈다. 11월에는 한 우루과이 농민에게 18펜스를 주고서 한때 그 평원을 돌아다녔던 또다른 멸종한 포유동물의 거대한 머리뼈 조각을 얻었다. 다람쥐의 이빨처럼 생긴 거대한 이빨을 지닌 코뿔소처럼 생긴 톡소돈(*Toxodon*)의 것이었다. 다윈은 이렇게 적었다. "너무나도 운이 좋았다. 이 포유류 중에는 거대한 것도 있었고, 난생 처음 보는 것도 많았다." 그는 돼지만 한 기니피그의 뼈, 탱크와 흡사한 아르마딜로의 장갑판, 코끼리만 한 나무늘보의 코끼리만 한 뼈를 채집하여, 배편으로 영국으로 보냈다.

비글 호는 뾰족한 턱처럼 튀어나온 티에라 델 푸에고 끝자락을 돌고서는 남아메리카의 서해안을 따라 북쪽으로 올라갔다. 1835년 배는 페루 해안 도시 리마를 떠나서 에콰도르 서쪽에 있는 화산섬들이 검은 숯을 뿌린 듯이 고독하게 떠 있는 곳으로 향했다.[19] 바로 그곳이 갈라파고스 제도였다. 선장은 이렇게 썼다. "불길해 보이는, 시꺼멓고 부서진 용암 더미들은 지옥에나 어울릴 해안을 이루고 있다." 에덴동산의 지옥판 같았다. 아무도 손대지 않은 새까맣게 탄 바위들이 널려 있는 고립된 섬이었다. 그 위를 "무시무시한 이구아나", 육지거북, 새가 뒤덮고 있었다. 배는 이 섬 저 섬을 돌아다녔다. 섬은 약 18개였다. 다윈은 해안에서 속돌 더미를 기어오르면서 새, 식물, 도마뱀을 채집했다. 선원들은 거북 고기를 주식으로 삼았다. 섬마다 서로 생김새가 다른 육지거북이 살고 있었다. 5주일 동안 다윈은 온갖 핀치, 흉내지빠귀, 노랑부리검은지빠귀, 밀화부리, 굴뚝새, 앨버트로스, 이구아나, 바닷말과 육상식물을 채집했다. 선장은 눈살을 찌푸리면서 고개를 절레절레 저었다.

10월 20일, 비글 호는 출항하여 타히티로 향했다.[20] 다윈은 자기 선실에 틀어박혀서 채집한 새들을 체계적으로 분석하기 시작했다. 그를 유달리 더 의아하게 만든 것은 흉내지빠귀들이었다. 그는 세 변종 중의 두 종류를 채집했는데, 각각은 매우 뚜렷이 구별되었고, 사는 섬도 서로 달랐다. 그 자리에서 그는 자신이 앞으로 쓰게 될 과학 문장 중 가장 중요한 한 문장을 휘갈겨썼다. "각 변종은 자기 섬에만 산다." 다른 동물들에게도, 이를테면 육지거북에게도 같은 양상이 나타날까? 섬마다 고유한 형태의 거북이 있을까? 뒤늦게 그는 거북에게도 같은 양상이 나타나는지 알아보려 했다. 그러나 너무 늦었다. 그와 선원들이 증거가 될 거북들을 점심으로 이미 먹어치운 후였다.

바다에서 5년을 보낸 뒤 영국으로 돌아왔을 때, 다윈은 이미 자연사학자들 사이에서 얼마간의 명성을 얻은 상태였다. 그가 남아메리카에서 보낸 엄청난 양의 화석은 영국에서 꺼내어져 보존되고 목록으로 작성되고 분류되는 중이었고, 그 표본들만으로도 박물관을 세울 수 있을 정도였다. 박제사이자 조류 화가인 존 굴드는 조류 표본의 분류를 맡았다. 라이엘은 지질학회 회장 강연을 할 때 다윈의 표본을 전시했다. 왕립 외과 의사 협회에서 귀족의 송골매처럼 영국의 자연사학자들 위를 군림하던 고생물학자 리처드 오언은 다윈의 뼈 화석들을 검증하고 목록을 작성했다.

오언, 굴드, 라이엘이 남아메리카의 보물들을 분류하고 명명하는 데에 몰두할 때, 다윈의 관심은 다른 쪽으로 향해 있었다. 다윈은 세분론자가 아니라 통합론자였다. 즉 다양성의 근원에 놓인, 더 심오한 해부구조를 찾으려는 사람이었다. 그에게 분류학과 명명법은 더 큰 목적을 위한 수단에 불과했다. 그는 표본들의 배후에 있는 미지의 패턴, 조직체계가 중요함을 본능적으로 알아차렸다. 계와 목 같은 분류 범주가 아니라, 생물 세계를 관통하는 질서체계가 중요하다는 것을 직감했다. 나중에 빈에서 교사 시험을 보던 멘델을 좌절시킬 바로 그 질문―생물들은 대체 왜 이런 식으로 조직되어 있을까?―에 다윈이 깊이 몰입하기 시작한 것은 1836년이었다.

그해에 두 가지 사실이 드러났다. 첫째, 화석들을 꼼꼼하게 살펴본 오언과 라이엘은 근원적인 패턴을 하나 발견했다. 그들은 대체로 거대한 화석 뼈들이 발견된 바로 그 지역에서 현재 살고 있는 동물들이 거대해져서 나온 듯한 멸종 동물의 것임을 알아차렸다. 커다란 장갑판을 갖춘 아르마딜로는 현재 덤불 속을 돌아다니는 작은 아르마딜로가 사는 바로 그 계곡에 살았다. 거대한 나무늘보는 현재 훨씬 더 작은 나무늘보가 사는 바로 그곳에서 살았다. 다윈이 땅에서 캐낸 거대한 정강이뼈는 코끼리만 한 거대한 라마의 것임이 드러났다. 현재 남아메리카에는 그보다 더 작은 라마가 살고 있다.

두 번째 기이한 사실은 굴드가 발견했다. 1837년 초봄, 굴드는 다윈이 보낸 굴뚝새, 솔새, 검은지빠귀, "부리가 큰 새" 등 잡다한 새들이 사실은 잡다하지도 다양하지도 않다고 다윈에게 말했다. 다윈이 분류를 잘못했던 것이다. 그 새들은 모두 핀치였다. 무려 13종의 핀치였다. 부리, 발톱, 깃털이 서로 너무나 달랐기에, 훈련된 눈을 지닌 사람만이 그 밑에 숨겨진 통일성을 간파할 수 있었다. 목이 가느다란 굴뚝새처럼 생긴 솔새와 넓적한 목에 집게 같은 부리를 지닌 검은지빠귀는 해부학적으로 사촌 관계였다. 즉 같은 종의 변이 형태들이었다. 그 솔새는 과일과 곤충을 주로 먹었다(그래서 부리가 피리처럼 생겼다). 스패너 같은 부리를 지닌 핀치는 땅에서 돌아다니며 씨를 깨먹었다(그래서 부리가 호두까기처럼 생겼다). 섬마다 달랐던 흉내지빠귀들도 세 종류의 핀치였다. 즉 모든 섬에 핀치가 있었다. 마치 섬마다 자신만의 핀치 변이체가 있는 듯했다. 새마다 자기가 속한 섬의 바코드가 찍혀 있었다.

다윈은 이 두 가지 사실을 어떻게 조화시킬 수 있었을까? 이미 그의 머릿속에서는 개략적인 개념이 형성되고 있었다. 아주 단순하지만 너무나 급진적이기 때문에, 그 어떤 생물학자도 감히 전면적으로 탐구할 생각을 못하던 개념이었다. 모든 핀치가 하나의 **공통 조상** 핀치로부터 나온 것이라면? 오늘날의 작은 아르마딜로가 거대한 조상 아르마딜로로부터 나온 것이라면? 라이엘은 현재의 지구 경관이 수백만 년에 걸쳐 누적된 자연력의 산물이라고 주장했다. 1796년에 프랑스 물리학자 피에르-시몽 라플라스는 현재의 태양계조차도 오랜 세월에 걸쳐 물질이 서서히 식어서 응축되어 생긴 것이라고 주장했다(나폴레옹이 그 이론에 신이 왜 빠져 있냐고 묻자, 라플라스는 매우 당당하게 대답했다. "폐하, 저는 그 가설이 필요 없습니다"). 현재의 동물 형태들 역시 오랜 세월에 걸쳐 누적된 자연력들의 결과물이라면 어떨까?

1837년 7월, 뜨거운 열기 속에 말버러 가에 있는 자신의 서재에서 다윈은 새로운 공책을 펼쳐서(공책 B) 시간이 지남에 따라서 동물이 어떻게 변할 수 있는지에 관한 생각을 적기 시작했다. 저절로 떠오르는 생각을 다듬지 않은 채 자기 혼자만을 위해서 써내려간 공책이었다. 공책의 한 쪽에 그는 계속 머리에 떠오르곤 했던 한 그림을 그렸다. 모든 종(種)이 신의 창조라는 중앙 허브에서 바퀴살처럼 뻗어 나온 것이 아니라, "나무"의 가지들처럼, 혹은 강에서 갈라져 나온 개울들처럼, 조상 줄기가 나뉘고 또 나뉘어서 점점 더 작은 가지들을 생성함으로써 현대의 수많은 후손 종들이 나왔다는 생각이 담긴 그림이었다.[21] 언어, 경관, 서서히 식어가는 우주와 마찬가지로, 아마 동식물들도 점진적이고 꾸준한 변화라는 과정을 통해서 더 이전의 형태에서부터 나왔으리라는 것이었다.

다윈은 그 그림이 명백히 불경스러운 것임을 잘 알았다. 기독교의 종분화(種分化, speciation) 개념은 신을 확고히 중심에 놓았다. 모든 동물은 창조의 순간에 신이 만들어서 흩뿌린 것이었다. 다윈의 그림에는 그런 중심은 없었다. 핀치 13종은 어떤 신의 변덕이 만들어낸 것이 아니라, 원래의 조상 핀치로부터 아래로 바깥으로 연쇄적으로 뻗어 나온, 즉 "자연적으로 유래한" 것이었다. 현생 라마도 마찬가지로 하나의 거대한 조상 동물로부터 나왔다. 나중에 그는 위쪽에 이렇게 덧붙였다. "내 생각이다."[22] 마치 생물학적 및 신학적 사고의 본토를 떠난 마지막 지점임을 알리는 듯이 말이다.

그러나 신을 한쪽으로 치워버린다면, 종의 기원의 배후에 놓인 추진력은 무엇이란 말인가? 격렬한 종분화를 일으켜서 핀치 13종이라는 시냇물들을 낳은 추진력은? 1838년 봄에 새 공책—공책 C—을 펼쳤을 때 다윈은 이 추진력의 본질에 대해서 더욱 깊이 생각했다.[23]

답의 첫 번째 부분은 그가 슈루즈베리와 헤리퍼드의 농경지를 쏘다니던 어린 시절부터 죽 그의 눈앞에 있던 것이었다. 그는 그저 그것을 재발견하기 위해서 지구를 1만3,000킬로미터나 돈 셈이었다. 그것은 바로 변이(variation)라고 하는 현상이었다. 동물들이 이따금 부모와 다른 특징을 가진 새끼를 낳는 현상이었다. 수천 년 동안 농부들은 그 현상을 이용해왔다. 같은 혈통이거나 다른 혈통의 동물들을 교배시켜서 자연적인 변이체를 얻고, 그 변이체들 중에서 선별하는 행동을 오랜 세대에 걸쳐 반복했다. 영국에서 육종가들은 새로운 품종과 변종을 만드는 과정을 고도로 정교한 과학 수준으로 발전시켰다. 헤리퍼드의 뿔이 짧은 수소는 크레이번의 롱혼 품종과 닮은 점이 거의 없을 정도가 되었다. 어느 호기심 많은 자연사학자가 다윈과 정반대로 갈라파고스 제도에서 영국으로 왔다면, 지역마다 고유의 소 품종이 있는 것을 알고 놀랐을지도 모른다. 그러나 다윈이든 아무 소 육종가든 간에 그 품종들이 우연히 생긴 것이 아니라고 말했을 것이다. 그 소들은 인간이 인위적으로 만들어낸 것이었다. 같은 조상 소에서 나온 변이체들을 선택적으로 교배함으로써 얻은 것이다.

다윈은 변이와 인위선택을 절묘하게 조합하면 놀라운 결과를 얻을 수 있음을 알았다. 비둘기를 수탉이나 공작 같은 모습으로 만들 수도 있었다. 털이 짧은 개, 털이 긴 개, 얼룩덜룩한 개, 안짱다리 개, 털 없는 개, 꼬리가 짧은 개, 사나운 개, 온순한 개, 충직한 개, 잘 지키는 개, 호전적인 개도 만들어낼 수 있었다. 그러나 소, 개, 비둘기를 변형시킨 힘은 바로 인간의 손이었다. 다윈은 생각했다. 그렇다면 그 먼 화산섬들의 다양한 핀치들, 혹은 남아메리카 평원의 거대한 아르마딜로로부터 작은 아르마딜로가 나올 수 있었던 그 과정을 이끈 손은 무엇이었을까? 다윈은 자신이 알려진 세계의 위험한 가장자리를 따라가고 있음을, 이단을 향해서 가고 있음을 알았다. 그냥 신의 보이지 않는 손이 작용한다고 말하고 쉽게 넘어갈 수도 있었지만, 다윈은 그렇게 하지 않았다. 1838년 10월, 다윈은 찾던 답을 얻었다.[24] 또다른 성직자인 토머스 맬서스 신부가 쓴, 신과 무관한 분야의 책 속에서였다.

토머스 맬서스는 낮에는 서리에 있는 오크우드 성당의 보좌 신부로 일했지만, 밤이 되면 골방의 경제학자로 변신했다. 그가 진정으로 열정적으로 파고든 문제는 인구와 성장이었다. 1798년 그는 가명으로 「인구론(*An Essay on the Principle of Population*)」이라는 선동적인 논문을 발표했다.[25] 그는 인류 집단이 한정된 자원을 놓고 끊임없이 경쟁을 한다고 주장했다. 그리고 인구가 늘어남에 따라서 자원이 고갈될 것이며, 개인 사이의 경쟁은 극심해질 것이라고 추론했다. 인구는 본질적으로 팽창하는 경향이 있지만, 심각한 자원의 한계에 직면할 것이다. 자연적인 경향이 자연적인 부족과 마주친다. 그것이 바로 "끔찍한 양상으로 질병, 전염병, 페스트, 역병이 돌면서 수천, 수만의 사람을 몰살시킴으로써"[26] 인구를 세계의 식량 수준으로 낮추는 대참사를 일으키는 강한 힘이다. 이 "자연선택(自然選擇, natural selection)"에 살아남은 이들은 그 우울한 순환 과정을 재개할 것이다. 되풀이하여 기근을 향해서 나아가는 시시포스와 같다.

다윈은 맬서스의 논문 안에 자신을 곤경에서 구할 해결책이 있음을 즉시 알아차렸다. 이 생존 경쟁이야말로 바로 빚어내는 손이었다. **죽음**은 자연의 추려내는 손이자, 형태를 빚어내는 음울한 손이었다. 그는 이렇게 썼다. "이런 상황 [자연 선택]하에서, 바람직한 변이는 보존되고 바람직하지 않은 변이는 사라지는 경향이 나타날 것임을 즉각 알아차렸다. 그 결과 새로운 종이 형성될 것이다."*[27]

이제 다윈은 자신의 이론의 개략적인 뼈대를 갖추었다. 동물은 번식할 때 부모와 다른 변이체를 낳는다.** 한 종 내의 개체들은 희소한 자원을 두고 끊임없이 경쟁한다. 이 자원이 중요한 병목지점을 형성할 때—기근 때처럼

---

* 다윈은 여기서 한 가지 중요한 단계를 빠뜨렸다. 변이와 자연선택은 한 종 내에서 진화가 일어날 수 있는 메커니즘을 일관성 있게 설명하지만, 종 자체의 형성 과정은 설명하지 않는다. 신종이 출현하려면, 생물들이 상호 교배를 통해서는 더 이상 생존 가능한 자손을 낳을 수 없어야 한다. 대개 동물들이 물리적 장벽이나 다른 영구적인 형태의 격리를 통해서 서로 고립됨으로써, 결국 번식이 불가능해질 때 그런 일이 일어난다. 이 문제는 뒤에서 다시 다루기로 하자.

** 다윈은 이 변이체들이 어떻게 형성되는지 잘 몰랐다. 이 문제도 뒤에서 다시 다루기로 하자.

—환경에 더 잘 적응한 변이체가 "자연선택"된다. 가장 잘 적응한 개체, 즉 "적자(適者)"는 살아남는다(적자생존[survival of the fittest]이라는 말은 맬서스주의 경제학자 허버트 스펜서에게서 빌렸다[28]). 이 생존자들은 닮은 후손을 더 많이 낳을 것이고, 그럼으로써 종 내의 진화적 변화를 추진한다.

다윈은 푼타 알타 만이나 갈라파고스 제도에서, 이 과정이 마치 영구한 세월에 걸쳐 찍은 영상을 1,000년이 1분이 되도록 빠르게 보여주듯이, 펼쳐지고 있음을 거의 **알아차릴** 뻔했다. 상황이 좋을 때는 과일을 먹는 핀치 집단은 개체수가 폭발적으로 불어났다. 그러다가 과일이 썩어 문드러지는 우기나 뜨거운 여름처럼 상황이 안 좋은 계절이 오자, 과일 생산량이 급감했다. 그때 넓게 흩어져 있는 무리 중에서 씨를 깰 수 있는 기괴한 부리를 지닌 변이체가 태어났다. 핀치 세계에 기근이 맹위를 떨칠 때, 이 큰 부리 변이체는 단단한 씨를 먹으면서 살아남았다. 그 핀치는 번식을 했고, 새 핀치 종이 나타나기 시작했다. 예외 사례가 표준이 되었다. 질병, 기근, 기생생물 등 새로운 맬서스 한계가 가해질 때, 새로운 혈통은 확고히 자리를 잡았고, 개체군은 다시 변동했다. 예외는 표준이 되었고, 기존 표준은 멸종했다. 괴물이 괴물로 대체되면서 진화는 이루어졌다.

1839년 겨울 무렵에, 다윈은 자신의 이론의 핵심 개요를 다 짠 상태였다. 그 후 몇 년에 걸쳐서, 그는 화석 표본 같은 "추한 사실들"을 이렇게 저렇게 배열해보면서 안절부절못하며 자신의 생각을 다듬는 일에 몰두했다. 그러나 그는 결코 자신의 이론을 발표하려고 하지 않았다. 1844년 그는 자기 생각의 핵심 내용을 255쪽으로 요약하여 몇몇 친구들에게 개인적으로 읽어보라고 우편으로 보냈다.[29] 그러나 그는 그 글을 인쇄할 생각은 하지 않았다. 대신 그는 따개비를 연구하고, 지질학 논문을 쓰고, 해양동물을 해부하고, 집안을 돌보는 일에 집중했다. 그가 사랑하는 자신의 장녀 애니가 감염병으로 세상을 떠나자, 다윈은 슬픔에 잠겼다. 크림 반도에서는 야만적인 전쟁이 벌어졌다. 남자들은 전쟁터로 향했고, 유럽은 경기 침체에 빠졌다. 마치 맬서스의 생존경쟁이 현실 세계에 생생하게 드러나는 듯했다.

다윈이 맬서스의 논문을 읽고 종분화의 개념을 구체화한 지 15년 남짓 지난 1855년 여름, 앨프리드 러셀 월리스라는 젊은 자연사학자가 「자연사연보 (*Annals and Magazine of Natural History*)」에 다윈의 미발표 이론에 위험할리만큼 가까이 다가선 논문을 발표했다.[30] 월리스와 다윈은 사회적 및 이념적 배경이 전혀 달랐다. 지주이자 성직자이며, 신사 생물학자에다가 곧 영국에서 가장 찬사를 받는 자연사학자가 될 다윈과 달리, 월리스는 먼마우스셔의 중산층 집안에서 태어났다.[31] 그도 맬서스의 인구 논문을 읽었다. 자신의 서재의 안락의자에서가 아니라, 레스터의 무료 도서관에 놓인 딱딱한 벤치에서였다(맬서스의 책은 영국 지식인 사회에서 널리 읽혔다[32]). 다윈처럼 월리스도 표본과 화석을 채집하기 위해서 먼 해외로—브라질로—여행에 나섰고, 여행을 통해서 새롭게 변모했다.[33]

아마존에서 돌아올 때 배에 불이 나는 바람에 수중에 있던 얼마 안 되던 돈도 다 잃고 채집한 표본도 다 잃는 바람에 더욱더 가난해진 월리스는 1854년에는 동남아시아의 끝인 말레이 반도의 화산섬들로 향했다.[34] 다윈처럼 그도 그곳에서 서로 유연관계(類緣關係)가 가까운 종들이 좁은 해협을 두고 서로 거리가 떨어져 있음에도 놀라울 만큼 차이를 보인다는 것을 관찰했다. 1857년 겨울, 월리스는 이 섬들에서의 변이를 추진하는 메커니즘에 관한 일반 이론을 정립하기 시작했다. 그해 봄, 열병에 걸려 앓아누운 채 환각에 시달리다가, 그는 자신의 이론에서 빠져 있던 조각을 찾아냈다. 그가 떠올린 것은 맬서스의 논문이었다. "답은 명확했다……가장 적합한 [변이체]가 살아 남는다……이런 방식으로 동물의 모든 부위는 요구받는 그대로 변형될 수 있다."[35] 그가 생각을 표현하는 데에 쓴 용어들—변이, 돌연변이, 생존, 선택—조차도 다윈의 것과 놀라울 만큼 비슷했다. 서로 다른 길로 대양과 대륙을 돌아다녔고, 전혀 다른 지적 바람을 맞았음에도, 둘은 같은 항구를 향해서 나아갔던 것이다.

1858년 6월, 월리스는 자연선택을 통한 진화의 일반 이론을 개괄한 자신의 논문 초고를 다윈에게 보냈다.[36] 월리스의 이론이 자신의 이론과 비슷하다는 사실에 경악하고 충격을 받은 다윈은 다급하게 자기 원고를 오랜 친구인 라이엘에게 보냈다. 현명하게도 라이엘은 다윈에게 여름에 열리는 린네 협회의 모임에서 두 논문을 함께 발표하자고 조언했다. 두 사람이 발견의 영예를 공동으로 얻을 수 있도록 말이다. 1858년 7월 1일, 런던에서 다윈의 논문과 월리스의 논문은 잇달아 낭독되었고 공개 토의가 이루어졌다.[37] 청중은 두 논문에 별로 관심을 보이지 않았다. 다음 해 5월, 린네 협회의 회장은 작년에는 그다지 눈에 띄는 발견이 전혀 이루어지지 않았다고 평했다.[38]

이제 다윈은 원래 자신이 발견한 모든 것을 담을 생각이었던 기념비적인 저작을 완성하기 위해서 서둘렀다. 1859년 그는 주저하면서 출판업자인 존 머리와 접촉했다. "당신이 출판을 후회하지 않을 만큼 내 책이 성공을 거둘 수 있기를 간절히 바랍니다."[39] 1859년 11월 24일, 쌀쌀한 목요일 아침, 찰스 다윈의 책 『자연선택을 통한 종의 기원에 관하여(*On the Origin of Species by Means of Natural Selection*)』가 15실링이라는 가격으로 영국의 서점들에 판매되었다. 1,250부가 인쇄되었다. 다윈은 놀라서 기록했다. "첫날에 모두 다 팔렸다."[40]

그 즉시 열광적인 서평이 쏟아져 나왔다. 『종의 기원』을 가장 먼저 읽은 독자들도 그 책에 함축된 의미가 무엇인지를 알아차렸다. 한 비평가는 이렇게 썼다. "다윈 씨가 내놓은 결론들이 만일 입증된다면 자연사의 근본 교리에 전면적인 혁명을 일으킬 것이다. 우리는 그의 저서가 오랜 세월 동안 나온 책 중에 가장 중요한 축에 든다고 말하련다."[41]

비판자들도 쏟아졌다. 아마 현명한 행동이었겠지만, 다윈은 자신의 이론이 인류 진화에 관해서 함축하고 있는 의미를 언급하지 않으려고 조심했다. 『종의 기원』에 인류 진화와 관련된 내용은 딱 한 줄뿐이었다. "인류의 기원과 역사에 빛이 비칠 것이다."[42] 그 말은 당대의 과학적 성과를 줄여 말한 것일 수도 있었다. 그러나 다윈의 동료이자 적수였던 화석 분류학자 리처드 오언은 다윈 이론에 함축된 철학적 의미를 금방 간파했다. 그는 다윈의 주장처럼 종이 유래한다면, 그것이 인류 진화에 지닌 의미도 명백하다고 추론했다. "인류는 변형된 유인원일 수 있다." 오언은 너무나 불쾌했기 때문에 아예 그 개념을 생각하는 것조차 거부했다. 오언은 다윈이 뒷받침할 충분한 실험 증거도 없이, 가장 대담한 새로운 생물학 이론을 내놓았다고 썼다. 다윈이 내놓은 것은 과일이 아니라 "지적 껍데기"[43]에 불과하다고 했다. 오언은 (다윈의 글을 인용하면서) 비판했다. "아주 넓은 공백을 상상력으로 채워야만 한다."[44]

"아주 넓은 공백"[1]

나는 다윈이 어떤 주어진 원래의……제뮬(gemmule) 양을 다 써버리는
데 얼마나 걸릴지를 과연 생각해보기는 했는지 궁금하다……내가 보
기에, 그가 꿈에서조차 떠올리지 못했을 "범생설"을 내놓았다는 것은
그것이 그저 우연히 떠오른 생각이었음을 가리키는 듯하다.

— 알렉산더 윌퍼드 홀, 1880년[2]

다윈이 인간이 유인원 같은 조상에서 유래했다는 전망에 크게 개의치 않았다
는 점은 그가 과학적으로 대담했음을 보여주는 증거이다. 또는 그가 자신의
이론의 내적 논리적 정합성을 가장 중요하게 여겼다는 점에서, 그의 과학적
성실성을 보여주는 것이기도 하다. 특히 "넓은 공백" 중 하나는 채워져야 했
다. 바로 유전이라는 공백이었다.

　다윈은 유전 이론이 진화 이론의 곁가지가 아님을 알아차렸다. 대단히 중
요한 핵심 문제였다. 갈라파고스의 한 섬에서 자연선택을 통해서 부리가 큰
핀치 변이체가 출현하려면, 모순되어 보이는 두 가지 사실이 동시에 충족되
어야만 했다. 첫째, 부리가 짧은 "정상적인" 핀치가 이따금 부리가 큰 변이체
를 낳을 수 있어야 한다. 괴물이나 기형을 말이다(다윈은 그런 생물을 별종
[sport]이라고 했다. 자연 세계의 무한한 변덕을 떠올리게 하는 단어이다. 다
윈은 진화의 핵심 추진력이 자연의 목적의식이 아니라, 유머 감각임을 이해
했다). 둘째, 일단 태어난 부리가 큰 핀치는 같은 형질을 후손에게 전달함으
로써 대대로 그 변이가 고정적으로 나타날 수 있게 해야 한다. 어느 쪽으로든

어긋난다면—번식이 변이체를 생산하지 못하거나, 유전이 변이를 전달하지 못한다면—자연은 수렁에 빠질 것이고 진화의 톱니바퀴는 멈출 것이다. 다윈의 이론이 맞으려면, 유전이 일관성과 변덕, 안정성과 돌연변이를 동시에 가져야 했다.

다윈은 이 상반되는 특성들을 갖출 수 있는 유전 메커니즘이 무엇인지 끊임없이 고민했다. 다윈의 시대에 가장 널리 받아들여진 유전 메커니즘은 18세기 프랑스 생물학자 장-바티스트 라마르크가 내놓은 이론이었다. 라마르크는 유전 형질이 메시지나 이야기가 전달되는 것과 같은 방식으로, 즉 명령을 통해서 부모로부터 자손에게로 전달된다고 보았다.[3] 그는 동물이 "사용한 시간에 비례하는 힘으로",[4] 특정한 형질을 강화하거나 약화시킴으로써 환경에 적응한다고 믿었다. 단단한 씨를 먹는 핀치는 부리를 "강화함으로써" 적응해야 했다. 시간이 흐를수록 핀치의 부리는 단단해지고 집게 모양이 되었다. 이렇게 적응한 특징은 명령을 통해서 새끼에게 전달될 것이고, 새끼의 부리는 마찬가지로 단단할 것이다. 부모가 더 단단한 씨에 선적응(preadaption)해 있었기 때문이다. 비슷한 논리에 따라서, 키 큰 나무의 잎을 뜯는 영양이 높이 달린 잎을 먹기 위해서는 목을 늘려야 한다는 것을 알아차렸다. 라마르크가 말한 "사용과 불용"을 통해서 영양의 목은 뻗고 길어질 것이고, 이 영양은 목이 긴 후손을 낳을 것이고, 그럼으로써 기린을 낳았다는 것이다(라마르크의 이론은—몸이 정자에 "명령문"을 전달한다는—정자가 모든 기관에서 메시지를 수집한다는 피타고라스의 인간 유전 개념과 유사하다는 점에 유념하자).

라마르크의 개념은 진보 개념을 뒷받침하는 이야기를 제공하기 때문에 곧바로 와 닿았다. 모든 동물은 점진적으로 환경에 적응하고 있으며, 그럼으로써 완성을 향한 진화의 사다리에 점점 올라간다는 것이다. 진화와 적응은 하나의 연속된 메커니즘으로 함께 묶였다. 적응은 곧 진화였다. 이 체계는 직관적으로 느껴졌을 뿐 아니라, 신이 만들었다고 보기에도 쉬웠다. 즉 뛰어난 생물학자의 작품이라고 해도 좋았다. 비록 처음에 신이 창조했지만, 동물들은 변화하는 자연계에서 자신의 형태를 완성시킬 기회를 여전히 지니고 있었다. 신성한 존재의 사슬(Divine Chain of Being)은 여전히 놓여 있었다. 아니, 곧추서 있다고 해야 했다. 적응 진화의 긴 사슬 끝에는 잘 적응된, 가장 똑바로 선, 모든 포유동물 중 가장 완성된 형태가 있었다. 바로 인간이었다.

다윈은 라마르크의 진화론과 명백히 갈라섰다. 기린은 목을 떠받칠 뼈대를 필요로 하는 영양의 노력에 의해서 생긴 것이 아니었다. 대강 말하자면, 기린은 어느 조상 영양이 목이 긴 변이체를 낳고, 그 변이체가 기근과 같은 자연력을 통해서 선택되면서 점진적으로 출현했다. 그러나 다윈은 유전의 메커니즘으로 계속 돌아갈 수밖에 없었다. 애초에 목이 긴 영양은 어떻게 나왔을까?

다윈은 진화와 조화를 이룰 유전 이론을 생각해내려고 애썼다. 하지만 여기에서 그의 중대한 지적 결함이 전면에 드러났다. 그는 실험에 별 재능이 없었다. 앞으로 알게 되겠지만, 멘델은 타고난 정원사였다. 식물을 기르고, 씨를 세고, 형질을 분리하는 재주가 뛰어났다. 다윈은 정원을 파헤치는 사람이었다. 식물을 캐서 분류하고, 표본들을 정리하는 분류학자였다. 멘델은 실험에 재능이 있었다. 생물을 다루고, 꼼꼼하게 고른 품종들을 교배하고, 가설을 검증하는 데에 뛰어났다. 다윈은 자연사에 재능이 있었다. 자연을 관찰함으로써 역사를 재구성하는 데에 뛰어났다. 수사인 멘델은 세분하는 사람이었다. 교구 신부인 다윈은 종합하는 사람이었다.

그러나 자연을 관찰하는 일은 자연을 실험하는 일과 전혀 다르다는 것이 드러났다. 언뜻 볼 때는 자연에서 유전자의 존재를 암시하는 것을 전혀 찾을 수 없다. 사실 유전의 입자라는 개념을 제시하려면 좀 기이하게 왜곡시킨 실험을 수행해야 한다. 다윈은 실험이라는 수단을 통해서 유전의 이론에 도달할 수가 없었기에, 순수하게 이론적 바탕에서 그 이론을 고안할 수밖에 없었다. 그는 거의 2년 동안 그 개념을 붙들고 씨름하다가, 거의 정신이 붕괴하기 직전에야 가까스로 스스로도 충분하다고 여기는 이론을 생각해냈다.[5] 그는 모든 생물의 세포가 유전 정보를 지닌 미세한 알갱이를 만든다고 상상했다. 그는 그 알갱이를 제뮬(gemmule)이라고 했다.[6] 제뮬은 부모의 몸속을 순환한다. 동물이나 식물이 번식 연령에 도달하면, 제뮬에 든 정보는 생식세포 (정자와 난자)로 전달된다. 그러면 잉태될 때, 몸의 "상태"에 관한 정보가 부모로부터 자식에게로 전달된다. 피타고라스의 모형에서처럼 다윈의 모형 에서도, 모든 생물은 축소된 형태 안에 신체 기관과 구조를 만들 정보를 가지고 있었다. 다윈의 사례에서는 정보가 분산되어 있다는 점이 달랐다. 즉 생물은 의회의 비밀 투표를 통해서 만들어졌다. 손에서 나온 제뮬은 새로운 손을 만들라는 명령을 지녔다. 귀에서 흩어진 제뮬은 새로운 귀를 만들라는 암호를 전달했다.

아버지와 어머니의 이 제뮬 명령들은 발달하는 태아에 어떻게 적용되었을까? 여기서 다윈은 한 낡은 개념으로 돌아갔다. 암수에서 나온 명령들이 단순히 배아에서 만나서 물감이나 색깔처럼 혼합된다는 것이었다. 대다수의 생물학자는 혼합 유전(blending inheritance)이라는 이 개념에 대해서 이미 잘 알고 있었다.[7] 수컷과 암컷의 형질들이 뒤섞인다는 아리스토텔레스의 이론을 고쳐 말한 것이었다. 여기에서 다윈은 생물학의 양극단 사이에 또 하나의 경이로운 종합을 이룬 것처럼 보였다. 즉 그는 피타고라스의 호문쿨루스(제뮬)를 메시지와 혼합이라는 아리스토텔레스의 개념과 융합하여 새로운 유전 이론을 만들어냈다.

다윈은 자신의 이론을 범생설(汎生說, pangenesis), 즉 "모든 것으로부터의 생성"(모든 신체 기관이 제뮬에 기여하므로)이라고 했다.[8] 『종의 기원』이 나온 지 거의 10년 뒤인 1867년, 그는 『기르는 동식물의 변이(*The Variation of Animals and Plants Under Domestication*)』라는 새 원고를 마무리하는 단계에 들어갔다.[9] 이 유전 관점을 상세히 설명하는 원고였다. 그는 이렇게 고백했다. "무모하고 엉성한 가설이지만, 내 마음에는 상당한 위안이 되었다."[10] 그는 친구인 에이서 그레이에게 편지로 이렇게 썼다. "범생설은 미친 꿈이라고 불리겠지만, 나는 내심 거기에 큰 진리가 담겨 있다고 생각합니다."[11]

다윈이 느낀 "상당한 위안"은 오래갈 수 없었다. 그는 곧 "미친 꿈"에서 깨어 나게 된다. 그해 여름 『변이』가 책의 꼴을 갖추어가고 있을 때, 「노스 브리티 시 리뷰(*North British Review*)」에 전작인 『종의 기원』에 대한 서평이 실렸다. 그 문맥 안에 다윈이 여생에 걸쳐 맞닥뜨리게 될, 범생설을 반박하는 가장 강력한 논증이 숨어 있었다.

서평의 저자는 다윈의 연구를 비판하는 일과는 무관한 듯한, 의외의 인물 이었다. 생물학 쪽으로는 글을 거의 쓴 적이 없었던 에든버러 출신의 수학자 겸 공학자이자 발명가인 플레밍 젠킨이었다. 명석하지만 남의 신경을 잘 건 드리는 인물이었던 젠킨은 언어학, 전기학, 역학, 대수학, 물리학, 화학, 경제 학 등 다양한 분야에 관심을 보였다. 그는 디킨스, 뒤마, 오스틴, 엘리엇, 뉴 턴, 맬서스, 라마르크 등의 저작을 폭넓게 많이 읽었다. 다윈의 책을 읽을 기회가 생기자, 그는 통독하면서 그 책이 함축한 의미를 빠르게 파악했으며, 다윈의 논증에 한 가지 치명적인 결함이 있다는 것을 즉시 알아차렸다.

젠킨이 간파한 다윈의 핵심 문제점은 이것이었다. 유전 형질이 세대마다 계속 서로 "혼합"된다면, 상호 교배 직후에 변이가 희석될 수밖에 없지 않겠 는가? 젠킨은 이렇게 썼다. "[변이는] 개체 수에 짓눌려 침몰할 것이다. 몇 세대만 거치면 독특한 형질은 지워질 것이다."[12] 젠킨은 꾸며낸 이야기—당 시의 인종차별주의에 깊이 채색된— 를 사례로 들었다. "흑인들이 사는 섬에 백인 남성 한 명이 난파당했다고 가정해보자……난파된 우리 주인공은 아마 왕이 될 것이다. 그는 생존경쟁을 통해서 많은 흑인들을 죽일 것이다. 그는 많은 아내와 아이를 가질 것이다."

그러나 유전자들이 서로 혼합된다면, 젠킨의 "백인 남성"은 근본적으로 사 라질 운명이었다. 적어도 유전적인 의미에서는 그렇다. 그의 아이들—흑인 아내들이 낳은—은 아마 그의 유전적 본질의 절반을 물려받을 것이다. 그의 손자손녀는 4분의 1을 물려받을 것이다. 증손자는 8분의 1, 고손자는 16분의 1 등으로 점차 희석될 것이다. 몇 세대 안에 그의 유전적 본질은 묽어져서 완전히 사라질 것이다. 설령 "백인 유전자"가 가장 우월하다고 해도—다윈의 용어를 쓰자면, "적자"—혼합을 통해서 불가피하게 쇠락할 수밖에 없다. 결국 고독한 백인 왕은 그 섬의 유전적 역사에서 지워질 것이다. 설령 그가 같은 세대의 그 어떤 남성보다 더 많은 아이를 낳고, 그의 유전자가 생존에 가장 적합하다고 할지라도 말이다.

젠킨의 이야기는 세부적인 내용은 추하지만—아마 일부러 그렇게 꾸몄을 것이다—개념적인 요점은 명확했다. 유전이 변이를 유지시킬 수 없다면, 즉 변형된 형질을 "고정할" 수 없다면, 형질에 나타난 모든 변형은 결국 혼합을 통해서 흔적 없이 사라진다는 것이다. 별난 사례는 늘 별난 사례로 남아 있을 것이다. 형질을 다음 세대로 확실히 전달할 수 없다면 말이다. 프로스페로(셰익스피어의 희곡 『템페스트』의 주인공/역주)는 고립된 섬에서 칼리반(프로스페로가 간 섬에 사는 마녀의 아들로서 프로스페로의 노예가 됨/역주) 한 명을 만들어서 그를 제멋대로 돌아다니게 할 수는 있을 것이다. 혼합 유전은 그에게 자연의 유전적 감옥 역할을 할 것이다. 설령 그가 성관계를 맺는다고 해도—정확히 성관계를 맺는 그 순간에—그의 유전적 특징은 즉시 정상 상태의 바다로 사라질 것이다. 혼합은 무한한 희석이나 다름없었고, 그런 희석 앞에서는 그 어떤 진화적 정보도 살아남을 수 없었다. 화가는 그림을 그리기 시작하면서 붓을 물에 담가 씻을 때, 물은 처음에는 파란색이나 노란색으로 변할 것이다. 그러나 점점 더 많은 물감을 씻어내면서, 물은 필연적으로 탁한 회색으로 변한다. 그 뒤로는 더 많은 물감을 씻어내도, 물은 짙은 회색으로 남아 있다. 동물과 유전에도 같은 원리가 적용된다면, 어떤 변이 생물의 독특한 형질이 과연 어떤 힘을 보존할 수 있겠는가? 젠킨은 이렇게 물은 것일 수도 있다. 다윈의 핀치들은 서서히 회색으로 변하지 않는 이유가 무엇이란 말인가?*

다윈은 젠킨의 추론에 심한 충격을 받았다. 그는 이렇게 썼다. "플레밍 젠킨은 내게 몹시 골치 아픈 문제를 안겨주었다. 그러나 다른 그 어떤 논문이나 논평보다도 더욱 내게 도움이 되어 왔다." 젠킨의 불가피한 논리를 부정할 수는 없었다.[13] 다윈의 진화론을 구원하려면, 그와 조화를 이루는 유전 이론이 필요했다.

그러나 유전이 어떤 특성을 가져야 다윈의 문제를 해결해줄까? 다윈 진화가 작동하려면, 유전 메커니즘이 희석되거나 흩어지지 않고 정보를 보존할 고유의 능력을 갖추어야 했다. 혼합은 이루어지지 않아야 한다. 부모로부터 자식에게로 옮겨가는 정보의 원자, 즉 녹아 사라지거나 지워지지도 않는 독립된 알갱이가 있어야 했다.

유전에 그런 항구성을 띤 것이 있다는 증거가 있을까? 다윈이 널찍한 서재에 있는 많은 책들을 꼼꼼하게 훑었다면, 브르노의 거의 알려지지 않은 한 식물학자가 쓴 잘 알려지지 않은 논문을 언급한 참고문헌을 발견했을지도 모른다. 읽는 사람이 거의 없는 어느 학술지에 1866년에 발표된 「식물 교잡 실험(Experiments in Plant Hybridization)」[14]이라는 밋밋한 제목의 그 논문은 독일어로 빽빽하게 적혀 있었고 다윈이 몹시 싫어했을 숫자로 채워진 표들로 가득했다. 그렇기는 해도 다윈은 그 논문을 거의 읽을 뻔했다. 1870년대 초에 그는 식물 교잡을 다룬 한 책을 꼼꼼히 읽으면서, 50, 51, 53 그리고 54쪽에다가 꼼꼼하게 손으로 주석을 달았다. 그런데 이상하게도 52쪽은 건너뛰었다. 바로 그 쪽에 브르노의 완두 교배 논문이 상세하게 논의되어 있었는데도 말이다.[15]

다윈이 그 논문을 읽었더라면—특히 『변이』를 쓰고 범생설을 정립하고 있을 때—자신의 진화론을 이해하는 데에 필요한 마지막 결정적인 깨달음을

---

* 지리적 격리가 "회색 핀치" 문제를 일부 해결해줄지도 모른다. 변이체 사이의 상호 교배를 제약함으로써 말이다. 그러나 그런 식으로도 한 섬에 사는 모든 핀치가 똑같은 형질을 가지는 방향으로 서서히 붕괴하지 않은 이유를 설명할 수가 없을 것이다.

얻었을지도 모른다. 그 논문에 함축된 의미에 매료되고, 그 연구의 세심한 고된 노력에 감동하고, 논문이 가진 기이한 설명 능력에 충격을 받았을 것이다. 다윈의 예리한 지성으로 그 논문이 진화를 이해하는 데에 어떤 의미를 가지는지를 금세 간파했을 것이다. 또한 그는 논문의 저자도 자신과 마찬가지로 신학에서 생물학으로 전설적인 여행을 함으로써 지도에 실리지 않은 미지의 세계를 항해한 성직자임을 알고 기뻐했을 수도 있다. 저자는 그레고어 요한 멘델이라는 이름의 아우구스티누스학파 수사였다.

"그는 꽃을 사랑했다"[1]

우리는 오로지 물질[의 본질]과 그 힘을 밝혀내기를 원한다. 형이상학은
우리의 관심사가 아니다.
―1865년에 멘델의 논문이 처음 낭독되었던 브륀 자연사학회의 선언문[2]

생물 세계 전체는 비교적 적은 인자들의 무수한 조합과 치환의 결과물
이다……이 인자들이 바로 유전의 과학이 탐구해야 할 기본 단위다.
물리학과 화학이 분자와 원자로 회귀하듯이, 생물학도 생명 세계의 현
상들을…설명하려면 이 단위를 파고들어야 한다.
―휘호 더프리스[3]

1856년 봄, 다윈이 진화에 관한 책을 쓰기 시작했을 때, 그레고어 멘델은
1850년에 떨어진 교사 시험을 다시 보기 위해서 빈으로 가기로 결심했다.[4]
그는 이번에는 통과할 것이라고 매우 자신하고 있었다. 앞서 그는 빈의 대학
교에서 2년 동안 물리학, 화학, 지질학, 식물학, 동물학을 공부했었다. 1853
년에 그는 수도원으로 돌아와 브르노 현대 학교에서 대체 교사 일을 시작했
다. 그런데 학교를 운영하는 수사들이 교사의 시험 통과 여부와 자격 문제를
몹시 까다롭게 따졌기 때문에, 멘델은 다시 교사 자격시험을 치를 때가 왔음
을 알았다. 그는 시험에 응시했다.

불행히도 이번 시험도 재앙으로 끝났다. 멘델은 앓기 시작했다. 불안감 때
문이었을 가능성이 높았다. 그는 머리가 아프고 기분이 몹시 안 좋은 상태로

빈에 도착했다. 그리고 사흘간 치르는 시험 첫 날에 식물학 심사관과 말다툼을 벌였다. 이유는 알려지지 않았지만, 종의 형성, 변이, 유전에 관한 것일 가능성이 높다. 멘델은 시험을 포기했다. 그는 대체 교사로 사는 것이 자신의 팔자려니 생각하고서 브르노로 돌아왔다. 그는 두 번 다시 자격시험에 보지 않았다.

그해 늦여름, 시험으로 얻은 마음의 상처를 아직 간직한 채 멘델은 뜰에 완두를 심었다. 처음 심는 것은 아니었다. 그는 약 3년 동안 유리 온실에서 완두를 키워왔다. 이웃 농가들로부터 34가지 완두 품종을 모아 키우면서 "순종"을 골라냈다. 즉 꽃 색깔이나 씨앗의 표면 같은 형질에서 정확히 똑같은 자손을 생산하는 식물 개체를 골라냈다.* 그는 이 식물들이 "예외 없이 한결 같은 상태를 유지했다"[5]라고 적었다. 즉 심으면 늘 똑같은 자손이 나왔다. 그렇게 하여 그는 실험의 기본 재료를 모았다.

그는 순종 완두들이 유전적이면서 변이된 독특한 형질들을 가지고 있음을 알아차렸다. 자가 교배를 했을 때, 키가 큰 완두 식물에서는 키가 큰 식물만 나왔다. 키가 작은 개체에서는 키가 작은 개체만 나왔다. 어떤 순종에서는 매끄러운 씨만 나왔고, 다른 순종에서는 모나고 주름진 씨만 나왔다. 순종에 따라서, 덜 익은 꼬투리는 초록색을 띠거나 노란색을 띠었다. 다 익은 꼬투리는 헐겁거나 빡빡했다. 그는 그런 순계 품종의 형질 목록을 7쌍 얻었다.

1. 씨의 모양(둥근 것 대 주름진 것)
2. 씨의 색깔(노란색 대 초록색)
3. 꽃의 색깔(흰색 대 보라색)
4. 꽃이 달린 위치(줄기 끝 대 잎겨드랑이)

---

* 멘델은 브르노 안팎의 농민들 가운데 식물 교잡에 관심을 가지고 있던 사람들의 도움을 받았다. 수도원장인 치릴 크나프도 교배 실험에 관심을 보였다.

5. 콩깍지의 색깔(초록색 대 노란색)

6. 콩깍지의 모양(매끄러운 것 대 잘록한 것)

7. 줄기의 키(큰 것 대 작은 것)

멘델은 모든 형질이 적어도 두 가지 변이 형태로 나타남을 알아차렸다. 한 단어의 철자가 두 가지이거나 한 재킷의 색깔이 두 종류인 것과 비슷했다 (비록 자연에는 흰색, 자주색, 담자색, 노란색의 꽃처럼 여러 변이 형태가 있을 수 있지만, 멘델은 한 형질마다 두 변이 형태만 골라서 실험했다). 후에 생물학자들은 이 변이 형태에 **대립유전자**(allele)라는 명칭을 붙였다. 그 명칭은 알로스(allos)라는 그리스어에서 유래한 단어로서, 대강 비슷한 일반적인 유형의 서로 다른 하위 유형을 가리킨다. 보라색과 흰색은 꽃 색깔이라는 같은 형질의 두 대립유전자였다. 또 큰 키와 작은 키는 키라는 같은 형질의 두 대립유전자였다.

순종 개체들은 그의 실험의 출발점이었을 뿐이다. 멘델은 유전의 본질을 밝혀내려면, 잡종을 만들 필요가 있음을 알아차렸다. "튀기(bastard)"(독일 식물학자들이 실험할 때 생기는 잡종을 가리킬 때 쓰던 단어)만이 순수 혈통의 특성을 드러낼 수 있었다. 후대 연구자들의 생각과 정반대로, 그는 자기 연구가 훨씬 더 큰 의미를 지니고 있음을 날카롭게 인식하고 있었다.[6] 그는 자신의 의문이 "생물 형태의 진화 역사"[7]에 대단히 중요하다고 적었다. 놀랍게도 멘델은 2년 만에 유전의 가장 중요한 특징 중 몇 가지에 대해서 주목할 만한 결과를 얻게 되었다. 멘델의 의문을 단순히 표현하면 이러했다. 큰 키 식물과 작은 키 식물을 교배하면, 중간 키의 식물이 나올까? 두 대립유전자―큰 키와 작은 키―가 혼합될까?

잡종을 만드는 일은 지루한 작업이었다. 완두는 대개 자가수분(自家受粉, self-pollination)을 한다. 암술과 수술이 악수하듯이 맞붙은 용골판(콩과 식물의 꽃에서 아래 양쪽에서 암술과 수술을 감싸고 있는 두 꽃잎/역주) 안에서 성숙하면, 수술의 꽃가루가 곧바로 암술머리에 떨어져서 수정이 이루어진다. 타가수분(他家受粉, cross-pollination)은 상황이 전혀 달랐다. 멘델은 잡종을 만들기 위해서, 먼저 꽃밥을 잘라내어 꽃을 중성화해야 했다. 즉 거세를 한 다음, 다른 꽃의 주황색 꽃가루를 옮겨줘야 했다. 그는 홀로 붓과 족집게를 들고 쭈그려 앉아서 꽃을 열어 암술을 잘라내고 꽃가루를 묻히는 일을 반복했다. 그는 야외용 모자를 하프에 걸어두었기에, 정원에 들를 때마다 늘 똑같은 소리가 한 번 울렸다. 그것이 그의 유일한 음악이었다. 수도원의 다른 수사들이 멘델의 실험을 얼마나 알고 있었는지, 혹은 얼마나 신경을 썼는지 알기는 어렵다. 1850년대 초에 멘델은 흰색과 회색 생쥐를 시작으로 이 실험을 더욱 대담하게 변형한 시도를 한 적이 있었다. 그는 생쥐 잡종을 만들기 위해서 자기 방에서—대체로 남모르게—쥐들을 교배시켰다. 그러나 멘델의 기행을 늘 눈감아주던 수도원장도 이번에는 참지 못했다. 유전을 이해하겠다고 생쥐들을 꼬드겨 짝짓기를 시키는 수사라니, 아우구스티누스학파 수사들이 보기에도 좀 너무 외설스러웠다. 결국 멘델은 연구 대상을 식물로 바꾸었고, 바깥의 온실에서 실험을 했다. 수도원장은 묵인했다. 생쥐는 참을 수 없었지만, 완두 교배야 얼마든지 눈감아줄 수 있는 것이었다.

1857년 늦여름, 수도원 정원에서 첫 잡종 식물들이 꽃을 피웠다.[8] 보라색 꽃과 흰색 꽃이 만발했다. 멘델은 꽃의 색깔을 기록한 다음, 꼬투리가 열린 뒤에 갈라서 열고는 씨를 조사했다. 그는 다른 형질들을 대상으로도 잡종 교배 실험을 했다. 키가 큰 것과 작은 것, 노란 씨와 초록 씨, 주름진 씨와 둥근 씨. 그러다가 또 한 차례 번뜩이는 영감을 좇아서, 그는 일부 잡종끼리 교배시켜서, 잡종의 잡종도 만들었다. 실험은 이런 식으로 8년 동안 진행되었다. 그때쯤 재배지는 온실을 벗어나서 수도원 옆 땅으로 확장되었다. 그의 방에서 내다보이는 그 땅은 식당을 따라 위치한, 길이 30미터, 폭 6미터의 기름진 땅이었다. 바람에 창문의 가리개가 젖혀질 때면, 마치 방 전체가 거대한 현미경으로 변하는 듯했다. 멘델의 공책은 수천 번 교배를 하여 얻은 자료와 표, 여기저기 끼적거린 글로 가득했다. 콩깍지를 까느라 그의 엄지는 점점 감각을 잃어가고 있었다.

"한낱 작은 생각에 평생을 사로잡혀 있구나"라고 철학자 루트비히 비트겐슈타인은 썼다.[9] 사실 언뜻 보면, 멘델의 생애는 가장 작은 생각에 사로잡혀 있었던 듯했다. 뿌리고, 수정시키고, 꽃이 피고, 꼬투리를 따고, 꼬투리를 열고, 씨의 개수를 세는 일을 되풀이했으니까. 그 과정은 이루 말할 수 없이 지루했다. 그러나 멘델은 작은 생각이 때로는 만개하여 원대한 원리가 된다는 것을 알고 있었다. 18세기에 유럽을 휩쓴 강력한 과학 혁명이 남긴 유산이 하나 있다면, 바로 그것이었다. 자연을 관통하는 법칙은 한결같고 어디에서나 적용되어야 한다는 것이었다. 뉴턴의 머리 위에 드리운 나뭇가지에서 사과를 떨어뜨린 힘은 행성을 공전궤도를 돌게 하는 힘과 동일했다. 유전에도 보편적인 자연법칙이 있다면, 그 법칙은 인간의 생성뿐 아니라 완두의 생성에도 마찬가지로 영향을 미쳐야 했다. 멘델의 정원은 작았을지 모르지만, 그는 정원의 크기를 과학적 야심의 크기와 혼동하지 않았다.

"이 실험은 천천히 진행된다. 처음에는 얼마간의 인내심이 필요했지만, 몇 가지 실험을 동시에 하는 것이 더 낫다는 것을 나는 곧 깨달았다." 멘델은 여러 교배 실험을 병행하면서, 자료의 산출 속도를 높였다. 서서히 그는 자료 안에서 패턴을 식별하기 시작했다. 의외로 변하지 않는 특징, 보존된 비율, 수학적 리듬이 나타나고 있었다. 마침내 멘델은 유전의 내적 논리에 다다랐다.

첫 번째 패턴은 쉽게 알아볼 수 있었다. 1세대 잡종에서 유전되는 개별 형질들—큰 키와 작은 키, 초록색이나 노란색 씨—은 전혀 혼합되지 않았다. 작은 키 식물과 교배를 한 큰 키 식물로부터는 **오직 큰 키 식물만** 나왔다. 둥근 씨 식물을 주름진 씨 식물과 교배하면, **오직 둥근 씨만** 나왔다. 7가지 형질 모두에서 이 동일한 패턴이 나타났다. 멘델은 "잡종 형질"이 중간 형태가 아니라, "부모 형태 중 어느 한쪽을 닮았다"고 적었다. 그는 잡종 1세대에서 나타나는 형질을 우성, 사라지는 형질을 열성이라고 했다.[10)]

멘델이 이쯤에서 실험을 멈추었다고 해도, 그는 이미 유전 이론에 중대한 기여를 한 셈이었다. 한 형질에 우성과 열성의 대립유전자가 있다는 것은 혼합 유전이라는 19세기 이론과 모순되었다. 즉 멘델이 만든 잡종들은 중간 형질을 가지고 있지 않았다. 잡종 속의 한 대립유전자만이 다른 변이 형질에게 사라지라고 강요하면서, 전면에 나섰다.

그런데 열성 형질은 어디로 사라진 것일까? 우성 대립유전자가 집어삼키거나 제거한 것일까? 멘델은 두 번째 실험을 통해서 분석을 심화시켰다. 그는 큰 키 식물과 작은 키 식물의 잡종끼리 교배하여 3세대 식물을 얻었다. 큰 키가 우성이므로, 이 실험의 부모 식물은 모두 키가 컸다. 열성 형질은 사라진 상태였다. 그러나 둘을 교배하자, 전혀 의외의 결과가 나타났다. 한 세대 동안 완전히 사라졌던 작은 키 형질이 3세대 식물 중 일부에서 **다시 출현했다**.[11)] 온전한 형태로 출현했다. 7가지 형질 모두에서 동일한 패턴이 나타났다. 잡종인 2세대에서 사라졌던 흰꽃도 3세대의 일부 개체들에게서 다시 나타났다. 멘델은 "잡종" 생물이 사실은 눈에 보이는 우성 대립유전자와 잠재된 열성 대립유전자를 지닌 복합체임을 깨달았다(멘델은 이 변이체들을 가리킬 때 **형태[form]**라는 용어를 썼다. **대립유전자**라는 용어는 1900년대에 유전학자들이 창안한다).

멘델은 각 교배로 나온 다양한 개체들 사이의 수학적 관계, 즉 비(比)를 조사함으로써, 형질의 유전을 설명할 모형을 구축하는 일을 시작할 수 있었다.* 멘델의 모형은 모든 형질이 보이지 않는 독립된 정보 입자를 통해서

---

* 몇몇 통계학자들은 멘델의 원래 자료를 조사하여 그가 자료를 위조했다고 폄하했다. 멘델의 비와 수가 단순히 정확한 것이 아니라, 너무나 완벽하다는 것이다. 멘델은 실험을 하면서 통계 오차, 즉 자연히 생기는 오차와 전혀 마주치지 않은 것 같았다. 그런 일은 불가능했다. 돌이켜보면, 멘델이 자료를 적극적으로 조작했을 가능성은 적다. 그보다는 그가 초기

결정된다고 보았다. 입자는 두 변이 형태, 즉 두 대립유전자로 나타난다. 큰 키 대 작은 키(키), 흰색 대 보라색(꽃 색깔) 등이 그러했다. 모든 개체는 각 부모로부터 대립유전자를 하나씩 물려받았다. 아빠로부터 정자를 통해서 대립유전자 하나, 엄마로부터 난자를 통해서 대립유전자 하나를 받았다. 잡종이 생길 때, 양쪽 형질은 온전히 남았다. 그저 한쪽만이 자신이 있음을 주장하고 나설 뿐이었다.

1857년에서 1864년 사이에, 멘델은 엄청난 양의 완두를 세면서 각 잡종 교배의 결과를 표에 기입하는 일에 몰두했다("노란 씨, 초록 떡잎, 흰 꽃"). 결과는 놀라울 정도로 일관성을 보였다. 수도원 정원의 작은 땅에서는 엄청난 양의 분석 자료가 쏟아졌다. 그 양은 식물 2만8,000본, 꽃 4만 송이, 씨는 약 40만 알에 달했다. 멘델은 나중에 이렇게 썼다. "사실 그렇게 엄청난 수고를 하려면 다소의 용기를 내야 한다."[12] 그러나 여기서 용기는 잘못된 단어이다. 그 연구에는 용기보다는 다른 무엇이 요구된다. 정성(精誠, tenderness)이라고 밖에 표현할 수 없는 품성이다.

보통은 과학이나 과학자를 묘사할 때 쓰지 않는 단어이다. 그 단어는 농부나 정원사의 활동인 기르기(tending)와 완두의 덩굴손이 햇빛을 향하거나 버팀목을 향하는 뻗기(tension)와도 어원을 공유한다. 멘델은 무엇보다도 정원사였다. 그의 재능은 생물학의 관습에 통달함으로써 꽃을 피운 것이 아니었다(다행히도 그는 그 지식에 통달했는지를 묻는 시험에 두 번이나 떨어졌다). 그가 곧 기존의 유전 지식으로는 설명할 수 없었던 발견을 하게 된 것은 오히려 정원에 관한 본능적인 지식이 예리한 관찰력—힘들게 교배를 하여 씨를 얻고, 떡잎의 색깔을 꼼꼼하게 표에 적는 활동을 포함한—과 결합하면서 나

실험들을 통해서 하나의 가설을 구축한 다음, 나중 실험들을 그 가설을 검증하는 데에 썼을 가능성이 높다. 즉 일단 예상한 값과 비에 들어맞자, 완두를 세고 표로 작성하는 일을 그만두었을 가능성이 높다. 관습적이지 않지만, 이 방법은 당대에 특이한 것이 아니었다. 그러나 그것은 멘델이 소박한 과학적 사고의 소유자였음을 보여주는 것이기도 하다.

온 것이었다.

멘델의 실험은 부모로부터 자식에게로 독립된 형태의 정보 조각이 전달된다고 여겨야지만 유전을 설명할 수 있다는 것을 암시했다. 정자는 이 정보의 한 짝(대립유전자 하나)을 전달했다. 나머지 한 짝(두 번째 대립유전자)은 난자가 전달했다. 따라서 생물은 양쪽 부모에게서 대립유전자 하나씩을 물려받는 것이었다. 생물이 정자나 난자를 만들 때, 대립유전자들은 다시 서로 나누어졌다. 하나는 정자로 들어가고 다른 하나는 난자로 들어갔다. 그것들은 다음 세대에서야 다시 결합되었다. 둘이 함께 있을 때, 한쪽 대립유전자는 다른 쪽보다 "우세할" 수도 있다. 우성 대립유전자가 있을 때, 열성 대립유전자는 사라지는 듯하지만, 한 식물이 열성 대립유전자 두 개를 물려받으면, 그 대립유전자는 자신의 형질을 드러냈다. 이 일들이 일어나는 내내, 개별 대립유전자가 운반하는 정보는 보이지 않은 채로 남아 있었다. 입자 자체는 온전히 보전되었다.

도플러가 말한 사례는 멘델에게도 적용되었다. 소음의 배후에 음악이, 무법천지처럼 보이는 곳의 배후에 법칙이 있었고, 깊이 있는 인위적인 실험—단순한 형질을 지닌 순수 품종에서 잡종을 만드는 식의—만이 이 기본 패턴을 드러낼 수 있었다. 큰 키, 작은 키, 주름, 매끄러움, 초록, 노랑, 갈색 등 자연에 있는 생물들의 엄청난 변이의 배후에는 한 세대에서 다음 세대로 전달되는 유전 정보의 알갱이가 있었다. 각 형질은 단위의 **성격**(unitary)을 띠었다. 분리되고 독립적이며 없어지지 않는 것이었다. 멘델은 이 유전의 단위에 이름을 붙이지 않았지만, 유전자의 가장 본질적인 특징을 찾아냈다.*

---

* 멘델 자신은 유전의 일반 법칙을 밝혀내려 시도하고 있다는 것을 알고 있었을까? 아니면 일부 역사가들이 주장하듯이, 그저 완두의 잡종 형성 특성을 이해하려고 애쓰고 있었던 것일까? 멘델의 논문에서 답을 찾을 수 있을지도 모른다. 멘델이 "유전자"의 존재를 전혀 몰랐다는 점은 명백하다. 그러나 그는 "잡종 형태와……그 후손 사이의 관계를 밝혀내기 위해서" 그리고 "생명체의 발달 과정에 어떤 일관성"이 있는 지를 이해하기 위해서 실험을 했다고 적었다. 사실 멘델은 논문에 "유전되다"라는 의미를 지닌 단어들도 썼다. 적어도 이 논문을 보면, 멘델이 자기 연구가 지닌 더 심오한 의미를 인식하지 못했다는 주장을

런던의 린네 협회에서 다윈과 월리스의 논문이 낭독된 지 7년 뒤인 1865년 2월 8일, 멘델은 훨씬 더 조촐한 모임에서 두 부분으로 된 자신의 논문을 발표했다.[13] 그는 브르노의 자연사학회에 모인 농부, 식물학자, 생물학자 앞에서 발표를 했다(논문의 후반부는 한 달 뒤인 3월 8일에 발표했다). 이 역사적 순간을 담은 기록은 거의 없다. 발표장은 작았고, 약 40명이 참석했다. 수십 개의 표와 형질과 변이체를 나타내는 난해한 기호들로 가득한 그 논문은 통계학자들조차 읽기 힘들었다. 생물학자들에게는 도저히 알아볼 수 없는 주문이나 다름없었을 것이다. 식물학자들은 대개 수비학(數祕學, numerology)이 아니라 형태학을 연구했다. 당시의 사람들은 잡종 표본 수만 점의 씨와 꽃에서 변이체의 수를 세는 행위에 얼떨떨해졌을 것이다. 자연에 숨어 있는 신비한 수의 "조화"라는 개념은 피타고라스와 더불어 이미 유행이 지난 지 오래였다. 멘델이 발표한 직후에, 한 식물학 교수가 나와서 다윈의 『종의 기원』과 진화론을 이야기했다. 청중 가운데 두 주제가 연관되어 있음을 알아차린 사람은 아무도 없었다. 멘델조차도 자신의 "유전 단위"와 진화가 연결 가능한 것임을 인식하지 못했다. 그는 이전에 그런 연결 고리를 모색했음을 시사하는 글을 공책에 적었던 것은 분명하지만, 그 주제에 관해서 명시적으로 언급하지 않았다.

멘델의 논문은 「브르노 자연사학회 연보(*Proceedings of the Brno Natural Science Society*)」에 실렸다.[14] 가뜩이나 말수가 적은 멘델은 논문에는 더욱 간결하게 적었다. 그는 거의 10년간의 연구를 44쪽에 걸쳐 놀라울 만큼 지루하게 요약했다. 그 회지는 영국의 왕립협회와 린네 협회, 워싱턴의 스미소니언협회를 비롯한 기관 수십 곳에 발송되었다. 멘델은 40부를 요청하여, 많은 주석을 달아서 여러 과학자들에게 직접 우편으로 보냈다. 다윈에게도 1부를 보냈을 가능성이 높지만, 다윈이 실제로 그 논문을 읽었다는 기록은 전혀 없다.[15]

한 유전학자의 말마따나, 그 뒤로 "생물학 역사상 가장 기이한 침묵 중 하

하기는 어렵다. 그는 유전의 법칙과 물질적 토대를 밝히려고 노력했다.

나"[16]가 이어졌다. 그 논문은 1866-1900년에 겨우 4번 인용되었다. 사실상 과학 문헌에서 사라지고 있었다. 미국과 유럽에서 인간의 유전과 그 조작이 정책결정자들 사이에서 핵심 문제와 관심사로 대두되었던 1890-1900년에도, 멘델의 이름과 그의 연구는 잊힌 채로 있었다. 현대 생물학을 탄생시킨 그 연구는 눈에 안 띄는 과학협회의 눈에 안 띄는 회지에 묻힌 채, 주로 중부 유럽의 한 쇠락해가는 도시의 식물 육종가들만이 읽었을 뿐이다.

1866년의 마지막 날, 멘델은 뮌헨의 스위스 식물생리학자 카를 폰 네겔리에게 자신의 실험 내용을 설명하는 편지를 썼다. 네겔리는 두 달 뒤―이 미적거린 행동은 이미 관심이 없다는 것을 암시한다―정중하지만 쌀쌀맞게 평하는 답장을 했다. 어느 정도 명성이 있는 식물학자였던 네겔리는 멘델이나 그의 연구에 별 관심이 없었다. 그는 아마추어 과학자를 본래 불신했으며, 그 편지에 당혹스러울 만큼 경멸적인 말을 적었다. "경험적인 것만으로는⋯⋯합리적임을 입증할 수 없습니다."[17] 마치 실험을 통해서 추론한 법칙이 인간 "이성"으로 새롭게 고안한 법칙보다 더욱 나쁘다는 투였다.

멘델은 더 많은 편지를 보냈다. 네겔리는 멘델이 가장 사귀고 싶어하는 존경받는 과학자 동료였고, 멘델의 편지는 거의 열렬하고 필사적인 어조를 띠었다. "제가 얻은 결과가 우리 시대의 과학과 쉽게 조화시킬 수 없다는 점을 저도 압니다."[18] 그러면서 멘델은 썼다. "고립된 실험은 이중으로 위험할 수 있지요."[19] 네겔리는 여전히 신중하고 경멸적이고 때로는 퉁명스러운 태도를 유지했다. 네겔리에게는 멘델이 완두 잡종의 표를 작성하여 근본적인 자연 규칙―일종의 위험한 법칙―을 유도했다는 생각 자체가 터무니없고 억지스러워 보였다. 멘델이 종교를 믿는다면, 그쪽에 치중해야 한다고 여겼다. 반면에 네겔리 자신은 과학을 믿었다.

네겔리는 다른 식물을 연구하고 있었다. 노란 꽃이 피는 조밥나물이었다. 그는 멘델에게 조밥나물에서 같은 결과를 내보라고 재촉했다. 그러나 그 식물을 선택한 것은 재앙이나 다름없었다. 앞서 멘델은 깊은 고민 끝에 완두를 선택했다. 완두는 유성생식을 했고, 뚜렷이 알아볼 수 있는 변이 형질을 가졌으며, 좀더 노력을 한다면 타가수정도 시킬 수 있었다. 반면에 멘델과 네겔리는 몰랐지만, 조밥나물은 무성생식을 할 수 있었다(즉 꽃가루와 난자 없이). 타가수정을 하기가 거의 불가능했고 잡종을 거의 만들지 않는 식물이었다. 예상대로 실험 결과는 뒤죽박죽이었다. 멘델은 조밥나물 잡종을 파악하려고 애썼지만(사실 잡종이 아니었다) 완두에서 관찰한 패턴을 전혀 찾을 수가 없었다. 그는 1867년에서 1871년에 걸쳐 더욱 열심히 실험을 했다. 다른 정원에 조밥나물 수천 본을 키우면서 똑같은 족집게로 꽃의 수술을 제거하고 똑같은 붓으로 꽃가루를 옮겼다. 네겔리에게 보내는 편지는 점점 낙심한 어조를 띠었고, 네겔리는 답장을 하긴 했지만 드물었고 베푸는 듯한 투였다. 그는 브르노의 독학한 수사가 점점 광기 어린 양상을 띠어 가도 거의 개의치 않았다.

1873년 11월에 멘델은 네겔리에게 마지막 편지를 썼다.[20] 그는 실험을 끝낼 수가 없었다고 자책하는 어조로 썼다. 이미 브르노 수도원의 원장으로 승진한 상태였고, 행정 업무에 치여서 식물 연구를 더 이상 계속할 수가 없었다. "내 식물들을 저렇게 방치해야 하다니 정말로 마음이 아픕니다."[21] 과학은 옆으로 밀려났다. 수도원에는 청구액이 쌓여 갔다. 새로운 성직자를 임명해야 했다. 청구서와 편지는 쏟아졌고, 이런 행정 업무 앞에서 그의 과학적 상상력은 서서히 질식해갔다.

멘델은 완두 잡종에 관한 기념비적인 논문 한 편만을 썼다. 1880년대 그는 점점 건강을 잃어갔고, 서서히 일을 줄였다. 좋아하는 정원 가꾸기만 빼고 말이다. 1884년 1월 6일, 그는 콩팥 기능 상실로 발이 퉁퉁 부은 상태로 브르노에서 숨을 거두었다.[22] 지역 신문에 사망 기사가 실렸지만, 그의 실험 연구에 관해서는 한 마디도 없었다. 아마 수도원의 젊은 수사 한 명이 쓴 짧은 시가 더 그를 잘 표현할 것이다. "온화하고, 아낌없고, 친절했다……그는 꽃을 사랑했다."[23]

"멘델이라는 사람"

종의 기원은 자연 현상이다.   —장-바티스트 라마르크[1]

종의 기원은 탐구 대상이다.   —찰스 다윈[2]

종의 기원은 실험 조사의 대상이다.   —휘호 더프리스[3]

1878년 여름, 휘호 더프리스라는 30세의 네덜란드 식물학자는 다윈을 만나기 위해서 영국으로 왔다.[4] 과학적 방문이라기보다는 일종의 순례 여행에 가까웠다. 다윈이 도킹에 있는 누이의 집에서 휴가 중임을 알자, 더프리스는 그를 만나러 그곳까지 찾아갔다. 여위고, 열정 넘치고, 흥분 잘하고, 라스푸틴처럼 꿰뚫는 듯한 눈을 지니고, 다윈에 견줄 만큼 턱수염을 기른 더프리스는 이미 자신의 우상의 젊은 판박이처럼 보였다. 또 다윈처럼 끈기가 강했다. 그 만남은 심신을 지치게 했던 것이 분명하다. 만남은 겨우 2시간 동안 이어졌고, 다윈은 좀 쉬어야겠다고 사과를 하면서 일어났다. 그러나 더프리스가 영국을 떠날 때 그는 달라져 있었다. 짧은 대화였음에도, 다윈은 더프리스의 날카로운 정신에 수문을 뚫어서 그의 정신이 나아갈 물줄기를 영구히 바꿔놓았다. 암스테르담으로 돌아온 더프리스는 지금까지 하던 식물의 덩굴손 운동에 관한 연구를 곧바로 접고서, 유전의 수수께끼를 해결하는 일에 뛰어들었다.

1800년대 말에 유전 문제는 거의 신비적인 후광을 입고 있었다. 생물학자들에게는 페르마의 마지막 정리나 다름없었다. 종이의 "여백이 너무 작다"[5]

는 이유로 자기 정리의 "놀랄 만한 증명"을 발견했다는 말만 감질나게 끼적거리고 상세한 풀이는 적지 않은 프랑스의 괴짜 수학자 페르마처럼, 다윈도 유전의 해법을 발견했다고 종잡을 수 없는 말만 했을 뿐 어떤 내용인지 발표한 적이 없었다. 다윈은 1868년에 이렇게 썼다. "시간과 건강이 허락한다면, 다른 저서를 통해서 자연 상태에 있는 생물의 변이를 다룰 것이다."[6]

다윈은 그 주장에 얼마나 중요한 사항들이 담겨 있는지를 이해했다. 유전 이론은 진화론에 대단히 중요했다. 변이를 생성하고 그것을 대대로 고정시킬 수단이 없다면, 생물이 새 형질을 진화시킬 메커니즘도 없다는 것을 잘 알았다. 그러나 10년이 지나도록, 그는 "생물의 변이" 생성을 다루겠다고 약속한 책을 출판하지 않았다. 다윈은 더프리스가 방문한 지 4년 뒤인 1882년에 세상을 떠났다.[7] 이제 젊은 세대의 생물학자들은 누락된 그 이론의 단서를 찾기 위해서 다윈의 저서들을 샅샅이 뒤지고 있었다.

더프리스도 다윈의 책들을 샅샅이 훑다가 범생설에 다다랐다. "정보의 입자"가 어떤 식으로든 몸에서 정보를 모아서 정자와 난자에 전달한다는 개념이었다. 그러나 세포들로부터 나온 메시지가 정자에 모여서 한 생물을 짓는 건축 설명서가 된다는 그 개념은 매우 억지스러워 보였다. 마치 정자가 전보(電報)들을 받아 모아서 인간이라는 책을 쓴다는 말처럼 들렸다.

그리고 범유전자(pangene)와 제뮬을 반증하는 실험 증거가 쌓이고 있었다. 1883년에는 다소 우울한 판결이 내려졌다. 독일 발생학자 아우구스트 바이스만이 다윈의 제뮬 유전론을 정면으로 반박하는 실험을 했기 때문이다.[8] 바이스만은 생쥐 5세대에 걸쳐 꼬리를 잘라낸 뒤 교배를 시키면서, 꼬리 없는 새끼가 태어나는지 알아보았다. 그러나 생쥐들은 세대가 계속 지나도 똑같이 완고할 만큼 항상 온전한 꼬리를 가지고 태어났다. 제뮬이 존재한다면, 꼬리가 잘린 생쥐는 꼬리가 없는 새끼를 낳아야 마땅했다. 바이스만은 총 901마리의 꼬리를 잘라냈다. 하지만 생쥐들은 원래 생쥐의 꼬리보다 조금 짧아진 기미조차 없이 지극히 정상적인 꼬리를 가지고 태어났다. "유전적 얼룩"(아니 적어도 "유전적 꼬리")을 제거하기란 불가능했다. 좀 섬뜩한 분위기를 풍기지만, 아무튼 그 실험은 다윈과 라마르크가 옳을 수 없음을 보여주는 것이었다.

바이스만은 혁신적인 대안을 제시했다. 유전 정보가 오직 정자와 난자에만 들어있으며, 획득한 형질을 정자나 난자로 전달하는 직접적인 메커니즘 따위는 전혀 없다는 것이다. 기린의 조상이 아무리 열심히 목을 늘이든 간에, 그 정보를 자신의 유전물질에 전달할 수 없다는 것이다. 바이스만은 이 유전물질을 **생식질**(germplasm)이라고 했고, 그것이 생물이 다른 생물을 생성할 수 있는 유일한 방법이라고 주장했다.[9] 사실상 모든 진화는 한 세대에서 다음 세대로 생식질을 수직 전달하는 과정이라고 볼 수 있었다. 달걀은 닭이 다음 세대의 닭에게 정보를 전달하는 유일한 방법이었다.

그러나 생식질은 어떤 특성을 지닌 물질일까? 더프리스는 궁금해졌다. 물감과 같을까? 즉 혼합되고 희석될 수 있을까? 아니면 생식질 속의 정보는 깨지지 않고 깨뜨릴 수도 없는 메시지처럼, 따로 한 묶음으로 전달될까? 더프리스는 아직 멘델의 논문을 만나지 못하고 있었다. 하지만 멘델과 마찬가지로, 그도 암스테르담의 시골을 돌면서 별난 식물 변이체들을 수집하기 시작했다. 완두만이 아니라, 줄기가 비틀리고 잎이 갈라진 식물, 얼룩무늬가 있는 꽃, 털 달린 꽃밥, 박쥐 모양의 씨앗 등 온갖 기괴한 식물들을 모았다. 이 변이체들을 정상 식물과 교배한 그는 멘델이 그랬듯이 변이 형질이 혼합되어 사라지는 것이 아니라, 한 세대에서 다음 세대로 개별적이고 독립된 형태로 유지된다는 것을 알아차렸다. 각 식물은 꽃 색깔, 잎 모양, 씨 모양 등 다양한 형질의 집합이며, 이 형질들은 개별적이고 독립된 정보 조각으로 암호화하여 한 세대에서 다음 세대로 전달되는 듯했다.

그러나 더프리스는 아직 멘델의 중요한 깨달음에 이르지 못했다. 1865년에 멘델이 완두 교잡 실험에서 뚜렷이 드러난 결과를 보고 깨달았던 수학적 추론을 그는 아직 하지 못한 상태였다. 더프리스는 식물 잡종 연구를 통해서 키와 같은 변이 형질이 보이지 않는 정보 입자를 통해서 암호화되어 있음을 모호하게나마 알아차릴 수 있었다. 하지만 한 변이 형질을 암호화되려면 얼마나 많은 입자가 필요할까? 1개? 100개? 아니면 1,000개?

1880년대에 아직 멘델의 연구를 모른 채, 더프리스는 자신의 식물 실험을 더 정량적으로 기술하는 쪽으로 나아갔다. 1897년에 쓴 「유전적 괴물들(Hereditary Monstrosities)」이라는 이정표가 된 논문에서, 그는 자신의 자료를 분석하여 각각 하나의 정보 입자가 하나의 형질을 좌우한다고 추론했다.[10] 모든 잡종은 그런 입자를 둘씩 물려받았다. 정자로부터 하나, 난자로부터 하나였다. 그리고 이 입자는 정자와 난자를 통해서 온전히 다음 세대로 전달되었다. 아무것도 혼합되지 않았다. 어떤 정보도 사라지지 않았다. 그는 이 입자를 "범유전자(pangene)"라고 했다.[11] 자신이 어디에서 기원했는지를 증언하는 명칭이었다. 설령 다윈의 범생설을 체계적으로 무너뜨리긴 했어도, 더프리스는 자신의 스승에게 마지막 경의를 표했다.

1900년 봄 더프리스가 아직 식물 교배 연구에 몰두하고 있을 때, 한 친구가 자신의 서재에 묻혀 있던 오래된 논문을 보내왔다. 친구는 이렇게 썼다. "잡종을 연구하고 있다며? 아마 1865년에 멘델이라는 사람이 쓴 이 논문에도……관심이 있을 것 같군."[12]

3월의 흐린 아침, 암스테르담의 자신의 서재에서 동봉된 논문을 꺼내어 첫 문단을 읽었을 때, 더프리스의 심정이 어떠했을지는 상상하기 어렵지 않다. 논문을 읽으면서 그는 기시감에 등줄기가 오싹하는 기분을 느꼈을 것이 틀림없다. 이 "멘델이라는 사람"은 분명히 더프리스보다 30여년을 앞서 있었다. 더프리스는 멘델의 논문에서 자기가 찾던 의문의 해답을 발견했다. 자기 실험의 완벽한 보강 증거가 담겨 있었다. 게다가 자신의 연구 독창성까지도 훼손하고 있었다. 다윈과 월리스의 이야기까지 억지로 다시 떠올리게 하는 듯했다. 자신이 독창적으로 해냈다고 주장하고 싶은 이 과학적 발견을 다른 누군가가 사실상 했던 것이다. 더프리스는 몹시 충격을 받은 상태에서 1900년 3월 서둘러 자신의 식물 교잡 논문을 발표했다. 그러나 그는 멘델의 연구를 전혀 언급하지 않았다. 아마 세상은 "멘델이라는 사람"과 그가 브르노에서 한 완두 교배 연구를 잊어버린 모양이었다. 훗날 더프리스는 이렇게 썼다. "겸손은 미덕이다. 하지만 겸손하지 않으면 출세한다."[13]

보이지 않는 독립된 유전 명령문이라는 멘델의 개념을 재발견한 사람이 더프리스 뿐은 아니었다. 더프리스가 기념비적인 식물 변이체 논문을 발표한 바로 그해에, 튀빙겐의 식물학자 카를 코렌스는 멘델의 연구 결과를 정확히 재현한 완두와 옥수수 교잡 연구 결과를 내놓았다.[14] 역설적인 점은 코렌스가 뮌헨에서 네겔리의 제자로 있었다는 것이다. 그러나 멘델을 괴짜 아마추어 정도로 여겼던 네겔리는 코렌스에게 자신이 "멘델이라는 사람"에게서 완두 교배에 관한 많은 편지를 받았다는 사실을 말하지 않았다.

그래서 코렌스는 멘델의 수도원에서 약 650킬로미터 떨어진 튀빙겐과 뮌헨의 실험 재배지에서 열심히 큰 키 식물과 작은 키 식물을 기르면서 교배를 했다. 그는 멘델이 앞서 한 연구 방법을 자신이 그저 되풀이하고 있음을 전혀 알지 못했다. 실험을 끝내고 논문 발표 준비를 할 때, 그는 선배 과학자들의 문헌을 조사하기 위해서 도서관으로 향했다. 그곳에서 그는 브르노 학술지에 묻혀 있던 멘델의 논문과 마주쳤다.

그리고 멘델이 1856년 식물학 시험에 떨어졌던 바로 그곳인 빈에서도 또 한 명의 젊은 식물학자인 에리히 폰 체르마크가 멘델 법칙을 재발견했다. 폰 체르마크는 할레 대학교의 대학원생이었는데, 겐트 지역에서 완두 교잡을 연구하다가 잡종 세대를 거쳐 유전 형질이 입자처럼 개별적이고 독립적으로 전달된다는 것을 발견했다. 세 과학자 중 가장 젊었던 폰 체르마크는 자신의 연구 결과를 완전히 입증하는 두 연구 결과가 발표되었다는 소식을 듣고서, 과학 문헌을 뒤적거리다가 멘델의 논문을 발견했다. 그도 멘델의 논문을 펼처 읽는 순간 기시감에 소름이 돋는 것을 느꼈다. 훗날 그는 질투심과 낙심보다는 "새로운 것을 발견했다는 심경이 앞섰다"[15]고 썼다.

한 번 재발견되는 것은 그 과학자가 선견지명이 있었음을 보여주는 증거이다. 그러나 세 번 재발견되는 것은 그 과학자에게는 모욕이다. 삼 개월이라는 짧은 기간 동안 독자적으로 발표된 세 논문이 모두 멘델의 연구로 수렴되었다는 것은 생물학자들이 얼마나 근시안적 사고를 가지고 있었는지를 보여주는 사례이다. 그들은 거의 40년 동안 멘델의 연구를 무시했다. 자신의 첫 논문에서 뻔히 알고 있으면서도 멘델을 언급하지 않았던 더프리스조차 결국 멘델의 공헌을 인정할 수밖에 없었다. 1900년 봄, 더프리스가 논문을 발표한 직후에, 카를 코렌스는 더프리스가 고의적으로 멘델의 연구를 도둑질했다고 주장했다. 과학적 표절과 비슷한 행위를 저질렀다는 것이다(코렌스는 짐짓 점잖은 어투로, "기이한 우연의 일치로"[16] 더프리스가 자신의 논문에 "멘델의 어휘"를 쓰기까지 했다고 적었다). 결국 더프리스는 굴복했다. 식물 교잡 실험 결과를 분석한 후속 논문에서 그는 멘델을 열렬하게 언급하면서 자신이 그저 멘델의 연구를 "확장한" 것일 뿐이라고 인정했다.

그러나 더프리스는 멘델의 실험보다 한발 더 나아갔다. 유전 단위를 발견했다는 영예는 빼앗겼을지 모르지만, 더프리스는 유전과 진화라는 문제를 더 깊이 파고듦으로써 멘델도 당혹스러워 했을 것이 분명한 한 가지 생각에 도달했다. 애초에 변이가 어떻게 생기는 것일까? 대체 무엇이 큰 키 대 작은 키, 보라색 꽃 대 흰색 꽃을 만드는 것일까?

이번에도 답은 정원에 있었다. 채집을 하러 시골을 돌아다니다가 더프리스는 야생에서 넓은 공간을 잠식하면서 자라는 큰달맞이꽃과 마주쳤다. 그가 곧 알아차리지만, 공교롭게도 그 종의 학명은 라마르크의 이름을 땄다.[17] 오이노테라 라마르키아나(Oenothera lamarckiana)였다. 더프리스는 그곳에서 5만 개의 씨를 받아서 심었다. 몇 년 사이에 큰달맞이꽃은 마구 불어났다. 더프리스는 그 밭에서 800가지의 새로운 변이체가 자연적으로 발생한 것을 발견했다. 거대한 잎이 달리거나, 줄기에 털이 나거나, 기이한 모양의 꽃이 달리는 개체들이었다. 자연은 자발적으로 희귀한 별종을 내놓고 있었다. 다윈의 진화의 첫 단계라고 제시했던 바로 그 메커니즘이었다. 다윈은 이런 변이체를 "별종(sport)"이라고 했다. 자연계에 한 순간 몰아친 변덕의 산물이라는 의미였다. 더프리스는 좀더 진지하게 들리는 용어를 골랐다. 그는 그들을 돌연변이체(mutant)라고 했다.[18] "변화"라는 뜻의 라틴어에서 따왔다.*

더프리스는 자신이 중요한 관찰을 했음을 즉시 알아차렸다. 이 돌연변이체들이 바로 다윈의 퍼즐에서 빠진 조각들임에 분명했다. 실로 돌연변이체 — 이를테면 잎이 거대한 큰달맞이꽃 — 가 자발적으로 생성되는 과정이 자연선택과 결합한다면, 다윈의 무자비한 엔진이 자동적으로 가동될 것이었다. 돌연변이는 자연에서 변이체를 만들었다. 목이 긴 영양, 부리가 짧은 핀치, 잎이 거대한 식물은 수많은 정상 표본들 중에서 자발적으로 생겨났다(라마르크의 생각과 반대로, 이 돌연변이체는 목적을 띠고 생기는 것이 아니라, 무작위적인 우연을 통해서 발생했다). 이 변이체 형질은 유전적인 것이었다. 즉 정자와 난자에 들어 있는 개별적인 명령문의 형태로 전달되었다. 동물들이 살아남기 위해서 경쟁할 때, 가장 잘 적응한 변이체—가장 적합한 돌연변이—는 대대로 선택되었다. 그 후손들은 이 돌연변이를 물려받았고, 이윽고 신종을 낳음으로써 진화를 추진했다. 자연선택은 생물 개체에 작용하는 것이 아니라, 그들의 유전 단위에 작용하고 있었다. 더프리스는 닭은 단지 달걀이 더 나은 달걀을 만드는 수단임을 깨달았다.

휘호 더프리스는 무려 20년이라는 고통스러운 세월을 거쳐서 멘델의 유전 개념으로 전향했다. 반면에 영국 생물학자인 윌리엄 베이트슨은 약 한 시간 만에 멘델 쪽으로 전향을 했다.[19] 그 시간은 1900년 5월 케임브리지에서 런

---

* 더프리스의 돌연변이체는 사실 자발적으로 생기는 변이체라기보다는 역교배의 산물이었을지 모른다.

던까지 급행열차가 가는 데에 걸리는 시간이었다.* 그날 저녁 베이트슨은 왕립원예협회에서 유전에 관한 강연을 하기 위해서 열차를 탔다. 열차가 덜 컹거리면서 어두워져 가는 소택지(沼澤地)를 지나고 있을 때, 그는 더프리스의 논문을 읽었다. 그 즉시 그는 독립적인 유전 단위라는 멘델의 개념을 받아들였다. 그 짧은 여행이 베이트슨이 나아갈 길을 결정지었다. 빈센트 광장에 있는 협회 사무실에 도착할 무렵, 그의 머릿속은 팽팽 돌아가고 있었다. 그는 강당에서 이렇게 말했다. "가장 중요한 한 가지 새로운 원리가 지금 우리 앞에 있습니다. 그것이 어떤 후속 결론으로 이어질지 우리는 아직 예측할 수 없습니다."[20] 그해 8월, 베이트슨은 친구인 프랜시스 골턴에게 이런 편지를 썼다. "멘델의 논문을 보라고 이 편지를 씁니다. 내가 보기에는 지금까지 유전에 관해서 이루어진 연구 중 가장 놀라운 것인데, 잊혔다는 사실이 놀랍기 그지없습니다."[21]

베이트슨은 한때 잊혔던 멘델을 두 번 다시 외면당하지 않게 한다는 것을 자신의 개인적인 사명으로 삼았다. 우선 그는 케임브리지에서 독자적으로 식물 교배 실험을 통해서 멘델의 연구가 옳았음을 재확인했다.[22] 베이트슨은 런던에서 더프리스를 만났는데, 그의 실험을 대하는 엄밀한 태도와 과학에 대한 열정에 깊은 감명을 받았다(그러나 대륙적인 습관에는 그렇지 않았다. 베이트슨은 더프리스가 식사하기 전에 목욕하기를 거부한다고 불평했다. "그의 리넨 옷에서 악취가 난다. 셔츠를 일주일에 한 번 갈아입는 것 같다"[23]). 멘델의 실험 자료와 자신의 실험 증거를 통해서 이중으로 확신을 얻은 베이트슨은 남들을 전향시키는 일에 착수했다. "멘델의 불도그"[24]—표정과 기질 양쪽으로 자신을 닮은 동물인—라는 별명을 얻은 베이트슨은 유전을 주제로 독일, 프랑스, 이탈리아, 미국으로 강연 여행을 다니면서 멘델의 발견이 중요

---

* 일부 역사가들은 베이트슨이 기차를 타고 가다가 멘델의 이론으로 "전향"했다는 이야기가 사실이 아니라고 반박해왔다. 그 일화는 그의 전기에 종종 실리지만, 베이트슨의 몇몇 제자들이 극적인 효과를 주기 위해서 꾸며낸 것일 수도 있다.

하다고 역설했다. 그는 자신이 생물학에서 근본적인 혁명이 일어나는 광경을 목격하고 있음을, 아니 그 혁명의 산파 역할을 하고 있음을 인식했다. 그는 "머지않아 이루어질 만한 자연에 관한 그 어떤 지식의 발전보다도" 유전법칙의 해독이 "인류가 세계를 보는 관점, 더 나아가 자연을 다스리는 힘에 가장 큰 변화를 가져올 것"[25]이라고 썼다.

케임브리지에서 베이트슨은 젊은 제자들을 모아서 새로운 유전학을 연구했다. 그는 자신을 중심으로 탄생하고 있는 그 새로운 분야에 붙일 이름이 필요하다는 것을 알았다. 범유전학(pangenetics)이야말로 딱 맞을 듯했다. 더프리스가 유전의 단위를 가리키는 데에 쓴 범유전자라는 단어를 확장하면 그랬다. 그러나 그 명칭은 다윈의 잘못된 유전적 명령문 이론까지 떠안고 있었다. 베이트슨은 이렇게 썼다. "널리 쓰이는 단어 중에서 그런 단어에 몹시 필요한 이 의미를 제공하는 것을 [아직] 찾지 못했다."[26]

1905년, 여전히 대안을 찾느라 애쓰던 베이트슨은 스스로 단어를 창안했다.[27] 바로 유전학(genetics)이라는 단어였다. 유전과 변이를 연구하는 학문을 가리키는 그 단어는 "낳다"라는 뜻을 가진 게노(genno)라는 그리스어에서 온 것이었다.

베이트슨은 신생 과학이 어떤 사회적 및 정치적 충격을 미칠 수 있을지 날카롭게 인식했다. 1905년에 그가 쓴 글에는 놀라운 선견지명이 담겨 있었다. "실제로 계몽이 이루어지고 유전에 관한 사실들이……널리 알려진다면……어떤 일이 벌어질까?……한 가지는 확실하다. 인류는 개입을 시작할 것이다. 아마 영국에서는 아니겠지만, 과거와 단절할 준비가 더 되어 있고 '국가적 효율'을 높일 열의가 있는 나라에서는 그럴 수도 있다……그 개입으로 인한 장기적인 결과를 모른다고 해서 그런 실험을 오래 미루는 일은 여태 없었다."[28]

그 이전의 어느 과학자보다도 더 베이트슨은 유전 정보의 불연속적인 특성이 인류유전학의 미래에 방대한 의미를 지니고 있음을 이해했다. 유전자가 독립적인 정보 입자라면, 개별적으로 어느 입자를 고르고, 정화하고, 조작하는 일이 가능할 것이다. "바람직한" 속성을 담은 유전자는 고르거나 개량하고, 바람직하지 못한 유전자는 유전자풀(gene pool)에서 제거할 수도 있다. 원리 상으로 과학자는 "개인의 조성" 그리고 국가의 조성을 바꿀 수 있고, 인류의 정체성에 영구적인 흔적을 남길 수 있었다.

베이트슨은 음울하게 썼다. "어떤 힘이 발견되면, 인류는 언제나 그것에 의지한다. 유전학은 곧 엄청난 규모로 힘을 제공할 것이다. 그리고 아마 머지않은 장래에 어떤 나라에서, 그 힘은 국가의 조성을 통제하는 데에 이용될 것이다. 그런 통제 행위가 궁극적으로 그 국가에, 혹은 인류 전체에 이로울지 해로울지에 대한 여부는 별개의 문제이다." 그는 유전자의 세기를 내다보았다.

우생학

개선된 환경과 교육은 이미 태어난 세대에 좋을 수 있다. 개량된 혈통
은 앞으로의 모든 세대에 좋을 것이다.

— 허버트 월터, 『유전학(*Genetics*)』[1]

대다수의 우생학자는 완곡어법론자이다. 즉 그들은 짧게 말하면 소스
라치게 놀라지만, 길게 말하면 흡족해한다는 뜻이다. 그리고 그들은
한 단어를 단어로 번역하는 능력이 너무나 떨어진다……그들에게 "시
민은……이전 세대, 특히 여성들의 긴 수명이 주는 부담이 불균등하
고 견딜 수 없는 수준에 이르지 않도록 조치해야 한다"라고 말해보라.
그러면 그들은 그저 약간 동요하는 기색을 보일 것이다…하지만 그들
에게 "네 어머니를 죽여라"라고 말해보라. 그들은 벌떡 일어설 것이다.

— G. K. 체스터턴, 『우생학과 그 밖의 악덕들』[2]

찰스 다윈이 세상을 뜬 다음 해인 1883년, 다윈의 사촌인 프랜시스 골턴은
『인간의 능력과 그 발달 탐구(*Inquiries into Human Faculty and Its Develop-
ment*)』라는 도발적인 책을 내놓았다.[3] 그 책에는 인류를 개량할 전략이 제시
되어 있었다. 골턴의 생각은 단순했다. 그는 자연선택의 메커니즘을 모방하
려고 했다. 자연이 생존과 선택을 통해서 동물 집단에 그토록 놀라운 효과를
미칠 수 있다면, 인간의 개입을 통해서 인류의 개선 과정을 촉진시킬 수 있다
고 상상했다. 그는 가장 강하고 가장 영리하고 "가장 적합한" 사람들을 선택

적으로 교배시키면—비자연적인 선택—자연이 영구한 세월에 걸쳐 시도해왔던 것을 수십 년 사이에 이룰 수 있다고 생각했다.

골턴은 이 전략을 무엇이라고 부를지 고민했다. 그는 이렇게 썼다. "더 적합한 인종이나 혈통이 덜 적합한 이들보다 더 빨리 우위를 차지할 수 있는, 더 좋은 기회를 제공함으로써, 인류를 개선하는 과학을 표현할 짧은 단어를 간절히 원한다."[4] 그는 우생학(優生學, eugenics)이라는 단어가 적절하다고 생각했다. "적어도 내가 한때 사용하려 했던 **인간배양**(viriculture)보다는……더 산뜻한 단어이다."[5] 우생학은 "좋은"이라는 뜻의 그리스어 접두사(eu)와 생성(genesis)이라는 단어를 결합한 것이었다. "유전적으로 고귀한 자질을 물려받은 좋은 혈통"을 뜻했다. 골턴—자신이 뛰어난 재능을 지니고 있음을 결코 의심한 적이 없는—은 이 용어에 대단히 만족해했다. "인간 우생학이 머지않아 실용적으로 가장 중요한 학문이 되리라는 것을 믿는 나로서는 개인과 집안의 역사를 집대성하는 일이……대단히 시급해 보인다."[6]

골턴은 1822년 겨울에 태어났다. 그레고어 멘델이 태어난 해이자, 사촌인 찰스 다윈보다 13년 늦은 해였다. 현대 생물학의 두 거장 사이에 낀 신세였던 그는 자신의 과학적 재능이 부족함을 뼈저리게 느낄 수밖에 없었다. 본래 그 역시 거장이 될 생각을 품었기 때문에 그 부족함에 더욱 짜증이 났을지도 모른다. 그의 아버지는 버밍엄의 부유한 은행가였다. 어머니는 박학한 시인이자 의사이며, 찰스 다윈의 할아버지인 이래즈머스 다윈의 딸이었다. 골턴은 2살 때부터 글을 읽었고, 5살에는 그리스어와 라틴어를 유창하게 했고, 8살에는 4차 방정식을 풀 수 있었던 신동이었다.[7] 다윈처럼 그도 딱정벌레를 채집했지만, 사촌과 달리 끈기 어린 분류학적 정신 자세가 부족했기에 곧 채집을 포기하고 좀더 야심적인 일에 뛰어들었다. 그는 의학을 공부하려고 하다가, 케임브리지에서 수학으로 전공을 바꾸었다.[8] 그는 1843년 수학 우등 시험을 치르려 했지만, 신경 쇠약 증세가 나타나는 바람에 건강을 추스르기 위해서 고향으로 돌아왔다.

1844년 여름, 찰스 다윈이 첫 진화 원고를 쓰고 있을 무렵에, 골턴은 영국을 떠나 이집트와 수단을 여행했다. 그 후로도 그는 여러 번 아프리카를 여행했다. 그러나 1830년대에 다윈이 남아메리카의 "원주민들"을 만나면서 인류가 공통 조상에서 기원했다는 믿음이 더 강해진 반면, 골턴은 차이점만을 보았다. "내 평생 생각할 거리를 얻을 만큼의 야만적인 종족을 충분히 보았다."[9]

1859년 골턴은 다윈의 『종의 기원』을 읽었다. 그는 그 책을 "탐독했다." 그는 마치 전기 충격을 받은 것 같았다. 그 책은 그를 마비시키는 동시에 그에게 활력을 불어넣었다. 질투심, 자긍심, 찬탄의 감정이 들끓었다. 그는 다윈을 찬미하면서, 자신을 "전혀 새로운 지식의 영역에 입문시켰다"[10]라고 썼다.

골턴이 특히 탐구하고 싶어진 "지식의 영역"은 유전이었다. 플레밍 젠킨처럼, 골턴도 사촌이 원리 측면에서는 옳지만, 메커니즘 측면에서는 그렇지 않다는 것을 금세 알아차렸다. 즉 다윈의 이론을 이해하려면 유전의 본질이 대단히 중요하다는 점을 인식해야 했다. 진화가 양(陽)이라면 유전은 음(陰)이었다. 두 이론은 본래 연결되어 있어야 했다. 서로를 보강하고 보완했다. "사촌 다윈"이 퍼즐의 절반을 풀었다면, "사촌 골턴"은 나머지 절반을 풀 운명이었다.

1860년대 중반, 골턴은 유전 연구를 시작했다. 다윈의 "제뮬" 이론─모든 세포들이 유전적 명령문을 병에 담아서 내던져지고, 그 메시지가 담긴 병 100만 개가 혈액 속을 둥둥 떠다닌다는─은 수혈이 제뮬을 전달함으로써 유전에 변화를 일으킬 것임을 시사했다. 골턴은 제뮬을 전달하기 위해서 토끼에게 다른 토끼의 피를 수혈했다.[11] 유전적 명령문의 토대를 이해하기 위해서 식물도 연구했다. 물론 거기에는 완두도 포함되어 있었다. 그러나 그는 실험가로서는 형편없었다. 멘델이 타고난 손재주가 그에게는 없었다. 토끼들은 쇼크로 죽었고, 덩굴은 시들었다. 좌절한 그는 인간을 연구하는 쪽으로 방향을 바꿨다. 모델 생물(model organism : 다른 생물들보다 연구하기가 용이해서 실험하는 데에 주로 쓰이는 생물/역주)은 유전의 메커니즘을 드러내지 못했다. 그는 그 비밀을 풀기 위해서는 인간의 변이와 유전을 측정해야 한다고 추론했다. 그가 가진 야심의 모든 것이 그 결심에 담겨 있었다. 그는 지능, 기질, 신체 능력, 키 등 상상할 수 있는 가장 변이가 심하고 복잡한 형질들로부터 시작하여 하향식으로 접근하겠다는 결심을 했다. 그 결심이 계기가 되어 그는 유전학이라는 과학과 전면전을 펼치게 된다.

골턴이 인간의 변이를 측정함으로써 인간의 유전을 모형화하려고 시도한 최초의 인물은 아니었다. 1830-40년대에 벨기에 과학자—천문학자였다가 생물학자가 된—아돌프 케틀레는 인간의 특징들을 체계적으로 측정하여 통계 기법을 써서 분석하는 일을 시작했다. 그의 접근법은 엄밀하고 포괄적이었다. 그는 이렇게 썼다. "인간은 결코 연구된 적이 없는 어떤 법칙에 따라 태어나고 자라고 죽는다."[12] 그는 군인 5,738명의 가슴둘레와 키를 표로 작성하여, 그 형질들이 매끄럽고 연속적인 종 모양의 곡선 분포를 띤다는 것을 보여주었다.[13] 그가 어떤 형질을 조사하든 간에, 동일한 패턴이 반복하여 나타났다. 인간의 형질들—행동까지도—은 종형 곡선 분포를 보였다.

골턴은 케틀레의 측정에 자극을 받아서 인간의 변이를 더 깊이 측정하는 일에 나섰다. 지능, 지적 성취, 아름다움 같은 복잡한 형질도 같은 방식으로 변이를 보일까? 골턴은 그런 형질을 측정할 만한 도구가 아예 없다는 것을 알았다. 그러나 장치가 없으면, 직접 발명하면 되는 것이었다(그는 "할 수 있을 때마다 세라[세어야 한다]"[14]고 썼다). 지능의 대리인으로서 그는 케임브리지에서 수학 우등시험—공교롭게도 자신이 떨어진 바로 그 시험—의 채점관 자격을 따서, 시험 성적조차도 오차를 감안해서 보정하면 종형 곡선 분포를 따른다는 것을 보여주었다. 그는 영국과 스코틀랜드를 돌아다니면서 만나는 여성들마다 몰래 주머니에 숨긴 카드를 핀으로 찌르는 방법을 써서, 그녀들을 "매력적인", "평범한", "역겨운"으로 등급을 매겼다. "시력과 청력, 색각, 눈의 판단력, 호흡 능력, 반응 시간, 쥐는 힘과 견인력, 부는 힘, 팔 길이,

키……몸무게"[15] 등 그 어떤 인간의 속성도 선별하고, 평가하고, 세고, 표에 기입하려는 골턴의 눈을 피해갈 수 없는 듯했다.

이제 골턴의 관심은 측정에서 메커니즘 쪽으로 옮겨갔다. 인간의 이 변이들이 유전되는 것일까? 그렇다면 어떤 식으로? 이번에도 그는 단순한 생물이 아니라, 곧바로 인간에게 초점을 맞추었다. 자신의 고귀한 가문—이래즈머스가 외할아버지이고 다윈이 사촌인—이 천재성이 유전된다는 증거가 아닐까? 증거를 더 모으기 위해서, 골턴은 저명인사들의 가계도를 재구성하기 시작했다.[16] 한 예로 그는 1453-1853년에 살았던 저명인사 605명 중에 102명이 친족 관계에 있음을 알았다. 즉 성공한 인물들은 6명 중에 1명꼴로 친척이었다. 골턴은 어느 성공한 인물이 아들을 낳으면, 그 아들이 유명해질 확률이 12분의 1이라고 추정했다. 대조적으로 "무작위로" 고른 남성들 중에서는 3,000명에 1명만이 명성을 얻을 수 있었다. 골턴은 명성도 유전된다고 주장했다. 귀족은 귀족을 낳았다. 작위가 대물림되기 때문이 아니라, 지능이 대물림되기 때문이라는 것이었다.

골턴은 "출세하기에 더 좋은 자리에 있을 것이기" 때문에 저명인사에게서 저명한 아들이 나올 수 있다는 뻔해 보이는 가능성에 대해서도 생각했다. 그는 유전과 환경의 영향을 구별하기 위해서 본성 대 양육이라는 기억에 남는 표현을 창안했다. 그러나 계급과 지위에 대한 열망이 너무나 깊이 박혀 있었던 그는 자신의 "지능"이 단지 특권과 기회의 부산물일지도 모른다는 생각을 아예 할 수가 없었다. 천재성은 유전자에 각인되어 있어야 했다. 그는 자기 확신—그런 성취 양상을 오로지 유전적인 영향만으로 설명할 수 있다는 확신—의 가장 취약한 측면을 검증하려는 과학의 손길은 아예 미치지 못하도록 장벽을 쳤다.

골턴은 이 자료의 많은 부분을 엮어서 때로 모순되는 내용도 보이는 산만한 책을 야심차게 펴냈다. 『유전되는 천재성(Hereditary Genius)』이라는 그 책은 호평을 별로 받지 못했다. 다윈은 그 책을 읽었지만 크게 설득력을 못 느꼈고, 찬사를 보내는 듯했지만 사실은 비판을 함으로써 사촌을 절망에 빠뜨렸다. "당신은 한 가지 의미에서 반대자를 전향시켰어요. 왜냐하면 나는 바보를 제외하고 사람들의 지능에는 별 차이가 없다는 입장을 늘 유지해왔으니까요. 열정과 근면함만이 차이가 있을 뿐이지요."[17] 골턴은 자존심을 억눌렀고, 다시는 계보 연구를 시도하지 않았다.

골턴은 가계도 연구 계획에 본질적인 한계가 있음을 알아차린 것이 분명하다. 곧 그 연구를 내버리고 그보다 더 강력한 경험적인 접근법을 택했기 때문이다. 1880년대 중반에 그는 많은 남녀를 대상으로 자기 집안의 기록을 조사하여 부모, 조부모, 자녀의 키, 몸무게, 눈 색깔, 지능, 예술적 능력에 관한 자료를 표로 작성한 다음, 우편으로 보내달라고 요청하는 "설문지"를 보내기 시작했다(그의 유산 중에서 가장 실재적인 것인 집안의 재산이 이 연구에서 도움이 되었다. 그는 흡족한 답을 한 사람에게 상당한 대가를 지불했다). 실제 자료를 갖춘 골턴은 수십 년 동안 그토록 열심히 찾아다녔지만 정체가 모호했던 "유전법칙"을 찾을 수 있게 되었다.

비록 의외의 측면도 하나 있었지만, 그가 발견한 것 중에는 비교적 직관적으로 체감되는 것이 많았다. 그는 부모가 키가 크면 자녀도 키가 큰 경향이 있음을 발견했다. 그러나 평균을 볼 때 그러했다. 키 큰 부모의 자녀들이 집단의 평균 키보다 확실히 키가 더 크긴 했지만, 그들도 종형 곡선 분포를 보였으며 부모보다 키가 큰 아이도 있었고 더 작은 아이도 있었다.* 그 자료의 배후에 유전의 일반 법칙이 숨어 있다면, 인간의 형질들이 연속 곡선 형태로 분포해 있고, 연속된 변이가 연속된 변이를 낳는다는 것이 그 법칙일 터였다.

---

* 사실 키가 유달리 큰 아버지에게서 나온 아들의 평균 키는 아버지의 키보다 약간 작은 경향이 있었고, 집단의 평균에 더 가까웠다. 마치 보이지 않는 힘이 극단적인 특징을 중심으로 늘 끌어당기고 있는 듯했다. 평균으로의 회귀라고 하는 이 발견은 측정의 과학과 분산 개념에 강력한 영향을 미치게 된다. 그것이야말로 골턴이 통계학에 기여한 가장 중요한 사항일 것이다.

그러나 변이체의 생성을 지배하는 법칙—기본 패턴—이 있을까? 1880년대 말 골턴은 자신의 모든 관찰 결과를 대담하게 종합하여 가장 성숙한 형태의 유전 가설을 내놓았다. 그는 키, 몸무게, 지능, 아름다움 같은 인간의 모든 특징이 조상 유전(ancestral inheritance)의 보존된 패턴에 의해서 생기는 합성 함수라고 주장했다. 평균적으로 아이의 부모는 그 특징의 내용물 중 절반을 제공한다. 조부모는 4분의 1, 증조부모는 8분의 1 하는 식으로 가장 먼 조상까지 거슬러 올라간다는 것이다. 모든 기여분의 합은 ½ + ¼ + ⅛……라는 급수로 나타낼 수 있고, 모두를 더하면 1이 된다. 골턴은 이것을 유전의 조상 법칙(Ancestral Law of Heredity)이라고 했다.[18] 피타고라스와 플라톤에게서 빌려온 개념을 분수와 분모를 써서 현대적인 법칙인 양 치장한, 일종의 수학적 호문쿨루스였다.

골턴은 실제 유전 패턴을 정확히 예측하는 능력을 보여주는 일에 그 법칙의 성공 여부가 달려 있음을 잘 알았다. 1897년 그는 입증에 쓸 이상적인 사례를 찾아냈다. 영국이 혈통에 강박적으로 집착한다는 것을 잘 보여주는 또 하나의 사례를 이용하기로 했다. 바로 개의 족보였다. 그는 1896년 에버렛 밀레이 경이 편찬한 『바셋 하운드 클럽 규정집(*Basset Hound Club Rules*)』이 이루 헤아릴 수 없는 가치를 지닌 자료임을 알아차렸다.[19] 그 책에는 여러 세대에 걸친 바셋 하운드들의 털 색깔이 기록되어 있었다. 골턴은 자신의 법칙이 각 세대 개의 털 색깔을 정확히 예측할 수 있다는 것을 알아내자 크게 안도했다. 그는 마침내 유전의 암호를 풀었다.

그러나 그 흡족함은 오래 가지 않았다. 1901년에서 1905년 사이에, 골턴은 가장 가공할 만한 적수와 정면으로 충돌하게 되었다. 바로 멘델 이론을 가장 열렬히 옹호하는 케임브리지 유전학자 윌리엄 베이트슨이었다. 웃음을 지어도 늘 험상궂은 표정을 짓는 양 보이게 하는 카이저 수염(양쪽 끝이 위로 굽어 올라간 콧수염. 독일 황제 빌헬름 2세의 수염 모양에서 유래했다/역주)을 기른 완고하고 오만한 성격의 베이트슨은 방정식에 코웃음을 쳤다. 그는 바셋 하운드 자료가 비정상적이거나 부정확하다고 주장했다. 아름다운 법칙은 종종 추한 사실 앞에 무너지곤 했다. 그리고 골턴의 무한급수가 아무리 아름다워 보인들, 베이트슨의 실험은 명확한 한 가지 사실을 가리키고 있었다. 유전 명령문은 허깨비 같은 조상들로부터 절반씩 감소하는 메시지를 통해서 전달되는 것이 아니라, 개별 정보 단위를 통해서 전달된다는 것이었다. 멘델이 비정통적인 과학자였다고 해도 더프리스가 개인위생은 엉망이었다고 해도, 그들은 옳았다. 아이는 조상들의 복합체였지만, 대단히 단순한 존재였다. 어머니로부터 절반, 아버지로부터 절반을 물려받았을 뿐이었다. 양쪽 부모는 해독되어 아이를 만드는 데에 쓰일 명령문 집합을 제공했다.

골턴은 베이트슨의 공격에 맞서서 자신의 이론을 방어했다. 월터 웰던과 아서 더비셔라는 두 저명한 생물학자와 칼 피어슨이라는 저명한 수학자가 "조상법칙"을 옹호하는 쪽에 가담함으로써, 논쟁은 곧 신랄한 전면전으로 치달았다.[20] 케임브리지에서 베이트슨을 가르치기도 했던 웰던은 제자를 가장 격렬하게 반박하는 사람이었다. 그는 베이트슨의 실험이 "너무나 미흡하다"고 폄하했고, 더프리스의 연구 결과도 못 믿겠다고 했다. 그 동안에 피어슨은 「바이오메트리카(Biometrika)」(골턴의 생물 측정이라는 개념에서 따온 명칭이다)라는 학술지를 창간했고, 그 잡지를 골턴 이론을 대변하는 창구로 삼았다.

1902년 더비셔는 멘델의 가설을 결정적으로 반증하겠다고 결심하고서 생쥐를 대상으로 새로운 실험을 시작했다. 생쥐 수천 마리를 교배시키면서 골턴이 옳음을 입증하고자 했다. 그러나 잡종 1세대와 그들을 자가 교배한 잡종 2세대를 분석하자, 패턴이 명백해졌다.[21] 그 자료는 개별 형질이 세대를 따라서 수직 전달된다는 멘델 유전을 통해서만 설명이 가능했다. 더비셔는 처음에는 받아들이기를 거부했지만, 자료를 부정할 수는 없었다. 결국 그는 항복하고 말았다.

1905년 봄, 웰던은 로마로 휴가를 떠날 때 베이트슨과 더비셔의 자료를 들고 갔다.[22] 그는 분노를 곱씹으면서 "한낱 서기처럼" 자료를 골턴의 이론에 맞게 재구성하는 작업에 몰두했다.[23] 그해 여름, 그는 자신의 분석으로 그들의 연구를 뒤엎겠다고 마음먹고 영국으로 돌아왔다. 그러나 그는 폐렴에 걸려서 집에서 그만 세상을 떠나고 말았다. 그의 나이 겨우 46세였다. 베이트슨은 오랜 친구이자 교사였던 그를 위해서 감동적인 조사를 썼다. "내 인생에 크나큰 깨달음을 안겨준 분이다……하지만 그 빚은 내 영혼이 개인적이고 사적으로 진 것이다."[24]

베이트슨의 "깨달음"은 결코 사적인 것이 아니었다. 1900-1910년, 멘델의 "유전 단위"를 지지하는 증거들이 점점 쌓여가면서, 생물학자들은 그 새로운 이론이 주는 충격에 직면했다. 그 이론에는 심오한 의미가 담겨 있었다. 아리스토텔레스는 유전을 정보의 흐름, 알에서 배아로 향하는 암호의 강물이라고 여겼다. 오랜 세월이 흐른 뒤, 멘델은 그 정보의 핵심 구조, 즉 암호의 철자를 찾아냈다. 아리스토텔레스가 세대 사이를 관통하는 정보의 통류(通流, current)를 묘사했다면, 멘델은 그 통화(currency)를 발견했다.

그러나 베이트슨은 아마도 더욱 큰 원리가 있을지도 모른다는 것을 알아차렸다. 생물학적 정보의 흐름은 유전에만 국한된 것이 아니었다. 생물학의 모든 영역을 거치며 흐르고 있었다. 유전 형질의 전달은 정보 흐름의 한 사례일 뿐이었다. 개념이라는 렌즈를 끼고서 더 깊이 살펴본다면, 정보가 생명 세계 전체에서 흐르고 있음을 쉽게 상상할 수 있었다. 배아의 성장, 식물이 햇빛을 향해 뻗어가는 행동, 꿀벌의 춤 등 모든 생물학적 활동에는 암호화한 명령문의 해독이 필요했다. 그렇다면 멘델은 이 명령문들의 핵심 구조도 찾아낸 것이 아니었을까? 정보의 단위가 이 각각의 과정들을 인도하는 것일까? 베이트슨은 이렇게 주장했다. "현재 우리 각자는 자신의 연구 대상을 들여다볼 때, 멘델의 단서들이 관통하여 흐르고 있음을 본다[25]……우리는 우리 앞에 한없이 펼쳐지고 있는 새로운 나라의 변경에 겨우 발을 디뎠을 뿐이다[26]……유전의 실험 연구는……앞으로 나올 결과의 규모 면에서 그 어떤 과학 분야도 따라오지 못한다."[27]

"새로운 나라"에는 새로운 언어가 필요했다. 멘델의 "유전 단위"에는 새로운 명칭이 수여되어야 했다. 현대적 의미로 쓰이는 원자(atom)라는 단어는 존 돌턴의 1808년 논문을 통해서 과학 용어가 되었다. 거의 한 세기가 지난 1909년 여름, 식물학자 빌헬름 요한센은 유전의 단위를 가리키는 독특한 단어를 창안했다. 처음에 그는 더프리스가 다윈을 기리는 의미에서 만든 **범유전자**(pangene)라는 단어를 쓸 생각을 했다. 그러나 다윈은 그 개념을 잘못 파악했고, **범유전자**에는 그 오해의 기억까지 늘 따라붙을 것이라는 점 역시 당연했다. 그래서 요한센은 그 단어를 줄여서 **유전자**(gene)라는 단어를 만들었다.[28] (베이트슨은 잘못 발음하는 일이 없도록 "gen"이라고 하길 원했지만, 이미 늦었다. 요한센의 용어는 영어를 엉망으로 만드는 대륙의 습관에 힘입어서 이미 자리를 잡은 상태였다.)

돌턴이 원자를 잘 몰랐듯이, 베이트슨과 요한센도 유전자가 무엇인지 거의 이해하지 못했다. 그들은 유전자가 어떤 물질인지, 그 물리적 또는 화학적 구조는 어떠한지, 몸이나 세포의 어디에 있는지, 심지어 작용 메커니즘은 어떠한지도 전혀 알 수 없었다. 그 단어는 기능을 나타내기 위해서 만들어진 것이었다. 즉 추상적인 개념이었다. 유전자는 그것이 하는 일에 따라 정의되었다. 즉 유전 정보의 운반체였다. 요한센은 이렇게 썼다. "언어가 우리의 하인인 것만은 아니다. 또한 우리의 주인일 수도 있다. 새롭고 개선된 개념들이 발전하고 있는 분야에서는 새로운 용어를 만드는 것이 바람직하다. 그래서 나는 '유전자'라는 단어를 제안했다. '유전자'는 그저 쓸 만한 작은 단어일 뿐이다. 현대 멘델 연구자들이 밝혀낸……'단위 인자'를 가리키는 표현으로 유용할 수도 있겠다." 그는 이렇게도 말했다. "'유전자'라는 단어는 모든 가설로부터 완전히 자유롭다……생물의 많은 형질들이 단일적이고, 분리적이며, 그럼으로써 독립적인 방식으로……지정된다는 명백한 사실만을 나타낼 뿐이다."

그러나 과학에서 단어란 하나의 가설이기도 하다. 일상 언어에서 단어는 하나의 생각을 전달하는 데에 쓰인다. 하지만 과학 언어에서 단어는 하나의 생각보다 더 많은 것을 전달한다. 메커니즘, 결과, 예측까지 담고 있다. 하나의 과학적 명사는 1,000가지 질문을 낳을 수 있다. "유전자"라는 단어가 바로 그러했다. 유전자의 화학적 및 물리적 특성은? 유전자 명령문의 집합, 즉 유전형(genotype)은 생물의 실제 물리적 발현물, 즉 **표현형**(phenotype)으로 어떻게 번역될까? 유전자는 어떻게 전달될까? 어디에 들어 있을까? 어떻게 조절될까? 유전자가 한 형질을 지정하는 개별적인 입자라면, 키나 피부색과 같은 인간의 특징들이 연속적인 곡선 분포를 보인다는 사실과 그것을 어떻게 조화시킬 수 있을까? 유전자는 어떻게 발생을 가능하게 할까?

1914년 한 생물학자는 이렇게 썼다. "유전학이라는 분야가 너무나 새롭기 때문에 그 경계가 어디일지 말하는 것은 불가능하다……모든 탐험이 그렇듯이, 연구에서도 새로운 열쇠가 발견되어 새로운 영역이 열릴 때 시끌벅적한 시기가 찾아온다."30)

프랜시스 골턴은 러틀랜드 게이트의 널찍한 대저택에 틀어박힌 채, "시끌벅적한 시기"에 기이하게 꼼짝하지 않고 있었다. 생물학자들이 앞다투어 멘델의 법칙을 받아들이고 그 결과를 이해하기 위해서 씨름하고 있을 때, 골턴은 다소 관망하는 태도를 취했다. 그는 유전의 단위가 나뉠 수 있는가 없는가 하는 문제에는 별로 관심이 없었다. 그의 관심사는 유전을 **주무를 수 있느냐**의 여부였다. 즉 인간의 편익을 위해서 인간의 유전을 조작할 수 있을까 하는 것이었다.

역사가 대니얼 켈브스는 이렇게 썼다. "[골턴]은 어디를 둘러보아도 인류가 산업혁명의 기술을 통해서 자연을 지배할 수 있다는 확신을 얻었다."31) 골턴은 유전자를 발견하지 못했을지라도, 유전자 기술이 탄생하는 광경을 놓치지 않았다. 그는 이미 그 분야에 붙일 이름을 지어놓았다. 바로 **우생학**(eugenics)이었다. 유전 형질의 인위 선택과 형질을 지닌 인간들의 번식 규제를 통해서 인류를 개량하는 분야였다. 골턴은 농업이 식물학의 응용 형태인 것처럼, 우생학이 유전학의 응용 형태일 뿐이라고는 보지 않았다. 그는 이렇게 썼다. "자연이 맹목적으로 느리고 무자비하게 하는 일을, 인간은 신중하고 빠르고 상냥하게 할 수 있다. 그럴 수 있는 힘이 수중에 들어올 때, 그 방향으로 일할 의무도 함께 온다." 원래 그는 일찍이 1869년―멘델의 법칙이 재발견되기 30년 전―에 『유전되는 천재성』에서 그 개념을 주장했지만 더 이상 탐구하지 않았고, 대신 유전의 메커니즘을 찾는 일에 몰두했다. 그러나 베이트슨과 더프리스가 자신의 "조상 유전" 가설을 산산이 부서버리자, 골턴은 단지 무언가를 기술하는 것이 아니라 처방하는 쪽으로 급선회했다. 그가 인간 유전의 생물학적 토대를 잘못 이해했을 수는 있었다. 하지만 적어도 그는 그것으로 무엇을 할 수 있을지는 이해했다. 그의 추종자 중 한 명은 베이트슨, 모건, 더프리스를 교묘하게 비판하면서 이렇게 썼다. "이것은 현미경과 씨름하는 문제가 아니다……사회 집단에 엄청난 영향을 끼칠 힘을 연구하는 일이다."[32]

1904년 봄, 골턴은 런던정경대학에서 우생학을 주제로 공개 강연을 했다.[33] 블룸즈버리 지역의 전형적인 저녁 행사였다. 말끔하게 쫙 빼입은 엘리트들이 향수 냄새를 풍기면서 골턴의 강연을 듣기 위해서 강당으로 모였다. 조지 버나드 쇼와 허버트 G. 웰스, 사회 개혁가 앨리스 드라이즈데일비커리, 언어철학자 레이디 웰비, 사회학자 벤저민 키드, 정신과 의사 헨리 모즐리가 보였다. 피어슨, 웰던, 베이트슨은 늦게 도착하여 서로 의심하는 눈초리로 쳐다보면서 멀찌감치 떨어져 앉았다.

골턴의 강연은 10분 동안 이어졌다. 그는 우생학이 "신생 종교처럼 민족의식에 배어들어야"[34] 한다고 주장했다. 기본 원리는 다윈에게서 빌린 것이었다. 그러나 그 자연선택 논리를 인류 사회에 접목시켰다. "모든 생물은 아픈 쪽보다 건강한 쪽이, 약한 쪽보다 원기왕성한 쪽이, 적응을 못하는 쪽보다 잘하는 쪽이 더 낫다는 데에 동의할 겁니다. 요컨대 어떤 생물이든 간에 자기 종에서 못난 쪽보다 잘난 쪽이 되는 편이 더 낫다고 봅니다. 인간도 마찬가지입니다."[35]

우생학의 목적은 적응을 못하는 쪽보다 적응을 잘하는 쪽이, 아픈 쪽보다 건강한 쪽이 선택되는 과정을 촉진하자는 것이었다. 그러기 위해서 골턴은 강한 사람들을 선택적으로 교배하자고 주장했다. 그는 사회적 압력을 충분히 가할 수 있기만 하면, 이 목적을 위해서 혼인을 쉽게 파탄낼 수도 있다고 주장했다. "우생학의 관점에서 부적합한 혼인을 사회적으로 금지시킨다면……그런 혼인은 거의 이루어지지 않을 겁니다."[36] 골턴은 사회가 가장 우수한 가문의 가장 우수한 형질을 기록하여 보관할 수 있을 것이라고 상상했다. 일종의 인류판 혈통 등록부를 작성하자는 것이었다. 그가 "황금의 책(golden book)"이라고 부른 이 등록부는 남녀를 뽑아서, 바셋 하운드와 말을 교배하는 것과 흡사한 방식으로 짝을 지어서 최고의 자식을 얻자는 것이었다.

골턴의 강연은 짧았지만, 청중은 이미 웅성웅성하고 있었다. 정신과 의사인 헨리 모즐리가 먼저 유전에 관한 골턴의 가정에 의문을 제기하면서 공격에 나섰다.[37] 모즐리는 여러 집안의 정신질환 병력을 연구하여, 유전 양상이 골턴이 주장한 것보다 훨씬 더 복잡하다는 결론을 내린 바 있었다. 정상인 아버지에게서 조현병 아들이 나오기도 했다. 평범한 집안에서 비범한 아이가 나오기도 했다. 중부 지방의 거의 알려지지 않은 장갑 제조공의 아이, 즉 "이웃들과 별 다를 바 없는 부모로부터 태어난" 아이가 자라서 영어권에서 가장 유명한 작가가 될 수도 있었다. 모즐리는 "그는 형제가 다섯이었습니다"[38]라고 했다. 그중의 한 명인 윌리엄 셰익스피어는 "비범한 인물이 되었지만, 그의 형제들은 모두 평범하게 살았습니다"라고 했다. "결함 있는" 천재들의 이름도 얼마든지 나열할 수 있었다. 뉴턴은 병치레가 잦은 허약한 아이였다. 존 캘빈

은 천식이 심했다. 다윈은 심한 설사와 긴장성 우울증에 시달렸다. **적자생존**이
라는 용어를 만든 철학자인 허버트 스펜서는 온갖 질병으로 인해서 생애의
많은 시간을 앓아누운 채 보냈고, 스스로의 적자생존을 위해서 고군분투했다.

모즐리가 우생학을 경계한 반면, 더 속도를 내라고 주문한 사람들도 있었
다. 소설가인 허버트 G. 웰스에게는 우생학이 생소하지 않았다. 그는 1895년
에 출판한 『타임머신(*The Time Machine*)』에서 순수함과 미덕을 바람직한 형
질로 삼아 선택되어 근친교배를 계속한 끝에 호기심도 열정도 모두 잃은 채
시들어 아이처럼 퇴화한 미래 인류 종을 상상했다. 웰스는 "더 적합한 사회"
를 만드는 수단으로서 유전을 조작하려는 골턴의 욕구에 동조했다. 그러나
웰스는 혼인을 통한 선택적 근친교배가 역설적으로 더 약하고 더 어리석은
세대를 낳을 수 있다고 주장했다. 유일한 해결책은 섬뜩한 대안을 고려하는
것이었다. 즉 약자를 선별 제거하는 것이다. "인류 혈통의 개량 가능성은 성
공한 이들을 선택적으로 번식시키는 것이 아니라 실패자를 단종하는 데에
있습니다."39)

베이트슨은 마지막 차례에 나서서 그 모임에서 가장 암울하면서 가장 과학
적으로 들리는 말을 했다. 골턴은 신체적 및 정신적 형질—인간의 **표현형**—
을 이용하여 번식을 위한 최고의 표본을 선택하자고 주장했다. 하지만 베이
트슨은 진짜 정보는 그 형질들에 들어 있는 것이 아니라, 그것들을 결정하는
유전자들의 조합, 즉 **유전형**에 들어 있다고 주장했다. 골턴이 그토록 매료되
었던 신체적 및 정신적 특징들—키, 몸무게, 아름다움, 지능—은 그 밑에
숨어 있는 유전적 특징들의 그림자에 불과한 것이었다. 우생학의 진정한 힘
은 유전자를 조작하는 데에 있지, 형질을 선택하는 데에 있지 않았다. 골턴은
실험 유전학자들의 "현미경"을 조롱했을지 모르지만, 그 도구는 골턴이 생각
한 것보다 훨씬 더 강력했다. 그것은 유전의 바깥 껍데기를 뚫고 들어가서
메커니즘 자체에 도달할 수 있기 때문이었다. 베이트슨은 곧 유전이 "놀라울
정도로 단순하고, 정확한 법칙을 따른다"는 것이 밝혀질 것이라고 경고했다.

플라톤의 말마따나, 우생학자가 이 법칙을 터득하고 그것을 이용하는 법을 알아낸다면, 유례없는 힘을 획득할 것이라고 했다. 유전자를 조작함으로써 미래를 조작할 수 있을 것이다.

골턴의 강연은 그가 기대한 만큼의 열광적인 호응을 얻지 못했을지라도—나중에 그는 청중이 "40년 전의 시대를 살고 있었다"고 투덜거렸다—예민한 부분을 건드렸다는 것은 분명했다. 빅토리아 시대의 많은 엘리트들이 그랬듯이, 골턴과 그의 친구들은 인종이 퇴화될까봐 몹시 우려했다(17세기와 18세기 내내 영국과 식민지 원주민들의 만남이 어떠했는지를 보여주는 듯하다. "야만 종족들"과 마주쳤던 그는 혼혈화의 힘에 맞서서 백인의 인종적 순수성을 유지하고 보호해야 한다는 확신을 얻었다). 1867년 제2차 선거법 개혁으로 영국의 노동계급은 투표권을 얻었다. 1906년에는 가장 철옹성 같은 정치적 요새까지 습격당함으로써—의회 의석 중 29석을 노동당이 차지했다—영국 귀족 사회에 불안감이 팽배해졌다. 골턴은 노동계급의 정치적 득세가 유전적 득세를 자극할 것이라고 믿었다. 그들이 자녀를 마구 낳고, 유전자풀을 주도하고, 영국을 지극히 평범한 국가로 만들어버릴 것이다. 그리고 그 평균인(homme moyen)도 퇴화할 것이다. "평균인"은 점점 더 비천해질 것이다.

조지 엘리엇은 1860년 『플로스 강변의 물방앗간(The Mill on the Floss)』에 이렇게 썼다. "세계가 엉망진창이 될 때, 좀 모자란 쾌활한 여자가 너희 멍청한 녀석들과 짝을 지을지도 모른다."[40] 골턴은 모자란 남녀의 꾸준한 번식이 국가에 심각한 유전적 위협이 된다고 믿었다. 토머스 홉스는 "가난하고 역겹고 야만적이고 모자란" 자연 상태를 우려한 바 있었다. 골턴은 미래에 유전적으로 열등한 자들이 나라에 넘치지 않을까 걱정했다. 가난하고 역겹고 영국적이고 모자란 이들이 말이다. 그는 이 암울한 무리가 번식하는 무리이기도 하므로, 그냥 놔두면 필연적으로 엄청나게 많은 더러운 열등한 무리를 낳을 것이라고 걱정했다(우생학과 반대로 "나쁜 유전자에서 비롯되는" 과정인 열생학[劣生學, kakogenics]이었다).

사실 웰스는 골턴의 측근들 중 상당수가 깊이 느끼고 있지만 감히 입 밖에 내지 못했던 것, 즉 강자의 선택적 번식(이른바 긍정적 우생학)은 약자의 선택적 불임화(부정적 우생학)로 보완할 때에만 우생학이 제대로 작동한다는 것을 지적했을 뿐이었다. 1911년 골턴의 동료인 해브록 엘리스는 고독한 정원사라는 멘델의 이미지를 왜곡시켜서 불임화에 열정을 쏟은 인물로 묘사했다.[41] "거대한 생명의 정원에서 벌어지는 일도 우리의 공원에서 일어나는 일과 다르지 않다. 우리는 관목을 뽑아버리거나 꽃을 짓밟으려는 유치하거나 비뚤어진 욕망을 접목시키려는 이들의 정원사 면허를 막으며, 그렇게 함으로써 모두에게 자유와 기쁨을 제공한다……우리는 질서 의식을 장려하고, 공감과 선견지명 능력을 함양하고, 인종적 잡초를 뿌리째 뽑고 싶어한다…… 사실 이런 측면에서 볼 때, 자신의 정원에서 일하던 그 정원사는 우리의 상징이자 안내인이다."

골턴은 말년에 부정적 우생학 개념을 붙들고 씨름했다. 그 문제는 계속 그의 마음을 불편하게 했다. "실패자의 불임화", 즉 인간의 유전적 정원에서 잡초를 뽑고 추려내는 과정에 함축된 많은 도덕적 위험 요소들은 그를 심란하게 만들었다. 그러나 결국 우생학을 "국교(國敎)"로 만들겠다는 욕망이 부정적 우생학을 대할 때의 불편한 마음을 이겼다. 1909년 그는 「우생학 리뷰(*Eugenics Review*)」라는 학술지를 창간했다. 그 잡지는 선택적 번식뿐 아니라 선택적 불임화도 찬성하고 나섰다. 1911년 그는 『어디인지 말할 수 없는 (*Kantsaywhere*)』이라는 기이한 소설을 펴냈다. 인구의 약 절반에 "부적합"이라는 딱지를 붙이고 번식 능력을 극도로 제약하는 미래의 유토피아 사회를 그린 소설이었다. 그는 소설 한 부를 질녀에게 남겼다. 질녀는 그 내용이 너무 당혹스러워서 많은 부분을 찢어서 불태웠다.

골턴이 사망한 다음 해인 1912년 7월 24일, 런던의 세실 호텔에서 제1회 우생학 국제대회가 열렸다.[42] 그 장소는 상징성을 띠고 있었다. 템스 강이 내려다보이는 곳에 서 있는 객실이 거의 800개에 이르는 거대한 석조 건물인 그곳은 유럽에서 가장 웅장하다고는 할 수 없어도 가장 큰 호텔이었고, 대개 국제 행사나 국가 행사가 열리는 곳이었다. 12개국의 다양한 분야의 지도자들이 대회에 참석하기 위해서 왔다. 윈스턴 처칠, 아서 밸푸어, 런던 시장, 법원장, 알렉산더 그레이엄 벨, 하버드 대학교 총장 찰스 엘리엇, 발생학자 아우구스트 바이스만이 참석했다. 다윈의 아들 레너드 다윈이 회의를 주관했다. 칼 피어슨이 다윈과 함께 행사 진행을 맡았다. 손님들은 대리석으로 마감된 현관을 지나 골턴의 가계도가 큰 액자에 담겨 걸려 있는 로비로 들어와서, 아이들의 평균 키를 늘리는 유전자 조작, 간질의 유전, 알코올 중독자의 혼인 양상, 범죄의 유전성에 관한 발표를 들었다.

그중에서도 두 건의 발표가 유달리 섬뜩한 열기를 뿜어냈다. 첫 번째는 "인종 위생(race hygiene)"에 찬성하는 독일인들이 열정적으로 꼼꼼하게 발표한 내용이었다. 앞으로 닥칠 일의 섬뜩한 전조였다. 의사이자 과학자이자 인종 위생 이론의 열렬한 옹호자인 알프레트 플뢰츠는 독일에서 인종청소 운동을 시작하겠다는 이야기를 열정적으로 했다. 두 번째는 미국 대표단이 발표한 것으로서, 규모와 야심이 더욱 컸다. 우생학이 독일에서 가내 공업이 되고 있었다면, 미국에서는 이미 전국적인 사업으로 자리를 잡은 상태였다. 미국 우생학 운동의 아버지는 명문가 출신에 하버드를 나온 동물학자 찰스 대븐포트였다. 그는 1910년 우생학 연구 센터인 우생학 기록국(Eugenics Record Office)을 설립했다. 그가 1911년에 출판한 『우생학과 유전의 관계(*Heredity in Relation to Eugenics*)』라는 책은 그 운동의 성서 역할을 했다.[43] 미국 전역의 대학들에서 널리 유전학 교과서로 지정되었다.

대븐포트는 1912년 대회에 참석하지 않았지만, 그의 추종자인 미국 육종가 협회의 젊은 회장 블리커 밴 웨저넌이 자극적인 발표를 했다. 아직 이론과 사변의 늪에 빠져 있던 유럽인들과 달리, 밴 웨저넌의 발표는 양키 실용주의를 고스란히 보여주었다. 그는 "결함 있는 혈통"을 제거하기 위한 미국의 운영 계획을 열정적으로 이야기했다. 이미 유전적 부적합자를 위한 격리소인 "콜로니(colony)"를 설치한다는 계획이 수립되어 있었다. 부적합한 남녀를 불임화하는 일을 맡을 위원회들도 이미 설치되어 있었다. 간질 환자, 범죄자, 농아자, 정신박약자, 눈에 결함이 있는 자, 뼈가 기형인 자, 난쟁이, 조현병자, 조울병자, 정신이상자가 그런 남녀였다.

밴 웨저넌은 "총 인구의 약 10퍼센트가……열등한 혈통에 속하며……유능한 시민의 부모가 되기에는 너무나 부적합합니다"[44]라고 주장했다. "합중국에서 8개 주가 불임화를 승인하거나 요구하는 법을 제정했습니다……펜실베이니아, 캔자스, 아이다호, 버지니아 주는……상당한 수의 주민들에게 불임 수술을 해왔습니다……민간 의료 기관과 공공 기관 양쪽에서 의사들은 수천 명에게 불임 수술을 했습니다. 대체로 이 수술은 오로지 병리학적인 이유에서 이루어졌고, 이 수술의 더 장기적인 효과를 알려줄 신뢰할 만한 기록을 찾기는 쉽지 않습니다."

캘리포니아 주립 병원의 원장은 1912년 유쾌한 어조로 이렇게 결론지었다. "우리는 퇴원한 사람들을 계속 추적하면서 때때로 보고서를 받고 있다. 부작용 사례는 전혀 없었다."[45]

"백치는 3세대면 충분하다"

약자와 기형자가 살아서 그와 같은 장애자를 낳도록 허용한다면, 우리
는 유전적 황혼기라는 전망을 마주하게 된다. 그러나 그들을 구하거나
도울 수 있을 때 그들이 죽거나 고통을 겪도록 방치한다면, 우리는 도
덕적 황혼기를 마주할 것이 확실하다.

—테오도시우스 그리고리예비치 도브잔스키,
『유전과 인간 본성(*Heredity and the Nature of Man*)』[1]

그리고 기형자[부모]로부터 기형자[자식]이 나오듯이, 절름발이에서
절름발이가 나오고 눈먼 자에게서 눈먼 자가 나오며, 대개 그들은 자
연에 어긋나는 특징들을 지니곤 한다는 점에서 비슷하며, 종양과 흉터
같은 선천적인 특징도 지닌다. 이런 특징 중에는 심지어 3대까지 전해
지는 것도 있다.

—아리스토텔레스, 『동물사(*Historia animalium*)』[2]

1920년 봄, 에멋 애들린 벅—줄여서 에마—은 버지니아 주 린치버그에 있는
버지니아 간질병자와 정신박약자 콜로니로 왔다.[3] 남편인 프랭크 벅은 주석
세공사였는데, 멀리 떠나갔는지 사고로 죽었는지는 모르겠지만 어느 날 사라
졌다.[4] 이제 에마는 홀로 어린 딸 캐리 벅을 키워야만 했다. 에마와 캐리는
구호금, 음식 동냥, 날품팔이 등으로 연명하면서 근근이 살아갔다. 에마가
돈벌이를 위해서 몸을 판다거나, 매독에 걸렸다거나, 번 돈을 주말에 술 퍼먹

는 데에 쓴다는 소문도 무성했다. 그해 3월, 그녀는 노숙 혹은 매춘이라는 죄목으로 길거리에서 붙잡혀서, 시 법원 판사 앞에 섰다. 1920년 4월 1일에 두 명의 의사는 조잡한 정신 검사를 거쳐서 그녀를 "정신박약"으로 분류했다.[5] 벅은 린치버그의 콜로니로 보내졌다.

1924년에 "정신박약(feeblemindedness)"은 세 등급으로 분류되었다. 백치(idiot), 바보(moron), 중간백치(imbecile)가 그러했다. 이 중에 백치가 가장 분류하기가 쉬웠다. 미국 인구조사국은 백치를 "정신 연령이 35개월 미만의 정신장애자"라고 정의했다. 그러나 중간백치와 바보는 허점이 많은 분류 범주였다.[6] 서류상으로는 덜 심각한 유형의 인지 장애를 가리켰지만, 실제로는 매춘부, 고아, 침울한 사람, 떠돌이, 경범죄자, 조현병자, 독서장애자, 페미니스트, 반항적인 청소년 등 정신질환이 없는 집단까지 포함하여 다양한 남녀 집단에 두루 쓰이는 용어들이었다. 한 마디로 행동, 욕구, 선택, 외모가 정상이라고 받아들여진 경계 너머에 있는 모든 사람들이 이 범주에 들어갈 수 있었다.

정신박약 여성은 바보나 백치를 낳아서 인류 집단을 오염시키는 일을 막기 위해서 버지니아 콜로니로 보내졌다. **콜로니(colony)**라는 단어에는 그 시설의 설치 목적이 드러나지 않았다. 콜로니는 결코 병원이나 정신병원을 염두에 두고 설립된 곳이 아니었다. 오히려 처음부터 격리구역으로 설계되었다. 제임스 강의 진흙투성이 강둑에서 약 1.5킬로미터 떨어진, 블루리지 산맥의 바람 부는 산자락에 조성된 면적 약 80헥타르의 그 콜로니에는 자체 우체국, 발전소, 석탄 창고, 화물을 하역하는 철도 지선도 갖추어져 있었다. 그러나 콜로니를 드나드는 대중교통 수단은 전혀 없었다. 정신질환자를 위한 호텔 캘리포니아(절대로 떠날 수 없다는 가사가 나오는 팝송 「호텔 캘리포니아」에 빗댄 말/역주)였다. 한번 수속을 밟은 환자는 거의 떠나지 못했다.

에마 벅이 들어오자, 직원들은 그녀를 깨끗이 씻기고, 입던 옷은 버리고, 그녀의 생식기에 수은제를 발라서 살균을 했다. 정신과 의사는 지능 검사를 다시 하여 그녀가 "낮은 등급의 바보"라는 처음의 진단이 옳았음을 재확인했다. 그녀는 콜로니에 수용되었다. 그리고 그곳에서 여생을 벗어나지 못했다.

1920년 엄마가 린치버그로 실려 가기 전, 캐리 벅은 가난하지만 그래도 정상적인 유년기를 보내고 있었다. 그녀가 12세인 1918년의 학교 통지표에는 "행동거지와 학업"란에 "매우 우수"라고 적혀 있었다. 호리호리하고 사내아이 같고 소란스러운—나이에 비해 키가 크고, 팔다리가 길쭉하고, 좀 거칠게 구는 구석이 있고, 잘 웃는—그녀는 학교에서 남자아이들에게 쪽지를 보내고 동네 연못에서 개구리와 물고기를 잡는 것을 좋아했다. 그러나 엄마가 사라지자, 캐리의 삶은 무너지기 시작했다. 캐리는 다른 가정에 입양되었지만 양부모의 조카에게 성폭행을 당했고, 그리고 임신이 된 것으로 드러났다.

곤란한 상황을 모면하고자, 캐리의 양부모는 재빨리 그녀를 시 법원 판사에게로 데려갔다. 그녀의 엄마인 에마를 린치버그로 보낸 바로 그 판사였다. 캐리도 중간백치라는 판결을 얻겠다는 의도였다. 양부모는 캐리가 "환각을 보고 이따금 온갖 성질을 부리고", 충동적이고, 정신병적이고, 성적으로 문란한, 기이한 얼간이가 되어 가고 있다고 말했다. 예상대로 판사—양부모의 친구인—는 "정신박약"이 확인된다는 판결을 내렸다. 엄마가 그렇기 때문에 딸도 그렇다는 것이었다. 에마가 법정에 선 지 4년이 채 못 된 1924년 1월 23일, 캐리도 콜로니행 판결을 받았다.[7]

린치버그로 옮겨지기를 기다리던 1924년 3월 28일, 캐리는 딸 비비안 일레인을 낳았다. 주 명령에 따라서, 딸도 입양되었다.[8] 1924년 6월 4일, 캐리는 버지니아 콜로니에 도착했다. 보고서에는 이렇게 적혀 있었다. "정신병이 있다는 증거가 전혀 없다. 그녀는 읽고 쓸 줄 알며 단정한 모습을 유지하고 있다." 그녀는 실용적인 지식과 기술 측면에서도 정상임이 드러났다. 이렇게 모든 증거가 아니라고 말하고 있음에도, 그녀는 "바보, 중간 등급"[9]이라는 판정을 받고 수용되었다.

린치버그에 도착한 지 몇 달 뒤인 1924년 8월, 캐리 벅은 앨버트 프리디 박사의 요구로 콜로니 위원회에 출석했다.[10]

원래 버지니아 주 키스빌이라는 소도시의 의사였던 앨버트 프리디는 1910년부터 콜로니 소장으로 재직하고 있었다. 캐리와 에마는 몰랐지만, 그는 격렬한 정치 운동의 중심에 있었다. 프리디가 원하는 연구 과제는 정신박약자의 "우생학적 불임화"였다. 쿠르츠(Kurtz, 조지프 콘래드의 소설 『암흑의 핵심(*Heart of darkness*)』에 나오는 아프리카에서 신처럼 군림하는 주인공의 이름/역주)처럼 콜로니를 지배할 절대적인 권한을 부여받은 프리디는 "정신적으로 결함 있는 자들"을 콜로니에 수용하는 것이 "나쁜 유전"의 전파를 막는 일시적인 해결책일 뿐이라고 확신했다. 백치는 일단 풀려나면, 다시 번식을 함으로써 유전자풀을 오염시키고 타락시킬 것이었다. 불임화만이 더 결정적인 전략이자 최종 해결책이었다.

프리디는 명시적으로 표명된 우생학적 근거에 따라서 여성을 불임화할 권한을 자신에게 부여할 포괄적인 법적 명령서가 필요했다. 그런 시범 사례를 하나 내놓으면 1,000명에게 불임 수술을 할 기준이 될 터였다. 그 문제를 공개적으로 꺼낸 그는 법조인들과 정치 지도자들이 대체로 자신의 생각에 공감한다는 것을 알아차렸다. 1924년 3월 29일, 프리디의 지원을 받은 버지니아 의회는 "정신건강 기관의 이사회"가 불임 수술을 받을 사람을 검토를 거쳐 선별한다는 것을 조건으로 한, 우생학적 불임화를 승인했다.[11] 9월 10일, 프리디의 재촉을 받아서, 버지니아 콜로니 이사회는 정례회의 때 벅의 사례를 검토했다. 캐리 벅은 청문회 때 한 가지 질문을 받았다. "당신이 받을 수술에 관해서 할 말이 있습니까?"[12] 그녀는 두 문장으로 말했다. "아니오, 없어요. 내 쪽 사람들에게 달려 있겠지요." 하지만 누구였던지 간에, 그녀의 "사람들"은 벅의 편을 들지 않았다. 이사회는 벅에게 불임 수술을 하겠다는 프리디의 요청을 승인했다.

그러나 프리디는 우생학적 불임화 시도를 주 법원과 연방 법원이 막지 않을까 걱정했다. 프리디는 막후에서 개입하여, 벅의 사건을 버지니아 주 법원으로 보냈다. 그는 법원이 승인 판결을 하면, 콜로니에서 우생학적 수술을 계속하고 더 나아가 다른 콜로니에까지 확장할 수 있을 완벽한 권한을 획득하게 되는 것이라고 믿었다. 벅 대 **프리디** 사건은 1924년 10월 암허스트 카운티 순회 법원에 배당되었다.

1925년 11월 17일, 캐리 벅은 린치버그 법원에서 열린 재판에 출석했다. 그녀는 12명의 증인 거의 대부분이 프리디의 사람으로 채워진 것을 알았다. 첫 번째 증인인 샬로츠빌의 방문 간호사는 에마와 캐리가 충동적이고, "정신적으로 무책임하고……정신박약"이라고 증언했다. 캐리가 어떤 말썽을 일으켰는지 사례를 말하라고 하자, 그녀는 캐리가 "남자아이들에게 쪽지를 쓰는" 것을 들킨 적이 있다고 말했다. 이어서 여성 4명이 에마와 캐리에 관해서 증언했다. 그러나 프리디가 내세운 가장 중요한 증인은 그 다음에 나왔다. 프리디는 캐리와 에마 모르게, 적십자의 한 사회복지사에게 캐리의 8개월 된 딸 비비안을 조사하라고 보냈다. 비비안 양부모와 함께 살고 있었다. 프리디는 비비안도 정신박약임을 보여줄 수 있다면, 자신이 이길 것이라고 추론했다. 에마, 캐리, 비비안 3대가 백치라면, 그들의 정신 능력이 유전된다는 주장을 반박하기가 어려울 터였다.

증언은 프리디가 계획한 것처럼 매끄럽게 술술 진행되지 않았다. 사회복지사는 원래 각본을 내팽개치고서 자신의 판단에 편견이 개입했음을 인정하는 말로 시작했다.

"아마 엄마를 알고 있어서 편견이 개입했을지도 몰라요."

"아이에게 어떤 인상을 받았나요?" 검사가 물었다.

사회복지사는 다시 머뭇거렸다. "이렇게 어린 아기가 어떻게 될 것이라고 판단하기는 어렵지만, 제가 보기에는 지극히 정상적인 아기 같지는 않아요……"

"정상적인 아기라고 판단하지는 않는 거죠?"

"지극히 정상적이지는 않은 것 같지만, 정확히 어떤지는 잘 모르겠어요."

잠시 동안 미국의 우생학적 불임화의 미래가 장난감 없이 칭얼대는 아기를 건네받은 간호사의 모호한 인상에 달려 있던 듯했다.

재판은 점심식사를 위해서 휴정한 것을 포함하여 5시간 동안 진행되었다. 심의는 짧았고, 판결은 냉정했다. 법원은 캐리 벅에게 불임 수술을 하겠다는 프리디의 결정을 승인했다. "그 행위는 법에서 요구하는 적법 절차에 부합된다. 이 사건은 형법의 적용을 받지 않는다. 주장대로 그 행위가 사람을 자연적으로 두 부류로 나눈다고 할 수 없다."

벅의 변호인단은 상고를 했다. 사건은 버지니아 주 대법원으로 올라갔고, 벅에게 불임 수술을 하겠다는 프리디의 요구는 다시 받아들여졌다. 1927년 초봄, 사건은 미국 대법원에까지 올라갔다. 프리디는 이미 사망했지만, 그의 뒤를 이어 콜로니 소장으로 부임한 존 벨이 피고로 지명되었다.

벅 대 벨 사건은 1927년 봄 대법원에서 열렸다. 처음부터 그 재판은 벅에 관한 것도, 벨에 관한 것도 아니었다. 첨예한 논쟁이 벌어졌다. 당시 시대는 폭발하기 직전의 상태였다. 전국이 역사적 및 유전적 문제로 고민에 시달리고 있었다. 이른바 그 광란의 20년대(Roaring Twenties)는 미국으로 이민자의 물결이 역사적으로 최고 수준에 이르렀던 시기의 끝자락에 해당한다. 1890년부터 1924년 사이에 거의 1,000만 명에 달하는 이민자들—유대인, 이탈리아인, 아일랜드인, 폴란드인 노동자들—이 뉴욕, 샌프란시스코, 시카고로 밀려오면서 거리와 건물에 우글거렸고, 시장마다 외국의 언어, 의례, 음식들이 넘쳐났다(1927년 무렵에는 새로운 이민자들이 뉴욕과 시카고 인구의 40퍼센트를 넘어섰다). 그리고 계급 불안이 1890년대에 영국의 우생학 시도를 부추긴 것처럼, "인종 불안"은 1920년대에 미국인들의 우생학 시도를 부추겼다.* 골턴

---

* 노예제라는 역사적 유산도 미국의 우생학을 부추긴 주요 요인임에 분명하다. 미국의 백인 우생학자들은 열등한 유전자를 지닌 아프리카 노예들이 백인과 혼인하여 유전자풀을 오염

은 불결한 대중을 경멸했을지 몰라도, 그 불결한 수많은 무리가 같은 **영국인**이라는 점에는 논란의 여지가 없었다. 반면에 미국에서는 점점 늘어나는 외국인들이 그 불결한 수많은 무리를 이루었고, 그들의 유전자는 그들의 억양과 마찬가지로 명백히 이질적인 것이었다.

프리디 같은 우생학자들은 이민자들이 미국으로 물밀 듯이 밀려오면 결국 "인종 자살"을 하는 꼴이 된다고 오랫동안 걱정해왔다. 그들은 적합한 이들보다 부적합한 이들이 많아지고, 적합한 유전자가 부적합한 유전자에 더럽혀질 것이라고 주장했다. 멘델이 보여주었듯이, 유전자가 근본적으로 나눌 수 없는 것이라면, 유전적 병해충도 일단 퍼지면 결코 제거할 수 없다는 것이다(우생학자인 매디슨 그랜트는 "[어떤 인종이든] 유대인과 혼인하면, 유대인이 나온다"[13]라고 썼다). 한 우생학자가 말했듯이, "결함 있는 생식질을 제거하는" 방법은 오로지 생식질을 생산하는 기관을 제거하는 것뿐이었다. 즉 캐리 벅과 같은 유전적 부적합자를 강제 불임시키는 것이었다. "인종 악화의 위험"[14]에 맞서서 국가를 지키려면, 급진적인 사회적 수술을 실시할 필요가 있을 터였다. 베이트슨은 1926년에 노골적으로 혐오감을 드러내면서 "우생학 갈까마귀들이 개혁하자고 깍깍거린다[영국에서]"[15]라고 썼다. 미국의 갈까마귀들은 더욱 크게 깍깍거렸다.

"인종 자살"과 "인종 악화"라는 신화에 맞서기 위해서는, 인종적 및 유전적 순수성이라는 동등하면서 정반대되는 신화가 있어야 했다. 20세기 초반에 수백만 명의 미국인이 탐독했던 가장 인기 있는 소설 중 하나는 에드거 라이스 버로스의 『타잔(*Tarzan of the Apes*)』이었다. 아기 때 고아가 되어 아프리카에서 유인원들의 손에 자란 영국 귀족이 부모의 얼굴색, 당당한 태도, 외모뿐 아니라, 도덕의식, 앵글로색슨족의 미덕, 심지어 처음 본 식기를 올바로 쓰는

시킬 것이라는 걱정을 오래 전부터 해왔었다. 그러나 1860년대에는 인종 간의 혼인을 금지하는 법령이 제정되어 그런 두려움은 대부분 진정되었다. 대조적으로 백인 이민자들은 식별하기도 분리하기도 어렵다는 점 때문에, 1920년대에는 인종 오염과 잡혼의 불안이 가중되었다.

본능적인 감각까지 가지고 있다는 낭만적인 무용담이었다. "고대 로마의 검투사가 지녔을 법한 최상의 근육을 갖춘 곧고 완벽한 외모"의 타잔은 양육보다 천성이 궁극적으로 이긴다는 것을 보여주는 사례였다. 정글에서 유인원 손에 큰 백인이 멋진 정장을 차려입은 백인다운 고결함을 간직할 수 있다면, 인종적 순수성도 어떤 상황에서든 유지될 수 있을 것이 분명했다.

이런 시대적 배경하에 미국 대법원은 벅 대 벨 사건에 대해서 거의 지체 없이 판결을 내렸다. 캐리 벅이 21세 생일을 맞이한 지 몇 주일 뒤인 1927년 5월 2일, 대법원은 평결을 내렸다. 8대 1이라는 압도적인 표차로 결정이 내려졌다. 대법관 올리버 웬델 홈스 주니어는 이렇게 설명했다. "타락한 자식이 범죄로 처형되기를 기다리거나 저능함 때문에 굶어죽도록 방치하는 대신에, 사회가 명백히 부적합한 자가 동류 후손을 낳지 못하게 예방할 수 있다면, 그것이 세상에는 더 나을 것이다. 강제 백신 접종에 적용되는 원칙은 나팔관 제거에도 얼마든지 적용될 수 있다."[16]

홈스—의사의 아들이자, 인본주의자이자, 역사학자이자, 사회의 교조적인 견해를 비판하기로 유명한 인물이자, 곧 사법적 및 정치적 중용을 가장 소리 높여 옹호하는 대변자가 될 인물—는 벅 집안과 그 후손들에 진저리가 났던 것이 분명하다. 그는 이렇게 썼다. "백치는 3세대면 충분하다."[17]

캐리 벅은 1927년 10월 19일 자궁관 묶기 수술을 받고 불임이 되었다. 그날 아침 9시경 그녀는 콜로니의 진료소로 옮겨졌다. 10시에 모르핀과 아트로핀에 몽롱한 상태에서 그녀는 들것에 실려 수술실로 들어갔다. 간호사가 마취를 했고, 벅은 의식을 잃었다. 의사와 간호사가 두 명씩 들어왔다. 이런 일상적인 수술치고는 특이한 일이었지만, 이번은 특별한 사례였다. 소장인 존 벨은 배 한가운데를 절개하여 열었다. 그는 양쪽 나팔관의 일부를 잘라낸 뒤, 끝을 묶고서 봉합했다. 상처는 석탄산으로 지진 뒤, 알코올로 소독했다. 수술 합병증은 전혀 없었다.

이제 유전의 사슬은 끊겼다. 벨은 "불임법 아래에서 이루어진 첫 수술"이 계획한 대로 이루어졌고, 환자가 매우 건강한 상태로 퇴원했다고 썼다. 벅은 자기 방에서 별 탈 없이 회복했다.

멘델의 초기 실험과 법원이 위임한 캐리 벅의 불임화 사이에는 겨우 62년이라는 시간이 가로놓여 있었다. 그러나 60여년이라는 이 짧은 기간에 유전자는 식물 실험에서의 추상적 개념에서 강력한 사회적 통제 도구로 변신했다. 1927년 대법원에서 **벅 대 벨** 재판이 진행될 무렵, 유전학과 우생학의 수사학은 미국의 사회적, 정치적, 개인적 담론에 침투했다. 1927년 인디애나 주는 "확인된 범죄자, 백치, 바보, 강간범"을 불임화하는 기존 법을 개정했다.[18] 이어서 다른 주들은 유전적으로 열등하다고 판단된 남녀를 불임화하고 가두는 더욱 끔찍한 법적 수단들을 마련했다.

정부가 지원하는 불임화 프로그램들이 전국으로 확산되는 동안, 유전적 선택을 개인화하려는 풀뿌리 운동도 점점 활기를 띠고 있었다. 1920년대에는 수많은 미국인들이 줄지어서 농업 박람회에 몰려들었다. 치아를 잘 닦는 법을 보여주는 시연회, 팝콘 기계, 건초 마차 타기 외에 대중은 우량아 경연대회[19]도 구경했다. 어리면 한두 살짜리 아기들부터 어린이들이 개나 소처럼 탁자와 연단에 뽐내며 서 있었고, 흰 가운을 입은 의사, 치과 의사, 간호사가 눈과 치아를 검사하고, 피부를 눌러보고, 키와 몸무게와 머리 크기와 기질을 측정하여, 가장 건강하고 가장 적합한 아기를 선정했다. "최적자"라고 뽑힌 아기들은 박람회장을 행진했다. 그 아기들의 사진은 포스터, 신문, 잡지에 대문짝만 하게 실렸고, 그것은 소극적으로 국가 우생학 운동을 뒷받침하는 분위기를 조성했다. 우생학 기록국을 설립한 유명한 하버드 출신 동물학자 대븐포트는 가장 적합한 아기를 판정하는 표준 평가표를 개발했다. 대븐포트는 심사자들에게 아기를 판정하기 전에 먼저 부모를 조사하라고 지시했다. "아기를 검사하기 전에 유전의 50%는 점수가 매겨져 있어야 한다."[20] "두 살일 때 우승한 아이가 열 살이 되면 간질 환자가 되어 있을 지도 모른다." 이런 박람회에는 종종 "멘델 부스"도 마련되었다. 유전학의 원리와 유전법칙을 인형을 이용해 설명하는 곳이었다.

1927년 우생학에 푹 빠진 의사 해리 헤이절든은 「당신, 나와 혼인할 만해요?(Are You Fit to Marry?)」라는 영화를 만들었다.[21] 미국 전역에서 관객이 구름처럼 몰려들었다. 앞서 개봉했던 「검은 황새(The Black Stork)」를 제목만 바꿔 재상영한 이 영화는 헤이절든 자신이 연기한 의사가 결함 있는 아이를 "청소하려는" 국가의 노력에 부응하고자 장애아의 목숨을 구할 수술을 하지 않겠다고 거부한다는 내용이었다. 영화는 한 여성이 정신장애가 있는 아이를 낳는 악몽을 꾸는 이야기로 끝난다. 깨어난 그녀는 혼인하기 전에 과연 유전자가 적합한지 약혼자와 함께 검사를 받아야겠다고 결심한다(1920년대 말 무렵에는 미국 대중을 향해서 정신지체, 간질, 난청, 골격 장애, 왜소증, 시각 상실 같은 질환들의 집안 병력 조사와 함께 산전 유전자 적합성 검사를 받으라는 광고가 빗발치고 있었다). 원래 헤이절든은 자신의 영화를 "야간 데이트용"으로 광고할 생각이었다. 사랑, 낭만, 긴장감, 유머에다가 덤으로 유아 살해 내용까지 들어 있었으니 말이다.

미국 우생학 운동의 최전선이 감금에서 불임 수술을 지나서 노골적인 살해로 옮겨갈 때, 유럽의 우생학자들은 점점 더 강한 열망과 시샘이 뒤섞인 시선으로 지켜보았다. 그러다가 벅 대 벨 재판이 이루어진 지 10년이 채 지나지 않은 1936년, 훨씬 더 악성을 띤 "유전적 청소"가 지독한 전염병처럼 유럽 대륙을 휩쓸면서, 유전자와 유전이라는 언어 자체를 더 강력하면서 끔찍한 형태로 변형시키게 된다.

제2부
"부분들의 합에는 부분들만 있을 뿐이야"[1)]

유전 메커니즘의 해독

(1930-1970)

내가 이렇게 말했을 때였어.

"단어들은 한 단어의 형태들이 아니야.

부분들의 합에는 부분들만 있을 뿐이야.

세계는 눈으로 측정해야 해."

― 월리스 스티븐스, 「집에 가는 길에(On the Road Home)」[2)]

"아베드(Abhed)"

천성과 모습은 무덤까지 이어진다.

—스페인 속담

나는 가족의 얼굴이다.
살은 썩고, 나는 남는다
이따금 형질과 흔적을 투사하면서
그리고 망각 위로
여기저기 뛰어다니면서

—토머스 하디, 「유전(Heredity)」[1]

모니 형을 방문하기 전날, 나는 아버지와 함께 캘커타를 둘러보았다. 우리는 실다 역 근처에서 걷기 시작했다. 이곳은 1946년에 할머니가 바리살에서 출발한 기차를 타고 와서 5명의 아들과 강철로 된 여행용 가방 4개와 함께 내린 곳이었다. 우리는 역 언저리에서부터 할머니가 간 길을 따라갔다. 프라풀라 찬드라 길을 지나서, 왼쪽에는 생선과 야채가 진열된 노점들이 있고 오른쪽에는 수련이 그득한 고인 연못이 있는 습기 자욱한 복작거리는 시장을 거쳐서, 왼쪽으로 돌아 도심으로 향했다.

길은 급격히 좁아졌고 사람들로 바글거렸다. 거리 양편으로 늘어서 있던 커다란 아파트들이 점점 사라지면서 더 작은 크기의 공동주택들이 나타났다. 마치 어떤 격렬한 생물학적 과정이 진행되는 양, 집들의 방은 하나가 둘로,

둘이 넷으로, 넷이 여덟로 점점 더 작게 나뉘어갔다. 어느덧 거리는 그물처럼 뻗고 하늘은 가려져 보이지 않았다. 덜거덕거리면서 요리하는 소리, 매캐한 석탄 타는 냄새가 가득했다. 약국 앞에서 우리는 하야트칸 길로 들어서서 아버지와 식구들이 살던 집으로 향했다. 쓰레기 산은 아직도 거기에 있었고, 대대로 살아왔을 들개들이 보였다. 현관으로 들어서니 작은 안뜰이 나타났다. 계단 아래쪽 부엌에서 한 여성이 긴 칼로 코코넛을 자르려 하고 있었다.

"비후티의 따님이신가요?" 아버지가 불쑥 벵골어로 물었다. 비후티 무코파댜이는 할머니가 세를 들었던 그 집의 주인이었다. 그는 사망했지만, 아버지는 그에게 아들과 딸, 두 아이가 있었던 것을 기억했다.

여성은 경계하듯이 아버지를 쳐다보았다. 아버지는 이미 문턱을 넘어서, 부엌에서 1미터쯤 높은 툇마루에 올라가 있었다. "비후티 가족이 아직 살고 있나요?" 아버지는 정식 소개도 하지 않은 채 계속 물었다. 나는 아버지의 억양이 미묘하게 달라졌음을 눈치 챘다. 서벵골어의 치음인 츠를 동벵갈어의 마찰음인 스로 부드럽게 바꾸면서, 단어의 자음을 부드럽게 발음했다. 나는 캘커타에서는 모든 억양이 일종의 수술용 탐침이라는 것을 알아차렸다. 벵골 출신은 탐사용 드론처럼 모음과 자음을 내보낸다. 듣는 사람의 신원을 확인하고, 공감하는지 알아보고, 연대감을 확인하기 위해서이다.

"아니요, 전 조카며느리예요. 집을 물려받은 사촌오빠가 세상을 떠난 뒤로 우리가 여기에 살고 있어요."

다음에 벌어진 일은 설명하기가 어렵다. 그저 난민이라는 같은 일을 겪은 사람들 사이에서 벌어질 수 있는 독특한 일이 일어났다고나 할까. 한 순간에 두 사람 사이에는 공감대가 형성되었다. 여성은 나의 아버지를 알아보았다. 실제로 정확히 누구인지를 알아본 것이 아니라—아버지를 본 적이 없었으니까—어떤 사람이라는 것을 알아차렸다. 집으로 돌아온 소년이라는 것을 말이다. 캘커타에서는—베를린, 페샤와르, 델리, 다카에서도 마찬가지이지만—매일 같이 그런 사람들을 볼 수 있다. 마치 우연히 과거로 향하는 문턱을 넘은 양, 어느 날 갑자기 사전 연락도 없이 불쑥 옛날에 살던 집을 찾아 걸어 들어 오는 사람들이다.

그녀의 태도가 눈에 띄게 호의적으로 변했다. "예전에 식구들이 여기 살았어요? 형제가 많았죠?" 그녀는 마치 너무 늦게 찾아왔다는 양, 사실 확인을 하는 듯한 어투로 물었다.

그녀의 아들인 열두 살쯤 되어 보이는 아이가 손에 교과서를 든 채 위층 창밖으로 고개를 내밀고 있었다. 나는 그 창문을 알아보았다. 자구 삼촌이 틀어박힌 채 멍하니 안뜰을 내다보고 있던 바로 그 창문이었다.

"괜찮아." 그녀가 손을 흔들며 아들에게 말했다. 아들은 금세 안으로 사라졌다. 그녀는 아버지를 향해서 말했다. "원하면 위층에 가서 둘러보아도 좋아요. 신발은 계단통에 벗어놓고요."

나는 운동화를 벗었다. 곧바로 발바닥에서 친밀한 느낌이 올라왔다. 마치 줄곧 이곳에서 살고 있었던 듯했다.

나는 아버지와 함께 집안을 둘러보았다. 내가 예상했던 것보다 작았을 뿐더러—빌린 기억으로부터 재구성한 장소들이 으레 그렇듯이—더 칙칙하고 낡았다. 기억은 과거를 또렷하게 만든다. 붕괴하는 것은 현실이다. 계단으로 이어진 비좁은 통로를 올라가니 작은 방 두 개가 나왔다. 라제시, 나쿨, 자구 삼촌과 아버지, 네 형제가 한쪽 방을 썼다. 장남인 라탄 삼촌—모니 형의 부친—과 할머니는 그 옆방을 썼다. 그러나 자구 삼촌이 미쳐가자, 할머니는 라탄 삼촌을 옆방으로 보내고 자구 삼촌과 한 방을 썼다. 자구 삼촌은 결코 그 방을 나오지 못했다.

우리는 지붕에 있는 발코니로 올라갔다. 마침내 하늘이 보였다. 너무나 빠르게 어스름이 깔려서, 마치 지구가 태양으로부터 고개를 돌리는 광경을 거의 느낄 수 있는 듯했다. 아버지는 멀리 있는 역의 불빛을 바라보았다. 멀리서 한 마리 외로운 새처럼 열차가 기적을 울리며 지나가고 있었다. 아버지는 내가 유전에 관한 책을 쓴다는 것을 알고 있었다.

"유전자라……" 아버지가 눈을 찌푸리면서 중얼거렸다.

"뱅골말로는 뭐라고 하죠?"

아버지는 적당한 말이 있는지 떠올려보았지만, 없었다. 하지만 대신 쓸 만한 단어를 찾아냈다.

"아베드(abhed)가 어떨까?" 아버지로부터는 처음 듣는 단어였다. "나눌 수 없는" 또는 "뚫을 수 없는"을 뜻하지만, 대강 "정체성"이라는 의미로도 쓰인다고 했다. 나는 아버지가 그 단어를 골랐다는 데에 놀랐다. 단어의 반향실(反響室, echo chamber)이라고나 할까. 멘델이나 베이트슨도 많은 울림을 지닌 그 단어에 흡족해했을 듯하다. 나눌 수 없는, 뚫을 수 없는, 분리할 수 없는, 정체성.

나는 모니 형, 라제시 삼촌, 자구 삼촌을 떠올리면 어떤 생각이 드는지 아버지에게 물어보았다.

"아베데르 도시(Abheder dosh)."

정체성의 결함, 유전질환, 자아로부터 분리할 수 없는 오점, 그 모든 의미를 담은 말이었다. 아버지는 그 불가분성과 화해했다.

1920년대 말에 유전자와 정체성이 관계가 있다는 이야기가 난무했지만, 정작 유전자 자체는 정체성을 거의 가지지 못한 듯했다. 유전자가 무엇으로 이루어지는지, 어떻게 기능을 하는지, 세포의 어디에 들어 있는지를 과학자에게 물어도, 흡족한 대답을 거의 듣지 못했을 것이다. 유전학이 법과 사회 쪽에서 일어나는 포괄적인 변화를 정당화하는 도구로 동원되고 있었음에도, 유전자 자체는 고집스럽게 추상적인 실체로, 생물학적 기계 안에 숨은 유령으로 남아 있었다.

유전학의 이 블랙박스는 의외의 생물을 연구하는 의외의 과학자가 거의 우연히 열었다. 1907년, 멘델의 발견을 주제로 강연을 하기 위해서 미국을 방문한 윌리엄 베이트슨은 세포학자인 토머스 헌트 모건을 만나러 뉴욕에 들렀다.[2] 그는 모건에게 별 다른 인상을 받지 못했다. 그는 아내에게 이렇게 썼다. "모건은 멍청이야. 잠시도 가만히 있지 못해. 계속 돌아다니면서 시끄럽게 떠들어대."[3]

시끄럽고 활달하고 강박적이고 괴짜 기질이 있는—게다가 탁발승마냥 이 과학 문제에서 저 문제로 돌아다녀야 직성이 풀리는—토머스 모건은 컬럼비아 대학교 동물학과 교수였다. 그가 주로 관심을 가진 분야는 발생학(發生學)이었다. 처음에 모건은 유전의 단위가 존재하는지, 그것이 어디에 어떻게 들어 있는지 하는 문제에 관심조차 없었다. 그의 주된 관심사는 발달이었다. 어떻게 하나의 세포에서 생물이 출현하는 것일까?

처음에 모건은 멘델의 유전 이론을 거부했다. 복잡한 발생학적 정보가 세포 안에서 독립된 단위에 저장될 수 있을 리가 없다고 주장했다(그래서 베이트슨은 그를 "멍청이"라고 했다). 그러나 결국 모건은 베이트슨의 증거 앞에 굴복했다. 자료 도표로 무장한 "멘델의 불도그"와 맞서서 논쟁을 펼치기란 쉽지 않았다. 그러나 유전자가 존재한다고 받아들이기는 했어도, 모건은 여전히 유전자가 어떤 물질인지 생각하면 곤혹스러웠다. 과학자 아서 콘버그는 세포학자는 보고, 유전학자는 세고, 생화학자는 씻는다고 말한 적이 있다.[4] 실제로 현미경으로 무장한 세포학자는 세포 안에서 가시적인 구조들이 각기 다른 기능을 수행하고 있는 세포 안의 세계에 친숙해 있었다. 그러나 당시까지도 유전자는 통계적인 의미에서만 "가시적"이었다. 모건은 유전의 물리적 토대를 밝혀내고 싶었다. 그는 이렇게 썼다. "우리의 관심사는 수학 공식으로서의 유전이 아니라, 세포, 즉 난자와 정자에 관한 문제로서의 유전이다."[5]

그러나 유전자를 세포 안의 어디에서 찾아야 할까? 직관적으로 생물학자들은 유전자를 눈으로 볼 수 있는 가장 좋은 곳이 배아라고 추측해왔다. 1890년대에 나폴리에서 성게를 연구하던 독일인 발생학자 테오도어 보베리는 유전자가 **염색체**에 있다고 주장했다. 염색체는 세포의 핵 안에 스프링처럼 말려 있는 실 같은 물질로서 아닐린(aniline)이라는 시약을 넣으면 파랗게 염색되었다(염색체[chromosomes]라는 단어는 보베리의 동료인 빌헬름 폰 발데예르-하르츠가 붙였다).

보베리의 가설은 다른 두 연구자의 연구를 통해서 입증되었다. 캔자스의 초원에서 메뚜기를 채집하던 농장 소년이었던 월터 서튼은 자라서 뉴욕에서 메뚜기를 채집하는 과학자가 되었다.[6] 1902년 여름, 메뚜기의 정자와 난자ㅡ메뚜기의 염색체는 유달리 크다ㅡ를 연구하던 서튼은 유전자가 염색체에 들어 있다고 추정했다. 그리고 보베리에게는 성별이 어떻게 결정되는지를 연구하는 네티 스티븐스라는 제자가 있었다. 1905년, 거저리의 세포를 연구하던 스티븐스는 "수컷성"은 수컷의 배아에만 있고 암컷의 배아에는 없는 독특한 인자인ㅡY 염색체ㅡ에 의해서 정해진다는 것을 밝혀냈다(현미경으로 보면, Y 염색체는 X 염색체에 의해서 더 짧고 통통하다는 점만 빼고, 여느 염색체들과 다를 바 없다. 즉 파랗게 염색된 DNA 토막이다).[7] 성별을 결정하는 유전자가 한 염색체에 들어 있음을 콕 찍어낸 스티븐스는 모든 유전자가 염색체에 들어 있을 것이라고 주장하기에 이르렀다.

토머스 모건은 보베리, 서튼, 스티븐스의 연구에 감탄했다. 그래도 여전히 그는 유전자를 좀더 구체적으로 기술하고 싶었다. 보베리는 유전자가 물리적으로 염색체에 들어 있다는 것을 밝혀냈지만, 유전자와 염색체의 더 상세한 구조는 여전히 모호했다. 염색체에서 유전자들은 어떻게 조직되어 있을까? 실에 꿴 구슬들처럼, 염색체 섬유를 따라 나란히 늘어서 있을까? 염색체마다 고유의 염색체 "주소"가 있을까? 유전자들은 겹쳐 있을까? 물리적 또는 화학적으로 다른 유전자와 연결되어 있을까?

모건은 다른 모델 생물을 연구하면서 이 문제들에 접근했다. 바로 초파리였다. 그는 1905년경부터 초파리를 기르기 시작했다(훗날 모건의 몇몇 동료들은 그가 매사추세츠 주 우즈홀의 어느 야채 가게에 가서, 무르익은 과일

더미 위에서 윙윙거리는 초파리들을 잡아와서 배양을 처음으로 시작했다고 주장했다. 또 어떤 동료들은 모건이 최초의 초파리들을 뉴욕의 한 동료에게서 얻어왔다고 주장하기도 했다). 다음 해에 컬럼비아 대학교의 한 건물 3층에 있는 그의 연구실에서는 썩어 가는 과일을 넣은 우유병들에서 구더기 수천 마리가 자라고 있었다.* 병마다 무르익은 바나나 조각이 꼬챙이에 끼워져 있었다. 과일이 발효되면서 나는 냄새가 코를 찔렀고, 병에서 빠져나온 초파리들이 모건이 움직일 때마다 탁자 위에서 구름처럼 날아올랐다. 학생들은 그의 연구실을 파리 방(Fly Room)이라고 불렀다.[8] 그 방은 크기와 모양이 멘델의 정원과 거의 비슷했다. 그리고 마찬가지로 유전학의 역사에서 상징적인 장소가 되었다.

멘델처럼 모건도 유전되는 형질, 즉 세대를 따라 추적할 수 있는 가시적인 변이체를 파악하는 일부터 시작했다. 그는 1900년대 초에 암스테르담에 있는 휘고 더프리스의 정원을 방문했다가 더프리스의 식물 변이체들에 유달리 흥미를 느꼈다.[9] 초파리도 마찬가지로 돌연변이를 지닐까? 그는 현미경으로 수많은 초파리를 하나하나 들여다보면서, 수십 가지의 돌연변이를 찾아냈다. 눈이 붉은 전형적인 초파리들 중에서 눈이 하얀 초파리가 드물게 자연적으로 생겨났다. 털끝이 갈라진 돌연변이도 있었다. 몸통이 시꺼먼 녀석도 있었다. 다리가 휘어진 녀석, 박쥐의 날개 같은 굽은 날개를 가진 녀석, 복부가 뒤틀린 녀석, 눈이 기형인 녀석 등 온갖 기이한 돌연변이들이 있었다.

뉴욕의 한 무리의 학생들이 연구에 합류했다. 저마다 개성이 강한 학생들이었다. 미국 중서부 출신이자 늘 단정한 차림이었던 꼼꼼한 앨프리드 스터트번트, 자유연애와 음탕한 삶을 꿈꾸는 당당한 풍채의 명석하기도 한 캘빈 브리지스, 편집증적이고 강박적인 허먼 멀러. 이 세 명은 매일 같이 모건의 주목을 받기 위해서 아옹다옹했다. 모건은 브리지스를 노골적으로 편애했다. 그는 빨간 눈 초파리 수백 마리 중에서 후에 모건의 여러 중요한 실험의 토대

* 모건은 여름마다 가서 지냈던 우즈홀에서도 초파리 연구를 했다.

가 되는 흰 눈 돌연변이체를 학부생이었던 브리지스가 발견하자, 그에게 병을 씻는 일을 맡겼다. 모건은 스터트번트의 단정함과 직업윤리를 높이 샀다. 그에게 멀러는 가장 뒷전인 사람이었다. 모건은 그가 가장 부정직하고 말수가 적고 빈둥거린다고 생각했다. 결국 세 명은 격렬하게 다투게 되었고, 그 여파로 유전학 학계에 질시와 깎아내리는 풍조가 생겨났다. 그러나 당장은 초파리들이 윙윙거리는 가운데 불안정한 평화가 유지되고 있었고, 그들은 각자 유전자와 염색체 실험에 몰두했다. 모건과 제자들은 정상 초파리와 돌연변이체―이를테면 흰 눈 수컷과 붉은 눈 암컷―를 교배시키면서, 여러 세대에 걸쳐 형질의 유전을 추적할 수 있었다. 이 실험들에서도 돌연변이체가 중요하다는 것이 드러났다. 예외 사례만이 정상적인 유전의 특징을 보여줄 수 있었다.

모건의 발견에 대한 의미를 이해하려면, 멘델에게로 돌아갈 필요가 있다. 멘델의 실험에서는 모든 유전자가 독립된 실체처럼 행동했다. 한 예로 꽃 색깔은 씨의 모양이나 줄기의 키와 아무런 관계가 없었다. 각 형질은 독립적으로 유전되었고, 형질들은 어떤 식으로든 조합될 수 있었다. 따라서 교배가 이루어질 때마다 완벽한 유전자 룰렛 돌리기가 이루어졌다. 큰 키의 보라색 꽃이 피는 식물을 작은 키의 흰색 꽃이 피는 식물과 교배를 하면, 모든 조합이 다 나올 것이다. 큰 키의 흰색 꽃이 피는 식물과 작은 키의 보라색 꽃이 피는 식물 등등.

그러나 모건의 초파리 유전자들은 반드시 독립적으로 행동한다고 할 수 없었다. 1910-1912년, 모건과 제자들은 돌연변이 초파리 수천 마리를 서로 교배하여 수만 마리를 얻었다. 그들은 흰 눈, 검은 몸, 털, 짧은 날개 등 교배 결과를 꼼꼼하게 기록했다. 공책 수십 권에 걸쳐 표로 작성된 이 교배 결과를 살펴본 모건은 한 가지 놀라운 패턴을 알아차렸다. 일부 유전자들이 마치 서로 "연관된" 것처럼 행동하고 있었다. 이를테면 흰 눈을 만드는 일을 하는 유전자는 X 염색체와 떼려야 뗄 수 없이 연결되어 있었다. 초파리들을 아무리 교배시켜도, 흰 눈을 가진 초파리는 전부 다 수컷이었다. 마찬가지로 검은 몸 색깔을 만드는 유전자는 특정한 날개 모양을 지정하는 유전자와 연관되어 있었다.

모건은 이 유전적 연관이 의미하는 것이 단 하나뿐임을 알아차렸다.[10] 유전자들은 **물리적으로** 서로 연결되어 있어야만 했다.[11] 초파리의 검은 몸 유전자는 작은 날개 유전자와 같은 염색체에 들어 있기 때문에, 둘은 독립해서 유전되는 일이 (거의) 없었다. 두 구슬이 같은 실에 꿰어 있다면, 실들을 어떻게든 짜 맞추든 간에, 둘은 항상 묶여 있다. 한 염색체 위의 두 유전자에는 같은 원리가 적용되었다. 갈라진 털 유전자를 몸통 색깔 유전자를 분리하는 간단한 방법은 없다는 것이었다. 특징들의 분리 불가능성은 물질적 토대를 지니고 있었다. 즉 염색체가 특정한 유전자들을 영구히 꿰고 있는 "실"이기 때문이었다.

모건은 멘델 법칙의 한 중요한 수정 사항을 발견했다. 유전자는 개별적으로 전달되는 것이 아니었다. 대신에 무리를 지어 움직였다. 정보의 덩어리들은 무리를 지어 염색체로 그리고 궁극적으로는 세포에 들어갔다. 그러나 그 발견은 더욱 중요한 결과를 낳았다. 개념적으로 볼 때, 모건은 유전자들만 연결한 것이 아니었다. 그는 두 분야를 연결했다. 바로 세포학과 유전학이었다. 유전자는 이제 "순수한 이론적 단위"가 아니었다. 그것은 세포 내의 특정한 위치에, 특정한 형태로 사는 **물질**이었다.[12] 모건은 이렇게 추론했다. "이제 [유전자]가 염색체에 있음을 알았으므로, 그것을 물질 단위라고 간주해도, 즉 분자보다 더 고차원적인 화학물질이라고 해도 정당하지 않겠는가?"

유전자들이 연관되어 있다는 것이 밝혀지자마자, 제2, 제3의 발견이 잇따랐다. 연관 문제로 돌아가 보자. 모건은 실험을 통해서 한 염색체에서 물리적으로 서로 이어져 있는 유전자들이 함께 유전된다는 것을 밝혀냈다. 파란 눈을 만드는 유전자(B라고 하자)가 금발을 만드는 유전자(Bl)와 연관되어 있다면, 금발인 아이는 필연적으로 파란 눈을 물려받는 경향을 보일 것이다(가상의 사례이지만, 여기서 드러나는 원리는 참이다).

그러나 연관에는 예외적인 사례가 하나 있다. 이따금 아주 드물게, 유전자가 자신의 동반자들로부터 **떨어져서** 부계 염색체로부터 모계 염색체로 자리를 바꿈으로써, 파란 눈에 **검은 머리**인 아이나, 거꾸로 검은 눈에 금발인 아이가 나올 수 있다. 모건은 이 현상을 "교차(crossing over)"라고 했다. 후에 살펴보겠지만, 이 유전자들의 교차 현상은 유전 정보가 짝을 이룬 염색체들 사이에서만이 아니라, 개체 사이, 더 나아가 종 사이에서도 뒤섞이고 짝짓고 뒤바뀔 수 있다는 원리를 확정함으로써, 생물학에 혁명을 일으키게 된다.

모건의 연구에 자극을 받아서 이루어진 마지막 발견도 "교차"를 방법론적으로 연구한 결과였다. 일부 유전자들은 아주 단단히 연결되어 있어서 교차가 전혀 일어나지 않았다. 모건의 제자들은 이 유전자들이 염색체에서 물리적으로 서로 가장 가까이 놓여 있을 것이라고 가설을 세웠다. 반면에 연결되어 있지만, 분리되기가 더 쉬운 유전자들도 있었다. 그 유전자들은 염색체에서 더 멀리 떨어져 있을 것이 분명했다. 전혀 연관되어 있지 않은 유전자들은 서로 다른 염색체에 들어 있어야 했다. 요컨대 유전적 연관이 강할수록 그 유전자들은 염색체에서 물리적으로 더 가까이에 놓여 있다는 의미였다. 따라서 두 특징—금발과 파란 눈—이 얼마나 자주 연관되거나 분리되어 나타나는지를 파악한다면, 염색체에서 두 유전자 사이의 거리를 측정할 수 있었다.

1911년 어느 겨울밤, 당시 20세의 대학생이었던 스터트번트는 초파리(Drosophila) 유전자들의 연관에 관한 실험 자료를 자기 방으로 가져왔다가—수학 과제를 해야 한다는 것을 잊은 채—최초의 초파리 유전자 지도를 작성하는 일에 푹 빠져서 밤을 꼬박 샜다. 스터트번트는 A가 B와 강하게 연관되어 있고, C와 아주 느슨하게 연관되어 있다면, 이 세 유전자는 염색체에서 그 순서로, 그에 비례되는 거리를 두고 놓여 있을 것이 틀림없다고 추론했다.

A·B⋯⋯⋯C·

톱니 모양 날개를 만드는 대립유전자(N)가 짧은 털을 만드는 대립유전자(SB)와 함께 유전되는 경향이 있다면, 두 유전자 N과 SB는 같은 염색체에 있어야 했고, 반면에 연관되지 않은 눈 색깔 유전자는 다른 염색체에 있어야 했다. 날이 샐 무렵, 스터트번트는 한 초파리 염색체에 있는 유전자 6개의 선형 지도를 최초로 작성했다.

스터트번트의 초보적인 유전자 지도는 1990년대에 이루어질 인간 유전체에 들어 있는 모든 유전자들의 지도를 작성하려는 방대하고도 정교한 노력의 서막이었다. 그는 연관을 이용하여 염색체에 있는 유전자들의 상대적인 위치를 파악함으로써, 훗날 유방암, 조현병, 알츠하이머병 같은 복잡한 가족병과 관련된 유전자들을 찾아낼 토대를 닦았다. 뉴욕의 대학생 기숙사 방에서 약 12시간에 걸쳐서, 그는 인간 유전체 계획(Human Genome Project)의 토대를 쌓은 셈이었다.

1905년에서 1925년에 걸쳐서 컬럼비아의 파리 방은 유전학의 중심지, 신생 과학의 촉매실이 되었다. 원자가 충돌하여 원자를 쪼개듯이, 착상이 계속 새로운 착상을 낳고 있었다. 연관, 교차, 선형 유전자 지도, 유전자들 사이의 거리 등 여러 발견들이 격렬한 연쇄 반응을 일으키면서 쏟아져나왔으니, 유전학은 태어났다기보다는 쌩하고 튀어나와서 자신의 존재를 알린 듯했다. 그 뒤로 수십 년에 걸쳐, 그 방의 사람들은 잇달아 노벨상을 받게 된다. 모건, 그의 제자들, 그 제자들의 제자들, 또 그 제자들도 모두 각자의 발견으로 노벨상을 받게 된다.

그러나 연관과 유전자 지도를 빼면, 모건조차도 유전자를 물질 형태로 상상하거나 묘사하기가 쉽지 않았다. "실"과 "지도"에 정보를 담을 수 있는 화학 물질은 과연 어떤 것일까? 멘델의 논문이 발표된 뒤로 50년 동안―1865년부터 1915년까지―생물학자들이 유전자를 오직 유전자가 만드는 특징만을 통해서 유전자의 존재를 알고 있었다는 것은, 과학자들이 추상적 개념을 진리로 받아들일 수 있음을 입증한다. 유전자는 형질을 지정했다. 유전자는 돌연변이를 일으킬 수 있고 그럼으로써 다른 형질을 지정할 수도 있었다. 그리고 유전자는 화학적으로 또는 물리적으로 서로 연관되어 있는 경향을 보였다. 장막을 통해서 보듯이 흐릿하게, 유전학자들은 패턴과 주제를 시각화하기 시작했다. 실, 끈, 지도, 교차, 끊어지거나 끊어지지 않은 선, 암호화한 압축된 형태로 정보를 지닌 염색체로 말이다. 하지만 활동하는 유전자를 보았거나 그 물질적 본질을 알아차린 사람은 아무도 없었다. 유전 연구의 핵심 과제는 감질날 만큼 모습을 드러내지 않고 그림자를 통해서만 인식되는 대상처럼 보였다.

성게, 거저리, 초파리가 인간의 세계로부터 아주 멀리 떨어져 있는 듯이 보일지라도―모건이나 멘델의 발견과 확실한 관련이 있는지 의심스러울지라도―1917년 봄에 일어난 격렬한 사건들은 그렇지 않다는 것을 보여주었다. 그해 3월, 모건이 뉴욕의 파리 방에서 유전자 연관에 관한 논문을 쓰고 있을 때, 러시아에서는 일련의 격렬한 민중 봉기가 일어나면서 결국 차르 군주제가 무너지고 볼셰비키 정부가 수립되었다.

언뜻 보면, 러시아 혁명은 유전자와 별 관계가 없는 듯했다. 제1차 세계대전은 굶주리고 지친 사람들을 분노에 차서 날뛰도록 자극했다. 차르는 무력하고 무능해 보였다. 군대는 폭동을 일으켰다. 공장 노동자들은 울분을 터뜨렸다. 물가는 미친 듯이 치솟았다. 1917년 3월, 차르인 니콜라이 2세는 압박에 못 이겨 퇴위할 수밖에 없었다. 그러나 이 역사에서는 유전자―그리고 연관—도 강한 힘을 발휘한 것이 확실하다. 러시아의 황후 알렉산드라는 영국 빅토리아 여왕의 손녀였고, 그 유전적 표지를 지니고 있었다.[13] 오벨리스크 같은 뾰족한 코와 금방이라도 벗겨질 에나멜 같은 피부뿐 아니라, 빅토리아의 후손들에게 격세 유전되는 치명적인 혈액 장애인 B형 혈우병(hemophilia B)을 일으키는 유전자도 물려받았다.

혈우병은 피를 응고시키는 단백질을 망가뜨리는 하나의 돌연변이로 발생한다. 이 단백질이 없으면, 피는 엉기지 않는다. 자그마한 생채기나 상처가 나도 출혈로 치명적이 될 수 있다. 이 병의 이름—그리스어의 하이모(haimo, "피")와 필리아(philia, "좋아하다 또는 사랑하다")—은 사실상 그 비극을 씁쓸하게 중언한다. 혈우병 환자는 너무나 쉽게 피를 흘리곤 한다.

혈우병—초파리의 흰 눈처럼—은 반성유전(伴性遺傳, sex-linked)되는 병이다. 여성은 그 유전자의 보인자(保因者:유전병이 겉으로 드러나지는 않지만 그 인자를 가지고 있어서 후대로 유전병을 전달할 수 있는 사람/역주)로서 그 유전자를 후대로 전달할 수 있지만, 그 병에 걸리는 것은 대개 남성뿐이다. 피의 응고에 영향을 미치는 혈우병 유전자의 돌연변이는 빅토리아 여왕이 태어났을 때 자연적으로 생겼을 가능성이 높다. 여왕의 여덟 번째 자녀인 레오폴드는 그 유전자를 물려받았고 30세에 뇌출혈로 사망했다. 또한 그 유전자는 여왕에게서 둘째 딸인 앨리스에게로 전달되었고, 또 앨리스로부터 그녀의 딸인 러시아 황후 알렉사드라에게로 대물림되었다.

1904년 여름, 알렉산드라—아직 보인자임이 밝혀지지 않은—는 러시아 황태자인 알렉세이를 낳았다. 그의 어릴 때 병력은 거의 알려져 있지 않지만, 주변 사람들은 무언가 잘못되어 있음을 틀림없이 알아차렸을 것이다. 어린 황태자는 너무나 쉽게 멍이 들었고, 코피가 한 번 나면 멈추지 않곤 했다. 그가 병이 있다는 사실은 비밀로 유지되었지만, 알렉세이는 늘 병약하고 창백한 소년이었다. 그는 시시때때로 저절로 피를 흘리곤 했다. 놀다가 넘어지거나 피부에 생채기가 나거나 험한 길에서 말을 타다가도 재앙이 일어날 수 있었다.

알렉세이가 커갈수록, 출혈 때문에 목숨이 위험해지는 일이 더 잦아졌다. 황후는 유들유들하기로 유명한 러시아 수도사 그리고리 라스푸틴에게 의지하기 시작했다. 라스푸틴은 황태자를 완치시킬 것이라고 약속했다.[14] 라스푸틴은 자신이 온갖 약초, 연고, 기도를 써서 알렉세이의 목숨을 유지시키고 있다고 떠벌렸지만, 러시아인들은 대부분 그가 기회주의자 사기꾼이라고 생각했다(그가 황후와 그렇고 그런 사이라는 소문도 돌았다). 그가 계속 황족 주변에 머물면서 황후에게 점점 더 영향을 끼치는 모습 자체가 황실이 점점 더 무너져 가고 있다는 증거라고 여겼다.

물론 경제, 정치, 사회의 관련 세력들이 일으킨 러시아 혁명은 알렉세이의 혈우병이나 라스푸틴의 간계만으로는 설명할 수 없는, 대단히 더 복잡한 현상이었다. 역사는 의학의 개인 병력을 중심으로 돌아가는 것이 아니지만, 그 바깥에 놓여 있는 것도 아니다. 러시아 혁명은 유전자에 관한 것이 아닐지 몰라도, 유전과 아주 많은 관련이 있다. 군주제를 비판하는 이들에게는 황태자의 너무나 인간적인 유전적 대물림과 너무나 고귀한 정치적 대물림 사이의 괴리가 너무나 뚜렷이 드러났음이 분명하다. 알렉세이의 병이 강력한 비유라는 점도 부정할 수 없었다. 내부에서는 계속 출혈이 일어나는 데도 붕대와 기도로써 막아보겠다고 애쓰는 제국의 모습은 중병에 걸렸음을 보여주는 징후였다. 프랑스인들은 케이크를 먹는 탐욕스러운 왕비에게 진저리를 냈다. 러시아인들은 수수께끼의 병과 싸우기 위해서 온갖 기이한 약초를 꾸역꾸역 먹는 병약한 황태자에게 질렸다.

1916년 12월 30일, 라스푸틴은 정적들이 준 독을 먹고 총알 세례를 받고 난자당하고 몽둥이질을 당한 뒤에 수장되었다.[15] 무자비하게 이루어졌던 러시아의 암살 사례들에 비추어보더라도, 매우 잔혹했던 이 살인은 그가 뼈에 사무치도록 정적들의 증오심을 불러일으켰음을 보여준다. 1918년 초여름, 황족들은 예카테린부르크로 이송되어 가택 연금되었다. 알렉세이의 14세 생일을 한 달쯤 앞둔 1918년 7월 17일 저녁, 볼셰비키의 사주를 받은 처형대가 차르의 집으로 난입하여 식구들을 암살했다.[16] 알렉세이는 머리에 총알을 두 방 맞았다. 아이들의 시신은 뿔뿔이 흩어져서 주변에 매장되었다. 그러나 알렉세이의 시신은 발견되지 않았다.

2007년, 한 고고학자가 알렉세이가 살해된 집 근처의 모닥불 자리에서 일부 타다 만 두 점의 뼈대를 발굴했다.[17] 뼈대 중 하나는 13세 소년의 것이었다. 유전자 검사를 하니 알렉세이라는 것이 드러났다. 뼈대의 유전체 서열을 전부 분석했다면, 대륙을 건너 4세대에 걸쳐 잠행하다가 20세기의 한 이정표가 된 정치적 격변을 일으키는 데에 한몫을 한 돌연변이, 즉 B형 혈우병의 유전자를 발견했을지도 모른다.

진실과 화해

모든 것이 변했다, 충분히 변했다.
끔찍한 아름다움이 태어났다.

—윌리엄 버틀러 예이츠, 「부활절, 1916(Easter, 1916)」[1]

유전자는 생물학의 "바깥에서" 태어났다. 19세기 말에 생물학 전반을 휩쓴 주요 질문들을 살펴볼 때, 그 목록에서 유전은 그다지 상위에 있지 않았다는 뜻이다. 생물을 연구하는 과학자들은 발생학, 세포학, 종의 기원, 진화 등 다른 문제들에 훨씬 더 치중했다. 세포는 어떻게 기능을 할까? 배아에서 어떻게 생물이 나오는 것일까? 종은 어떻게 기원할까? 자연계의 다양성을 낳는 것은 무엇일까?

그러나 이런 질문들에 대답하려는 시도들은 모두 똑같은 접점에서 만나게 되었다. 이 모든 사례들에서 잃어버린 연결 고리는 바로 정보였다. 모든 세포, 그리고 모든 생물은 생리 기능을 수행하려면 정보가 필요하다. 그런데 그 정보는 어디에서 나오는 것일까? 배아는 성체가 되는 데에 필요한 메시지를 받아야 한다. 그 메시지를 전달하는 것은 무엇일까? 한 종의 구성원은 자신이 다른 종이 아니라 그 종에 속한다는 것을 어떻게 "알까?"

유전자의 독특한 특성은 이 모든 문제들에 단번에 잠재적인 해답을 제공했다. 세포에서 대사 기능을 수행하는 데에 쓰이는 정보는? 물론 세포의 유전자에서 나왔다. 배아에 암호로 담긴 메시지는? 그것도 유전자에 담겨 있었다. 생물은 번식을 할 때, 배아를 만들고, 세포가 활동하고, 물질대사를 수행하고,

짝짓기 춤을 추고, 혼인 서약을 하고, 같은 종에 속한 자식을 낳는 데에 필요한 명령문을 단 한 차례의 단일한 몸짓에 담아 전달한다. 유전은 생물학에서 결코 사소한 문제일 리가 없다. 핵심 문제로 부상해야 마땅하다. 일상적인 의미에서 유전을 생각할 때면, 우리는 대대로 이어지는 독특하거나 특정한 어떤 특징을 떠올린다. 아버지의 독특한 코 모양이나 집안에 내려오는 특이한 질병에 잘 걸리는 경향 같은 것이다. 그러나 유전이 해결하는 진정한 난제는 훨씬 더 일반적인 것이다. 애초에 생물이 코 — 어떤 코든 간에 — 를 만들 수 있게 해준 명령문의 본질은 무엇일까?

유전자가 생물학의 그 핵심 문제의 답임을 뒤늦게 알아차리면서 한 가지의 기이한 결과가 빚어졌다. 유전학을 뒤늦게 다른 주요 생물학 분야들과 조화시켜야 하는 상황이 벌어진 것이다. 유전자가 생물학적 정보의 주된 화폐라면, 유전만이 아니라 생물 세계의 다른 주요 특징들도 유전자의 용어로 설명이 가능해야 했다. 첫째, 유전자는 변이 현상을 설명해야 했다. 이를테면 독립된 유전 단위가 단 6개가 아니라 60억 개에 달하는 인간 눈의 변이 형태를 어떻게 만들어낼 수 있을까? 둘째, 유전자는 진화를 설명해야 했다. 그런 단위의 유전이 생물들이 시간이 흐르면서 형태와 특징이 크게 달라져온 것을 어떻게 설명할 수 있을까? 셋째, 유전자는 발달을 설명해야 했다. 개별 명령문의 단위가 배아가 성체로 발달하는 데에 필요한 암호를 어떻게 가질 수 있을까?

우리는 이 세 가지 타협을 유전자라는 렌즈를 통해서 자연의 과거, 현재, 미래를 설명하려는 시도라고 말할 수도 있다. 진화는 자연의 과거를 말한다. 생물은 어떻게 생겨났을까? 변이는 현재를 기술한다. 왜 생물은 지금과 같은 모습일까? 배아 발생은 미래를 포착하려 시도한다. 하나의 세포는 궁극적으로 특정한 형태를 갖출 생물을 어떻게 만들어내는 것일까?

1920-1940년의 전환기에, 이 질문들 중 앞의 두 가지, 즉 변이와 진화라는

문제는 유전학자, 해부학자, 세포학자, 통계학자, 수학자의 독특한 연대를 통해서 해결되었다. 세 번째 문제— 배아의 발달 — 를 해결하기 위해서는 훨씬 더 큰 차원의 협력이 필요했다. 역설적이게도 발생학이 현대 유전학이라는 분야를 출범시켰음에도, 유전자와 발생 사이의 조화는 훨씬 더 지극히 어려운 과학적 문제로 남게 된다.

1909년, 로널드 피셔라는 젊은 수학자가 케임브리지의 케이어스 칼리지에 입학했다.[2] 서서히 시력을 잃어가는 유전병을 안고 태어난 그는 10대 초반에 이미 거의 시력을 잃은 상태였다. 그래서 그는 종이나 펜 없이 수학을 공부하는 법을 터득했고, 그런 방식을 통해서 방정식을 종이에 적지 않고 마음의 눈으로 문제를 시각화하는 능력을 가지게 되었다. 피셔는 중학생 때부터 수학을 잘했지만, 시력이 나빠서 케임브리지에서는 불리한 입장에 있었다. 자신이 수학을 읽고 쓰는 일을 잘 하지 못해서 지도교수들이 실망하자, 그는 굴욕감을 이기지 못하고 의학으로 전공을 바꾸었지만 시험에 떨어졌다(이렇게 보니 다윈, 멘델, 골턴과 마찬가지로, 전통적으로 성공의 이정표로 여겨지는 일에 도전하여 실패한다는 것이 이 책을 관통하는 주제처럼 보인다). 1914년, 유럽에서 전쟁이 터질 무렵, 그는 런던에서 통계 분석가로 일하기 시작했다.

그는 낮에는 보험회사에서 통계 자료를 조사했다. 밤에는 거의 앞이 보이지 않는 어둠 속에서, 생물학의 이론적 측면을 연구했다. 그가 몰두했던 과학적 문제도 생물학의 "마음"과 "눈"을 조화시키는 것이었다. 1910년경, 생물학의 거장들은 염색체에 있는 개별적인 정보 입자들이 유전 정보를 지닌다는 것을 받아들였다. 그러나 생물 세계에서 눈에 보이는 모든 것들은 거의 완벽한 연속성을 띠고 있는 듯했다. 케틀레와 골턴 같은 19세기 생물측정학자들은 키, 몸무게, 심지어 지능 같은 인간의 형질들이 매끄럽고 연속적인 종형 곡선 분포를 보인다는 것을 보여주었다. 생물의 발달 — 유전되는 것이 가장 확실한 정보의 사슬 —조차도 단속적으로 분출하는 것이 아니라 매끄럽고 연속적인 단계들을 통해서 이루어지는 듯했다. 애벌레는 불연속적인 단계들을 거쳐 나방이 되는 것이 아니다. 핀치들의 부리 크기도 그래프에 표시하면, 점들이 연속 곡선을 그린다. "정보의 입자", 즉 유전의 점들은 어떻게 생물 세계에서 관찰되는 매끄러움을 낳을 수 있는 것일까?

피셔는 유전 형질의 세심한 수학 모형을 써서 이 문제를 해결할 수 있지 않을까 생각했다. 그는 멘델이 애초에 매우 독립적인 형질들을 골라 순종들을 교배했기 때문에, 유전자의 불연속적인 속성을 발견한 것임을 깨달았다. 그러나 키나 피부색 같은 현실 세계의 형질이 단 두 가지 상태—"큰 키"와 "작은 키", "켜짐"과 "꺼짐"—를 지닌 한 유전자의 산물이 아니라 여러 유전자의 산물이라면? 키를 담당한 유전자가 5개이거나, 코의 모양을 맡은 유전자가 7개라면?

피셔는 5개나 7개의 유전자가 통제하는 형질의 수학 모형이 그다지 복잡한 것이 아님을 알아차렸다. 관련된 유전자가 3개라면, 총 6개의 대립유전자, 즉 유전자 변이체가 있을 것이었다. 아버지에게서 온 것 3개, 어머니에게서 온 것 3개였다. 단순한 조합 법칙을 적용하자, 이 6개 유전자 변이체로부터 총 27가지 조합이 나왔다. 그리고 피셔는 각 조합이 키에 독특한 효과를 미친다면, 결과들이 매끄럽게 이어진다는 것을 알았다.

유전자를 5개로 늘리자, 조합의 수는 훨씬 더 늘어났고, 이 조합들을 통해서 나오는 키의 변이는 거의 연속적인 양상을 띠었다. 피셔는 여기에 환경의 효과—영양 상태가 키에 미치는 영향이나 햇빛 노출이 피부색에 미치는 영향—를 추가하면, 더욱 독특한 조합과 효과가 나타남으로써, 결국 완벽하게 매끄러운 곡선이 나타날 수 있음을 알았다. 투명 종이 일곱 장에 무지개의 각 색깔을 칠한다고 하자. 이 종이들을 골라서 겹치면, 거의 모든 색깔을 만들어낼 수 있다. 종잇장에 있는 "정보"는 여전히 불연속적인 것으로 남아 있다. 실제로 색깔은 서로 혼합되지 않는다. 색깔들이 서로 겹치면서 거의 연속적으로 보이는 색깔의 스펙트럼이 형성되는 것이다.

1918년 피셔는 자신의 분석을 「멘델 유전 가설을 토대로 한 친척 사이의 상관관계(The Correlation between Relatives on the Supposition of Mendelian Inheritance)」라는 논문으로 발표했다.[3] 제목은 산만했지만, 담긴 메시지는 간결했다. 어느 형질에 3-5개의 유전자들이 미치는 효과가 뒤섞인다면, 표현형들이 거의 완벽하게 연속적인 양상으로 나타날 수 있다는 것이다. 그는 멘델 유전학을 다소 명확하게 확장함으로써 "인간 변이의 정확한 양"을 설명할 수 있다고 썼다. 그는 한 유전자의 개별 효과가 점묘화(點描畫)의 점과 같다고 주장했다. 충분히 확대한다면, 각 점을 하나하나 알아볼 수 있다. 그러나 멀리서 자연 세계를 볼 때 우리가 관찰하고 경험하는 것은 점들의 집합이었다. 화소들이 융합되어 만든 매끄러운 그림이었다.

두 번째 조화 — 유전학과 진화 사이 — 는 수학 모형 이상의 것을 필요로 했다. 바로 실험 자료였다. 다윈은 진화가 자연선택을 통해서 이루어진다고 추론했다. 그러나 자연선택이 일어나려면, 선택할 자연적인 무언가가 있어야 했다. 야생에서 생물 집단은 승자와 패자를 충분히 고를 수 있을 만큼 자연적인 변이를 가져야 한다. 예를 들면, 한 섬의 핀치 무리는 건기에 가장 튼튼하거나 가장 긴 부리를 가진 새들이 선택될 수 있도록 부리의 크기가 충분히 다양할 필요가 있다. 다양성을 없앤다면 — 모든 핀치의 부리가 똑같아지게 한다면 — 선택은 이루어지지 않는다. 모든 새들은 한꺼번에 사라진다. 진화는 중단된다.

그러나 야생에서 자연적인 변이를 일으키는 엔진은 무엇일까? 휘고 더프리스는 돌연변이가 **변이**를 일으킨다고 주장한 바 있었다.[4] 유전자에 생기는 변화가 자연력이 선택할 수 있는 형태상의 변화를 낳는다는 것이었다. 하지만 더프리스의 추정은 유전자를 분자 차원에서 정의하기 전에 나온 것이었다. 실제 유전자에서 알아볼 수 있는 돌연변이가 변이를 일으킨다는 실험 증거가 있을까? 돌연변이는 갑작스럽게 자연적으로 생길까, 아니면 야생 집단에 자연적인 유전적 변이가 이미 풍부하게 존재할까? 그리고 유전자가 자연 선택을 받을 때 어떤 일이 일어날까?

1930년대에, 미국으로 이주한 우크라이나 출신의 생물학자 테오도시우스 도브잔스키는 야생 집단에서 유전적 변이가 얼마나 되는지를 알아보는 일을 시작했다.[5] 그는 컬럼비아에 있는 토머스 모건의 파리 방에서 생물학을 공부했다. 그러나 야생의 유전자를 연구하려면, 직접 야생에 나가야 한다는 것을 깨달았다. 그물, 파리 채집 상자, 썩어가는 과일을 들고서 그는 야생의 초파리를 채집하기 시작했다. 처음에는 칼텍의 연구실 근처를, 그 다음에는 캘리포니아의 샌 재신토 산과 시에라 네바다 산맥을, 이어서 미국 전역의 숲과 산맥을 돌아다녔다. 늘 실험대에 붙어 있던 동료들은 그가 완전히 돌았다고 생각했다. 그가 갈라파고스까지 간 것도 당연했다.

야생 초파리의 변이를 찾겠다는 결심은 대단히 중요하다는 것이 드러났다. 한 예로, 그는 드로소필라 프세우도옵스쿠라(*Drosophila pseudoobscura*)라는 야생 초파리 종을 조사하여 수명, 눈 구조, 털 형태, 날개 크기와 같은 복잡한 형질에 영향을 미치는 다수의 유전자 변이체를 발견했다. 초파리 변이의 가장 놀라운 사례는 동일한 지역에 사는 동일한 유전자의 전혀 다른 두 변이체 집단이었다. 그는 이 유전적 변이체들을 "종족(races)"이라고 했다. 그는 염색체에서 유전자들이 어떻게 배열되어 있는지를 알아내는 모건의 유전자 지도 작성법을 이용하여, 세 유전자 A, B, C의 지도를 작성했다. 일부 초파리들에게서는 세 유전자가 5번 염색체에서 A-B-C의 순서로 배열되어 있었다. 다른 초파리들에게서는 순서가 C-B-A로 완전히 뒤집혀 있었다. 염색체에서 이 하나의 역위로 두 초파리 "종족"이 나뉜 것은 유전학자가 자연 집단에서 발견한 유전적 변이의 가장 극적인 사례였다.

그것만이 아니었다. 1943년 9월, 도브잔스키는 하나의 실험으로 변이, 선택, 진화를 모두 보여주려는 시도를 했다.[6] 상자 안에서 갈라파고스 제도를 재현하는 실험을 했다. 그는 공기 순환이 되는 두 상자에 두 초파리 종족—

ABC와 CBA—을 1대 1로 섞어서 넣었다. 그리고 한 상자는 저온에 두고, 다른 상자는 실온에 두었다. 초파리들은 갇힌 채 먹고 마시면서 대를 이어갔다. 개체군은 불었다가 줄어들곤 했다. 상자 안에서 새로운 애벌레들이 부화하여 성체로 자라고 죽었다. 혈통과 가문—파리들의 왕국—이 생겨났다가 사라지곤 했다. 넉 달 뒤 상자를 조사한 도브잔스키는 개체군에 극적인 변화가 일어났음을 알아차렸다. "저온 상자"에서는 ABC 종족이 거의 2배로 늘은 반면, CBA 종족은 줄어들었다. 실온 상자에서는 두 종족의 비율이 정반대가 되었다.

그는 진화의 핵심 요소들을 모두 포착했다. 유전자 배열에 자연적인 변이가 있는 집단에서 출발하여, 그는 자연선택의 힘을 추가했다. 바로 온도였다. "적자"인 생물—저온이나 고온에 가장 잘 적응한 생물—은 살아남았다. 새로운 초파리들이 태어나고 선택되고 번식함에 따라서, 유전자 빈도는 변했고, 새로운 유전적 조성을 지닌 개체군이 출현했다.

유전자, 자연선택, 진화의 교차점을 정식으로 설명하기 위해서, 도브잔스키는 **유전형**(genotype)과 **표현형**(phenotype)이라는 두 중요한 단어를 부활시켰다. 유전형은 한 생물의 유전적 조성이다. 유전자 하나 또는 유전자들의 집합, 더 나아가 유전체 전체를 가리킬 수도 있다. 반면에 표현형은 생물의 신체적 또는 생물학적 속성과 특징, 즉 눈 색깔, 날개 모양, 더위나 추위 저항성 등을 가리킨다.

이제 도브잔스키는 멘델의 발견—유전자 하나가 신체 특징 하나를 결정한다—을 여러 유전자와 여러 형질에까지 일반화시킴으로써, 그 핵심 진리를 고쳐 쓸 수 있었다.

하나의 유전형이 하나의 표현형을 결정한다

그러나 이 체계를 완성하려면 이 규칙에 두 가지의 중요한 수정이 가해져야 했다. 첫째, 도브잔스키가 말했듯이, 유전형이 표현형을 결정하는 유일한 요소는 아니었다. 환경, 즉 생물을 둘러싸고 있는 주변도 신체적 특징에 관여하는 것이 분명하다. 권투 선수의 코 모양은 유전의 산물인 것만은 아니다. 그가 선택한 직업의 특성, 그리고 코의 연골에 얼마나 많은 공격이 이루어졌는지에 따라서도 정해진다. 도브잔스키가 변덕을 부려서 한 상자에 있는 모든 초파리의 날개를 잘라버렸다면, 그는 유전자를 건들이지 않은 채 날개의 모양이라는 표현형에만 영향을 미쳤을 것이다. 다시 말하면 이렇다.

유전형 + 환경 = 표현형

그리고 둘째, 일부 유전자는 외부의 방아쇠나 무작위적 변화를 통해서 활성을 띤다. 한 예로 초파리에게서 한 흔적 날개(vestigial wing)의 크기를 결정하는 유전자는 온도에 의존한다. 즉 초파리의 유전자나 환경을 따로 살펴본다면 날개의 모양을 예측할 수 없다. 두 정보를 결합해야만 한다. 그런 유전자라면, 유전형이나 환경 어느 한쪽만 보고서는 결과를 예측할 수 없다. 그 표현형은 유전자, 환경, 우연의 **교차점**이다.

사람의 BRCA1 유전자에 생기는 한 돌연변이는 유방암 위험을 높인다. 하지만 그 돌연변이를 가진 모든 여성이 유방암에 걸리는 것은 아니다. 그런 방아쇠 또는 우연 의존성 유전자는 부분적 또는 불완전한 "침투도(penetrance)"를 가진다고 말한다. 즉 설령 유전자가 대물림된다고 해도, 실제 형질에 **침투**하는 능력이 절대적이지 않다는 뜻이다. 달리 말하면, "표현도(expressivity)"가 다양할 수 있다. 즉 설령 그 유전자를 물려받는다고 해도, 그것이 실제 형질로서 **표현**되는 정도는 개체마다 다르다. 그 BRCA1 돌연변이를 가진 한 여성은 30세에 공격적이고 전이되기 쉬운 형태의 유방암에 걸릴지도 모른다. 반면에 같은 돌연변이를 가진 다른 여성은 느리게 성장하는 암에 걸리지도 모른다. 아예 유방암에 걸리지 않는 여성도 있을 수 있다.

우리는 아직 세 여성의 이와 같은 차이를 낳는 것이 무엇인지 아직 모른다. 그러나 나이, 노출, 다른 유전자, 불운의 어떤 조합일 것이다. 단지 유전형 —BRCA1 돌연변이—만으로는 최종 결과를 확실하게 예측할 수가 없다.

따라서 최종 수정 결과는 다음과 같을 것이다.

유전형 + 환경 + 방아쇠 + 우연 = 표현형

간결하지만 위엄 있게, 이 공식은 생물의 형태와 운명을 결정하는 유전, 우연, 환경, 변이, 진화의 상호작용의 핵심을 포착했다. 자연의 야생 집단들에는 유전형 변이가 존재한다. 이 변이는 환경, 방아쇠, 우연과 교차하면서 한 생물의 특징을 결정한다(온도에 더 잘 견뎠거나 그렇지 못한 초파리). 심한 선택압(選擇壓, selective pressure)이 가해질 때—갑작스러운 온도 증가나 양분 제한—"가장 적합한" 표현형을 지닌 생물이 선택된다. 그런 선택적으로 생존한 초파리는 더 많은 알을 낳게 되고, 그 알들은 부모 초파리의 유전형 중 일부를 물려받았기 때문에, 그 선택압에 더 잘 적응한 초파리로 자랄 수 있게 된다. 여기서 선택 과정이 **신체적** 또는 **생물학적** 형질에 작용하고, 그 밑바탕에 놓인 유전자들은 결과적으로 수동적으로 선택된다는 점에 유념하자. 비뚤어진 코는 어느 날 링에서 매우 불행한 일을 겪은 결과일 수도 있지만—즉 유전자와 아무 관련이 없을지도 모르지만—배우자 선택이 오로지 코의 대칭 여부에 따라 이루어진다면, 비뚤어진 코를 지닌 사람은 배제될 것이다. 설령 그 사람이 장기적으로 볼 때 바람직한 다른 유전자들—인내심 유전자나 고통을 잘 견딜 수 있게 해주는 유전자 등—을 많이 가지고 있다고 할지라도, 그 많은 유전자들은 그 같잖은 코 때문에 배우자 선택 과정에서 사라질 운명이다.

요컨대 표현형은 마차를 끄는 말처럼, 뒤에 있는 유전형을 이끈다. 한 가지

(적합성)를 추구하다가 부수적으로 다른 것(적합성을 낳은 유전자)을 찾아낸다는 것이 자연선택의 영원한 수수께끼이다. 적합도를 낳는 유전자는 표현형 선택을 통해서 집단에 서서히 늘어나며, 그럼으로써 생물들은 자기 환경에 점점 더 적응할 수 있다. 완벽한 적응 같은 것은 없으며, 생물은 가차 없이 계속 자기 환경에 적응하기를 갈망한다. 그것이 바로 진화를 추진하는 엔진이다.

도브잔스키의 마지막 성과는 다윈이 고심했던 "수수께끼 중의 수수께끼", 즉 종의 기원을 푼 것이었다. 상자 속 갈라파고스 실험은 상호 교배하는 생물들—이를테면 초파리—의 집단이 시간이 흐르면서 어떻게 진화하는지를 보여주었다.* 그러나 그는 유전형 변이가 있는 야생 집단들이 계속 상호 교배를 하면, 신종(新種)이 결코 형성되지 않으리라는 것을 알았다. 어쨌거나 종은 기본적으로 상호 교배가 가능한지 여부로 정의된다.

따라서 신종이 출현하려면, 상호 교배를 불가능하게 하는 어떤 요인이 출현해야 한다. 도브잔스키는 그 누락된 요인이 지리적 격리가 아닐까 생각했다. 상호 교배가 가능한 유전자 변이체를 지닌 생물들의 집단을 상상해보자. 어떤 지리적 격리로 집단이 갑작스럽게 둘로 갈라진다고 하자. 이를테면, 한 섬에서 한 무리의 새들이 폭풍에 휘말려 먼 섬으로 갔다가 원래 섬으로 날아오지 못한다고 하자. 다윈의 말대로, 이제 두 집단은 독자적으로 진화한다. 두 곳에서 서로 다른 특정한 유전자 변이체들이 선택되어, 결국 생물학적으로 화합이 불가능해진다. 그 뒤에는 원래의 섬으로 새 집단의 새가 돌아올 수 있게 된다고 해도—이를테면 배를 타고—그 새는 오랫동안 헤어져 있던 사촌과 교배가 불가능하다. 그런 상호 교배로 새끼가 태어난다고 해도, 그 새끼는 생존이나 번식을 불가능하게 하는 유전적 불화합성—어긋난 메시지

---

* 도브잔스키 연구진은 그 선택 실험보다 번식 불화합성과 종의 형성에 관한 실험을 먼저 했지만, 1940-50년대에는 양쪽 주제에 대해서 계속 연구했다.

―를 가진다.

이 종분화 메커니즘은 단지 추측이 아니었다. 도브잔스키는 그것을 실험으로 보여줄 수 있었다.[7] 그는 세계의 오지 두 곳에서 채집한 두 초파리를 한 상자에 섞었다. 그 초파리들은 짝짓기를 해서 자식을 낳았지만, 그 애벌레에서 자란 성체는 불임이었다. 유전학자들은 연관 분석을 해서, 자식을 불임으로 만든 유전자들의 실제 배열을 추적할 수 있었다. 이것이 바로 다윈의 논리에 빠져 있던 고리였다. 궁극적으로 유전적 불화합성에서 유래한 번식적 불화합성이 바로 신종의 기원을 이끌었다.

1930년대 말, 도브잔스키는 자신이 유전자, 변이, 자연선택을 이해하는 방식이 생물학 바깥으로까지 널리 확장될 수 있음을 깨닫기 시작했다. 1917년 러시아를 휩쓴 유혈 혁명은 집단의 선을 위해서 모든 개인적 차이를 없애려 시도했다. 반면에 유럽에서는 개인적 차이를 과장하고 몹시 나쁘게 보는 괴물 같은 형태의 인종차별주의가 탄생하고 있었다. 도브잔스키는 양쪽의 현안들이 근원을 따지면 생물학적인 것임을 알아차렸다. 개인을 정의하는 것이 무엇일까? 변이가 개체성에 어떻게 기여할까? 한 종의 "선(善)"이란 무엇일까?

1940년대에 도브잔스키는 이런 문제들을 정면으로 공격하고 나서게 된다. 이윽고 그는 나치의 우생학, 소련의 집단화, 유럽의 인종차별주의를 가장 강력하게 과학적으로 비판하는 한 사람이 된다. 그러나 이전에 야생 개체군의 변이와 자연선택을 연구한 그의 논문들에는 이미 그런 문제들에도 적용될 중요한 통찰이 담겨 있었다.

첫째, 유전적 변이가 자연에서 예외 사례가 아니라 표준임이 명백히 드러나 있었다. 미국과 유럽의 우생학자들은 인위선택을 통해서 인류의 "선"을 도모하자고 주장했지만, 자연에는 어떤 단일한 "선"이라는 것이 없었다. 각 집단은 다양하기 그지없는 유전형들을 지니고 있었고, 이 다양한 유전형들은 자연에서 공존하고 더 나아가 서로 겹치기도 했다. 인간 우생학자들은 자연이 유전적 변이를 균질화하기 위해서 혈안이 되어 있다고 가정했지만, 결코 그렇지 않았다. 사실 도브잔스키는 자연의 변이는 생물의 필수 저장소임을, 즉 부채가 아닌 자산임을 알았다. 이 변이가 없다면—근원적인 유전적 다양성이 없다면—생물은 결국 진화할 능력을 잃을 것이다.

둘째, 돌연변이는 그저 변이의 또다른 이름일 뿐이었다. 도브잔스키는 야생 초파리 집단들에서 본질적으로 더 우월한 유전형 따위는 없다는 것을 알아차렸다. ABC와 CBA 둘 중의 무엇이 살아남는지는 환경에, 그리고 유전자와 환경의 상호작용에 달려 있었다. 한 사람의 "돌연변이체"는 다른 사람의 "유전적 변이"였다. 어느 겨울밤에는 이 초파리가 선택되고, 어느 여름날에는 전혀 다른 초파리가 선택될 수도 있었다. 그 어떤 변이체도 도덕적으로든 생물학적으로든 우월하지 않았다. 각각은 그저 특정한 환경에 좀더 적응했거나 좀 덜 적응했을 뿐이었다.

그리고 마지막으로, 생물의 신체적 또는 정신적 특징들과 유전의 관계는 예상보다 훨씬 복잡했다. 골턴 같은 우생학자들은 지능, 키, 아름다움, 도덕성 같은 복잡한 **표현형**을 선택하는 것이 그 지능, 키, 아름다움, 도덕성의 유전자를 늘리는 생물학적 지름길이라고 믿었다. 그러나 표현형은 어느 한 유전자와 일대일로 대응하여 결정되는 것이 아니었다. 어떤 표현형을 선택한다고 해서 유전적 선택이 이루어졌다고 장담할 수는 없었다. 유전자, 환경, 방아쇠, 우연이 생물의 최종 형질을 결정하는 것이라면, 우생학자들은 이 기여 요인들의 상대적인 효과를 감안하지 않았기 때문에 본질적으로 후대의 지능이나 아름다움이 함양될 능력을 줄이는 꼴이 되었다.

도브잔스키의 통찰 하나하나는 유전학과 인간 우생학의 오용에 맞서는 강력한 항변이었다. 유전자, 표현형, 선택, 진화는 비교적 기본적인 법칙들이라는 끈으로 함께 묶여 있었지만, 이 법칙들이 오해되고 왜곡될 수 있다는 것은 얼마든지 짐작할 수 있었다. "단순함을 추구하라, 그러나 믿지는 말라." 수학자이자 철학자인 앨프리드 노스 화이트헤드는 학생들에게 그렇게 충고했다. 도브잔스키는 단순성을 추구했지만, 유전학의 논리를 지나치게 단순화하지 말라는 엄정한 도덕적 경고도 했다. 그러나 이런 깨달음들은 그저 교과서와 과학 논문에 담겨 있었기 때문에 강력한 정치 세력들로부터 외면을 받았고, 곧 그 세력들은 가장 일그러진 형태의 인간 유전자 조작을 감행하게 된다.

형질전환

현실과 거리를 둔 "학자 생활"을 원한다면, 생물학을 하지 말라. 이 분야는 삶에 더욱 가까이 다가가기를 원하는 사람들을 위한 곳이니까.

―허먼 멀러[1]

우리는 유전학자들이 현미경 아래에서 유전자를 보게 될 것이라고는 믿지 않는다……유전적 토대는 어떤 특수한 자기 복제 물질에 있는 것이 아니다.

―트로핌 리센코[2]

유전학과 진화의 조화는 현대적 종합(Modern Synthesis) 또는 원대하게, 원대한 종합(Grand Synthesis)*[3]이라고 불리게 되었다. 그러나 유전학자들이 유전, 진화, 자연선택의 종합을 환영하긴 했어도, 유전자의 물질적 특성은 여전히 미해결 수수께끼로 남아 있었다. 유전자는 "유전의 입자"로 묘사되어왔지만, 그 "입자"가 화학적 또는 물리적 의미에서 무엇인지는 전혀 알 수 없었다. 모건은 유전자를 "실에 꿴 구슬"로 시각화했지만, 그조차도 자신의 묘사가 물질적으로 무엇을 가리키는지 전혀 짐작조차 못했다. 그 "구슬"은 무엇으로 만들어졌을까? "끈"은 어떤 특성을 가졌을까?

유전자의 물질적 조성을 알 수 없었던 이유 중의 하나는 생물학자들이 유

---

* 수얼 라이트, J. B. S. 홀데인을 비롯한 몇몇 생물학자들도 원대한 종합에 기여했다. 그 기여자들의 이름과 기여도를 자세히 살펴보는 일은 이 책의 범위를 벗어난다.

전자를 화학적 형태로 생각한 적이 없었기 때문이었다. 생물 세계 전체에서 유전자는 대개 **수직으로** 전달된다. 즉 부모로부터 자식에게로, 혹은 모세포로부터 딸세포로 전달된다. 멘델과 모건이 유전의 패턴을 분석하여 유전자의 작용을 연구할 수 있었던 것은 돌연변이가 수직으로 전달되기 때문이었다 (즉 초파리의 흰 눈 형질은 부모로부터 자식에게로 전달되는 것이다). 그러나 수직 전달을 연구할 때의 문제는 유전자가 결코 살아 있는 생물이나 세포 밖으로 나오지 않는다는 것이다. 세포가 분열할 때, 그 유전물질은 세포 안에서 분열한 뒤 딸세포로 나뉘어 들어간다. 이 과정 내내 유전자는 생물학적으로는 보이지만, 화학적으로는 파헤칠 수 없는 상태로 남아 있다. 세포라는 블랙박스 안에 담겨 있다.

그러나 드물게 유전물질은 한 생물에서 다른 생물로, 즉 부모와 자식 사이가 아니라 서로 무관한 낯선 개체들 사이로 건너갈 수 있다. 유전자의 이 수평 교환을 **형질전환(transformation)**이라고 한다. 이 단어는 그 자체로도 우리를 놀라게 한다. 우리는 번식을 통해서만 유전 정보가 전달된다는 생각에 익숙하다. 하지만 형질전환 때에는 마치 다프네(그리스 신화 속의 요정/역주)가 나무로 변하듯이, 한 생물이 다른 생물로 변신하는 듯하다(아니 그보다는 유전자의 이동으로 한 생물의 특징이 다른 생물의 특징으로 전환된다. 이 환상적인 형태의 전달 방식에서는 나뭇가지를 만드는 유전자가 어찌어찌하여 다프네의 유전체 안으로 들어가서 인간의 피부에서 나무껍질, 목재, 물관, 체관을 내밀게 한다).

형질전환은 포유동물에게서는 거의 일어나지 않는다. 그러나 생물 세계의 거친 변방에 살아가는 세균들은 수평적으로 유전자를 교환할 수 있다(눈이 파란색인 사람과 갈색인 사람이 함께 저녁 산책을 나갔다가 우연히 유전자가 교환됨으로써 서로 눈 색깔이 바뀐 채 돌아온다면 너무나 기이하게 여겨질 것이다). 유전자 교환이 일어나는 순간은 대단히 기이하고 경이롭다. 두 생물 사이를 건너갈 때, 유전자는 일시적으로 순수한 화학물질로서 존재한다. 유전자를 이해하려는 화학자에게는 이때가 유전자의 화학적 특성을 포착하기에 더할 나위없는 좋은 순간이다.

형질전환은 프레더릭 그리피스라는 영국의 세균학자가 발견했다.[4] 1920년대 초, 영국 보건부의 의료관인 그리피스는 폐렴구균(*Streptococcus pneumoniae* 또는 pneumococcus)이라는 세균을 연구하기 시작했다. 1918년 스페인 독감이 유럽 대륙을 휩쓸었고, 전 세계에서 거의 2,000만 명이 목숨을 잃었다. 역사상 가장 큰 자연재해 중의 하나였다. 이 독감의 희생자들은 폐렴구균 때문에 속발성(續發性) 폐렴에 걸리고는 했다. 진행 속도가 너무나 빠르고 치명적이었기에, 의사들은 이 폐렴에 "사망자들의 함장"이라는 이름을 붙였다. 인플루엔자에 감염에 이은 세균성 폐렴—유행병 내의 유행병—을 심하게 우려한 정부는 그 세균을 연구하여 백신을 개발할 연구진을 꾸렸다.

그리피스는 그 미생물에 초점을 두고 그 문제에 접근했다. 폐렴구균은 왜 그토록 동물에게 치명적일까? 독일의 과학자들이 했던 연구를 이어받은 그는 그 세균이 두 가지 형태임을 알아냈다. "매끄러운" 균주는 세포 표면을 매끄러운 당 껍질이 감싸고 있었고, 매우 능숙하게 면역계의 공격을 피할 수 있었다. 이 당 껍질이 없는 "울퉁불퉁한" 균주는 면역계의 공격에 더 취약했다. 그래서 매끄러운 균주를 주사한 생쥐는 금세 폐렴에 걸려 죽었다. 반면에 울퉁불퉁한 균주를 접종한 생쥐는 면역 반응을 일으켰고 살아남았다.

그리피스는 자신도 모르게 분자생물학 혁명을 일으키게 될 실험 하나를 하게 되었다.[5] 우선 그는 병원성을 띤 매끄러운 세균을 가열하여 죽인 뒤, 죽은 세균을 생쥐에게 주사했다. 예상대로 생쥐는 그 세균의 잔해에 아무런 영향도 받지 않았다. 이미 죽은 세균이라서 감염을 일으킬 수 없었다. 그러나 병원성 균주의 죽은 잔해를 살아 있는 비병원성 균주와 섞어서 주사하자, 생쥐는 금방 죽었다. 부검을 한 그리피스는 울퉁불퉁한 세균이 변한 것을 발견했다. 그들은 죽은 세균의 잔해와 접촉한 것만으로 매끄러운 껍질—병원성을 결정하는 인자―을 **획득**했다. 어떻게 했는지는 몰라도, 무해한 세균이 병원성 세균으로 "형질전환"이 되어 있었다.

가열되어 죽은 세균의 잔해―미적지근한 미생물 화학물질들의 수프나 다름없는―가 단순한 접촉만으로 살아 있는 세균에 유전 형질을 전달했다는 것일까? 그리피스는 확신하지 못했다. 처음에 그는 살아 있는 세균이 죽은 세균을 먹어서 껍질이 변한 것이 아닐까 생각했다. 용감한 사람의 심장을 먹으면 용기나 생명력을 얻는다는 부두교 주술처럼 말이다. 그러나 한번 형질전환된 세균은 몇 세대 동안 새 껍질을 간직했다. 그 세균 잔해 수프를 다 먹어치우고도 오랜 시간이 흐를 때까지 말이다.

따라서 유전 정보가 화학물질 형태로 두 균주 사이에 전달되었다는 것이 가장 단순한 설명이었다. "형질전환"이 일어날 때, 병원성을 담당한 유전자―매끄러운 껍질 대 울퉁불퉁한 껍질을 만드는 유전자―는 어떤 식으로든지 세균의 몸속에서 화학물질 수프로 빠져나왔다가, 그 수프로부터 살아 있는 세균 안으로 들어가서, 살아 있는 세균의 유전체에 통합되었다. 다시 말해서, 유전자는 번식과 무관할지라도 두 생물 사이에 전달될 수 있었다. 즉 유전자는 정보를 지닌 자율적인 단위―**물질** 단위―였다. 메시지는 영묘한 범유전자나 제뮬을 통해서 세포 사이에서 울려 퍼지는 것이 아니었다. 유전 메시지는 분자를 통해서 전달되었고, 그 분자는 세포 바깥에서 화학물질 형태로 존재할 수 있었고, 세포에서 세포로, 개체에서 개체로, 부모에게서 자식으로 정보를 전달할 수 있었다.

그리피스가 이 놀라운 결과를 발표하기만 했다면, 그는 생물학 전반에 불꽃을 일으켰을 것이다. 1920년대에 과학자들은 살아 있는 계(界, system)를 화학 용어로 이해하려는 시도를 막 시작한 상태였다. 생물학은 화학이 되고 있었다. 생화학자들은 세포가 반응을 함으로써 "생명"이라는 현상을 낳는 화학물질의 비커, 화합물들을 막으로 싼 주머니라고 주장했다. 그리피스가 생물 사이에 유전 명령문을 전달할 수 있는 화학물질, 즉 "유전자 분자"를 찾아냈다는 사실이 알려졌다면, 수많은 추측이 쏟아져 나오고 생명의 화학적 이론이 재구성되었을 것이다.

그러나 그리피스는 극도로 수줍음이 많은 과학자였다. "속삭이는 소리 이외의 큰 소리를 거의 내본 적이 없는……이 자그마한 인물"[6]이 자신의 연구 결과를 널리 알리거나 그것이 더 폭넓은 의미를 함축하고 있다고 떠들고 다닐 것이라는 기대는 아예 하지 않는 편이 나았다. 조지 버나드 쇼는 "영국인은 원칙주의자다"라고 말한 바 있다. 그리피스의 삶의 원칙은 철저한 겸양이었다. 그는 런던의 연구실 인근에 있는 별 특징 없는 아파트와 브라이턴에 직접 지은 현대적인 아담한 하얀 별장에서 홀로 살았다. 유전자는 생물 사이에 전달될 수 있을지라도, 강연을 하라고 그리피스를 연구실 밖으로 끌어내기란 불가능했다. 그가 강연을 하도록 만들기 위해서, 친구들은 그를 억지로 택시에 태우고 목적지까지 편도 요금만 지불하곤 했다.

몇 달 동안 주저한 뒤인("신은 결코 서두르는 법이 없다. 그런데 내가 왜 서둘러야 하는가?") 1928년 1월, 그리피스는 「위생학회지(*Journal of Hygiene*)」에 연구 결과를 발표했다.[7] 멘델조차도 놀랐을 만한 전혀 알려지지 않은 학술지였다. 논문은 자신이 유전학을 뿌리째 뒤흔들었다는 점을 진심으로 사과한다는 듯이, 너무나 미안해하는 어조로 쓰였다. 그는 형질전환을 미생물학의 한 신기한 사례로서 다루었을 뿐, 유전의 화학적 토대를 발견했다는 이야기는 한 마디도 하지 않았다. 그 시기에 나온 가장 중요한 생화학 논문의 가장 중요한 결론은 정중하게 헛기침을 하듯이, 빽빽하게 채워진 문자들 속에 묻혔다.

비록 프레더릭 그리피스의 실험이 유전자가 화학물질임을 가장 결정적으로 보여주었지만, 다른 과학자들도 그 개념을 생각하고 있었다. 1920년, 토머스 모건의 학생이었던 허먼 멀러는 뉴욕에서 텍사스로 자리를 옮겨서 초파리 유전학을 계속 연구했다.[8] 모건처럼 멀러도 돌연변이체를 써서 유전을 이해하고자 했다. 그러나 자연적으로 생기는 돌연변이체—초파리 유전학자의 생필름 — 는 너무나 드물었다. 뉴욕에서 모건과 제자들이 발견한 흰 눈 초파리나 검은 몸통 초파리는 30년 동안 엄청난 수의 초파리를 하나하나 눈으로 살펴보면서 힘들게 추려낸 것들이었다. 돌연변이체를 찾아내는 일에 지친 멀러는 돌연변이체의 생성을 촉진시키는 방법에 대해서 궁리했다. 아마 초파리에게 열이나 빛의 고에너지를 가한다면 가능하지 않을까?

이론적으로는 단순해 보였다. 그러나 실제로 실험하기란 쉽지 않았다. 멀러가 처음 X선을 초파리에게 쬐었을 때에는 초파리들이 다 죽고 말았다. 낙심한 그는 조사량(照射量)을 줄였다. 그러자 초파리들은 불임이 되었다. 그는 돌연변이체를 만드는 대신에, 처음에는 수많은 초파리를 살해했고, 그 다음에는 불임으로 만들었다. 그러다가 1926년 겨울, 문득 든 생각에 따라, 그는 더 적은 양의 방사선을 초파리에게 쬐었다. 그 X선을 쬔 수컷을 암컷과 교배시키자, 우윳병에서 구더기가 생겨났다.

언뜻 보기만 해도 놀라운 결과가 나왔음이 드러났다. 새로 태어난 초파리들은 돌연변이를 가지고 있었다. 수십 마리, 아니 수백 마리는 되는 듯했다.[9] 밤늦은 시간이라서, 그 놀라운 소식을 들은 사람은 아래층에서 홀로 일하던 식물학자뿐이었다. 새 돌연변이체를 발견할 때마다, 그는 창밖으로 소리쳤다. "또 찾았다." 뉴욕에서 모건과 그의 학생들은 약 50마리의 돌연변이체를 찾아내는 데에 거의 30년이 걸렸다. 그 식물학자의 짜증 섞인 말에 의하면, 멀러는 하룻밤 사이에 그 수의 거의 절반을 발견했다고 한다.

그 발견으로 멀러는 국제적인 명성을 얻었다. 방사선이 초파리의 돌연변이율을 높이는 효과가 있다는 사실은 두 가지의 직접적인 의미를 함축하고 있었다. 첫째, 유전자는 물질로 이루어져 있어야 했다. 어쨌거나 방사선은 에너지일 뿐이다. 프레더릭 그리피스는 유전자가 생물 사이에 이동하도록 만들었다. 멀러는 에너지를 써서 유전자를 변형시켰다. 정체가 무엇이든 간에, 유전자는 이동, 전달, 에너지로 유도된 변화가 가능했다. 그런 특성들은 일반적으로 화학물질과 관련이 있었다.

154

그러나 과학자들을 경악시킨 것은 유전자의 물질적 특성보다는 X선이 유전자를 그렇게 장난감 찰흙처럼 만들 수 있었다는 사실, 즉 유전체의 높은 가소성(malleability)이었다. 자연이 근본적으로 가변성을 가진다는 점을 가장 강력하게 주장한 최초의 인물에 속하는 다윈도 이 돌연변이율에 경악했을 것이다. 다윈의 체계에서는 생물의 변화 속도가 대체로 고정되어 있었던 반면, 자연선택의 속도는 진화를 가속하거나 감속하도록 높이거나 낮출 수 있었다.[10] 멀러의 실험은 유전이 아주 쉽게 조작될 수 있는 것임을 보여주었다. 돌연변이율 자체도 쉽게 변할 수 있었다. 멀러는 나중에 이렇게 썼다. "자연에 영구적인 현상 유지 같은 것은 없다. 모든 것은 조정과 재조정의 과정이며, 그렇지 못하면 결국 실패한다."[11] 멀러는 돌연변이율을 바꾸는 동시에 변이체를 선택한다면, 진화 주기를 극도로 가속시킬 수 있고, 연구실에서 전혀 새로운 종과 아종을 창조할 수도 있다고 상상했다. 자신이 초파리의 신 역할을 맡음으로써 말이다.

또한 멀러는 자신의 실험이 인간 우생학에 폭넓은 의미를 함축한다는 것도 깨달았다. 그렇게 적은 양의 방사선으로 초파리 유전자를 변형할 수 있다면, 인간 유전자의 변형도 가능하지 않겠는가? 그는 유전자 변형을 "인위적으로 유도할" 수 있다면, 유전을 더 이상 "우리에게 장난을 하는 범접할 수 없는 신"만이 가진 특권이라고 볼 수 없을 것이라고 썼다.

당시의 많은 과학자들과 사회과학자들처럼, 멀러도 1920년대부터 우생학에 매료되어 있었다. 그는 대학생 때 컬럼비아 대학교에 "긍정적 우생학"을 탐구하고 지원할 "생물학 협회"를 조직하기도 했다. 그러나 미국에서 우생학이 점점 위험한 양상을 띠는 것을 목격한 그는 20대 후반에는 이미 등을 돌리기 시작한 상태였다. 인종 정화에 집착하고 이민자, "일탈자", "결함 있는 자"를 제거하려는 욕망에 사로잡힌 우생학 기록국은 너무나 끔찍하게 여겨졌다.[12] 그곳의 대변자들인 대븐포트, 프리디, 벨은 기괴한 사이비 과학자 무리였다. 멀러는 우생학의 미래와 인간 유전체의 변형 가능성을 고심하다가, 골턴과 동료들이 한 가지 근본적인 개념상의 오류를 저지른 것이 아닐까 하는 생각을 했다. 골턴과 피어슨처럼, 멀러도 유전학을 고통을 줄이는 일에 활용하고 싶었다. 그러나 골턴과 달리, 멀러는 긍정적 우생학이 이미 철저한 평등을 이룬 사회에서만 가능하다는 것을 깨닫기 시작했다. 우생학은 평등의 전주곡이 될 수 없었다. 반대로 평등이 우생학의 전제조건이어야 했다. 평등이 없다면, 우생학은 노숙, 빈곤, 일탈, 알코올 중독, 정신박약 같은 사회적 불행이 사실은 그저 불평등을 보여주는 사례일 뿐임에도 유전적 질병이라는 잘못된 전제에 빠져들게 마련이었다. 캐리 벅 같은 여성은 유전적 백치가 아니었다. 그저 가난하고 배우지 못하고 병들고 무력한 사람들이었다. 유전적 제비뽑기가 아니라, 사회적 제비뽑기의 희생자였다. 골턴주의자들은 우생학이 약자를 강자로 대체함으로써, 궁극적으로 철저한 평등을 가져올 것이라고 확신했다. 멀러는 그 추론을 뒤집었다. 그는 평등이 없다면, 우생학이 강자가 약자를 통제할 수 있는 또 하나의 수단으로 전락할 것이라고 주장했다.

텍사스에서 허먼 멀러의 연구 성과가 정점을 향하고 있을 때, 그의 개인 생활은 파탄되고 있었다. 혼인 생활은 삐걱거리다가 결국 끝장났다. 컬럼비아 대학교의 예전 실험실 동료였던 브리지스 및 스터트번트와 벌이던 경쟁은 쓰디쓴 결말로 치달았고, 결코 따스한 적이 없었던 모건과의 관계는 차가운 적대감으로 변했다.

　멀러는 정치적 성향도 적극적으로 추구했다. 뉴욕에서 그는 몇몇 사회주의 단체에 가입했고, 소식지를 편찬했고, 학생들을 끌어들였고, 소설가이자 사회주의 활동가인 시어도어 드라이저와 친구가 되었다.[13] 텍사스에서 유전학계의 떠오르는 별인 그는 사회주의 지하 신문인 「스파크(*The Spark*)」(레닌이 창간한 신문인 「이스크라(*Iskra*)」를 본뜬 신문)를 편찬하기 시작했다. 아프리카계 미국인의 인권, 여성의 투표권, 이민자의 교육, 노동자를 위한 단체 보험을 옹호하는 신문이었다. 당시의 기준으로 볼 때 거의 급진적이라고 할 수 없는 강령이었지만, 동료들을 자극하고 정부의 미움을 받기에는 충분했다. 곧 FBI는 그의 활동을 조사하기 시작했다.[14] 언론은 그를 파괴분자, 공산당원, 빨갱이, 소련 동조자, 별종이라고 불렀다.

멀러는 고립되고 비참한 기분에 점점 더 편집증과 우울증에 빠져들었다. 어느 날 아침에는 교수실을 나가더니 강의 시간에 나타나지 않았다. 대학원생들은 여기저기를 수색했다. 그는 몇 시간 뒤 오스틴 외곽의 숲에서 발견되었다. 그는 비에 젖어 쭈글쭈글해진 옷차림으로 멍하니 걷고 있었다. 얼굴에는 진흙이 묻어 있었고, 정강이에는 생채기가 나 있었다. 자살하려고 바르비투르산염을 한 통 삼켰는데, 나무 옆에 쓰러져 잠이 들었다가 무사히 깨어난 것이었다. 다음날 아침 그는 쑥스러운 표정으로 강의실에 들어왔다.

자살 시도가 실패하기는 했지만, 그 일은 그가 몹시 불안한 상태에 있음을 보여준 증상이었다. 멀러는 미국에, 즉 미국의 지저분한 과학, 추한 정치, 이기적인 사회에 진저리가 났다. 그는 과학과 사회주의를 더 쉽게 융합할 수 있는 곳으로 달아나고 싶었다. 급진적인 유전적 개입은 근본적으로 평등한 사회에서만 가능할 수 있었다. 그는 1930년대의 베를린이 자유민주주의와 사회주의를 야심적으로 결합시켜서 과거의 껍데기를 벗고서 새로운 공화국의 탄생으로 나아가고 있음을 알았다. 마크 트웨인의 말마따나, 세계에서 "가장 새로운 도시"였다. 과학자, 작가, 철학자, 지식인이 카페와 살롱에 모여서 자유롭고 미래주의적인 사회를 건설하기 위해서 토론에 몰두하는 곳이었다. 멀러는 베를린이야말로 유전학이라는 현대 과학의 잠재력이 만개할 수 있는 곳이라고 생각했다.

1932년 겨울 멀러는 짐을 꾸렸다. 초파리 균주 수백 종, 시험관 1만 개, 유리병 1,000개, 현미경 하나, 자전거 2대, 32년형 포드 자동차 1대를 배에 싣고서, 베를린의 카이저 빌헬름 연구소로 향했다. 그는 자신이 택한 도시에서 유전학이라는 새로운 과학이 꽃을 피우고 있긴 했지만, 역사상 가장 섬뜩한 형태를 취하고 있다는 사실을 짐작조차 하지 못했다.

살 가치가 없는 삶(Lebensunwertes Leben)

신체적으로 정신적으로 건강하지 못한 사람은 그 불운을 자식에게 대물림하지 말아야 한다. 여기서 민족국가는 가장 큰 규모의 육종 과업을 수행해야 한다. 그러나 언젠가는 그것이 현재의 부르주아 시대에 가장 큰 승리를 거둔 전쟁보다 더욱 위대한 행위로 여겨지게 될 것이다.

—히틀러의 T4 작전 명령 중에서

그는 새로운 인류를 창조하는……신이 되고자 했다.

—아우슈비츠 수용자가 말한 요제프 멩겔레의 목표[1]

유전병이 있는 사람에게는 60세까지 평균 5만 라이히스마르크의 비용이 들어간다.

—나치 시대 독일 고등학교 생물학 교과서에 실린 경고[2]

생물학자 프리츠 렌츠는 나치즘이 "응용 생물학"과 다름없다고 말한 적이 있다.*[3]

1933년 봄, 베를린의 카이저 빌헬름 연구소에서 일을 시작한 허먼 멀러는 나치에 "응용 생물학"이 적용되는 것을 지켜보았다. 그해 1월, 국가사회주의 독일노동자당의 지도자인 아돌프 히틀러는 독일 수상에 임명되었다. 3월에 독일 의회는 히틀러에게 의회의 관여 없이 법을 제정할 수 있는 유례없는

---

* 이 인용문은 히틀러의 부관인 루돌프 헤스가 한 말이라고 한다.

권한을 부여하는 수권법(授權法, Enabling Act)을 통과시켰다. 나치의 준군사 조직은 횃불을 들고 베를린 거리를 행진하면서 승리의 환호성을 내질렀다.

나치가 생각한 "응용 생물학"은 사실은 응용 유전학이었다. "인종위생"을 가능하게 하는 것이 목적이었다. 그 용어를 나치가 처음 쓴 것은 아니었다. 일찍이 1895년 독일의 의사이자 생물학자인 알프레트 플뢰츠가 만든 용어였다(1912년 런던 국제 우생학 대회에서 그가 한 열정적인 불길한 연설을 생각해보라).[4] 플뢰츠는 개인위생이 자신의 몸을 닦는 것인 것처럼, "인종위생"이 인종을 유전적으로 청소하는 것이라고 했다. 또 개인위생이 으레 몸에서 찌꺼기와 분비물을 닦아내는 것인 것처럼, 인종위생은 유전적 찌꺼기를 제거함으로써 더 건강하고 더 순수한 인종을 얻는 것이라고 했다.* 1914년 플뢰츠의 동료인 유전학자 하인리히 폴은 이렇게 썼다. "전체를 구하기 위해서, 생물이 변질된 세포를 무자비하게 버리듯이, 또 외과 의사가 병든 기관을 무자비하게 제거하듯이, 친족 집단이나 국가 같은 더 고등한 유기적 실체도 병든 유전 형질을 지닌 이들이 대대로 해로운 유전자를 계속 퍼뜨리는 것을 예방하기 위해서 개인의 자유에 개입하는 일을 피하지 말아야 한다."[5]

플뢰츠와 폴은 골턴, 프리디, 대븐포트 같은 영국과 미국의 우생학자들을 이 신생 "과학"의 선구자라고 여겼다. 그들은 버지니아 간질병자와 정신박약자 콜로니가 유전적 청소의 이상적인 실험 사례라고 했다. 1920년대 초에 미국에서 캐리 벅 같은 여성들이 추려져서 우생학 수용소로 실려갔듯이, 독일 우생학자들은 "유전적 결함이 있는" 남녀를 가두거나 불임화하거나 제거할 국가 차원의 계획을 수립하는 방향으로 노력했다. 독일 대학들에는 "인종생물학"과 인종위생을 연구하는 교수직이 마련되었고, 의대에서는 인종과학이 정규 과목이 되었다. "인종과학"의 학술 중심지는 카이저 빌헬름 인류학, 인류 유전 및 우생학 연구소였다.[6] 그곳은 멀러의 새 연구실에서 엎어지면 코 닿을 거리에 있었다.

---

* 플뢰츠는 1930년대에 나치에 합류한다.

1920년대에 뮌헨에서 권력을 찬탈하기 위해서 시도했다가 실패한 쿠데타인 맥주홀 폭동(Beer Hall Putsch)의 주모자로 투옥되었던 히틀러는 감옥에서 플뢰츠와 인종과학에 관한 책을 읽자마자 푹 빠져들었다.[7] 플뢰츠처럼, 그도 결함 있는 유전자가 국가를 서서히 좀먹고 강력하고 건강한 국가로 재탄생하는 것을 가로막는다고 믿었다. 30년대에 나치가 권력을 잡자, 히틀러는 그 생각을 행동으로 옮길 기회가 왔음을 알았다. 그는 즉시 그렇게 했다. 1933년, 수권법이 통과된 지 5개월이 채 안 되었을 때, 나치는 유전병 자손 예방법, 속칭 "불임법(Sterilization Law)"[8]을 제정했다. 기본 틀은 미국 우생학 계획을 노골적으로 베낀 것이었고, 거기에 효력을 더 강화했다. "유전병을 앓는 사람은 누구든 외과수술로 불임화시킬 수 있다." 처음에 작성된 "유전병"의 목록에는 정신박약, 조현병, 간질, 우울증, 실명, 난청, 중증 기형이 들어 있었다. 불임 수술을 하려면, 정부의 지원을 받아서 우생학 법원에 신청을 해야 했다. 법에는 이렇게 정해져 있었다. "일단 법원이 불임화를 결정하면, 당사자의 의지에 반해도 수술은 이루어져야 한다……다른 수단들이 미비할 때에는 직접 강제력이 쓰일 수도 있다."

대중이 그 법을 지지하도록 하기 위해서, 드러나지 않은 선전선동을 통해서 지지 세력을 늘렸다. 그것은 나치가 완성한 괴물 같은 방식이었다. 인종정책국이 제작한 「유전(Das Erbe)」(1935)[9]이나 「유전병(Erbkrank)」(1936)[10]과 같은 영화들이 전국의 극장에서 상영되면서 꽉꽉 들어찬 관중에게 "결함 있는 자"와 "부적합자"의 병을 보여주었다. 「유전병」에서는 반복해서 손으로 머리를 만지작거리는 정신질환 여성, 계속 누워만 있는 기형아, 짐 나르는 동물처럼 네 팔다리로 걷는 사지 짧은 여성의 모습이 등장했다. 「유전병」과 「유전」은 끔직한 장면에 대비시키면서 아리안족의 완벽한 몸에 찬사를 보냈다. 독일 운동선수를 찬미하려는 의도로 만든 레니 리펜슈탈의 영화 「올림피아(Olympia)」[11]에서는 유전적으로 완벽하다는, 근육질 몸매를 자랑하는 젊은 남자들이 미용체조를 했다. 관객은 "결함 있는 자"를 혐오스럽게 바라보았고, 초인 같은 운동선수에게는 질투와 열망 어린 시선을 보냈다.

국가 차원의 선전선동 장치를 작동시켜서 우생학적 불임화에 수동적인 동의를 이끌어내는 한편, 나치는 법률이라는 엔진도 가동하여 인종청소의 범위를 더 확장해나갔다. 1933년 11월, "위험한 범죄자"(반체제 인사, 작가, 언론인도 포함)에게 국가가 강제로 불임수술을 할 수 있도록 허용한 새로운 법이 제정되었다.[12] 1935년 10월에는 유대인이 게르만 혈통의 사람과 혼인하거나 아리아인과 성관계를 가지는 것을 금지해서 혼혈을 막겠다는 독일인 유전 건강 보호를 위한 뉘른베르크 법이 통과되었다.[13] 청소와 인종청소의 혼용을 가장 유별나게 보여준 사례는 아마 유대인이 "독일인 가정부"를 고용하는 것을 금지한 법일 것이다.

방대한 불임화 및 수용 계획을 실시하려면 그만큼 방대한 행정 기구를 설립해야 했다. 1934년경에는 매달 거의 5,000명의 성인이 불임수술을 받고 있었고, 200개소의 유전 건강 법원(또는 유전 법원)이 불임화 관련 재판에만 온종일 매달려 있어야 했다.[14] 대서양 건너편에 있는 미국의 우생학자들은 그 노력에 찬사를 보냈고, 그런 효과적인 수단을 이루지 못한 자신들의 처지를 한탄했다. 찰스 대븐포트의 수하인 로스롭 스터더드는 1930년대 말에 그 법원 중 한 곳을 방문했고, 불임수술의 효과에 감탄하는 글을 썼다. 스터더드가 방문했을 때 조울증에 걸린 여인, 귀가 먹은 소녀, 정신지체 소녀, 유대인과 혼인했지만 동성애자임이 분명한 "유인원처럼 생긴 남자"―범죄의 3연패를 이룬―가 재판을 받았다. 스터더드의 기록에서는 이 증후군들이 유전적인 것이라고 판정한 기준이 무엇인지가 불분명하다. 어쨌거나 모두에게 불임수술을 하라는 결정이 신속하게 내려졌다.

불임화에서 노골적인 살인으로 나아가는 과정은 거의 발표도 없고 주목도 받지 못한 채 이루어졌다. 일찍이 1935년부터 히틀러는 유전자 청소 노력을 불임화에서 안락사로 전환할 생각을 하고 있었다. 결함 있는 자들을 제거하는 것만큼 빠르게 유전자풀을 정화하는 방법이 어디 있단 말인가? 그러나 그는 대중의 반응을 우려했을 것이다. 그러다가 1930년대 말 무렵 불임화 계획에 독일 대중이 너무나 아무렇지도 않다는 반응을 보이자, 나치는 더 대담해졌다. 1939년 저절로 기회가 찾아왔다. 그해 여름, 리하르트와 리나 크레치마르는 히틀러에게 자신들의 아이 게르하르트를 안락사시키는 것을 허용해달라고 청원했다.[15] 11개월 된 게르하르트는 선천적으로 눈이 멀었고 팔다리가 기형이었다. 열혈 나치당원인 부모는 국가의 유전적 유산에서 자신의 아이를 제거함으로써 국가에 봉사할 수 있기를 원했다.

기회가 왔음을 직감한 히틀러는 게르하르트 크레치마르의 안락사를 승인한 뒤, 곧바로 다른 아이들에게까지 그 조치를 확대 적용하는 조치를 취했다. 자신의 주치의인 카를 브란트와 함께 그는 유전적 "결함 있는 자"를 제거하는 훨씬 더 큰 규모의 국가적인 안락사 계획을 실행하기 위해서 중증 유전적 및 선천적 질병의 과학적 등록소를 신설했다.[16] 나치는 살인을 정당화하기 위해서 이미 희생자들에게 "살 가치가 없는 삶(Lebensunwertes Leben)"이라는 완곡어법을 쓰기 시작했다. 그 기이한 어구는 우생학 논리의 확장판이었다. 미래의 국가를 위한 정화를 위해서는 유전적 결함이 있는 자를 불임화하는 것만으로는 부족했다. 그들을 박멸하여 현재의 국가를 청소해야 할 필요가 있었다. 그것이 바로 유전적인 최종 해결책이 된다.

살해는 3세 이하의 "결함 있는" 아이부터 시작되었지만, 1939년 9월 무렵에는 슬그머니 청소년에게까지 확대 적용되고 있었다. 이어서 비행 청소년들이 목록에 추가되었다. 유대인 아이들이 더 높은 비율로 표적이 되었다. 그들은 정부 소속 의사들에게 강제로 검사를 받고, 때로 가장 하찮은 구실을 토대로 "유전적으로 병들었다"는 꼬리표가 붙여진 채, 제거되었다. 1939년 10월에는 성인까지 대상에 넣었다. 베를린의 티에르가르텐 가 4번지의 사치스러운 저택에 안락사 계획의 공식 본부가 들어섰다.[17] 이윽고 그 계획은 그 거리의 이름을 따서 T4라고 불리게 된다.

전국에 제거 센터가 설치되었다. 언덕 위에 성처럼 들어선 병원인 하다마르와 창들이 줄지어 있는 요새 같은 벽돌 건물에 있는 브란덴부르크 주 복지 연구소가 유달리 적극적이었다. 이 건물들의 지하에는 일산화탄소로 희생자를 죽이는 기밀실이 갖추어져 있었다. 과학과 의학 연구소라는 후광은 세심하게 유지되었고, 때로는 대중의 상상에 더 큰 효과를 미치기 위해서 극화(劇化)하기도 했다. 안락사 희생자가 될 사람들이 창문을 가린 버스에 실려서 제거 센터로 왔다. 때로 흰 가운을 입은 친위대 장교들이 함께 오기도 했다. 가스실 옆에는 간이 콘크리트 침대를 설치했다. 침대 가장자리는 체액이 모이도록 깊게 파여 있었고, 의사들은 유전학 연구에 쓸 조직과 뇌를 모으기 위해서 안락사당한 시신을 그곳에서 해부했다. "살 가치가 없는" 삶은 과학 발전에는 극도로 가치가 있는 듯했다.

자신의 부모나 자녀가 적절히 대우를 받고 분류되었다고 가족들을 안심시키기 위해서, 수용자들을 임시 체류 시설로 보냈다가 은밀하게 하다마르나 브란덴부르크로 보내 안락사시키기도 했다. 안락사시킨 뒤에는 사망 원인을 다양하게 적은 가짜 사망 증명서를 발행했다. 거짓임이 빤히 보이는 터무니없는 것도 있었다. 정신병적 우울증에 시달린 마리 라우의 어머니는 1939년에 안락사를 당했다. 식구들은 그녀가 "입술에 난 종기" 때문에 사망했다는 통보를 받았다. 1941년까지 T4 작전으로 살해된 사람은 어른 아이를 합쳐서 거의 25만 명에 달했다. 1933-1943년에 불임법으로 강제 불임수술을 당한 사람은 약 40만 명이었다.[18]

나치즘의 천인공노할 행위를 기록한 탁월한 문화비평가 한나 아렌트는 나치 시대에 독일 문화에는 "악의 평범성(banality of evil)"[19]이 배어 있었다고 썼다. 하지만 악의 신뢰성도 만연해 있었던 듯하다. "유대인성"이나 "집시성"이 염색체에 담겨 있고, 유전을 통해서 전달되며, 그렇기 때문에 유전적 청소의 대상이 된다고 생각하기 위해서는 다소 기이한 왜곡된 믿음이 있어야 한다.

그러나 회의주의의 유예야말로 바로 그 문화를 정의하는 신조였다. 실상 "과학자들" 전체 ─ 유전학자, 의학자, 심리학자, 인류학자, 언어학자 ─가 기꺼이 우생학 계획을 과학적 논리로 뒷받침하는 연구 결과를 앞다투어 내놓았다. 한 예로 베를린의 카이저 빌헬름 연구소 교수인 오트마르 폰 베르슈어는 「유대인의 인종 생물학(The Racial Biology of Jews)」이라는 제목의 산만한 논문에서 신경증과 히스테리가 유대인의 본질적인 유전 형질이라고 주장했다.[20] 그는 1849년에서 1907년 사이에 유대인의 자살률이 7배 증가했음을 언급하면서, 그 근본 원인이 유럽이 유대인을 체계적으로 박해했기 때문이 아니라 그들이 그 박해에 신경증적 과잉 반응을 보인 탓이라는 어처구니없는 결론을 내렸다. "정신병적이고 신경증적인 성향을 가진 사람들만이 외부 조건 변화에 그런 방식으로 반응할 것이다." 1936년, 히틀러로부터 많은 지원을 받은 기관인 뮌헨 대학교는 인간 턱의 "인종 형태학"을 주제로 논문을 쓴 젊은 의학자에게 박사학위를 수여했다. 턱의 해부 구조가 인종적으로 결정되고 유전적으로 대물림된다는 점을 입증하려고 한 논문이었다. 갓 등장한 이 "인종 유전학자" 요제프 멩겔레는 곧 가장 괴팍한 나치 연구자로 두각을 나타내게 된다. 그는 수용자들을 대상으로 온갖 실험을 자행함으로써 죽음의 천사라는 별명을 얻게 된다.

"유전적으로 병든" 사람을 청소한다는 나치 계획은 다가올 훨씬 더 큰 참화의 전주곡에 불과했다. 농아, 맹인, 난청, 절름발이, 불구자, 정신박약자를 제거하는 일 자체도 끔찍했지만, 다가올 더 엄청난 공포 앞에서 그 빛이 바래게 된다. 그 홀로코스트 시기에 수용소와 가스실에서 유대인 600만 명, 집시 20만 명, 소련과 폴란드 국민 수백만 명, 그리고 수많은 동성애자와 지식인과 작가와 예술가와 반체제 인사가 살해당했다. 그러나 이 야만 행위의 실습 단계와 성숙한 완성 단계를 구별하기란 불가능하다. 나치가 그 극악한 행위의 기초를 배운 것은 이 야만적인 우생학이라는 유치원에서였다. 영어의 집단학살(genocide)이라는 단어는 유전자(gene)와 어원이 같으며, 거기에는 그럴 만한 이유가 있다. 나치는 자신들의 정강을 수립하고 정당화하고 유지하기 위해서 유전자와 유전학의 어휘를 가져다 썼다. 유전적 차별의 언어는 인종 박멸의 언어로 쉽게 전용(轉用)되었다. 정신질환자와 신체장애자를 비인간화하는 태도("그들은 우리처럼 생각하거나 행동할 수 없다")는 유대인을 비인간화하기 위한 예행연습이었다. 역사상 유례없이, 그리고 전례 없이 슬그머니 유전자는 너무나 수월하게 정체성과 뒤섞였고, 정체성은 결함과, 결함은 박멸과 뒤섞였다. 독일 신학자 마르틴 니묄러가 이 악의 은밀한 행군을 요약한 다음의 대목이 종종 인용되고는 한다.

> 처음에 그들은 사회주의자들을 잡으러 왔고, 나는 아무 말도 하지 않았다.
> 나는 사회주의자가 아니었으니까.
> 이어서 그들은 노조원들을 잡으러 왔고, 나는 아무 말도 하지 않았다.
> 나는 노조원이 아니었으니까.
> 다음에 그들은 유대인을 잡으러 왔고, 나는 아무 말도 하지 않았다.
> 나는 유대인이 아니었으니까.
> 그리고 그들이 나를 잡으러 왔을 때, 나를 위해 변호할 사람은 아무도 없었다.[21]

1930년대에 나치가 유전의 언어를 왜곡하여 국가 차원의 불임화 및 박멸 계획을 뒷받침하는 법을 터득하고 있을 때, 유럽의 또다른 강대국도 자신의 정강을 정당화하기 위해서 유전과 유전자의 논리를 비틀고 있었다. 비록 방향은 정반대였지만 말이다. 나치는 유전학을 인종청소의 도구로 받아들인 반면, 1930년대 소련에서는 좌익 과학자들과 지식인들이 유전에 선천적인 것은 전혀 없다고 주장하고 나섰다. 자연에서는 모든 것—**모든 사람**—이 변할 수 있다는 것이다. 유전자는 개인별 차이의 불변성을 강조하기 위해서 부르주아가 창안한 신기루에 불과하며, 사실 바꿀 수 없는 특징, 정체성, 선택, 운명 따위는 없다는 것이었다. 국가가 청소가 필요하다면, 유전적 선택을 통해서 가 아니라, 모든 개인의 재교육과 이전 자아의 삭제를 통해서 해야 했다. 청소해야 할 것은 유전자가 아니라 뇌였다.

나치가 그랬듯이, 소련도 모조품 과학으로 자신의 교조적 견해를 뒷받침하고 강화했다. 1928년 트로핌 리센코[22]라는 무표정하고 근엄한 농업학자 ― 한 기자는 그를 보면 "치통이 느껴진다"[23]라고 썼다 ― 가 동식물의 유전적 영향을 "산산조각 내고" 재순응시킬 방법을 발견했다고 주장했다. 리센코는 외진 시베리아 농장에서 실험하면서 밀 품종을 심한 추위와 가뭄에 노출시켰더니, 밀이 역경에 맞서 유전적 내성을 획득했다고 주장했다(훗날 그의 주장은 사기였거나 아니면 과학적이라고 할 만한 수준의 실험이 아니었음이 밝혀졌다). 그는 밀 품종에 그런 "충격 요법"을 가함으로써, 봄에 더 꽃이 왕성하게 피고 여름에 더 많은 낱알이 달리게 할 수 있다고 했다.

"충격 요법"은 명백히 유전학과 맞지 않았다. 생쥐의 꼬리를 대대로 자른다고 해서 꼬리 없는 생쥐 혈통이 나올 수 없고, 영양의 목을 죽 늘린다고 해서 기린이 생길 수 없듯이, 밀을 추위나 가뭄에 노출시킨다고 해서 밀 유전자에 대물림되는 영구적인 변화가 생길 수는 없었다. 리센코가 식물에 그런 변화를 일으키려면, 추위 내성 유전자에 돌연변이를 일으키거나(모건이나 멀러가 했듯이), 자연선택이나 인위선택을 통해서 돌연변이 품종을 분리하거나(다윈의 말처럼), 돌연변이 품종끼리 교배시켜서 돌연변이를 고정시켜야(멘델과 더프리스가 했듯이) 했을 것이다. 그러나 리센코는 노출과 조건 형성만으로 작물을 "재훈련"시키고 그럼으로써 유전되는 형질을 바꾸었다고 스스로와 소련 지도자들을 설득했다. 그는 유전자라는 개념 자체를 혐오했다. 유전자가 "썩어서 죽어가는 부르주아" 과학을 지탱하기 위해서 "유전학자들이 창안한" 것이라고 주장했다.[24] "유전의 토대는 어떤 특수한 자기 복제 물질에 들어 있지 않다." 그것은 적응이 직접 유전적 변화를 일으킨다는 라마르크의 개념을 점잖게 고쳐 말한 것이었다. 유전학자들이 라마르크주의의 개념적 오류를 지적한 지 수십 년이 지난 후에 말이다.

소련 정치 기구는 즉시 리센코의 이론을 받아들였다. 그 이론은 기근에 시달리는 땅에서 농업 생산량을 대폭 증대시킬 새로운 방법을 제시했다. 밀과 벼를 "재교육"시킴으로써, 가장 혹독한 겨울과 가장 메마른 여름까지 포함하여 어떤 조건에서도 작물을 기를 수 있다는 것이었다. 아마 충격 요법으로 유전자를 "산산조각 내고 재훈련시킬" 수 있다는 말이 스탈린과 동료들에게 이념적으로 와 닿았을 것이라는 점 역시 그 이론의 수용에 중요한 역할을 했을 것이다. 리센코가 식물을 토양과 기후로부터 해방시키기 위해서 재훈련시키고 있을 때, 소련 당국은 반체제 인사들을 고질적인 잘못된 의식과 물질 지상주의로부터 해방시키기 위해서 재교육하고 있었다. 나치―유전적 불변성을 굳게 믿는("한 번 유대인은 영원한 유대인이다")―는 자기 집단의 구조를 바꾸기 위해서 우생학에 의지했다. 소련―유전적 재프로그래밍의 가능성을 굳게 믿는("누구나 어떤 사람이든 될 수 있다")―은 모든 차이를 없앨 수 있고 그리하여 근본적인 공동선(共同善)을 이룰 수 있다고 믿었다.

1940년 리센코는 자신에게 비판적인 인물들을 내쫓고 소련 유전학 연구소 소장직을 차지하고서, 소련 생물학계에 전권을 휘두르기 시작했다.[25] 그의 이론에 반하는 과학 ―특히 멘델 유전학과 다윈 진화론― 은 소련에서 금지되었다. 반발하는 과학자들은 노동 수용소로 보내져서 리센코의 이념(밀과 마찬가지로, 반체제 교수들에게 "충격 요법"을 가해서 생각을 바꾸게 할 수 있다는 것)하에 "재훈련"을 받았다. 1940년 8월, 저명한 멘델 유전학자 니콜라이 바빌로프는 "부르주아" 생물학을 퍼뜨렸다는 죄로 체포되어 악명 높은 사라토프 교도소로 보내졌다(바빌로프는 용감하게도 유전자는 그렇게 쉽게 바뀌는 것이 아니라고 주장했다). 바빌로프 같은 유전학자들이 교도소에서 수감되어 있을 때, 리센코의 지지자들은 아예 유전학이 과학이 아니라고 우기는 대대적인 운동을 펼쳤다. 1943년 1월, 쇠약해지고 영양실조까지 걸린 상태에서 바빌로프는 교도소 병원으로 옮겨졌다. 그는 간수들에게 "이제 나는 똥 덩어리나 다름없네"[26]라고 말했다. 그는 몇 주일 뒤 사망했다.[27]

나치즘과 리센코주의는 서로 정반대되는 유전 개념에 토대를 두고 있었지만, 두드러질 정도의 유사한 양상을 보였다. 비록 나치 정책이 훨씬 더 지독하긴 했지만, 나치즘과 리센코주의는 한 가지 공통점이 있었다. 둘 다 유전 이론을 인간의 정체성 개념을 구축하는 데에 썼고, 나아가 정치적 의제에 맞게 그것을 왜곡했다는 점이다. 두 유전 이론은 매우 상반된다고 할 수 있다. 나치는 정체성이 불변이라는 개념에 집착했고, 소련은 정체성을 얼마든지 바꿀 수 있다는 개념에 집착했다. 그러나 양쪽에서 유전자와 유전의 언어는 국가 정책과 운영의 핵심을 이루고 있었다. 유전을 지워 없애기가 불가능하다는 믿음이 없는 나치를 상상하기 어렵듯이, 유전을 완벽하게 지워 없애는 것이 가능하다는 믿음이 없는 소련도 상상할 수 없다. 양쪽에서 국가 차원의 "청소" 활동을 뒷받침하기 위해서 과학을 의도적으로 왜곡했다는 것도 놀라운 일은 아니다. 유전자와 유전의 언어를 전용함으로써, 권력과 국가 체제 전체를 정당화하고 강화했다. 20세기 중반 무렵에 유전자 ― 또는 유전자 자체의 부정―는 이미 강력한 정치적 및 문화적 도구가 되어 있었다. 그것은 역사상 가장 위험한 개념 중의 하나가 되어 있었다.

사이비 과학은 전체주의 체제에 봉사한다. 그리고 전체주의 체제는 사이비 과학을 낳는다. 나치 유전학자들이 유전학이라는 과학에 실질적으로 기여한 것이 있을까? 엄청난 쓰레기 더미 가운데, 두 가지 공헌이 두드러진다.

첫 번째는 방법론적인 것이었다. 나치 과학자들은 "쌍둥이 연구"를 발전시켰다. 그러나 나치답게 곧 섬뜩한 형태로 변형시켰다. 쌍둥이 연구는 1890년대에 프랜시스 골턴의 연구에서 기원했다. 본성 대 양육이라는 어구를 창안한 바 있는 골턴은 양쪽의 영향을 어떻게 하면 구분할 수 있을지 고심했다.[28] 키나 지능 같은 특징이 본성의 산물인지 양육의 산물인지 어떻게 알 수 있을까? 유전과 환경을 어떻게 하면 분리할 수 있을까?

골턴은 자연의 실험에 편승하자고 제안했다. 그는 쌍둥이가 유전물질이 동일하므로, 둘 사이의 실질적인 유사점이 유전자에서 비롯된 것일 수 있고, 반면에 차이점은 환경의 산물일 것이라고 추론했다. 따라서 유전학자는 쌍둥이를 연구하고 유사점과 차이점을 비교하고 대비시키면서, 중요한 형질에 본성 대 양육이 정확히 어떻게 기여하는지를 파악할 수 있다고 했다.

골턴의 연구 방향은 옳았다. 그러나 거기에는 한 가지 중요한 결함이 있었다. 그는 진정으로 유전적으로 동일한 일란성 쌍둥이와 단지 유전적 형제자매일 뿐인 이란성 쌍둥이를 구분하지 않았다(일란성 쌍둥이는 수정란 하나가 나뉘어서 생기므로 유전체가 똑같은 반면, 이란성 쌍둥이는 동시에 두 개의 난자가 따로따로 정자를 통해서 수정되기 때문에 유전체가 똑같지 않다). 이 혼동 때문에 초기의 쌍둥이 연구는 혼란스러웠고, 결과가 모호했다. 1924년 독일의 우생학자이자 나치 동조자인 헤르만 베르너 지멘스는 일란성 쌍둥이와 이란성 쌍둥이를 세심하게 구별함으로써 골턴의 제안을 한 단계 발전시켰다.[*29]

원래 전공이 피부과였던 지멘스는 플뢰츠의 제자였고 인종 위생을 적극적으로 주장하고 나선 초기 인물이었다. 플뢰츠처럼 지멘스도 과학자들이 먼저 유전이 무엇인지 밝혀내야만 유전적 청소를 정당화할 수 있음을 깨달았다. 즉 실명이 유전된다는 점을 입증할 수 있어야만 맹인의 불임화를 정당화할 수 있었다. 혈우병 같은 형질은 유전된다는 것이 명확했다. 유전 여부를 확인하겠다고 굳이 쌍둥이 연구를 할 필요가 없었다. 그러나 지능이나 정신병 같은 더 복잡한 형질은 유전 여부를 확인하는 것이 훨씬 더 복잡했다. 지멘스는 유전과 환경의 영향을 분리하려면, 이란성 쌍둥이와 일란성 쌍둥이를 비교해야 한다고 주장했다. 일치율(concordance)이 주된 검사법일 것이었다. 일치율

---

* 미국의 심리학자 커티스 메리먼과 독일의 안과 의사 발터 야블론스키도 1920년대에 비슷한 쌍둥이 연구를 했다.

은 동일한 형질을 가진 쌍둥이의 비율을 가리킨다. 쌍둥이의 눈 색깔이 100 퍼센트 같다면, 일치율은 1이다. 50퍼센트가 같다면, 일치율은 0.5이다. 일치율은 유전자가 형질에 영향을 미치는지 여부를 파악하는 편리한 척도이다. 조현병을 예로 들면, 일란성 쌍둥이는 일치율이 높고 이란성 쌍둥이 — 동일한 환경에서 태어나고 자란 — 는 일치율이 낮다면, 그 병의 근원이 유전에 있다고 확실하게 말할 수 있다.

나치 유전학자들에게 이 초기 연구 사례들은 더 과격한 실험을 할 빌미가 되었다. 그런 실험을 가장 앞장서서 한 인물은 인류학자였다가 의사였다가 친위대 장교가 된 요제프 멩겔레였다. 그는 흰 가운을 입고서 아우슈비츠와 비르케나우 수용소를 뒤지고 다녔다. 유전학과 의학 연구에 병적인 흥미를 보이던 그는 아우슈비츠의 수석 의료관이 되었고, 그곳에서 쌍둥이를 대상으로 일련의 섬뜩한 실험들을 수행했다. 1943-1945년에 1,000쌍이 넘는 쌍둥이가 멩겔레의 실험 대상이 되었다.*[30] 스승인 베를린의 오트마르 폰 베르슈어를 본받아서, 멩겔레는 쌍둥이를 연구하기 위해서 새로 줄을 지어 들어오는 수용자들을 따라가면서 "쌍둥이 나와(Zwillinge heraus)"나 "쌍둥이는 줄 밖으로(Zwillinge heraustreten)"라고 소리치곤 했다. 이 말은 곧 수용자들의 뇌리에 깊이 박혔다.

줄밖으로 끌려나온 쌍둥이들은 특수한 문신이 새겨져서 별도의 건물에 수용된 채, 멩겔레와 조수들의 체계적인 실험에 시달렸다(역설적이게도 실험 대상자였던 쌍둥이들이 그렇지 않은 아이들보다 수용소에서 살아남을 가능성이 더 높았다. 후자는 더 쉽게 죽어나갔다). 멩겔레는 유전자가 성장에 미치는 영향을 비교하기 위해서 그들의 신체 부위를 강박적으로 측정했다. 한 쌍둥이는 이렇게 회상했다. "측정하거나 비교하지 않고 넘어간 부위가 한 군데도 없었다. 우리는 늘 벌거벗은 채 함께 앉아 있었다."[31] 멩겔레는 장기

---

*정확한 실험 대상의 규모는 알기 어렵다. 멩겔레의 쌍둥이 실험이 어떠했는지는 다음 책을 참조. Gerald L. Posner and John Ware, *Mengele: The Complete Story*.

크기를 비교하기 위해서 쌍둥이를 가스실로 보내어 죽인 뒤 해부하기도 했다. 심장에 클로로포름을 주사하여 죽이기도 했다. 맞지 않는 피를 수혈하거나, 팔다리를 자르거나, 마취하지 않은 채 수술하기도 했다. 세균 감염 반응이 유전적으로 어떻게 다른지 알아보겠다고 장티푸스균에 감염시키기도 했다. 쌍둥이 중 한 명이 등이 휜 것을 보고는 척추를 같이 쓰면 불구가 교정되는지 알아보겠다고 둘의 척추를 수술로 이어붙이는 몹시 끔찍한 실험도 했다. 수술한 자리가 썩었고 쌍둥이는 곧 사망했다.

과학인 양 꾸몄지만, 멩겔레의 연구는 도저히 과학이라고 볼 수 없는 수준이었다. 그는 실험으로 수백 명을 희생시켰지만, 주목할 만한 결과가 전혀 담겨 있지 않은 거의 주석도 없이 그저 끼적거린 실험일지 한 권만을 남겼을 뿐이다. 아우슈비츠 박물관에 있는 그 뒤죽박죽인 일지를 조사한 한 연구자는 이렇게 결론지었다. "[그 내용]을 진지하게 받아들일 과학자는 아무도 없을 것이다." 사실 쌍둥이 연구 초기에 독일에서 어떤 발전이 이루어졌든 간에, 멩겔레의 실험이 쌍둥이 연구를 너무나 철저히 타락시키면서 그 분야 전체를 증오심에 휩싸이게 했기 때문에, 세계는 수십 년이 흐른 뒤에야 비로소 쌍둥이 연구를 다시금 진지하게 고찰하게 된다.

나치가 유전학에 두 번째로 기여한 부분은 사실 기여하겠다는 의도가 전혀 없었던 것이었다. 히틀러가 독일의 권력을 잡아갈 무렵인 1930년대 중반에 많은 과학자들은 나치의 정책에 위협을 느끼고서 국외로 떠났다. 독일은 20세기 초에 과학을 주도했다. 그곳은 원자물리학, 양자역학, 핵화학, 심리학, 생화학의 본산이었다. 1901-1932년에 물리학, 화학, 의학 분야에서 노벨상을 받은 100명 중 33명이 독일인이었다(영국인은 18명, 미국인은 6명에 불과했다). 1932년에 허먼 멀러가 베를린에 도착했을 때만 해도, 그곳에는 세계의 저명한 과학자들이 우글거리고 있었다. 아인슈타인은 카이저 빌헬름 물리학 연구소에서 칠판에 방정식을 적고 있었다. 화학자인 오토 한은 아원자 입자들을 이해하기 위해서 원자를 쪼개고 있었다. 생화학자인 한스 크렙스는 세포의 화학적 성분을 파악하기 위해서 세포를 터뜨리고 있었다.

그러나 나치즘이 득세하면서 독일 과학계 전체는 곧바로 얼어붙었다. 1933년 4월, 유대인 교수들은 국가의 지원을 받는 대학들에서 갑자기 쫓겨났다.[32] 위험이 임박했음을 감지한 유대인 과학자 수천 명은 외국으로 이주했다. 아인슈타인은 1933년 학술대회에 참석하러 출국한 후 현명하게도 돌아가지 않았다. 크렙스도 같은 해에 독일을 떠났고, 생화학자 에르네스트 차인과 생리학자 빌헬름 펠드버그도 마찬가지였다. 물리학자 맥스 퍼루츠는 1937년 케임브리지 대학교로 옮겼다. 에르빈 슈뢰딩거와 핵화학자 막스 델브뤼크 같은 비유대인 과학자들은 도덕적으로 이 상황을 참을 수가 없었다. 많은 과학자들은 넌더리가 나서 자리를 내놓고 외국으로 떠났다. 또다시 거짓 유토피아에 실망한 허먼 멀러는 베를린을 떠나 소련으로 향했다. 다시 한번 과학과 사회주의를 융합할 길을 찾기 위해서였다. (나치의 득세에 과학자들이 보인 반응을 오해하지 않도록, 나치즘에 침묵한 독일인 과학자들도 많다는 점을 말해둔다. 1945년에 조지 오웰은 이렇게 썼다. "히틀러는 독일 과학의 장기적 전망을 파괴했을지도 모른다……그러나 합성 오일, 제트기, 로켓, 원자폭탄 같은 것들을 연구하는 데에 필요한 재능 있는 [독일] 과학자는 많이 있었다.")[33]

독일의 인재 유실은 유전학에는 이득이었다. 독일에서 탈출한 과학자들은 국가만이 아니라 분야도 넘나들게 되었다. 새로운 국가로 향한 그들은 새로운 문제로 관심을 돌릴 수 있는 기회도 얻었다. 원자물리학자들은 생물학에 유독 관심을 보였다. 생물학은 탐사되지 않은 과학 탐구의 변경이었다. 물질을 기본 단위로 환원시키는 일을 했던 그들은 생명도 비슷한 물질 단위로 환원시킬 방안을 찾았다. 원자물리학의 정신—더 이상 환원할 수 없는 입자, 보편적인 메커니즘, 체계적인 설명을 찾으려는 끝없는 열정—은 곧 생물학에 스며들면서 그 분야에 새로운 방법과 새로운 질문을 제시했다. 이 정신은 그 뒤로 수십 년 동안 계속 반향을 일으킨다. 생물학으로 계속 밀려드는 물리학자들과 화학자들은 생물을 화학적 및 물리적 용어로 이해하려고 시도했다. 분자, 힘, 구조, 작용, 반응 같은 용어를 통해서였다. 새로운 대륙으로 이주한 이들은 머지않아 대륙의 지도를 새롭게 작성하게 된다.

가장 많은 주목을 받은 대상은 유전자였다. 유전자는 무엇으로 이루어져 있고, 어떻게 기능을 할까? 모건은 유전자가 염색체에 있음을 보여주었다. 유전자들은 실에 꿴 구슬처럼 염색체에 늘어서 있었다. 그리피스와 멀러는 유전자가 물질임을, 즉 생물 사이로 옮겨갈 수 있고 X선에 쉽게 변형되는 화학물질임을 밝혀냈다.

생물학자들은 오로지 추정을 통해서 "유전자 분자"를 기술하려는 시도에 경악했을지 모르지만, 기이하고 위험스러운 세계로 물리학자들이 들어오는 것을 막을 수는 없었다. 1943년 더블린에서 강연을 할 때, 양자물리학자 에르빈 슈뢰딩거는 오로지 이론적인 원리를 토대로 유전자의 분자 특성을 기술하려는 대담한 시도를 했다(나중에 이 강연은 『생명이란 무엇인가?[*What Is Life?*]』라는 책으로 나왔다[34]). 슈뢰딩거는 유전자가 독특한 유형의 화학물질로 이루어져 있어야 한다고 보았다. 그것은 모순의 분자이어야 했다. 우선 화학적 규칙성을 지녀야 했다. 그렇지 않으면, 복제와 전달 같은 일상적인 과정이 제대로 이루어지지 않을 것이었다. 그러나 유별난 **불규칙성**도 가져야 했다. 그렇지 않으면, 유전의 엄청난 다양성을 설명할 수가 없었다. 또한 그 분자는 엄청난 양의 정보를 가지면서도 세포 안에 들어갈 만큼 압축될 수 있어야 했다.

슈뢰딩거는 "염색체 섬유"를 따라 뻗어 나가는 많은 화학결합을 지닌 화학물질을 상상했다. 아마 그 화학결합의 순서에 암호가 담겨 있을 것이라고 했다. "내용의 다양성이 [어떤] 미시 코드로 압축되어 있다." 아마도 생명의 암호는 실에 꿰인 구슬들의 순서에 담겨 있는 것인지도 몰랐다.

유사점과 차이점, 질서와 다양성, 메시지와 물질. 슈뢰딩거는 유전의 다양하고 모순되는 특성을 담을 화학물질을 추정하려고 애썼다. 아리스토텔레스를 만족시킬 만한 분자를 말이다. 그는 마음의 눈으로 DNA를 거의 본 것이나 마찬가지였다.

"그 어리석은 분자"

어리석음의 힘을 결코 과소평가하지 말라   ―로버트 하인라인[1]

프레더릭 그리피스의 형질전환 실험 소식을 들었던 1933년에 오스월드 에이버리는 55세였다. 그는 사실 자신의 나이보다도 더 늙어 보이는 사람이었다. 작고 허약한 체구, 대머리에 안경, 가냘픈 목소리, 겨울철 잔가지처럼 달려 있는 팔다리가 그를 말해주는 특징이었다. 그는 뉴욕 록펠러 대학교의 교수였고, 오랜 세월 세균, 특히 폐렴 구균을 연구해왔다. 그는 그리피스가 실험할 때 어떤 심각한 실수를 저질렀을 것이라고 확신했다. 어떻게 화학물질의 잔해가 한 세포에서 다른 세포로 유전 정보를 전달할 수 있단 말인가?

음악가처럼, 수학자처럼, 엘리트 운동선수처럼, 과학자도 일찍 정점에 올랐다가 빠르게 쇠퇴한다. 시들어가는 것은 창의성이 아니라, 정력이다. 과학은 일종의 지구력 스포츠이다. 눈부신 하나의 실험 결과를 내놓기 위해서, 빛을 보지 못하는 1,000건의 실험이 쓰레기통으로 들어가야 한다. 그것은 자연과 의지 사이의 싸움이다. 에이버리는 유능한 미생물학자로 인정을 받았지만, 유전자와 염색체라는 신세계를 탐험할 생각을 해본 적이 없었다. 학생들로부터 "페스(Fess : 즉 교수[professor]의 준말)"[2]라는 애칭으로 불린 그는 훌륭한 과학자였지만, 혁신적인 과학자가 될 가능성은 적었다. 그리피스의 실험은 유전학을 일방통행 택시에 태워서 낯선 미래로 후다닥 보낸 것일 수도 있었다. 그렇지만 에이버리는 그 흐름에 올라타기를 꺼렸다.

페스가 저항하는 유전학자라면, DNA는 저항하는 "유전자 분자"였다. 그리피스의 실험은 유전자가 과연 어떤 분자일지를 놓고 다양한 추측들을 낳았다. 1940년대 초에 생화학자들은 세포를 터뜨려서 화학적 성분들을 분석하여 살아 있는 계에 들어 있는 다양한 분자들을 파악했다. 그러나 유전 암호를 담은 분자의 정체는 아직 밝혀내지 못했다.

염색질(chromatin)—유전자가 들어 있는 생물학적 구조물—은 두 종류의 화학물질로 이루어져 있다는 것이 알려져 있었다. 단백질과 핵산이었다. 염색질의 화학적 구조를 아는 사람은 아무도 없었지만, "긴밀하게 뒤섞인" 두 요소 중에서 생물학자들에게 훨씬 더 친숙한 쪽은 단백질이었다.[3] 단백질은 훨씬 더 종류가 다양했기 때문에, 유전자를 지닌 분자일 가능성이 훨씬 더 높았다. 단백질은 세포에서 다양한 기능을 수행한다고 알려져 있었다. 세포는 화학반응에 의존하여 살아간다. 한 예로, 호흡하는 동안 당은 산소와 화학적으로 결합하여 이산화탄소와 에너지를 만든다. 이 반응 중 자발적으로 일어나는 것은 없다(자발적으로 일어난다면, 우리 몸은 늘 눈는 당의 냄새를 풍기고 있을 것이다). 단백질은 세포에서 이 기본적인 화학반응들을 일으키고 제어한다. 어떤 반응은 촉진시키고 어떤 반응은 늦추면서, 살아가는 데에 알맞게 반응 속도를 조절한다. 생명은 화학일 수도 있지만, 특수한 상황에 있는 화학이다. 생물은 가능한 반응들 때문에 존재하는 것이 아니라, 거의 **불가능**한 반응들 덕분에 존재한다. 반응성이 너무 높으면 우리는 자연 연소할 것이다. 너무 낮으면 우리는 차가워져서 죽을 것이다. 단백질은 이 거의 불가능한 반응들을 가능하게 함으로써, 우리가 화학적 엔트로피의 가장자리에서 살아갈 수 있게 해준다. 위험하게 스케이트를 지치면서도 결코 떨어지지 않게 해준다.

그리고 단백질은 세포 구조를 만드는 성분이기도 하다. 털, 발톱, 연골, 세포들을 엮고 붙이는 뼈대의 기본 섬유가 그렇다. 또한 단백질은 저마다 다른 모양으로 비틀리고 꼬여서 수용체, 호르몬, 신호 전달 분자가 됨으로써, 세포들끼리 의사소통을 할 수 있게 해준다. 물질대사, 호흡, 세포 분열, 자기 방어, 노폐물 처리, 분비, 신호 전달, 성장, 심지어 세포 죽음에 이르기까지, 단백질은 세포의 거의 모든 기능에 관여한다. 생화학 세계의 일꾼이라고 할 수 있다.

대조적으로 핵산은 생화학 세계의 복병이었다. 1869년—멘델이 브르노협회에서 논문을 낭독한 지 4년 뒤—에 스위스 생화학자 프리드리히 미셰르가 세포에서 이 새로운 부류의 분자를 발견했다.[4] 대다수의 동료 생화학자들이 하듯이, 미셰르도 세포를 터뜨려서 흘러나온 화학물질들을 분리함으로써 세포의 분자 성분들을 분류하려고 애쓰고 있었다. 다양한 성분들 중에서 그는 한 화학물질에 유달리 흥미가 일었다. 그는 수술 붕대에 묻은 고름에서 짜낸 백혈구를 정제하여 빽빽하게 엉기는 가닥들을 얻었다. 그는 이 가닥들이 연어 정자에서 얻은 흰 화학물질과 같은 것임을 알아차렸다. 그는 그 분자를 뉴클레인(nuclein)이라고 했다. 세포핵(nucleus)에 모여 있었기 때문이다. 그 화학물질이 산성을 띠고 있어서 나중에 이름은 핵산(nucleic acid)으로 바뀌었다. 그러나 뉴클레인이 세포에서 어떤 기능을 하는지는 여전히 수수께끼였다.

1920년대 초에 생화학자들은 핵산의 구조를 좀더 깊이 이해하고 있었다. 핵산은 화학적으로 DNA와 RNA 두 가지의 형태로 이루어져 있었다. 분자의 사촌인 셈이었다. 둘 다 염기라는 네 성분이 끈이나 뼈대라고 할 것을 따라 죽 엮여 있는 긴 사슬 형태였다. 네 염기는 담쟁이덩굴의 덩굴손에서 뻗어 나온 잎처럼 뼈대에서 옆으로 삐져나와 있었다. DNA에서는 아데닌, 구아닌, 시토신, 티민이 "잎"(염기)이었다. 각각을 A, G, C, T로 표기한다. RNA에는 티민 대신 우라실이 들어 있었다. 따라서 A, C, G, U로 표기한다.* 이와 같은 기본 사항들만 알려졌을 뿐, DNA와 RNA의 구조나 기능은 전혀 알지 못했다.

---

* DNA와 RNA의 "뼈대"는 당과 인산이 연결된 사슬이다. RNA에서는 당이 리보스(리보오스, ribose)다. 그래서 리보핵산(Ribo-Nucleic Acid, RNA)이라고 한다. DNA에서는 당이 약간 다른 화학물질인 데옥시리보스(디옥시리보오스, deoxyribose)다. 그래서 데옥시리보핵산 (Deoxyribo-Nucleic Acid, DNA)이라고 한다.

록펠러 대학교에서 에이버리의 동료 중 한 명인 생화학자 피버스 레빈은 DNA의 우스꽝스러운 만큼 이 평범한 화학적 조성—네 염기가 사슬을 따라 늘어선—이 극도로 "조잡한" 구조라고 주장했다.[5] 그는 DNA가 단조로운 긴 중합체임이 틀림없다고 추정했다. 그는 네 염기가 정해진 순서에 따라 반복된다고 생각했다. AGCT-AGCT-AGCT-AGCT 하는 식으로 지겹도록 말이다. 반복되고 리듬 있고 규칙적이고 간소한 이 물질은 생화학 세계의 나일론, 화학물질계의 컨베이어 벨트임이 분명했다. 그는 DNA를 "어리석은 분자"라고 불렀다.[6]

레빈이 제시한 DNA 구조는 언뜻 보기만 해도 거기에 유전 정보가 들어 있을 수 없음을 알 수 있다. 어리석은 분자는 영리한 메시지를 지닐 수 없었다. 극도로 단조로운 이 DNA는 슈뢰딩거가 상상한 화학물질과 정반대인 것처럼 보였다. 그냥 어리석은 분자가 아니라 더 심한, 지루하기 그지없는 분자였다. 그에 반해서 단백질—다양하고 수다스럽고 다재다능하고, 온갖 형태를 취하고 온갖 기능을 수행할 수 있는—이 유전자 운반자일 가능성이 훨씬 더 높아 보였다. 모건이 주장했듯이 염색질이 구슬을 꿴 실이라면, 그중 활성 성분—구슬—은 단백질이고, DNA는 실이어야 했다. 한 화학자는 염색체의 핵산이 그저 "구조를 결정하고 지탱하는 물질"[7]이라고 했다. 유전자를 위한 분자 비계라는 것이었다. 단백질이야말로 유전의 진정한 진자 내용물을 지니고 있었다. DNA는 충전재일 뿐이었다.

1940년 봄, 에이버리는 그리피스 실험의 핵심 결과가 옳았음을 확인했다. 그는 병원성인 매끄러운 균주의 잔해를 분리한 다음, 비병원성인 울퉁불퉁한 균주의 살아 있는 세균과 섞어서 생쥐에게 주사했다. 그러자 매끄러운 외피를 지닌 병원성 세균이 출현했고, 생쥐는 죽었다. "형질전환 물질"은 작동했다. 그리피스처럼 에이버리도 형질전환된 매끄러운 외피를 지닌 세균이 대대로 병원성을 간직한다는 것을 관찰했다. 즉 유전 정보가 두 생물 사이에 순수한 화학물질 형태로 전달됨으로써 울퉁불퉁한 균주를 매끄러운 균주로 바꾼 것이 분명했다.

그러나 어떤 화학물질일까? 에이버리는 여러 배지에 소의 심장 육즙을 넣고, 오염된 당을 제거하고 하면서 여러 배지에 세균을 키우면서 미생물학자만이 할 수 있는 온갖 실험을 했다. 콜린 매클라우드와 매클린 매카티가 조수로 실험실에 와서 실험을 도왔다. 처음에는 기술적인 문제를 해결하느라 애를 썼다. 8월 초에 그들은 한 플라스크에서 형질전환 반응을 일으켰고, 그 "형질전환 물질"을 증류하여 고도로 농축시켰다. 1940년 10월, 그들은 그 농축한 세균의 잔해에서 각 화학물질 성분들을 분리하여 각각이 유전 정보를 전달하는 능력을 가지는지를 검사하는 고된 작업을 시작했다.

먼저 그들은 잔해에 남아 있는 세균의 외피 조각들을 모두 제거했다. 그래도 형질전환 능력은 남아 있었다. 이번에는 그들은 알코올로 지질(脂質, lipid)을 녹여서 제거했다. 그래도 그 능력에는 변화가 없었다. 이어서 그들은 클로로포름으로 단백질을 녹여서 빼냈다. 그래도 형질전환 물질은 여전히 있었다. 그들은 여러 효소를 써서 단백질을 분해했다. 이번에도 형질전환 능력은 그대로였다. 그들은 그 잔해를 단백질을 충분히 변형시킬 수 있는 온도인 65도로 가열한 다음, 산을 첨가하여 단백질을 응고시켰지만, 그래도 유전자의 전달 능력은 온전히 남아 있었다. 실험은 세심하고 철저하고 결정적이었다. 어떤 화학 성분이었든 간에, 형질전환 물질은 당, 지질, 단백질로 이루어진 것이 아니었다.

그렇다면 과연 무엇일까? 그것은 얼렸다가 녹일 수 있었다. 알코올로 침전시킬 수 있었다. 용액에서 "실패에 감긴 실처럼 유리 막대에 감기는 하얀 섬유질"의 형태로 용액에서 엉겨 붙었다. 에이버리가 그 섬유 덩어리를 혀에 댔더니 산의 약간 시큼한 맛에 이어서 당과 소금 맛도 났다. 한 작가는 훗날 "원시 바다"[8]의 맛 같았다고 묘사했다. RNA를 분해하는 효소도 아무런 영향을 미치지 못했다. 형질전환 능력을 없애는 방법은 오로지 DNA를 분해하는 효소를 넣어서 잔해를 소화시키는 것뿐이었다.

DNA라고? DNA가 유전 정보를 지니고 있다고? 어떻게 "어리석은 분자"가 생물학에서 가장 복잡한 정보를 지닐 수 있단 말인가? 에이버리, 매클라우드, 매카티는 자외선, 화학 분석, 전기영동 등 온갖 실험을 통해서 그 형질전환 물질을 검사했다. 모든 실험에서 답은 명확했다. 형질전환 물질이 DNA라는 데에는 의문의 여지가 없었다. "대체 누가 그렇다고 추측이나 할 수 있었겠어?"[9] 에이버리는 1943년에 형제에게 주저하는 어조로 썼다. "우리가 옳다면 ─물론 아직 검증되지 않았지만─핵산은 구조적으로만이 아니라 기능적으로도 활성을 띤 물질이야……세포에 예측 가능하고 유전적인 변화를 일으키는 물질이지[밑줄은 에이버리가 친 것]."

에이버리는 어떤 결과든 발표하기 전에 두 번 확인하기를 원했다.[10] "어설프게 내놓는 것은 위험하며, 나중에 취하해야 하는 당혹스러운 일이 벌어질 수 있다." 그러나 그는 자신의 기념비적인 실험이 낳을 결과들을 제대로 이해하고 있었다. "그 문제는 많은 의미를 함축한다……유전학자들이 오랫동안 꿈꾸던 것이다." 나중에 한 연구자는 에이버리가 "유전자의 물질"을, "유전자들이 잘려 나온 천"[11]을 발견했다고 묘사했다.

오스월드 에이버리의 DNA 논문은 1944년에 발표되었다.[12] 독일에서 나치의 학살이 끔찍한 정점으로 치닫던 해였다. 매달 수용소로 오는 열차는 수많은 유대인들을 토해냈다. 엄청난 인구였다. 1944년에만 거의 50만 명에 달하는 사람들이 아우슈비츠로 이송되었다. 주변에는 수용소들이 더 늘어났고 새로운 가스실과 화장장이 세워졌다. 공동묘지도 꽉 찼다. 그해에 45만 명이 가스실에서 죽임을 당했다.[13] 1945년경에는 유대인 90만 명, 폴란드인 7만4,000명, 집시 2만1,000명(로마에서), 정치범 1만5,000명이 살해당했다.

1945년 초, 소련 적군이 얼어붙은 땅을 지나 아우슈비츠와 비르케나우로 진격할 때, 나치는 수용소와 위성 수용소들에서 약 6만 명에 달하는 수용자들을 대피시키려고 시도했다.[14] 그들 중 상당수는 심한 영양실조에 걸린 상태에서 지치고 추위에 떨다가 대피 도중에 사망했다. 1945년 1월 27일 아침, 소련군은 수용소로 진격하여 남아 있던 7,000명을 해방시켰다. 그 수용소에서 살해당해서 묻혀 있는 수에 비하면 미미한 잔류 인원이었다. 그 무렵에 더욱 악의에 찬 인종 증오의 언어가 득세하면서 우생학과 유전학의 언어는 변방으로 밀려난 지 오래였다. 유전적 청소라는 구실은 그보다 더 발전한 인종청소라는 일부로 이미 편입된 상태였다. 그렇다고 해도, 나치 유전학의 흔적은 지워지지 않는 흉터처럼 남았다. 그날 아침 풀려나서 어리둥절한 기색으로 수용소 밖으로 걸어나온 사람들 중에는 난쟁이 한 가족과 몇몇의 쌍둥이들이 있었다. 멩겔레의 유전 실험에서 살아남은 극소수의 사람들이었다.

아마 나치즘이 유전학에 기여한 마지막 사항은 우생학에 치욕의 궁극적 낙인을 찍었다는 점일 것이다. 나치 우생학이 준 공포는 하나의 교훈이 되었다. 그 결과 전 세계에서 우생학이 불러일으킨 야심들을 재검토하기에 이르렀다. 전 세계에서 우생학 계획들은 슬그머니 자취를 감추었다. 미국의 우생학 기록국은 1939년에 후원금이 크게 줄었고, 1945년 이후로 급격히 쇠락했다.[15] 가장 열렬하게 우생학을 지지했던 인물 중 상당수는 마치 집단 기억상실증을 일으킨 양, 자신들이 독일 우생학자들을 부추기는 역할을 했다는 사실을 그냥 싹 잊은 채, 우생학 운동과 절연했다.

"중요한 생물학적 대상들은 쌍으로 나타난다"

언론과 과학자의 어머니가 옹호하는 널리 알려진 생각과 정반대로, 꽤 많은 과학자들이 속이 좁을 뿐만 아니라 어리석기까지 하다는 사실을 깨닫지 못하는 한, 성공한 과학자가 될 수 없다.

—제임스 왓슨[1]

매혹적인 대상은 과학자가 아니라 분자이다.　　　—프랜시스 크릭[2]

경쟁을 가장 우선시한다면 과학도 스포츠처럼 파멸하고 말 것이다.

—브누아 밍델브로[3]

오스월드 에이버리의 실험은 또다른 "전환"을 이루었다. 가장 뒷전으로 밀려 있었던 생명 분자인 DNA가 무대 중앙으로 진출했다. 비록 일부 과학자들은 처음에 유전자가 DNA로 이루어져 있다는 개념을 거부했지만, 에이버리의 증거를 내치기란 쉽지 않았다(그러나 에이버리는 세 차례나 노벨상 후보에 올랐지만, 영향력이 있던 스웨덴 화학자인 에이나르 하마르스텐이 DNA가 유전 정보를 가질 수 있다고 믿으려고 하지 않았기에 수상을 못하고 있었다). 1950년대에 다른 연구실들에서도 실험을 통해서 재확인이 이루어지면서, 가장 강경한 회의주의자들도 개종하지 않을 수 없었다.* 충성의 대상이 바뀌었

---

* 앨프리드 허시와 마사 체이스가 1952년과 1953년에 한 실험들도 DNA가 유전 정보의 소유자임을 확인했다.

다. 염색질이라는 하녀는 갑자기 여왕이 되었다.

DNA 종교로의 초기 개종자 가운데, 뉴질랜드 출신의 젊은 물리학자 모리스 윌킨스도 있었다.[4] 시골 의사의 아들인 윌킨스는 1930년대에 케임브리지에서 물리학을 공부했다. 멀리 떨어진 남반구의 뉴질랜드라는 혹독한 변경 지역은 이미 20세기 물리학을 바꾼 인물을 낳은 바 있었다. 1895년 장학금을 받고 케임브리지로 온 또 한 명의 젊은이인 어니스트 러더퍼드였다.[5] 그는 풀려난 중성자 빔처럼 원자물리학을 산산조각 냈다. 그 누구도 따라올 수 없는 열정적인 실험을 통해서 그는 방사성의 특성을 추론했고, 설득력 있는 원자 모형을 구축했고, 원자를 구성분인 아원자 입자로 쪼갰고, 아원자물리학이라는 새로운 변경을 개척했다. 1919년 그는 화학적 변성이라는 중세 연금술의 환상을 실현시킨 최초의 과학자가 되었다. 질소에 방사선을 쬠으로써 그는 질소를 산소로 바꾸었다. 그는 원소조차도 그다지 근원적이지 않다는 것을 입증했다. 물질의 기본 단위인 원자는 사실 물질의 더 근본적인 단위들로 이루어져 있었다. 전자, 양성자, 중성자였다.

윌킨스는 러더퍼드를 본받아서 원자물리학과 방사선을 연구했다. 그는 1940년대에 버클리로 자리를 옮겨서, 맨해튼 계획에 쓰일 동위원소를 분리하고 정제하는 과학자들과 잠시 일했다. 그러나 영국으로 돌아온 뒤에 당시 물리학자들의 유행을 좇아서 물리학에서 생물학으로 진출했다. 그 역시 슈뢰딩거의 『생명이란 무엇인가?』를 읽자마자 푹 빠져들었다. 그는 유전의 기본 단위인 유전자도 하위 단위들로 이루어져 있을 것이며, DNA의 구조에서 이 하위 단위들이 모습을 드러낼 것이라고 추론했다. 바로 이 점이 물리학자가 생물학의 가장 유혹적인 수수께끼를 풀 수 있는 기회였다. 1946년 윌킨스는 런던 킹스 칼리지에 새로 설립된 생물물리학부의 부부장으로 임명되었다.

생물물리학(Biophysics). 두 분야를 뒤섞은 이 어색한 단어조차도 새로운 시대의 징후였다. 19세기에 살아 있는 세포가 상호 연결된 화학반응들의 주머니에 불과하다는 깨달음은 생물학과 화학을 융합한 강력한 분야인 생화학을 탄생시켰다. 화학자 파울 에를리히는 "생명은 하나의 화학적 사건이다"[6]라고 말한 적이 있다. 그리고 생화학자는 세포를 터뜨려서 구성분인 "살아 있는 화학물질들"을 분류하고 기능을 알아내는 일을 시작했다. 당은 에너지를 제공했다. 지방은 에너지를 저장했다. 단백질은 생화학적 과정의 속도를 촉진하고 통제하는 생명 세계의 배전반 역할을 함으로써 화학반응을 일으켰다.

그런데 단백질이 **어떻게** 생리학적 반응이 일어날 수 있게 하는 것일까? 한 예로 혈액의 산소 운반자인 헤모글로빈은 생리학에서 가장 단순하면서도 가장 중요한 반응 중 하나를 수행한다. 고농도의 산소에 노출되면, 헤모글로빈은 산소와 결합한다. 반면에 산소 농도가 낮은 곳으로 가면, 결합된 산소를 기꺼이 풀어놓는다. 이 특성 덕분에 헤모글로빈은 산소를 폐로부터 심장과 뇌로 운반할 수 있다. 그러나 헤모글로빈이 어떤 특성을 지녔기에 그런 효과적인 분자 운반자 역할을 할 수 있는 것일까?

해답은 헤모글로빈 분자의 구조에 들어 있다. 가장 집중적으로 연구된 분자 형태인 헤모글로빈 A는 네 잎 토끼풀 모양이다. 두 장의 잎은 알파글로빈이라는 단백질로 만들어지고, 다른 두 장은 연관된 단백질인 베타글로빈이 만든다.* 각 이파리는 한가운데에 놓인 헴(heme)이라는 철을 함유한 화학물질을 통해서 연결된다. 헴은 산소와 결합할 수 있다. 철이 녹스는 반응을 적절히 통제하면서 일으키는 것과 좀 비슷하다. 일단 헴에 산소 분자들이 꽉들어차면, 헤모글로빈의 네 잎은 쥠쇠처럼 산소를 꽉 에워싼다. 산소를 풀어놓을 때에는 쥠쇠 기구가 헐거워진다. 산소 분자 하나가 풀려나면 그에 대응하여 다른 모든 쥠쇠들도 헐거워진다. 중심이 되는 핀 하나를 **빼내면** 산산이

---

* 헤모글로빈은 태아에게만 있는 형태를 비롯하여, 여러 가지 변이 형태를 가지고 있다. 이 책에서는 가장 흔하고 가장 연구가 잘되어 있으면서도 혈액에 풍부하게 들어 있는 변이 형태를 기준으로 하여 논의했다.

해체되는 아이의 퍼즐 장난감과 비슷하다. 이제 토끼풀의 네 잎은 비틀리면서 열리고, 헤모글로빈은 산소라는 짐을 내려놓는다. 철과 산소의 통제된 결합과 해체—피의 녹슬음과 재생—덕분에 조직으로 산소가 효과적으로 운반될 수 있다. 헤모글로빈은 액체 피에 녹을 수 있는 산소량보다 70배나 더 많은 산소를 운반할 수 있다. 척추동물의 체제는 이 특성에 기댄다. 멀리까지 산소를 운반하는 헤모글로빈의 능력이 교란된다면, 우리 몸은 작아지고 차가워져야만 할 것이다. 어느 날 깨어나서 자신이 곤충으로 변했음을 알아차릴지도 모른다.

헤모글로빈이 그런 기능을 할 수 있는 것은 **형태** 덕분이다. 분자의 물리적 구조 덕분에 그런 화학적 특성을 가질 수 있으며, 그 화학적 특성 덕분에 생리적 기능을 수행할 수 있고, 궁극적으로는 그 생리적 기능 덕분에 생명 활동을 할 수 있는 것이다. 생물의 복잡한 활동은 이 세 층위라는 관점에서 볼 수 있다. 물리학 덕분에 화학이, 화학 덕분에 생리학이 가능하다. 슈뢰딩거의 『생명이란 무엇인가?』라는 질문에 생화학자는 "화학물질이 아니라고 한다면"이라고 답할지도 모르겠다. 그리고 생물물리학자는 덧붙일지도 모른다. 물질의 분자가 아니라면, 화학물질이란 무엇일까?

생리학을 이런 식으로 기술하는 방식—형태와 기능을 절묘하게 대비시키면서 분자 순서까지 내려가는—은 아리스토텔레스에게까지 거슬러올라간다. 아리스토텔레스는 생물이 절묘하게 조립된 기계에 불과하다고 말했다. 중세 생물학은 어떤 식으로든 간에 생명만이 가진 "생기"와 신비한 체액이 있다고 추측함으로써 그 전통과 —생물의 수수께끼 같은 활동을 설명하기 위해서(그리고 신의 존재를 정당화하기 위해서) 최후에 동원된 데우스 엑스 마키나(deus ex machina : 고대 그리스 연극에서 절망적인 상황을 극적으로 타개하기 위해서 등장시키는 인물이나 대상을 가리키며, "기계에서 나온 신"이라는 뜻/역주) —결별했다. 그러나 생물물리학자들은 생물학을 다시금 엄밀하게 기계론적으로 기술하려는 의도를 가지고 있었다. 생물물리학자들은 힘,

운동, 작용, 모터, 엔진, 지렛대, 도르래, 죔쇠 같은 물리학의 용어로 살아 있는 생리 현상을 설명할 수 있어야 한다고 주장했다. 뉴턴의 사과를 땅으로 떨어뜨린 법칙은 사과나무의 생장에도 적용되어야 했다. 생명을 설명하기 위해서 고안한 특수한 생기나 신비한 체액 따위는 불필요했다. 생물학은 물리학, 즉 신 안의 기계(Machina en deus)였다.

킹스 칼리지에서 윌킨스가 택한 연구 과제는 DNA의 삼차원 구조를 해명하는 것이었다. 그는 DNA가 진정으로 유전자의 운반자라면, 그 구조에서 유전자의 본질이 드러나야 한다고 추론했다. 무자비한 진화의 경제가 기린의 목을 늘이고 헤모글로빈의 네 잎 토끼풀 모양을 완성했듯이, 그 경제는 기능에 절묘하게 들어맞는 형태를 가진 DNA 분자를 만들었을 것이 분명했다. 유전자 분자는 어떤 식으로든 간에 유전자 분자처럼 보여야 했다.

　DNA의 구조를 밝혀내기 위해서, 윌킨스는 인근 케임브리지 대학교에서 발명한 생물물리학 기술들을 구하기로 결심했다. 결정학과 X선 회절 분석이었다. 이 기술의 기본 개요를 이해하기 위해서, 작은 삼차원 물체, 이를테면 정육면체의 모양을 추론하려 한다고 상상해보자. 우리는 이 정육면체를 눈으로 "볼" 수도 모서리를 만질 수도 없다. 그러나 그것은 모든 물리학적 대상이 가져야 하는 한 가지 특성을 가진다. 바로 그림자를 만들어낸다는 것이다. 우리가 다양한 각도에서 이 정육면체에 빛을 비추면서 생기는 그림자를 기록한다고 하자. 빛을 정면에서 쬐면, 정육면체는 정사각형 그림자가, 비스듬히 쬐면 다이아몬드 모양의 그림자가 생긴다. 광원을 다시 옮기면, 그림자는 사다리꼴이 된다. 이 과정은 어처구니없을 만큼 고역스럽다. 100만 개의 그림자를 보면서 얼굴을 조각하는 것과 비슷하다. 그러나 이 과정은 작동한다. 이차원 영상들의 집합이 차츰차츰 삼차원 형태로 전환되는 것이다.

　X선 회절 분석도 비슷한 원리를 토대로 한다. 여기에서는 X선이 결정에 부딪혀서 산란되는 양상이 바로 "그림자"가 된다. 분자를 쬐고 분자 세계에서

산란이 이루어진다는 점만 다르다. 그래서 가장 강력한 광원인 X선이 필요하다. 그리고 더 미묘한 문제가 하나 있다. 분자는 대개 초상화를 그릴 때 가만히 있지 못한다. 액체나 기체 형태의 분자는 먼지 알갱이처럼 공간을 무작위로 핑핑 돌아다닌다. 100만 개의 움직이는 정육면체에 빛을 비추면 움직이는 흐릿한 그림자만 보게 된다. 지지직거리는 텔레비전의 분자판이다. 이 문제의 유일한 해결책은 기발하다. 용액에 있는 분자를 결정으로 전환하는 것이다. 그러면 원자들은 즉시 그 자리에 갇힌다. 이제 그림자는 규칙성을 띤다. 격자는 질서 있고 읽을 수 있는 그림자를 생성한다. X선을 결정에 쪼임으로써, 물리학자는 삼차원 공간 속의 구조를 해독할 수 있다. 칼텍의 두 물리화학자 라이너스 폴링과 로버트 코리는 이 기술을 써서 몇몇 단백질 조각의 구조를 밝혀냈다. 이 업적으로 폴링은 1954년에 노벨상을 받게 된다.

윌킨스가 DNA를 대상으로 하려는 일이 바로 그것이었다. DNA에 X선을 쪼이는 일에는 새로운 기술도 전문 지식도 그다지 필요 없다. 윌킨스는 화학과에 있던 X선 회절 장치를 가져와서 템스 강 제방 옆 건물의 지하실에 "홀로 장엄하게" 모셔놓고 납으로 둘러쌌다.[7] 실험에 필요한 장비는 다 갖추어졌다. 이제 주된 도전 과제는 DNA를 꼼짝하지 못하게 고정시키는 것이었다.

윌킨스는 체계적으로 연구를 진행해나갔다. 그러다가 1950년 초에 예기치 않은 방해에 직면했다. 1950년 겨울, 생물물리학부의 부장인 J. T. 랜들은 결정학을 연구할 젊은 과학자를 한 명 충원했다. 랜들은 크리켓을 좋아하는 작은 체구의 품위 있는 귀족이었지만, 나폴레옹처럼 권위적으로 부서를 운영했다. 새로 들어온 로절린드 프랭클린은 파리에서 석탄 결정 연구를 막 끝낸 상태였다. 1951년 1월, 그녀는 랜들을 만나러 런던으로 왔다.

윌킨스는 약혼녀와 휴가 중이었다. 후에 그는 자리를 비운 일을 후회하게 된다. 랜들이 프랭클린에게 연구 과제를 제시했을 때 앞으로 충돌이 빚어질 것을 그가 얼마나 예상하고 있었는지는 불분명하다. 그는 로절린드에게 말했다. "윌킨스는 [DNA] 섬유가 그림이 꽤 잘 나온다는 것을 이미 발견했네." 아마 프랭클린도 그 섬유의 회절 패턴을 연구하여 구조를 추론할 생각을 하지 않았을까? 그는 그녀에게 DNA를 연구하라고 제안했다.

휴가에서 돌아왔을 때, 윌킨스는 프랭클린이 조수로서 자기 연구에 합류할 것이라고 예상했다. 어쨌거나 DNA는 **자신의** 연구 과제였으니까 말이다. 그러나 프랭클린은 누군가를 보조할 생각이 전혀 없었다. 저명한 영국 은행가의 딸인 검은 머리에 검은 눈의 그녀는 말할 때 X선처럼 상대방을 꿰뚫듯이 응시하곤 했다. 그녀는 연구실에서 희귀한 존재였다. 남성들이 지배하는 세계의 독립심 강한 여성 과학자였다. 훗날 윌킨스가 쓴 바에 따르면, 프랭클린은 "독단적이고 강압적인 아버지를 두었고, 부친과 남자형제들로부터 더 뛰어난 지능이 하필이면 왜 그녀에게 갔느냐고 원망을 들으면서 자랐다"고 한다. 그녀는 누군가의 조수로 일할 생각이 조금도 없었다. 하물며 자신이 싫어하는 순해 빠진 성격의 모리스 윌킨스라니. 그녀는 그를 가망 없는 "중산층"이라고 여겼고, 그의 연구 과제—DNA 해독—가 자신의 연구 과제와 직접 부딪친다고 보았다. 훗날 프랭클린의 한 친구가 회상한 바에 따르면, 그녀는 "첫눈에 싫어졌다"고 한다.[8]

윌킨스와 프랭클린은 처음에는 스트랜드 팰리스 호텔에서 이따금 커피도 마시면서 좋은 분위기에서 함께 연구했다. 그러나 곧 둘의 관계는 냉기가 풍기는 적대감으로 가득해졌다.[9] 서로가 하는 일을 잘 알던 상황에서 서서히 눈살을 찌푸리며 서로를 경멸하는 관계로 발전했다. 몇 달 사이에 그들은 거의 말도 주고받지 않게 되었다. (훗날 윌킨스는 그녀가 "나를 물어뜯지는 않지만, 종종 짖어댄다"[10]고 썼다.) 어느 날 아침, 그들은 각자 친구들과 캠 강에서 뱃놀이를 하다가 서로 마주쳤다. 프랭클린이 강을 따라 윌킨스 쪽으로 내려오다가 두 배가 거의 충돌할 만큼 가까워졌다. "이제는 나를 익사시키려고 해."[11] 그는 겁에 질린 척하면서 소리쳤다. 신경질적인 웃음이 터져나왔다. 농담이 진실에 아주 가까울 때 내는 바로 그런 웃음이었다.

사실 그녀가 익사시키려고 한 것은 잡음이었다. 맥줏집에 가득한 남자들이 맥주잔을 부딪치는 소리, 킹스 칼리지의 남성만이 드나드는 휴게실에서 시끄럽게 그들끼리 과학 토론을 하는 소리 등등. 프랭클린에게는 대다수의 남자 동료들이 "단연코 역겨운" 존재들이었다.[12] 그녀를 지치게 만드는 것은 그냥 성차별주의가 아니라, 성차별주의적으로 비꼬는 태도였다.[13] 은근히 멸시하는 태도를 간파하고 무심코 내뱉는 농담에 담긴 속뜻을 해석하는 일은 피곤했다. 그녀는 차라리 다른 암호를 해석하고자 했다. 자연에, 결정에, 보이지 않는 구조에 담긴 암호를 말이다. 당시로서는 특이하게도 랜들은 여성 과학자를 임용하는 데에 반대하지 않았다. 킹스 칼리지에는 프랭클린 말고도 여성 과학자가 몇 명 있었다. 그리고 더 이전의 여성 선구자들이 있었다. 부르튼 손바닥에 새까만 치마를 입고서 가마솥에서 검은 슬러지(액체와 뒤섞인 광물 찌꺼기/역주)를 끓여서 라듐을 증류했던 엄숙하고 열정적인 여성인 마리 퀴리는 노벨상을 한 번도 아니고 두 번이나 받았다.[14] 그리고 정숙하고 우아한 여성인 옥스퍼드 대학교의 도러시 호지킨은 페니실린의 결정 구조를 밝혀낸 업적으로 노벨상을 받았다(한 신문은 그녀를 "상냥하게 보이는 가정주부"[15]라고 했다).[16] 그러나 프랭클린은 그 양쪽 모형에 들어맞지 않았다. 그녀는 상냥한 가정주부도 튄 자국이 가득한 긴 치마를 입고서 가마솥을 휘젓는 여성도 아니었다. 마돈나도 마녀도 아니었다.

프랭클린을 가장 성가시게 한 잡음은 지지직거리듯이 흐릿한 DNA 사진들이었다. 윌킨스는 스위스의 한 연구실에서 고도로 정제된 DNA를 얻어서 그것을 균일한 가느다란 섬유로 펼쳤다. 그 섬유를 철사―종이 클립은 믿기 어려울 정도로 효과가 좋았다―의 좁은 틈새에 놓고 죽 펼쳐서, X선을 쬐어 회절 사진을 얻고자 했다. 그러나 그 물질은 사진을 찍기가 어렵다는 것이 드러났다. 필름에 찍힌 것은 흩어진 흐릿한 점들이었다. 그녀는 정제된 분자의 사진을 찍기 어렵게 만드는 것이 무엇일까 생각했다. 곧 그녀는 답을 찾아냈다. 순수한 상태에서 DNA는 두 가지 형태로 존재했다. 물이 있을 때에는 한 형태로 있다가, 마르면 다른 형태로 전환되었다. 실험실에서 수분이 변할 때, DNA 분자는 늘어졌다가 팽팽해지곤 했다. 생명 자체처럼 내뱉고 빨아들이고 내뱉고 빨아들이고를 되풀이했다. 윌킨스가 최소화하려고 애쓰던 잡음은 어느 정도는 이 두 형태 사이의 전환 때문에 생긴 것이었다.

프랭클린은 소금물을 통해서 수소 기체를 뿜어내는 독창적인 기구를 써서 실험실의 습도를 조절했다.[17] 실험실에서 DNA의 습도를 높이자, 섬유는 계속 늘어져 있는 듯했다. 마침내 DNA를 길들이는 데에 성공한 것이다. 몇 주일이 지나지 않아서 그녀는 이전에 결코 본 적이 없는 수준의 선명한 DNA 사진을 찍고 있었다. 결정학자인 J. D. 버널은 나중에 그 사진들을 "지금까지 찍은 물질들 중 가장 아름다운 X선 사진"이라고 했다.[18]

1951년 봄, 모리스 윌킨스는 나폴리의 동물학 연구소에서 강연을 했다. 보베리와 모건이 한때 성게를 연구했던 곳이었다. 날씨가 막 따뜻해지기 시작했지만, 도시의 건물 사이로 아직 차가운 바닷바람이 불어왔다. 그날 아침 청중 가운데 윌킨스가 전혀 모르는 생물학자가 있었다. "셔츠 자락을 나풀거리고, 반바지에 양말을 발목까지 내린 채……수탉처럼 머리를 흔들어대는"[19] 쉽게 흥분하고 수다스러운 제임스 왓슨이라는 젊은이였다. DNA 구조에 관한 윌킨스의 강연은 무미건조하고 학술적이었다. 그가 열의 없이 보여준 마지막 슬라이드 중에 DNA의 회절 사진이 하나 있었다. 그 사진은 긴 강연의 끝 무렵에 화면에 떴고, 윌킨스는 그 사진을 보여줄 때 전혀, 또는 거의 흥분하지 않았다.[20] 사진에는 아직 패턴이 뚜렷하지 않았다. 윌킨스는 아직 시료의 품질과 실험실의 습도 문제를 해결하지 못한 상태였다. 그러나 왓슨은 즉시 그 사진에 푹 빠졌다. 일반적인 결론은 명백했다. 원리상 DNA도 X선 회절 분석에 걸맞은 형태로 결정화할 수 있었다. 훗날 왓슨은 이렇게 회상했다. "모리스의 강연을 듣기 전까지만 해도, 나는 유전자가 엄청나게 불규칙하지 않을까 걱정했다."[21] 그러나 왓슨은 사진을 보는 순간 확신했다. "갑자기 화학에 열의가 솟구쳤다." 그는 윌킨스에게 그 사진에 관해서 물으려고 했지만, "모리스는 영국인이었고, 이방인과는 대화하지 않았다."[22] 왓슨은 슬그머니 몸을 피했다.

왓슨은 "X선 회절 기법을 전혀 몰랐다."[23] 그러나 어떤 생물학적 문제가 중요한지를 직감적으로 알아차렸다. 시카고 대학교에서 조류학을 공부한 그는 "적당히 어려워 보이기만 해도 화학이나 물리학 강좌는 피하려고" 기를 썼다. 그러나 일종의 귀소 본능에 따라서 그는 DNA로 향했다. 그도 슈뢰딩거의 『생명이란 무엇인가?』를 읽고 푹 빠져들었다. 그는 핵산의 화학을 연구하러 코펜하겐으로 갔지만, 그 일은 "완전한 실패"[24]였다고 훗날 적었다. 하지만 그는 윌킨스의 사진에 매료되었다. "내가 그 사진을 해석할 수 없다는 사실은 아무런 문제가 안 되었다. 새로운 생각을 하는 위험을 결코 무릅쓴 적이 없는 고리타분한 학자가 되느니, 유명해지는 내 자신을 상상하는 편이 분명히 더 나았다."[25]

코펜하겐으로 돌아온 왓슨은 충동적으로 케임브리지의 맥스 퍼루츠 연구실로 보내달라고 요청했다(오스트리아 출신의 물리학자인 퍼루츠는 1930년대 대규모 탈출 시기에 나치 독일에서 영국으로 피신했다).[26] 퍼루츠는 분자 구조를 연구하고 있었고, 그곳은 왓슨의 머릿속을 떠나지 않고 예언하듯이 어른거리는 윌킨스의 사진에 다가갈 수 있는 가장 가까운 곳이었다. 왓슨은 DNA의 구조를 밝혀내고자, 즉 "생명의 진정한 비밀을 풀 로제타석(Rosetta stone : 나폴레옹군이 이집트에서 발견한 비석으로 상형문자, 이집트 민중문자, 그리스 문자가 새겨져 있어서 이집트 상형문자 해독의 열쇠가 됨/역주)"의 해석을 결심했다. 훗날 그는 이렇게 말했다. "유전학자로서 풀 가치가 있는 문제는 그것뿐이었다." 겨우 그의 나이 23세일 때 내린 판단이었다.

왓슨은 사진 한 장에 혹해서 케임브리지로 옮겼다. 케임브리지에 간 첫날, 그는 다시 사랑에 빠졌다. 이번 상대는 퍼루츠의 연구실에 있는 프랜시스 크릭이었다. 성적인 사랑이 아닌, 똑같은 대상에 미쳐 있고, 끝없이 열정적으로 대화를 나눌 수 있고, 현재 처지에 구애 받지 않는 야심을 품은 상대에 대한 우정이었다.* 훗날 크릭은 이렇게 썼다. "젊음의 오만함, 무례함, 너저분한 생각을 참지 못하는 성격에 힘입어 우리는 자연스럽게 가까워졌다."[27]

당시 크릭은 35세였다. 왓슨보다 12년 더 연상이었지만, 아직 박사 학위가 없었다(어느 정도는 전시에 그가 해군본부에서 복무했기 때문이기도 했다). 그는 전통적인 "학자"도 아니었고, 결코 "고리타분"하지도 않았다. 원래 물리학을 공부한 호탕한 성격의 그는 우렁찬 목소리로 동료 연구자들에게 두통을 안겨주곤 했고, 그래서 기피 대상이기도 했다. 그도 슈뢰딩거의 『생명이란 무엇인가?』―"혁명을 촉발한 얇은 책"―를 읽고서 생물학으로 돌아섰다.

영국인은 많은 것을 싫어하지만, 아침 열차에 옆자리에 앉아서 당신이 들고 있는 신문의 십자말풀이를 푸는 사람보다 경멸적인 사람은 없다. 크릭의 정신은 목소리만큼 안하무인에다가 자유롭게 쏘다녔다. 그는 남들이 고심하는 문제에 거침없이 끼어들어서 해결책을 제시하곤 했다. 설상가상으로 그 해결책은 대개 옳았다. 1940년대 말, 물리학에서 생물학 대학원 과정으로 전공을 바꾼 그는 결정학에 쓰이는 수학 이론의 상당 부분을 혼자서 터득했다. 그림자를 삼차원 구조로 전환하는 데에 필요한 온갖 방정식들이었다. 퍼루츠 연구실의 대다수 동료들처럼, 크릭도 처음에 단백질의 구조에 연구 초점을 두고 있었다. 그러나 많은 동료들과는 달리, 그는 처음부터 DNA에 흥미를 가지고 있었다. 왓슨처럼, 그리고 윌킨스와 프랭클린처럼, 그도 유전 정보를 가질 수 있는 분자의 구조라는 문제에 본능적으로 끌렸다.

---

* 제임스 왓슨이라는 이름이 전 세계에 알려지기 한참 전인 1951년, 소설가 도리스 레싱은 젊은 왓슨과 3시간 동안 걸은 적이 있었다. 왓슨은 그녀의 친구가 데려온 사람이었다. 케임브리지 인근의 덤불과 소택지를 따라 걷는 내내, 말을 한 쪽은 레싱이었다. 왓슨은 한 마디도 하지 않았다. 산책이 끝날 무렵에, 마침내 레싱은 옆에 있던 사람의 입에서 나오는 소리를 들을 수 있었다. "지쳤어요. 그저 여기서 벗어나기만 하면 좋겠어요. 문제는요, 아시다시피, 지금 세상에서 내가 이야기할 수 있는 사람이 한 사람밖에 없다는 거예요."[28]

왓슨과 크릭 두 사람은 놀이방에 풀어놓은 아이들처럼 너무나 수다스럽게 떠들어댔기에, 둘만 따로 방을 배정받았다. 목재 서까래가 드러난 노란 벽돌로 지은 방이었다. 그들은 그곳에 자신만의 실험 기구와 꿈, "미친 추구 목표"를 들여놓았다. 그들은 무례함, 어릿광대짓, 가공할 명석함으로 서로 얽힌 상보적인 가닥이었다. 그들은 권위를 경멸하면서도 권위로부터 인정을 받기를 원했다. 그들은 기존 과학계가 우스꽝스럽고 지루하다고 생각했지만, 그 과학계의 환심을 사는 법도 알고 있었다. 그들은 자신들이 대단히 중요한 외부인이라고 상상하면서도, 케임브리지 대학교의 안뜰에 앉아 있을 때 가장 편안함을 느꼈다. 그들은 바보들의 왕국에서 스스로 어릿광대가 된 이들이었다.

그나마 그들이 존경심을 품은 과학자는 라이너스 폴링이었다. 최근에 단백질 구조의 중요한 수수께끼 하나를 풀었다고 발표한 칼텍의 영웅적인 화학자였다. 단백질은 아미노산 사슬로 이루어진다. 사슬은 삼차원 공간에서 접혀서 하위 구조를 형성하며, 그것들이 접혀서 더 큰 구조를 만든다(먼저 사슬이 스프링처럼 둘둘 말렸다가 그 말린 것들이 뭉쳐서 공 모양을 이룬다고 상상해보라). 결정을 연구하던 폴링은 단백질이 먼저 1차적으로 접혀서 일종의 원형이라고 할 하부 구조를 만들고는 한다는 것을 알아차렸다. 스프링처럼 생긴 하나의 나선 구조였다. 폴링은 칼텍의 한 모임에서 마치 모자에서 분자 토끼를 꺼내는 마술사마냥 극적인 효과를 일으키면서 자신의 모형을 발표했다. 커튼 뒤에 숨겨놓았다가 발표가 끝날 때 짠! 하면서 보여주었다. 청중은 깜짝 놀랐다가 박수를 쳤다. 그 폴링이 이제 단백질에서 DNA의 구조 쪽으로 관심을 돌렸다는 소문이 돌았다. 8,000킬로미터 떨어진 케임브리지에 있었지만, 왓슨과 크릭은 폴링의 숨결이 자신들의 목에 와 닿는 듯이 느꼈다.

단백질의 나선 구조를 밝힌 폴링의 선구적인 논문은 1951년 4월에 나왔다.[29] 방정식과 숫자로 가득한 그 논문을 전문가조차도 읽기가 버거웠다. 그러나 어느 누구보다도 수학 공식에 친숙했던 크릭은 폴링이 은폐 수단으로 삼은 대수학 속에 숨긴 핵심 방법을 찾아냈다. 크릭은 폴링의 모형이 사실은 "복잡한 수학적 추론의 산물이 아니라, 상식의 산물"[30]이라고 왓슨에게 말했다. 폴링의 진짜 마법은 상상력에 들어 있었다. "가끔 방정식이 논증에 끼어들긴 하지만, 대개는 말로만 해도 충분했을 거야……알파 나선은 X선 사진을 보고서 발견한 게 아니야. 핵심 비법은 어느 원자가 어느 원자 옆에 놓일 가능성이 높은지를 묻는 거였어. 연필과 종이 대신에, 주된 작업 도구는 유치원 아이들의 장난감과 비슷한 분자 모형이었어."

여기서 왓슨과 크릭은 가장 직관적인 과학적 도약을 감행했다. 폴링이 썼던 바로 그 "비법"을 쓰면 DNA 구조도 풀 수 있지 않을까? 크릭은 물론 X선 사진도 도움이 되겠지만, 실험 방법으로 생명 분자의 구조를 파악하려면 엄청난 노력을 쏟아부어야 할 것이라고 주장했다. "계단에서 굴러 떨어질 때 나는 소리를 듣고서 피아노의 구조를 파악하려고 시도하는 것과 같아."[31] 그러나 DNA의 구조가 "상식"을 통해서, 모형 구축을 통해서 추론할 수 있을 만큼 단순하다면—우아하다면? 막대기와 돌을 조립하여 DNA를 구조를 밝혀낼 수 있다면?

80킬로미터 떨어진 런던 킹스 칼리지의 프랭클린은 장난감 모형을 구축하는 일에는 거의 관심이 없었다. 오로지 실험에만 초점을 맞춘 그녀는 DNA 사진을 찍고 또 찍었다. 찍을수록 사진은 조금씩 더 선명해졌다. 그녀는 사진이 답을 제공할 것이라고 추론했다. 추측 따위는 할 필요가 없었다. 모형에서 실험 자료가 나오는 것이 아니라, 실험 자료에서 모형이 나오는 것이었다.[32] DNA의 두 형태—"마른" 결정 형태와 "젖은" 형태— 중에서 젖은 형태가 덜 복잡한 구조를 가진 듯했다. 그러나 윌킨스가 협력해서 젖은 구조를 풀자고 제안했을 때, 그녀는 매몰차게 거절하곤 했다. 그녀에게 공동 연구란 항복을 얄팍하게 위장한 말에 불과한 것이었다. 곧 랜들이 개입하여 마치 싸우는 아이들을 갈라놓듯이, 둘을 정식으로 갈라놓았다. 윌킨스는 젖은 형태를 계속 연구하게 되었고, 프랭클린은 마른 형태에 집중하게 되었다.

그 분리는 두 명 모두를 곤경에 빠지게 했다. 윌킨스의 DNA 시료는 상태가 좋지 않아서 좋은 사진이 찍히지 않았다. 프랭클린은 사진을 찍었지만, 해석하기가 어려웠다. ("나를 위해서 내 자료를 감히 해석하겠다고요?"[33]) 그녀는 그렇게 대들기도 했다.) 비록 그들은 수십 미터도 떨어지지 않은 곳에서 연구했지만, 서로 전쟁 중인 두 대륙에 살고 있는 듯했다.

1951년 11월 21일, 프랭클린은 킹스 칼리지에서 발표를 했다. 윌킨스는 왓슨을 초청했다. 런던 특유의 짙은 안개가 자욱한 오후였다. 발표장은 교정 깊숙한 곳에 자리한 낡고 습한 강의실이었다. 디킨스의 소설에 나오는 음울한 회계사의 방을 닮았다. 약 15명이 참석했다. 왓슨은 "깡마르고 어색한 모습으로……눈을 동그랗게 뜬 채 아무것도 적지 않은 채" 앉아 있었다.

훗날 왓슨은 프랭클린이 "온기나 경박함이 전혀 엿보이지 않은 빠르고 신경질적인 어투로" 말했다고 썼다. "한 순간 나는 그녀가 안경을 벗고 머리모양을 바꾸면 어떻게 보일까 궁금해졌다." 프랭클린은 의도적으로 냉담하고 엄숙한 분위기를 풍기며 말했다. 마치 소련의 저녁 뉴스처럼 딱딱하게 발표를 했다. 누군가 그녀의 머리모양이 아니라 발표 주제에 진정으로 주의를 집중했다면, 비록 그녀가 신중하게 에둘러 표현하고 있었지만, 기념비적인 개념적 발전을 앞두고 있음을 알아차렸을지도 모른다. 앞서 그녀는 자신의 일지에 "인산이 바깥에 놓인 몇 개의 사슬로 이루어진 커다란 나선"[34]이라고 적은 바 있었다.* 즉 절묘한 구조의 뼈대를 얼핏 알아보기 시작한 상태였다. 그러나 그녀는 그 구조를 더 상세히 기술하기를 거부한 채, 좀 조잡한 측정

---

* 프랭클린은 초기의 DNA 실험 자료에서 X선 패턴이 나선을 암시한다는 것에 확신을 가지지 못했다. 아마 마른 형태의 DNA를 연구했기 때문일 가능성이 높다. 사실 한때 프랭클린과 그녀의 학생은 "나선은 죽었다"라고 대담하게 선언하는 쪽지를 돌리기도 했다. 그러나 X선 사진이 점점 좋아지면서, 일지에 적었듯이 그녀는 서서히 인산이 바깥쪽에 놓인 나선을 상상하기 시작했다. 왓슨은 한 기자에게 프랭클린의 실수는 자신의 자료를 무심하게 대한 데에 있다고 말한 바 있다. "그녀는 DNA와 살지 않았어요."

결과만을 보여준 뒤, 지극히 지루한 학술적인 세미나를 끝냈다.

다음날 아침 왓슨은 흥분한 어조로 프랭클린의 발표 소식을 크릭에게 전했다. 그들은 결정학계의 대모인 도러시 호지킨을 만나러 옥스퍼드행 열차에 타고 있었다. 로절린드 프랭클린은 몇 가지 예비적인 실험 자료를 제시한 것 외에는 거의 아무 말도 하지 않은 것이나 다름없었다. 그러나 크릭이 왓슨에게 정확한 수치를 묻자, 왓슨은 얼버무릴 수밖에 없었다. 냅킨에라도 숫자를 끼적거렸으면 되었을 텐데, 그런 수고조차 하지 않았다. 자신의 과학자 인생에서 가장 중요한 세미나 중 하나에 참석했으면서도 아무런 필기도 하지 않았던 것이다.

그러나 크릭은 프랭클린의 예비 자료에서 충분히 많은 것을 간파했고, 서둘러 케임브리지로 돌아가서 모형을 구축하기 시작했다. 다음날 아침 그들은 인근에 있는 펍(pub)인 이글에서 구즈베리 파이로 점심을 먹으면서 대화를 했다. 그들은 "겉보기에 X선 자료가 두 가닥, 세 가닥 또는 네 가닥과 들어맞는다"는 것을 깨달았다.[35] 문제는 가닥들을 어떻게 결합하여 수수께끼 같은 분자의 모형을 구축하느냐였다.

DNA 한 가닥은 당과 인산으로 된 뼈대에 네 염기—A, T, G, C—가 지퍼처럼 우둘투둘 옆으로 삐져나와 있는 모습이다. DNA의 수수께끼를 풀려면, 왓슨과 크릭은 먼저 각 DNA 분자에 지퍼가 몇 개 있으며, 어느 부위가 중심에 놓이고 가장자리에 놓이는지를 알아야 했다. 비교적 간단한 문제처럼 보여지만, 그 단순한 모형을 구축하기란 지독하리만큼 어려웠다. "약 15개의 원자만으로 이루어짐에도, 어색하게 집게로 묶어놓은 양 계속 떨어져나간다."

왓슨과 크릭은 쉬는 시간에 어색한 모형을 이리저리 끼워 맞추다가, 흡족해 보이는 답에 도달했다. 당-인산 뼈대가 중심을 향한 채 사슬 3개가 나선형으로 비틀린 모양이었다. 인산이 안쪽에 놓인 삼중 나선이었다. 그들은 "몇몇 원자들이 여전히 불편하게 너무 가깝게 놓여 있었다"고 인정하긴 했지만,

그 정도는 추가로 조정하면 해결될 것이라고 보았다. 그다지 우아한 구조는 아니었지만, 그것까지 요구하는 것은 너무 과할 수도 있었다. 그들은 다음 단계는 "로지[로절린드]의 정량적인 측정 결과를 통해서 검증하는"[36) 것임을 알았다. 그때 충동적으로—나중에 후회할 실수—그들은 윌킨스와 프랭클린에게 한 번 와서 보라고 했다.

다음날 아침 윌킨스, 프랭클린, 그녀의 학생인 레이먼드 고슬링은 킹스에서 열차를 타고 왓슨과 크릭의 모형을 보러 왔다.[37) 오는 내내 그들의 마음속에는 온갖 예상이 난무했다. 프랭클린은 묵묵히 생각에 잠겼다.

마침내 모형이 모습을 드러내자, 사람들은 크게 실망했다. 윌킨스는 모형이 "실망스럽다"고 생각했지만, 입 밖에 내지는 않았다. 프랭클린은 그렇게 외교적이지 않았다. 그녀는 모형을 보자마자 엉터리임을 알아차렸다. 그냥 잘못된 것이 아니었다. 지진 뒤의 고층건물처럼, 추하게 여기저기 튀어나오고 벌어지고 엉망이 된, 아름답지 못한 모형이었다. 나중에 고슬링은 이렇게 회고했다. "로절린드는 철저히 가르침을 내리겠다는 태도로 내뱉었다. '당신들의 모형이 잘못된 이유는 이거예요.'······그녀는 이유를 열거하면서 그들의 모형을 차근차근 무너뜨렸다."[38) 그냥 모형을 발로 차버리는 편이 더 나았을 것이다.

크릭은 중심에 인산 뼈대를 놓음으로써 "울퉁불퉁한 불안정한 사슬"을 안정화하려 시도했다. 그러나 인산은 음전하를 띠고 있었다. 사슬의 **안쪽**에 놓는다면, 서로 반발하여 순식간에 분자가 해체될 것이다. 반발력 문제를 해결하기 위해서, 크릭은 나선의 중심에 양전하를 띤 마그네슘 이온을 끼웠다. 구조를 붙들어 놓기 위해서 분자 접착제를 마지막에 칠하는 것처럼 말이다. 그러나 프랭클린의 측정 자료는 마그네슘이 중심에 놓일 수 없음을 시사했다. 게다가 왓슨과 크릭이 모형화한 구조는 너무나 치밀해서 물 분자가 의미 있는 양만큼 들어갈 수가 없었다. 너무 서두른 나머지, 그들은 프랭클린의 **첫 번째** 발견, 즉 DNA가 놀라울 만큼 "젖어 있다"는 점을 잊은 모양이었다.

어느새 관람은 심문으로 바뀌었다. 프랭클린은 마치 몸에서 뼈를 발라내듯이, 모형을 세세하게 분자 하나하나를 짚어나갔다. 크릭은 점점 의기소침해져갔다. 왓슨은 이렇게 회상했다. "그는 더 이상 불쌍한 식민지 아이들에게 강의하는 자신만만한 교사처럼 보이지 않았다."[39] 이제 프랭클린은 노골적으로 "풋내 나는 허풍쟁이"에게 화를 냈다. 그 소년들과 그들의 장난감에 그녀는 어처구니없이 시간을 낭비한 꼴이 되었다. 그녀는 3시 40분 열차를 타고 돌아갔다.

한편 패서디나에 있는 라이너스 폴링도 DNA 구조를 밝혀내기 위해서 애쓰고 있었다. 왓슨은 폴링의 "DNA 공략"이 가공할 결과를 낳으리라는 것을 직감했다. 폴링은 화학, 수학, 결정학을 깊이 이해하고 있을 뿐만 아니라, 더 중요하게는 본능적인 모형 구축 능력을 통해서 놀라운 성과를 내놓을 터였다. 왓슨과 크릭은 어느 날 아침 깨어나서 유명한 학술지를 펼쳤는데, DNA의 구조가 실려 있는 것을 보지 않을까 걱정했다. 자신들의 이름이 아니라 폴링의 이름이 붙어 있는 기사를 말이다.

1953년 1월 첫 주일에 그 악몽은 현실인 된 듯했다.[40] 폴링과 로버트 코리가 DNA의 구조를 제시하는 논문을 써서, 사본을 케임브리지로 보낸 것이다. 대서양 건너편에서 불쑥 내던진 폭탄이었다. 한 순간 왓슨은 "모든 것을 잃은" 듯했다. 그는 미친 사람처럼 논문을 뒤적거리다가 중요한 그림에서 시선을 멈추었다. 제시된 구조를 보는 순간, 왓슨은 "무언가 잘못되었다"는 것을 알아차렸다. 우연의 일치로 폴링과 코리도 A, C, G, T 염기가 바깥을 향한 삼중 나선을 제안했던 것이다. 중앙의 계단통처럼 인산 뼈대가 안쪽에 비틀린 채 곁가지를 밖으로 뻗고 있었다. 그러나 폴링의 모형에는 인산들을 결합시키는 "접착제"인 마그네슘이 없었다. 대신에 그는 그 구조가 훨씬 더 약한 결합으로 유지될 것이라고 주장했다. 왓슨은 이 마법사의 손재주를 놓치지 않았다. 그는 그 구조가 작동하지 않으리라는 것을 즉시 알아차렸다. 몹시 불안정한 구조였다. 폴링의 한 동료는 훗날 이렇게 썼다. "DNA 구조가 그렇다면, 그것은 폭발할 것이다." 폴링은 대단원을 이루지 못했다. 대신 분자 대폭발을 일으켰다.

왓슨은 이렇게 묘사했다. "그 대실수가 도저히 믿어지지 않았기에, 나는 몇 분 이상 비밀을 유지할 수가 없었다." 그는 이웃 실험실에 있는 화학자 친구에게로 달려가서 폴링의 구조를 보여주었다. 그도 동의했다. "거장이 초보적인 대학 화학을 잊으셨군." 왓슨은 크릭에게 그 이야기를 했고, 둘은 가장 좋아하는 술집인 이글로 가서 위스키 잔을 들면서 폴링의 실패를 축하했다.

1953년 1월 말, 제임스 왓슨은 윌킨스를 만나러 런던으로 갔다. 그는 프랭클린의 연구실에 잠시 들렀다. 그녀는 실험대에서 사진 수십 장을 늘어놓고 일하고 있었다. 방정식과 글을 가득 적어놓은 책도 한 권 놓여 있었다. 그들은 폴링의 논문을 놓고 뻣뻣하게 대화를 나누었다. 왓슨이 과장해서 설명한 바에 따르면, 어느 시점에 프랭클린은 빠르게 연구실을 가로질러 다가왔다. "분노에 치민 그녀가 때릴" 것 같아서, 왓슨은 재빨리 앞문으로 빠져나왔다.

적어도 윌킨스는 좀더 환영해주었다. 방사능을 뿜어내는 듯한 기질의 프랭클린이 딱하다는 쪽으로 의견 일치가 이루어지자, 윌킨스는 왓슨에게 전에 없이 친밀하게 굴었다. 다음에 벌어진 일은 갖가지 신호, 불신, 오해, 추측을 비비 꼬아놓은 양상을 띠었다. 윌킨스는 왓슨에게 프랭클린이 여름에 완전히 젖은 형태의 DNA 사진들을 새로 찍었는데, 거의 사진 밖으로 튀어나올 듯이 구조의 핵심 골격이 너무나 선명하게 드러나 있다고 말했다.

1952년 5월 2일 금요일 저녁, 그녀와 고슬링은 DNA 섬유를 밤 동안 X선에 노출시켰다. 사진은 기술적으로 완벽했다. 비록 카메라가 중심에서 약간 위로 향해 있었지만 말이다. 그녀는 붉은 공책에 "V. 양호. 습한 사진"[41]이라고 적었다. 다음날—그녀는 물론 토요일 밤에도 일했다. 다른 동료들은 술집에 있었다—저녁 6시 30분, 그녀는 고슬링의 도움으로 다시 카메라 위치를 설정했다. 화요일 오후, 그녀는 필름을 노출시켰다. 전보다 더욱 선명한 사진이 나왔다. 지금까지 찍었던 것 중에 가장 완벽한 사진이었다. 그녀는 "사진 51"이라고 적었다.

윌킨스는 옆방으로 가더니 서랍에서 그 중요한 사진을 꺼내어 왓슨에게 보여주었다. 프랭클린은 아직 자기 연구실에 있었다. 분노를 삭이면서 말이다. 그녀는 윌킨스가 방금 자신의 가장 소중한 자료를 왓슨에게 보여주었다는 사실을 전혀 알지 못했다.* (나중에 윌킨스는 뉘우치면서 적었다. "아마 로절린드에게 허락을 받아야 했겠지만 안 했다. 상황이 전혀 달랐다……여기에 정상적인 상황 같은 것이 조금이라도 있었다면 당연히 그녀의 허락을 구했을 것이다. 아니 정상적인 상황 같은 것이 있었더라면 허락 문제도 아예 없었을 것이다……내가 이 사진을 찍었을 것이고, 사진에서 곧바로 나선이 드러나는 것을 결코 놓치지 않았을 것이다.")

왓슨은 사진에서 눈을 뗄 수가 없었다. "사진을 보는 순간, 내 입은 쩍 벌어졌고 맥박이 마구 뛰기 시작했다. 이전에 찍힌 것들보다 믿어지지 않을 만치 단순한 패턴이 나타나 있었다……검은 십자는 오직 나선 구조에서만 나올 수 있었다…….몇 분만 계산해도, 분자의 사슬 개수를 알 수 있었다."

그날 저녁 소택지를 가로질러서 케임브리지로 돌아오는 추운 열차 안에서, 왓슨은 신문 여백에 자신이 기억하고 있는 사진을 그렸다. 처음에는 아무것도 적지 않은 채 런던에서 돌아왔다. 같은 실수를 반복할 수는 없었다. 케임브리지로 돌아와서 대학 뒷문을 뛰어넘을 때쯤, 그는 DNA가 나선으로 꼬인 두 가닥으로 이루어져 있다고 확신했다. "중요한 생물학적 대상은 쌍으로 나타난다."[42]

---

* 그러나 그것이 과연 그녀의 사진이었을까? 나중에 윌킨스는 프랭클린의 학생인 고슬링이 자신에게 그 사진을 주었으니, 자신의 것이고 자기 마음대로 할 수 있다고 주장했다. 프랭클린은 버크벡 칼리지에 새 자리를 얻어서 킹스 칼리지를 떠나려 하고 있었고, 윌킨스는 그녀가 DNA 연구를 포기하려 한다고 생각했다.

다음날 아침, 왓슨과 크릭은 연구실로 달려가서 열심히 모형을 만들기 시작했다. 유전학자는 세고, 생화학자는 씻는다. 왓슨과 크릭은 놀았다. 그들은 체계적으로 부지런히 세심하게 일했다. 그러나 그들의 주된 강점을 발휘할 여지는 충분히 남겨두었다. 바로 명랑함이었다. 그들이 이 경주에서 이긴다면, 그것은 기발함과 직관을 통해서일 것이다. 그들은 웃으면서 DNA를 향해서 나아갈 것이다. 처음에 그들은 인산 뼈대를 한가운데에 놓고 염기가 밖으로 삐져나오도록 한 첫 모형의 핵심을 보존하려고 시도했다. 그 모형은 분자들이 불안정하리만치 너무 가까이 놓여서 몹시 불안정했다. 커피를 마신 뒤, 왓슨은 굴복했다. 아마 뼈대가 **바깥**에 있고, 염기—A, T, G, C—가 안쪽으로 서로 마주보도록 배열되어 있을 것이라고 말이다. 그러나 한 가지 문제를 풀자 더 큰 문제가 나타났다. 염기를 바깥으로 향했을 때에는 끼워 맞추는 데에 아무런 문제가 없었다. 그저 나선형 로제트처럼 중앙의 뼈대를 따라 원을 그리도록 놓으면 되었다. 그러나 염기를 안쪽으로 향하게 하면, 서로 밀어넣고 끼워야 했다. 지퍼의 이가 서로 맞물려야 했다. A, T, G, C가 DNA 이중나선의 안쪽에 놓이려면, 그들 사이에 어떤 상호작용, 어떤 관계가 있어야 했다. 그러나 한 염기—이를테면 A—가 다른 염기와 어떤 식으로 관계를 맺어야 할까?

DNA 염기들 사이에 어떤 관계가 있는 것이 분명하다고 고집스럽게 주장해온 한 고독한 화학자가 있었다. 1950년 뉴욕 컬럼비아 대학교에서 일하는 오스트리아 태생의 생화학자 에르빈 샤가프는 특이한 양상을 발견했다. DNA를 분해하여 염기 조성을 분석할 때마다, A와 T가 거의 똑같은 비율로 나왔고, G와 C도 마찬가지였다. 신기하게도 마치 A와 T, G와 C가 본래 연결되어 있었던 것처럼, 무언가가 둘씩 **짝짓고** 있었다. 그러나 비록 왓슨과 크릭이 이 규칙을 알았다고 할지라도, 그들은 DNA의 최종 구조에 그 규칙이 어떻게 적용될지 전혀 알지 못했다.

나선 안으로 염기들을 끼울 때 생기는 두 번째 문제는 바깥 뼈대의 정확한 척도가 중요하다는 것이었다. 공간의 크기를 정하고 그 안에 염기들을 끼워 넣어야 하는 문제였다. 프랭클린은 몰랐지만, 여기서 다시 한번 그녀의 자료가 구원 투수로 등장했다. 1952년 겨울, 킹스 칼리지에서 이루어지는 연구를 점검할 시찰단이 구성되었다. 윌킨스와 프랭클린은 가장 최근의 DNA 연구를 설명하는 보고서를 준비했고, 거기에는 많은 예비 실험 자료도 들어 있었다. 맥스 퍼루츠도 그 시찰단의 일원이었다. 그는 보고서 사본을 입수하여 왓슨과 크릭에게 건넸다. 보고서에 "기밀"이라고 뚜렷하게 찍혀 있지는 않지만, 그렇다고 해서 아무나, 특히 프랭클린의 경쟁자들이 마음대로 이용하라는 뜻은 결코 아니었다.

퍼루츠의 의도와 과학계의 경쟁에 순진한 척한 그의 태도는 수수께끼로 남아 있다(나중에 그는 자신을 방어하는 태도로 썼다. "나는 행정적인 문제에 별 관심이 없었고 경험도 없었다. 보고서에 '기밀'이라고 찍혀 있지 않기 때문에 기밀로 유지할 이유가 없다고 생각했다"[43]). 어쨌든 보고서는 누설되었다. 프랭클린의 보고서는 왓슨과 크릭의 손에 들어왔다. 그리고 당-인산 뼈대를 바깥에 놓고, 전반적인 측정값들을 확실히 알게 되자, 모형 구축자들은 모형 구축의 가장 힘겨운 단계를 시작할 수 있게 되었다. 처음에 왓슨은 한쪽 가닥의 A를 다른 쪽 가닥의 A와 짝지음으로써, 즉 같은 것끼리 짝지음으로써 두 가닥의 결합을 시도했다. 그러나 그 나선은 젖은 옷을 입은 미쉐린 맨(Michelin Man : 미쉐린 사(社)의 타이어 광고에 나오는 울룩불룩한 차림의 캐릭터/역주)처럼, 울룩불룩한 볼품없는 모습이었다. 왓슨은 그 모형을 어떻게든 끼워 맞추려 했지만, 잘 되지 않았다. 다음날 아침이 밝아올 때, 결국 포기할 수밖에 없었다.

1953년 2월 28일 아침, 왓슨은 여전히 염기 모양으로 자른 판지를 만지작거리다가 나선의 안쪽에 서로 다른, 상반되는 염기들이 끼워진다면 어떨까 하는 생각이 들었다. A를 T와, C를 G와 짝짓는다면? "문득 나는 아데닌 티민 쌍(A→T)이 구아닌 시토신 쌍(G→C)과 모양이 똑같다는 것을 알아차렸다……두 염기쌍의 모양을 똑같이 만드는 조작 따위는 전혀 필요 없었다."[44]

그렇게 하자 그는 염기쌍들을 나선의 중심을 향하도록 하여 층층이 쉽게 쌓아올릴 수 있다는 것을 깨달았다. 그리고 샤가프의 규칙이 중요하다는 것도 이제 명백해졌다. A와 T, G와 C는 늘 상보적이므로 똑같은 양으로 존재해야 했다. 그것들은 지퍼의 양쪽에서 맞물리는 두 개의 이였다. 가장 중요한 생물학적 대상들은 쌍으로 나타나야 했다. 왓슨은 크릭이 연구실로 들어오기까지 도저히 기다릴 수가 없었다. "그가 도착하여 문을 반쯤 열기도 전에, 나는 모든 해답이 수중에 들어왔다고 떠벌였다."[45]

크릭은 상반되는 염기끼리 끼워진 것을 보자마자 옳다고 확신했다. 모형은 세부적으로 아직 더 다듬어야 했다. A:T와 G:C 쌍을 나선의 뼈대 안에 끼워넣어야 했다. 그러나 그것이 돌파구라는 점은 명백했다. 그 해답은 너무나 아름다웠기에 틀렸을 리가 없었다. 왓슨은 크릭이 "이글로 뛰어가서 들리는 곳에 있는 모든 사람에게 우리가 생명의 비밀을 발견했다고 떠들어댔다"고 회상했다.[46]

피타고라스의 삼각형처럼, 라스코의 동굴 벽화처럼, 기자의 피라미드처럼, 우주에서 찍은 창백한 푸른 행성의 사진처럼, DNA 이중나선도 인류의 역사와 기억에 영구히 새겨진 상징적인 이미지이다. 나는 책에 생물학 그림을 거의 싣지 않는다. 대개는 마음의 눈으로 볼 때 더욱 풍성해지기 때문이다. 그러나 때로는 예외를 허용할 수밖에 없다.

이중나선은 결합된 DNA 두 가닥으로 이루어진다. 오른나사에 감고 돌린 양, "오른손 방향"으로 감기면서 위로 향한다. 분자의 폭은 23옹스트롬―0.1나노미터―이다. o이라는 글자 하나에만 이 나선 100만 개가 나란히 들어갈 것이다. 생물학자 존 설스턴은 이렇게 썼다. "우리는 이중나선이 좀 밋밋하다고 본다. 다른 놀라운 특징이 거의 없기 때문이다. 그저 대단히 길고 가늘다. 당신 몸의 모든 세포에 이것이 2미터쯤 들어 있다. DNA가 바느질실만큼 굵다고 보면, 세포는 길이가 약 200킬로미터쯤 되어야 할 것이다."[47]

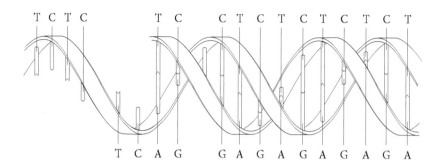

각 DNA 가닥이 A, T, G, C "염기들"이 길게 연결된 것임을 생각하자. 염기들은 당-인산 뼈대를 통해서 연결되어 있다. 뼈대는 바깥쪽에서 비틀리면서 나선을 형성한다. 염기들은 원형 계단통의 계단처럼 나열되어 있다. 상대편 가닥에는 상보적인 염기들이 나열되어 있다. A는 T, G는 C와 짝을 짓는다. 따라서 두 가닥에는 똑같은 정보가 들어 있다. 상보적이라는 점만 다를 뿐이다. 각각은 상대의 "거울상" 또는 메아리이다(더 정확한 비유를 들자면, 음과 양의 구조이다). A:T와 G:C 쌍의 분자력이 두 가닥을 지퍼처럼 묶고 있다. 따라서 DNA의 이중나선은 네 가지 자모―ATGCCCTACGGGCCCATCG…―로 적힌 암호가 거울상인 암호와 영구히 얽혀 있는 것이라고 상상할 수 있다.

시인 폴 발레리는 "본다는 것은 자신이 보고 있는 것의 이름을 잊는다는 것이다"라고 쓴 바 있다. DNA를 본다는 것은 그것의 이름이나 화학 공식을 잊는다는 것이다. 인간의 가장 단순한 도구들―망치, 낫, 베개, 사다리, 가위―처럼, 그 분자의 기능도 구조를 보면 완전히 이해할 수 있다. DNA를 "본다"는 것은 정보의 저장소로서의 그 기능을 즉시 간파하는 것이다. 생물학에서 가장 중요한 분자는 굳이 이름을 붙이지 않아도 이해할 수 있다.

왓슨과 크릭은 1953년 3월 첫 주일에 완전한 모형을 만들었다. 왓슨은 캐번디시 연구소의 지하에 있는 금속 공방으로 달려가서 모형 부품을 빨리 만들어달라고 재촉했다. 몇 시간 째 금속을 망치로 두드리고 펴고 다듬고 하는 동안, 크릭은 위층에서 초조하게 기다렸다. 빛나는 금속 부품들을 손에 넣자, 그들은 마치 카드로 집을 짓듯이, 부품들을 하나하나 붙이면서 모형을 조립하기 시작했다. 모든 조각이 들어맞아야 했다. 알려진 분자 측정값에 들어맞아야 했다. 크릭이 조각을 하나 끼우면서 인상을 찌푸릴 때마다, 왓슨은 속이 타들어갔다. 그러나 결국 완벽하게 풀린 퍼즐처럼, 전체가 끼워 맞추어졌다. 다음날 그들은 다림줄과 자로 모든 부품 사이의 모든 거리를 쟀다. 모든 측정값—모든 각과 넓이, 분자 사이의 모든 거리—이 거의 완벽했다.

다음날 아침 모리스 윌킨스가 모형을 보러 왔다.[48] 올 수밖에 없었지만, "보자마자……마음에 들었다." 훗날 윌킨스는 이렇게 회상했다. "모형은 실험대에 높이 서 있었다. [그것은 자체 생명을 지니고 있었다. 마치 방금 태어난 아기처럼 보였다……마치 이렇게 말하는 듯했다. '나는 당신이 어떻게 생각하든 개의치 않아. 내가 옳다는 것을 아니까.'"[49] 그는 런던으로 돌아가서 자신의 가장 최근 결정학 자료와 프랭클린의 자료가 이중나선에 명확히 들어맞는다는 것을 확인했다. 1953년 3월 18일 런던에서 윌킨스는 편지를 보냈다. "나는 당신들이 말썽쟁이라고 생각했지만, 뭔가 있었군요.[50] 그 착상이 마음에 듭니다."[51]

프랭클린은 2주일 뒤에야 그 모형을 보았고, 그녀도 금방 수긍했다. 처음에 왓슨은 그녀의 "스스로 만든 함정에 사로잡힌 날카롭고 고집 센 마음"이 그 모형을 거부하지 않을까 걱정했다. 그러나 프랭클린에게 더 이상 설득할 필요가 없었다. 그녀의 명민한 정신은 그것을 보는 순간 바로 아름다운 해답임을 알아차렸다. "바깥에 놓인 뼈대 위치와 독특한 A-T와 G-C 쌍은 그녀가 반박할 여지가 없는 사실이었다."[52] 왓슨은 그 구조가 "너무나 아름답기에 틀릴 리가 없었다"라고 묘사했다.

1953년 4월 25일, 왓슨과 크릭은 「네이처(*Nature*)」에 「핵산의 분자 구조: 데옥시리보핵산의 구조(Molecular Structure of Nucleic Acids: A Structure for Deoxyribose Nucleic Acid)」라는 논문을 발표했다.[53] 고슬링과 프랭클린이 이 중나선 구조를 결정학적 증거를 통해서 강력하게 뒷받침하는 논문과 윌킨스가 DNA 결정에서 얻은 실험 자료를 통해서 그 구조를 더 확증한 논문도 함께 실렸다. 가장 중요한 발견을 극도로 겸손하게 표현하는 생물학의 원대한 전통을 따라서—멘델, 에이버리, 그리피스를 떠올려보라—왓슨과 크릭도 논문의 마지막에 이렇게 덧붙였다. "우리가 추정한 특정한 짝짓기가 곧바로 유전물질의 가능한 복제 메커니즘을 시사한다는 것을 우리는 놓치지 않았다." DNA의 가장 중요한 기능—정보를 세포에서 세포, 생물에서 생물로 전달하는 능력—은 바로 구조에 숨어 있었다. 메시지, 이동, 정보, 형태, 다윈, 멘델, 모건까지, 이 모든 것들이 그 분자들을 불안하게 끼워 만든 모형에 담겨 있었다.

1962년에 왓슨, 크릭, 윌킨스는 이 발견으로 노벨상을 탔다. 프랭클린은 수상자 명단에 포함되지 않았다. 그녀는 1958년, 37세의 나이에 난소암이 전이되어 사망했다. 유전자의 돌연변이와 연관된 질병으로 말이다.

템스 강이 휘어지면서 시를 벗어나는 런던의 벨그라비아 인근에서, 사다리꼴 모양의 공원인 빈센트 스퀘어를 걷다 보면 왕립원예협회의 사무실이 나온다. 1900년 윌리엄 베이트슨은 바로 이곳에서 멘델의 논문을 과학계에 소개함으로써, 현대 유전학의 시대를 열었다. 이 공원에서 북서쪽으로 경쾌하게 걸어서 버킹엄 궁전의 남쪽 가장자리를 지나면, 러틀랜드 게이트의 우아한 대저택 단지가 나온다. 이곳에서 1900년대에 프랜시스 골턴이 유전학 기술을 인류를 완성시키는 방향으로 활용할 수 있기를 바라면서 우생학 이론을 고안했다.

동쪽으로 5킬로미터쯤 떨어진 강 건너편으로 가면, 보건부의 병리학 연구소가 있던 자리가 나온다. 1920년대 초에 프레더릭 그리피스가 그곳에서 한 생물의 유전물질이 다른 생물로 전달된다는 형질전환 반응을 발견했다. DNA가 "유전자 분자"임을 밝혀낸 실험이었다. 다시 강을 건너 북쪽으로 가면, 킹스 칼리지 연구소가 나온다. 1950년대 초에 로절린드 프랭클린과 모리스 윌킨스가 DNA 결정 연구를 시작한 곳이다. 다시 남서쪽으로 걸음을 옮기면, 엑서비션 길에 있는 과학 박물관이 보인다. 그곳에서 "유전자 분자"를 직접 볼 수 있다. 왓슨과 크릭이 두드려서 편 금속판과 허약한 막대를 써서 강철 스탠드에 위태롭게 비틀어 세운 바로 그 DNA 모형이 유리 상자 안에 전시되어 있다. 모형은 마치 미치광이가 조립한 타래송곳이나, 인류의 과거와 미래를 연결하는 것이 불가능할 것 같이 허약해 보이는 나선 계단통처럼 생겼다. 금속판에는 크릭이 손으로 A, C, T, G라고 적은 글자가 남아 있다.

왓슨, 크릭, 윌킨스, 프랭클린이 밝혀낸 DNA 구조는 유전자의 한 시대를 마감하면서, 새로운 방향의 탐구와 발견으로 이어지는 새 시대를 열었다. 왓슨은 1954년에 이렇게 썼다. "DNA가 고도의 규칙성을 띤 구조임이 일단 알려지자, 생물의 모든 특징을 정하는 데에 필요한 엄청난 양의 유전 정보가 그렇게 규칙적인 분자에 어떻게 저장될 수 있는가라는 수수께끼를 해결해야 했다."[54] 기존 질문들은 새로운 질문들로 대체되었다. 이중나선의 어떤 특징이 생명의 암호를 가질 수 있게 해주는 것일까? 그 암호는 어떻게 생물의 실제 형태와 기능으로 번역되는 것일까? 그와 관련하여 나선은 왜 삼중이나 사중이 아니라 이중일까? 왜 두 가닥은 분자판 음과 양처럼 A는 T, G는 C와 결합하는 식으로 상보적일까? 왜 모든 구조들 가운데 이 구조가 모든 생물학적 정보의 중심 저장고로 선택된 것일까? 훗날 크릭은 말했다. "중요한 것은 [DNA]가 아름답다는 것이 아니다, 그것이 아름답다는 개념이다."

이미지는 생각을 구체화한다. 그리고 인간을 만들고 운영하고 고치고 번식시킬 명령문들을 지닌 이중나선 분자라는 이미지는 1950년대에 낙관론과 경이감을 구체화한 대상이었다. 그 분자에 담긴 암호는 인간의 완벽성과 취약성을 말해주는 것들이었다. 일단 이 화학물질을 조작하는 법을 알아내면, 우리는 자신의 본성을 고쳐 쓸 수 있을 터였다. 질병은 치유될 것이고, 운명은 바뀔 것이며, 미래는 재구성될 것이다.

왓슨과 크릭의 DNA 모형은 유전자의 한 가지 개념—세대 간에 메시지를 전달하는 수수께끼의 운반자—이 다른 개념으로 대체되었음을 의미했다. 그것은 정보를 암호로 담고 저장하고 생물 사이에 전달할 수 있는 분자, 즉 화학물질이라는 개념으로 대체된 시점을 뜻한다. 20세기 초반 유전학의 키워드가 메시지였다면, 20세기 후반 유전학의 키워드는 암호(code)가 될 것이었다. 유전자가 메시지를 지닌다는 것은 반세기에 걸쳐 명확히 밝혀져 왔다. 문제는 인간이 그 암호를 해독할 수 있는가였다.

"잡힐 듯 말 듯한 썩을 놈의 뚜껑이"

자연은 단백질 분자 속에 엄청난 미묘함과 다재다능함을 드러내는 데
에 쓰이는 근본적인 단순성을 가진 기구를 쟁여두었다. 덕목들의 이
독특한 조합을 명확히 파악하기 전까지, 분자생물학을 제대로 이해하
기란 불가능하다.

―프랜시스 크릭[1]

앞서 말했듯이, **암호**라는 영어 단어(code)는 초기에 기호를 새기는 데에 쓰인
나무 고갱이를 가리키는 **카우덱스**(caudex)에서 유래했다. 암호를 적는 데에
쓰인 재료가 암호라는 단어 자체를 의미하는 말이 되었다는 사실은 막연하게
무언가를 떠올리게 한다. 형태가 기능이 되었다는 것이다. 왓슨과 크릭이 깨
달았듯이, DNA에서도 분자의 형태는 분명히 본질적으로 기능과 연관되어
있어야 했다. 유전 암호는 DNA라는 재료에 적혀 있어야 했다. 고갱이에 새
긴 기호처럼 은밀하게 말이다.

그런데 유전 암호란 무엇일까? DNA라는 분자 끈에 꿰인 네 염기―A, C,
G, T(RNA에서는 A, C, G, U)―가 어떻게 머리카락, 눈 색깔, 세균의 외피
특징(더 나아가 정신질환에 걸리는 성향이나 집안에 전해지는 치명적인 혈우
병)을 결정할 수 있을까? 멘델의 추상적인 "유전 단위"가 어떻게 신체 형질로
서 발현될 수 있을까?

에이버리의 기념비적인 실험이 이루어지기 3년 전인 1941년, 스탠퍼드 대학

교의 지하실에서 일하던 조지 비들과 에드워드 테이텀이라는 두 과학자는 유전자와 신체 형질 사이의 빠진 연결 고리를 찾아냈다.[2] 비들—동료들 사이에 "비즈"라는 애칭으로 불린—은 칼텍에서 토머스 모건의 학생으로 있었다.[3] 비들은 붉은 눈 초파리와 흰 눈 초파리 돌연변이라는 수수께끼로 고심했다. 그는 "붉음의 유전자"가 유전 정보의 단위이고, DNA에 있는 더 이상 나눌 수 없는 형태로서—염색체 속의 유전자로서—부모로부터 자식에게로 전달된다고 이해했다. 대조적으로 신체 형질인 "붉음"은 눈에 있는 화학 색소의 산물이었다. 그러나 유전 입자가 어떻게 눈의 색소로 전환되는 것일까? "붉음의 유전자"와 "붉음" 자체의 연결 고리는 무엇일까? 유전 정보와 그 신체적 또는 해부학적 형태 사이의 관계는?

초파리는 희귀한 돌연변이체를 통해서 유전학을 변모시켰다. 바로 그 희귀하다는 점 때문에, 돌연변이체는 모건의 표현을 빌리면 생물학자들이 세대 간에 "유전자의 작용"[4]을 추적할 수 있게 해주는 어둠 속의 등불 같은 역할을 해왔다. 그러나 비들은 유전자의 "작용"—아직 모호한 수수께끼 같은 개념인—에 흥미를 느꼈다. 1930년대 말, 비들과 테이텀은 실제 초파리의 눈 색소를 분리하면 유전자 작용의 수수께끼를 풀 수 있지 않을까 생각했다. 하지만 그 연구는 진전이 없었다. 유전자와 색소의 관계는 너무나 복잡해서 쓸 만한 가설을 제시할 수가 없었다. 1937년 스탠퍼드 대학교에서 비들과 테이텀은 붉은빵곰팡이(*Neurospora crassa*)라는 더 단순한 생물로 연구 대상을 바꾸었다. 원래 파리의 한 빵집에서 발견된 오염물질인 이 빵곰팡이를 이용하여 유전자-형질의 연관 관계를 풀고자 했다.

빵곰팡이는 무섭게 증식하는 생물이다. 양분이 풍부한 배지가 든 페트리접시에서 배양할 수 있지만, 사실 살아가는 데에 양분이 거의 필요하지 않다. 배지에서 거의 모든 양분을 체계적으로 하나씩 제거함으로써, 비들은 균주가 당과 바이오틴(biotin)이라는 비타민만 든 최소 배지에서도 자랄 수 있음을 알아냈다. 빵곰팡이의 세포는 기본 화학물질로부터 생존에 필요한 모든 분자를 만들 수 있는 것이 분명했다. 포도당으로부터 지질을, 전구 화학물질로부터 DNA와 RNA를, 단순한 당으로부터 복잡한 탄수화물을 말이다. 경이롭기 그지없는 빵곰팡이였다.

비들은 이 능력이 세포에 든 효소, 즉 기본적인 전구물질(前驅物質)로부터 복잡한 생물학적 거대 분자를 합성할 수 있는 주된 건설자 역할을 하는 단백질 때문임을 알아차렸다. 따라서 빵곰팡이가 최소 배지에서 자랄 수 있으려면, 모든 대사 기능, 즉 분자를 만드는 기능이 온전해야 했다. 어떤 돌연변이로 어느 한 기능이 활성을 잃으면, 곰팡이는 자랄 수 없을 것이다. 그 빠진 성분이 배지를 통해서 공급되지 않는 한 그렇다. 그래서 비들과 테이텀은 이 방법을 써서 모든 돌연변이체에서 누락된 대사 기능을 추적할 수 있었다. 어떤 돌연변이체가 물질 X가 있어야만 최소 배지에서 자랄 수 있다면, 그 곰팡이는 X를 합성하는 효소가 없을 것이 분명했다. 이 방법을 적용하려면 대단히 고된 수고를 해야 했지만, 비들이 가장 자랑할 만한 덕목은 바로 인내심이었다. 그는 어느 날에는 대학원생들에게 정확하게 시간을 확인하며 한 번에 양념 하나씩을 더하면서 스테이크 고기를 재우는 법을 가르치는 것으로 오후 시간을 몽땅 보낸 적도 있었다.

"빠진 성분" 실험을 통해서 비들과 테이텀은 유전자를 새롭게 이해하는 방향으로 나아갔다. 그들은 돌연변이체마다 한 단백질 효소의 활성에 해당하는 하나의 대사 기능이 빠져 있음을 알아차렸다. 그리고 유전적 교배 실험을 통해서 각 돌연변이체가 저마다 한 유전자에만 결함이 있다는 것도 밝혀냈다.

어떤 돌연변이가 한 효소의 기능을 교란한다면, 정상적인 유전자는 그 정상 효소를 만드는 정보를 가질 것이 분명하다. 유전의 단위는 한 단백질을 통해서 대사 기능이나 세포 기능을 구현할 **암호를** 가지고 있어야 한다. 1945년 비들은 이렇게 썼다. "유전자는 한 단백질 분자의 최종 형태를 지시하는 것이라고 볼 수 있다."[5] 그것이 바로 한 세대에 걸친 생물학자들이 알아내고자 애썼던 "유전자의 작용"이었다. 유전자는 단백질을 만들 암호화한 정보를 통해서 "작용하며", 그 단백질은 생물의 형태나 기능을 구현한다는 것이다.*

정보의 흐름으로 표현하면 이렇다.

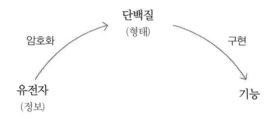

비들과 테이텀은 이 발견으로 1958년 노벨상을 공동 수상했다. 그러나 둘의 실험은 해결되지 않은 중요한 의문을 하나 제기했다. 유전자가 단백질을 만들 정보를 어떤 식으로 "암호화"할까? 단백질은 **아미노산**이라는 20가지의 단순한 화학물질—메티오닌, 글리신, 류신 등—이 사슬로 죽 이어져서 만들어진다. 주로 이중나선 형태로 존재하는 DNA 사슬과 달리, 단백질 사슬은 공간에서 독특하게 꼬이고 비틀릴 수 있다. 철사를 비틀고 구부리고 해서 독특한 모양을 만드는 것과 비슷하다. 이 형태 구축 능력 덕분에 단백질은 세포에서 다양한 기능을 수행할 수 있다. 근육에서는 늘어날 수 있는 긴 섬유 형태로 존재할 수 있다(미오신). 효소(DNA 중합효소)처럼 둥근 모양을 취하고 화학반응을 일으킬 수도 있다. 색깔을 띤 화학물질들을 결합하여 눈이나 꽃의 색소를 만들 수 있다. 쥠쇠 모양으로 비틀려서, 다른 분자를 운반하는 역할을 할 수도 있다(헤모글로빈). 신경 세포가 다른 신경 세포와 어떻게 의사소통을 하는지 지정함으로써 정상적인 인지와 신경 발달을 조절할 수도 있다.

그러나 DNA의 서열—ATGCCCC…등—이 어떻게 단백질을 만드는 명령문을 가질 수 있을까? 왓슨은 DNA가 먼저 중간 메시지로 전환되는 것이 아

---

* 이 "유전자" 개념은 뒤에서 수정되고 확장될 것이다. 유전자는 단순히 단백질을 만드는 명령문의 집합이 아니라 더 많은 의미를 담고 있지만, 비들과 테이텀의 실험은 유전자의 기능에 관한 물질적 토대를 제공했다.

닐까 늘 추측하고 있었다. 그는 유전자의 암호를 토대로 단백질을 만드는 명령문을 전달하는 이 물질을 "전령 분자(messenger molecule)"라고 했다. 1953년 그는 이렇게 썼다. "나는 1년 넘게 프랜시스 [크릭]에게 DNA 사슬의 유전정보가 먼저 상보적인 RNA 분자의 정보로 복제될 것이 틀림없다는 말을 계속했다."⁶⁾ 그리고 RNA 분자가 단백질을 만드는 "메시지"로 쓰이는 것이 분명하다고 보았다.

1954년, 러시아 출신으로서 물리학자였다가 생물학자가 된 조지 가모는 왓슨과 함께 단백질 합성의 메커니즘을 해독할 과학자들의 "클럽"을 만들었다. 가모는 1954년 라이너스 폴링에게 문법과 철자에 구애받지 않는 특유의 어조로 편지를 썼다. "친애하는 폴링께, 복잡한 유기 분자를 만지작거리다가 (전에 한 번도 다루어본 적이 없는 것입니다!) 몇 가지 흥미로운 결과를 얻었는데, 귀하의 견해를 듣고 싶습니다."⁷⁾

가모는 그 클럽을 RNA 타이 클럽(RNA Tie Club)이라고 했다.⁸⁾ 크릭은 이렇게 회고했다. "그 클럽은 전체 모임을 가진 적이 한 번도 없었다. 늘 좀 영묘한 세계에 존재했다."⁹⁾ 공식적인 회의도 회칙도 없었고, 조직의 기본 원칙도 없었다. 타이 클럽은 비공식적 대화가 오고가는 느슨한 집합체였다. 회원들은 우연히 만나든가 아님 아예 안 만났다. 회원들은 발표되지 않은 충동적인 착상을 담은 편지를, 때로 손으로 끼적거린 그림까지 곁들여서 전달하곤 했다. 블로그의 전신인 셈이었다. 왓슨은 로스앤젤레스의 양복점으로 가서 금실로 RNA 가닥을 수놓은 녹색 양모 타이를 주문했고, 가모는 자신이 클럽 회원이라고 선정한 친구들에게 타이를 넥타이핀과 함께 보냈다. 그는 자신의 좌우명이 인쇄된 편지지를 썼다. "죽기 살기로 하라, 아니면 아예 시도를 말라."¹⁰⁾

1950년대 중반, 파리의 두 세균 유전학자 자크 모노와 프랑수아 자코브도 DNA가 단백질로 번역되는 데에는 중간 분자 ―전령― 가 필요하다는 것을 흐릿하게 암시하는 실험 결과를 내놓았다.[11] 그들은 유전자가 단백질의 명령문을 직접 실행하지 않는다고 주장했다. 그보다는 DNA의 유전 정보가 먼저 소프트 카피(soft copy)—초고 형태—로 전환되고, DNA 원본이 아닌 그 사본이 단백질로 번역된다는 것이었다.

1960년 4월, 프랜시스 크릭과 자코브는 케임브리지에 있는 시드니 브레너의 비좁은 아파트에서 만나 이 수수께끼 같은 중간 분자의 정체를 논의했다. 남아프리카에서 구두장이의 아들로 태어난 브레너는 장학금을 받고 생물학을 공부하러 영국으로 왔다. 왓슨이나 크릭처럼 그도 왓슨의 "유전자 종교"와 DNA에 매료되었다. 점심을 먹는 둥 마는 둥 하면서 대화에 열중하던 세 사람은 이 중간 분자가 유전자가 들어 있는 세포핵에서 단백질이 합성되는 세포질로 빠져나와야 한다는 것을 알아차렸다.

그러나 유전자로부터 만들어진 "메시지"의 화학적 정체는 무엇일까? 단백질일까 핵산일까, 아니면 다른 종류의 분자일까? 유전자 서열과는 어떤 관계에 있을까? 아직 확실한 증거가 없었지만, 브레너와 크릭도 그것이 DNA의 분자 사촌인 RNA일 것이라고 추정했다. 1959년 크릭은 타이 클럽에 보낼 시를 썼다. 그러나 결국 보내지는 않았다.

> 유전적 RNA의 특성은 뭘까?
> 그는 천국에 있을까, 지옥에 있을까?
> 잡힐 듯 말 듯한 썩을 놈의 뚜쟁이.[12]

1960년 초봄, 자코브는 "애만 태우는 그 썩을 놈의 뚜쟁이"를 잡기 위해서 칼텍으로 가서 매튜 메셀슨과 손을 잡았다. 브레너도 몇 주일 뒤인 6월 초에 도착했다.

브레너와 자코브는 단백질이 **리보솜**(ribosome)이라는 특수한 세포 내 소기관에서 합성된다는 것을 알고 있었다. 전령 중간 분자를 분리하는 가장 확실한 수단은 단백질 합성을 갑자기 중단시킨 뒤—생화학판 찬물 끼얹기를 써서 —리보솜과 붙은 채 덜덜 떨고 있는 분자를 분리하여 그 잡힐 듯 말 듯한 뚜껑이를 잡는 것이었다.

원리는 명백해 보였지만, 실제 실험은 너무나도 벅차다는 것이 드러났다. 브레너는 처음에는 오로지 "축축하고 차갑고 고요하기 그지없는 캘리포니아의 짙은 안개"의 화학물질 판에 해당하는 것만 보였다고 했다. 까다로운 생화학 실험이 자리를 잡기까지 몇 주일이 걸렸다. 게다가 리보솜은 포착할 때마다 해체되곤 했다. 세포 안에서 리보솜은 지극히 평온하게 결합되어 있는 듯했다. 그런데 세포 밖으로 나오면, 왜 손가락 끝에서 흩어지는 안개처럼 흩어지는 것일까?

답은 말 그대로 안개 바깥에서 나타났다. 어느 날 아침 자코브와 함께 해변에 앉아 있던 브레너는 생화학 강의 시간에 배운 기초적인 내용들을 생각하다가 한 가지 매우 단순한 사실을 깨달았다. 세포 내에서 리보솜을 온전한 형태로 유지시켜주는 필수적인 화학 성분이 자신들의 용액에는 빠져 있는 것이 틀림없었다. 그런데 어떤 성분일까? 아주 작고 흔하고 어디에나 있는, 미세한 분자 접착제이어야 했다. 그는 모래를 박차면서 벌떡 일어나서 팔짝팔짝 뛰었다. 머리카락이 흩날리고 주머니에서 모래가 흘러나왔다. "마그네슘이야, 마그네슘!"[13]

바로 마그네슘이었다. 마그네슘 이온을 첨가하는 것이 열쇠였다. 용액에 마그네슘을 첨가하자, 리보솜은 하나로 붙은 채 온전히 남아 있었고, 브레너와 자코브는 마침내 세균 세포로부터 소량의 전령 분자를 분리했다. 예상대로 RNA였다. 그러나 특수한 종류의 RNA였다.* 전령은 유전자가 번역될 때마다 새롭게 생겨났다. DNA처럼, 이 RNA 분자도 네 염기—A, G, C, U(유전자의 RNA 사본에서는 DNA의 T 대신 U가 들어간다)—가 줄줄이 엮어지

---

* 하버드의 제임스 왓슨과 월터 길버트가 이끄는 연구진도 1960년에 "RNA 중간 분자"를 발견했다. 왓슨/길버트와 브레너/자코브의 논문은 「네이처」에 나란히 실렸다.

면서 만들어졌다.[14] 브레너와 자코브는 나중에 전령 RNA가 DNA 사슬의 복사본임을 알아냈다. 즉 원본에서 나온 사본이었다. 이 유전자의 RNA 사본은 세포핵에서 세포질로 이동했고, 세포질에서 메시지가 해독되어 단백질이 만들어졌다. 전령 RNA는 천국에 있지도 지옥에 있지도 않았다. 양쪽을 오가는 전문가였다. 유전자에서 RNA 사본이 생기는 과정에는 전사(轉寫, transcription)라는 이름이 붙여졌다. 원본에 가까운 언어로 단어나 문장을 베껴 쓰는 것을 가리킨다. 유전자의 암호(ATGGGCC…)는 RNA의 암호(AUGGGCC…)로 전사되었다.

이 과정은 번역을 위해서만 접근이 허가된 희귀 도서들의 서가와 비슷하다. 정보의 원본―유전자―은 깊숙한 수장고나 금고에 영구히 보관되어 있다. 세포가 "번역 요청"을 하면, 세포핵의 금고로부터 원본의 복사본이 나온다. 유전자의 이 사본(즉 RNA)이 단백질로 번역할 작업본이 된다. 이 과정을 통해서 한 유전자의 여러 사본이 동시에 돌아다닐 수도 있고, 요청에 따라서 RNA 사본의 수가 늘어나거나 줄어들기도 한다. 이 사실이 유전자의 활성과 기능을 이해하는 데에 중요한 점이라는 것이 곧 드러나게 된다.

그러나 전사는 단백질 합성 문제의 절반만을 풀었을 뿐이었다. 나머지 절반은 미해결 상태였다. RNA "메시지"가 어떻게 단백질로 해독될까? 세포가 유전자의 RNA 사본을 만들 때는 좀 단순한 치환법을 사용한다. 유전자의 A, C, T, G를 각각 전령 RNA의 A, C, U, G로 옮긴다(ACT CCT GGG→ACU CCU GGG). 유전자의 암호 원본과 RNA 사본의 차이점은 티민이 우라실로 대체되었다는 것뿐이다(T→U)(실제로는 DNA→mRNA→tRNA를 거치면서 ACT→UGA→ACU로 반전이 두 번 일어나지만, 이 책에서는 논의를 단순화하기 위해서 이렇게 표현했다/역주). 그러나 RNA 사본으로 바뀐 유전자의 "메시지"가 어떻게 단백질로 해독되는 것일까?

왓슨과 크릭은 염기 하나―A, C, T, G―만으로는 단백질의 어느 한 부위를 만들 유전적 메시지를 담을 수 없다는 것을 즉시 알아차렸다. 아미노산은 총 20개인데, 4개의 염기로는 그 20가지를 지정할 수 없었다. 비밀은 염기의 조합에 달려 있는 것이 분명했다. 그들은 이렇게 썼다. "염기들의 정확한 서열이 유전 정보를 가진 암호인 듯하다."[15]

여기에서 자연어에 비유하면 요점을 이해하기가 쉽다. A, C, G, T는 그 자체로는 거의 아무런 의미도 전달하지 않지만, 여러 방식으로 결합되어 매우 다른 메시지들을 만들 수 있다. 여기서 메시지는 문자들의 **서열**에 담겨 있다. 예를 들면 행위(act), 탁(tac), 고양이(cat)는 같은 문자들을 조합한 것이지만, 전달하는 의미는 전혀 다르다. 실제 유전 암호를 풀 열쇠는 RNA 사슬의 서열을 단백질 사슬의 서열로 투영하는 데에 있었다. 그것은 유전학의 로제타석을 해독하는 것과 같았다. 문자들의 어떤 조합이(RNA에 있는) 문자들의 조합을(단백질에 있는) 지정하는 것일까? 개괄하면 이렇다.

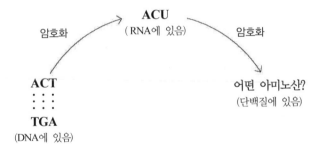

크릭과 브레너는 일련의 독창적인 실험을 통해서, 유전 암호가 "트리플렛(triplet)" 형태, 즉 DNA의 염기 세 개(이를테면, ACT)가 단백질의 아미노산 하나를 지정하는 형태를 취해야 한다는 것을 알아냈다.*

---

* 초보적인 계산만으로도 이 "트리플렛 코드" 가설이 옳음을 알 수 있다. 두 문자로 이루어진 암호—두 염기 서열(AC 또는 TC)이 단백질의 아미노산을 지정하는—로는 16가지 조합만 나올 수 있으므로, 20가지 아미노산을 지정하기에는 분명히 부족하다. 트리플렛 코드는 조합이 64가지다. 따라서 20가지 아미노산을 지정하기에 충분하며, 나머지로 단백질 사슬의 "멈춤"이나 "시작"과 같은 다른 암호도 지정할 수 있다. 4중 암호는 256가지 조합이 나온다.

그러나 어느 트리플렛 코드가 어떤 아미노산을 지정할까? 1961년 무렵, 전 세계의 몇몇 연구실들이 이 유전 암호를 해독하는 경쟁에 뛰어든 상태였다. 베데스다에 있는 국립보건원의 마셜 니런버그, 하인리히 마타이, 필립 레더는 생화학적 방법으로 암호를 해독하고자 했다. 인도 태생의 화학자 하르 코라나는 암호를 깰 수 있게 해주는 중요한 시약을 제공했다. 뉴욕에서 일하는 스페인 태생의 생화학자 세베로 오초아도 트리플렛 코드와 아미노산을 연관지으려는 노력을 하고 있었다.

모든 암호 해독이 그렇듯이, 그 연구도 실수를 거듭하면서 진행되었다. 처음에는 트리플렛끼리 겹치는 듯이 보였다. 따라서 암호가 단순하다고 볼 수 없을 듯했다. 또 얼마간은 일부 트리플렛이 아예 작동하지 않는 듯이 보였다. 그러나 1965년경에는 여러 연구진들―특히 니런버그―은 아미노산에 상응하는 모든 DNA 트리플렛 코드를 해독한 상태였다. 예를 들면, ACT는 아미노산 트레오닌, CAT는 히스티딘, CGT는 아르기닌에 상응했다. 따라서 특정한 DNA 서열―ACT-GAC-CAC-GTG―은 한 RNA 사슬을 만들고, 그 RNA 사슬은 아미노산 사슬로 번역되어, 최종적으로 단백질이 만들어졌다. 그리고 한 트리플렛(ATG)은 단백질을 만들기 시작하라는 암호였고, 3개(TAA, TAG, TGA)는 합성을 멈추라는 암호였다. 유전 암호의 기본 자모가 밝혀진 것이다.

정보의 흐름은 간단하게 시각화할 수 있다.

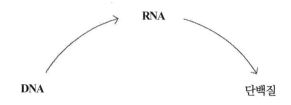

20가지 아미노산의 암호를 담는 데에는 너무 많다. 자연은 중복을 허용하지만, 그 정도까지는 아니다.

개념적 차원에서는 이렇게 표현할 수 있다.

또는,

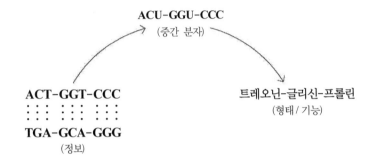

프랜시스 크릭은 이 정보의 흐름을 생물학적 정보의 "중심 원리(central dogma)"라고 했다. 도그마(dogma)라는 단어를 골랐다는 것이 좀 이상하지만 (훗날 크릭은 그 단어가 고정된 불변의 믿음을 뜻한다는 사실을 몰랐다고 시인했다), 중심(central)이라는 단어는 정확한 것이었다. 크릭은 유전 정보의 흐름이 생물학 전체를 관통하는 보편성을 띤다는 점을 말하고 있었다.* 세균에서 코끼리에 이르기까지, 붉은 눈 초파리에서 어린 왕자에 이르기까지, 생물학적 정보는 체계적이고 근원적인 방식으로 살아 있는 계들을 관통하며 흘러간다. DNA는 RNA를 만드는 명령문을 제공했다. RNA는 단백질을 만드는 명령문을 제공했다. 단백질은 궁극적으로 구조와 기능을 낳았다. 유전자에 생명을 불어넣었다.

---

* 크릭이 원래 내놓은 체계에서는 RNA에서 DNA로 정보가 "거꾸로" 흐를 수도 있다고 되어 있었다. 그러나 왓슨은 그 도식을 DNA에서 RNA를 거쳐 단백질로 정보가 흐른다는 식으로 단순화했고, 그것이 나중에 "중심 원리"라고 불리게 되었다.

아마도 낫 모양 적혈구 빈혈(sickle-cell anemia)만큼 이 정보 흐름의 특성과 그것이 인류의 생리 활동에 미치는 영향을 잘 보여주는 질병은 없을 것이다. 일찍이 기원전 6세기의 인도의 아유베다 의학자들은 창백한 입술, 피부, 손가락 등 빈혈─피에 적혈구가 부족한 병─의 일반적인 증상들을 알고 있었다. 산스크리트어로 판두 로가(pandu roga)라고 하는 빈혈은 더 세분되었다. 영양 부족 때문에 생기는 유형도 있었고, 출혈 사고로 생기는 유형도 있다고 보았다. 하지만 낫 모양 적혈구 빈혈은 가장 기이한 유형처럼 보였을 것이다. 유전성이면서, 간헐적으로 나타나곤 하며, 뼈와 관절과 가슴에 갑자기 쥐어짜는 듯한 통증이 수반되곤 했기 때문이다. 서아프리카의 가(Ga) 부족은 이 통증을 츠웨츠웨츠웨(chwech-weechwe, 몸 때리기)라고 했다. 에웨(Ewe) 부족은 누이두이두이(nuiduidui, 몸 비틀기)라고 했다. 송곳으로 골수까지 꿰뚫는 듯한 무자비한 통증을 표현하려고 한 의성어다.

1904년, 공통점이 없어 보이는 이 모든 증상들의 공통 원인이 될 만한 것이 현미경 아래에서 포착되었다.[16] 그해에 시카고에서 월터 노엘이라는 젊은 치과 대학생이 가슴과 뼈에 극심한 통증이 수반된 급성 빈혈 증세로 의사를 찾았다. 노엘은 카리브 해 출신으로서 서아프리카인의 후손이었는데, 앞서 몇 년 동안 몇 차례 비슷한 급성 증상을 보인 적이 있었다. 심장병 전문의인 제임스 헤릭은 심장마비 증세가 아님을 알고, 별 생각 없이 레지던트인 어니스트 아이언스에게 환자를 맡겼다. 아이언스는 충동적으로 노엘의 피를 현미경으로 검사해보기로 했다.

그는 이상한 점을 발견하고서 의아해졌다. 정상 적혈구는 납작한 원반 모양이다. 그 덕분에 서로 차곡차곡 쌓여서 동맥과 정맥뿐 아니라 모세혈관까지 매끄럽게 지나다니면서 간, 심장, 뇌에 산소를 공급할 수 있다. 노엘의 피에 든 적혈구는 이상하게도 쪼그라들어서 낫처럼 휘어진 초승달 모양으로 변형되어 있었다. 나중에 아이언스는 "낫 모양 적혈구"라고 이름을 붙였다.

그런데 적혈구를 낫 모양으로 만든 원인이 무엇이었을까? 그리고 그 병은 왜 유전되는 것일까? 헤모글로빈의 유전자가 비정상인 것이 원인이었다. 산소를 운반하는 단백질인 헤모글로빈은 적혈구에 풍부하게 들어 있다. 1951년, 라이너스 폴링은 칼텍에서 하비 이타노와 함께 낫 모양 적혈구에 있는 헤모글로빈 변이체가 정상 적혈구의 헤모글로빈과 다르다는 것을 보여주었다.[17] 5년 뒤, 케임브리지의 과학자들은 정상 헤모글로빈과 "낫 모양" 헤모글로빈의 단백질 사슬이 아미노산 하나가 다를 뿐임을 밝혀냈다.*

단백질 사슬에서 아미노산 하나가 바뀌었다면, 그 유전자에서는 **트리플렛** 하나가 바뀌었을 것이 분명했다("트리플렛 하나에 아미노산 하나의 암호가 들어 있다"). 예상대로 나중에 낫 모양 적혈구 빈혈 환자에게서 헤모글로빈 B 사슬을 만드는 유전자를 찾아내어 서열을 분석했더니, 한 곳만이 달랐다. DNA의 트리플렛 하나—GAG—가 GTG로 바뀌어 있었다. 그 결과 아미노산 하나가 바뀌었다. 글루탐산이 발린으로 바뀌었다. 그것은 헤모글로빈 사슬이 접히는 양상을 달라지게 했다. 산뜻하게 접혀서 걸쇠 구조를 이루는 대신에, 돌연변이 헤모글로빈 단백질은 적혈구 안에서 실 뭉치처럼 엉겼다. 이 덩어리는 특히 산소가 없을 때 아주 커져서 적혈구의 막을 잡아당겨서 정상적인 원반 모양을 초승달처럼 뒤틀린 "낫 모양 적혈구"로 변형시켰다. 낫 모양 적혈구는 정맥과 모세혈관을 매끄럽게 지나가지 못하고 엉겨서 몸 곳곳에 미세한 혈전을 형성했고, 결국 혈액 흐름이 막혀서 심한 통증이 찾아왔다.

루브 골드버그 장치식(쉬운 일을 쓸데없이 복잡한 과정을 거쳐 하도록 만든 장치/역주) 질병이었다. 유전자의 서열 변화는 단백질의 서열 변화를 일으켰다. 단백질의 모양을 변형시켰다. 세포를 찌그러뜨렸다. 혈관을 막았다. 혈액 흐름을 막았다. 고통을 일으켰다(유전자들이 만들어낸 몸에). 유전자, 단백질, 기능, 운명은 사슬로 이어져 있었다. DNA의 염기 한 쌍에 일어난 화학적 변화가 인간의 운명에 근본적인 변화를 일으킬 수 있는 "암호"였다.

---

* 맥스 퍼루츠의 제자였던 버넌 잉그럼이 밝혀냈다.

조절, 복제, 재조합

이 골칫거리의 근원을 반드시 찾아내야 한다.

—자크 모노[1]

중심에 있는 원자 몇 개의 배열로부터 커다란 결정(結晶, crystal)이 자라날 수 있듯이, 몇 개의 중요한 개념이 얽힌 것이 씨앗이 되어 거대한 과학 분야를 탄생시킬 수 있다. 뉴턴 이전에도 여러 세대의 물리학자들은 **힘, 가속도, 질량, 속도** 같은 현상들을 생각해왔다. 그러나 뉴턴은 천재적인 재능으로 이 용어들을 엄밀하게 정의하고 한 벌의 방정식을 써서 그것들을 서로 연결했다. 그럼으로써 역학(力學)이라는 과학이 탄생되었다.

비슷한 논리에 따라서, 몇 가지 핵심 개념들이 얽힘으로써 유전학이라는 과학은 재탄생되었다.

뉴턴의 역학이 그랬듯이, 때가 되면 유전학의 "중심 원리"도 대폭 다듬어지고 수정되고 재정립된다. 그러나 그것이 그 신생 과학에 미친 영향은 엄청났다. 그것은 하나의 사고 체계를 구축했다. 1909년 요한센은 유전자라는 단어를 창안하면서, 그것이 "모든 가설로부터 자유롭다"고 선언했다. 하지만

1960년대 초에 유전자는 이미 "가설" 수준을 넘어서 있었다. 유전학은 생물에서 생물로의, 또 한 생물 내에서는 암호로부터 형태로의 정보 흐름을 기술할 수단을 찾아냈다. 유전의 메커니즘 하나가 드러난 상태였다.

그런데 이 생물학적 정보의 흐름이 어떻게 살아 있는 계에서 관찰된 복잡성을 만들어낼까? 낫 모양 적혈구 빈혈을 예로 들어보자. 월터 노엘은 헤모글로빈 B 유전자의 비정상적인 사본을 쌍으로 물려받았다. 그의 몸에 있는 모든 세포에는 그 두 비정상 사본이 들어 있었다(몸의 모든 세포는 같은 유전체를 물려받는다). 하지만 변한 유전자에 영향을 받은 것은 적혈구뿐이었다. 노엘의 신경 세포, 콩팥, 간세포, 근육 세포는 멀쩡했다. 무엇이 적혈구에 있는 헤모글로빈에게 선택적 "작용"을 일으키게 할 수 있었을까? 그의 눈이나 피부에는 왜 헤모글로빈이 없었을까? 눈 세포도 피부 세포도, 아니 사실상 그의 몸에 있는 모든 세포가 같은 유전자의 동일한 사본을 가지고 있었는데도? 토머스 모건의 말을 빌리자면, "유전자에 잠재된 특성이 어떻게 [서로 다른] 세포들에서 발현될까?"[2]

1940년에 가장 단순한 생물—대장균(*Escherichia coli*)이라는 장에 사는 캡슐 모양의 미세한 세균—을 대상으로 한 실험을 통해서 이 의문의 첫 번째 단서가 나왔다. 대장균은 포도당과 젖당이라는 두 가지 당을 먹으며 살아간다. 당이 한 가지만 있을 때, 대장균은 빠르게 분열하면서 약 20분마다 수가 2배씩 늘어난다. 1, 2, 4, 8, 16배로 불어나면서 생장 곡선은 기하급수적인 직선을 그린다. 그러다가 배양액이 탁해지고, 당이 고갈되면서 생장 속도가 느려진다.

프랑스 생물학자 자크 모노는 이 거침없는 생장 곡선에 매료되었다.[3] 모노는 칼텍에서 한 해 동안 토머스 모건과 초파리를 연구한 뒤, 1937년 파리로 돌아와 있었다. 캘리포니아에서는 별 성과를 얻지 못했다. 그는 주로 동네 관현악단과 바흐를 연주하고 딕시랜드 재즈를 배우면서 시간을 보냈다. 그러나 그가 돌아온 지 얼마 안 되어서 파리는 봉쇄되었고, 몹시 침울한 상태가 되었다. 1940년 여름, 독일군은 벨기에와 폴란드를 손에 넣었다. 1940년 6월, 프랑스는 전투에서 참패했고, 프랑스 북부와 서부의 상당 지역에 독일군의 주둔을 허용하는 휴전 협정을 받아들였다.

파리는 "무방비 도시"를 선언했다. 그 결과 폭탄에 폐허가 되는 꼴은 면했지만, 나치 군대는 도시를 활보하고 다녔다. 아이들은 집안에 꽁꽁 숨었고, 미술관은 전시물을 숨겼고, 상점들은 문을 닫았다. 1939년 모리스 슈발리에는 애원하듯이 "파리는 언제나 파리로 남아 있을 거야"라고 노래했지만, 그 빛의 도시는 불빛을 거의 찾아볼 수 없는 곳이 되었다. 거리는 유령이 나올 듯이 변했다. 카페는 텅 비었다. 밤이면 으레 일정한 시간에 불이 꺼지면서 지옥 같은 황량한 어둠이 깔렸다.

1940년 가을, 모든 관공서에 붉은 바탕에 검은 갈고리 십자가가 찍힌 나치 깃발이 나부끼며, 독일군이 샹젤리제 거리를 돌아다니면서 확성기로 야간 통행금지를 선포할 때, 모노는 소르본의 불빛이 새어나가지 않게 가린 찜통 같은 다락방에서 대장균을 연구하고 있었다(그의 동료들 중 상당수는 그가 정치 성향을 띠고 있음을 몰랐지만, 그는 그해에 남모르게 프랑스 레지스탕스에 가입했다). 그해 겨울, 이제는 추위에 얼어붙은 한 연구실에서—그는 거리에서 울려퍼지는 나치의 선전을 들으면서 아세트산이 얼마간 해동되는 정오까지 오들오들 떨며 기다려야 했다—모노는 세균 생장 실험을 되풀이했다. 그러나 한 가지 변화를 주었다. 이번에는 포도당과 젖당을 둘 다 배양액에 첨가했다.

당이 종류별 차이가 없다면—젖당 대사가 포도당 대사와 아무런 차이가 없다면—포도당/젖당 혼합물을 먹는 세균도 동일하게 매끄러운 생장 곡선을 그릴 것이라고 예상해야 한다. 그런데 결과를 살펴본 모노는 한 가지 이상한 점을 발견했다. 곡선이 중간에 꺾여 있었다. 예상대로 세균은 처음에 기하급수적으로 불어났지만, 그 뒤에 잠깐 멈칫하더니 다시 생장을 재개했다. 이 멈칫한 부분을 조사한 모노는 특이한 현상을 발견했다. 대장균이 두 당을 똑같이 소비하는 것이 아니라, 포도당만을 먼저 먹어치운다는 것이었다. 포도당이 고갈되면 대장균은 마치 식단을 바꿔야 할지 고심하는 양 생장을 멈추었다가, 젖당을 먹기 시작하면서 생장을 재개했다. 모노는 이 현상을 "디옥시(diauxie, 2단 생장)"이라고 했다. 비록 작기는 했지만, 생장 곡선이 이렇게 꺾인다는 사실이 모노는 의아했다. 그는 마치 자신의 과학적 본능이라는 눈에 모래알이 들어간 양 계속 그 문제에 신경이 쓰였다. 당을 먹는 세균은 매끄러운 곡선을 그리면서 증식해야 했다. 그런데 왜 먹는 당의 종류를 바꿀 때 생장이 멈추는 것일까? 또 세균은 당 공급원이 바뀌었음을 어떻게 "아는", 즉 감지하는 것일까? 그리고 왜 코스 요리를 먹는 것처럼, 한 가지 당을 먼저 먹어치운 뒤에야 다른 당을 먹는 것일까?

1940년대 말 무렵, 모노는 그 꺾임이 대사 재조정의 결과임을 알아냈다. 포도당에서 젖당으로 전환할 때, 대장균은 젖당 분해 효소를 불러냈다. 다시 포도당으로 전환하면, 이 효소는 사라지고 **포도당 분해** 효소가 다시 출현했다. 전환할 때 이런 효소를 유도하는 데에는―새 요리가 나올 때 식기를 교체하듯이(스테이크 나이프를 수거하고, 후식 포크를 놓는 식으로)―몇 분이 걸리며, 그 때문에 생장 곡선에 멈칫하는 부위가 생기는 것이었다.

모노는 디옥시가 유전자가 대사적 입력을 통해서 조절될 수 있음을 시사하는 것이라고 보았다. 효소, 즉 단백질이 세포에서 나타나거나 사라지도록 유도한다면, **유전자**는 분자 스위치처럼 켜지고 꺼지는 것이 분명했다(어쨌든 효소는 유전자가 만드는 것이니까). 1950년대 초에, 모노는 파리에서 프랑수아 자코브와 함께 돌연변이체를 만들어서 대장균의 유전자 조절 양상을 체계적으로 조사하기 시작했다. 그것은 모건이 초파리를 대상으로 대성공을 거둔 방식이었다.[*]

---

[*] 모노와 자코브는 서로 간접적으로 아는 사이였다. 둘 다 미생물 유전학자 앙드레 루오프의 가까운 동료였다. 자코브는 그 방들의 반대편 끝에서 대장균을 감염시키는 바이러스를 연

초파리처럼 세균 돌연변이체도 많은 것을 알려주었다. 모노와 자코브는 미국에서 온 미생물 유전학자 아서 파디와 함께 유전자 조절을 통제하는 세 가지의 기본 원리를 찾아냈다. 첫째, 유전자가 커지거나 꺼질 때, DNA 원본은 늘 세포 안에 온전히 보존되어 있었다. 실제 작용은 DNA를 통해서 이루어졌다. 어떤 유전자가 커지면, RNA 메시지가 더 많이 만들어지고 당을 분해하는 효소도 더 많이 만들어졌다. 세포의 대사 정체성―즉 먹는 것이 젖당인지 포도당인지 여부―은 늘 한결같이 존재하는 유전자의 서열에 의해서 정해지는 것이 아니라, 유전자가 생산하는 RNA의 양에 달려 있었다. 젖당 대사가 이루어지는 동안에는 젖당 분해 효소의 RNA가 풍부했다. 포도당 대사 때에는 그 메시지가 억제되고, 포도당 분해 효소의 RNA가 풍부해졌다.

둘째, RNA 메시지의 생산은 통합 조절되었다. 당 공급원이 젖당으로 바뀌면, 대장균은 젖당을 소화하는 유전자들의 모듈 전체―젖당을 대사하는 데에 필요한 몇몇 유전자들의 집합―를 켰다. 그 모듈에 속한 유전자 중 하나는 젖당을 세균 세포 안으로 들여보내는 "운반 단백질"을 만들었다. 어떤 유전자는 젖당을 분해하는 데에 필요한 효소를 만들었다. 또 어떤 유전자는 그 분해된 조각들을 더 잘게 분해하는 효소를 만들었다. 놀랍게도 특정한 대사 경로에 쓰이는 이 모든 유전자들은 세균의 염색체에서 물리적으로 서로 인접해 있었고―주제별로 꽂힌 서가의 책들처럼― 동시에 활성이 유도되었다. 대사가 바뀌면, 세포의 유전자 발현도 대폭 바뀌었다. 단지 식기만 바뀐 것이 아니었다. 만찬 서비스 전체가 한꺼번에 바뀌었다. 마치 같은 실패나 주(主)스위치에 연결되어 움직이는 양, 같은 기능에 참여하는 유전자들은 한 회로를 구성하여 함께 켜지고 꺼졌다. 모노는 이런 유전자 모듈을 **오페론**(operon)이라고 했다.*

구하고 있었다. 비록 언뜻 볼 때 실험 전략은 서로 달랐지만, 둘은 유전자 조절을 연구한다는 공통점이 있었다. 그 둘은 서로 실험 일지를 비교했다가, 자신들이 같은 일반적인 문제의 서로 다른 측면을 연구하고 있다는 사실을 알고 놀랐다. 그래서 1950년대에 서로의 연구 중 일부를 통합했다.

따라서 단백질의 생성은 환경의 요구와 완벽하게 동조를 이루었다. 즉 어떤 당을 공급하면, 그 당을 대사하는 유전자들의 집합이 함께 켜졌다. 즉 이번에도 진화의 냉혹한 경제가 유전자 조절의 가장 우아한 해결책을 내놓은 것이다. 어떤 유전자도, 메시지도, 단백질도 헛수고하는 일이 없다.

젖당을 감지하는 단백질이 세포에 있는 수천 개의 유전자 중에 어떻게 젖당 소화 유전자를 알아보고 그것만을 조절하는 것일까? 모노와 자코브는 유전자 조절의 세 번째 핵심 특징을 발견했다. 모든 유전자에 인식표처럼 작용하는 독특한 조절 DNA 서열이 달려 있다는 것이었다. 당을 감지하는 단백질이 환경에서 당을 검출하면, 인식표를 알아보고 그 표적 유전자를 켜거나 끈다. 그것이 신호가 되어 유전자는 RNA 메시지를 많이 만들고 그렇게 함으로써 당을 소화시킬 효소를 생산한다.

한 마디로 유전자는 단백질을 만들 정보만이 아니라, 그 단백질을 언제 어디에서 만들까 하는 정보도 가지고 있었다. 그 모든 자료는 DNA에 담겨 있었고, 대개 각 유전자의 앞쪽에 붙어 있었다(조절 서열이 유전자의 끝이나 중간에 붙어 있는 사례도 있긴 하지만). 조절 서열과 단백질 암호 서열의 조합이 바로 유전자를 정의했다.

여기에서 다시 한번 영어 문장에 비유해보자. 1910년 유전자 연관을 발견했을 때, 모건은 왜 한 유전자가 다른 유전자와 염색체상에서 물리적으로 연결되어 있는지를 도저히 논리적으로 설명할 수가 없었다. 검은 몸 유전자와

---

* 1957년, 파디, 모노, 자코브는 하나의 주스위치가 젖당 오페론을 통제한다는 것을 발견했다. 단백질이었는데, 나중에 리프레서(repressor, 억제 물질)이라고 불리게 되었다. 리프레서는 분자 자물쇠처럼 작용했다. 배지에 젖당을 첨가하면, 리프레서 단백질은 젖당을 감지하여 자신의 분자 구조를 바꾼다. 그러면 잠겨 있던 젖당 소화 유전자와 젖당 운반 유전자가 "열린다"(즉 유전자들이 활동할 수 있게 된다). 그러면 세포는 젖당을 대사할 수 있게 된다. 포도당 등 다른 당이 있을 때 자물쇠는 열리지 않으며, 젖당 소화 유전자들도 활성을 띠지 못한다. 1966년 월터 길버트와 베노 멀러힐은 세균 세포에서 리프레서 단백질을 분리함으로써, 모노의 오페론 가설이 옳았음을 확증했다. 1966년 마크 프타신과 낸시 홉킨스는 바이러스에서 다른 리프레서를 분리했다.

흰 눈 유전자는 기능적으로 아무런 연관성이 없는데도 한 염색체에 나란히 놓여 있었다. 반면에 자코브와 모노의 모형에서는 세균 유전자들이 나란히 놓여 있는 이유가 있었다. 같은 대사 경로에 관여하는 유전자들이 물리적으로 서로 연결되어 있었다. 함께 작동한다면, 유전체에서 함께 살았다. 한 유전자에는 그 활동, 즉 "일"에 맥락을 제공하는 특수한 DNA 서열이 딸려 있었다. 유전자를 켜고 끄는 이 서열은 한 문장의 구두점과 인용 기호―따옴표, 쉼표, 대문자―에 비유할 수 있다. 즉 어떤 대목들을 함께 읽고 다음 문장을 대비하여 언제 쉬어야 할지를 독자에게 알려주는 맥락, 강조, 의미를 제공한다.

> "이것이 바로 당신 유전체의 구조이다. 다른 것들과 함께 조절 모듈도
> 들어 있다. 어떤 단어들은 모여서 문장이 된다. 다른 단어들은 쌍반점,
> 쉼표, 줄표로 분리되어 있다."

파디, 자코브, 모노는 1959년에 젖당 오페론을 제시하는 기념비적인 연구 결과를 발표했다.[4] 왓슨과 크릭이 DNA 구조 논문을 발표한 지 6년밖에 지나지 않았을 때였다. 논문은 세 저자의 이름을 따서 파자모(Pa-Ja-Mo)라고 불리게 되었는데, 발음하면 그냥 파자마(Pajama)가 되었다. 그 논문은 즉시 생물학에 엄청난 영향을 끼치는 고전으로 자리매김을 했다. 파자마 논문은 유전자가 그저 수동적인 청사진이 아니라고 했다. 설령 모든 세포가 동일한 유전자 집합―동일한 유전체― 을 지닌다고 해도, 유전자들의 특정한 부분 집합을 선택적으로 활성화하거나 억제함으로써, 각 세포는 환경에 반응할 수 있다. 유전체는 시기와 상황에 맞추어서 특정한 암호 부위를 선택적으로 펼칠 수 있는 **능동적인** 청사진이었다.

단백질은 이 과정에서 조화롭게 유전자, 더 나아가 유전자들의 조합을 켜거나 끄는 조절 감지기, 또는 주스위치 역할을 한다. 대단히 복잡한 교향곡의 악보처럼, 유전체는 생물의 발달과 유지에 필요한 명령문들을 포함하고 있

다. 그러나 유전체 "악보"는 단백질이 없으면 무용지물이다. 이 정보를 구현하는 것은 단백질이다. 단백질은 14분에 비올라를 켜고, 아르페지오에는 심벌즈를 치고, 크레센도에는 드럼을 두드림으로써 유전체를 **지휘**하며, 그리하여 유전체의 음악을 연주한다. 개념적으로 표현하면 이렇다.

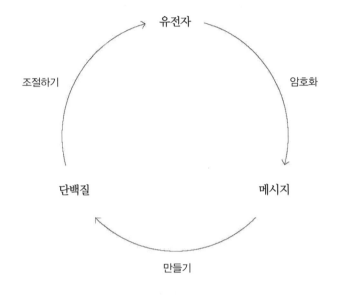

파자마 논문은 유전학의 핵심 질문 중 하나를 다루었다. 정해진 유전자 집합을 지닌 생물이 어떻게 환경 변화에 그토록 민감하게 반응할 수 있는 것일까? 또 논문은 배아 발생에 관한 핵심 의문에도 해답을 제시했다. 동일한 유전자 집합으로부터 배아의 수천 가지 유형의 세포들이 어떻게 생겨날 수 있을까? 유전자들의 **조절**—특정한 시기에 특정한 세포에서 특정한 유전자들을 선택적으로 켜고 끄는—이 한결같은 특성을 지닌 이 생물학적 정보에 복잡성이라는 중요한 층을 겹쳐놓는 것이 분명했다.

모노는 세포가 시공간에서 독특한 기능을 수행할 수 있는 것은 유전자 조절 덕분이라고 주장했다. 모노와 자코브는 이렇게 결론지었다. "유전체는 일련의 청사진들[즉 유전자]뿐만 아니라, 조율하는 **프로그램과**……실행을 통제하는 수단도 가진다."[5] 월터 노엘의 적혈구와 간세포는 동일한 유전 정보를 가지고 있었지만, 유전자 조절을 통해서 헤모글로빈 단백질은 적혈구에서만 나타나고 간에서는 없었다. 모충과 나비는 동일한 유전체를 가지지만, 유전자 조절을 통해서 한쪽이 다른 쪽으로 탈바꿈을 할 수 있다.

배아 발생은 단세포 배아로부터 유전자 조절이 점진적으로 전개되는 과정이라고 볼 수 있었다. 아리스토텔레스가 수세기 전에 그토록 생생하게 상상한 "운동"이 바로 이것이었다. 중세의 우주론자가 무엇이 지구를 떠받치고 있냐는 질문을 받았다는 유명한 이야기가 있다.

"거북이지요." 그는 대답한다.

"그 거북은 뭐가 떠받치고 있는데요?"

"다른 거북이요."

"그럼 그 거북은요?"

우주론자는 발끈했다.

"이해를 못하시네. 거북들이 끝없이 늘어서서 떠받치고 있다니까요."

유전학자는 생물의 발생을 연속되는 유전자의 유도(혹은 억제)와 유전적 회로로 기술할 수 있다. 유전자는 특정한 단백질을 만들고, 그 단백질은 유전자를 켜고 끄고, 켜지고 꺼지는 유전자는 다른 단백질을 만들고, 그 단백질은 다른 유전자를 켜고 끄는 식으로, 최초의 배아 세포에까지 이어진다. 유전자들이 죽 이어진다.*

유전자 조절—단백질을 통해서 유전자를 켜고 끄기—은 한 세포의 유전 정보의 한 사본으로부터 조합을 거쳐 복잡성이 형성될 수 있는 메커니즘을 제시했다. 그러나 유전자의 복제 자체는 설명할 수 없었다. 세포가 둘로 분열하

---

* 우주의 거북과 달리, 이 견해는 불합리하지 않다. 원리상 단세포 배아는 온전한 생물을 만드는 데에 필요한 모든 유전 정보를 가진다. 연속되는 유전적 회로들이 어떻게 생물의 발생을 "구현할" 수 있는가라는 질문은 다음 장에서 다루기로 한다.

거나, 정자나 난자가 생성될 때, 유전자는 어떻게 복제될까?

왓슨과 크릭은 두 상보적인 "음양" 가닥들이 마주 얽혀 있는 DNA 이중나선 모형이 곧바로 복제 메커니즘까지 시사하고 있다는 것을 알아차렸다. 그들이 쓴 1953년 논문의 마지막 문장은 이러했다. "우리가 추정한 특정한 [DNA의] 짝짓기가 곧바로 유전물질의 가능한 복제 메커니즘을 시사한다는 것을 우리는 놓치지 않았다."[6] 그들의 DNA 모형은 그저 멋진 그림인 것만이 아니었다. 그 구조에는 기능의 가장 중요한 특징들이 예견되어 있었다. 왓슨과 크릭은 각 DNA 가닥이 자신의 사본을 만드는 데에 쓰인다고 주장했다. 그럼으로써 원본 이중나선에서 두 개의 이중나선을 만들 수 있었다. 복제 때 DNA의 음양 가닥은 서로 떨어졌다. 음 가닥은 양 가닥을, 양 가닥은 음 가닥을 만드는 주형으로 쓰였다. 그럼으로써 음양 쌍이 두 개로 늘어났다(1958년에 매튜 메셀슨과 프랭크 스탈이 이 메커니즘을 증명했다).

그러나 DNA 이중나선은 자율적으로 자신의 사본을 만들 수 없다. 그렇지 않다면, 제멋대로 계속 복제될지도 모른다. 따라서 DNA 복제를 담당하는 효소가 있을 가능성이 높았다. 복제자 단백질이었다. 1957년 생화학자 아서 콘버그는 바로 그 복제 효소를 분리하는 일에 뛰어들었다. 그는 그런 효소가 존재한다면, 빠르게 분열하는 생물 속에서 가장 찾기가 쉬울 것이라고 추론했다. 마구 증식하고 있는 대장균이야말로 제격이었다.

1958년까지 콘버그는 세균 침전물을 증류하고 또 증류하여 거의 순수한 효소를 분리해냈다(그는 "유전학자는 세고, 생화학자는 씻는다"라고 내게 말했다). 그는 그것에 DNA 중합효소(DNA는 A, C, G, T의 중합체이며, 이 효소는 그 중합체를 만드는 효소였다)라는 이름을 붙였다.[7] 정제한 그 효소를 DNA에 첨가하고 에너지원과 염기—A, T, G, C—를 공급하자, 시험관에서 새로운 핵산 가닥이 생겨났다. DNA가 자신과 똑같은 DNA를 만들었다.

1960년 콘버그는 이렇게 썼다. "5년 전에는 DNA의 합성도 '생명력'이 필요한 과정이라고 여겨졌다."[8] 즉 시험관에서 단순히 화학물질을 넣고 빼는 식으로는 재현할 수 없는 신비한 과정이라고 보았다. "생명의 유전 기구 자체에 개입해보았자 혼란만 일어날 것이 뻔하다." 하지만 콘버그의 DNA 합성은 무질서에서 질서를 만들어냈다. 단위 화학물질로부터 유전자를 합성했으니까. 유전자는 더 이상 난공불락의 대상이 아니었다.

여기서 다시 한번 되새겨보는 것이 좋겠다. 모든 단백질이 그렇듯이, DNA를 복제하는 효소인 DNA 중합효소도 유전자의 산물이라는 것을 말이다.* 따라서 모든 유전체에는 자신을 복제할 수 있게 해주는 단백질의 암호가 들어 있다. 이 추가된 복잡성의 층위—DNA가 복제될 수 있도록 하는 단백질의 암호를 가진 DNA—는 조절을 위한 핵심 마디를 제공하기 때문에 중요하다. DNA 복제는 세포의 나이나 영양 상태 같은 다른 신호와 조절 인자들에 따라서 켜지고 꺼질 수 있어서, 세포가 분열할 준비가 되어 있을 때에만 DNA 사본을 만들 수 있게 해준다. 이 체계에는 단점이 있다. 조절 인자 자체에 문제가 생기면, 세포가 무한정 복제하는 것을 멈출 방법이 전혀 없다. 곧 알게 되겠지만, 그것이 바로 기능에 이상이 생긴 유전자가 일으키는 궁극적인 형태의 병인 암이다.

유전자는 유전자를 **조절하는**(regulate) 단백질을 만든다. 유전자는 유전자를 **복제하는**(replicate) 단백질을 만든다. 유전자의 생리학에서 세 번째 R은 일상적인 어휘가 아닌 단어이다. 그러나 우리 종의 생존에 필수적인 단어이다. 바로 **재조합**(recombination), 즉 유전자들의 새로운 조합을 생성하는 능력을 말한다.

재조합을 이해하기 위해서, 다시 멘델과 다윈에게로 돌아가기로 하자. 한 세기에 걸쳐 유전학은 생물이 "닮음"을 어떻게 전달하는지를 밝혀냈다. DNA

---

* DNA 복제에는 DNA 중합효소 외에도 비비 꼬인 이중나선을 펴고 유전 정보를 정확히 복사하는 등의 일을 하는 많은 단백질이 필요하다. 그리고 세포에는 기능이 조금씩 다른 여러 종류의 DNA 중합효소가 있다.

에 암호로 새겨지고 염색체에 담긴 유전 정보의 단위들은 정자와 난자를 통해서 배아로 전달되고, 배아로부터 한 생물의 몸을 구성하는 모든 살아 있는 세포가 만들어진다. 이 단위들은 단백질을 만드는 메시지를 가지며, 그 메시지와 단백질은 생물의 형태와 기능을 만들어낸다.

그러나 유전 메커니즘을 이렇게 기술함으로써 멘델의 의문—어떻게 자신을 닮은 자손을 낳을까?—은 해결되었지만, 다윈의 정반대 수수께끼는 풀지 못했다. 어떻게 자신을 닮지 않은 자손을 낳을까? 진화가 일어나려면, 생물은 유전적 변이를 일으킬 수 있어야 한다. 즉 유전적으로 양쪽 부모와 다른 자손을 낳아야 한다. 유전자가 대개 닮음을 전달한다면, "닮지 않음"은 어떻게 전달할 수 있을까?

자연에서 변이를 생성하는 메커니즘 중 하나는 돌연변이이다. 즉 DNA 서열이 바뀌는 것(A가 T로)이며, 그 결과 단백질의 구조가 바뀌고 따라서 기능도 바뀔 수 있다. 돌연변이는 화학물질이나 X선으로 DNA가 손상되거나 DNA 복제 효소가 유전자를 복제하다가 자발적으로 오류를 일으킬 때 생긴다. 그러나 유전적 다양성을 낳는 두 번째 메커니즘도 있다. 바로 염색체 사이에 유전 정보를 교환하는 것이다. 모계 염색체의 DNA는 부계 염색체의 DNA와 자리를 바꿀 수 있다. 그러면 모계와 부계가 섞인 유전자 잡종이 나올 수 있다. 재조합도 "돌연변이"의 한 형태이다. 유전물질이 큰 덩어리로 염색체 사이에 교환된다는 점이 다를 뿐이다.*

유전 정보가 한 염색체에서 다른 염색체로 이동하는 일은 극도로 특수한 상황에서만 일어난다. 첫 번째 상황은 번식을 위해서 정자와 난자가 만들어질 때이다. 정자 형성과 난자 형성 직전에, 세포는 잠시 유전자들의 놀이터로 변신한다. 모계와 부계의 염색체들이 짝을 지어서 서로 껴안기 때문에 유전

---

* 유전학자 바버라 매클린톡은 유전체 내에서 돌아다닐 수 있는 유전 인자를 발견했다. 이 이른바 "도약 유전자(jumping genes)"였다. 이 업적으로 그녀는 1983년에 노벨상을 수상했다.

정보가 교환되기 쉬워진다. 짝지은 염색체 사이의 유전 정보 교환은 부모에게서 온 유전 정보를 뒤섞는 중요한 역할을 한다. 모건은 이 현상을 교차(crossing over)라고 했다(그의 제자들은 교차를 이용하여 초파리의 유전자 지도를 작성했다). 더욱 현대적인 용어는 재조합(recombination)이다. 즉 유전자 조합의 조합을 생성하는 능력이다.

두 번째 상황은 더 불길하다. X선 같은 돌연변이 유발 요인으로 DNA가 손상되면, 유전 정보도 위험에 처한다. 그런 손상이 일어났을 때, 유전자는 짝지은 염색체에 있는 "쌍둥이" 사본에서 재복사될 수도 있다. 즉 모계 사본의 일부가 부계 사본으로 고쳐 써짐으로써, 잡종 유전자가 생길 수 있다.

여기서는 염기 짝짓기가 유전자를 복구하는 데에 쓰인다. 음이 양을 고침으로써, 원본 이미지를 복구한다. 도리언 그레이처럼, DNA도 초상화를 통해서 계속 원본의 활력을 회복한다. 단백질들은 이 전체 과정을 유지하고 조율한다. 손상된 가닥을 이어서 온전한 유전자를 복구하고, 사라진 정보를 복사하고 교정하며, 끊긴 부위를 이음으로써, 궁극적으로 손상되지 않은 가닥에서 손상된 가닥으로 정보를 이전한다.

조절, 복제, 재조합. 유전자 생리학의 이 3R은 놀랍게도 DNA의 분자 구조에 깊이 의존한다. 왓슨과 크릭의 이중나선 염기쌍에 말이다.

유전자 조절은 DNA를 RNA로 전사함으로써 작동한다. 그 과정도 염기쌍에 의존한다. DNA의 한 가닥이 RNA 메시지를 만드는 데에 쓰일 때, DNA와 RNA 사이에 염기 짝짓기가 일어나면서 유전자의 RNA 사본이 만들어질 수 있다. 복제할 때 DNA는 다시금 자신의 이미지를 안내자로 삼는다. 각 가닥은 자신의 상보적인 가닥을 만드는 데에 쓰이며, 그 결과 이중나선 하나가 쪼개져서 이중나선 두 개가 생긴다. 그리고 DNA의 재조합이 일어날 때에는 상대 가닥의 염기에 맞추어 염기를 끼우는 전략을 통해서 손상된 DNA를 복구한다. 손상된 유전자 사본은 상보적인 가닥, 즉 그 유전자의 두 번째 사본을 안내자로 삼아서 복구된다.*

이중나선은 동일한 주제를 독창적으로 변주함으로써 유전자 생리학의 주요 도전 과제 세 가지를 모두 해결했다. 거울상 형태의 화학물질은 거울상 화학물질을 생성하는 데에 쓰이며, 반영은 원본을 재구성하는 데에 쓰인다. 쌍은 정보의 신뢰성과 영속성을 유지하는 데에 쓰인다. 화가 세잔은 친구에게 이렇게 말했다고 한다. "모네는 눈밖에 없어. 하지만 경이로운 눈이지." 같은 논리를 적용하면, DNA는 화학물질에 불과하지만, 경이로운 화학물질이다.

생물학에는 전통적으로 두 부류의 과학자가 있다. 해부학자와 생리학자이다. 해부학자는 물질, 구조, 신체 부위의 특성을 기술한다. 대상이 어떤 모습인지를 묘사한다. 반면에 생리학자는 이 구조와 신체 부위가 상호작용하여 살아 있는 생물의 기능을 만들어내는 메커니즘에 초점을 맞춘다. 대상이 어떻게 움직이는지를 다룬다.

이 구분은 유전자의 이야기에서 한 기념비적인 전환점을 표시하기도 한다. 아마 멘델은 유전자의 첫 번째 "해부학자"였을 것이다. 완두의 세대 사이에 이루어지는 정보의 이동을 포착함으로써, 그는 더 이상 나눌 수 없는 정보 입자를 유전자의 핵심 구조라고 보았다. 모건과 스터트번트는 1920년대에 유전자가 염색체를 따라 늘어서 있는 물질 단위임을 보여줌으로써, 이 해부학적 전통을 확장했다. 1940-50년대에 에이버리, 왓슨, 크릭은 DNA를 유전자 분자로 파악했고, 그 구조를 이중나선이라고 묘사했다. 그럼으로써 유전자의 해부학적 개념을 정점에 올려놓았다.

---

* 유전체가 자신의 손상을 수선하는 유전자도 가진다는 사실은 에벌린 윗킨과 스티브 엘리지를 비롯한 몇몇 유전학자들이 발견했다. 윗킨과 엘리지는 서로 독자적으로 DNA 손상을 감지하고 그 손상을 복구하거나 무력화하는 세포 반응을 활성화하는 일련의 단백질들을 찾아냈다(손상이 치명적이면, 세포 분열이 중단된다). 그 유전자들에 돌연변이가 쌓이면 DNA 손상—따라서 돌연변이—이 누적되면서 결국 암이 생길 수 있다. 생물의 생존과 변이 가능성 양쪽에 핵심적인 유전자 생리학의 네 번째 R은 "수선(repair)"이다.

그러나 1950년대 말부터 1970년대 사이에, 과학적 탐구를 주도한 것은 유전자의 **생리학**이었다. 유전자가 조절될 수 있다는—특정한 신호를 통해서 켜고 끌 수 있다는—것의 발견으로 유전자가 시공간에서 어떻게 활동하면서 각 세포의 독특한 특징을 만들어내는지를 더 깊이 이해하게 되었다. 유전자가 재생산되고, 염색체 사이에 재조합되고, 특정한 단백질을 통해서 수선될 수 있다는 사실을 발견함으로써 세포와 생물이 어떻게 세대 간에 유전 정보를 보전하고 복제하고 뒤섞는지를 설명할 수 있었다.

이 각각의 발견은 인류 생물학자들에게 엄청난 의미로 다가왔다. 유전학이 물질에서 유전자의 역학적 개념으로—유전자가 무엇인가에서 유전자가 무슨 일을 **하는가**로—옮겨가면서, 인류 생물학자들은 오랫동안 찾던 유전자, 인간의 생리와 병리 사이의 연결 고리를 알아차리기 시작했다. 질병은 단지 한 단백질의 유전 암호가 바뀌어서 생길 수도 있지만(낫 모양 적혈구 빈혈의 헤모글로빈처럼), 유전자 조절의 결과일 수도 있었다. 즉 적절한 세포에서 적절한 시기에 적절한 유전자가 켜지거나 꺼지지 못하기 때문에 생길 수도 있었다. 유전자 복제는 단세포에서 어떻게 다세포 생물이 출현하는지를 설명할 수 있었다. 그리고 복제 오류는 자연 발생적인 대사 질환이나 심각한 정신 질환이 그 병력이 없는 집안에서 어떻게 생길 수 있는지를 알려줄지도 모른다. 유전체 사이의 유사점들은 부모와 자식의 닮음을 설명할 수 있고, 돌연변이와 재조합은 그들의 차이점을 설명해줄지도 모른다. 가족은 사회적 및 문화적 망뿐만 아니라, 활성 유전자들의 망도 공유하는 것이 분명했다.

19세기의 인간 해부학과 생리학이 20세기 의학의 토대가 된 것처럼, 유전자의 해부학과 생리학도 강력한 새로운 생물학의 토대가 된다. 그 후 수십 년에 걸쳐 이 혁신적인 과학은 단순한 생물에서 복잡한 생물로 영역을 확장해 간다. 그 개념어들—유전자 조절, 재조합, 돌연변이, DNA 수선—은 기초 과학 학술지 밖으로 뛰쳐나가 의학 교과서에 실리게 되며, 이어서 사회와 문화 전반에서 더 폭넓게 벌어지는 논쟁에도 스며들게 된다(앞으로 살펴보겠지만, 인종이라는 단어는 먼저 재조합과 돌연변이를 이해하지 않고서는 그 의미를 제대로 이해할 수가 없다). 새로운 과학은 유전자가 어떻게 인간을 만들고 유지하고 수선하고 재생산하는지를, 그리고 유전자의 해부학과 생리학이 인간의 정체성, 운명, 건강과 질병의 다양성에 기여하는지를 설명할 길을 찾아나서게 된다.

유전자에서 발생으로

태초에 단순성이 있었다.

　　　　　　—리처드 도킨스, 『이기적 유전자(*The Selfish Gene*)』[1]

내가 너처럼

파리가 아닐까?

아니면 네가 나처럼

인간이 아닐까?

　　　　　　—윌리엄 블레이크, 「파리(The Fly)」[2]

유전자를 생명 분자라고 봄으로써 유전의 전달 메커니즘을 명확히 밝혀냈지만, 1920년대에 토머스 모건이 고심했던 수수께끼는 더 깊어지기만 했다. 모건에게는 유전자가 아닌 발생이 유기체 생물학에서의 주된 수수께끼였다. "유전의 단위"는 어떻게 동물을 형성하고 신체 기관과 생물의 기능을 유지할 수 있을까? (그는 한 학생에게 이렇게 말한 적이 있다. "하품을 해서 미안하네. 방금 [유전학] 강의를 하고 와서 말이야.")

　모건이 간파했듯이, 유전자는 비범한 문제의 비범한 해결책이었다. 유성생식이 일어나려면, 생물이 단세포로 되돌아갔다가, 그 단세포가 불어나서 다시 생물이 되어야 한다. 모건은 유전자가 유전의 전달이라는 한 가지 문제를 해결하지만, 또다른 문제를 낳는다는 것을 알아차렸다. 바로 생물의 발생이라는 문제였다. 단세포는 무에서 생물을 만들어내는 데에 필요한 명령문 집합 전체, 즉 유전자를 지닐 수 있는 것이 분명했다. 그러나 유전자가 하나의 세포에서 어떻게 생물 전체를 자라나게 할 수 있을까?

발생학자에게는 발생이라는 문제를 순행적으로 접근하는 것, 즉 배아에서 일어나는 최초의 사건에서부터 성숙한 생물의 체제에 이르는 발달 과정을 살펴보는 것이 더 직관적으로 보일 것이다. 그러나 앞으로 살펴보겠지만, 생물의 발생을 이해하는 과정은 영화 필름을 되감는 식으로 거꾸로 이루어져 왔으며, 거기에는 그럴 만한 이유가 있었다. 가장 먼저 파악된 것은 유전자가 거시 해부학적 특징—팔다리, 장기, 구조—을 정하는 메커니즘이었다. 이어서 생물이 이 구조들을 어디에—즉 앞이나 뒤, 왼쪽이나 오른쪽, 위나 아래—놓을지를 결정하는 메커니즘이 밝혀졌다. 배아의 설명서에 가장 먼저 나오는 사건—몸의 축, 앞과 뒤, 왼쪽과 오른쪽의 결정—이 가장 나중에 이해된 것에 속한다.

순서가 이렇게 뒤집힌 이유는 명백할 수도 있다. 팔다리와 날개 같은 거시 구조를 정하는 유전자들에 일어난 돌연변이야말로 알아차리기가 가장 쉬웠기 때문에, 가장 먼저 파악되었다. 체제의 기본 요소를 정하는 유전자들에 나타난 돌연변이는 파악하기가 더 어려웠다. 그런 돌연변이는 생물의 생존 가능성을 급감시키기 때문이다. 그리고 배아 발생의 첫 단계에서 돌연변이가 일어난 개체는 산 채로 보기가 거의 불가능했다. 머리와 꼬리가 뒤엉킨 배아는 즉시 죽기 때문이다.

1950년대에 칼텍의 초파리 유전학자 에드 루이스는 초파리 배아의 형성 과정을 재구성하기 시작했다.[3] 오직 한 건물에 푹 빠져 있는 건축사가처럼, 루이스는 거의 20년 동안 초파리의 형성 과정을 연구했다. 모래알보다 작은 콩 모양의 초파리 배아는 한 순간 활동을 드러내면서 삶을 시작한다. 알이 수정된 지 약 10시간 뒤, 배아는 머리, 가슴, 배의 세 체절로 나뉘며, 각 체절은 더 세분된다. 루이스는 배아의 이 각 체절이 자라서 성체의 체절이 된다는 것을 알았다. 배아의 한 체절은 두 번째에 있는 가슴마디가 되고, 그곳에서 한 쌍의 날개가 돋는다. 세 번째 체절에서는 다리 여섯 개가 자란다. 또다른 체절에서는 강모(剛毛)나 더듬이가 돋는다. 사람과 마찬가지로, 초파리 성체의 기본 체제는 배아에 축소되어 들어 있다. 초파리의 성숙은 마치 살아 있는 아코디언이 펼쳐지듯이, 이 체절들이 연속적으로 펼쳐지는 과정이다.

그러나 초파리 배아는 두 번째 체절인 가슴마디에서 다리가 자라고 머리에서 더듬이가 자라야 한다는 것(정반대가 아니라)을 어떻게 "알까?" 루이스는 이 체절의 조직화에 문제가 생긴 돌연변이들을 연구했다. 그는 그 돌연변이체들이 종종 거시 구조의 핵심 체제는 유지하면서 초파리 몸에서의 위치나 정체성만 바뀌는 독특한 특징을 가진다는 것을 알아차렸다. 한 예로 한 돌연변이체에서는 온전하면서 거의 제 기능을 하는 가슴마디가 하나 더 있었다. 그래서 날개가 4개가 되었다(한 쌍은 정상적인 가슴마디에서, 다른 한 쌍은 여분의 가슴마디에서 돋았다). 마치 **가슴을 만드는** 유전자가 잘못된 부위에서 잘못 명령을 내렸는데, 그 명령이 충실히 이행된 것 같았다. 또 한 돌연변이체에서는 머리에 있는 더듬이에서 다리가 두 개 돋았다. 마치 **다리를 만들라**는 명령이 머리에서 잘못 이행된 듯했다.

루이스는 자율적인 단위나 서브루틴(subroutine : 필요할 때 불러내어 쓸 수 있는 틀에 박힌 명령문의 집합/역주)처럼 작용하는 주 조절 "효과 인자" 유전자(master-regulatory "effector" gene)가 기관과 구조를 형성한다고 결론지었다. 초파리(또는 다른 어떤 생물)의 정상적인 발생이 일어나는 동안, 이 효과 인자 유전자는 특정한 시점에 특정한 자리에서 활동을 시작하고, 체절과 기관의 정체성을 결정한다. 이 주 조절 유전자는 다른 유전자들을 켜고 끄는 방식으로 일한다. 마이크로프로세서의 회로에 비유할 수 있다. 따라서 그 유전자에 생긴 돌연변이는 어긋난 부위에 기형의 체절과 기관을 만든다. 『이상한 나라의 앨리스(*Alice in Wonderland*)』에서 하트 여왕의 정신 산만한 시중

꿈들처럼, 그 유전자는 엉뚱한 장소나 시간에 명령문을 실행하기 위해서—가슴을 만들고, 날개를 내고—바쁘게 움직인다. 주 조절 유전자가 "더듬이를 켜"라고 소리치면, 더듬이를 만드는 서브루틴이 켜지고 더듬이가 만들어진다. 설령 그 구조가 초파리의 가슴이나 배에서 자라난다고 해도 말이다.

그런데 그 지휘관들에게는 누가 명령을 내릴까? 체절, 기관, 구조의 발생을 통제하는 주 조절 유전자를 발견한 에드 루이스는 배아발생의 최종 단계라는 수수께끼를 풀었지만, 그것이 발견되면서 무한 반복이라는 문제가 제기되었다. 배아가 각 체절과 기관의 정체성을 명하는 유전자들을 통해서 각각의 체절과 기관을 만들면서 구축된다면, 애초에 각 체절은 자신의 정체성을 어떻게 아는 것일까? 예를 들면, 날개를 만드는 주 유전자는 첫 번째나 세 번째 체절이 아니라 두 번째 체절인 가슴마디에서 날개를 만들어야 한다는 것을 어떻게 "알까?" 유전자 모듈이 그렇게 자율적이라면, 왜—초파리의 머리에 관한 모건의 수수께끼로 돌아가서—머리에서 다리가 자라거나 사람의 코에서 엄지가 자라나지 않는 것일까?

이런 질문들에 답하려면, 발생의 시계를 거꾸로 돌릴 필요가 있다. 루이스가 팔다리와 날개의 발달을 통제하는 유전자에 관한 논문을 발표한 지 1년 뒤인 1979년, 하이델베르크에서 연구하던 발생학자 크리스티아네 뉘슬라인폴하르트와 에리크 비샤우스는 배아 형성을 관장하는 첫 단계를 포착하기 위해서 초파리 돌연변이체를 만들기 시작했다.

그들이 만들어낸 돌연변이체들은 루이스가 기술한 것들보다 더욱 놀라웠다. 배아의 체절들이 아예 사라진 것도 있었고, 가슴마디나 배마디가 대단히 짧아져서 인간에 비유하자면 배나 다리가 없는 태아와 비슷한 것도 있었다. 뉘슬라인폴하르트와 비샤우스는 이 돌연변이체들에서 변형된 유전자들이 배아의 기본 건축 계획을 결정한다고 추론했다. 그 유전자들은 배아 세계의 지도 제작자이다. 그것들은 배아를 세 부분으로 나눈다. 그런 다음 루이스의 지휘관 유전자들을 활성화하여 일부 구획에서(그리고 그곳에서만) 기관과 신체 부위를 만드는 일이 시작되게끔 한다. 머리에서는 더듬이, 가슴마디의 네 번째 체절에서는 날개를 만들게 한다. 뉘슬라인폴하르트와 비샤우스는 그것들을 체절 형성 유전자(segmentation gene)라고 했다.

그러나 체절 형성 유전자도 주인이 있어야 한다. 초파리의 두 번째 체절은 자신이 배마디가 아니라 가슴마디임을 어떻게 "알까?" 또는 자신이 꼬리가 아니라 머리임을 어떻게 알까? 배아의 모든 체절은 머리에서 꼬리까지 뻗어 있는 축을 기준으로 정할 수 있다. 머리는 내부 GPS 시스템 같은 기능을 하며, 머리와 꼬리의 상대적인 위치에 따라 배아의 체절마다 고유의 "주소"가 부여된다. 그런데 배아는 근원적인 비대칭성, 즉 "머리성" 대 "꼬리성"을 어떻게 갖추는 것일까?

1980년대 말, 뉘슬라인폴하르트 연구진은 배아의 비대칭적 체제가 파괴된 돌연변이 초파리들을 연구하기 시작했다. 이 돌연변이체들—머리나 꼬리가 없는 것들도 있었다—은 체절이 형성되기 한참 전에(게다가 당연히 구조와 기관이 형성되기 한참 전에) 발달이 멈추었다. 배아의 머리가 기형인 것도 있었다. 기이한 거울상 형태가 되어 배아의 앞뒤를 구별할 수 없는 것도 있었다(이 돌연변이체 중 가장 유명한 것은 비코이드[bicoid]로서, "양쪽에 꼬리가 달렸다"는 뜻이다). 이 돌연변이체들은 앞과 뒤를 결정하는 어떤 인자—화학물질—가 없는 것이 분명했다. 1986년, 뉘슬라인폴하르트 연구진은 경이로운 실험을 했다. 그들은 정상적인 초파리 배아를 미세한 바늘로 찔러서 머리에 있는 액체 방울을 뽑아내어, 머리 없는 돌연변이체에 주입했다. 놀랍게도 그 세포 수술은 먹혔다. 정상적인 머리에서 뽑아낸 액체 방울은 돌연변이 배아의 꼬리 부위에서 머리가 자라도록 할 능력을 지니고 있었다.

1986-1990년에 걸쳐 쏟아낸 선구적인 논문들을 통해서, 뉘슬라인-폴하르트 연구진은 배아의 "머리성"과 "꼬리성"을 정하는 신호를 내는 인자 몇 가지를 확인했다고 발표했다. 현재 우리는 알이 만들어질 때 초파리가 약 8가지의

화학물질―주로 단백질― 을 만들며, 그것들이 알 속에 비대칭적으로 쌓인다는 것을 안다. 이 **모계 인자들**은 어미 초파리가 만들어서 알에 넣는다. 비대칭적으로 쌓이는 것은 **알 자체**가 어미의 몸에 비대칭적으로 놓이기 때문에 가능하다. 그래서 어미는 이 모계 인자 중 일부는 알의 머리 쪽 끝에 쌓고, 다른 인자는 꼬리 쪽 끝에 쌓을 수 있다.

이 단백질들은 알 속에서 농도 기울기를 형성한다. 커피 안에 각설탕을 넣으면 설탕이 점점 바깥으로 확산되듯이, 이 단백질들도 알의 한쪽 끝에서는 고농도로 존재하고 반대쪽 끝에서는 농도가 낮다. 분포한 단백질들을 통한 화학물질의 확산은 독특한 삼차원 패턴을 형성한다. 죽에 떨어진 꿀이 띠처럼 퍼지는 것과 비슷하다. 고농도 쪽과 저농도 쪽에서 각기 다른 특정한 유전자들이 활성을 띰으로써, 머리-꼬리 축이 정해지고 다른 패턴들이 형성된다.

이 과정은 무한 반복이다. 닭이 먼저냐 달걀이 먼저냐 하는 이야기의 궁극적 형태이다. 머리와 꼬리가 있는 초파리는 머리와 꼬리가 있는 알을 만들고, 그 알은 머리와 꼬리가 있는 배아가 되고, 배아는 머리와 꼬리가 있는 초파리로 자라는 식으로 무한히 계속된다. 분자 수준에서 보면 이렇다. 어미는 초기 배아의 한쪽 끝에만 단백질들을 많이 집어넣는다. 이 단백질들은 특정한 유전자들을 활성화하거나 침묵시킴으로써, 배아의 머리에서 꼬리로 이어지는 축을 결정한다. 활성을 띤 유전자들은 체절을 만들어서 몸을 넓은 영역으로 분할하는 "지도 작성" 유전자들을 활성화한다. 지도 작성 유전자들은 기관과 구조를 만드는 유전자들을 활성화하거나 침묵시킨다.* 마지막으로 기관 형

---

* 여기서 자연계에 비대칭 생물이 처음에 어떻게 출현했을까 하는 의문이 생길 수도 있다. 우리는 알지 못하며, 아마 결코 알지 못할 것이다. 진화 역사의 어느 시기에, 한 생물에게서 한 신체 부위가 다른 부위와 다른 기능을 갖도록 진화했다. 아마 한쪽 끝은 바위를 향하고, 다른 쪽 끝은 바닷물을 향해 있었을 것이다. 한 단백질을 발치가 아니라 입 쪽에 모으는 기적 같은 능력을 지닌 운 좋은 돌연변이체가 출현했다. 입과 발치가 구분되는 돌연변이체는 한 가지 선택적 이점이 있었다. 비대칭적인 각 부위가 특정한 업무를 맡는 쪽으로 더 분화함으로써, 생물을 환경에 더 적합하게 만들 수 있었다. 우리의 머리와 꼬리는 진화적

성 및 체절 정체성 유전자들은 기관, 구조, 신체 부위를 만드는 유전적 서브루틴들을 활성화하거나 침묵시킨다.

인간 배아의 발생도 비슷한 3가지 조직화 수준을 통해서 이루어지는 듯하다. 초파리처럼, "모계 효과" 유전자들이 화학물질 농도 기울기를 통해서 초기 배아의 주축—머리 대 꼬리, 앞 대 뒤, 왼쪽 대 오른쪽—을 정한다. 이어서 초파리의 체절 형성 유전자에 상응하는 일련의 유전자들이 배아를 주된 구조별로 나눈다. 뇌, 척수, 뼈대, 피부, 내장 등이 형성될 부위가 정해진다. 마지막으로 기관 형성 유전자들이 팔다리, 손발가락, 눈, 콩팥, 간, 허파 등 기관, 신체 부위, 구조를 형성한다.

독일 신학자 막스 뮐러는 1885년에 이렇게 물었다. "애벌레가 번데기가 되고, 번데기가 나비가 되고, 나비가 먼지로 돌아간다니, 죄악이 아닐까?"[4] 한 세기 뒤에 생물학은 답을 내놓았다. 그것은 죄악이 아니라, 유전자의 연속 사격이었다고 말이다.

레오 리오니의 고전 동화책인 『꿈틀꿈틀 자벌레(Inch by Inch)』에서 작은 자벌레는 자신의 몸길이를 자로 삼아서 "이것저것 재겠다"고 약속함으로써 울새에게 잡아먹히는 일을 모면한다.[5] 자벌레는 울새의 꼬리, 큰부리새의 부리, 홍학의 목, 왜가리의 다리를 잰다. 이리하여 조류 세계에 최초의 비교해부학자가 등장했다.

유전학자들도 작은 생물이 훨씬 더 큰 것들을 측정하고 비교하고 이해하는 데에 유용하다는 것을 깨달았다. 멘델은 양동이에 가득한 완두를 셌다. 모건은 초파리의 돌연변이율을 측정했다. 초파리의 배아가 생긴 시점부터 최초의 체절이 형성되기까지의 700분—생물학의 역사에서 가장 집중적으로 조사된 기간이라고 할 수 있는—은 생물학에서 가장 중요한 문제들 중 하나를 해결하는 데에 기여했다. 유전자들이 어떻게 조율되어 하나의 세포에서 절묘하리

혁신의 복 받은 유산이다.

만큼 복잡한 생물을 만들 수 있는가?

그 수수께끼의 나머지 절반을 풀려면 더 작은 생물, 자벌레보다 더 작은 벌레가 필요했다. 배아에서 생겨난 세포들은 자신이 무엇이 될지를 어떻게 "알까?" 초파리 발생학자들은 생물의 발생이 대체로 3단계―축 결정, 체절 형성, 기관 형성―를 거치며, 유전자들이 연쇄적으로 작동하면서 그 과정을 통제한다는 것을 알아냈다. 하지만 배아 발생을 가장 깊은 수준에서 이해하려면, 유전자들이 각 세포의 운명을 어떻게 통제할 수 있는지를 알아야 했다.

1960년대 중반, 케임브리지의 시드니 브레너는 세포 운명 결정의 수수께끼를 푸는 데에 도움이 될 수 있는 생물을 찾아나섰다. 브레너가 보기에, 초파리는 몸집은 작아도 "겹눈, 관절 다리, 정교한 행동 양상"을 지닌 너무 거대한 동물이었다. 유전자가 세포의 운명을 어떻게 결정하는지 이해하려면, 배아에서 생기는 **각 세포**를 하나하나 셀 수 있고, 시간적으로 공간적으로 추적할 수 있을 만큼 아주 작고 단순한 생물이 필요했다(비교해보면 인간은 약 37조 개의 세포로 이루어져 있다. 세포 하나하나의 운명 지도를 작성하기란 가장 성능이 좋은 컴퓨터로도 불가능하다).

브레너는 작은 생물의 감식 전문가, 작은 것들의 신이 되었다. 그는 자신의 요구 조건을 충족시킬 동물을 찾기 위해서 19세기 동물학 교과서들을 샅샅이 훑었다. 이윽고 그는 예쁜꼬마선충(*Caenorhabditis elegans*, 줄여서 C. elegans)이라는 흙에 사는 작은 벌레를 골랐다. 동물학자는 이 선충이 유텔릭(eutelic)임을 알았다. 즉 일단 성체가 되면, 세포 수가 변하지 않고 모든 성체의 세포 수가 동일한 동물이었다. 브레너에게 이 일정한 세포 수는 새로운 우주로 들어가는 열쇠와 같았다. 모든 개체가 세포 수가 똑같다면, 유전자는 선충의 몸을 이루는 모든 세포의 운명을 정하는 명령문을 지닐 수 있어야 했다. 그는 페루츠에게 이렇게 썼다. "우리는 선충의 모든 세포를 식별하고 계통을 추적할 생각입니다. 또 돌연변이체를 통해서 발달의 항구성을 조사하고 유전적 통제를 연구할 겁니다."[6]

연구진은 1970년대 초부터 열심히 세포 수를 세기 시작했다. 처음에 브레너는 연구원인 존 화이트에게 선충 신경계를 구성하는 세포들의 위치를 하나하나 파악하는 일을 맡겼다. 그러나 브레너는 곧 연구 범위를 넓혀서 선충의 몸의 모든 세포 계통을 추적하기로 했다. 박사후 연구원인 존 설스턴도 세포 수를 세는 일에 매달려야 했다. 1974년 브레너와 설스턴은 하버드를 갓 나온 젊은 생물학자 로버트 호비츠도 연구에 끼워넣었다.

호비츠는 한 번에 몇 시간씩 "그릇에 담긴 수백 개의 포도 알을 세는 것 같이"[7] 기력을 앗아가고 환각까지 일으키는 힘든 작업에 몰두했다. 그리고 각 포도 알의 위치 변화를 시간적으로 공간적으로 추적했다. 세포 하나하나의 방대한 세포 운명 지도가 작성되었다. 선충 성체는 암수한몸과 수컷 두 형태가 있었다. 암수한몸인 것은 세포가 959개였고, 수컷은 1,031개였다. 1970년대 말 무렵에는 959개 성체 세포의 계통을 원래의 세포로까지 추적하는 일이 마무리되었다. 그것 역시 일종의 지도였다. 과학사에 등장한 그 어떤 지도와도 다른, 운명의 지도였다. 이제 세포의 계통과 정체성을 대상으로 실험을 할 수 있게 되었다.

세포 지도는 놀라운 세 가지 특징을 가지고 있었다. 첫 번째는 불변성이었다. 선충의 세포 959개 각각은 어느 개체에서든 간에 정확히 똑같은 방식으로 생겨났다. 호비츠는 "지도를 보고서 한 생물을 세포 하나하나씩 재구성할 수 있다"라고 말했다. "12시간 안에 이 세포는 한 번 분열할 것이다. 48시간 안에 뉴런이 될 것이고, 60시간 안에 옮겨가서 신경계의 일부가 될 것이고, 여생을 그곳에서 머물 것이다. 당신의 그 예측은 완벽하게 들어맞을 것이다. 그 세포는 정확히 그렇게 될 것이다. 정확히 그 시간에 정확히 그곳에 가 있을 것이다."

각 세포의 정체성을 결정하는 것은 무엇일까? 1970년대 말까지 호비츠와 설스턴은 정상적인 세포 계통이 교란된 돌연변이체들을 수십 가지 만들어냈다. 머리에 다리가 달린 초파리가 기이했다면, 이 선충 돌연변이체들은 더욱 기이한 존재들이었다. 일부 돌연변이체에서는 자궁의 출구를 형성하는 기관인 음문을 만드는 유전자들이 제 기능을 못했다. 음문 없는 선충이 낳은 알은 어미의 자궁을 떠날 수 없다. 그래서 어미는 게르만 신화의 괴물처럼, 자신의 태어나지 않은 새끼들에게 말 그대로 산채로 먹혔다. 이 돌연변이체의 변형된 유전자들은 개별 음문 세포의 정체성을 통제했다. 한편 한 세포가 분열하는 시기, 특정한 위치로의 이동, 세포의 최종 형태와 크기를 통제하는 유전자들도 있었다.

시인인 에머슨은 "역사 같은 것은 없다. 전기(傳記)만 있을 뿐이다"라고 썼다.[8] 선충에게서는 분명히 역사가 세포의 전기로 환원되었다. 모든 세포는 유전자가 무엇이 "되라"(그리고 언제 어디에서 무엇이 되라)라고 말하기 때문에 무엇이 "될"지를 알았다. 선충의 해부 구조는 모두 유전적 시계태엽 장치나 다름없었다. 우연도, 수수께끼도, 모호함도, 운명도 전혀 없었다. 개체는 세포 하나하나까지 유전적 명령문을 통해서 조립되었다. 발생(genesis)은 곧 유전자의 활동(gene-sis : sis는 과정, 활동이라는 뜻의 접미사임/역주)이었다.

모든 세포의 생성, 위치, 형태, 크기, 정체성이 유전자들을 통해서 절묘하게 조율된다는 사실이 놀랍다면, 선충 돌연변이체들은 더욱 놀라운 점들을 알려주었다. 1980년대 초에 호비츠와 설스턴은 세포의 **죽음**까지도 유전자의 통제를 받는다는 사실을 알아냈다. 모든 암수한몸 성체는 세포가 959개이지만, 발달할 때 생기는 세포의 수를 세어보니 실제로 만들어지는 세포는 총 1,090개였다. 미미한 차이였지만, 호비츠는 깊은 흥미를 느꼈다. 나머지 131개는 어떤 식으로든 사라졌다.[9] 발달하는 동안에 생겼다가 성숙할 때 죽어나갔다. 이 세포들은 발달할 때 버림받은 존재들, 발생의 잃어버린 아이들이었다. 설스턴과 호비츠는 계통 지도를 이용하여 그 131개 세포의 죽음을 추적했다. 그들은 특정한 시기에 생산된 특정한 세포들만이 죽는다는 것을 알았다. 그것은 선택적 숙청이었다. 발달할 때의 다른 모든 세포들과 마찬가지로, 우연이 개입할 여지는 전혀 없었다. 이 세포들의 죽음—아니 그보다는 계획된 자살이라고 할 수 있는—도 유전적으로 "프로그래밍 되어 있는" 듯했다.

프로그래밍 된 **죽음**? 유전학자들은 이제 겨우 선충의 프로그래밍 된 **삶**을 밝혀내고 있었다. 그런데 죽음조차도 유전자의 통제를 받는다고? 1972년 호주 병리학자 존 커도 정상 조직과 암에서 유사한 양상의 세포 죽음을 관찰했다. 커가 관찰하기 전까지, 생물학자들은 죽음을 대체로 외상, 상처, 감염으로 생기는 우연한 과정이라고 생각했다. 그 결과 괴사(necrosis)가 일어남으로써, 즉 검게 변하면서 일어나는 현상이라고 보았다. 괴사는 대개 조직이 부패하면서 고름이나 괴저가 수반되었다. 그러나 커가 살펴보니, 특정한 조직에서는 죽어가는 세포가 죽음을 앞두고 특정한 구조 변화를 일으키는 듯했다. 마치 "죽음의 서브루틴"이 켜진 것처럼 보였다. 그 죽어가는 세포는 괴저, 상처, 염증을 일으키지 않았다. 화분에 있는 죽기 직전의 백합처럼, 시들면서 색이 바래서 투명해져갔다. 괴사가 검어지는 것이라면, 이 죽음은 하얘지면서 일어났다. 본능적으로 커는 두 죽음의 유형이 근본적으로 다르다고 추측했다. "이 통제된 세포 제거는 죽음 유전자들에 통제되는 **본질적으로 프로그래밍 된 능동적인 현상이다**." 이 과정을 묘사할 단어를 찾다가 그는 **세포 자살**(apoptosis)이라는 이름을 붙였다.[10] 나무에서 낙엽이 떨어지거나 꽃에서 꽃잎이 떨어지는 것을 뜻하는 그리스어에서 따왔다.

그런데 이 "죽음의 유전자들"은 어떤 것들일까? 호비츠와 설스턴은 또다른 돌연변이체들을 만들어냈다. 세포 계통에는 변화가 없지만, 세포 죽음 양상이 다른 변이체들이었다. 한 돌연변이체에서는 죽어가는 세포의 내용물이 제대로 조각나지 않았다. 또 죽은 세포가 몸에서 제거되지 않아서 마치 청소업체 파업 때의 나폴리처럼 세포 사체들이 주위 세포에 달라붙은 채 그대로 널려 있는 돌연변이체도 있었다.[11] 호비츠는 이 돌연변이체들에게서 변형된 유전자들이 세포 세계의 집행자, 청소동물, 청소부, 화장장 인부라고 추정했다. 즉 죽음에 적극적으로 관여하는 일원들이었다.

죽음의 양상을 훨씬 더 극적으로 왜곡하는 돌연변이체들도 있었다. 사체가 아예 생기지 않는 돌연변이체가 대표적이었다. 죽어야 할 세포 131개가 모두 살아 있는 돌연변이체도 있었고, 특정한 세포만이 죽음을 피하는 돌연변이체도 있었다. 호비츠의 학생들은 이 돌연변이체에게 언데드(undead) 또는 웜비(wombie)라는 별명을 붙였다. "선충 좀비(worm zombie)"라는 뜻이었다. 이 돌연변이체들에서 활성을 잃은 유전자들은 세포의 죽음으로 이어질 연쇄적인 사건들을 촉발시키는 주 조절 인자였다. 호비츠는 그 유전자들에 ced(C. elegans death)라는 이름을 붙였다.

　놀랍게도 세포 죽음을 조절하는 몇몇 유전자들은 인간의 암에도 관여한다는 것이 곧 드러났다. 인간의 세포도 세포 자살을 통해서 죽음을 조율하는 유전자들을 지닌다. 이 유전자들 중 상당수는 오래된 것이며, 선충과 초파리에게 있는 죽음 유전자들과 구조와 기능이 비슷하다. 1985년, 암생물학자 스탠리 코스마이어는 BCL2라는 유전자가 림프종에서 돌연변이가 된 상태로 나타나곤 한다는 것을 발견했다.* BCL2는 ced9이라는 호비츠 선충의 죽음 조절 유전자들 중 하나인 ced9에 상응하는 인간 유전자임이 드러났다. 선충의 ced9은 세포 죽음에 관여하는 집행자 단백질을 없앰으로써 세포 죽음을 막는다(그래서 선충 돌연변이체에 "언데드" 세포가 나타난다). 인간의 세포에서 BCL2가 활성을 띠면 죽음의 연쇄 과정이 차단됨으로써 병리학적으로 죽지 않는 세포가, 즉 암이 나타난다.

그러나 유전자, 오직 유전자만이 모든 선충 세포의 운명을 결정하는 것일까? 호비츠와 설스턴은 선충에게서 마치 동전 던지기처럼 이쪽이나 저쪽의 운명을 무작위로 선택할 수 있는 드물게 쌍을 이룬 세포들이 있다는 것을 발견했다.[12) 이 세포들의 운명은 유전적 운명을 통해서가 아니라, 다른 세포에 얼마나 가까이 있느냐에 따라 결정되었다. 콜로라도의 두 선충생물학자 데이비

---

* BCL2의 죽음 거부 기능도 호주 과학자인 데이비드 복스와 수전 코리가 발견했다.

드 허시와 주디스 킴블은 이 현상을 타고난 애매성(natural ambiguity)이라고 했다.

그러나 킴블은 타고난 애매성 역시 극도로 제한되어 있다는 것을 밝혀냈다.[13] 사실 애매한 세포의 정체성은 이웃 세포들의 신호를 통해서 조절되었다. 그리고 그 이웃 세포들은 유전적으로 미리 프로그래밍이 되어 있었다. 선충의 신은 선충을 설계할 때 우연이 작용할 자그마한 구멍을 남겨놓은 것이 분명하지만, 그래도 주사위를 던질 생각은 없었다.

따라서 선충은 두 종류의 입력, 즉 유전자로부터 오는 "내부" 입력과 세포-세포 상호작용으로부터 오는 "외부" 입력을 통해서 구축되었다. 브레너는 농담 삼아 이 둘을 "영국 모형" 대 "미국 모형"이라고 했다. "영국식은 세포가 스스로 알아서 다 하고 이웃들과 그다지 이야기를 나누지 않는 것이다. 중요한 것은 혈통이며, 일단 특정한 위치에서 생겨나면 그 세포는 그곳에 머문 채로 엄격한 규칙에 따라서 발달할 것이다. 미국식은 정반대이다. 혈통은 중요하지 않다……중요한 것은 이웃들과의 상호작용이다. 동료 세포들과 자주 정보를 교환하고, 때로는 목표를 달성하기 위해서 이동하여 적절한 장소를 찾아야 한다."[14]

선충의 삶에 강제로 우연, 즉 운명을 도입한다면 어떻게 될까? 1978년 케임브리지로 자리를 옮긴 킴블은 세포 운명에 급격한 교란을 일으키면 어떤 결과가 나올지에 대한 연구를 하기 시작했다.[15] 그녀는 레이저를 써서 선충의 몸에 있는 세포를 하나씩 태웠다. 그녀는 세포 하나를 없애면 인접 세포의 운명도 바뀔 수 있지만, 심한 제약 조건이 있음을 알았다. 이미 유전적으로 미리 정해진 세포들은 운명을 바꾸기가 거의 불가능했다. 그와 대조적으로 "타고난 애매성"을 지닌 세포는 융통성이 더 있었다. 그렇다고 해도 운명을 바꿀 능력은 제한되어 있었다. 외부 신호는 내부의 결정 인자들에 변화를 일으킬 수 있지만, 한계를 가지고 있었다. 회색 정장을 입은 남성을 런던 피카딜리 전철 노선에서 끌어내어 브루클린행 급행열차에 태운다면, 그는 달라질 것이다. 그러나

역에서 나올 때면 여전히 점심으로 쇠고기 파이를 먹고 싶어 할 것이다. 우연은 선충의 미시 세계에서 나름의 역할을 하지만, 유전자들을 통해서 심하게 제약되어 있었다. 유전자는 우연을 걸러내고 반사하는 렌즈였다.

발생학자들은 초파리와 선충의 삶과 죽음을 통제하는 유전자 연쇄가 발견되자 엄청난 충격을 받았다. 그러나 그 발견은 유전학에도 마찬가지로 강력한 영향을 미쳤다. "유전자가 어떻게 초파리를 만들까?"라는 모건의 수수께끼를 풀다가, 발생학자들은 훨씬 더 심오한 수수께끼도 하나 풀었다. 유전의 단위가 어떻게 생물의 엄청난 복잡성을 만들어낼 수 있을까라는 수수께끼였다.

답은 조직화와 상호작용에 있다. 하나의 주 조절 유전자는 다소 제한된 기능을 지닌 단백질을 만들지도 모른다. 이를테면 그 단백질은 다른 12개의 표적 유전자들을 켜고 끄는 스위치 역할을 할 수도 있다. 하지만 스위치의 활동이 그 단백질의 **농도**에 의존하고, 단백질이 한쪽 끝에서 농도가 높고 반대쪽 끝에서 농도가 낮음으로써 몸 전체에 걸쳐 농도 기울기를 이룰 수 있다고 하자. 이 단백질은 몸의 한 영역에서는 표적 유전자 12개를 모두 켜고, 다른 체절에서는 8개, 또다른 체절에서는 3개만 켤 수도 있다. 표적 유전자들의 각 조합(12개, 8개, 3개)은 다른 단백질 농도 기울기들과 상호작용을 하고, 그럼으로써 또다른 유전자들을 활성화하거나 억제할 수도 있다. 이 요리법에 시간과 공간이라는 차원을 추가하면—즉 어떤 유전자가 언제 어디에서 활성을 띠거나 억제되는가—형태가 복잡한 환상곡을 짓는 일을 이제 시작할 수 있다. 계층 구조, 농도 기울기, 스위치, 유전자와 단백질의 회로를 조합하고 끼워 맞추면서, 생물은 우리가 보는 복잡한 해부 구조와 생리를 만들어낼 수 있다.

한 과학자는 이렇게 말했다. "개별 유전자는 그다지 영리하지 않다. 이 유전자는 이 단백질, 저 유전자는 저 단백질에만 관심이 있을 뿐이다……그러나 그 단순성은 엄청난 복잡성을 구축하는 데에 아무런 장애가 되지 않는다.

단 몇 종류의 단순한 개미들(일개미, 수개미 등)로 개미 군체를 만들 수 있다면, 연쇄적으로 작동하는 3만 개의 유전자들을 마음대로 켜고 끔으로써 어떤 일을 할 수 있을지를 생각해보라."[16]

유전학자 앙투안 당생은 테세우스의 배(ship of Theseus)라는 우화를 통해서 자연 세계에서 관찰되는 복잡성을 개별 유전자가 생산해내는 과정을 묘사한 적이 있다.[17] 그 우화는 배의 널이 썩기 시작한 강 위의 배를 생각해보라는 델포이의 신탁에 대해서 이야기한다. 나무가 썩어가면서, 널은 하나씩 교체된다. 그렇게 10년이 흐르자, 원래 배에 있던 널은 모조리 교체된다. 그러나 배의 주인은 그것이 여전히 같은 배라고 확신한다. 원본의 모든 물질적 요소들이 교체되었는데 어떻게 같은 배일 수 있다는 것일까?

답은 "배"가 널 자체가 아니라 널 사이의 관계로 이루어진다는 것이다. 망치로 널빤지 100개를 위아래로 나란히 덧대어 못으로 박는다면, 벽이 된다. 눕혀서 나란히 덧대어 못질하면 갑판이 된다. 널들을 특정한 순서로 특정하게 배치하여 특정한 관계를 맺도록 해야만 배가 된다.

유전자들도 같은 식으로 작동한다. 개별 유전자는 개별 기능을 지정하지만, 생리적 현상은 유전자들 사이의 관계로부터 나온다. 유전체는 이 관계가 없으면 불활성 상태로 있게 된다. 인간과 선충은 유전자가 약 2만 개로 거의 같은데도 둘 중 한 쪽만 시스티나 대성당의 천장에 그림을 그릴 수 있다는 사실은 생물의 복잡한 생리를 구축하는 데에 유전자의 수 자체는 그다지 중요하지 않음을 시사한다. 브라질의 한 삼바 강사는 내게 이렇게 말한 바 있다. "선생님이 어떤 재능을 가지고 있느냐가 아니라, 그 재능을 어떻게 쓰느냐가 중요해요."

아마 유전자, 형태, 기능의 관계를 설명하는 데에 가장 유용한 비유는 진화생물학자이자 저술가인 리처드 도킨스가 제시한 것이 아닐까? 그는 일부 유전자가 진짜 청사진처럼 행동한다고 주장한다. 그는 청사진이 도면의 모든 특징과 거기에 담긴 구조 사이의 일대일 대응 관계가 있는 정확한 건축 도면이나 기계 도면을 가리킨다고 말한다.[18] 문은 정확히 20분의 1로 축소되어 있고, 기계의 나사는 축에서 정확히 10센티미터 떨어진 곳에 박혀 있다. 같은 논리에 따르면, "청사진" 유전자는 한 구조(또는 단백질)을 "만드는" 명령문을 담고 있다. VIII 인자의 유전자는 한 단백질만 만들며, 그 단백질은 주로 한 가지 기능을 수행한다. 피가 응고되게 한다. VIII 인자 유전자에 일어난 돌연변이는 청사진에 있는 오류와 비슷하다. 누락된 문손잡이나 부품처럼, 그 돌연변이의 효과도 완벽하게 예측할 수 있다. 돌연변이 VIII 인자 유전자는 정상적인 혈전을 형성할 수 없고, 그 결과로 발생하는 장애—예고 없는 출혈—는 단백질 기능의 직접적인 결과이다.

그러나 대다수의 유전자는 청사진처럼 행동하지 않는다. 하나의 구조나 부위를 만들라고 가리키지 않는다. 대신에 그들은 다른 유전자들과 연쇄적인 방식으로 협력함으로써, 복잡한 생리적 기능을 만들어낸다. 도킨스는 이 유전자들이 청사진이 아니라, 요리법 같다고 주장한다. 한 예로 케이크 요리법에서, 설탕이 "꼭대기", 밀가루가 "바닥"을 가리킨다고 생각하는 것은 무의미하다. 요리법의 한 구성 요소와 한 구조 사이에는 대개 일대일 관계가 성립하지 않는다. 요리법은 과정에 관한 명령문을 제공한다.

케이크는 설탕, 버터, 밀가루가 서로 알맞은 비율로, 알맞은 온도와 알맞은 시간을 만나서 나온 발전적인 결과물이다. 마찬가지로 인간의 생리는 특정한 유전자들이 적절한 공간에서 적절한 순서로 다른 유전자들과 만나서 생긴 발전적인 결과물이다. 하나의 유전자는 생물을 만드는 요리법의 한 줄에 불과하다. 인간의 유전체는 인간을 만드는 요리법이다.

1970년대 초, 생물학자들은 유전자들이 생물의 경이로운 복잡성을 빚어내는 메커니즘을 해독하기 시작했을 때, 살아 있는 생물의 유전자를 의도적으로 조작하는 일이 벌어진다면 어떻게 할 것인가라는 필연적으로 뒤따르는 질문에 직면했다. 1971년 4월, 미국 국립보건원은 생물의 의도적인 유전자 변화가 가까운 미래에 일어날 수 있는지 여부를 판단할 회의를 열었다. "계획적인 유전적 변화의 전망(Prospects for Designed Genetic Change)"이라는 도발적인 제목의 그 회의는 대중에게 인간 유전자 조작의 가능성을 널리 알리고, 그런 기술의 사회적 및 정치적 의미를 살펴보고자 했다.

1971년 당시에는 그런 유전자 조작 방법이 없었지만(단순한 생물에서조차도), 토론자들은 그 기술의 발전 속도를 고려할 때 그저 시간 문제일 뿐이라고 확신했다. 한 유전학자는 이렇게 선언했다. "이것은 과학 소설이 아닙니다. 과학 소설은……실험할 여지가 전혀 없을 때를 말합니다……지금은 100년도 25년도 아닌, 아마 앞으로 5-10년 안에 특정한 선천적인 오류가 누락된 특정한 유전자를 집어넣음으로써 치료하거나 완치시키는 일이 이루어질 것이라고 상상할 수 있습니다. 그리고 우리에게는 사회가 이런 변화에 대비할 수 있도록 해야 할 일이 많습니다."

그런 기술이 창안된다면, 그 의미는 엄청날 것이다. 인간을 만드는 요리법이 다시 쓰일 것이다. 참석한 한 과학자는 유전적 돌연변이는 수천 년에 걸쳐 선택되지만, 문화적 돌연변이는 겨우 몇 년 사이에 도입되고 선택될 수 있다고 간파했다. 인간에게 "계획적인 유전적 변화"를 도입하는 능력으로 유전적 변화의 속도가 문화적 변화의 속도만큼 빨라질 수 있다는 것이다. 인간의 일부 질병은 제거될 수 있을 것이고, 개인과 집안의 역사는 영구히 바뀔 수 있다. 그 기술은 우리의 유전, 정체성, 질병, 미래 개념을 재편할 것이다. UCSF의 생물학자 고든 톰킨스는 이렇게 간파했다. "따라서 역사상 처음으로, 수많은 이들이 자문하기 시작했어요. 지금 우리는 무엇을 하고 있는가?"

기억이 하나 떠오른다. 1978년인가 79년인가, 내가 8-9살 무렵이었다. 아버지가 출장에서 돌아왔을 때였다. 짐은 아직 차에 있었고, 부엌 식탁에는 쟁반 위에 얼음물 컵이 물방울이 송송 맺힌 채 놓여 있었다. 천장의 선풍기가 뜨거운 열기를 방 전체로 흩어서, 오히려 더 덥게 만드는, 델리의 찌는 듯한 오후였다. 이웃 사람 두 명이 거실에서 아버지를 기다리고 있었다. 나로서는 이유를 알 길 없었지만, 집안에는 근심 어린 기운이 가득했다. 아버지가 거실로 들어갔고, 이웃 사람들이 몇 분 동안 아버지께 이야기를 했다. 내가 느끼기에도 유쾌한 대화는 아니었다. 목소리가 높아졌고 날카로운 단어들이 튀어나왔다. 나는 콘크리트 벽 너머 옆방에서 숙제를 하는 척하고 있었지만, 대부분의 문장을 그럭저럭 알아들을 수 있었다.

자구 삼촌이 두 사람에게 돈을 빌렸던 것이다. 많은 액수는 아니었지만, 돈을 받기 위해서 우리 집까지 찾아올 만큼의 액수이기는 했다. 삼촌은 한 명에게는 약을 살 돈이 필요하다고 했고(삼촌은 어떤 약 처방도 받은 적이 없었다), 다른 한 명에게는 다른 형제들을 만나러 캘커타까지 갈 기차표를 사야 한다고 말했다고 했다(그런 여행 계획은 아예 없었다. 삼촌이 혼자 여행하는 것은 불가능했다). 한 명이 꾸짖는 어조로 말했다. "넌 자제할 줄 알아야 해."

아버지는 말없이 인내심을 가지고 귀를 기울였다. 그러나 나는 아버지의 분노가 점점 차오르는 것을 느낄 수 있었다. 아버지는 집안의 현금을 보관하는 철제 벽장으로 가서, 현금을 꺼내어 셀 필요가 없다고 하면서 건넸다. 몇 루피가 더 갔을지도 모르지만, 잔돈은 가지라고 했다.

나는 사람들이 돌아가면, 심한 언쟁이 벌어지리라는 것을 직감했다. 지진 해일이 닥치기 전에 산 위를 향해서 달려가는 야생동물 같은 본능적인 직감에 따라서, 우리 집 요리사는 부엌을 나와서 할머니를 부르러 갔다. 사실 최근 들어서 아버지와 삼촌 사이에 점점 긴장이 높아지고 있었다. 지난 몇 주일 동안 집안에서 삼촌은 유달리 파괴적인 행동을 하곤 했다. 그런 상황에서 이 사건이 아버지를 한계 너머로 내몬 듯했다. 난처한 일을 치르면서 아버지의 얼굴은 붉게 달아올랐다. 아버지가 계급의식과 정상 생활이라는 허약한 유약으로 애써 봉합하려고 그토록 노력했던 것들이 마침내 터졌고, 그 균열로 인해서 집안의 치부가 고스란히 드러났다. 이제 이웃들은 삼촌이 미쳤고, 말짓 기증이 있다는 것을 알아차렸다. 아버지의 눈에 수치심이 가득했다. 형제를 통제하지 못하는 보잘것없고 하찮고 몰인정한 못난이가 되었으니까. 아니, 집안 내력인 정신병에 걸려 있다는 최악의 소문까지 돌 수 있었다.

아버지는 삼촌의 방으로 들어가서 멱살을 잡고 삼촌을 침대에서 일으켰다. 삼촌은 자신이 이해하지 못하고 저지른 일로 처벌을 받는 아이마냥 구슬프게 울부짖었다. 분노에 겨운 아버지의 얼굴이 벌게졌다. 위험해 보였다. 아버지는 삼촌을 방구석으로 떠밀었다. 평소라면 상상도 못할 폭력적인 행동이었다. 아버지는 집안에서 욕설 한 번을 내뱉은 적이 없었다. 여동생은 위층으로 달려가서 숨었다. 엄마는 부엌에서 울고 있었다. 나는 거실의 커튼 뒤에서 마치 슬로 모션으로 진행되는 영화를 보듯이, 상황이 점점 극단으로 치닫는 광경을 지켜보고 있었다.

그때 할머니가 마치 늑대처럼 무시무시하게 노려보면서 방에서 나왔다. 할머니는 아버지보다 두 배는 더 험악하게, 아버지를 향해 고함을 쳤다. 두 눈이 석탄처럼 불타올랐고, 혀에서 불길이 이는 듯했다. **감히 형을 건드리기만 해봐!**

삼촌은 재빨리 할머니 뒤로 숨었다. "나가." 할머니가 삼촌에게 다그쳤다.

나는 그처럼 무시무시한 장면은 본 적이 없었다. 마치 도화선이 타들어가다가 폭발하듯이, 할머니의 입에서 고향 말이 쏟아져나왔다. 고향의 억양이 짙게 묻어 있는 단어들이 미사일처럼 쏟아져나왔다. 나는 몇 단어를 알아들을 수 있었다. 자궁, 씻다, 더러움. 그 단어들을 조합하여 문장을 만들자, 아주 지독한 의미가 되었다. **형을 때리면, 내 자궁을 물로 씻어서 네 더러움을 깨끗이 닦아낼 거야. 내 자궁을 씻어낼 거야.**

아버지의 얼굴에도 눈물이 그렁그렁했다. 아버지는 고개를 세게 흔들었다. 순식간에 몹시 피곤한 기색이 역력해졌다. 씻어내세요, 아버지는 숨을 내뱉으면서 애원하듯이 말했다. 씻어내세요. 닦아버리세요. 씻어내시라고요.

제3부
"유전학자들의 꿈"

유전자 서열 분석과 클로닝

(1970–2001)

과학의 발전은 새로운 기술, 새로운 발견, 새로운 착상에 의존하며,
아마 그 순서에 따를 것이다.

ー시드니 브레너[1]

우리가 옳다면……세포에 예측 가능한 유전적인 변화를 도입하는 것
이 가능하다. 이것은 오랫동안 유전학자들의 꿈이었다.

ー오스월드 에이버리[2]

"교차"

인간이란 얼마나 놀라운 작품인가! 이성은 얼마나 고귀하고, 능력은 얼마나 무한하며, 형태와 동작은 얼마나 명확하고 놀라우며, 행동은 얼마나 천사 같고, 이해력은 신과 같지 않은가!

— 윌리엄 셰익스피어, 『햄릿(*Hamlet*)』 2막 2장

1968년 겨울, 폴 버그는 안식년을 맞아 캘리포니아 라 호이아에 있는 소크 연구소에서 11개월을 보낸 뒤, 스탠퍼드로 돌아왔다. 버그는 41세였다. 운동 선수처럼 건장한 체격의 그는 어깨를 앞으로 내밀면서 걷는 버릇이 있었다. 브루클린에서 험악한 유년기를 보낼 때 생긴 습관이 아직 남아 있었다. 학술 논쟁을 벌일 때면, 울컥하면서 손을 치켜들고 "이봐요"라고 먼저 내뱉는 습관도 그랬다. 그는 예술가, 특히 화가, 그중에서도 추상표현주의 화가들을 찬미 했다. 폴록, 디벤콘, 뉴먼, 프랑켄탈러 같은 이들이었다. 그는 낡은 어휘를 새로운 어휘로 전환하고, 추상화의 도구 상자에서 필수 요소들—빛, 선, 형 상—을 골라 전용하여 거대한 화폭에 경이로운 생명을 불어넣는 화가들의 능력에 매료되었다.

본래 전공이 생화학이었던 버그는 세인트루이스에 있는 워싱턴 대학교의 아서 콘버그 밑에서 공부했고, 콘버그가 스탠퍼드에 새로 생화학과를 설치할 때 함께 왔다.[1] 버그는 학자 생활의 대부분을 단백질 합성을 연구하면서 보냈다. 그러나 라 호이아에서 안식년을 보내면서 새로운 연구 주제를 생각할 기회를 얻었다. 태평양이 내려다보이는 메사(mesa : 높이 솟아서 꼭대기가 평

평한 탁자 모양의 산지 지형/역주)의 짙은 안개가 벽처럼 에워싸는 곳에 있는 소크 연구소는 수도사 방을 야외로 옮긴 것과 비슷했다. 그곳에서 버그는 바이러스학자 레나토 둘베코와 함께 동물 바이러스를 연구했다. 그는 안식년을 유전자, 바이러스, 유전 정보의 전달이라는 문제를 생각하면서 보냈다.

버그는 한 바이러스에 특히 흥미를 느꼈다. 유인원 바이러스 40(Simian Virus 40), 줄여서 SV40이라고 하는 것이었다. 원숭이와 인간의 세포를 감염시키기 때문에 그런 이름이 붙었다. 개념상 모든 바이러스는 유전자 운반 전문가이다. 바이러스는 구조가 단순하다. 한 벌의 유전자를 외피로 감싼 것에 불과할 때도 많다. 면역학자인 피터 메더워는 "나쁜 소식은 단백질 외피에 싸여서 온다"[2]라고 말하기도 했다. 바이러스는 세포에 들어갈 때, 외피를 벗는다. 그리고 세포를 자신의 유전자를 복제하는 공장으로 삼고, 이어서 새로운 외피를 잔뜩 만든다. 이윽고 수백만 개의 새로운 바이러스가 세포 밖으로 쏟아져 나온다. 따라서 바이러스는 생활사에 필요한 핵심 요소만을 추출해 담았다. 그들은 감염하고 번식하기 위해서 산다. 그들은 살기 위해서 감염하고 번식한다.

핵심 요소만 증류시킨 그들의 세계에서조차도, SV40은 극도로 증류시킨 바이러스이다. 유전체는 DNA 한 조각이나 다름없다. 길이는 인간 유전체의 60만 분의 1에 불과하며, 유전자도 인간이 2만1,000개인 반면 겨우 7개에 불과하다. 버그는 많은 바이러스들과 달리, SV40이 특정한 유형의 감염된 세포와 매우 평화롭게 공존할 수 있음을 알았다.[3] 감염 뒤에 수백만 개의 새로운 바이러스를 만드는―그 결과 다른 바이러스들이 하듯이 숙주 세포를 죽이는―대신에, SV40은 자신의 DNA를 숙주 세포의 염색체에 끼워넣고서 특수한 신호를 통해서 활성화할 때까지 번식을 중단한 채 잠이 든다.

SV40은 유전체가 아주 작고 매우 효율적으로 세포에 들어갈 수 있기 때문에, 유전자를 인간 세포에 집어넣는 이상적인 매개체였다. 버그는 그 개념에 매료되었다. SV40에 "외래" 유전자(적어도 그 바이러스에게는 이질적인)를 어떻게든 집어넣을 수 있다면, 바이러스 유전체는 그 유전자를 인간 세포로 들여와서 세포의 유전 정보를 바꿀 수 있을 것이다. 그것이 성공한다면 유전학의 새로운 세계가 열릴 것이다. 그러나 인간 유전체를 수정할 수 있으려면, 먼저 한 가지 기술적 도전 과제를 극복해야 했다. 외래 유전자를 바이러스 유전체에 넣을 방법이 필요했다. 바이러스 유전자와 외래 유전자의 잡종, 즉 유전적 "키메라(chimera : 서로 다른 계통의 세포들이 뒤섞인 잡종 형태/역주)"를 인위적으로 만들어야 했다.

끝이 있는 실에 꿴 구슬처럼 염색체에 죽 늘어서 있는 인간 유전자들과 달리, SV40 유전자들은 원형 DNA에 꿰여 있었다. 분자판 목걸이라고 할 수 있다. 바이러스가 세포에 감염되어 자신의 유전자를 염색체에 삽입할 때, 그 목걸이는 고리가 열려서 선형이 되어 염색체 중간에 달라붙는다. 외래 유전자를 SV40 유전체에 삽입하려면, 버그는 그 고리를 억지로 풀어서 끊긴 원에 그 유전자를 넣은 뒤 양끝을 재연결해야 했다. 나머지는 바이러스 유전체에게 맡기면 되었다. 알아서 유전자를 인간 세포로 들여가서 인간 유전체에 끼워 넣을 것이었다.*

바이러스 DNA의 고리를 풀어서 외래 유전자를 넣은 뒤 재연결하겠다는 생각을 품은 생물학자는 버그뿐이 아니었다. 1969년, 스탠퍼드의 버그의 연구실에서 복도를 따라 가면 나오는 다른 연구실의 대학원생 피터 로번은, 세 번째 박사학위 자격시험에서 다른 바이러스를 대상으로 비슷한 유전자 조작을 하겠다는 연구 계획을 발표했다.[4] 로번은 MIT에서 학사 과정을 마치고 스탠퍼드로 왔다. 원래 전공은 공학이었다. 아니, 공학적 사고방식을 가졌다고 하는 편이 더 정확했다. 로번은 연구 제안서에서 유전자가 강철 대들보와

---

* 유전자가 SV40 유전체에 삽입되면, 그 DNA는 너무 커져서 외피로 감쌀 수 없게 되기 때문에 이제 바이러스는 만들어질 수가 없다. 그렇기는 해도 외래 유전자를 지닌 늘어난 SV40 유전체는 자신과 딸려 있는 유전자를 동물 세포에 삽입할 능력을 온전히 가지고 있다. 그것이 바로 버그가 이용하려고 했던 유전자 전달 체계가 가진 특성이었다.

다를 바 없다고 주장했다. 사람의 계획에 맞추어서 개조되고 수정되고 변형되어 쓰일 수 있다는 것이었다. 비결은 그 일에 알맞은 도구를 찾아내는 데에 있었다. 로번은 지도교수인 데일 카이저와 함께, 생화학에 흔히 쓰이는 효소들을 이용하여 한 DNA의 유전자를 다른 DNA로 옮기는 예비 실험까지 했다.

사실 버그와 로번이 독자적으로 깨달았듯이, 진정한 비결은 SV40이 바이러스라는 사실을 깡그리 잊고서 그 유전자를 그저 화학물질처럼 다루었다는 데에 있다. 1971년 당시 유전자는 "접근 불가능"한 것이었을지 몰라도, DNA에는 얼마든지 접근 가능했다. 어쨌든 에이버리가 벌거벗은 화학물질 형태로 추출했을 때에도, DNA는 여전히 세균 사이에서 정보를 전달하고 있었다.[5] 콘버그는 거기에 효소를 첨가하여 시험관에서 복제할 수 있었다. SV40 유전체에 유전자를 삽입하는 데에는 일련의 반응만 있으면 되었다. 버그에게는 원형 유전체를 잘라서 여는 효소, 외래 DNA 조각을 SV40 유전체 목걸이에 "붙이는" 효소가 필요했다. 그러고 나면 아마 그 바이러스, 아니 바이러스에 담긴 정보는 저절로 살아날 것이었다.

그런데 DNA를 자르고 붙이는 효소들을 어디서 구할 수 있을까? 유전학의 역사에서 종종 그랬듯이, 그 답은 세균 세계에서 나왔다. 1960년대 이래로 미생물학자들은 시험관에서 DNA를 조작하는 데에 쓰이는 효소들을 세균으로부터 추출하고 있었다. 여느 세포와 마찬가지로 세균 세포도 자신의 DNA를 조작할 "도구"가 있어야 한다. 세포가 분열할 때, 손상된 유전자를 수선할 때, 염색체 사이에 유전자를 교환할 때, 유전자를 복제하거나 손상되어 생긴 틈새를 메꿀 효소가 필요하다.

두 DNA 조각을 "붙이는" 일은 이 반응 도구들의 일부였다. 버그는 가장 원시적인 생물도 유전자들을 서로 이어붙이는 능력을 지닌다는 것을 알았다. DNA 가닥이 X선 같은 것에 손상되어 끊길 수 있다는 점을 떠올려보라. DNA 손상은 세포에서 으레 일어나며, 세포는 끊긴 가닥을 수선하기 위해서 끊긴 양쪽 부위를 붙이는 효소를 만든다. 이 효소 중 하나인 "연결 효소"(ligase, "연결하다"라는 뜻의 라틴어인 ligare에서 유래)는 DNA 뼈대의 끊긴 부위를 화학적으로 이어붙임으로써, 이중나선의 원래 모습을 복구한다. 틈새를 메워서 잘린 유전자를 수선하기 위해서 DNA 복제 효소인 "중합효소"를 동원할 때도 있다.

자르는 효소는 더 색다른 원천에서 얻었다. 거의 모든 세포는 끊긴 DNA를 수선할 연결 효소와 중합효소를 갖고 있지만, 대다수의 세포로서는 DNA를 자르는 효소를 가지고 있을 이유가 거의 없지 않을까? 그러나 세균과 바이러스—자원이 극도로 제한되어 있고, 생활하기가 힘들고, 생존 경쟁이 극심한, 생명의 가장 혹독한 변경에서 살아가는 생물들—는 서로에게 맞서서 자신을 지키기 위해서 그런 칼 같은 효소를 가지고 있다. 그들은 침입자를 감지하면 접이식 칼을 펴듯이 DNA를 자르는 효소를 꺼내어 침입자의 DNA를 자름으로써 상대방을 무력화한다. 이 단백질을 "제한" 효소라고 한다. 특정 바이러스의 감염을 제한하기 때문이다. 마치 분자 가위처럼, 이 효소들은 DNA의 특정 서열을 인식하여 특정한 자리에서 이중나선을 자른다. 이 특이성이 바로 핵심이다. DNA의 분자 세계에서 이 급소가 베이면 치명적일 수 있다. 미생물은 정보 사슬을 자름으로써, 침입하는 미생물을 무력화시킬 수 있다.

버그는 미생물 세계에서 빌린 이 효소들을 실험의 기본 도구로 삼았다. 그는 유전자를 가공하는 데에 필요한 성분들이 약 5개 연구실의 냉동고 5곳에 얼어붙은 상태로 보관되어 있다는 것을 알았다. 그냥 걸어서 연구실들을 돌면서 효소들을 모아 와서, 순서대로 반응을 일으키기만 하면 되었다. 한 효소로 자르고, 다른 효소로 붙이면 되었다. DNA 두 가닥을 서로 이어붙일 수만 있다면, 과학자는 대단히 능숙하고도 솜씨 좋게 유전자들을 조작할 수 있게 될 것이었다.

버그는 새로 탄생하고 있는 그 기술이 어떤 의미를 함축하고 있는지 이해했다. 유전자들은 결합되어 새로운 조합, 아니 조합의 조합을 만들 수 있을 터였다. 변형하고 변이시키고 생물 사이에 옮길 수 있을 터였다. 개구리 유전자를 바이러스 유전체에 삽입한 뒤, 인간 세포에 집어넣을 수도 있을 터였다. 사람의 유전자를 세균 세포에 넣을 수 있을 터였다. 이 기술을 극한까지 발전시키면, 유전자를 얼마든지 만지작거릴 수도 있었다. 새로운 돌연변이를 만들거나 돌연변이를 없앨 수 있을 터였다. 유전까지도 수정할 수 있을 터였다. 오점을 없애고, 씻어내고, 마음대로 바꿀 수 있을 터였다. 버그는 그런 유전적 키메라를 만드는 일을 이렇게 회고했다. "이 재조합 DNA를 만드는 데에 쓰인 각각의 실험 절차, 조작, 시약은 이미 다 존재하는 것들이었다. 새로운 부분은 그것들을 특정한 방식으로 조합했다는 점이었다."[6] 진정한 혁신은 생각을 자르고 붙인 데에 있었다. 유전학계에서 거의 10년 동안 이미 존재하던 기술과 식견을 재조합하고 연결했다는 점이다.

1970년 겨울, 버그와 박사후 연구원인 데이비드 잭슨은 DNA 두 조각을 잘라서 연결하는 첫 실험을 시작했다.[7] 지루한 작업이었다. 버그는 "생화학자의 악몽"이라고 표현했다. DNA를 정제한 뒤 효소를 섞고서 얼음처럼 차갑게 한 장치에서 다시 분리 정제했다. 각각의 개별 반응들이 완벽하게 일어날 수 있을 때까지 이 과정을 반복했다. 문제는 자르는 효소가 최적화한 상태가 아니었기 때문에, 수율(收率)이 아주 낮았다는 점이었다. 로번은 나름대로 유전자 교잡 실험에 매진하고 있으면서도, 자신이 깨달은 중요한 기술적 사항들을 잭슨에게 계속 알려주었다. 그는 DNA의 끝에 조각을 덧붙임으로써 양쪽 가닥이 악수를 하듯이 걸쇠와 열쇠처럼 맞물리게 하는 방법을 개발했다. 그럼으로써 유전자 잡종 형성 효율이 대폭 향상되었다.

  넘기 힘든 기술적 장애물이 있었지만, 버그와 잭슨은 SV40의 유전체 전체를 람다 박테리오파지(λ 파지)라는 세균 바이러스에서 얻은 DNA 및 대장균에서 얻은 유전자 3개와 결합시키는 데에 성공했다.

  이 업적은 결코 사소한 것이 아니었다. 람다와 SV40은 둘 다 "바이러스"이

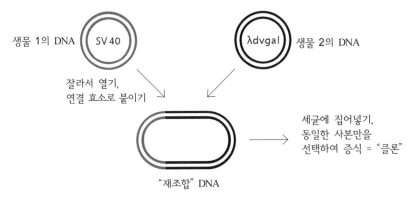

생물 1의 DNA　SV 40

λdvgal　생물 2의 DNA

잘라서 열기,
연결 효소로 붙이기

세균에 집어넣기,
동일한 사본만을
선택하여 증식 = "클론"

"재조합" DNA

폴 버그의 "재조합" DNA 논문에 실린 그림을 수정한 것. 서로 다른 생물들로부터 얻은 유전자를 조합함으로써, 과학자들은 유전자를 마음대로 가공할 수 있었다. 인간 유전자 요법과 인간 유전체공학으로 이어질 성과였다.

지만, 말과 해마처럼 서로 전혀 다르다(SV40은 영장류 세포를 감염하고, 람다 파지는 세균만 감염한다). 그리고 대장균도 전혀 다른 생물이다. 대장균은 사람의 장에 사는 세균이다. 따라서 기이한 키메라가 생겼다. 진화 나무의 서로 아주 멀리 떨어진 가지들에서 얻은 유전자들을 이어붙여서 하나의 DNA 조각으로 만들었다.

　버그는 이 잡종에 "재조합 DNA(recombinant DNA)"라는 이름을 붙였다. 유성생식 때 유전자들이 뒤섞이는 "재조합"이라는 자연 현상을 염두에 두고서 신중하게 선택한 용어였다. 자연에서는 염색체 사이에 유전 정보가 뒤섞이고 짝지으면서 다양성을 빚어내는 일이 흔하다. 부계 염색체의 DNA가 모계 염색체의 DNA와 교환되면서 "부계-모계" 유전자 잡종을 형성하곤 한다. 모건은 이 현상을 "교차(crossing over)"라고 했다. 생물이 자연 상태에서 유전자를 자르고 붙이고 수선하는 데에 쓰는 바로 그 도구를 이용하여 만든 버그의 유전적 잡종은 이 원리를 번식 너머로 확장한 것이었다. 또 버그는 서로 다른 생물의 유전물질을 시험관에서 뒤섞고 짝지음으로써 유전자 잡종을 합성했다. 번식 없는 재조합이었다. 그는 생물학의 새로운 우주로 넘어가고 있었다.

그해 겨울, 재닛 머츠라는 대학원생은 버그의 연구실에 들어가기로 결심했다. 자신의 견해를 당당하고 고집스럽게 주장하던—버그는 그녀에 관해서 "지독히도 영리해"라고 말했다—그녀는 생화학계에서 독특한 축에 속했다. 거의 10년 만에 스탠퍼드 생화학과에 들어온 두 번째 여성이었다. 로번처럼 머츠도 MIT를 졸업하고 스탠퍼드로 왔다. MIT에서는 공학과 생물학을 전공했다. 머츠는 잭슨의 실험에 흥미를 느꼈고, 서로 다른 생물들의 유전자를 가지고 키메라를 합성한다는 생각에 매료되었다.

그런데 잭슨의 실험 목표를 뒤집는다면? 잭슨은 세균의 유전물질을 SV40 유전체에 삽입했다. 거꾸로 SV40의 유전자를 대장균 유전체에 삽입한다면 어떨까? 세균 유전자를 지닌 바이러스가 아니라, 바이러스 유전자를 지닌 세균을 만든다면?

그 논리 뒤집기, 아니 생물 뒤집기는 기술적으로 한 가지 중요한 이점을 가지고 있었다. 많은 세균들처럼 대장균도 플라스미드(plasmid)라는 미니 염색체, 즉 자그마한 여분의 염색체를 따로 가지고 있다. SV40 유전체처럼, 플라스미드도 원형의 DNA 목걸이 형태이며, 세균 내에서 살아가고 복제된다. 세균 세포가 분열하고 증식할 때, 플라스미드도 복제된다. 머츠는 SV40 유전자를 대장균 플라스미드에 삽입할 수 있다면, 그 세균을 새 유전자 잡종의 "공장"으로 삼을 수 있음을 알아차렸다. 세균이 분열하고 증식할 때, 그 안의 플라스미드—그리고 외래 유전자—도 불어날 것이다. 변형된 염색체와 덤으로 끼워진 외래 유전자는 세균을 통해서 계속 복제될 것이다. 결국에는 한 DNA 조각의 정확한 복제물, 즉 "클론"이 수백만 개 생길 것이다.

1971년 6월, 머츠는 동물 세포와 바이러스에 관한 강좌를 듣기 위해서 스탠퍼드에서 뉴욕의 콜드 스프링 하버로 향했다. 수업의 일부로서 학생들은 앞으로 자신이 하고 싶은 연구 과제를 발표하도록 되어 있었다. 머츠는 SV40과 대장균 유전자의 유전적 키메라를 만들어서 그 잡종을 대장균 세포를 통해서 증식시킬 계획이라고 발표했다.

여름 학기 강좌 때 대학원생의 발표는 대개 별 흥미를 끌지 못한다. 하지만 머츠가 슬라이드를 하나하나 넘기자, 흔해 빠진 대학원생 발표가 아니라는 사실이 명확해졌다. 발표가 끝나자 잠시 침묵이 깔렸다가 학생들과 교수들로부터 질문이 빗발치듯 쏟아졌다. 그런 잡종을 만들었을 때의 위험을 얼마나 심사숙고했는지? 버그와 머츠가 만들려는 유전적 잡종이 인류 집단에 노출된다면? 새로운 유전적 요소를 만드는 일의 윤리적 측면은 생각했는지?

발표 시간이 끝나자마자 바이러스학자이자 강좌 담당 교수인 로버트 폴락은 다급하게 버그에게 전화를 했다. 폴락은 "세균과 인간 사이의 마지막 공통 조상 이래로 존재했던 진화 장벽을 잇는" 일이 너무나 엄청난 위험을 안고 있기 때문에 깊은 고민 없이는 그 실험을 계속해서는 안 된다고 주장했다.

그 점에 특히 예민했던 이유는 SV40이 햄스터에게 종양을 일으킨다는 것이 알려져 있었고, 대장균이 사람의 장에 살기 때문이었다(현재 증거에 따르면, SV40은 사람에게 암을 일으킬 가능성이 없지만, 1970년대에는 그 점을 몰랐다). 버그와 머츠가 엄청난 유전적 재앙을 일으키게 된다면? 인간의 장세균이 인간에게 암을 일으키는 유전자를 지닌다면? 생화학자인 에르빈 샤가프는 이렇게 썼다. "원자를 쪼개는 일은 멈출 수 있다. 달을 방문하는 일도 중단할 수 있다. 에어로졸(aerosol : 대기 중에 부유하는 고체 또는 액체상태의 작은 입자/역자)을 사용하는 일도 멈출 수 있다……그러나 새로운 생명체는 물릴 수 없다……[새 유전적 잡종]은 당신, 당신의 자식들, 그 자식들의 자식들 속에서 살아남을 것이다……프로메테우스와 헤로스타투스(Hero-status : 유명해지고 싶어서 아르테미스 신전을 파괴한 고대 그리스의 방화범/역주)의 교잡은 지독한 결과를 빚어내기 마련이다."[9]

버그는 폴락과 샤가프가 제기한 우려를 놓고 몇 주일 동안 고심했다. "내 첫 반응은 이러했다. 말도 안 돼. 거기에 무슨 위험이 있다는 거야."[10] 그 실험은 멸균 설비가 딸린 격리 시설에서 이루어지고 있었다. SV40이 인간의 암과 직접적인 관련이 있다는 말은 한 번도 나온 적이 없었다. 사실 많은 바이러스학자들이 SV40에 감염되어왔지만, 암에 걸린 사람은 전무했다. 그 문제를 두고 계속되는 대중의 히스테리에 좌절한 둘베코는 SV40이 인간의 암과 아무런 관계가 없음을 입증하기 위해서 그 바이러스를 **삼키겠다는** 제안까지 했다.[11]

그러나 자신의 입지가 점점 위태로워지고 있음을 알았던 버그는 더 이상 호탕한 태도를 유지할 수가 없었다. 그는 몇몇 암생물학자와 미생물학자에게 그 위험을 어떻게 생각하는지 견해를 요청하는 편지를 썼다. 둘베코는 SV40이 무해하다고 강경한 입장을 취했지만, 미지의 위험을 현실적으로 추정할 수 있는 과학자가 과연 있겠는가? 결국 버그는 생물학적 위험이 극도로 적지만, 0이 아니라는 것을 인정했다. "사실 나는 그 위험이 거의 없다는 것을 알았다. 그러나 위험이 **전혀 없다고** 자신할 수는 없었다……내가 실험의 결과를 예측할 때 무수히 잘못을 저질러왔다는 점을 인정해야 하나 보다. 그 위험의 결과를 잘못 예측한다면, 내 자신의 목숨을 차마 부지하기 어려운 결과가 빚어질 것이다."[12] 그 위험의 정확한 특성을 파악하고 예방 계획을 세울 때까지, 버그는 스스로 유예 선언을 했다. SV40 유전체를 지닌 DNA 잡종은 당분간 시험관에 그대로 남아 있게 되었다. 살아 있는 생물에 도입되지 않을 터였다.

그 사이에 머츠는 또 하나의 중요한 발견을 했다. 버그와 잭슨이 고안한 초기의 DNA 자르기와 붙이기 과정은 효소를 이용한 6단계의 지루한 과정을 거치도록 되어 있었다. 머츠는 유용한 지름길을 찾아냈다. 그녀는 샌프란시스코의 미생물학자 허브 보이어에게 얻은 DNA 절단 효소—EcoR1이라는—를 쓰면, 여섯 단계가 아니라 단 두 단계 만에 DNA를 자르고 붙일 수 있다는 것을 알아냈다.* 버그는 이렇게 회상했다. "재닛은 그 과정의 효율을 대폭

* 머츠가 론 데이비스와 함께 한 그 발견은 EcoR1 같은 효소가 가진 뜻밖의 성질 덕분이었다. 그녀는 세균 플라스미드와 SV40 유전체를 EcoR1으로 자르면, 찍찍이의 양쪽처럼 끝이

높였다. 이제는 단 몇 개의 화학 반응으로, 새로운 DNA를 만들 수 있었다……그녀는 그것들을 자르고 뒤섞고, 끝끼리 이을 수 있는 효소를 넣자, 처음의 두 물질의 특성을 공유하는 산물이 나왔음을 보여주었다."[13] 머츠는 "재조합 DNA"를 만드는 데에 성공했다. 비록 버그 연구실의 자체적인 유예 조치 때문에, 그 유전자 잡종을 살아 있는 세균 세포에 넣을 수는 없었지만 말이다.

1972년 11월, 버그가 바이러스-세균 잡종의 위험을 놓고 고심하고 있을 때, DNA 절단 효소를 머츠에게 제공했던 샌프란시스코의 과학자 허브 보이어는 미생물학 학술대회에 참석하기 위해서 하와이로 향했다. 1936년 펜실베이니아의 광업 도시에서 태어난 그는 고등학교 때 생물학에 흥미를 느꼈고, 왓슨과 크릭을 이상형으로 삼으면서 성장했다(그는 자신의 샴고양이 두 마리에게 그들의 이름을 붙였다). 그는 1960년대 초에 의대에 지원했지만, 형이상학 과목에서 D 학점을 받는 바람에 떨어졌다. 대신 그는 미생물학 대학원 과정에 진학했다.

보이어는 1966년 여름 부스스한 곱슬머리에 늘 껴입는 가죽조끼에 밑단을 뭉텅 잘라낸 청바지 차림으로 샌프란시스코 소재 캘리포니아 대학교(UCSF)의 조교수가 되어 부임했다.[14] 그는 버그의 연구실에 보냈던 효소 같은 새로운 DNA 절단 효소를 분리하는 일을 주로 했다. 그는 머츠로부터 효소를 이용하여 DNA 절단 반응을 일으킴으로써 DNA 잡종을 만드는 과정을 단순화했다는 이야기를 들은 적이 있었다.

하와이 학술대회의 주제는 세균 유전학이었다. 대회에서 가장 큰 화젯거리는 대장균에게서 새로 발견된 플라스미드였다. 세균 안에서 복제되면서 세균 균

자연적으로 서로 "달라붙는" 성질을 띤다는 것을 알아차렸다. 그 결과, 결합하여 유전자 잡종을 만드는 것이 더 쉬워졌다.

주 사이에 옮겨갈 수도 있는 작은 원형 염색체였다. 보이어는 오전 내내 발표를 들은 뒤, 휴식을 취하러 해변으로 갔다가 오후 내내 럼주를 탄 코코넛 주스를 마시면서 보냈다.

저녁 늦게 보이어는 스탠퍼드 대학의 교수인 스탠리 코언과 마주쳤다.[15] 둘은 논문을 통해서 서로 알았지만, 직접 대면한 적은 없었다. 산뜻하게 다듬은 희끗한 턱수염에 올빼미 안경을 쓰고 신중하고 사려 깊게 말하는 습성 때문에, 코언은 "탈무드 학자" 같았고, 그 분위기에 걸맞은 미생물 유전학 지식을 가지고 있었다. 그는 플라스미드를 연구했다. 그는 또한 프레더릭 그리피스의 "형질전환" 반응을 일으키는 법도 알고 있었다. DNA를 세균 세포에 넣는 데에 필요한 바로 그 기술이었다.

저녁식사를 마쳤지만, 코언과 보이어는 여전히 배가 고팠다. 그들은 동료 미생물학자인 스탠리 폴코와 함께 호텔을 빠져나와 와이키키 해변 근처 상점가의 어두컴컴한 조용한 길로 향했다. 화산의 그림자 아래에서 불쑥 밝은 간판이 반짝거리고 네온 장식물이 있는 뉴욕풍의 간이식당이 나타났다. 그들은 한 자리가 비어 있는 것을 보았다. 종업원은 키시커(순대의 일종/역주)와 크니시(감자와 쇠고기를 밀가루 반죽에 싸서 튀긴 것/역주)를 구분하지는 못했지만, 옥수수를 곁들인 쇠고기와 다진 간 요리를 주었다. 보이어, 코언, 폴코는 훈제 쇠고기 샌드위치를 먹으면서 플라스미드, 유전자 키메라, 세균 유전학에 관해서 이야기를 나누었다.

보이어와 코언은 버그와 머츠가 실험실에서 유전자 잡종을 만드는 데에 성공했다는 사실을 알고 있었다. 대화는 코언의 연구 쪽으로 옮겨갔다. 코언은 대장균에서 플라스미드 몇 개를 분리해냈다. 그중에는 신뢰할 수 있는 수준으로 대장균에서 분리해서 다른 균주로 쉽게 옮길 수 있는 것도 하나 있었다. 이 플라스미드 중에는 테트라사이클린이나 페니실린 같은 항생제에 내성을 띠게 만드는 유전자를 지닌 것도 있었다.

코언이 한 플라스미드의 항생제 내성 유전자를 잘라내어 다른 플라스미드로 옮긴다면 어떻게 될까? 잡종 플라스미드를 지니지 않은 세균들은 죽는 반면, 그 전까지 항생제에 죽던 그 세균은 이제 선택되어 살아남아 불어나지 않을까?

그 착상은 어두워지는 섬의 네온사인처럼, 그림자 속에서 불쑥 튀어나왔다. 버그와 잭슨의 초기 실험에서는 "외래 유전자"를 획득한 바이러스나 세균을 간단히 식별할 방법 자체가 아예 없었다(생화학적 용액에서 오로지 크기만을 이용하여 잡종 플라스미드를 분리해야 했다. A+B는 A나 B보다 크다는 원리에 따라서였다). 반면에 항생제 내성 유전자를 지닌 코언의 플라스미드는 유전자 재조합체를 식별할 강력한 수단을 제공했다. 그들은 **진화**를 실험에 동원할 수 있었다. 페트리 접시에서 펼쳐지는 자연선택이 잡종 플라스미드를 자연적으로 선택할 것이었다. 한 세균에서 다른 세균으로 항생제 내성이 전해진다면, 유전자 잡종, 즉 재조합 DNA가 만들어졌음이 입증된다.

그러나 버그와 잭슨이 겪은 기술적 장애물들은 어떻게 해야 할까? 유전적 키메라가 100만 분의 1의 빈도로 생산된다면, 제아무리 탁월하거나 강력한 선택 방법이라도 먹히지 않을 것이다. 선택할 잡종이 아예 없을 테니까. 문득 생각이 나서 보이어는 DNA 절단 효소와 유전자 잡종을 훨씬 더 효율적으로 생성하는 머츠의 개량된 과정을 설명하기 시작했다. 이어서 침묵이 찾아왔다. 코언과 보이어는 각자 그 생각을 머릿속에서 곱씹고 있었다. 생각이 수렴되는 것은 필연적이었다. 보이어가 정제한 효소는 유전자 잡종 생성 효율을 대폭 높였다. 코언이 분리한 플라스미드는 세균을 통해서 쉽게 선택되고 증식될 수 있었다. 폴코는 회상한다. "그 생각은 너무나 명백하여 놓칠 수가 없었다."

코언은 천천히 또박또박 말했다. "그건……"

보이어가 그의 말을 끊었다. "맞아요……가능해요……"

폴코는 훗날 이렇게 썼다. "삶의 다른 영역들에서와 마찬가지로 과학에서도 문장이나 생각을 끝까지 이어갈 필요가 없을 때가 종종 있다." 그 실험은 너무나 명명백백했다. 표준 시약으로 반나절이면 충분히 할 수 있을 만큼 아주 간단했다. "EcoR1으로 자른 플라스미드 DNA 분자들을 다시 결합하면 재조합 플라스미드 분자가 어느 정도의 비율로 생겨야 한다. 항생제 내성을 이용하여 외래 유전자를 얻은 세균을 선택하면, 잡종 DNA를 고를 수 있다. 그런 세균 세포 중 하나가 100만 마리로 불어난다면, 잡종 DNA는 100만 배로 증폭될 것이다. 재조합 DNA를 복제하게 된다."

그 실험은 혁신적이고 효율적인 것만이 아니었다. 좀더 안전하기까지 했다. 버그와 머츠의 실험─바이러스-세균 잡종을 수반하는─과 달리, 코언과 보이어의 키메라는 오로지 세균 유전자만으로 이루어졌고, 훨씬 덜 위험하다고 여겨졌다. 그들은 이 플라스미드의 생성을 중단해야 할 이유를 전혀 찾을 수 없었다. 어쨌든 세균은 뒷일은 거의 생각하지 않은 채, 수다를 주고받듯이 유전물질을 주고받을 수 있었다. 유전자의 자유 무역은 미생물 세계의 증표였다.

그 겨울 내내, 그리고 1973년 초봄에 이르기까지, 보이어와 코언은 유전적 잡종을 만들기 위해서 미친 듯이 일했다. 보이어 연구실의 연구원이 폭스바겐 비틀에 플라스미드와 효소를 싣고 101번 고속도로를 오가며 UCSF와 스탠퍼드 사이를 다녔다. 여름이 끝날 무렵, 보이어와 코언은 유전자 잡종을 만드는 데에 성공했다. 두 세균에서 얻은 두 유전물질을 이어서 하나의 키메라를 만들었다. 훗날 보이어는 그 발견을 이룬 순간을 대단히 명쾌하게 떠올렸다. "첫 번째 젤(gel)을 보았을 때 눈물이 차올랐다고 기억한다. 너무나 멋졌다." 두 생물에서 빌려온 유전적 정체성들이 뒤섞여서 새로운 하나의 정체성이 형성되었다. 거의 형이상학적인 결과라고 할 수 있었다.

1973년 2월, 보이어와 코언은 인공 합성한 유전적 키메라를 처음으로 살아 있는 세포에서 증식시킬 준비를 했다. 먼저 두 세균 플라스미드를 제한 효소로 끊어서 펼친 다음 한 플라스미드의 유전물질을 다른 쪽 플라스미드로 옮겼다. 그러고 나서 잡종 DNA를 지닌 플라스미드를 연결 효소로 이은 뒤,

그 키메라를 개량된 형질전환 반응을 이용하여 세균 세포에 집어넣었다. 유전자 잡종을 지닌 세균은 페트리 접시에서 증식하여, 한천 배지에서 진주처럼 반들거리는 작은 투명한 군체를 형성했다.

저녁 늦게 코언은 멸균한 세균 배양액에 유전자 잡종을 가진 세균 세포군체(細胞群體) 하나를 집어넣었다. 세포들은 흔들리는 비커에 담긴 채 밤새 불어났다. 유전적 키메라는 100개, 1,000개, 100만 개로 복제되었고, 각 세균은 두 전혀 다른 생물의 유전물질 혼합물을 가지고 있었다. 밤새도록 비커를 흔들면서 내는 세균 배양기의 틱틱틱 소리는 새로운 세계가 탄생하고 있음을 선언하고 있었다.

새로운 음악

각 세대는 새로운 음악을 원한다.　　　　　　　—프랜시스 크릭[1]

이제 사람들은 모든 것으로 음악을 만들었다.
　　　　　　　　—리처드 파워스, 『오르페오(*Orfeo*)』[2]

버그, 보이어, 코언이 스탠퍼드와 UCSF에서 시험관에 유전자 조각들을 뒤섞고 짝짓고 있을 때, 영국 케임브리지의 한 연구소에서도 마찬가지로 유전학에 선구적인 돌파구가 될 연구가 이루어지고 있었다. 이 발견의 본질을 이해하려면, 유전자의 공식 언어로 돌아가야 한다. 여느 언어처럼 유전학도 기본 구성 요소로 이루어진다. 자모, 어휘, 구문, 문법이다. 유전자의 "자모"는 네 개뿐이다. DNA의 네 염기인 A, C, G, T이다. "어휘"는 트리플렛 코드로 구성된다. 즉 DNA의 세 염기가 함께 읽혀서 단백질의 아미노산 하나를 만든다. ACT는 트레오닌, CAT는 히스티딘, GGT는 글리신(글라이신)의 암호이다. 단백질은 유전자가 사슬로 연결된 자모를 이용하여 만드는 "문장"이다(ACT-CAT-GGT는 트레오닌-히스티딘-글리신을 만든다). 그리고 모노와 자코브가 발견했듯이, 유전자 조절은 이 단어들과 문장들이 의미를 가지도록 맥락을 형성한다. 유전자에 딸린 조절 서열—즉 특정한 시간에 특정한 세포에서 유전자가 켜지거나 꺼지도록 신호를 보내는—유전체의 내적 문법이라고 볼 수 있다.

　그러나 유전학의 자모, 문법, 구문은 오로지 세포 안에서만 존재한다. 인간은 원어민이 아니다. 생물학자가 유전자의 언어를 읽고 쓸 수 있으려면, 새로운 도구 한 벌을 발명해야 했다. "쓴다"는 것은 단어들을 뒤섞고 짝지어서 독특한 조합을 만들어서 새로운 의미를 생성하는 것이다. 스탠퍼드에서 버그, 코언, 보이어는 유전자 클로닝을 이용하여 유전자 쓰기를 시작하고 있었다. DNA에 자연에 존재한 적이 없던 단어와 문장을 만들려고 했다(세균 유전자를 바이러스 유전자와 조합하여 새로운 유전적 요소를 생성했다). 하지만 유전자 "읽기", 즉 DNA의 정확한 염기 서열을 해독하는 일에는 아직 엄청난 기술적 장애물이 하나 있었다.

역설적으로 세포가 DNA를 읽을 수 있게 해주는 바로 그 특성들은 인간, 특히 화학자가 DNA를 이해할 수 없게 만드는 특성들이기도 하다. 슈뢰딩거가 예측했듯이, DNA는 화학자의 접근을 거부하도록 구축된 화학물질, 절묘하게 모순적인 분자였다. 단조로우면서 무한히 다양하며, 극도로 반복되어 있으면서도 극도로 독특한 분자였다.

화학자들은 대개 퍼즐 조각처럼 분자를 점점 더 작은 단위로 쪼갠 뒤, 그 구성 부분들로부터 구조를 조립함으로써 분자의 구조를 끼워 맞춘다. 그러나 DNA는 조각을 내면 그저 A, C, G, T라는 네 염기 더미로 변질된다. 모든 단어를 자모로 해체해서는 책을 읽을 수 없다. 단어와 마찬가지로 DNA도 서열에 의미가 담겨 있다. DNA를 구성 염기로 해체하면, 자모 4개로 이루어진 원시 수프가 될 뿐이다.

그렇다면 화학자는 유전자의 서열을 어떻게 하면 알아낼 수 있을까? 영국 케임브리지의 소택지 옆 반지하의 오두막 같은 연구실에서, 생화학자 프레더릭 생어는 1960년대부터 유전자의 서열을 분석하기 위해서 애쓰고 있었다. 생어는 복잡한 생물 분자의 화학 구조에 강박적이라고 할 만큼 관심이 많았다. 1950년대 초에 그는 기존의 해체 방법을 변형하여 단백질—인슐린—의 서열을 밝혀냈다.[3] 1921년 토론토의 외과 의사 프레더릭 밴팅과 그의 학생 찰스 베스트가 개의 췌장 수십 킬로그램을 갈아서 처음 분리해낸 인슐린은 단백질 정제 분야의 엄청난 성과물이었다.[4) 그 호르몬을 당뇨병 아이에게 주사하면, 당에 질식당하는 치명적이고 소모적인 병에서 빠르게 회복될 수 있었다. 1920년대 말에는 일라이 릴리 제약회사에서 거대한 통에 가득 담긴 액화시킨 소와 돼지의 췌장에서 겨우 몇 그램씩 인슐린을 추출하고 있었다.

그러나 몇 차례 시도를 했지만, 인슐린의 분자 구조를 밝혀내는 일은 쉽지 않았다. 생어는 화학자의 엄밀한 방법론을 적용하여 그 문제에 도전했다. 어느 화학자도 알듯이, 용액에는 반드시 무언가가 녹아 있다. 모든 단백질은 메티오닌-히스티딘-아르기닌-리신(라이신) 또는 글리신-히스티딘-아르기닌-리신 등 사슬을 이룬 아미노산의 서열로 이루어진다. 생어는 단백질의 서열을 분석하려면, 순차적인 분해 반응을 일으켜야 한다는 것을 깨달았다. 먼저 사슬의 끝에 있는 아미노산 하나를 떼어내어, 용매에 녹인 뒤, 화학적으로 분석했다. 메티오닌이었다. 그 과정을 반복하여 다음 아미노산을 분석했다. 히스티딘이었다. 그는 이 분해와 분석 과정을 계속 되풀이했다. 아르기닌……리신……마침내 단백질 사슬의 끝이 보였다. 세포가 단백질을 만드는 데에 쓴 순환 과정을 역행함으로써 목걸이의 구슬을 하나씩 떼어낸 것과 같았다. 인슐린은 단계적으로 분해됨으로써 사슬의 구조를 드러냈다. 1958년 생어는 이 기념비적인 발견으로 노벨상을 받았다.[5)

1955년에서 1962년 사이에, 생어는 이 분해 방법을 다양하게 변형하여 몇몇 중요한 단백질의 서열을 밝혀냈다. 그러나 DNA 서열 분석이라는 문제는 대체로 건드리지 않았다. 그는 이 시기가 자신에게는 "흉년"이었다고 적었다.[6) 명성의 그늘에 안주하며 살았다는 것이다. 남들이 권위 있는 논문이라고 평하는 단백질 서열 분석을 상세히 다룬 논문들을 발표했지만, 그는 그중에 큰 업적이라고 여길 만한 것은 없다고 보았다. 1962년 여름, 생어는 케임브리지의 다른 연구실로 자리를 옮겼다.[7) 의학 연구 위원회(Medical Research Council, MRC) 건물이었다. 그곳에서 그는 새로운 이웃들에게 둘러싸였다. 그중에는 DNA에 미친 크릭, 퍼루츠, 시드니 브레너가 있었다.

연구실을 옮기자 생어의 관심 대상도 바뀌었다. 크릭과 윌킨스 같은 과학자들은 DNA 원주민이었다. 왓슨, 프랭클린, 브레너 같은 이들은 DNA 시민권을 취득했다. 프레더릭 생어는 DNA에게 침략당한 쪽이었다.

1960년대 중반, 생어는 단백질에서 핵산으로 전환했고, DNA 서열을 분석할지에 대한 여부를 진지하게 고려하기 시작했다. 그러나 인슐린에는 그토록 경이롭게 잘 먹혔던 방법들—분해, 용해, 분해, 용해—이 DNA에는 먹히지 않았다. 단백질은 화학 구조가 아미노산을 사슬에서 하나씩 끊어낼 수 있게 되어 있다. 그러나 DNA에는 그런 방법을 적용할 도구 자체가 없었다. 생어는 분해 기술을 재구성하여 시도했지만, 실험 결과는 엉망이었다. 조각내어 용해시키자, DNA의 유전 정보는 중구난방으로 변했다.

1971년 겨울 생어는 문득 영감이 떠올랐다. 거꾸로 하면 어떨까? 그는 분자를 분해하여 서열을 해독하는 방법을 수십 년 동안 써왔다. 그러나 자신의 전략을 뒤집어서, DNA를 분해하는 대신에 **합성**하면 어떨까? 그는 유전자 서열을 분석하려면 유전자처럼 생각해야 한다고 추론했다. 세포는 늘 유전자를 만든다. 세포는 분열할 때마다 모든 유전자의 사본을 만든다. 생화학자가 유전자를 복제하는 효소(DNA 중합효소)에 올라타서, 그 효소가 염기를 하나씩 덧붙이면서—A, C, T, G, C, C, C, 등등—DNA를 복제하는 광경을 볼 수 있다면, 유전자의 서열을 알 수 있을 것이다. 복사기를 도청하는 것과 비슷하다. 그러면 사본에서 원본을 재구성할 수 있다. 여기서도 거울상은 원본을 보여줄 수 있다. 도리언 그레이는 거울상으로부터 한 조각씩 재구성될 것이다.

1971년 생어는 DNA 중합효소의 복제 반응을 이용한 유전자 서열 분석 기술을 고안하는 일에 착수했다. (하버드의 월터 길버트와 앨런 맥섬은 다른 화학물질을 이용했지만, 그들도 DNA 서열을 분석하는 방법을 고안하고 있었다. 그들의 방법도 성공했지만, 곧 생어의 방법에 밀려났다.) 처음에 생어의 방법은 비효율적이었고 알 수 없는 이유로 실패하고는 했다. 어느 정도는 복제 반응이 너무 빠르기 때문이기도 했다. 중합효소는 DNA 가닥을 따라 줄달음치면서, 생어가 중간 단계를 포착할 수 없을 만큼의 빠른 속도로 뉴클레오티드를 덧붙였다. 1975년 생어는 창의적인 개선책을 내놓았다. 그는 화학적으로 변형시킨 염기를 이용하여 복제 반응을 중단시켰다. 아주 약간 변형시킨 이 A, C, G, T 염기는 DNA 중합효소가 인식할 수는 있었지만, 끼워지는 순간 복제 과정이 멈추었다. 생어는 중합효소가 멈추었을 때, 그 느려진 반응을 이용하여 DNA 염기 수천 개로 이루어진 유전자의 지도를 작성할 수 있었다. 여기 멈춘 곳은 A, 저기는 T, 또 저기는 G 하는 식이었다.

1977년 2월 24일, 생어는 이 기술을 써서 밝혀낸 바이러스 ΦX174의 서열 전체를 담은 논문을 「네이처」에 발표했다.[8] DNA 길이가 5,386개 염기쌍에 불과한 작은 바이러스였다. 유전체 전체가 사람의 몇몇 가장 작은 유전자보다도 더 작았다. 그러나 그 논문은 과학 발전의 한 이정표가 되었다. 그는 이렇게 썼다. "서열로부터 바이러스에게서 알려진 유전자 9개의 단백질 생산에 관여하는 특징들 중의 상당수를 파악할 수 있다."[9] 생어는 유전자의 언어를 읽는 법을 터득했다.

유전학의 신기술―유전자 서열 분석과 유전자 클로닝―을 통해서, 곧 유전자와 유전체의 새로운 특징들이 드러났다. 첫 번째이자 가장 놀라운 발견은 동물과 동물 바이러스의 유전자가 가진 한 가지 독특한 특징이었다. 1977년에 리처드 로버츠와 필립 샤프라는 두 과학자가 서로 독자적으로, 동물 단백질의 암호의 대부분이 죽 이어져 있는 하나의 DNA 부위에 들어 있는 것이 아니라, 모듈 형식으로 나뉘어 들어 있다는 것을 발견했다.[10] 세균에서는 모든 유전자가 첫 번째 트리플렛 코돈(ATG)에서 시작하여 마지막 "종료" 코돈에 이르기까지 죽 이어진, 단절되지 않고 연속되어 있는 DNA 사슬에 담겨 있다. 세균 유전자는 따로따로 놓인 모듈도 아니고, 간격을 띄우는 염기 사슬을 통해서 내부적으로 분리되어 있지도 않다. 그러나 로버츠와 샤프는 동물과 동물 바이러스의 유전자는 대개 사이에 낀 긴 DNA를 통해서 나뉘고 쪼개져 있다는 것을 발견했다.

단어 구조에 비유해보자. 세균의 유전자는 염색체에서 끊김도 채움재도 삽입물도 차단재도 없는 형식, 이를테면 structure라는 단어 형태이다. 반면에 인간의 유전체에서는 DNA의 중간재들을 통해서 단어에 끊김이 있다. s⋯tru⋯ct⋯ur⋯e 같은 형태이다.

생략 부호(⋯)로 표시되는 긴 DNA 영역에는 단백질을 만드는 정보가 전혀 들어 있지 않다. 그런 낀 영역을 지닌 유전자가 메시지를 만들 때, 즉 DNA가 RNA를 만드는 데에 쓰일 때, 낀 영역은 RNA 메시지에서 잘려나가고 나머지 영역들이 이어붙는다. s⋯tru⋯ct⋯ur⋯e가 structure가 된다. 로버츠와 샤프는 이 과정을 가리키는 용어를 나중에 만들었다. 유전자 이어맞추기(gene splicing) 또는 RNA 이어맞추기(RNA splicing)이다(유전자의 RNA 메시지가 낀 영역을 제거하고 "이어맞추어지기" 때문이다).

유전자가 이렇게 쪼개져 있다는 사실이 처음 드러났을 때에는 의아하게 여겨졌다. 동물 유전체는 왜 그렇게 긴 DNA 영역을 끼워서 유전자를 쪼갰다가 나중에 짜깁기해서 연속된 메시지를 만드는 낭비를 하는 것일까? 그러나 분할 유전자(split gene)가 내적 논리를 가지고 있다는 것이 곧 명백해졌다. 유전자를 모듈로 분할하면서, 세포는 하나의 유전자로부터 놀라울 만큼 다양한 메시지 조합을 만들어낼 수 있었다. s⋯tru⋯ct⋯ur⋯e라는 단어는 이어맞추기를 통해서 하나의 유전자로부터 cure, true 등 아주 다양한 메시지—동형(isoform)이라고 한다—를 만들 수 있다. g⋯e⋯n⋯om⋯e은 이어맞추기를 통해서 gene, gnome, om을 만들 수 있다. 그리고 모듈식 유전자는 진화적인 장점도 하나 가진다. 다양한 유전자들의 개별 모듈들을 뒤섞고 짝지음으로써 전혀 새로운 종류의 유전자(c⋯om⋯e⋯t)를 만들 수도 있다. 하버드 유전학자 월터 길버트는 이 모듈에 새 이름을 붙였다. 그들을 엑손(exon), 중간에

긴 영역을 **인트론**(intron)이라고 했다.

인트론은 인간의 유전자에서 예외 사례가 아니다. 인트론이 있는 쪽이 표준이다. 인간의 인트론은 염기 수십만 개에 이를 정도로 아주 긴 것도 있다. 유전자들 자체는 유전자 사이(intergenic) DNA라는 긴 영역을 통해서 서로 떨어져 있다. 유전자 사이 DNA와 인트론—즉 유전자 **사이**에 낀 영역과 유전자 **내**에 낀 영역—에는 유전자를 맥락에 맞추어 조절할 수 있는 서열이 들어 있다고 여겨진다. 언어 비유로 돌아가자면, 이 영역들은 이따금 문장 부호가 들어 있는 긴 생략 부호라고 할 수 있다. 따라서 인간의 유전체는 다음과 같이 표현할 수 있다.

$$\text{This}\cdots\cdots\text{is}\cdots\cdots\cdots\text{the}\cdots\cdots(\cdots)\cdots\text{s}\cdots\text{truc}\cdots\text{ture}\cdots\cdots$$
$$\text{of}\cdots\cdots\text{your}\cdots\cdots\text{gen}\cdots\text{om}\cdots\text{e;}$$

단어들은 유전자를 나타낸다. 단어들 사이의 긴 생략 부호는 유전자 사이 DNA를 나타낸다. 단어 내의 더 짧은 생략 부호(gen⋯ome⋯e)는 인트론이다. 괄호와 세미콜론—문장 부호—은 유전자를 조절하는 DNA 영역이다.

유전자 서열 분석과 유전자 클로닝이라는 두 기술은 실험의 곤경에 빠진 유전학을 구해주기도 했다. 1960년대 말, 유전학은 정체 상태에 빠져 있었다. 모든 실험 과학은 의도적으로 시스템을 교란하여 그 효과를 측정하는 능력에 크게 의존한다. 그러나 유전자를 변형하는 방법은 돌연변이를 만드는 것—본질적으로 무작위적인 과정—뿐이었고, 변형 여부는 오로지 형태와 기능의 변화를 통해서 알 수 있었다. 멀러가 했듯이 초파리에게 X선을 쬐어 날개나 눈이 없는 초파리를 만들 수 있었지만, 눈이나 날개를 통제하는 유전자를 의도적으로 조작하거나 날개나 눈의 유전자가 정확히 어떻게 바뀌었는지를 이해할 수단은 전혀 없었다. 한 과학자가 말했듯이, "유전자는 접근할 수 없는 무엇이었다."

"새로운 생물학"의 선지자들, 특히 제임스 왓슨은 이 유전자의 접근 불가능성에 몹시 좌절했다. DNA 구조를 발견한 지 2년 뒤인 1955년, 왓슨은 하버드 생물학과로 부임했고, 곧 가장 존경 받는 몇몇 교수들의 분노를 자극했다. 왓슨은 생물학이 한가운데가 쩍 갈라지고 있는 분야라고 보았다. 한쪽에는 생물학의 기존 수호자들이 있었다. 여전히 생물의 해부 구조와 생리를 대체로 정성적으로 기술하고 동물을 분류하는 일에 몰두하고 있는 자연사학자, 분류학자, 해부학자, 생태학자가 있었다. 반면에 "새로운" 생물학자들은 분자와 유전자를 연구했다. 전통 학파는 다양성과 변이를 이야기했다. 새로운 학파는 보편적인 암호, 공통의 메커니즘, "중심 원리"를 이야기했다.*

크릭은 말했다. "각 세대는 새로운 음악을 원한다." 왓슨은 기존 음악을 노골적으로 경멸했다. 왓슨은 대체로 "기재하는" 학문이었던 자연사는 자신이 탄생시키는 데에 기여한 활기차고 근육질의 실험 과학으로 대체될 것이라고 생각했다. 공룡을 연구했던 공룡들은 곧 멸종할 운명이었다. 왓슨은 기존 생물학자들을 "우표 수집가"라고 불렀다. 생물 표본을 채집하고 분류하는 일에 몰두한다고 조롱했다.**

그러나 왓슨도 유전자에 직접 개입할 수 없고, 유전자 변형의 정확한 특성을 읽지 못한다는 것이 새로운 생물학의 난제라는 사실을 인정해야 했다. 유전자의 서열을 분석하고 조작할 수 있다면, 드넓은 실험 경관이 새로 펼쳐질 것이다. 그때까지 생물학자들은 당장 쓸 수 있는 도구만을 사용해서, 즉 단순한 생물에 무작위 돌연변이를 일으킴으로써 유전자의 기능을 탐색할 수밖에

---

* 다윈과 멘델은 기존 생물학과 새 생물학 사이에 다리를 놓은 인물들이었다. 다윈은 자연사학자 ─화석 수집가─로 시작했지만, 자연사의 배후 메커니즘을 탐구함으로써 그 분야를 근본적으로 바꾸어놓았다. 멘델도 식물학자이자 자연사학자로 출발했지만, 유전과 변이를 이끄는 메커니즘을 탐구함으로써 그 분야를 근본적으로 혁신시켰다. 다윈과 멘델 모두 자연 세계를 보면서 그 체계의 배후에 있는 더 깊은 원인을 추구했다.

** 왓슨의 쪽 와 닿는 이 어구는 어니스트 러더퍼드에게서 빌린 것이다. 퉁명스러운 말을 내뱉기로 유명한 러더퍼드는 "모든 과학은 물리학 아니면 우표 수집에 불과할 뿐이다"라고 말했다.

없었다. 왓슨에게 모욕을 받은 자연사학자도 똑같이 왓슨에게 모욕을 줄 수도 있었다. 기존 생물학자가 "우표 수집가"라면, 새로운 분자생물학자는 "돌연변이 사냥꾼"이었다.

1970-1980년에 돌연변이 사냥꾼은 유전자 조작자이자 유전자 해독가로 변신했다. 이 점을 생각해보자. 1969년에 사람의 질병 연관 유전자가 발견되었다고 해도, 과학자들은 그 돌연변이의 특성을 이해할 손쉬운 수단도, 변형된 유전자와 정상 유전자를 비교할 방법도, 그 기능을 연구하기 위해서 다른 생물에 그 유전자 돌연변이를 집어넣는 방법도 알지 못했다. 그러나 1979년 경에는 그 유전자를 세균에 집어넣고, 바이러스 벡터에 이어붙이고, 포유동물 세포의 유전체에 넣어서 복제하고 서열을 분석하고 정상 유전자와 비교할 수 있었다.

1980년 12월, 유전자 기술의 이 선구적인 업적을 인정받아서, DNA의 독자이자 작가인 프레더릭 생어, 월터 길버트, 폴 버그는 노벨 화학상을 받았다. 한 과학 기자의 말마따나, "[유전자의] 화학적 조작을 위한 무기고"[11]는 이제 완전히 채워졌다. 생물학자 피터 메더워는 이렇게 썼다. "유전공학은 유전 정보의 매체인 DNA를 조작함으로써 의도적인 유전적 변화를 일으키는 것을 의미한다……원칙적으로 가능한 것은 무엇이든 해내는 것이 기술의 주요 진리가 아니던가? 달에 착륙하는 것? 그렇다, 확실히 해냈다. 천연두 박멸? 흡족하게 해냈다. 인간 유전체의 결함 수정? 음, 그렇다. 비록 더 어렵고 더 오래 걸리겠지만 해낼 것이다. 우리는 아직 거기까지 이르지 못했지만, 올바른 방향으로 나아가고 있는 것은 확실하다."[12]

유전자를 조작하고 복제하고 서열 분석하는 기술들은 처음에는 세균, 바이러스, 포유동물 세포 사이의 유전자를 옮기기 위해서 창안되었을지 모르지만 (버그, 보이어, 코언이 했듯이), 그 기술들은 생물학 전체에 엄청난 영향을 미쳤다. 비록 유전자 클로닝이나 분자 클로닝이라는 말은 처음에는 세균이나 바이러스에게서 똑같은 DNA 사본(즉 "클론")을 만드는 일을 가리켰지만, 그 용어들은 곧 생물학자가 생물에서 유전체를 추출하고, 시험관에서 그것을 조작하고, 유전자 잡종을 형성하고, 살아 있는 생물 안에서 그 유전자를 증식하는 기술들 전체를 가리키는 의미로 쓰이게 되었다(아무튼 이 모든 기술들을 조합해야만 유전자를 복제할 수 있었다). 버그는 이렇게 말했다. "유전자를 실험을 통해서 조작하는 법을 터득함으로써, 우리는 실험을 통해서 생물을 조작하는 법을 배울 수 있다. 그리고 유전자 조작 도구와 유전자 서열 분석 도구를 섞고 조합함으로써, 과학자는 유전학만이 아니라, 예전에는 상상할 수도 없었을 대담한 실험들을 생물학 전반에 걸쳐서 할 수 있다."[13]

어떤 면역학자가 면역학의 근본적인 수수께끼를 풀려고 애쓴다고 하자. T 세포가 몸에 들어온 외래 세포를 인식하고 죽이는 메커니즘이 그것이다. T 세포가 자기 표면에 있는 감지기를 통해서 침입하는 세포와 바이러스에 감염된 세포를 감지한다는 사실은 수십 년 전부터 알려져 있었다.[14] T 세포 수용체(T cell receptor)라는 그 감지기는 T 세포만이 만드는 단백질이다. 그 수용체는 외래 세포들의 표면에 있는 단백질을 인식하고서 거기에 결합한다. 그 결합은 침입 세포를 죽이라는 신호를 일으킴으로써, 생물의 방어 기구로서 작용한다.

그러나 T 세포 수용체는 어떤 특성을 가질까? 생화학자들은 전형적인 환원론적인 태도로 그 문제에 접근해왔다. 그들은 엄청난 양의 T 세포를 모아서, 비누와 세제를 넣어 세포 성분들을 녹여서 회색의 세포 거품으로 만든 뒤, 막과 지질을 증류하여 제거하고, 남은 물질을 정제하고 또 정제하는 과정을 거치면서 사냥 범위를 좁혀서 그 단백질을 추적했다. 그러나 그 지옥 같은 수프의 어딘가에서 녹았을 그 수용체 단백질의 정체는 여전히 모호했다.

유전자 클로닝을 하는 과학자는 다른 접근법을 취할 수도 있다. T 세포 수용체 단백질이 신경 세포나 난소나 간세포에서는 안 만들어지고 오로지 T 세포에서만 합성되는 특징이 있다고 가정하자. 그 수용체의 **유전자**는 인간의 모든 세포에 들어 있는 것이 분명하지만 ―인간의 뉴런, 간세포, T 세포는 모두 똑같은 유전체를 가진다 ―그 RNA는 오직 T 세포에서만 만들어진다. 서로 다른 두 세포의 "RNA 목록"을 비교하고, 그 목록에서 해당 기능을 지닌 유전자를 분리하여 복제할 수 있다면? 생화학자는 농도에 초점을 맞춘다. 그 단백질이 어디에 가장 농축되어 있을지를 살펴본 뒤, 그 부위에서 추출하여 분리한다. 반면에 유전학자는 정보에 초점을 맞춘다. 밀접한 관계가 있는 두 세포가 만드는 "데이터베이스"의 차이를 통해서 유전자를 찾아서, 그 유전자를 클로닝을 통해서 세균에 넣어 증식시킨다. 생화학자는 형태를 증류하고, 유전자 클로닝 전문가는 정보를 증폭한다.

1970년 바이러스학자인 데이비드 볼티모어와 하워드 테민은 그런 비교를 가능하게 해줄 중요한 발견을 했다.[15] 그들은 서로 독자적으로 레트로바이러스에 있는 한 효소가 RNA 주형에서 DNA를 합성할 수 있다는 것을 발견했다. 그들은 그것을 역전사 효소(reverse transcriptase)라고 했다. 정상적인 정보 흐름의 방향과 반대이기 때문에 "역"이라는 말이 붙었다. RNA에서 DNA로, 즉 유전자의 메시지에서 유전자로 정보가 역행함으로써, 크릭의 "중심 원리" 중 한 판본(유전 정보는 오로지 유전자에서 메시지로 향할 뿐, 그 반대 방향의 움직임은 결코 없다는 원리)에 위배되었다.

역전사 효소를 이용하면 세포의 모든 RNA를 주형으로 삼아서 상응하는 유전자를 만들 수 있다. 따라서 생물학자는 한 세포의 모든 "활성" 유전자들의 목록, 즉 "도서관"을 만들 수 있다. 책을 주제별로 모아놓은 도서관과 비슷하다.* 그러면 T 세포의 도서관과 적혈구의 도서관, 망막에 있는 뉴런의 도서관, 췌장의 인슐린 분비 세포의 도서관 등등이 나올 것이다. 면역학자는 두 세포를, 이를테면 T 세포와 췌장 세포에서 나온 도서관들을 비교함으로

---

* 이 도서관들은 톰 매니어티스가 아르기리스 에프스트라티아디스, 포티스 카파토스와 함께 구상하고 만들었다. 매니어티스는 재조합 DNA의 안전을 우려하는 분위기 때문에 하버드에서 유전자 클로닝 연구를 할 수가 없었다. 그래서 그는 왓슨의 초청으로 콜드 스프링 하버 연구소로 가서 평온한 환경 속에서 유전자 클로닝 연구를 할 수 있었다.

써, 한쪽 세포에서만 활성을 띠는 유전자(인슐린이나 T 세포 수용체)를 찾아낼 수 있다. 일단 찾아내면 그 유전자는 세균에 넣어서 수백만 배로 증폭시킬 수 있다. 그 유전자는 분리하여 서열을 분석할 수 있고, 그 RNA와 단백질의 서열을 파악할 수 있고, 조절 영역도 알아낼 수 있다. 돌연변이를 일으킨 뒤 다른 세포에 넣어서 유전자의 구조와 기능도 해독할 수도 있다. 1984년, 이 기술이 T 세포 수용체의 유전자를 찾아내는 데에 쓰였고, 그것은 면역학에서 기념비적인 성과였다.[16]

한 유전학자는 생물학이 "클로닝을 통해서 해방되자⋯⋯ 경이로운 것들을 뿜어내기 시작했다"고 회상했다.[17] 그 뒤로 수십 년 동안 수수께끼 같고, 중요하고, 정체가 모호하던 유전자들을 탐색하는 연구가 이루어지게 된다. 혈액 응고 단백질, 성장 조절, 항체와 호르몬, 신경 신호 전달, 다른 유전자들의 복제 조절, 암과 당뇨병과 우울증 및 심장병과 관련이 있는 유전자 등이 곧 각자의 원천인 세포로부터 만들어진 유전자 "도서관"을 이용함으로써 분리되고 파악되었다.

모든 생물학 분야는 유전자 클로닝과 유전자 서열 분석 기술을 통해서 달라졌다. 실험 생물학이 "새로운 음악"이었다면, 유전자는 그 음악의 지휘자, 오케스트라, 후렴구, 주요 악기, 악보였다.

해변의 아인슈타인들

인간사에는 때가 있는 법이라오,
그 흐름에 올라타면 성공으로 이어지지만,
놓치면 인생 항로는
얕은 물에 처박혀 비참해지기 마련이지요.
우리는 지금 그런 만조에 올라타 있다오.
—윌리엄 셰익스피어, 『율리우스 카이사르(*Julius Caesar*)』, 4막 3장

나는 모든 성인 과학자들이 남몰래 스스로를 절대적인 바보로 만들
양도할 수 없는 권리를 지닌다고 믿습니다.　　　　—시드니 브레너[1]

시칠리아 서해안 부근에 있는 12세기 노르만족 요새였던 에리체는 600미터 높이의 바위산에 있다. 멀리서 보면, 경관이 솟아오르면서 마치 낭떠러지 위의 암석이 변신을 하여 자연스럽게 생겨난 요새 같기도 하다. 에리체 성, 또는 비너스 성이라고 하는 이 요새는 고대 로마의 신전 터에 세워졌다. 신전 건물은 무너졌고, 그 돌로 성의 벽과 탑이 지어졌다. 원래 신전의 성소는 사라진 지 오래되었지만, 비너스의 신전이었다는 소문이 있었다. 다산, 성, 욕망의 여신인 비너스는 바다에 떨어진 카일루스의 생식기에서 쏟아진 거품으로부터 잉태되었다고 한다.

　스탠퍼드에서 처음으로 DNA 키메라를 만든 지 몇 달 뒤인 1972년 여름, 폴 버그는 학술 세미나에서 발표를 하기 위해서 에리체로 향했다.[2] 그는 저

녁 늦게 팔레르모에 도착하여 택시를 타고 2시간 동안 해변을 향해서 달렸다. 밤은 빠르게 찾아왔다. 어떤 사람에게 도시가 어느 쪽이냐고 묻자, 그는 애매하게 어둠 속을 가리켰다. 멀리서 600미터쯤 허공에 떠 있는 듯한 희미한 불빛이 깜빡이고 있었다.

세미나는 다음날 아침에 시작되었다. 유럽 각지에서 온 젊은이 약 80명이 참석했다. 주로 생물학과 대학원생들이었고 교수도 몇 명 있었다. 버그는 유전자 키메라, 재조합 DNA, 바이러스-세균 잡종 생성에 관한 내용을 격의 없이 이야기했다. 그 스스로는 "집단 토의" 시간이라고 했다.

학생들은 충격을 받았다. 예상대로 버그는 질문 세례를 받았다. 그러나 대화의 방향에 그는 깜짝 놀랐다. 1971년 콜드 스프링 하버에서 재닛 머츠가 발표했을 때, 가장 큰 관심사는 안전 문제였다. 버그와 머츠는 유전적 키메라가 인간에게 전파되어 생물학적 혼란을 야기하지 않으리라고 어떻게 장담할 수 있는가? 반면에 시칠리아에서의 토론은 곧바로 정치, 문화, 윤리 쪽으로 흘러갔다. 버그는 이렇게 회상했다. "유전공학이라는 망령이 인간의 행동을 통제한다면? 유전병을 치료할 수 있게 된다면? 눈 색깔을 정할 수 있다면? 지능은? 키는?……인류와 인류 사회에 미칠 영향은?"

예전에 유럽 대륙에서 그런 일이 있었듯이, 권력자가 유전자 기술을 움켜쥐고 왜곡하지 않으리라고 누가 장담할 수 있겠는가? 버그가 오래된 불을 다시 지핀 것이 분명했다. 미국에서는 유전자 조작 논의가 주로 미래의 생물학적 위험이라는 망령을 중심으로 이루어졌다. 이탈리아 ―나치의 죽음의 수용소 터로부터 수백 킬로미터밖에 떨어지지 않은―에서는 유전자의 생물학적 위해성보다는 유전학의 도덕적 위해성이 더 화제에 올랐다.

그날 저녁, 한 독일 학생이 즉석에서 동료들을 모아서 토론을 계속하기로 했다. 그들은 비너스 성의 성벽으로 올라가서 어두워지는 해안을 구경했다. 저 아래에서 도시의 불빛이 반짝였다. 버그와 학생들은 밤늦게까지 맥주를 마시면서 "새로운 시대의 탄생……가능한 위험들, 유전공학의 미래"[3]에 관한 이런저런 자연스럽거나 부자연스러운 구상들에 대해서 이야기했다.

에리체를 다녀온 지 몇 달 후인 1973년 1월, 버그는 캘리포니아에서 커져가고 있는 유전자 조작 기술에 관한 우려에 대해서 논의할 소규모 회의를 열기로 결심했다. 회의는 스탠퍼드에서 약 130킬로미터 떨어진 몬터레이 만 인근의 바람 많은 곳에 위치한 애실로마의 퍼시픽 그로브스 회의장에서 열렸다. 바이러스학자, 유전학자, 생화학자, 미생물학자 등 모든 분야의 과학자들이 참석했다. 후에 버그가 "애실로마 I(Asilomar I)"이라고 부를 이 회의는 엄청난 관심을 끌었지만,[4] 회의에서 도출된 권고안은 거의 없었다. 회의는 주로 생물 안정성 문제에 주안점을 두었다. SV40을 비롯한 사람 바이러스가 열띤 논란거리였다. 버그는 내게 말했다. "그때 우리는 여전히 입으로 피펫에 바이러스와 화학물질을 빨아들였었지." 버그의 조수인 매리언 디커먼은 예전에 한 학생이 실수로 담배 끝에 액체를 묻힌 적이 있다고 회상했다(당시 연구실에는 재떨이들이 곳곳에 널려 있었고, 거기에는 반쯤 피운 담배가 연기를 피우고 있었다). 학생은 그냥 어깨를 한 번 으쓱하고는 담배를 계속 피웠고, 바이러스 방울은 재로 변했다.

애실로마 회의는 『생물학 연구에서의 생물학적 위험(*Biohazards in Biological Research*)』이라는 중요한 자료집을 내놓았지만,[5] 더 중요한 결론은 부정적인 측면에 자리 잡고 있었다. 버그는 말했다. "솔직히 말해, 회의에서 도출된 결론은 우리가 아는 것이 너무 적다는 거지."

1973년 여름, 보이어와 코언이 다른 학술대회에서 세균 유전자 교잡 실험 결과를 발표하자, 유전자 클로닝을 우려하는 목소리는 더욱 확산되었다.[6] 한편 스탠퍼드의 버그는 전 세계의 연구자들로부터 유전자 재조합 실험 재료를 보내달라는 요청을 무수히 받고 있었다. 시카고의 한 연구자는 헤르페스 바이러스 유전자의 독성을 연구하기 위해서 병원성이 강한 인간 헤르페스 바이러스의 유전자를 세균 세포에 넣어서, 치명적인 독소 유전자를 가진 장 세균을 만들자고 제안했다. (버그는 정중하게 거절했다.) 세균들은 항생제 내성 유전자들을 으레 교환하고 있었다. 유전자는 마치 모래밭에 그은 가느다란 금을 무심코 넘는 것처럼, 수백만 년에 걸친 진화적 간격을 뛰어넘어서 종과 속 사이에서도 교환되고 있었다. 불확실성이 점점 커져가고 있음을 알아차린, 국립과학원은 버그에게 유전자 재조합 조사 위원회를 맡아달라고 요청했다.

1973년 4월 싸늘한 봄날 오후에 보스턴의 MIT에서 위원들이 모였다. 버그, 왓슨, 데이비드 볼티모어, 노턴 진더를 비롯한 8명의 과학자가 모였다. 그들은 곧바로 뛰어들었다. 유전자 클로닝을 통제하고 조절할 수 있는 메커니즘들이 다양하게 제시되었다. 볼티모어는 "무력해져서" 질병을 일으킬 수 없는 "'안전한' 바이러스, 플라스미드, 세균"[7]을 개발하자고 제안했다. 그러나 안전의 기준을 정하는 것조차도 간단한 문제가 아니었다. "무력해진" 바이러스가 영구히 무력한 상태로 있다고 누가 장담하겠는가? 어쨌든 바이러스와 세균은 수동적인 불활성 존재가 아니었다. 실험실 환경에서조차도 그들은 살아서 진화하고 움직이는 표적이었다. 전에 무력했던 세균이 돌연변이가 하나로 다시 병원성을 띨 수도 있었다.

토의가 몇 시간째 계속될 무렵, 진더가 거의 반동적으로 느껴지는 계획을 제안했다. "발표할 것이 전혀 없다면, 그냥 사람들에게 이런 실험을 하지 말자고 말합시다."[8] 그 제안은 소리 없는 동요를 일으켰다. 이상적인 해결책과는 거리가 멀었다. 과학자가 다른 과학자들에게 그들의 과학 연구를 제한하라고 말하다니, 뭔가 명백히 부당한 점이 있었다. 그러나 적어도 일시적인 중지 명령 역할은 할 터였다. 버그는 회상했다. "불쾌하게 여겨질 법했지만, 우리는 그럭저럭 될 것이라고 생각했어." 위원회는 특정한 유형의 재조합 DNA 연구를 "일시 유예"할 것을 청원하는 공식 선언문 초안을 작성했다. 초안은 유전자 재조합 기술의 위험과 혜택을 평가하면서 안전성 문제가 해결될 때까지 특정한 시험을 하지 말자고 제안했다. 버그는 말했다. "생각할 수 있는 모든 실험이 위험한 것은 아니지만, 분명히 다른 실험들보다 위험성이 더 높은 것들이 있었어." 재조합 DNA를 수반하는 실험들 중 특히 강력하게 제한할 필요가 있는 것에 세 가지 있었다. 버그는 이렇게 조언했다. "독소를 대장균에 넣지 말라. 약물 내성 유전자를 대장균에 넣지 말라. 암 유전자를 대장균에 넣지 말라."[9] 버그와 동료들은 일시 중단 조치가 이루어지면, 과학자들이 자기 연구가 함축한 의미를 고찰할 시간을 벌 수 있을 것이라고 주장했다. 그러면서 1975년에 2차 회의를 열자고 하며, 더 많은 과학자들이 모여서 토론을 하는 것을 제안했다.

1974년, 「네이처」, 「사이언스(*Science*)」, 「국립과학원회보(*Proceedings of the National Academy of Sciences*)」에 "버그 선언문(Berg letter)"이 실렸다.[10] 선언문은 곧바로 전 세계의 이목을 끌었다. 영국에서는 재조합 DNA와 유전자 클로닝의 "잠재적인 혜택과 위험"을 조사할 위원회가 설치되었다. 프랑스의 「르 몽드(*Le Monde*)」에는 그 선언문에 대한 반응들이 실렸다. 그해 겨울 프랑수아 자코브(유전자 조절 연구로 유명한)에게 인간의 근육 유전자를 바이러스에 집어넣겠다는 연구에 대한 보조금 신청 건을 심사해달라는 요청이 왔다. 버그의 선례를 따라서, 자코브는 재조합 DNA 기술에 관한 국가적 대응 조치가 마련될 때까지 그런 연구를 연기하라고 촉구했다. 1974년 독일에서 열린 한 학술대회에서도 유전학자들은 비슷한 신중론을 펼쳤다. 어떤 위험들이 있는지 파악하고 권고 지침이 마련될 때까지, 재조합 DNA 실험을 강력하게 제한할 필요가 있다는 것이었다.

그 사이에도 마치 이쑤시개로 콕콕 찔러대듯이, 생물학적 및 진화적 장벽을 무너뜨리려는 시도는 계속 이루어지고 있었다. 스탠퍼드에서 보이어와 코언의 연구진은 페니실린 내성을 제공하는 유전자를 한 세균에서 다른 세균으로 옮겨서 약물 내성을 띠는 대장균을 만드는 실험을 했다. 원리상 어떤 유전자든 간에 한 생물로부터 다른 생물로 옮길 수 있었다. 보이어와 코언은 넉살좋게도 이렇게 내다보았다. "식물이나 동물 등 다른 분류군에만 있는 대사나 합성 기능을 담당한 유전자를 도입하는 것은 실용적일 수 있다." 보이어는 농담 삼아 선언했다. "종(species)은 허울이다(specious)."[11]

1974년 새해 첫날, 스탠퍼드에서 코언과 함께 일하는 한 연구자가 개구리 유전자를 세균 세포에 삽입했다고 발표했다.[12] 또 하나의 진화적 장벽을 별 고심 없이 넘고, 또 하나의 경계를 넘은 셈이었다. 오스카 와일드의 말을 빌리자면, 생물학에서는 "자연적인 것"은 "단지 겉치레"에 불과한 것으로 바뀌고 있었다.

애실로마 II(Asilomar II)—과학사에서 가장 독특한 회의—는 1975년 2월에 버그, 볼티모어, 그리고 다른 세 명의 과학자들에 의해서 공동 주최되었다.[13] 다시금 유전학자들은 유전자, 재조합, 미래의 모습을 논의하기 위해서 바람 부는 백사장으로 돌아왔다. 매우 아름다운 계절이었다. 캐나다의 초원을 향해서 해안을 따라 이주 중인 제왕나비들이 내려앉을 때마다 삼나무와 소나무가 붉은색, 오렌지색, 검은색으로 화려하게 변신했다.

사람들은 2월 24일에 몰려들었다. 생물학자들만이 아니었다. 버그와 볼티모어는 법률가, 언론인, 작가에게도 참석해달라고 요청했다. 유전자 조작의 미래를 논의하려면, 과학자들만이 아니라, 다른 분야의 지식인들의 견해도 폭넓게 들을 필요가 있다고 생각했다. 회의장 주변의 산책로에서는 두서없는 대화들이 이루어졌다. 생물학자들은 산책로나 모래밭을 걸으면서, 재조합, 클로닝, 유전자 조작에 관해서 의견을 주고받았다. 한편 석판으로 마감된 캘리포니아 특유의 음산한 조명이 빛나는 대성당처럼 널찍한 중앙 홀은 회의의 중심지였고, 그곳에서는 유전자 클로닝을 주제로 격렬한 논쟁이 벌어지려고 하고 있었다.

버그가 첫 연사로 나섰다. 그는 자료를 요약하고 문제의 범위를 개괄했다. 최근에 생화학자들은 DNA를 화학적으로 변형할 방법을 연구하다가, 서로 다른 생물들의 유전 정보를 비교적 손쉽게 뒤섞고 잇는 기술을 발견했다는 내용이었다. 버그는 아마추어 생물학자도 실험실에서 유전자 키메라를 만들 수 있을 만큼 그 기술이 "터무니없을 만큼 간단하다"고 했다. 이 잡종 DNA 분자—재조합 DNA—는 세균에 집어넣어서 동일한 사본(클론)을 수백만 개로 늘릴 수 있었다. 이 분자는 포유동물 세포에도 집어넣을 수 있었다. 이 기술의 잠재력과 위험을 인식하고서 연 예비 회의에서는 관련 실험을 일시 유예하자는 제안이 도출되었다. 애실로마 II 회의는 그 다음 단계를 논의하기 위해서 소집된 것이었다. 결국 이 2차 회의는 영향력과 범위 면에서 1차 회의를 훨씬 넘어서면서, 애실로마 회의 또는 애실로마라고 불리게 된다.

첫날부터 곧 긴장과 충돌의 분위기가 팽배했다. 주요 현안은 여전히 스스로에게 부과한 일시적 유예 조치에 관한 것이었다. 과학자들이 자신의 재조합 DNA 실험을 제한해야 할까? 왓슨은 반대했다. 그는 완벽한 자유를 원했다. 과학자들이 원하는 대로 과학에 매진할 수 있게 하자고 강조했다. 볼티모어와 브레너는 "무력한" 유전자 운반체를 만들어서 안전성을 확보하자는 계획을 다시 제시했다. 참석자들의 의견은 크게 갈렸다. 엄청난 과학적 기회가 널려 있는데, 일시적 유예 조치는 발전을 가로막을 수 있다는 주장도 나왔다. 한 미생물학자는 제시된 제한 조치가 너무 엄격하다고 몹시 분개했다. 그는 위원회를 비난했다. "당신들은 플라스마 연구자들을 엿 먹였어."[14] 버그는 토론 도중에 재조합 DNA의 위험성을 제대로 인정하지 않는다고 왓슨을 고발하겠다는 위협까지 했다. 브레너는 「워싱턴 포스트(*Washington Post*)」지 기자에게 유전자 클로닝의 위험을 논의하는 매우 민감한 토의 시간이 되자 녹음기를 꺼달라고 요청했다. "나는 모든 성인 과학자들이 남모르게 스스로를 절대적인 바보로 만들 양도할 수 없는 권리를 가진다고 믿습니다." 그는 즉각 "파시스트"라는 비난을 받았다.[15]

조직 위원회의 5인—버그, 볼티모어, 브레너, 리처드 로블린, 생화학자 맥신 싱어—은 불안한 마음으로 회의실들을 돌면서 격앙되는 분위기를 살펴보았다. 한 기자는 이렇게 썼다. "논쟁이 끝없이 이어지고 있었다. 일부는 넌덜머리를 내면서 해변으로 나가 마리화나를 피워댔다."[16] 버그는 회의가 아무런 결론 없이 끝나지 않을까 걱정하면서 잔뜩 찌푸린 채 자기 방에 앉아 있었다.

회의 마감일 전날 저녁까지도 아무런 결론도 도출하지 못하고 있었다. 그때 법률가들이 연단에 올랐다. 5명의 변호사들은 클로닝의 법적 파급 효과들을 논의하면서 잠재적인 위험에 관한 우울한 전망을 내놓았다. 연구실의 한 사람이 재조합 미생물에 감염된다면, 설령 질병 증상이 아주 미미한 수준으로 나타난다고 할지라도, 연구실 책임자, 연구실, 소속 기관은 법적 책임을 지게 될 것이다. 대학교 전체가 문을 닫게 될 것이고, 연구실은 무기한 폐쇄될 것이고, 정문에는 활동가들이 팻말을 들고 시위를 벌일 것이고, 우주복을 입은 위험물 처리반이 들이닥칠 것이다. 국립보건원에는 온갖 질문 세례가 쏟아질 것이고, 지옥을 경험할 것이다. 연방정부는 재조합 DNA만이 아니라, 생물학 연구 전반에 걸쳐 엄격한 규제를 가하는 식으로 대처할 것이다. 그러면 과학자들이 스스로 하려고 하는 수준보다 훨씬 더 엄격한 규제가 가해질 수 있다는 것이었다.

전략적으로 애실로마 II의 마지막 날에 배치한 법률가들의 발표는 회의 전체에 전환점이 되었다. 버그는 공식 권고안 없이 회의를 끝내서는 안 된다는 것을 알았다. 그럴 수는 없었다. 그날 저녁 볼티모어, 버그, 싱어, 브레너, 로블린은 배달되어 온 중국 음식을 방갈로에서 먹으면서 미래를 위한 계획의 초안을 마련하느라 칠판에 이것저것 끼적거리면서 밤새도록 토의를 했다. 새벽 5시 반, 그들은 커피와 타자기 잉크 냄새를 풍기면서 침침한 눈을 비비면서 부스스한 모습으로 나왔다. 손에는 문서 한 장이 들려 있었다. 문서는 과학자들이 유전자 클로닝을 통해서 자신도 모르게 생물학의 기이한 평행 우주로 들어왔음을 인정하는 말로 시작되었다. "우리는 전혀 다른 생물들의 유전 정보를 조합할 수 있게 해주는 이 신기술을 통해서 생물학의 미지의 영역으로 진입했다……이런 무지로 인해서 우리는 이 연구를 수행할 때 상당히 신중을 기하는 편이 현명할 것이라는 결론을 내릴 수밖에 없는 입장에 있다."[17]

문서에는 이 위험을 완화하기 위해서, 유전자 변형 생물의 잠재적인 생물학적 위험을 4단계로 나눌 것을 제안하면서, 각 단계에 맞는 격리 시설을 설치하라고 권고했다(이를테면, 암을 일으키는 유전자를 인간 바이러스에 집어넣는 실험에는 가장 높은 수준의 격리 시설이 필요하고, 개구리 유전자를 세균 세포에 집어넣는 실험에는 최소한의 격리 시설이 필요할 터였다).[18] 볼티모어와 브레너는 무력화한 유전자를 지닌 생물과 벡터(외래 유전자를 도입하는 데에 쓰는 바이러스 같은 DNA나 RNA 분자/역주)가 개발이 된다면 그때 격리 단계를 더 낮출 수 있게 하자고 주장했다. 마지막으로 머지않아 규제를 더 완화하거나 강화할 가능성에 대비하여, 재조합과 격리 과정을 지속적으로 살펴보자고 촉구했다.

마지막 날 아침 8시 30분에 회의가 열렸을 때, 조직 위원회의 5인은 자신들의 제안이 거부되지 않을까 걱정했다. 놀랍게도 그 제안은 거의 만장일치로 통과되었다.

애실로마 회의가 끝난 뒤, 몇몇 과학사가들은 과학사에서 유사한 사례를 찾아서 그 회의의 성격을 파악하려고 시도했다. 그러나 이와 유사한 사례가 전혀 없었다. 그나마 가장 가까운 사례는 1939년 8월 알베르트 아인슈타인과 레오 실라르드가 루스벨트 대통령에게 강력한 전쟁 무기가 만들어질 수 있음에 대해서 경고한 두 쪽의 편지일 것이다.[19] 아인슈타인은 "새로운 중요한 에너지원"이 발견되었고, "엄청난 양의 힘이……생성될 수 있습니다"라고 썼다. "이 새로운 현상은 폭탄 제조로도 이어질 것이고……극도로 강력한 새로운 유형의 폭탄이 제조될 수 있을 것이라고 상상할 수 있습니다. 이 폭탄을 하나 배에 싣고 가서 어떤 항구에서 폭발시키면, 항구 전체가 파괴될 것입니다." 아인슈타인-실라르드 편지는 즉시 엄청난 반응을 일으켰다. 시급한 현안임을 감지한 루스벨트는 그 사항을 조사할 과학 위원회를 구성했다. 몇 달 지나지 않아서 루스벨트의 위원회는 우라늄 자문 위원회가 되었다. 1942년에는 다시 맨해튼 계획으로 변신했고, 결국 원자폭탄을 개발했다.

그러나 애실로마 회의는 달랐다. 과학자들은 자신들의 기술의 위험성에 대해서 경각심을 가지고서 자신들의 연구를 규제하고 제한할 방법을 찾으려고 했다. 역사적으로 과학자들이 스스로를 규제하려고 시도한 사례는 거의 없다. 국립과학재단(National Science Foundation)의 이사장 앨런 워터먼은 1962년에 이렇게 썼다. "순수한 형태의 과학은 발견이 어디로 향할지에는 관심이 없다……오로지 진리를 발견하는 데에만 관심이 있을 뿐이다."[20]

그러나 버그는 재조합 DNA의 등장으로 과학자들이 더 이상 "진리의 발견"에만 초점을 맞출 수 없게 되었다고 주장했다. 진리는 복잡하고 불편했으며, 정교한 평가가 필요했다. 비범한 기술에는 비범한 신중함이 필요하며, 유전자 클로닝의 위험과 혜택을 평가하는 일을 정치 세력에게 믿고 맡길 수는 없었다(게다가 에리체에서 학생들이 버그에게 콕 찍어서 상기시켰다시피, 정치 세력은 과거에 유전자 기술을 다룰 때에도 결코 현명한 모습을 보이지 않았다). 애실로마 회의가 열리기 2년 전이었던 1973년, 자신의 과학 고문들에게 넌더리가 난 닉슨 대통령은 보복으로 과학기술국(Office of Science and Technology)을 없앰으로써(닉슨의 초음속 여객기 및 대륙간 탄도 미사일 개발 계획에 반대했기 때문/역주), 과학계 전체를 불안에 휩싸이게 했다.[21] 가장 호시절에 재임하고 있었음에도 충동적이고 권위적이고 과학을 삐딱하게 바라보던 닉슨은 과학자의 자율성을 언제든 자의적으로 통제하고 싶어 했다.

이제 중요한 선택을 해야 했다. 과학자들은 유전자 클로닝의 통제권으로 예측 불가능한 규제자들에게 넘기고 자신의 연구에 제멋대로 규제가 가해지는 것을 지켜보든지, 스스로가 과학의 규제자가 되든지 해야 했다. 생물학자들은 재조합 DNA의 위험과 불확실성에 어떻게 대처했을까? 그들은 자신이 가장 잘 아는 방법을 썼다. 자료를 모으고, 증거를 걸러내고, 위험을 평가하고, 불확실성하에서 결정을 내리고, 가차 없이 토론을 했다. 버그는 이렇게 말했다. "애실로마의 가장 중요한 교훈은 과학자들이 자치(自治) 능력을 가지고 있음을 보여준 것이었다."[22] "족쇄 없는 연구 활동"에 익숙했던 이들이 스스로에게 족쇄를 채우는 법을 배워야 했다.

애실로마의 두 번째 특징은 과학자와 대중 사이의 의사소통에 드러난 특성이었다. 아인슈타인-실라르드 편지는 비밀리에 전해지는 방식을 취했다. 대조적으로 애실로마 회의는 가능한 가장 공개적인 회의를 통해서 유전자 클로닝에 관한 사항들을 널리 알리는 방식을 취했다. 버그는 이렇게 말했다. "참석자 중 언론 매체에서 온 사람이 10퍼센트를 넘는다는 사실을 통해서 대중의 신뢰도 역시 명백하게 높아졌다. 그들은 토론과 결론을 자유롭게 기술하고 논평하고 비판했다. 심사숙고, 말싸움, 거센 비난, 흔들리는 견해, 합의 도출에 이르는 과정이 참석한 기자들을 통해서 그때그때 기록되었다."[23]

마지막으로 애실로마 회의에서 하나 더 언급할 가치가 있는 특징이 있다. 바로 논의가 되지 않은 부분이 있다는 것이다. 회의에서 유전자의 생물학적 위험은 폭넓게 논의가 되었지만, 그 문제의 윤리적 측면은 거의 전혀 논의가 되지 않았다. 인간 유전자가 인간의 세포 안에서 조작된다면 어떻게 될까? 우리가 우리 유전자에, 즉 우리 유전체에 새로운 정보를 "쓰기" 시작한다면 어떻게 될까? 시칠리아에서 버그가 시작했던 대화는 결코 재개되지 않았다.

훗날 버그는 이 공백을 이렇게 회고했다. "애실로마 회의의 주최 측과 참석자들이 일부러 논의의 범위를 한정했을까?……재조합 DNA 기술의 오용 가능성이나 그 기술을 유전자 선별과……유전자 요법에 적용할 때의 윤리적 딜레마를 다루지 않았다고 비판하는 사람들도 있었다. 그런 가능성들은 아직 먼 미래의 일이었다는 점을 잊어서는 안 된다……요컨대, 그 3일간의 회의에서는 [생물학적 위험]을 평가하는 데에 초점을 맞추어야 했다. 우리는 다른 현안들은 그것들이 임박하여 평가할 수 있을 때 다루기로 했다."[24] 몇몇 참석자들은 이 문제가 논의되지 않는다는 점을 알아차렸지만, 회의장에서는 결코 그 문제가 언급된 적이 없었다. 그것은 우리가 후에 다룰 문제이기도 하다.

1993년 봄, 나는 스탠퍼드의 버그 및 연구자들과 함께 애실로마를 여행했다.

당시 나는 버그의 학생이었고, 학과 전체가 움직이는 연례행사의 일환이었다. 우리는 여러 대의 차에 나누어 타고서 스탠퍼드를 떠나 산타크루즈의 해안을 끼고 돌아서 몬터레이 반도의 좁은 부분으로 향했다. 콘버그와 버그가 선두에서 차를 몰았다. 나는 대학원생이 모는 차량에 탔는데, 오페라 디바였다가 생화학자가 된 믿어지지 않는 경력을 가진 동료와 함께였다. 그녀는 DNA 복제 실험을 하다가 푸치니의 노래를 한 곡 뽑곤 했다.

연수회 마지막 날, 나는 버그의 오랜 연구 조수이자 동료인 매리언 디커먼과 함께 소나무 숲을 산책했다. 디커먼은 남들이 잘 모르는 애실로마 곳곳을 안내하면서, 가장 격렬한 논쟁과 소란이 벌어진 곳들을 알려주었다. 의견 불일치의 현장을 탐사하는 여행인 셈이었다. 그녀는 자신이 가본 회의 중에서 애실로마가 가장 언쟁이 극심했다고 말했다.

나는 그 언쟁으로 얻은 것이 무엇인지 물었다. 디커먼은 잠시 바다로 시선을 돌렸다. 썰물 때라서 해변에 파도의 흔적을 남기면서 물이 빠져나가고 있었다. 그녀는 젖은 모래밭에다 발가락으로 선을 그으면서 말했다. 무엇보다도 애실로마는 하나의 전환점이 되었다고 했다. 유전자를 조작하는 능력은 유전학에 형질전환을 일으킨 것이나 마찬가지였다. 우리는 새로운 언어를 배웠다. 우리가 그것을 다룰 능력이 충분하다는 것을 스스로에게, 그리고 다른 모든 사람들에게 확신시킬 필요가 있었다.

과학의 욕구는 자연을 이해하려는 데에 있고, 기술의 욕구는 자연을 조작하려는 데에 있다. 재조합 DNA는 유전학을 과학의 세계에서 기술의 세계로 떠밀었다. 유전자는 더 이상 추상적인 개념이 아니었다. 기나긴 세월 동안 갇혀 있던 생물의 유전체에서 해방되어, 종 사이로 옮겨지고, 증폭되고, 분리되고, 확장되고, 짧아지고, 변형되고, 뒤섞이고, 돌연변이가 일어나고, 짝지어지고, 잘리고, 붙이고, 편집될 수 있었다. 인간이 얼마든지 간섭할 수 있는 것이 되었다. 유전자는 이제 단지 연구의 대상이 아니라, 연구의 도구가 된 것이었다. 아이의 발달 과정에는 언어의 회귀성을 이해하는 깨달음의 순간이 있다. 생각이 단어를 만드는 데에 쓰일 수 있는 것처럼, 단어가 생각을 만드는 데 쓰일 수 있음을 깨닫는 순간이다. 재조합 DNA는 유전학의 언어가 회귀하도록 만들었다. 생물학자들은 유전자의 본질을 이해하기 위해서 수십 년 동안 애썼다. 이제는 유전자가 생물학을 이해하는 데에 쓰일 수 있었다. 한마디로, 이제 우리는 유전자에 **관한** 생각에서 졸업하고, 유전자를 **통해서** 생각하는 단계로 접어들었다.

따라서 애실로마는 이 중요한 흐름들이 교차하는 지점을 나타낸다. 축하, 찬사, 집결, 대결, 경고를 뜻하는 장소였다. 하나의 연설로 시작하여 하나의 문서로 끝난 회의였다. 그것은 새로운 유전학을 위한 졸업식이었다.

"복제하든지 죽든지"

질문이 무엇인지 안다면, 절반은 안 셈이다.　　　―허브 보이어[1]

충분히 발달한 기술은 마법과 구별이 되지 않는다. ―아서 C. 클라크[2]

스탠리 코언과 허브 보이어도 재조합 DNA의 미래를 논의하기 위해서 애실로마로 갔다. 그들은 회의가 짜증스러웠다. 듣다보니 의욕까지 꺾였다. 보이어는 서로 언쟁하고 비방하는 짓거리를 도저히 견딜 수가 없었다. 그는 그 과학자들이 "자기 잇속만 차리는" 이들이고, 회의가 "악몽"이라고 표현했다. 코언은 애실로마 협정서에 서명하기를 거부했다(그러나 국립보건원에서 연구비를 받는 처지라 결국 응할 수밖에 없었다).

연구실로 돌아온 그들은 그 소란 속에서 경시되었던 문제로 돌아갔다. 1974년 5월, 코언 연구진은 "개구리 왕자" 실험의 결과를 발표했다. 개구리의 유전자를 세균 세포로 옮기는 실험이었다. 개구리 유전자가 세균에게서 발현되는지를 어떻게 확인했냐고 동료가 묻자, 코언은 세균에게 입맞춤을 해서 왕자로 변신했는지를 살펴보았다고 농담했다.

처음에 그 실험은 학계에서만 회자되었다. 생화학자들만이 주목했다. 노벨상을 받은 생물학자이자 코언의 스탠퍼드 대학교 동료인 조슈아 레더버그는 그 실험이 "제약 산업이 인슐린과 항생제 같은 생물학적 요소들을 만드는 방식을 완전히 바꿀 수도 있다"[3]는 선견지명이 담긴 평을 한 극소수의 인물 중 하나였다. 그러나 언론도 그 연구가 함축하는 의미를 서서히 깨닫기 시작했다. 5월에 「샌프란시스코 크로니클(*San Francisco Chronicle*)」은 유전자 변형 세균이 언젠가는 약물이나 화학물질의 생물학적 "공장"으로 쓰일 가능성에 초점을 맞추고, 코언을 다룬 기사를 실었다.[4] 곧 「뉴스위크(*Newsweek*)」와 「뉴욕 타임스(*New York Times*)」에도 유전자 클로닝 기술을 다룬 기사들이 실리기 시작했다. 코언도 곧 과학 언론의 추잡한 이면을 접하기 시작했다.[5] 한 신문 기자에게 오후 내내 재조합 DNA와 세균에의 유전자 도입을 찬찬히 설명해주었는데, 다음날 아침에 "인간이 만든 벌레가 지구를 황폐화시키다"라는 히스테리적인 제목의 머리기사가 실렸다.

박식한 전직 공학자이자 스탠퍼드 대학교 특허국의 닐스 라이머스는 이 기사들을 통해서 코언과 보이어의 연구를 접했고, 그 잠재력에 주목했다. 라이머스—특허 담당자라기보다는 인재 발굴자에 더 가까운—는 적극적이고 공격적인 인물이었다. 발명자가 발명을 가져오기를 기다리기보다는 스스로 과학 문헌을 뒤져서 유망한 인물을 찾는 쪽이었다. 라이머스는 보이어와 코언에게 접근해서 유전자 클로닝 연구에 공동 특허를 신청하라고 재촉했다 (각자가 소속된 기관인 스탠퍼드와 UCSF도 특허의 지분을 가지게 된다). 코언과 보이어는 깜짝 놀랐다. 실험을 하는 동안 그들은 재조합 DNA 기술이 "특허를 받을" 수 있다거나 그 기술이 장래 상업적 가치가 있을 것이라는 생각조차 해본 적이 없었다. 1974년 겨울, 코언과 보이어는 여전히 그에 대해서 회의적이었지만, 라이머스의 기분을 맞추어주려고 재조합 DNA 기술에 특허를 신청했다.[6]

곧 유전자 클로닝에 특허를 신청했다는 소식이 과학자들에게 퍼졌다. 콘버그와 버그는 격분했다. 버그는 "가능한 모든 DNA를 클로닝하여, 가능한 모든 벡터, 가능한 모든 방식의 결합, 가능한 모든 생물을 만들 수 있는 기술의 상업적 소유권"을 가지겠다는 코언과 보이어의 청구가 "수상쩍고, 주제넘고, 오만하다"라고 적었다.[7] 콘버그와 버그는 그 특허가 공금의 지원을 통해서 이루어진 생물학적 연구의 산물을 사유화하려는 것이라고 주장했다. 또한 버그는 애실로마 회의의 권고안이 민간 기업에게는 적용되지 않는 것이기 때문에 그들을 규제하지 못하게 될까 걱정했다. 그러나 보이어와 코언은 사람들이 아무 일도 아닌 것을 가지고 소란을 피우는 듯이 느꼈다. 그들에게 재조합 DNA에 관한 "특허"는 그저 법률 사무소 사이를 오가는 서류 더미에 불과했다. 그것을 인쇄하는 데에 쓰인 잉크보다도 무가치한 것이었다.

1975년 가을, 여전히 법률 사무소 간에 산더미 같은 서류들이 오가는 와중에, 코언과 보이어는 갈라서서 각자의 연구를 하기로 했다. 그들의 공동 연구는 대단히 생산적이었다. 5년에 걸쳐 11편의 기념비적인 논문을 공동 발표했다. 그러나 서서히 서로 관심사가 달라져갔다. 코언은 캘리포니아에 있는 세터스라는 회사의 고문이 되었다. 보이어는 샌프란시스코의 연구실로 돌아가서 세균 유전자 전달 실험에 매진했다.

1975년 겨울, 28세의 벤처 투자가 로버트 스완슨이라는 사람이 뜬금없이 허브 보이어에게 전화를 걸어서 만나고 싶다고 했다. 대중 과학 잡지와 SF 영화에 일가견이 있던 스완슨도 "재조합 DNA"라는 신기술에 관한 소식을 들었다. 스완슨은 기술 쪽에 타고난 직감이 있었다. 생물학에는 거의 문외한이었지만, 그는 재조합 DNA가 유전자와 유전에 관한 사고방식에 지각변동을 일으키리라는 것을 직감했다. 그는 잔뜩 헌 애실로마 회의 자료집을 꼼꼼히 읽으면서, 유전자 클로닝 기술 분야의 주요 연구자의 목록을 작성한 다음, 알파벳 순서에 따라 전화를 걸기 시작했다. 보이어보다 버그가 먼저였다. 그러나 버그는 기회주의자적인 사업가에게 시간을 내기를 거부하면서 매몰차게 전화를 끊었다. 스완슨은 자존심이 상했지만, 꾹 참고서 다시 목록을 훑었다. B……보이어가 다음 차례였다. 보이어는 만나줄까? 어느 날 아침 보이어는 실험에 열중하다가 스완슨의 전화를 별 생각 없이 받았다. 그는 금요일 오후에 10분간 시간을 내겠다고 했다.

스완슨은 1976년 1월 보이어를 만나러 왔다.[8] 연구실은 UCSF 의학동의 침침한 안쪽 깊숙이 있었다. 스완슨은 검은 양복에 넥타이 차림이었다. 보이어는 청바지와 특유의 가죽 조끼 차림으로 반쯤 썩어가는 세균들이 든 배양 접시들과 배양기로 가득한 실험실에서 모습을 드러냈다. 보이어는 스완슨이 누구인지 거의 알지 못했다. 그저 재조합 DNA 관련 회사를 설립할 계획을 가진 벤처 투자가라는 것만을 알고 있었다. 보이어가 좀더 조사했더라면, 스완슨이 앞서 벤처 기업들에 투자했던 일들이 거의 다 실패했음을 알아냈을 수도 있었다. 스완슨은 직장에서 쫓겨나서 샌프란시스코의 허름한 공동 임대 아파트에서 지내면서 고장 난 자동차를 몰고, 차가운 샌드위치 조각으로 점심과 저녁을 때우던 처지였다.

만남은 예정된 10분을 넘겨서 마라톤 회의로 이어졌다. 그들은 가까운 술집으로 걸어가서, 재조합 DNA와 생물학의 미래에 관해서 대화를 계속했다. 스완슨은 유전자 클로닝 기술을 써서 의약품을 만드는 회사를 설립하자고 제안했다. 보이어는 흥미를 느꼈다. 자신의 아들이 성장 장애 가능성이 있다는 진단을 받은 적이 있었던 그는 그런 성장 결함을 치료하는 단백질인 인간 성장 호르몬을 생산하면 어떨까 하는 생각에 사로잡힌 적이 있었다. 그는 유전자를 이어붙여서 세균 세포에 집어넣는 자신의 방법으로 성장 호르몬을 생산할 수는 있겠지만, 헛수고일 것이라고 생각했다. 제정신이 박힌 사람이라면, 과학 연구실의 시험관에서 배양한 세균 즙을 아이에게 주사할 생각을 과연 하겠는가? 의약품을 만들려면, 새로운 유형의 제약회사, 즉 유전자에서 의약품을 만드는 회사를 세워야 했다.

3시간 동안 맥주 3잔을 마시면서 논의를 거듭한 끝에, 두 사람은 잠정적인 합의에 도달했다. 우선 각자 500달러씩 내서 회사를 세우는 데에 필요한 경비를 대기로 했다. 스완슨은 6쪽짜리 설립 계획서를 작성했다. 그는 예전 직장이었던 벤처 투자기업인 클라이너 퍼킨스를 찾아가서 50만 달러의 종자돈을 요청했다. 회사는 제안서를 대충 훑어보고는 5분의 1인 10만 달러를 제시했다. (훗날 퍼킨스는 캘리포니아 당국에 사과하는 어투로 이렇게 썼다. "이 투자란 게 모험적인 성격이 강합니다. 하지만 우리는 그런 극도로 모험적인 투자로 먹고사니까요.")

보이어와 스완슨은 회사 설립에 필요한 것들을 거의 다 모았다. 이제 제품과 회사 이름만 있으면 되었다. 적어도 첫 번째로 내놓을 제품이 무엇인지는 명백했다. 바로 인슐린이었다. 여러 방법으로 합성하려는 시도들은 많이 있었지만, 여전히 소와 돼지의 으깬 내장을 통해서 주로 생산되고 있었다. 약 4톤의 췌장에서 겨우 500그램의 호르몬을 추출했다. 비효율적이고, 비용이 많이 들고, 낡은, 거의 중세시대의 방법이었다. 보이어와 스완슨이 세포의 유전자 조작을 통해서 단백질인 인슐린을 발현시킬 수 있다면, 신생 회사로서는 기념비적인 성공이 될 것이었다. 남은 문제는 이름이었다. 스완슨은 허밥(HerBob)이라는 이름을 제시했지만, 보이어는 샌프란시스코 카스트로 지역(동성애자들이 많이 거주하는 지역으로 유명함/역주)의 미장원 이름처럼 들린다면서 거절했다.[9] 그러다가 언뜻 영감이 떠오른 보이어가, 유전공학 기술(Genetic Engineering Technology)을 줄인 제넨텍(Gen-en-tech)이라는 이름을 제안했다.

인슐린은 호르몬계의 그레타 가르보였다. 1869년, 베를린의 의대생인 파울 랑게르한스는 위장 밑에 자리한 허약한 조직인 췌장을 현미경으로 들여다보다가, 작은 섬처럼 생긴 독특한 세포 덩어리들이 곳곳에 박혀 있는 것을 보았다.[10] 나중에 이 세포 섬은 **랑게르한스 섬**(islet of Langerhans)이라고 불리게 되었다. 그러나 어떤 기능을 하는지는 여전히 의문이었다. 20년 뒤, 외과 의사인 오스카어 민코프스키와 요제프 폰 메링은 췌장의 기능을 알아내기 위해서 개의 췌장을 수술로 제거했다.[11] 개는 달랠 수 없는 갈증에 시달리면서 바닥에 오줌을 지리기 시작했다.

메링과 민코프스키는 의아했다. 내장 기관을 하나 떼어냈을 뿐인데, 왜 이런 기이한 증상이 나타나는 것일까? 단서는 하찮은 곳에서 나왔다. 며칠 뒤 한 연구원이 실험실 문을 여니 파리들이 윙윙거리고 있었다. 파리들은 개가 싸놓은 오줌에 모여들어 있었다. 오줌은 어느덧 굳어서 당밀처럼 끈적거렸다.* 메링과 민코프스키가 오줌과 개의 피를 검사했더니, 당이 가득했다. 개는 심한 당뇨 증상을 보이고 있었다. 두 사람은 췌장에서 합성되는 어떤 인자가 혈당을 조절하며, 췌장에 문제가 생기면 당뇨병이 생긴다는 것을 알아차렸다. 나중에 그 당 조절 인자가 호르몬임이 밝혀졌고, 그 단백질이 랑게르한스가 발견한 "섬 세포"에서 혈액을 분비된다는 것도 드러났다. 그 호르몬은 처음에 아일레틴(isletin)이라고 불렸다가, 뒤에 인슐린(insulin)으로 이름이 바뀌었다. "섬 단백질"이라는 뜻이었다.

췌장 조직에 있는 인슐린의 정체가 밝혀지자, 그것을 분리하려는 경쟁이 벌어졌다. 그러나 동물로부터 그 단백질을 분리하는 데에는 20년이 더 걸렸다. 1921년 프레더릭 밴팅과 찰스 베스트는 소의 췌장 수십 킬로그램에서 몇 마이크로그램의 인슐린을 추출하는 데에 성공했다.[12] 그 물질을 당뇨병이 있는 아이들에게 주사하자, 혈당 수치가 빠르게 정상으로 회복되고 갈증과 소변이 멈추었다. 그러나 그 호르몬은 다루기가 까다롭기로 악명이 높았다. 그것은 잘 녹지 않고 열에 취약하고 변덕스럽고 불안정하고 수수께끼 같은 성질을 보였다. 한 마디로 섬의 기질을 가지고 있었다. 30년이 더 지난 뒤인 1953년, 프레더릭 생어는 인슐린의 아미노산 서열을 분석했다.[13] 생어는 그 단백질이 큰 것과 작은 것 두 가닥의 사슬이 화학결합으로 연결된 것임을 알아냈다. 엄지와 마주보는 손가락들로 이루어진 U자형의 작은 분자의 손과 같은 그 단백질은 손잡이와 다이얼을 돌리듯이 몸의 당 대사를 강력하게 조절했다.

보이어의 인슐린 합성 계획은 우스꽝스러울 만큼 단순했다. 그는 사람 인

---

* 민코프스키는 그 일을 기억하지 못하지만, 당시 연구실에 있던 사람들이 그 당밀 오줌 실험 이야기에 대해서 적었다.

슐린의 유전자를 확보하지 못했지만—다른 연구자들도 마찬가지였다—DNA 화학을 이용하여 아예 무에서 만들어낸다는 계획이었다. 뉴클레오티드를 하나씩 이어붙여서, 첫 트리플렛 코드부터 마지막 트리플렛 코드까지—ATG, CCC, TCC…—연결하겠다는 것이었다. 그렇게 A 사슬의 유전자와 B 사슬의 유전자를 만든 뒤, 그것들을 세균에 집어넣어 사람 단백질을 합성하게 만들게 한다. 그 두 단백질 사슬을 분리하여 화학적으로 결합시키면 U자형의 분자가 생길 터였다. 한 마디로 어린아이 같은 계획이었다. 임상의학에서 가장 원하는 분자를 DNA라는 조립 완구를 써서 만들어내겠다는 것이었다.

그러나 모험심 강한 보이어조차도 인슐린을 향해서 곧바로 뛰어들기에는 부담스러웠다. 그는 더 쉬운 시범 사례, 즉 분자 세계의 에베레스트 산에 오르기 전에 더 오르기 쉬운 낮은 봉우리를 찾고자 했다. 그때 소마토스타틴(somatostatin)이라는 다른 단백질이 눈에 띄었다. 상업적 가치가 거의 없던 호르몬이었다. 주된 장점은 크기였다. 인슐린은 무려 51개의 아미노산—한 사슬에는 21개, 다른 사슬에는 30개—으로 이루어져 있었지만, 더 짧고 밋밋한 사촌인 소마토스타틴은 겨우 14개로 구성되어 있었다.

맨땅에서 소마토스타틴을 합성하기 위해서, 보이어는 로스앤젤레스의 시티 어브 호프 병원에서 화학자 두 명을 데려왔다.[14] 케이치 이타쿠라와 아트 릭스로서, 둘 다 DNA 합성의 전문가였다.* 스완슨은 그 전반적인 계획에 강하게 반대했다. 그는 소마토스타틴이 옆길로 빠지는 꼴이 되지 않을까 우려했다. 보이어가 곧바로 인슐린에 달려들기를 원했다. 제넨텍은 빌린 돈으로 빌린 공간에서 살고 있었다. "제약회사"라는 허울을 1밀리미터만 벗겨내면, UCSF의 한 미생물 연구실에 있는 일부 연구자들이 샌프란시스코에 비좁은 월세 사무실을 빌려서 나와 있는 것뿐이라는 사실이 드러났다. 게다가 유전자를 합성하겠다고 다른 연구실의 화학자 두 명까지 끌어오려 하다니, 제

---

* 그 후에는 칼텍의 리처드 셸러가 합류했다. 보이어는 허버트 하이네커와 프란시스코 볼리바, 그리고 시티 어브 호프의 DNA 화학자 로베르토 크레아도 끌어들였다.

약회사판 폰지 사기(나중 투자자의 돈으로 이전 투자자에게 이자나 배당금을 지급하는 식의 다단계 사기 행위/역주)나 다름없었다. 그러나 보이어는 소마토스타틴이 좋은 기회가 될 것이라고 스완슨을 설득했다. 그들은 변호사인 톰 카일리를 고용하여 UCSF, 제넨텍, 시티 어브 호프 사이의 협상을 맡겼다. 카일리는 **분자생물학**이라는 용어조차 들어본 적이 없었지만, 특이한 사례를 맡아 보았기에 협상에 자신 있었다. 제넨텍 이전에 그가 맡았던 가장 유명한 고객은 미스 누드 아메리카(Miss Nude America)였다.

제넨텍의 입장에서는 시간조차도 빌린 것처럼 느껴졌다. 보이어와 스완슨은 유전학계를 좌우하는 두 마법사 역시 인슐린 생산 경쟁에 뛰어들었다는 것을 알았다. 버그 및 생어와 함께 노벨상을 공동 수상한 DNA 화학자인 하버드의 월터 길버트는 막강한 과학자들로 연구진을 꾸려서 유전자 클로닝을 이용하여 인슐린을 합성하려 하고 있었다. 그리고 보이어의 안마당인 UCSF 에서도 다른 연구진이 유전자 클로닝 경쟁에 뛰어들었다. 보이어의 한 동료는 이렇게 회상했다. "매일 같이 매시간, 줄곧 그 생각이 우리의 머릿속에 맴돌았다. 길버트가 성공했다는 발표를 곧 듣게 되지나 않을까?"[15]

1977년 여름, 보이어의 불안한 시선 속에서 릭스와 이타쿠라는 소마토스타틴 합성에 필요한 재료를 구하느라 미친 듯이 뛰어다녔다. 그들은 유전자를 합성하여 세균 플라스미드에 삽입했다. 형질전환된 세균은 자라서 단백질을 생산할 준비가 되었다. 6월에 보이어와 스완슨은 마지막 장면을 보기 위해서 로스앤젤레스로 향했다. 그날 아침 그들은 릭스의 연구실에 모였다. 그들은 세균에 소마토스타틴이 들어 있는지를 확인해주는 분자 검출기 앞에 서서 몸을 구부리고 지켜보았다. 계수기가 깜박거리더니, 멈추었다. 침묵이 깔렸다. 제 기능을 하는 단백질은 코빼기도 비치지 않았다.

스완슨은 망연자실했다. 다음날 아침, 급성 소화불량에 걸린 그는 응급실로 향했다. 한편 과학자들은 커피와 도넛으로 기운을 추스르면서, 실험 계획을 재검토하여 어디에서 문제가 생겼는지 살펴보았다. 수십 년 동안 세균을 연구한 보이어는 미생물이 때로 자신의 단백질을 먹어치운다는 것을 알고 있었다. 세균이 소마토스타틴을 파괴했을 수도 있었다. 인류유전학자에게 징용당한 세균의 마지막 대항 행동으로서 말이다. 그는 일련의 속임수에다가 한 가지 속임수를 덧붙인다면 해결이 되지 않을까 생각했다. 세균 유전자에 소마토스타틴 유전자를 이어붙여서 연결된 단백질이 만들어지도록 한 다음, 나중에 소마토스타틴을 끊어내는 방법이었다. 유전적 미끼 상술인 셈이었다. 세균은 자신이 세균 단백질을 만든다고 생각하겠지만, 결국 (자신도 모르게) 인간의 단백질을 분비하게 될 터였다.

소마토스타틴 유전자를 마치 트로이 목마처럼 세균 유전자에 집어넣은 그 미끼 유전자를 만드는 데에 다시 3개월이 걸렸다. 1977년 8월, 연구진은 두 번째로 릭스의 연구실에 모였다. 스완슨은 초조하게 모니터의 깜박임을 지켜보다가, 잠시 고개를 돌렸다. 그때 단백질 검출기가 다시 탁탁 소리를 내기 시작했다. 이타쿠라는 이렇게 회상했다. "우리는 시료를 10개인가 15개쯤 조사했다. 그런 뒤 인쇄되어 나온 방사선 면역 측정 자료를 보니, 유전자가 발현되고 있음이 뚜렷이 드러났다." 그는 스완슨을 돌아보며 말했다. "저기 소마토스타틴이 있네요."

제넨텍의 과학자들은 소마토스타틴 실험의 성공을 축하할 겨를이 없었다. 새로운 인간 단백질을 합성하는 데에 성공한 바로 다음날 아침, 그들은 다시 모여서 인슐린을 공략할 계획을 짰다. 경쟁은 극심했고, 소문도 무성했다. 길버트의 연구진이 인간의 세포에서 그 유전자를 이미 분리하여 클로닝을 했고 양동이 가득하게 단백질을 생산할 준비를 하고 있다는 소문도 있었다. UCSF의 경쟁자들이 그 단백질을 몇 마이크로그램 합성하여 환자에게 주사할 계획을 하고 있다는 소문도 돌았다. 어쩌면 소마토스타틴 때문에 옆길로 샌 것인지도 몰랐다. 스완슨과 보이어는 자신들이 엉뚱한 길로 도는 바람에 인슐린 경쟁에서 뒤처진 것이 아닐까 후회스럽기도 했다. 희소식을 듣는 순간에도 속이 안 좋았던 스완슨은 다시 한번 불안감과 소화 불량에 시달려야 했다.

공교롭게도 그들을 구원해준 것은 애실로마 회의였다. 보이어가 그토록 헐뜯고 다녔던 바로 그 회의였다. 연방정부의 예산을 지원받는 대다수의 대학 연구실들처럼, 하버드의 길버트 연구실도 재조합 DNA에 관한 애실로마 제한 규정에 얽매여 있었다. 길버트는 "자연적인" 인간 유전자를 분리하여 세균 세포에 집어넣으려 하고 있었기에, 특히 더 엄격한 규정이 적용되었다. 반면에 릭스와 이타쿠라는 소마토스타틴을 만들 때처럼, 맨땅에서부터 뉴클레오티드를 하나씩 이어붙여서 화학적으로 합성한 인슐린 유전자를 만들기로 결심했다. 합성 유전자—벌거벗은 화학물질로서 만들어진 DNA—는 애실로마 규정의 회색 지대에 놓여 있었기에, 상대적으로 제약을 받지 않았다. 또 제넨텍은 민간 자금으로 세워진 회사였기에, 연방정부의 지침으로부터 비교적 자유로웠다.* 이런 요인들이 조합되면서 제넨텍에 대단히 유리한 조건이 형성되었다. 한 연구자는 이렇게 회상했다. "길버트는 실험을 하기 위해서 기밀실에 들어가서 포름알데히드 용액에 신발을 첨벙첨벙 담갔다가 실험실로 들어가는 일을 무수히 되풀이했다. 제넨텍에 있는 우리는 그런 번거로운 절차 없이 그냥 DNA를 합성하여 세균에 집어넣었다. 국립보건원의 지침을 따르라고 요구받은 적도 없었다."[16] 애실로마 이후의 유전학의 세계에서는 "자연적인 것"에만 책임이 따르게 되어 있었다.

제넨텍의 "사무실"—샌프란시스코의 비좁은 방을 미화한 명칭—은 이제 비

---

* 제넨텍의 인슐린 합성 전략이 애실로마 규정에서 비교적 자유로웠다는 점도 중요했다. 사람의 췌장에서 인슐린은 대개 하나로 이어진 단백질 형태로 합성되었다가, 좁은 교차 연결된 부위만 남기고 두 조각으로 나뉜다. 반면에 제넨텍은 인슐린의 두 사슬인 A와 B를 별개의 단백질들로 따로 합성해서 나중에 연결하는 방식을 취했다. 제넨텍이 쓴 두 별개의 사슬은 "자연적인" 유전자가 아니었으므로, "자연적인" 유전자를 가지고 재조합 DNA를 만드는 것을 제한한 연방정부의 유예 조치가 적용되지 않았다.

좁아졌다. 스완슨은 신생 회사의 실험 공간을 찾아 도시를 훑기 시작했다. 1978년 봄, 베이 지역을 열심히 뒤지던 그는 적당한 장소를 발견했다. 샌프란시스코에서 남쪽으로 몇 킬로미터 떨어진 태양에 바짝 달구어진 황갈색의 산비탈 끝자락에 위치한 인더스트리얼 시티(Industrial City)라는 곳이었다. 사실 공업이라고는 거의 없고, 도시라고 할 수도 없는 곳이었다. 제넨텍은 샌브루노 가 460번지의 약 1,000제곱미터 면적의 원료 창고에 연구실을 마련했다.[17] 주변에는 저장 창고, 쓰레기장, 항공 화물 창고가 있었다. 그 창고의 뒤쪽 절반은 포르노 비디오 유통업자의 창고였다. 초기에 들어온 한 연구원은 이렇게 썼다. "제넨텍의 문 뒤로 돌아가면 모든 영화들이 선반 가득 쌓여 있었다."[18] 보이어는 과학자 서너 명을 더 충원했고—대학원을 갓 졸업한 사람도 있었다—장비를 설치하기 시작했다. 또한 벽을 설치하여 넓은 공간을 나누었다. 지붕 아래로 검은 방수포를 드리워서 임시 실험실도 만들었다. 그해에 미생물 슬러지를 대량으로 배양할 "발효조"—맥주통을 크게 확대한 것과 같은—가 도착했다. 회사의 세 번째 직원인 데이비드 괴델은 "복제하든지 죽든지"라고 적힌 검은 티셔츠에 운동화 차림으로 창고를 돌아다녔다.

그러나 아직 사람 인슐린은 모습을 드러내지 않고 있었다. 스완슨은 보스턴에서 길버트가 말 그대로 보급 물자를 더 늘렸음을 알았다. 재조합 DNA 연구를 옥죄는 하버드의 상황에(케임브리지 길거리에서는 젊은이들이 유전자 클로닝에 항의하는 팻말을 들고 시위를 벌이고 있었다) 지친 그는 영국에 있는 보안 수준이 높은 생물학전(生物學戰, biological-warfare) 시설을 이용할 권한을 얻어서 그곳으로 최고의 연구진을 파견했다. 그 군사 시설은 이용 조건이 불합리할 만큼 엄격했다. 길버트는 이렇게 회고했다. "옷을 다 벗고 샤워를 한 뒤, 경보가 울리면 즉시 실험실 전체를 멸균할 수 있도록 가스 마스크를 착용해야 했다."[19] 한편 UCSF 연구진은 프랑스의 스트라스부르에 있는 제약 연구실로 학생을 파견하여, 보안이 훌륭한 프랑스 시설에서 인슐린을 제조할 수 있기를 기대했다.

길버트의 연구진은 성공의 문턱 앞에서 계속 멈칫거리고 있었다. 1978년 여름, 보이어는 길버트 연구진이 사람 인슐린 유전자를 분리하는 데에 성공했다는 발표를 하기 직전이라는 소식을 들었다.[20] 스완슨은 세 번째로 다시 배를 움켜쥐고 쓰러졌다. 다행히도 길버트가 클로닝한 것은 인간의 유전자가 아니라 쥐의 인슐린 유전자였다. 꼼꼼하게 멸균 과정을 거친 클로닝 실험에서 어찌된 일인지 오염이 일어난 것이다. 클로닝은 종간(種間) 장벽을 건너기 쉽게 만들었지만, 바로 그 점에서 한 종의 유전자가 생화학 반응 속에서 다른 종의 유전자를 오염시킬 가능성이 더 높다는 의미도 생기게 했다.

길버트가 영국으로 옮기고 쥐 인슐린을 클로닝하는 실수를 저지르는 아주 짧은 기간에, 제넨텍은 한 발 앞설 기회를 얻었다. 그것은 한 편의 우화 뒤집기였다. 학계의 골리앗과 제약회사의 다윗 사이의 대결이었다. 한쪽은 강하지만 거대한 몸집 때문에 움직임이 둔한 반면, 다른 한쪽은 재빠르고 약삭빠르고 규정을 피하는 데에 능숙했다. 1978년 5월, 제넨텍 연구진은 세균에서 인슐린의 두 사슬을 합성했다. 7월에 그들은 세균의 잔해에서 그 단백질을 분리했다. 8월 초에는 이어져 있던 세균 단백질을 잘라내고 두 사슬을 분리했다. 1978년 8월 21일 밤늦게, 괴델은 시험관에서 두 단백질 사슬을 연결하여 최초의 재조합 인슐린 분자를 만들었다.[21]

괴델이 시험관에서 인슐린을 합성한 지 2주일 뒤인 1978년 9월, 제넨텍은 인슐린 특허를 신청했다. 그 즉시 회사는 유례없는 법적 문제들에 직면했다. 1952년 이래로, 미국 특허법에는 발명의 네 가지 범주에 특허를 줄 수 있다고 규정되어 있었다. 방법(method), 장치(machine), 제조물(manufactured material), 조성물(compositions of matter)이었다. 변리사들은 "4M"이라고 했다. 그런데 인슐린은 이 네 범주의 어디에 끼워넣을 수 있을까? "제조물"이긴 했지만, 제넨텍의 처방 없이도 거의 모든 인체들은 분명히 인슐린을 자체적으로 제조할 수 있었다. 새로운 "조성물"이기도 했지만, 논란의 여지가 없는 자연물이기도 했다. 인체의 다른 부위, 이를테면 코나 콜레스테롤에 특허를 주는 것과 인슐린 단백질이나 그 유전자에 특허를 주는 것은 무엇이 다른가?

제넨텍은 이 문제에 독창적이면서 반직관적으로 접근했다. 인슐린을 "물질"이나 "제조물"로서 특허 신청하기보다는 대담하게도 "방법"을 변형했다는 점에 초점을 맞추었다. 유전자를 세균 세포로 운반하여 그 미생물 안에서 재조합 단백질을 생산하는 "DNA 운반체"에 특허를 받겠다고 출원했다. 대단히 참신한 주장이었다. 지금까지 어느 누구도 의학적인 용도로 세포에서 재조합 인간 단백질을 생산한 적이 없었다. 그 대담함은 보상을 받았다. 1982년 10월 26일, 미국 특허상표국은 재조합 DNA를 이용하여 미생물에게서 인슐린이나 소마토스타틴 같은 단백질을 생산하겠다는 제넨텍에게 특허를 주었다.[22] 한 비평가는 이렇게 썼다. "사실상 [모든] 유전자 변형 미생물을 발명이라고 주장한 것이다."[23] 제넨텍의 특허는 곧 기술의 역사상 가장 수익성이 높으면서도 가장 열띤 논란을 일으킨 특허 중 하나가 된다.

인슐린은 생명공학 산업에 커다란 이정표가 되었고, 제넨텍에는 대박을 터뜨린 약물이 되었다. 그러나 유전자 클로닝 기술을 대중의 상상의 전면으로 부상시킨 것은 그 약물이 아니라는 점을 생각해야 한다.

1982년 4월, 샌프란시스코의 발레 댄서 켄 혼은 설명할 수 없는 온갖 증상들에 시달리다가 피부과 의사를 찾았다. 혼은 몇 달 동안 기운이 없었고 기침을 계속했다. 또한 설사가 며칠씩 계속 이어지고, 체중이 줄어들면서 볼이 홀쭉해졌고, 목 근육이 가죽끈처럼 뻣뻣해졌다. 림프샘은 부어올랐다. 그리고 셔츠를 걷어 올리자, 마치 괴기 만화 영화에 나오는 발진처럼 피부에 온갖 색조로 울긋불긋하게 멍든 자국들이 거미줄처럼 뻗어 있었다.

혼만이 아니었다. 해안 지역이 열파에 후끈거리던 1982년 5-8월에 샌프란시스코, 뉴욕, 로스앤젤레스에서 기이한 증상을 보이는 비슷한 환자들이 보고되었다. 애틀랜타의 질병통제센터에서 일하는 한 연구원에게 폐포자충

(*Pneumocystis*) 폐렴을 치료하는 용도의 특수한 항생제인 펜타미딘(pentamidine)을 요청하는 9건의 일이 떨어졌다. 말도 안 되는 요청이었다. 폐포자충 폐렴은 대개 면역계가 심하게 손상된 암 환자가 감염되는 희귀한 감염병이었다. 그런데 이 처방 요청서들은 젊은 환자들을 대상으로 했다. 그 전까지 아주 건강하던 이들의 면역계가 갑자기 이해할 수 없이 재앙 수준으로 무너져 내렸다.

한편 혼은 카포시 육종(Kaposi's sarcoma)이라는 진단을 받았다. 지중해의 노인들에게 나타나는 난치성 피부암이었다. 그러나 혼의 증세나 그 뒤로 4개월에 걸쳐 보고된 9건의 사례들은 이전에 과학 문헌에 카포시 육종이라고 기재된 느리게 자라는 종양과는 닮은 점이 거의 없었다. 피부 전체로 그리고 폐로 빠르게 전파되는 전격적이고 공격적인 암이었고, 뉴욕과 샌프란시스코에 사는 남자 동성애자들에게만 생기는 듯했다. 혼의 사례는 의학 전문가들을 혼란에 빠뜨렸다. 게다가 수수께끼에 수수께끼가 겹치는 양, 그는 폐포자충 폐렴에다가 수막염까지 걸렸다. 8월 말이 되자, 역학적 재앙이 일어나고 있다는 징후가 뚜렷해졌다. 게이들에게 주로 나타난다는 점에 주목하여 의사들은 이 병을 그리드(GRID), 즉 게이 관련 면역 결핍증(gay-related immune deficiency)이라고 부르기 시작했다. 많은 신문들은 "게이 역병"이라는 비난 조의 용어를 썼다.[24]

9월이 되자, 그 용어가 잘못되었다는 것이 명백해졌다. 폐포자충 폐렴과 기이한 유형의 수막염을 비롯한 면역계 붕괴의 증후군이 이제 A형 혈우병 환자 3명에게서도 나타났다. 앞서 살펴보았듯이, 혈우병은 영국 왕실의 출혈성 질환이며, 인자 VIII이라는 중요한 혈액 응고 인자의 유전자에 돌연변이가 하나 일어날 때 생기는 것이다. 수세기 동안 혈우병 환자들은 출혈이 일어날까봐 끊임없이 두려워하면서 살았다. 피부에 생채기만 나도 재앙으로 이어질 수 있었다. 1970년대 중반에는 농축된 인자 VIII를 주사하는 방식으로 혈우병 환자를 치료하고 있었다. 사람의 혈액 수천 리터를 증류하여 얻은 응고 인자를 한 번 주사하는 것은 100번 수혈을 받는 것과 효과가 맞먹었다. 따라서 보통 혈우병 환자는 헌혈자 수천 명의 피를 농축한 정수(精髓)를 받는 셈이었다. 여러 차례 수혈을 받은 이 환자들 중에서 수수께끼의 면역계 붕괴 현상이 나타났다는 것은 그 병의 원인이 인자 VIII를 공급한 오염된 혈액에 든 어떤 인자임을 의미했다. 아마 새로운 바이러스일 듯했다. 그래서 그 증후군은 후천성 면역 결핍 증후군(acquired immunodeficiency syndrome), 즉 에이즈(AIDS)로 이름이 바뀌었다.

1983년 봄, 초기 에이즈 환자들의 소식을 접한 제넨텍의 데이비드 괴델은 응고 인자 VIII 유전자에 관심을 가지기 시작했다. 인슐린 사례에서처럼, 그 물질의 클로닝을 추구하는 배경 논리도 명백했다. 수많은 사람의 혈액에서 응고 인자를 정제하기보다, 유전자 클로닝을 이용하여 그 단백질을 인공 합성하면 되지 않을까? 인자 VIII를 유전자 클로닝 방법으로 생산할 수 있다면, 그 어떤 오염된 혈액으로부터도 거의 자유로워질 것이고, 그러므로 혈액에서 얻은 그 어떤 단백질보다 본질적으로 더 안전하지 않겠는가? 감염과 죽음의 물결로부터 혈우병 환자들을 예방시킬 수도 있었다. 괴델의 낡은 티셔츠 문구였던 "복제하든지 죽든지"는 활기를 되찾았다.

인자 VIII의 클로닝을 고심하고 있던 유전학자가 괴델과 보이어만은 아니었다. 비록 경쟁 상대가 달라지긴 했지만, 인슐린 클로닝에서처럼 누가 먼저 해내느냐를 놓고 경주가 벌어졌다. 매사추세츠 케임브리지에서는 톰 매니어티스와 마크 프타신이 이끄는 하버드 출신의 연구자들이 지네틱스 인스티튜트(Genetics Institute), 줄여서 GI라는 회사를 세워서 인자 VIII 유전자를 목표로 뛰고 있었다. 두 연구진은 인자 VIII 계획이 유전자 클로닝 기술의 한계에 도전하는 것임을 잘 알았다. 소마토스타틴은 아미노산이 14개였고, 인슐린은 51개였다. 그런데 인자 VIII는 무려 2,350개였다. 소마토스타틴과 인자 VIII는 크기가 160배나 차이가 났다. 윌버 라이트가 키티호크에서 첫 공중 비행을 한 거리에서 린드버그가 대서양 횡단 비행을 한 거리로 곧바로 도약하는 것과 같았다.

그 크기의 도약은 양적인 측면에서만 장벽이 아니었다. 그 유전자 클로닝에 성공하려면 새로운 클로닝 기술을 개발할 필요가 있었다. 소마토스타틴 유전자와 인슐린 유전자는 처음부터 DNA 염기를 하나씩 연결하여 합성했다. A에 G, 거기에 다시 C를 화학적으로 덧붙이는 식으로 말이다. 그러나 인자 VIII 유전자는 너무 커서 DNA 화학을 이용해서는 만들어낼 수 없었다. 제넨텍이든 GI든 인자 VIII 유전자를 분리하려면, 인간의 세포에 본래 있는 그 유전자를 꺼내야 했다. 흙에서 지렁이를 꾀어내듯이, 잘 구슬려서 꺼내야 했다.

그러나 그 "지렁이"는 유전체에서 쉽사리, 혹은 온전한 상태로 나오려 하지 않았다. 인간 유전체의 유전자들 사이에는 대부분 인트론이라는 DNA 토막이 끼어져 있다는 점을 생각해보라. 인트론은 메시지의 중간에 끼워진 의미 없는 단어들과 비슷하다. 실제 유전자는 genome이 아니라, gen………o m……e처럼 읽힌다. 인간 유전자의 인트론은 때로 엄청나게 길기도 하므로, 유전자를 직접 클로닝한다는 것은 거의 불가능하다(인트론을 품은 유전자는 너무 길어서 세균의 플라스미드에 집어넣을 수가 없다).

매니어티스는 독창적인 해결책을 찾아냈다. 그는 RNA에서 DNA를 만들 수 있는 효소인 역전사 효소를 이용하여 RNA 주형에서 유전자를 만드는 기술을 창안한 인물이었다. 역전사 효소를 이용하면 유전자 클로닝의 효율을 대폭 높일 수 있었다. 역전사 효소를 쓰면, 세포의 이어맞추기 기구가 인트론 서열을 끊어낸 뒤의 유전자를 클로닝하는 것이 가능했다. 나머지는 세포가 알아서 할 터였다. 인자 VIII 같은 인트론이 삽입되어 다루기 힘든 긴 유전자도 세포의 유전자 이어맞추기 기구가 가공하므로, 세포로부터 꺼내어 클로닝을 할 수 있었다.

1983년 늦여름, 두 연구진은 가용 기술을 모조리 활용하여 인자 VIII 유전자를 클로닝하는 데에 그럭저럭 성공했다. 이제 결승선을 향해서 질주하는 일만 남았다. 1983년 12월, 아직 나란히 어깨를 대고 달리고 있던 두 연구진은 유전자 서열 전체를 조립하여 플라스미드에 넣었다고 발표했다. 그들은 그 플라스미드를 단백질을 대량으로 합성할 능력을 지닌다고 알려진 햄스터의 난소 세포에 넣었다. 1984년 1월에 조직 배양액에서 첫 인자 VIII가 생산되기 시작했다. 미국에 첫 에이즈 환자가 출현한 지 꼬박 2년 뒤인 1984년 4월, 제넨텍과 GI는 시험관에서 재조합 인자 VIII를 정제했다고 발표했다.[25] 인간의 혈액에 오염되지 않은 혈액 응고 인자였다.

1987년 3월, 혈액학자인 길버트 화이트는 노스캐롤라이나의 혈전증 센터에서 햄스터 세포에서 얻은 재조합 인자 VIII의 첫 임상 시험을 실시했다. 첫 번째 환자는 G. M.이었다. 혈우병이 있는 43세의 남성이었다. 첫 정맥 주사액이 똑똑 떨어지면서 정맥으로 들어갈 때, 화이트는 약물의 반응을 예상하려 애쓰면서 안절부절못하는 태도로 G. M.의 침대 옆을 서성거렸다. 몇 분뒤, 환자는 말을 멈추었다. 눈이 감기더니, 고개가 앞으로 푹 떨어졌다. "말좀 해봐요." 화이트가 재촉했지만, 환자는 아무런 반응도 없었다. 화이트가 응급 호출을 하려는 순간, 환자는 몸을 홱 돌리더니 햄스터 소리를 내면서 웃음을 터뜨렸다.

G. M.의 치료에 성공했다는 소식이 절망에 빠져 있던 혈우병 환자들 사이로 빠르게 퍼져나갔다. 혈우병 환자들에게 에이즈는 재앙 속의 재앙이었다. 그 유행병에 재빨리 조직적이고 단합된 대응을 한—대중목욕탕과 클럽을 거부하고, 안전한 성관계를 강조하고, 콘돔 이용을 홍보하는 등—게이들과는 달리, 혈우병 환자들은 공포에 질린 채 질병의 그림자가 퍼지는 것을 지켜보아야 했다. 그들은 수혈을 거부할 수 없었다. 1984년 4월에서 미국 식품의약청이 바이러스에 오염된 혈액인지에 대한 여부를 검사하는 방법을 처음 내놓은

1985년 3월 사이 동안에 병원에 간 혈우병 환자들은 모두 출혈로 사망할지 아니면 치명적인 바이러스에 감염될지, 끔찍한 선택을 해야 했다. 이 기간에 혈우병 환자의 감염률은 엄청났다. 그리고 중증 혈우병 환자들 중 90퍼센트가 오염된 혈액을 통해서 HIV에 감염되었다.[26]

재조합 인자 VIII는 이 남녀들의 대다수를 구하기에는 너무 늦게 나왔다. 초기에 HIV에 감염된 혈우병 환자들의 대부분은 에이스 합병증으로 목숨을 잃었다. 그렇지만 유전자로부터 인자 VIII를 생산함으로써 과학자들은 한 가지 중요한 개념적 토대를 무너뜨렸다. 비록 특유의 역설이 담겨 있긴 했지만 말이다. 애실로마의 공포를 철저히 뒤엎었다는 것이다. 결국 풀려나서 인류 집단을 황폐화시킨 것은 "자연적인" 병원체였다. 그리고 유전자 클로닝이라는 기이한 고안물—사람의 유전자를 세균에 집어넣은 뒤, 햄스터 세포에서 단백질을 생산하는—은 인간이 쓸 의약품을 생산하는 가장 안전한 방법인 양 등장했다.

기술의 역사를 산출물의 관점에서 서술하는 것도 흥미롭다. 바퀴, 현미경, 항공기, 인터넷 등등. 그러나 전환이라는 관점에서 기술의 역사를 쓰는 편이 더 많은 것을 보여줄 수 있다. 직선 운동에서 원 운동으로, 가시적 공간에서 비가시적 공간으로, 육상 이동에서 공중 이동으로, 물리적 연결에서 가상의 연결로 옮겨가는 과정이다.

재조합 DNA에서 단백질이 생산된 것은 의료 기술의 역사에 나타난 그런 중대한 전환점 중 하나였다. 이 전환—유전자에서 의약으로—이 끼친 충격을 이해하려면, 약용 화학물질의 역사를 이해할 필요가 있다. 본질적으로 약용 화학물질, 즉 약물은 인체 생리에 치유가 되는 변화를 일으키는 분자와 다름없다. 약물은 단순한 화학물질일 수도 있고—물도 적절한 맥락에서 적절한 용량으로 쓰면 강력한 약이 된다—복잡하고 다차원적이고 다면적인 분자일 수도 있다. 또한 약물은 놀라울 만큼 희귀하다. 인류가 수천 종의 약물을 쓰는 듯이 보이지만—아스피린만 해도 수십 종류가 있다 —이 약물들의 표적인 분자 반응의 수는 인체에서 일어나는 반응들의 총수에 비하면 미미한 수준이다. 인체의 생물학적 분자(효소, 수용체, 호르몬 등등) 수백만 종 중에서 현재 약물로 조절되는 것은 약 250종, 즉 0.025퍼센트에 불과하다.[27] 인간의 생리를 상호작용하는 접속점과 망으로 구성된 방대한 전 세계의 전화망이라고 본다면, 현재의 의료화학은 그 복잡성의 일부 중에서도 일부만을 건드릴 뿐이다. 의료화학은 그 전화망의 한 구석에서 전화선 몇 개를 조작하는 전화 교환수와 같다.

이렇게 약물의 종류가 적은 주된 이유는 특이성(specificity) 때문이다. 거의 모든 약물은 표적에 결합하여 그것을 작동시키거나 차단함으로써, 즉 분자 스위치를 켜거나 끔으로써 작용한다. 약물이 쓸모가 있으려면 스위치에 결합을 해야 한다. 그러나 선택된 특정한 스위치들에만 결합해야 한다. 무차별적인 약물은 독이나 다름없다. 대다수의 분자는 이 정도 수준의 식별력을 가지고 있지 않다. 그러나 단백질은 바로 그런 목적을 위해서 고안된 것들이다. 단백질은 생물학적 세계의 중추이다. 세포 반응의 추진자이자 억제자, 모사꾼, 조절자, 문지기, 운영자이다. 대다수의 약물을 켜거나 끄고자 하는 스위치이기도 하다.

따라서 단백질은 약리학의 역사에서 가장 강력하면서도 가장 식별력이 좋은 약물이 되기도 한다. 그러나 단백질을 만들려면 유전자가 필요하며, 바로 이 점에서 재조합 DNA 기술이 누락된 중요한 징검다리를 제공했다. 인간 유전자의 클로닝을 통해서 과학자들은 단백질을 제조할 수 있게 되었고, 단백질 합성으로 인체의 수백만 가지 생화학 반응들을 표적으로 삼을 수 있는 길이 열렸다. 화학자들은 이전까지 접근할 수 없었던 생리적 측면들에 개입할 수 있게 되었다. 따라서 재조합 DNA를 이용한 단백질의 생산은 한 유전자와 한 약물 사이에서의 전환뿐만이 아니라, 유전자와 약물의 신세계 사이의 전환을 의미하는 것이기도 했다.

1980년 10월 14일, 제넨텍은 주식 100만 주를 공개하면서, 진(GENE)이라는 종목명으로 주식 시장에 도발적으로 이름을 올렸다.[28] 월스트리트 역사상 상장된 기술 기업 중에서 가장 눈부신 첫날 거래량을 기록했다. 몇 시간 사이에 기업의 자산 가치는 3,500만 달러로 불어났다. 그 무렵에 거대 제약회사 일라이 릴리가 이 재조합 인슐린—소와 돼지의 인슐린과 구별하기 위해서 휴물린(Humulin)이라는 이름을 붙였다—을 생산 판매할 권리를 얻어서, 빠르게 시장을 넓혀나갔다. 판매액은 1983년 800만 달러에서 1996년에는 9,000만 달러, 1998년에는 7억 달러로 급성장했다. 「에스콰이어(*Esquire*)」지가 "땅딸막한 다람쥐 얼굴의 36세" 남성이라고 묘사했던 스완슨은 이제 백만장자가 되었고, 보이어도 마찬가지였다. 1977년 여름에 소마토스타틴 유전자의 클로닝을 도운 일로 주식을 조금 받았던 대학원생은 어느 날 아침 깨어나보니 자신이 백만장자가 되었다는 것을 알았다.

1982년 제넨텍은 특정한 유형의 왜소증을 치료하는 데에 쓰는 사람 성장 호르몬(HGH)을 생산하기 시작했다. 1986년에는 혈액암을 치료하는 데에 쓰이는 강력한 면역 단백질인 알파 인터페론을 만들기 시작했다. 1987년에는 뇌졸중이나 심장마비 때 형성되는 혈전을 녹이는 혈전 용해제인 재조합 TPA를 생산하기 시작했다. 1990년에는 B형 간염의 백신을 시작으로, 재조합 유전자로부터 백신을 생산했다. 1990년 12월, 로슈 제약사는 21억 달러를 투자하여 제넨텍의 최대 주주가 되었다. 스완슨은 최고 경영자 자리에서 물러났고, 보이어도 1991년에 부회장직에서 물러났다.

2001년 여름, 제넨텍은 세계 최대의 생명공학 연구 복합 시설을 지었다.[29] 유리로 감싼 건물들 사이에 잔디밭이 펼쳐져 있고, 연구원들이 플라스틱 원반을 던지며 노는 광경이 여느 대학교 교정과 거의 다를 바 없었다. 넓은 복합 단지의 한가운데에는 양복 차림의 남자가 청바지와 가죽조끼를 입은 과학자를 향해서 탁자 위로 몸을 굽히는 모습을 담은 수수한 청동 조각상이 있다. 유전학자는 난감한 표정으로 상대방의 어깨 너머를 응시하고 있다.

불행히도 스완슨은 보이어와의 첫 만남을 담은 그 조각상의 공식 제막식에 참석할 수 없었다. 1999년 52세의 나이에 그는 다형성아교모세포종(glioblas-toma multiforme)이라는 뇌종양 진단을 받았다. 그는 1999년 12월 6일 제넨텍의 교정에서 몇 킬로미터 떨어진 힐스보로의 자택에서 영면했다.

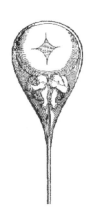

1694년 니콜라스 하르추커르가 그린 사람 정자 속 호문쿨루스. 당시의 많은 생물학자들처럼, 하르추커르 역시 "정자론(spermism)"을 믿었다. 태아를 만드는 정보가 정자 안에 들어 있는 아주 작은 형태의 인간을 통해서 전달된다는 이론이다.

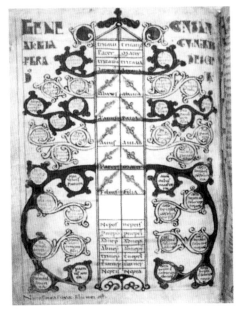

중세 유럽에서는 귀족 가문의 혈통을 보여주는 "계통수(trees of lineage)"가 종종 작성되곤 했다. 이런 계통수는 작위와 재산을 차지할 권리를 주장하거나 가문 간의 혼인을 도모하기 위해서 (친척 간의 근친혼을 피하려는 목적도 어느 정도 있었다) 쓰였다. 그림의 왼쪽 위에 적힌 유전자(gene)라는 단어는 혈통이나 유래라는 의미로 썼다. 유전자라는 단어가 유전 정보의 단위라는 현대적 의미로 처음 쓰인 것은 그로부터 수세기 후인 1909년이었다.

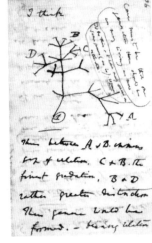

찰스 다윈(70대 때의 모습, 위쪽)과 공통 조상 생물로부터 뻗어나가는 생물들을 담은 "생명의 나무" 스케치(오른쪽). 그림 위쪽에 의구심을 드러내는 "내 생각에는(I think)"이라는 말이 적혀 있다. 변이와 자연선택을 토대로 하는 다윈의 진화론에는 유전자를 통한 유전 이론이 필요했다. 다윈의 이론을 꼼꼼히 읽은 이들은 부모와 자식 사이에 정보를 전달하는, 나누어지지는 않지만 변이를 일으킬 수 있는 유전 입자가 있어야만 그 진화가 가능하다는 사실을 알아차렸다. 그러나 그레고어 멘델의 논문을 한 번도 읽지 않은 다윈은 삶이 다하는 날까지도 그 문제를 해결할 유전 이론을 정립하지 못했다.

브르노(지금의 체코공화국에 있는)의 수도원 정원에서 꽃을 들고 살펴보는 그레고어 멘델의 모습. 아마 완두꽃일 것이다. 1850–60년대에 멘델은 선구적인 실험을 통해서 유전 정보의 운반자인, 나누어지지 않는 정보 입자가 있음을 밝혀냈다. 멘델의 논문(1865)은 40년 동안 거의 무시되다가, 재발견되면서 생물학을 혁신시켰다.

윌리엄 베이트슨은 1900년 멘델의 연구를 "재발견"하면서 유전자를 믿는 쪽으로 돌아섰다. 베이트슨은 1905년 유전을 연구하는 학문을 가리키는 **유전학**(genetics)이라는 용어를 만들었다. 한편 빌헬름 요한센(왼쪽)은 유전의 단위를 가리키는 **유전자**(gene)라는 용어를 창안했다. 요한센이 영국 케임브리지에 있는 베이트슨의 집을 방문했을 당시의 모습. 그 후로 둘은 긴밀히 협력하면서 유전자 이론을 적극적으로 전파했다.

Francis Galton, aged 71, photographed as a criminal on his visit to Bertillon's Criminal Identification Laboratory in Paris, 1893.

수학자이자 생물학자이자 통계학자인 프랜시스 골턴이 "인체측정 카드" 중 하나에 자신의 사진을 붙인 것. 그는 이런 카드에 키, 몸무게, 얼굴 특징, 기타 특징들을 적었다. 골턴은 멘델의 유전 이론을 거부했다. 그는 "최상의" 특징들을 지닌 사람들을 선택적으로 교배시키면 개선된 인류 종족이 나올 것이라고 믿었다. 유전을 조작하여 인류를 해방시킨다는 목표를 가진 과학에게 골턴이 붙인 이름인 **우생학**은 곧 섬뜩한 형태의 사회적 및 정치적 통제 수단으로 변질되었다.

"인종 위생"이라는 나치 교리는 불임 수술, 감금, 살해를 통해서 인종을 청소하는 국가 차원의 노력으로까지 확대되었다. 나치는 유전적 영향의 힘을 입증하겠다는 의도로 쌍둥이 연구를 했고, 결함 있는 유전자를 가졌다는 이유로 많은 남녀노소를 살해했다. 나치는 이런 우생학적 행위를 유대인, 집시, 반체제 인사, 동성애자에게도 적용시켰다. 왼쪽은 나치 과학자가 쌍둥이의 키를 측정하는 장면이고, 오른쪽은 나치 신입 대원들에게 가계도를 설명하는 모습이다.

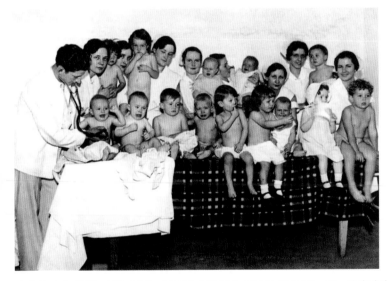

우량아 선발 대회는 1920년대의 미국에서 등장했다. 의사와 간호사는 어느 아기(아기들은 모두 백인이었다)가 최고의 유전적 특징을 가지고 있는지를 조사했다. 우량아 선발 대회는 가장 건강한 아기가 유전적 선택의 산물이라고 제시함으로써 미국의 우생학 운동을 소극적으로 지원하는 역할을 했다.

"인류 진화의 방향을 스스로 설정할" 것을 주장하는 내용의 미국의 "우생학 나무" 만화. 의학, 수술, 인류학, 족보학이 이 나무의 "뿌리"이다. 우생학은 이 근본 원리를 토대로 더 적합하고 더 건강하고 더 성공한 인간을 선택하고자 했다.

1920년대에 캐리 벅과 엄마인 에마 벅은 간질병자와 정신박약자를 위한 버지니아 주 콜로니로 보내졌다. 그곳에서는 "백치"라고 판정한 여성들에게 으레 불임 시술을 했다. 엄마와 딸의 모습을 담겠다는 구실로 찍게 된 이 사진은, 캐리와 에마가 닮았으며, 따라서 모녀가 "유전적인 백치"라는 것을 말해주는 증거라고 제시되었다.

1920-30년대에 토머스 모건은 컬럼비아 대학교와 그 후의 칼텍에서 초파리를 연구하여 유전자들이 물리적으로 서로 이어져 있음을 밝혀냈고, 사슬처럼 연결된 하나의 분자에 유전 정보가 담겨 있을 것이라는 선견지명을 담은 예측을 내놓았다. 나중에 유전자들 사이의 연관 관계는 인간의 유전자 지도를 작성하는 데 쓰였고, 인간 유전체 계획의 토대가 되었다. 사진은 칼텍의 파리방에서 초파리와 구더기를 키우는 우유병들에 둘러싸인 모건의 모습이다.

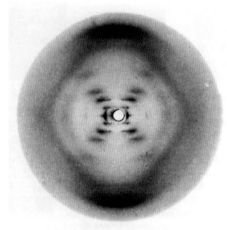

1950년대 런던 킹스 칼리지에서 현미경을 들여다보고 있는 로절린드 프랭클린. 프랭클린은 X선 결정학을 이용하여 DNA의 구조를 연구하고 사진을 찍었다. 사진 51은 DNA 결정의 모습을 가장 명확하게 담고 있다. 이 사진은 이중나선 구조를 시사했지만, A, C, T, G 염기의 정확한 방향은 드러나 있지 않았다.

자신들의 이중나선 DNA 모형을 설명하고 있는 제임스 왓슨과 프랜시스 크릭의 1953년 사진. 왓슨과 크릭은 한 가닥의 A가 다른 가닥의 T, 또한 G가 C와 짝을 짓는다는 것을 깨달음으로써 DNA 구조를 풀었다.

1950년대 볼티모어의 무어 클리닉에서 빅터 매쿠직은 방대한 인간 돌연변이 목록을 작성했다. 그는 한 표현형—작은 키, 곧 "왜소증"—이 서로 다른 몇몇 유전자들의 돌연변이로 생길 수 있다는 것을 알게 되었다. 반대로 단일 유전자에 생긴 돌연변이가 여러 표현형들에 영향을 미칠 수도 있었다.

낸시 웩슬러의 어머니와 삼촌들은 저절로 씰룩거리게 되거나 홱 하는 움직임을 일으키는 치명적인 신경 퇴행성 질환인 헌팅턴병에 걸렸다는 진단을 받았다. 그 일에 충격을 받은 웩슬러는 그 병을 일으키는 유전자를 직접 찾아나섰다. 웩슬러는 베네수엘라에서 헌팅턴병에 걸린 한 집단의 사람들을 찾아냈다. 그들은 모두 그 병에 걸렸던 한 사람의 후손이었다. 헌팅턴병은 현대의 유전자 지도 작성법을 이용해서 단일 유전자와 명확히 연결되어 있다는 것을 밝혀낸 최초의 질병 중에 하나이다.

1970년대 유전학 회의가 열린 장소에서 항의 시위를 하는 학생들의 모습. 유전자 서열 분석, 유전자 클로닝, 재조합 DNA와 같은 신기술들이 새로운 형태의 우생학이 "완벽한 종족"을 만드는 데에 이용될지도 모른다는 우려를 일으켰다. 사람들은 나치 우생학을 떠올리지 않을 수 없었다.

허브 보이어(왼쪽)와 로버트 스완슨은 1976년 유전자로부터 약물을 생산할, 제넨텍이라는 회사를 설립했다. 칠판의 그림은 재조합 DNA 기술로 인슐린을 생산하는 과정을 묘사한 것이다. 최초의 인슐린 단백질이 스완슨이 지켜보는 가운데 거대한 세균 배양기에서 생산되었다.

1975년 애실로마 회의에서 폴 버그가 맥신 싱어와 노턴 진더에게 말하는 모습. 시드니 브레너가 적고 있다. 유전자들의 잡종(재조합 DNA)을 만들어서 세균 세포에서 수백만 개로 복제하는 기술(유전자 클로닝)이 개발되자, 버그를 비롯한 여러 과학자들이 위험성을 충분히 평가될 때까지 특정한 재조합 DNA 기술의 이용을 "일시 중단"하자고 제안했다.

프레더릭 생어가 DNA 서열 분석 결과를 살펴보는 모습. 생어가 창안한 DNA 서열 분석 기술(즉 유전자에 들어 있는 A, C, T, G 문자의 순서를 정확히 읽는 기술)은 유전학에 혁신을 일으켰고, 인간 유전체 계획의 토대를 마련했다.

1999년 사망하기 몇 달 전에 필라델피아에서 찍은 제시 젤싱어의 모습. 젤싱어는 유전자 요법으로 치료를 받은 최초의 환자들 중 한 명이었다. 돌연변이 유전자를 교정한 정상 유전자를 바이러스에 끼워서 간에 넣는 치료였는데, 젤싱어는 그 바이러스에 급성 면역 반응을 일으켰다. 이로 인하여 장기가 손상된 그는 곧 사망했다. 젤싱어의 "생명공학적 죽음"이 계기가 되어, 미국 전역에서 유전자 요법 임상 시험에 대한 안전성을 확보하라는 요구가 빗발쳤다.

인간 유전체 서열 초안이 게제된 2001년 2월호 「사이언스」 표지.

크레이그 벤터(왼쪽), 빌 클린턴 대통령, 프랜시스 콜린스가 2000년 6월 26일 백악관에서 인간 유전체 서열 초안을 발표하는 장면.

인간 유전체를 변형하는 미묘한 기술이 없이도, 자궁에 있는 태아의 유전체를 조사하는 기술이 개발되어 열생학적(劣生學的)인 시도가 전 세계로 퍼졌다. 중국과 인도의 일부 지역에서는 양수 검사를 통해서 태아의 성별을 알아내어 여아인 경우에 낙태를 하는 행위가 빈발하게 일어났고, 남녀의 성비가 1:0.8로 왜곡되기에 이르렀다. 그리하여 인구와 가족 구조에 유례없는 변화가 일어났다.

슈퍼컴퓨터와 연결된 더 빠르고 더 정확한 유전자 서열 분석 장치(상자처럼 생긴 회색 색깔의 통 안에 있다)는 개인의 유전체 서열을 몇 개월이면 분석하고 주석까지 달 수 있다. 이 기술은 다세포 배아나 태아의 유전체 서열을 분석하여, 착상 전이나 자궁 내 태아가 나중에 어떤 유전병에 걸릴지를 진단하는 데에 쓰일 수 있다.

캘리포니아 버클리 대학교의 생물학자이자 RNA 연구자인 제니퍼 다우드나(오른쪽)는 특정한 유전자에 의도적인 돌연변이를 일으키는 기술을 공동으로 발명했다. 안전성과 신뢰성을 확보하려면 다듬고 평가해야 할 부분이 아직 많이 남아 있지만, 원리상 이 방법은 인간 유전체를 "편집하는" 데에 쓸 수 있다. 이런 기술로 인간의 정자, 난자, 배아 줄기세포에 의도한 유전적 변화를 일으킬 수 있다면, 변형된 유전자를 가진 인류가 등장할 가능성도 있다.

제4부
"인류가 연구할 대상은 바로 인간이다"

인류유전학

(1970-2005)

그러니 너 자신을 알고, 감히 신을 추측하지 말라;
인류가 연구할 대상은 바로 인간이다.
　　　　　　　　　　　—알렉산더 포프, 『인간론(*Essay on Man*)』[1]

인류는 얼마나 아름다운가! 오 멋진 신세계여,
그런 사람들이 살고 있는 그곳!
　　　　　　　—윌리엄 셰익스피어, 『템페스트(*The Tempest*)』 5막 1장[2]

아버지의 고통

2014년 봄, 아버지가 쓰러지셨다. 자신이 좋아하는 흔들의자 —동네 목수에게 의뢰하여 만든 좀 기울어진 조악한 물건—에 앉아 있다가 의자가 뒤로 넘어가면서 떨어지셨다(목수는 의자를 흔들 수는 있게 만들었지만, 뒤로 넘어가지 않게 막는 장치를 덧붙이는 것을 까먹었다). 어머니가 베란다에서 얼굴을 바닥에 대고 쓰러져 있는 아버지를 발견했다. 한 손은 부러진 날개처럼 부자연스럽게 몸 아래에 끼워져 있었다. 오른쪽 어깨는 피가 흥건했다. 어머니는 셔츠를 머리 위로 벗기려 하다가 안 되자 가위로 잘랐다. 아버지는 아파서 비명을 질렀지만, 아마 눈앞에서 옷이 걸레가 되는 광경을 보면서 더 슬퍼했을 것이다. 나중에 구급차에 실려 가면서 아버지는 투덜거렸다. "셔츠를 구해야 했는데." 오래된 다툼이었다. 아들 5명분의 셔츠 5벌을 한꺼번에 산 적이 없던 할머니라면, 어떻게든 셔츠를 구할 방법을 찾아냈을 것이라는 투였다. 영토 분할 사건에서 사람을 구할 수는 있지만, 사람에게서 영토 분할 사건의 기억을 제거할 수는 없는 법이니까.

　아버지는 이마가 깊이 파이고 오른쪽 어깨가 부러졌다. 나도 그렇지만, 아버지도 끔찍한 환자였다. 충동적이고 의심 많고 무모하고 갑갑한 것을 못 견디하고 금방 나을 것이라고 착각하는 부류였다. 나는 아버지를 뵈러 인도로 갔다. 공항을 나와 집에 도착하니 한밤중이었다. 아버지는 침대에 누워서 멍하니 천장을 바라보고 있었다. 갑자기 늙어버린 모습이었다. 오늘이 며칠인줄 아냐고 물어보았다.

"4월 24일이지." 아버지는 제대로 답했다.

"그러면 연도는요?"

"1946년." 그러더니 기억을 떠올리면서 다시 말했다. "2006년인가?"

일시적인 기억 장애였다. 나는 2014년이라고 말씀드렸다. 나는 1946년이 비극이 있었던 해였음을 속으로 기억하고 있었다. 라제시 삼촌이 세상을 떠난 해였다.

다음 며칠 동안 아버지는 어머니의 간호를 받으면서 건강을 회복했다. 다시 제정신을 찾으며, 비록 단기 기억에는 아직 상당히 문제가 있었지만 장기 기억도 일부 돌아왔다. 우리는 흔들의자 사건이 겉으로 보이는 것처럼 단순한 일이 아니었다고 판단했다. 아버지는 의자가 뒤로 넘어가서 다친 것이 아니라 의자에서 일어나려고 하다가 균형을 잃고 앞으로 고꾸라진 것이었다. 나는 아버지께 방안을 걸어보시라고 했다. 약간 발을 질질 끌면서 걷는 것이 보였다. 마치 발이 쇠로 되어 있고 바닥이 자석으로 변한 양, 로봇 같고, 어딘가에 속박된 듯한 움직임이었다. "빨리 돌아보세요." 아버지는 돌다가 거의 고꾸라질 뻔했다.

그날 밤 늦게 다른 수치스러운 일이 일어났다. 아버지가 잠자리에서 실례를 한 것이었다. 화장실에 갔더니, 아버지가 당황하고 창피한 기색으로 속옷을 움켜쥐고 있었다. 성경에는 새벽에 들판에서 술에 취해 벌거벗고 거시기를 드러낸 채 누워 있는 아버지 노아를 본 탓에 아들 함의 후손들이 저주를 받는다는 이야기가 나온다. 그 이야기의 현대 판본은 손님방 욕실의 흐릿한 조명 아래 치매 상태에서 벌거벗고 있는 아버지를 보고서 자신의 미래에 저주가 내렸음을 알아차린다는 내용이다.

나는 그 요실금이 얼마 전부터 있었다는 것을 알아차렸다. 급하다는 느낌이 들자마자―방광이 반만 차 있는 상태인데도 담고 있을 수가 없다―요를 적시게 된다는 것이었다. 아버지는 의사에게 그 이야기를 했지만, 의사는 전립샘이 부으면 그럴 수 있다면서 대수롭지 않게 넘겼다고 했다. 나이가 들면 으레 그렇다는 것이었다. 아버지는 82세였고, 노인은 쓰러지게 마련이다. 기억을 잃기 마련이다. 요를 적시기 마련이다.

다음 주일에 뇌를 MRI로 찍고 나서야 종합 진단이 나왔다. 식구들은 부끄러움을 느꼈다. 뇌를 액체로 감싸고 있는 부위인 뇌실이 부풀어올라서 뇌 조직을 짓누르고 있었다. 정상압물뇌증(normal pressure hydrocephalus, NPH)이라는 증상이었다. 신경학자는 뇌 주변에서 액체가 비정상적으로 흐르는 바람에 뇌실에 액체가 들이차서 "뇌의 고혈압"과 비슷한 증상이 나타난 것 같다고 설명했다. NPH는 설명할 수 없는 고전적인 세 가지 증상들을 통해서 드러난다. 불안정한 걸음걸이, 요실금, 치매가 그것이었다. 아버지는 실수로 쓰러진 것이 아니었다. 병에 쓰러진 것이었다.

그 후 몇 달에 걸쳐, 나는 그 증상에 관해서 알아낼 수 있는 것은 모조리 습득했다. 원인은 전혀 알려져 있지 않다. 그러나 집안에 유전된다. 그 병의 한 유형은 X 염색체와 유전적으로 연관이 있으며, 남성들에게 주로 나타난다. 어떤 집안에서는 남성이 20대나 30대일 때 발병한다. 반면에 노인들에게서만 발병하는 집안도 있다. 뚜렷하게 유전적인 양상을 보이는 집안도 있는 반면, 환자가 어쩌다가 나타나는 집안도 있다. 병이 가장 일찍 나타나는 집안에서는 4-5세의 아이가 걸리기도 한다. 반면에 70대나 80대에 발병하는 집안도 있다.

한 마디로 유전병일 가능성이 매우 높지만, 낫 모양 적혈구 빈혈이나 혈우병과 같은 의미의 "유전적인" 것은 아니다. 어느 한 유전자가 이 기이한 병에 걸릴지 여부를 정하는 것은 아니다. 여러 염색체에 흩어져 있는 다수의 유전자들이 발생 단계에서부터 뇌의 도관 형성에 관여한다. 여러 염색체에 흩어져 있는 다수의 유전자가 초파리 날개의 형성에 관여하는 것과 마찬가지이다. 나는 이 유전자들 중의 일부가 뇌실에 있는 도관과 혈관의 배치를 담당한다는 것을 알았다("패턴 형성" 유전자들이 어떻게 초파리의 신체 기관과 구조를 정할 수 있는지 생각하면 이해하는 데에 도움이 될 것이다). 뇌 영역 사이에 체액을 전달하는 분자 통로에 관여하는 유전자들도 있다. 뇌에서 체액을 흡수하여 혈관으로 보내거나 반대 방향으로 보내는 일을 하는 단백질을 만드는 유전자들도 있다. 또 뇌와 그 도관은 머리뼈라는 한정된 공간에서 자라기 때문에, 머리뼈의 크기와 모양을 정하는 유전자들도 간접적으로 통로와 도관의 배치에 영향을 미친다.

이 유전자들 중 어느 하나에 변이가 일어나면, 도관과 뇌실의 생리에 변화가 일어나서 체액이 흐르는 양상이 바뀔 수도 있다. 노화나 대뇌 외상과 같은 환경의 영향은 상황을 더욱 복잡하게 만든다. 여기서는 유전자 하나와 질병 하나가 일대일로 대응하는 일은 결코 없다. NPH를 일으키는 유전자 집합 전체를 물려받는다고 해도, 촉발시킬 사건이나 환경이 필요할 수도 있다(나의 부친의 사례에서는 나이가 촉발 요인이었을 가능성이 가장 높다). 당신이 특정한 유전자 조합―이를테면, 특정한 크기의 도관을 만드는 유전자들과 특정한 체액 흡수율을 지정하는 유전자들― 을 물려받는다면, 그 병에 걸릴 위험이 높아지기는 할 것이다. 그것은 질병판 테세우스의 배이다. 어느 한 유전자가 아니라, 유전자들의 관계 그리고 유전자와 환경의 관계가 발병 여부를 결정한다.

아리스토텔레스는 물었다. "생물이 형태와 기능을 만드는 데에 필요한 정보를 어떻게 자신의 배아로 전달할까?" 완두, 초파리, 빵곰팡이 같은 모델 생물들을 통해서 나온 그 질문의 답은 현대 유전학이라는 분야를 출범시켰다. 그렇게 해서 살아 있는 계에서의 정보 흐름을 이해하는 데에 토대가 되는 장대한 그림이 나왔다.

그러나 나의 아버지의 병은 유전 정보가 생물의 형태, 기능, 운명에 어떻게 영향을 미치는지를 살펴볼 수 있는 또다른 렌즈를 제공한다. 아버지가

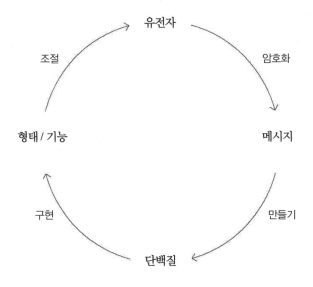

쓰러진 것이 유전자의 결과였을까? 그렇기도 하고 아니기도 하다. 아버지의 유전자는 어떤 결과 자체보다는 그 결과가 일어날 성향을 빚어냈다. 그렇다면 환경의 산물이었을까? 그렇기도 하고 아니기도 하다. 어쨌거나 그 일을 일으킨 것은 의자였지만, 질병이 아버지를 (말 그대로) 쓰러뜨리기로 전까지, 족히 10년 동안 아버지는 아무런 문제없이 같은 의자에 앉았었다. 그렇다면 우연이었을까? 그렇다. 특정한 가구가 특정한 각도로 움직이면 앞으로 고꾸라지게 되어 있다는 것을 누가 알았겠는가? 사고였을까? 그렇다. 하지만 불안정한 신체 움직임이야말로 아버지를 쓰러지게 한 거의 결정적인 요인이었다.

단순한 생물로 시작하여 **인간**이라는 생물로 나아가던 유전학은 유전의 특성, 정보 흐름, 기능, 운명을 새로운 방식으로 생각해야 하는 도전 과제에 직면했다. 유전자는 환경과 어떻게 만나서 정상 상태 대 병든 상태를 정하는 것일까? 정상 상태란 무엇이고 병든 상태란 무엇일까? 유전자의 변이는 인간의 형태와 기능의 변이를 낳을까? 다수의 유전자들은 하나의 결과에 어떤 식으로 영향을 미칠까? 인류는 어떻게 그렇게 균질적이면서도 다양할 수 있을까? 유전자의 변이체들은 어떻게 공통의 생리를 유지하면서도 독특한 병리현상을 일으킬 수 있을까?

임상의 탄생

나는 인간의 모든 질병이 유전적이라는 전제에서 시작한다.—폴 버그[1]

1962년 베데스다의 니런버그 연구진이 DNA "트리플렛 코드"를 해독한 지 몇 달 뒤, 「뉴욕 타임스」는 인류유전학이 폭발하는 미래를 예측한 기사를 실었다.[2] 기사는 유전 암호가 "해독"되었으므로, 인간의 유전자에 개입할 수 있게 될 것이라고 예상했다. "[유전 암호의 해독]으로 머지않아서 폭발할 가능성이 높은 생물학적 '폭탄' 중에는 원자폭탄과 맞먹는 의미를 가진 것이 있다고 말해도 무방하다. 암이나 많은 비극적인 유전병처럼 오늘날 치유 불가능한 병의 치료법을 개발하는……사고의 토대가 되는 것도 있을 것이다."

　그러나 열정이 부족했던 회의론자들도 용서를 해줘야 할 듯하다. 지금까지 인류유전학의 생물학적 "폭탄"이 좀 김빠지게 지지직거리면서 터졌으니 말이다. 1943년부터 1962년에 걸쳐 분자유전학은 경이로울 만큼 급성장하면서—에이버리의 실험에서 DNA의 구조 규명과 유전자 조절과 수선의 메커니즘에 이르기까지—유전자의 작동을 점점 더 상세히 밝혀내왔다. 하지만 그 유전자는 인간 세계와 접점이 거의 없었다. 한편으로 나치 우생학자들이 인류유전학이라는 땅을 너무나 철저히 불태우는 바람에 그 분야는 과학적 정당성과 엄밀성을 잃었다. 다른 한편으로 인간보다 더 단순한 모델 체계들—세균, 초파리, 선충—이 실험하기가 훨씬 더 좋다는 사실이 드러났다. 1934년 유전학에 기여한 공로로 노벨상을 받기 위해서 스톡홀름에 갔던 토머스 모건은 자신의 연구가 의학과 관련이 없다고 퉁명스럽게 말했다. 그는 "내가 보기에,

유전학이 의학에 기여한 가장 중요한 측면은 지적인 것이다"라고 썼다.[3] 지적이라는 말은 찬사가 아니라, 경멸이었다. 모건은 유전학이 가까운 미래에 인간의 건강에 미미하게라도 영향을 끼칠 가능성이 없다고 보았다. 의사가 "자신의 유전학자 친구들에게 자문을 구하고 싶어 할지도 모른다"라는 개념을 어리석고 억지스러운 상상이라고 여겼다.

그러나 의학적 필요에 의해서 유전학은 인간 세계로 진출, 아니 재진출하게 되었다. 1947년, 볼티모어 소재의 존스홉킨스 대학교의 젊은 내과 의사 빅터 매쿠직은 입술과 혀에 발진이 생기고 입 안에도 폴립(혹처럼 우둘투둘하게 솟아난 것/역주)이 많이 난 10대 환자를 진찰했다.[4] 매쿠직은 그 증상에 흥미를 느꼈다. 그 집안에는 비슷한 증상을 보이는 사람들이 몇 명 더 있었고, 한 집안 식구들이 비슷한 증상을 보인다고 보고한 문헌들도 있었다. 매쿠직은 「뉴잉글랜드 의학회지(New England Journal of Medicine)」에 이 산만해 보이는 증상들—발진, 폴립, 창자막힘증, 암—이 모두 한 유전자에서 일어난 한 돌연변이의 산물이라고 주장하는 논문을 실었다.[5]

매쿠직은 그 사례—나중에 그 증상을 처음 기록한 의사들의 이름을 따서 퓨츠-예이거스 증후군(Peutz-Jeghers syndrome)이라는 이름이 붙여졌다—가 계기가 되어, 유전학과 인간 질병의 관계를 연구하는 일에 여생을 바쳤다. 그는 유전자가 가장 단순하면서 가장 강하게 영향을 미치는 병, 즉 하나의 유전자가 하나의 병을 일으킨다고 알려진 사례부터 살펴보기 시작했다. 비록 드물지만, 잊히지 못할 만큼 잘 알려진 유명한 사례들이 있었다. 영국 왕실에 전해지는 혈우병, 아프리카와 카리브 해에서 집안에 대물림되는 낫 모양 적혈구 빈혈이 그랬다. 매쿠직은 홉킨스의 의학 도서관에서 오래된 논문들을 샅샅이 훑다가 1900년대 초에 런던에서 일하던 한 의사가 하나의 유전자 돌연변이로 생기는 듯한 인간 질병의 사례를 처음으로 보고했음을 알아냈다.

1899년, 영국 병리학자인 아치볼드 개러드는 집안 내력이면서 생후 며칠 사이에 발현되는 한 특이한 병을 기록했다.[6] 그는 런던의 한 어린이 병원에서 첫 사례를 목격했다. 태어난 지 몇 시간 뒤, 남아의 기저귀는 오줌이 묻자 특이하게 검게 변했다. 개러드는 그런 환자들과 그 친족들을 세심하게 추적한 끝에, 그 병이 집안 내력이며 성년기에도 계속된다는 것을 알아냈다. 어른들은 땀이 저절로 검게 변해서 셔츠의 겨드랑이에 짙은 갈색 얼룩이 생겼다. 심지어 귀지도 공기에 노출되면 마치 녹이 스는 양 붉게 변했다.

개러드는 이 환자들에게서 유전되는 어떤 인자가 변형되었을 것이라고 추정했다. 오줌이 검게 변하는 남아는 어떤 유전 단위가 변해서 세포의 어떤 대사 기능이 변형된 채 태어남으로써 소변의 조성이 달라진 것이 분명하다고 추론했다. 그는 "머리카락, 피부, 눈의 다양한 색조와 비만 증상"[7]을 유전 단위의 변이가 인체의 "화학적 다양성"을 일으킨 것으로 설명할 수 있다고 썼다. 놀라운 선견지명이었다. 영국의 베이트슨이 "유전자"라는 개념을 재발견하고 있던 바로 그 시기에(그리고 유전자라는 단어가 창안되기 거의 10년 전에) 개러드는 인간의 유전자를 개념적으로 시각화하면서 인간의 변이를 유전 단위가 일으키는 "화학적 다양성"으로 설명했다. 그는 유전자가 우리 인간을 만든다고 추론했다. 그리고 돌연변이가 우리를 서로 다르게 만든다고 보았다.

개러드의 연구에 자극을 받아서, 매쿠직은 체계적으로 인간의 유전병 목록을 작성하는 일을 시작했다. "표현형, 유전 형질, 장애의 백과사전"이었다. 그의 눈앞에 색다른 우주가 펼쳐졌다. 개별 유전자가 담당하는 질병의 범위는 그가 예상한 것보다 훨씬 더 넓고 더 기이했다. 1890년대에 프랑스 소아과 의사가 처음 기록한 마르판 증후군(Marfan syndrome)에서는 뼈대와 혈관의 구조적 통합성을 담당하는 유전자에 돌연변이가 일어났다. 이 환자들은 팔과 손가락이 길고 키가 유달리 크며, 대동맥이나 심장 판막이 갑자기 파열하는 경향이 있었다(일부 의학사가들은 에이브러햄 링컨이 이 증후군의 변이 형태를 가졌을 것이라는 주장을 수십 년째 하고 있다[8]). 또한 뼈를 형성하고 튼튼하게 하는 단백질인 콜라겐의 유전자에 돌연변이가 일어나서 생기는 병인 불완전 뼈 형성증(osteogenesis imperfecta)에 시달리는 집안도 있었다. 이 병이 있는 아이는 마른 회반죽처럼 아주 미약한 자극에도 쉽게 부서질 수 있는 무른 뼈를 가지고 태어났다. 다리가 저절로 부러지거나, 어느 날 아침 일어났는데 갈비뼈 수십 군데가 부러져 있기도 했다(때로 아동학대로 오인되었기 때문에, 경찰 조사를 통해서 의학계의 주목을 받기도 했다). 1957년 매쿠직은 존스홉킨스 대학에 무어 클리닉을 설립했다. 만성 질환 연구에 평생을 바친 볼티모어의 의사 조지프 얼 무어의 이름을 딴 이 병원은 유전병에 주력한다.

매쿠직은 유전 질환의 걸어 다니는 백과사전이 되었다. 염화물을 처리할 수 없어서 불치의 설사병과 영양실조에 시달리는 환자들도 있었다. 20세에 심장마비에 쉽게 걸리는 사람들도 있었다. 조현병, 우울병 또는 공격성을 드러내는 가족들도 있었다. 목에 물갈퀴가 있거나 손가락이 더 있거나 늘 생선 비린내를 풍기는 아이들도 있었다. 1980년대 중반까지, 매쿠직과 제자들은 인간의 질병과 연관된 유전자를 2,239개 찾아냈고, 3,700가지의 병을 단일 유전자 돌연변이와 연관지었다.[9] 1998년에 개정된 책 12판에는 형질 및 장애와 연관이 있는 유전자가 무려 1만2,000개로 늘어났다. 그중에는 가벼운 병도 있었지만, 생명을 위협하는 것도 있었다.[10]

"단일유전자(monogenic)" 질병의 분류를 통해서 자신감을 얻은 매쿠직 연구진은 여러 유전자가 함께 영향을 미치는 "다유전자(polygenic)" 증후군도 조사하기로 했다. 그들은 다유전자 질병이 두 가지 형태임을 알았다. 일부는 염색체가 추가로 존재할 때 생겼다. 다운 증후군(Down syndrome)은 1860년대에 처음 보고되었는데, 다운 증후군 아이는 21번 염색체를 하나 더 지닌 채로 태어난다. 이 염색체에는 약 300개의 유전자가 들어 있다.* 이 여분의 염색체는 여러 기관에 영향을 미친다. 다운 증후군 아이는 콧날이 납작하고 얼굴이 넓적하고 턱이 작고 눈주름이 기형이다. 인지 장애가 있고, 심장병,

---

* 다운 증후군 환자의 염색체 수가 비정상이라는 사실은 1958년에 제롬 르준이 발견했다.

청력 상실, 불임, 혈액암 발병 위험성이 높다. 많은 아이가 유아기나 유년기에 사망하고, 소수만이 성년기까지 살아남는다. 아마 다운 증후군 아이의 가장 두드러진 특징은 성격이 유달리 상냥하다는 것이다. 마치 여분의 염색체를 물려받음으로써 잔인함과 악의를 잃은 듯하다(유전형이 기질이나 성격에 영향을 미칠 수 있다는 말이 의심스럽다면, 다운 증후군 아이를 만나보라. 그러면 의구심이 싹 가실 것이다).

매쿠직이 분류한 유전병의 마지막 범주는 가장 복잡한 것이었다. 유전체 전체에 흩어져 있는 다수 유전자들이 일으키는 다유전자 질병이었다. 희귀하고 기이한 증후군들이 우글거리는 처음 두 범주와 달리, 이 범주에는 익숙하고 널리 퍼져 있고 매우 흔한 만성 질환들—당뇨병, 관상동맥병, 고혈압, 조현병, 우울병, 불임, 비만—이 속해 있다.

이 질병들은 1 유전자-1 질병 패러다임의 반대편 끝에 놓였다. 다수 유전자-다수 질병 패러다임에 속했다. 한 예로 고혈압은 수천 가지 변이 형태가 있고, 각각 혈압과 혈관계에 미미하게 부가적인 영향을 미치는 유전자 수백 개의 영향을 받았다. 하나의 강력한 돌연변이나 염색체 일탈이 질병을 일으키는 필요충분조건인 마르판 증후군이나 다운 증후군과 달리, 다유전자 증후군에서는 어느 한 유전자가 미치는 영향이 미미했다. 식단, 나이, 흡연, 영양 상태, 태아 때의 노출 등 환경 변수들에 더 강하게 의존했다. 표현형은 가변적이고 연속적이었고, 유전은 복잡한 양상을 띠었다. 병의 유전적 성분은 많은 촉발 요인들 가운데 한 촉발 요인일 뿐이었다. 필요하기는 하지만, 그것만으로는 그 병을 일으키기에는 충분하지 않았다.

매쿠직의 유전병 분류로부터 네 가지 중요한 개념이 도출되었다. 첫 번째, 매쿠직은 한 유전자의 돌연변이가 다양한 기관에서 다양한 질병을 발현시킬 수 있다는 것을 깨달았다. 마르판 증후군에서는 섬유성 구조 단백질에 일어난 돌연변이 하나가 힘줄, 연골, 뼈, 인대 같은 모든 연결 조직에 영향을 미친다. 마르판 환자는 관절과 척추가 눈에 띄게 비정상이다. 그러나 심혈관계에서도 덜 뚜렷하지만 증상이 나타난다. 연골과 힘줄을 지탱하는 동일한 구조단백질이 대동맥과 심장의 판막도 지탱하기 때문이다. 따라서 그 유전자에 돌연변이가 생기면 치명적인 심장병과 대동맥 파열이 일어날 수 있다. 마르판 증후군 환자는 혈액의 압력으로 혈관이 파열되어 요절하곤 한다.

두 번째, 놀랍게도 정반대 개념도 참이었다. 즉 다수의 유전자가 생리의 한 가지 측면에 영향을 미칠 수도 있었다. 한 예로 고혈압은 다양한 유전자 회로를 통해서 조절되며, 이 회로 중 어느 하나나 여러 개에 문제가 생기면 고혈압이라는 동일한 병이 나타난다. "고혈압은 유전병이다"라는 말은 정확하지만, "고혈압의 유전자 같은 것은 없다"라는 말도 그렇다. 꼭두각시의 팔을 제어하는 줄들처럼, 몸의 혈압도 많은 유전자들의 줄다리기를 통해서 조절된다. 어느 줄 하나의 길이를 바꾸면, 꼭두각시의 자세도 바뀐다.

매쿠직의 세 번째 깨달음은 인간 질병에서 유전자의 "침투도(penetrance)"와 "발현도(expressivity)"에 관한 것이다. 초파리 유전학자들과 선충 생물학자들은 특정한 유전자들이 환경 촉발 요인이나 무작위적 우연이 작용할 때에만 표현형으로 구현된다는 것을 발견했다. 한 예로 초파리의 눈에 흩눈이 생기게 하는 유전자는 온도 의존성이다. 어느 한 유전자 변이체는 선충 창자의 형태를 바꾼다. 그러나 선충의 약 20퍼센트에게만 그런 변화가 일어난다. "불완전 침투"는 설령 돌연변이가 유전체에 있다고 해도, 신체적 또는 형태적 특징에 **침투**하는 능력이 언제나 완벽한 것은 아니라는 의미이다.

매쿠직은 인간 질병에서 불완전 침투의 사례를 몇 가지 발견했다. 테이색스병(Tay-Sachs disease) 같은 몇몇 병은 침투가 거의 완전했다. 그 유전자 돌연변이를 물려받으면 그 병이 생긴다고 거의 확신할 수 있었다. 그러나 다른 질병에서는 그 장애에 유전자가 실제로 미치는 영향이 더 복잡한 양상을 띠었다. 뒤에서 살펴보겠지만, 유방암에서는 돌연변이 BRCA1 유전자를 물려받으면 유방암 위험이 대폭 증가하지만, 그 돌연변이를 가진 모든 여성이 유방암에 걸리는 것은 아니며, 그 유전자의 돌연변이들마다 **침투도**가 다르다. 출혈 장애인 혈우병은 유전적 이상의 산물임이 분명하지만, 출혈이 일어나는 정도는 혈우병 환자마다 크게 다르다. 거의 매달 목숨이 위태로울 만큼 출혈이 일어나는 사람이 있는 반면, 출혈이 거의 일어나지 않는 사람도 있다.

네 번째 깨달음은 이 책에서 대단히 중요하기 때문에 따로 다루겠다. 초파리 유전학자인 테오도시우스 도브잔스키처럼, 매쿠직도 돌연변이가 그저 변이일 뿐임을 이해했다. 당연한 말처럼 들리겠지만, 거기에는 본질적이면서 심오한 진리가 담겨 있다. 매쿠직은 돌연변이가 병리학적이거나 도덕적인 실체가 아니라, 통계적 실체임을 깨달았다. 돌연변이는 질병을 뜻하는 것도, 기능의 획득이나 상실을 가리키는 것도 아니다. 공식적인 의미에서, 돌연변이는 그저 표준에서 벗어났다는 것이라고만 정의된다("돌연변이체"의 반대말은 "정상 개체"가 아니라 "야생형"이다. 즉 야생에서 더 흔히 발견되는 유형 또는 변이체를 말한다). 따라서 돌연변이는 규범적인 개념이라기보다는 통계적인 개념이다. 키 큰 사람이 난쟁이들의 나라에 낙하산을 타고 내려오면 그는 돌연변이체가 되며, 빨간 머리의 나라에 태어난 금발 아기도 돌연변이체가 된다. 두 경우 모두 마르판 증후군 아이가 비마르판 증후군 아이들, 즉 "정상" 아이들 가운데 돌연변이체인 것과 똑같은 의미에서 "돌연변이체"이다.

따라서 돌연변이체나 돌연변이 자체는 질병이나 장애에 관한 실질적인 정보를 전혀 제공할 수 없다. 질병의 정의는 개인의 유전적 자산과 그의 현재 환경 사이의 **부조화**로 생기는 특정한 능력 부족에 달려 있다. 돌연변이, 개인이 처한 상황, 그의 생존이나 성공 목표 사이의 부조화이다. 궁극적으로 질병을 일으키는 것은 돌연변이가 아니라, 그 부조화이다.

그 부조화는 심각하고 황폐해질 수 있으며, 그럴 때 질병은 무능력과 동일해진다. 온종일 구석에서 단조롭게 몸만 흔들고 있거나 궤양이 생길 때까지 피부를 긁어대는 가장 심한 유형의 자폐아는 거의 모든 환경이나 목표에 들어맞지 않는 불운한 유전적 자산을 가진다. 그러나 다른 더 희귀한 유형의 자폐증을 지닌 아이는 대부분의 상황에서 기능을 수행하고, 몇몇 상황(이를테면 체스 게임이나 기억 경연대회)에서는 초기능적일 수도 있다. 그의 병은 상황적인 것이다. 즉 특정한 유전형과 특정한 상황의 부조화에 달려 있음이 더 뚜렷하게 드러난다. 그 "부조화"의 특성조차도 가변적이다. 환경이 끊임없이 변화하므로, 질병의 정의도 그에 따라서 변해야 한다. 맹인들의 나라에서는 눈 뜬 사람이 왕이다. 하지만 눈을 멀게 하는 강한 빛이 쏟아진다면, 그 왕국은 맹인에게 넘어간다.

매쿠직의 이 패러다임―비정상보다 무능력에 초점을 두는―은 그가 자신의 병원의 환자들을 치료하는 데에 구현되었다. 예를 들면, 왜소증 환자는 유전자 상담가, 신경학자, 정형외과 의사, 간호사, 키가 작은 사람 특유의 무능력을 주로 연구한 정신과 의사로 이루어진 학제간 전담팀의 치료를 받았다. 외과적 개입은 특정한 기형이 생겼을 때 바로잡는 수준에서만 이루어졌다. 그들의 목표는 "정상 상태"로 회복시키는 것이 아니라, 활력, 기쁨, 기능을 회복시키는 데에 있었다.

매쿠직은 인간 병리의 세계에서 현대 유전학의 기본 원리를 재발견했다. 야생 초파리에게서처럼 인간에게서도 유전적 변이가 풍부했다. 여기에서도 유전적 변이, 환경, 유전자-환경 상호작용이 궁극적으로 표현형을 결정했다. 그 "표현형"이 질병이라는 점만이 달랐을 뿐이다. 여기서도 일부 유전자는 불완전 침투를 했고 유전자마다 발현도가 크게 달랐다. 유전자 하나는 많은 병을 일으킬 수 있었고, 병 하나는 많은 유전자들로 인해서 생길 수 있었다. 또한 여기서도 "적합도"를 판단할 절대적인 기준 따위는 없었다. 오히려 적합도 부족―일상 어휘로 말하면 **질병**―은 생물과 환경 사이의 상대적인 부조화라고 정의할 수 있었다.

월리스 스티븐스는 "불완전성은 우리의 낙원이다"라고 썼다.[11] 인간 세계로 들어온 유전학이 직접적으로 준 교훈이 하나 있다면, 불완전성은 우리의 낙원인 것만이 아니라, 헤어날 길 없는 우리의 현실 세계라는 것이었다. 인간의 유전적 변이—그리고 그것이 인간의 병리에 미치는 영향—는 예상을 뛰어넘는 경이로운 수준이었다. 세계는 드넓고 다양했다. 유전적 다양성은 우리의 자연 상태였다. 머나먼 어느 외진 곳에 있는 것이 아니라, 우리 주변의 어디에나 있었다. 균질적으로 보였던 인류 집단은 사실상 놀라울 만큼 이질적이었다. 우리는 돌연변이체들을 목격해왔다. 그들은 바로 우리였다.

아마 "돌연변이체"가 점점 더 눈에 띠어가는 것을 가장 잘 보여주는 사례는, 미국인의 불안과 환상이 어느 수준인지를 말해주는 신뢰할 만한 지표인 만화일 것이다. 1960년대 초, 인간 돌연변이체들이 만화 주인공들의 세계에 폭발적으로 늘어났다. 1961년 11월 마블 코믹스는 「판타스틱 포(Fantastic Four)」를 연재하기 시작했다. 우주 비행사 네 명이 우주선에 갇힌 채—허먼 멀러의 병 속에 갇힌 초파리들처럼—엄청난 양의 방사선 세례를 받아 돌연변이를 얻게 되면서 초인적인 능력을 지니게 된다는 내용이었다.[12] 「판타스틱 포」의 성공에 고무되어 내놓은, 명석한 젊은 과학도인 피터 파커가 주인공인 「스파이더맨(Spider-Man)」은 더욱 큰 성공을 거두었다. 파커는 "환상적인 양의 방사능"[13]을 지닌 거미에게 물린다. 거미의 돌연변이 유전자는 수평 전달을 통해서 파커의 몸에 전달되고—에이버리의 형질전환 실험의 인간판이다—그럼으로써 "거미의 민첩성과 힘"을 가지게 된다.

「스파이더맨」과 「판타스틱 포」가 미국 대중에게 돌연변이 슈퍼영웅을 보여주었다면, 1963년 9월에 나온 「엑스맨(X-Men)」은 돌연변이 이야기를 심리적 극한까지 끌고 갔다.[14] 이전 만화들과 달리, 「엑스맨」은 돌연변이체와 정상인 사이의 갈등을 핵심 줄거리로 삼았다. "정상인들"이 돌연변이 인간들을 점점 의심하게 되면서, 감시와 군중 폭력의 위험을 느낀 돌연변이 인간들은 자신들을 보호하고 사회에 잘 적응하기 위해서 설립된 돌연변이 영재학교에 은신한다. 만화 속 돌연변이 인간들을 위한 무어 클리닉인 셈이다. 「엑스

맨」의 가장 놀라운 특징은 점점 늘어나는 다양한 면모의 돌연변이 인간들
—금속 발톱을 지닌 늑대 인간이나 원하는 대로 날씨를 부리는 여성 같은
—이 아니라, 희생자와 희생 강요자의 역할이 뒤바뀌었다는 점이다. 1950년
대의 전형적인 만화책에서는 인간이 괴물들의 끔찍한 독재를 피해서 숨었다.
「엑스맨」에서는 **돌연변이** 인간들이 정상인들의 끔찍한 독재를 피해서 숨어
야 했다.

불완전성, 돌연변이, 정상 상태에 관한 이런 관심들은 만화책의 지면에서 튀
어나와 1966년 봄에 가로세로 60센티미터 길이의 배양기로 향했다.[15] 코네티
컷에서 정신 지체의 유전학을 연구하던 마크 스틸과 로이 브레그는 임신부의
양막낭으로부터 태아 세포가 들어 있는 양수를 몇 밀리리터 빼냈다.[16] 그들
은 태아 세포를 페트리 접시에서 배양하면서 염색체를 염색한 뒤, 현미경으
로 분석했다.
  이 각각의 기술들은 전혀 새로운 것이 아니었다. 양막낭으로부터 태아 세
포를 채취하여 검사하는 기술은 1956년에 성별을 예측하는 데에 처음 쓰였다
(XX 대 XY 염색체). 양수를 안전하게 뽑아내는 기술은 1890년대 초부터 있
었고, 염색체를 염색하는 기술은 보베리가 성게를 연구할 때에도 썼다. 그러
나 인류유전학이 부각되면서, 이 과정들의 위상도 달라졌다. 브레그와 스틸
은 염색체가 비정상이어서 생긴다는 것으로 잘 알려진 유전적 증후군들—다
운 증후군, 클라인펠터 증후군, 터너 증후군—을 태아 때 진단할 수 있고,
태아의 염색체가 비정상이라고 밝혀지면 자의로 임신을 중단할 수도 있다는
것을 알게 되었다. 양수 검사와 임신 중절이라는 그리 대단하지 않고 비교적
안전한 의료 기술 두 개가 결합되자, 그것은 개별 기술들을 훨씬 초월하는
기술이 되었다.
  우리는 맨 처음 이 시련을 통과한 여성들이 누구인지 잘 모른다. 끔찍한
선택에 직면한 젊은 엄마들, 그들의 슬픔과 당혹감과 구원을 말해주는 이야

기들—가장 허술하고 대충 쓰인 사례 보고서들—만이 남아 있을 뿐이다. 1968년 4월, J. G.라는 29세의 여성이 브루클린의 뉴욕 다운스테이트 의료 센터에 왔다. 그녀의 집안에는 다운 증후군이 유전되고 있었다. 할아버지와 엄마는 보인자였다. 6년 전 임신 말기에 그녀는 여아를 유산했는데, 다운 증후군이 있었다. 1963년 여름 태어난 둘째 딸은 건강했다. 2년 뒤인 1965년 봄에 아들이 태어났는데, 다운 증후군, 정신 지체, 심장에 구멍이 두 개 뚫려 있는 등 선천성 기형이 심하다는 진단을 받았다. 아들은 5개월 반 만에 세상을 떠났다. 그 짧은 생애의 대부분 동안을 아기는 비참하게 보냈다. 선천성 기형을 고치려는 수술을 여러 차례 견뎌냈지만, 결국 집중치료실에서 심장마비로 죽었다.

이런 끔찍한 일들을 겪은 J. G.는 네 번째 임신을 했고, 그 5개월째에 산부인과를 찾아가서 산전 검사를 요청했다. 4월 초 양수 검사를 했지만 실패했다. 임신이 빠르게 3분기를 향하던 4월 29일, 두 번째 양수 검사가 이루어졌다. 이번에는 배양기에서 태아 세포가 자라는 것이 확인되었다. 염색체를 분석하니, 다운 증후군이 있는 아들임이 드러났다.

임신 중절 수술이 허용되는 마지막 주일이었던 1968년 5월 31일, J. G.는 임신 중절을 결심했다.[17] 6월 2일 수술이 이루어졌다. 태아는 다운 증후군의 특징을 가지고 있었다. 사례 보고서에는 엄마에게 "합병증이 나타나지 않았으며" 이틀 뒤 퇴원했다고 적혀 있다. 그녀나 그녀 가족의 이야기는 그것뿐이다. 유전자 검사 결과만을 토대로 이루어진 최초의 "치료용 임신 중절"은 그렇게 비밀, 번민, 슬픔으로 감싸인 채 인류 역사 안으로 들어왔다.

산전 검사와 임신 중절의 수문은 1973년 여름에 어느 예기치 않은 거센 힘이 밀려들면서 열리게 되었다. 1969년 9월, 텍사스에 사는 카니발 호객꾼인 21세의 노머 매코비는 셋째 아이를 임신했다.[18] 돈도 없고 직장도 쫓겨났고 집도 없는 처지였던 그녀는 원치 않은 임신이었기에 낙태를 원했지만, 합법적으로 또는 위생적으로 수술을 해줄 의원을 찾을 수가 없었다. 간신히 찾은 곳이 버려진 건물에 있는 폐업한 의원이었다. "방에 더러운 기구들이 널려 있었고……바닥에는 피가 말라붙어 있었어요."[19]

1970년, 두 변호사가 매코비에게 낙태를 할 법적 권리가 있다고 주장하면서 텍사스 주를 상대로 소송을 제기했다. 명목상의 피고는 댈러스 지방 검사인 헨리 웨이드였다. 매코비는 소송을 위해서 쉬운 가명인 제인 로로 이름을 바꾸었다. 로 대 웨이드 사건은 텍사스 주 법원을 거쳐서 1970년 미국 연방 대법원까지 올라갔다.

대법원은 1971년과 1972년에 걸쳐 로 대 웨이드 사건의 구두 변론을 들었다. 1973년 1월, 대법원은 역사적 판결을 내렸다. 헨리 블랙먼 대법관은 다수 의견에 따라, 국가가 더 이상 낙태를 불법화해서는 안 된다고 판결했다. 여성의 사생활 권리에 "임신 중절 여부를 결정할 권리까지 포함된다"는 것이었다.[20]

그러나 "여성의 사생활 권리"가 절대적인 것은 아니었다. 임신부의 권리와 태아의 점점 커져가는 "인격권" 사이에 균형을 맞추기 위해서 고심을 거듭한 대법원은 국가가 임신 1분기에는 낙태를 제한할 수 없지만, 태아가 성숙할수록 태아의 인격이 점점 국가의 보호 대상이 되기 때문에 낙태를 제한할 수 있다고 했다. 임신 기간을 세 분기로 나누는 것은 생물학적으로 볼 때는 임의적인 것이었지만, 법적으로는 꼭 필요한 고안물이었다. 법학자 알렉산더 비켈은 이렇게 풀이했다. "여기서 임신 첫 3개월에는 개인[즉 엄마]의 이해관계가 사회의 이해관계보다 우선하며, 2분기에도 개인은 건강 관련 법규만 적용을 받고, 3분기에는 사회의 이해관계가 우선한다."[21]

로 판결을 통해서 풀려난 힘은 빠르게 의학계 전반에 반향을 일으켰다. 로 판결은 번식 통제권을 여성에게 넘겨주었다고 할 수 있지만, 대체로 태아 유전체의 통제권을 의학계에 넘겼다고도 할 수 있었다.[22] 로 판결 이전까지, 산전 유전자 검사는 불확실한 중간 지대에 놓여 있었다. 양수 검사는 허용되었지만, 낙태의 법적 지위는 모호한 상태였다. 이제 임신 1분기와 2분기의 낙태가 합법적이 되고 의학적 판단이 우선시되자, 유전자 검사가 전국의 병의원으로 빠르게 확산되었다. 인간 유전자는 "이용 가능한" 것이 되었다.

유전자 검사와 낙태가 널리 퍼지면서 곧 그 영향이 뚜렷이 드러났다. 일부 주에서는 1971년에서 1977년 사이에 다운 증후군 환자의 수가 20-40퍼센트 감소했다.[23] 뉴욕 시의 고위험 여성군에서는 1978년에 출산 건수보다 임신 중절 건수가 더 많았다.* 1970년대 중반에는 터너 증후군과 클라인펠터 증후군, 테이색스 증후군, 고세병을 비롯하여 거의 100가지에 이르는 염색체 장애와 23가지 대사 장애를 산전 유전자 검사로 진단할 수 있었다.[24] 한 유전학자는 의학이 "점점 더 작은 결함까지 걸러내면서 알아낼 수 있는 유전병의 위험들이 수백 가지로 늘어났다"고 썼다.[25] 한 역사가는 이렇게 적었다. "유전자 진단은 의료 산업이 되었다. 결함 있는 태아의 선택적 낙태가 유전체 의학의 주된 개입 수단이 되었다."

인간의 유전자에 개입하는 능력에 힘입어서, 유전자 의학은 자신의 과거를 고쳐 쓰고자 시도할 만큼 자아도취적인 단계로 진입했다. 1973년, 로 대 웨이드 사건이 종결된 지 몇 달 뒤에 매쿠직은 자신의 의료 유전학 교과서 개정판을 냈다.[26] 그 책의 "유전병의 산전 검출"이라는 장에 소아과 의사인 조지프 댄시스는 이렇게 썼다.[27]

> 최근에 의사들과 일반 대중 양쪽에서 우리가 단순히 아기의 출산을 보장하는 데에서 머무르지 않고 사회, 부모, 자기 자신에게 부담을 주지 않을 아기를 낳게 하는 데에 관심을 가져야 한다는 견해가 늘어나고 있다. "태어날 권리"는 다른 권리의 제약을 받는다. 행복하고 쓸모 있는 삶을 살 합당한 기회를 가질 권리이다. 낙태법의 개정이나 더 나아가 폐지를 주장하는 운동의 확산 등 여러 추세들에서 이 태도 변화가 엿보인다.

---

* 전 세계에서도 낙태의 합법화로 산전 검사의 수문이 열렸다. 1967년, 영국에서 낙태를 합법화하는 법이 제정되자, 1970년대에 산전 검사 비율과 임신 중절 비율이 급증했다.

댄시스는 부드러우면서 능숙하게 역사를 뒤집었다. 댄시스의 말에 따르면, 그 폐지 운동은 의사가 유전적 장애를 지닌 태아를 중절시킬 수 있게 됨으로써 인류유전학의 한계를 전진시킨 것이 아니었다. 오히려 **인류유전학**이 움직이려 하지 않았던 폐지 운동이라는 수레를 끌고 왔다는 것이다. 삶을 황폐화시키는 선천성 질병을 치료하는 쪽으로 "태도"를 바꿈으로써, 그리하여 낙태에 반대하는 입장을 완화시킴으로써 말이다. 댄시스는 유전자와 충분히 강하게 연결되어 있는 질병은 무엇이든 간에 원리상 산전 검사와 선택적 낙태를 통해서 개입할 수 있다고 주장했다. "태어날 권리"라는 말은 적절한 유전자를 지닌 채 태어날 권리라고 고쳐 쓸 수 있다는 것이었다.

1969년 6월, 헤티 파크라는 여성이 유아 다낭 콩팥병(polycystic kidney disease)이 있는 아기를 낳았다.[28] 기형 콩팥을 지닌 채 태어난 아기는 5시간 뒤 사망했다. 망연자실한 파크 부부는 롱아일랜드의 산부인과 의사 허버트 체신을 찾아가서 상담했다. 체신은 아이의 병이 유전적인 것이 아니라고 잘못 생각하고서(사실은 낭성 섬유증과 마찬가지로 유아 다낭 콩팥병도 부모로부터 돌연변이 유전자를 쌍으로 물려받은 결과이다), 부모를 안심시키고는 돌려보냈다. 체신은 파크 부부가 같은 병을 앓는 아기를 낳을 확률이 무시할 수 있는 수준으로 0에 가까울 것이라고 추정했다. 1970년 체신의 조언에 따라서, 파크 부부는 다시 임신을 했고 딸을 낳았다. 불행히도 딸인 로라 파크도 다낭 콩팥병을 지닌 채 태어났다. 딸은 입원과 퇴원을 반복하다가 2년 6개월 뒤에 콩팥 장애의 합병증으로 사망했다.

1979년, 조지프 댄시스와 같은 사람들의 견해가 의학 문헌과 대중 도서에 실리기 시작할 무렵, 파크 부부는 허버트 체신을 고소했다. 잘못된 의학적 조언을 했다는 것이다. 파크 부부는 아이가 유전적으로 취약하다는 사실을 알았다면, 로라를 잉태하지 않았을 것이라고 주장했다. 그들의 딸은 정상 상태라고 잘못 추정하여 나온 희생자였다. 아마 그 사건의 가장 특이한 점은 피해를 기술한 부분일 것이다. 의료 사고에 관한 기존의 법적 분쟁들에서는 피고(대개 의사)가 잘못하여 사망 원인을 제공했다고 고소당하는 쪽이었다. 그런데 파크 부부는 산부인과 의사인 체신이 동등하지만 정반대의 죄를 저질 렀다고 주장했다. "잘못하여 태어나게 했다"는 것이었다. 법원은 파크 부부의 주장을 받아들여서 이정표가 될 판결을 내렸다. "예비 부모는 아이가 기형일 것이라고 합리적으로 확신할 수 있을 때에는 아기를 가지지 않는 쪽을 선택 할 권리가 있다." 한 비평가는 이렇게 풀이했다. "법원은 아이의 [유전적] 비정상 없이 태어날 권리가 기본권이라고 주장했다."[29]

"개입하고 개입하고 또 개입하라"

대부분의 사람들이 아기가 어떤 위험을 지니고 있는지 전혀 모른 채로 행복하게 아기를 낳는 일을 수천 년 동안 되풀이했지만, 이제 유전적 예측의 책임을 진지하게 고려해야 하는 때가 왔는지도 모르겠다……
우리는 이제 의학을 결코 예전처럼 생각해서는 안 된다.

—제럴드 리치,
「더 나은 사람들을 번식시키기(Breeding Better People)」, 1970년[1]

유전적 자산을 파악하는 특정한 검사들을 통과할 때까지 그 어떤 신생아도 인간이라고 선언해서는 안 된다. —프랜시스 크릭[2]

조지프 댄시스는 과거만 고쳐 쓰고 있던 것이 아니었다. 그는 미래도 선포하고 있었다. 그의 유별난 주장—모든 부모는 "사회에 부담을 주지 않을" 아기를 낳을 의무를 져야 한다거나 "유전적 비정상" 없이 태어날 권리가 기본권이라는—을 무심코 접한 사람들조차도 그 속에서 부활의 외침을 들었을지도 모른다. 더 정중한 형태이긴 하지만, 그것은 20세기 후반에 다시 환생하고 있던 우생학이었다. 1910년 영국 우생학자 시드니 웹은 "개입하고 개입하고 또 개입하라"고 촉구했다. 그로부터 60년 남짓 지난 뒤, 낙태의 합법화와 점점 확산되는 유전자 분석의 과학에 힘입어서 인간에게 새로운 유형의 유전적 "개입"을 하겠다는 공식 견해가 처음으로 등장했다. 그것은 바로 새로운 형태의 유전학이었다.

그 주창자들이 재빨리 지적하고 나섰다시피, 이것은 나치 할아버지의 우생학이 아니었다. 1920년대의 미국 우생학이나 더 악독했던 1930년대 유럽의 우생학과 달리, 강제 불임화도, 강제 억류도, 가스실 처형도 없었다. 여성을 버지니아의 격리 수용소로 보내지도 않았다. 남녀를 "백치", "중간백치", "바보"로 분류하기 위해서 특별 재판이 이루어지는 일도 없었고, 개인의 취향에 따라서 염색체 수를 판단하는 일도 없었다. 새 우생학의 주창자들은 태아 선별의 토대인 유전자 검사가 객관적이고 표준화되어 있고 과학적으로 엄밀하다고 주장했다. 검사 결과와 의학적 증후군의 발달 사이에는 거의 절대적인 상관관계가 있다고 했다. 21번 염색체를 하나 더 가지거나 X 염색체가 하나 없는 모든 아이들은 다운 증후군이나 터너 증후군의 특징 중의 적어도 일부가 나타나기 마련이다. 가장 중요한 점은 산전 검사와 선택적 낙태가 국가의 명령이나 중앙의 지휘 같은 것이 없이 완전한 선택의 자유 속에서 이루어진다는 것이었다. 여성은 검사받을지에 대한 여부, 결과를 알지에 대한 여부, 태아가 비정상이라는 검사 결과가 나왔을 때 임신을 중단할지에 대한 여부를 선택할 수 있었다. 그것은 인정 어린 모습을 가진 우생학이었다. 주창자들은 이것을 신우생학(新優生學, neo-eugenics 또는 newgenics)이라고 했다.

신우생학과 기존 우생학의 한 가지 중요한 차이점은 유전자를 선택의 단위로 삼는다는 것이었다. 골턴, 프리디 같은 미국 우생학자들, 나치 우생학자들은 신체적 또는 정신적 속성들을 선택하는 방식으로만, 즉 표현형을 통해서만 유전적 선택을 할 수 있었다. 그러나 그런 속성들은 복잡하며, 유전자와의 관계를 쉽게 파악할 수도 없다. 한 예로, "지능"은 유전적 요소를 가질지도 모르지만, 유전자, 환경, 유전자-환경 상호작용, 촉발 요인, 우연, 기회의 복합 산물임이 훨씬 더 명백하다. 따라서 "부유함"을 선택한다고 해서 부를 축적하는 성향이 선택될 것이라고 보장할 수 없듯이, "지능"을 선택한다고 해서 지능의 유전자가 선택될 것이라는 보장도 없다.

신유전학의 옹호자들은 골턴과 프리디의 방법과 정반대로, 과학자들이 더 이상 표현형을 유전적 결정 인자의 밑바탕에 있는 대리인으로 삼을 필요가 없게 되었다는 점이 신유전학의 주된 성과라고 주장했다. 이제 유전학자들은 유전자를 직접 선택할 기회를 얻었다. 태아의 유전적 조성을 조사함으로써 말이다.

신우생학의 옹호자들은 그것이 과거의 위협적인 겉모습을 벗어던지고 과학적 번데기로부터 새롭게 깨어났다고 여겼다. 1970년대 중반에 신우생학의 범위는 더욱 확장되었다. 산전 검사와 선택적 낙태 덕분에 개인적인 형태의 "부정적 우생학"이 가능해졌다. 즉 특정한 유전적 장애를 배제할 수단이 마련된 것이었다. 그러나 거기에 결합된 것은 마찬가지로 포괄적이고 자유방임적인 형태의 "긍정적 우생학"을 도모하려는 욕구였다. 바람직한 유전적 속성을 선택할 수단으로 삼고자 하는 욕구였다. 유전학자인 로버트 신세이머는 이렇게 설명했다. "기존 우생학은 기존 유전자풀에서 가장 좋은 개체의 수를 늘리는 데에 국한되었다. 새로운 우생학은 원리상 모든 부적합한 사람을 유전적으로 최고 수준의 사람으로 전환할 수 있게 해줄 것이다."[3]

1980년, 잘 깨지지 않는 선글라스를 개발하여 백만장자가 된 사업가 로버트 그레이엄은 캘리포니아에 "최고 수준의 지성"을 가진 남자들의 정자를 보관하는 정자은행을 설립하여, 건강하고 지적인 여성들만이 그 정자를 이용할 수 있도록 했다.[4] 생식 선택을 위한 보관소(Repository for Germinal Choice)라는 이름의 그 정자은행은 전 세계의 노벨상 수상자들로부터 정자를 얻고자 했다. 정자를 기증하겠다고 한 과학자는 극소수였는데, 실리콘 트랜지스터의 발명가인 물리학자 윌리엄 쇼클리가 그중 한 명이었다.[5] 예상할 수 있겠지만, 그레이엄은 비록 스톡홀름 위원회가 아직 인정하지 않고 있지만, 자신이 "장래 노벨상 수상자", 즉 대기 중인 천재라고 둘러대면서 자신의 정자도 보관시켰다. 그러나 아무리 환상을 자극했어도, 대중은 그레이엄의 냉동 유토피아에 냉담했다. 10년 동안 그 정자은행의 정자로 태어난 아이는 15명에 불과했다. 그 아이들이 장기적으로 어떤 성취를 이루었는지는 거의 알려지지 않았지만, 지금까지 노벨상을 받은 사람은 한 명도 없다.

비록 그레이엄의 "천재 은행"이 비웃음거리가 되고 결국 망했지만, 그가 처음에 내세운 "생식 선택"—개인이 자기 자식의 유전적 결정 인자를 자유롭게 고르고 선택할 수 있어야 한다는—을 옹호한 과학자도 몇 명 있었다. 선택된 유전적 천재들의 정자를 모은 은행은 조잡한 착상임이 분명했지만, 정자의 "천재 유전자"를 선택한다는 착상은 미래를 위한 지극히 타당한 개념으로 여겨졌다.

그러나 어떻게 하면 특정하게 강화된 유전형을 지니도록 정자(또는 난자)를 선택할 수 있을까? 새로운 유전물질을 인간의 유전체에 도입할 수 있을까? 비록 긍정적 우생학을 가능하게 할 기술의 정확한 윤곽이 아직 불분명했지만, 몇몇 과학자들은 그것이 가까운 미래에 해결될 기술적 장애물에 불과하다고 여겼다. 유전학자 허먼 멀러, 진화생물학자 에른스트 마이어와 줄리언 헉슬리, 집단생물학자 제임스 크로는 긍정적 우생학을 적극 주창한 인물이었다. 우생학이 탄생하기 전까지, 유익한 인간 유전형을 선택하는 길은 오로지 자연선택뿐이었다. 생존경쟁을 거쳐 서서히 꾸준히 생존자들이 나온다는 맬서스와 다윈의 냉혹한 논리에 지배되는 메커니즘이었다. 크로는 자연선택이 "잔인하고 투박하고 비효율적"[6]이라고 했다. 대조적으로 인위적인 유전적 선택과 조작은 "건강, 지성, 행복"을 토대로 하고 있었다. 여러 과학자, 지식인, 작가, 철학자가 그 운동에 지지를 표명했다. 프랜시스 크릭은 신우생학에 대한 확고한 지지를 표했고, 제임스 왓슨도 그랬다. 국립보건원 원장 제임스 섀넌은 의회에서 유전자 선별 검사가 "의료계의 도덕적 의무인 동시에 중대한 사회적 책임"[7]이기도 하다고 말했다.

신우생학이 국내외에서 유명세를 타기 시작하자, 그 창설자들은 용기를 얻어서 새 운동에서 추한 과거를, 특히 히틀러를 연상시키는 나치 우생학을 떼어내기 위해서 애썼다. 신우생학자들은 독일 우생학이 과학적 문맹과 정치적 위법이라는 두 가지의 핵심적인 오류 때문에 나치의 공포라는 심연으로 빠졌다고 주장했다. 쓰레기 과학이 쓰레기 국가를 뒷받침하는 데에 이용되었고, 쓰레기 국가는 쓰레기 과학을 양성했다. 신우생학은 과학적 엄밀함과 선택이라는 두 확고한 가치를 견지함으로써 이 함정을 피할 것이라고 생각했다.

과학적 엄밀함은 나치 우생학의 악독함에 신우생학이 오염되지 않도록 막아줄 것이다. 유전형은 국가의 개입이나 명령 없이, 엄정한 과학적 기준에 의해서 객관적으로 평가될 것이다. 그리고 산전 검사와 낙태 같은 우생학적 선택이 철저히 자유로운 상태에서만 이루어질 수 있도록 모든 단계에서 선택이 가능하도록 할 것이라고 했다.

그러나 비판자들이 보기에는 신우생학은 기존 우생학에 따라붙었던 바로 그 근본적인 결함들 중 일부를 똑같이 가지고 있었다. 놀랄 것도 없이, 가장 공감이 가는 비판은 신우생학에 부활의 숨결을 불어넣었던 바로 그 분야인 인류유전학 쪽에서 나왔다. 매쿠직과 동료들이 점점 더 명확하게 밝혀내고 있었듯이, 인간의 유전자와 질병의 상호작용은 신우생학이 예상 가능한 수준보다 훨씬 더 복잡했다. 다운 증후군과 왜소증은 교훈적인 사례였다. 다운 증후군에서는 염색체가 비정상임이 명백하고 쉽게 알아볼 수 있으며, 유전적 손상과 의학적 증상 사이의 관계가 매우 예측 가능하므로, 산전 검사와 낙태를 정당화할 수 있을 듯했다. 하지만 왜소증처럼 다운 증후군에서도 동일한 돌연변이를 가진 사람들이라도 놀라울 정도로 변이 폭은 다양했다. 다운 증후군이 있는 사람들은 대부분 심한 신체적, 발달적, 인지적 장애를 겪는다. 그러나 기능적으로 매우 온전한 사람들도 있다는 사실을 부정할 수 없다. 그들은 최소한의 지원만 하면 거의 독립생활을 할 수 있었다. 염색체 하나가 통째로 더 들어 있다—인간 세포로서는 상상할 수 있는 아주 크나큰 유전적 손상—고 해도, 그 자체가 장애의 유일한 결정 요인일 수는 없었다. 그 염색체는 다른 유전자들이라는 맥락 속에 살았고 환경의 입력과 유전체 전체에 영향을 받았다. 유전적 질병과 유전적 안녕은 서로 떨어진 이웃 나라들이 아니었다. 오히려 안녕과 질병은 가느다랗고 때로 투명한 경계선을 두고 맞붙어 있는 왕국들이었다.

조현병이나 자폐증 같은 다유전자 질병으로 가면 상황이 더욱 복잡해졌다. 비록 조현병에 유전적 요인이 강하게 작용한다는 것이 잘 알려져 있긴 하지만, 초기 연구 결과들은 여러 염색체들에 흩어져 있는 다수의 유전자들이 서로 긴밀한 관련을 맺고 있음을 시사했다. 부정적인 선택이 그 모든 독립된 결정 인자들을 어떻게 제거할 수 있을까? 그리고 일부 유전적 또는 환경적 맥락에서 정신 장애를 일으키는 유전자 변이체들 중 일부는 다른 맥락에서는 능력을 강화하는 역할을 하는 것이라면 어쩌겠는가? 역설적이게도 그레이엄의 천재 은행에 정자를 기증한 인물 중 가장 유명 인사였던 윌리엄 쇼클리는 편집증, 공격성, 사회적 위축의 증후군을 가지고 있었다. 일부 전기 작가들은 그가 고도로 기능적인 유형의 자폐증을 앓고 있었다고 주장해왔다. 훗날 그레이엄 은행을 철저히 조사했을 때, 선택된 "천재 표본"이 다른 상황에서는 질병을 일으키는 것으로 판명되는 바로 그 유전자들을 가지고 있다면(혹은 반대로, "질병 유발" 유전자 변이체가 **천재성**을 가능하게도 한다면)?

매쿠직은 유전학에서 "과대결정론(overdeterminism)"을 택해서 그것을 인간의 선택 과정에 무차별적으로 적용한다면, 이른바 "유전-상업" 복합체가 출현할 것이라고 확신했다. "아이젠하워 대통령은 임기가 끝날 무렵에 군산복합체(軍産複合體)의 위험성을 경고했다. 여기서 유전-상업 복합체의 잠재적 위험을 경고하는 것도 적절하다. 추정 가능한 유전적 자질이나 안 좋은 자질을 살펴보는 검사가 점점 더 많이 이용됨으로써 기업들과 광고업자들은 부부에게 자신의 배우체를 고를 때 가치 판단을 하라고 미묘하거나 노골적인 압력을 가할지도 모른다."[8]

1976년에 매쿠직의 우려는 아직 대체로 이론적인 차원에 머물러 있었던 듯하다. 비록 유전자에 영향을 받는 인간 질병의 목록이 기하급수적으로 늘어나고 있었지만, 실제 어떤 유전자들인지는 대부분 아직 파악되지 않고 있었다. 1970년대 말에 유전자 클로닝 기술과 유전자 서열 분석 기술이 창안되면서, 인간에게서 그런 유전자를 찾아내는 예측 진단 검사가 가능해질 것이라고 상상할 수 있게 되었다. 그러나 인간의 유전체는 30억 개의 염기쌍으로 이루어져 있다. 반면에 대개 질병 연관 유전자 돌연변이는 그 유전체의 염기쌍 중 단 하나가 바뀌어서 나타날 수 있다. 그 돌연변이를 찾아내겠다고 유전체의 모든 유전자를 클로닝하고 서열 분석한다는 것은 상상할 수도 없는 일이었다. 질병 연관 유전자를 찾아내려면, 어떻게든 그 유전자가 유전체의 어느 부위에 있는지 파악해야 했다. 즉 지도를 작성해야 했다. 하지만 바로 그 기술이 아직 나와 있지 않았다. 질병을 일으키는 유전자들이 많은 듯해도, 방대한 인간 유전체에서 그것들을 손쉽게 찾아낼 방법이 없었다. 한 유전학자의 말마따나, 인류유전학은 궁극적인 형태의 "건초 더미에서 바늘 찾기 문제"[9]에서 헤어나지 못하고 있었다.

1978년 우연히 이루어진 한 회의에서 인류유전학의 "건초 더미에서 바늘 찾기" 문제의 해결책이 제시되었다. 유전학자들이 인간 질병 연관 유전자의 지도를 작성하고 클로닝을 할 수 있게 해줄 해결책이었다. 그 회의와 그 후의 발견은 인간 유전체 연구의 역사에 전환점이 되었다.

무용수들의 마을, 두더지들의 지도책

얼룩덜룩한 것들을 찬미하라.
—제라드 맨리 홉킨스, 「얼룩덜룩한 아름다움(Pied Beauty)[1]」

갑자기 두 여성이, 모녀가 우리 앞에 나타났는데, 둘 다 키가 크고 거의 시체처럼 여위었고, 휘청거리고 비틀고 찡그려댔다.
—조지 헌팅턴[2]

1978년, 유전학자인 MIT의 데이비드 보츠스타인과 스탠퍼드의 론 데이비스는 유타 대학교의 논문 심사 위원회에 참석하기 위해서 솔트레이크시티로 향했다.[3] 회의는 그 도시에서 몇 킬로미터 떨어진 워새치 산맥의 고지대에 있는 알타에서 열렸다. 보츠스타인과 데이비스는 필기를 하면서 대학원생들의 발표를 들었다. 그러다가 한 명의 발표가 둘의 심금을 탕 울렸다. 대학원생인 케리 크라비츠와 지도교수인 마크 스콜닉은 유전병인 혈색소증(hemochromatosis)을 일으키는 유전자가 유전되는 양상을 파악하기 위해서 갖은 고생을 하고 있었다. 고대부터 의사들에게 알려져 있던 혈색소증은 장에서 철의 흡수를 조절하는 유전자에 돌연변이가 일어나서 생긴다. 혈색소증 환자는 엄청난 양의 철을 흡수하기 때문에, 몸에 철이 서서히 쌓여 간다. 간은 철에 질식된다. 췌장도 작동을 멈춘다. 피부는 청동빛이 되었다가 잿빛으로 변한다. 신체 기관들은 하나둘 광물로 변해서 마치 『오즈의 마법사』에 나오는 양철 나무꾼처럼 된다. 이윽고 조직이 변질되고 기관이 망가져서 죽음에 이른다.

크라비츠와 스콜닉이 해결하겠다는 문제는 유전학에 누락되어 있는 한 가지 근본적인 개념에 관한 것이었다. 1970년대 중반까지 파악된 유전병은 수천 가지에 이르렀고, 혈색소증, 혈우병, 낫 모양 적혈구 빈혈이 그러했다. 그러나 어떤 질병의 유전적 특성을 찾아내는 것과 그 병을 일으키는 유전자를 찾아내는 것은 다르다. 예를 들면, 혈색소증의 유전 양상을 보면, 하나의 유전자가 그 병을 좌우하고, 그 돌연변이가 열성임이 분명해 보인다. 즉 그 유전자의 결함 있는 사본이 두 개가 있어야(양쪽 부모로부터 하나씩 다 물려받아야) 병이 생긴다. 하지만 그 유전 양상은 혈색소증 유전자가 무엇인지, 어떤 일을 하는지 전혀 말해주지 않는다.

크라비츠와 스콜닉은 혈색소증 유전자를 찾아낼 독창적인 해결책을 제시했다. 첫 단계는 그것이 염색체의 어느 위치에 있는지 "지도"를 작성하는 것이다. 유전자가 염색체의 어느 지점에 있는지 물리적 위치를 파악하고 나면, 표준 클로닝 기술을 이용하여 유전자를 분리하고 서열을 분석하고 기능을 조사할 수 있다. 그들은 혈색소증 유전자의 지도를 작성할 때, 모든 유전자가 지닌 한 가지 특성을 이용하고자 했다. 바로 유전자들이 염색체에서 서로 연관되어 있다는 점이었다.

사고 실험을 한 번 해보자. 혈색소증 유전자가 7번 염색체에 있고, 머리카락의 성질—곧은 머리카락 대 말리는, 곱슬거리는, 물결치는 머리카락—을 결정하는 유전자가 같은 염색체에서 가까이 있다고 하자. 이제 기나긴 진화역사의 어느 시점에, 결함 있는 혈색소증 유전자가 곱슬머리 남자에게서 출현했다고 하자. 이 조상 유전자가 부모로부터 자식에게로 전달될 때마다, 곱슬머리 유전자도 함께 전달된다. 둘은 한 염색체에 묶여 있고, 염색체는 거의 분리되지 않으므로, 두 유전자 변이체들은 서로 관련되어 있을 수밖에 없다. 이 연관 관계는 한 세대에서는 뚜렷할지 모르지만, 여러 세대를 거치다보면 통계적 패턴이 나타나기 시작한다. 이 집안의 곱슬머리 아이들이 혈색소증을 지니는 경향이 나타난다.

크라비츠와 스콜닉은 이 논리를 활용했다. 그들은 족보가 잘 갖추어진 유타 주의 모르몬교도들을 연구한 끝에, 혈색소증 유전자가 수백 가지 변이 형태로 존재하는 한 면역 반응 유전자와 연관되어 있음을 알아냈다.[4] 그 면역 반응 유전자는 6번 염색체에 있다는 것이 이전에 밝혀졌으므로, 혈색소증 유전자도 그 염색체에 있어야 했다.

꼼꼼한 독자라면 위의 사례가 너무 짜 맞춘 것이라고 거부할지도 모르겠다. 우연찮게도 혈색소증의 유전자가 편리하게도 같은 염색체에 그리고 쉽게 알아볼 수 있는 변이가 심한 형질과 연관되어 있으니 말이다. 그러나 그런 형질은 확실히 극도로 드물었다. 스콜닉이 찾던 유전자가 쉽게 알아 볼 수 있는, 많은 변이 형태로 존재하는 면역 반응 단백질을 만드는 유전자의 바로 옆에 붙어 있었다는 것은 정말로 드문 행운이었다. 다른 유전자로 이런 지도를 작성하려면, 쉽게 알아볼 수 있는 변이가 심한 표지들이 인간 유전체 전체에 널려 있어야 하지 않을까? 염색체에 일정한 간격으로 불빛을 내뿜는 이정표들이 서 있어야 하지 않을까?

그러나 보츠스타인은 그런 이정표들이 존재할 수도 있음을 알고 있었다. 오랜 세월 진화를 거치면서 인간의 유전체에는 DNA 서열에 수많은 미미한 변이들이 생겨났다. 이렇게 여러 변이체가 존재하는 것을 다형성(polymor-phisms)—"많은 형태들"이라는 뜻—이라고 하며, 대립유전자나 변이 유전자와 다를 바 없다. 유전자 자체에 있을 필요가 없다는 점만 빼면 말이다. 유전자들 사이에 놓인 긴 DNA 영역이나 인트론에 있을 수도 있다.

이 변이체들은 인류 집단에 수천 가지 형태로 존재하는 눈 색깔이나 피부색의 분자판이라고 생각해도 좋다. 한 집안에는 한 염색체의 특정한 위치에 ACAAGTCCC 서열이 있는 반면, 다른 집안에는 같은 위치에 AGAAGTCC 서열이 있을 수도 있다. 염기 한 쌍만 다를 뿐이다.* 머리 색깔이나 면역

---

* 1978년에 Y. 와이 칸과 앙드레 도지는 낫 모양 적혈구 빈혈 유전자 옆에서 DNA 다형성을

반응과 달리, 이 변이체들은 우리 눈에 보이지 않는다. 이 변이들은 표현형에 변화를 일으키거나 유전자의 기능을 바꾸지 않는다. 일반적인 생물학적 또는 신체적 형질을 이용해서는 구별할 수 없다. 그러나 미묘한 분자 기술을 이용하면 식별이 가능하다. 이를테면, AGAAG가 아니라 ACAAG만을 인식하는 DNA 절단 효소는 한 변이 서열과 다른 서열을 구별할 수 있다.

보츠스타인과 데이비스는 1970년대에 효모와 세균의 유전체에서 DNA 다형성을 처음 발견했는데, 그것으로 대체 무엇을 할 수 있을지 도통 감이 안 잡혔다.[5] 그들은 그런 다형성 중에 인간의 유전체 전체에 흩어져서 나타나는 것도 있음을 발견했지만, 어느 위치에서 어느 정도로 존재하는지는 알지 못했다. 시인인 루이스 맥니스는 "다양한 만물의 모습에 취한" 느낌을 받는다고 쓴 바 있다.[6] 미세한 분자 변이들이 유전체 전체에 무작위로 퍼져 있다는 —전신에 퍼져 있는 주근깨처럼— 생각은 술 취한 인류유전학자를 기분 좋게 만들었을지도 모르지만, 이 정보가 어떤 쓸모가 있는지는 상상하기가 어려웠다. 아마 그 현상은 완벽하게 아름다우면서 완벽하게 무용지물인 것일 수도 있었다. 주근깨의 지도처럼 말이다.

그런 와중에 그날 아침 유타에서 크라비츠의 발표를 듣자, 보츠스타인의 머릿속에서 놀라운 착상이 떠올랐다. 인간 유전체에 그런 유전적 변이 이정표들이 존재한다면, 유전 형질을 그런 이정표와 연관지음으로써 유전자가 염색체의 어느 위치에 있는지 지도를 작성할 수 있지 않을까? 유전적 주근깨 지도는 결코 쓸모없는 것이 아니었다. 유전자들의 기본 해부 구조를 작성하는 데에 이용할 수 있었다. 다형성은 유전체의 내부 GPS 역할을 할 수 있었다. 그런 변이체와 연관을 지음으로써 유전자의 위치를 찍을 수 있었다. 점심시간이 될 무렵, 보츠스타인은 거의 흥분해서 미칠 지경이었다. 스콜닉은 혈

발견하여, 그것을 이용하여 낫 모양 적혈구 빈혈 환자들의 유전 양상을 추적했다.[7] 메이너드 올슨 연구진도 1970년대 말에 다형성을 이용한 유전자 지도 작성법을 제시한 바 있다.

색소증 유전자의 지도를 작성하기 위해서 면역 반응 표지를 찾느라 10년이 넘는 세월을 보냈다. 보츠스타인은 스콜닉에게 말했다. "우리가 표지를 제공할 수 있어요……유전체 전체에 널려 있는 표지를요."[8]

보츠스타인은 인간 유전자 지도 작성의 진짜 열쇠는 해당 유전자를 찾는 데에 있는 것이 아니라, 그 유전자를 지닌 사람을 찾는 데에 있다는 것을 이미 깨닫고 있었다. 어떤 유전 형질—무엇이든 간에—을 지닌 대가족을 찾아낼 수 있고, 그 형질을 유전체 전체에 퍼져 있는 변이 표지 중 하나와 연관지을 수 있다면, 유전자 지도 작성은 어렵지 않을 것이었다. 한 집안의 모든 식구들이 7번 염색체 끝에 있는 변이체-X라는 DNA 표지와 "공동 유전되는" 낭성 섬유증을 앓고 있다면, 낭성 섬유증 유전자는 그 표지 가까이에 있어야 했다.

보츠스타인, 데이비스, 스콜닉은 1980년 「미국 인류유전학회지(*American Journal of Human Genetics*)」에 이 유전자 지도 작성 개념을 담은 논문을 발표했다. 보츠스타인은 이렇게 썼다. "우리는 인간 유전체의 유전……지도 구축의 새로운 토대를 제시하고자 한다."[9] 비교적 알려지지 않은 학술지의 중간에 실린 통계 자료와 수학 방정식이 빽빽하게 담긴 기이한 논문이었다. 마치 멘델의 고전적인 논문을 떠올리게 했다.

그 착상의 진정한 의미는 시간이 좀 흐른 뒤에야 알려지게 된다. 앞에서 유전학의 중요한 통찰들이 늘 전환을 이루어진다고—통계적 형질에서 유전되는 단위로, 유전자에서 DNA로—말했다. 보츠스타인도 중요한 개념적 전환을 이루었다. 유전되는 생물학적 형질로서의 인간 유전자에서 염색체상의 물리적 지도로 개념의 전환이 이루어졌다.

심리학자인 낸시 웩슬러는 1978년에 MIT의 유전학자인 레이 화이트와 데이비드 하우스먼과 서신을 하다가 보츠스타인의 유전자 지도 작성 계획에 대해서 듣게 되었다. 그녀에게는 그 소식에 관심을 기울일 만한 가슴 아픈 이유가 있었다. 그녀가 22세일 때인 1968년 여름, 어머니 레오노어 웩슬러가 로스앤젤레스 도로를 비틀거리며 운전하다가 경찰에게 걸렸다. 음주 운전이 아니었다. 레오노어는 설명할 수 없는 우울증에 시달리고 있었다. 갑작스럽게 기분이 변하곤 했고, 행동도 기이하게 변했으며, 자살도 한 번 시도한 적 있었다. 그러나 몸이 아프다고 여겨진 적은 없었다. 1950년대에 레오노어의 남자형제 중 두 명, 뉴욕의 한 스윙 밴드 단원인 폴과 시모어가 헌팅턴병이라는 희귀한 유전병이라는 진단을 받았었다. 또다른 형제인, 마술 묘기를 선보이곤 했던 외판원 제시는 공연 도중에 손가락이 마구 떨리는 것을 알아차렸다. 그도 역시 같은 병이라는 진단을 받았다. 그들의 부친인 에이브러햄 세이빈은 1929년에 헌팅턴병으로 세상을 떴다. 레오노어는 신경과 의사를 찾아갔고 1968년 5월에 헌팅턴병이라는 진단을 받았다.

1870년대에 그 증상을 처음 기술한 롱아일랜드 의사의 이름을 딴 헌팅턴병은 한때 헌팅턴 무도병(Huntington's chorea)이라고 불렸다. 코리어(chorea)는 "춤"이라는 그리스어에서 유래한 단어이다. 물론 그 "춤"은 진짜 춤과 정반대로, 기쁨이 없는 병리학적 증상을 희화화한 것이자, 뇌 기능의 이상이 불길하게 표출된 것이다. 우성인 헌팅턴 유전자―사본 하나만 있어도 발병한다―를 물려받은 이들은 대개 30-40세까지는 신경학적으로 별 문제가 없다. 이따금 기분이 오락가락하거나 미묘하게 사회적 위축 징후를 보일 수는 있다. 그러다가 거의 알아볼 수 없이 미약하게 씰룩거림이 나타난다. 물건을 쥐기가 힘들어진다. 포도주잔과 시계가 손가락 사이로 미끄러지고, 홱 하는 움직임과 경련이 점점 심해진다. 마침내 마치 악마의 춤에 맞추는 양, 저절로 "춤"이 시작된다. 손과 다리가 비틀리면서 스타카토 리듬에 맞추어 원을 그리듯이 저절로 움직인다. "보이지 않는 누군가가 홱홱 잡아당기는……거대한 꼭두각시 공연을 지켜보는 듯하다."[10] 병이 말기에 이르면 인지력이 심하게 퇴화하고 운동 기능을 거의 완전히 상실한다. 환자는 영양실조, 치매, 여러 가지 감염으로 사망한다. 그 마지막 순간까지도 "춤"은 계속된다.

헌팅턴병의 또 한 가지 끔찍한 점은 병이 늦은 나이에야 시작된다는 것이다. 그 유전자를 지닌 사람은 30대나 40대가 되어서야, 즉 자식을 낳은 뒤에야 자신의 운명을 알아차린다. 따라서 이 병은 진화의 손아귀를 꿈틀거리며 빠져나감으로써 인류 집단에 존속할 수 있게 된다. 그 유전자는 자연선택을 통해서 제거되기 전에 다음 세대로 전달된다. 헌팅턴병 환자는 모두 그 돌연변이 유전자 하나와 정상 유전자 하나를 가지므로, 그들의 아이는 그 병에 걸릴 확률이 절반이다. 낸시 웩슬러는 이 아이들의 삶을 "무자비한 룰렛 위에서"[11]— 증상이 나타나기를 기다리는 게임"[12]이라고 표현했다. 한 환자는 이 기다림의 낯선 공포를 이렇게 표현했다. "나는 이 회색 지대가 끝나고 훨씬 더 암울한 운명이 시작되는 지점이 어디인지 알지 못한다……따라서 나는 언제 시작될지를 초조해하며 기다리는 끔찍한 게임을 하는 셈이다."[13]

낸시의 부친인 밀턴 웩슬러는 로스앤젤레스의 정신과 의사였는데, 1968년 두 딸에게 어머니가 무슨 병인지 알려주었다.[14] 낸시와 앨리스는 아직 증상이 없었지만, 그 병에 걸릴 확률이 50퍼센트였다. 그러나 그 병의 유전자 진단법은 아직 나와 있지 않았다. 밀턴 웩슬러는 딸들에게 말했다. "너희가 이 병에 걸릴 확률은 절반이야. 그리고 너희가 걸린다면, 너희의 자식도 그 확률이 절반이 되는 거야."[15]

낸시 웩슬러는 회상했다. "우리는 서로 부둥켜안고서 울먹였다. 그 병이 와서 내게 죽음을 안겨줄 때까지 그저 기다리고만 있어야 한다는 사실이 도저히 견딜 수 없었다."

그해 밀턴 웩슬러는 유전병 재단(Hereditary Disease Foundation)이라는 비영리 기관을 설립했다.[16] 헌팅턴 무도병을 비롯한 희귀한 유전병에 연구비를 지원하는 기관이었다. 웩슬러는 먼저 헌팅턴병 유전자를 찾아내는 것이 진단, 미래의 치료법, 완치를 향한 첫 걸음이라고 추론했다. 또 그 유전자를 찾아낸다면 딸들이 그 병을 예측하고 대비책을 세울 수도 있었다.

한편 레오노어 웩슬러는 서서히 병의 수렁으로 가라앉고 있었다. 이제 발음도 불분명해지기 시작했다. 딸은 이렇게 회상했다. "새 신발을 신기는 순간 닳아서 벗겨지곤 했다. 한 요양원에서 어머니는 침대와 벽 사이의 좁은 공간에 놓인 의자에 앉아 있었다. 의자를 아무리 고정시켜도, 어머니의 계속되는 움직임에 못 이겨서 의자는 벽에 가 닿았고, 어머니는 계속 벽에 머리를 찧어댔다……우리는 어머니의 체중을 늘리려고 무척 애썼다. 이유는 모르겠지만, 헌팅턴병 환자들은 체중이 더 늘면 상태가 더 호전된다. 그러나 끊임없이 움직이기 때문에 계속 비쩍 말라간다……한번은 어머니가 어린아이 같은 기쁜 표정으로 설탕 젤리를 반시간 동안 반 킬로그램이나 먹었다. 그러나 체중은 늘지 않았다. 나만 늘었다. 나는 말동무를 해드리기 위해서 먹었다. 터지려는 울음을 막기 위해서 먹었다."[17]

레오노어는 1978년 5월 14일 어머니의 날에 사망했다.[18] 1979년 10월, 유전병 재단의 낸시 웩슬러와 데이비드 하우스먼, 레이 화이트와 데이비드 보츠스타인은 국립보건원에서 유전자 지도를 만드는 최선의 방안에 대한 워크숍을 열었다.[19] 그 방법은 아직은 대체로 이론적인 차원이었고—따라서 그때까지 그 방법으로 지도에 담은 인간 유전자는 전혀 없었다—그 방법으로 헌팅턴병 유전자를 찾아낼 가능성도 요원했다. 어쨌든 보츠스타인의 기술은 질병과 표지 사이의 연관성에 크게 좌우되었다. 환자가 더 많고, 연관성이 더 강할수록, 유전자 지도는 더 상세해질 것이었다. 미국 전역에 환자가 수천 명에 불과한 헌팅턴 무도병은 이 유전자 지도 작성 기술과 잘 맞아 보이지 않았다.

그러나 낸시 웩슬러는 유전자 지도라는 개념을 머릿속에서 떨쳐낼 수가 없었다. 그보다 몇 년 전에 밀턴 웩슬러는 한 베네수엘라 신경과 의사로부터 베네수엘라의 마라카이보 호수 연안의 바랑키타스와 라구네타스라는 인접해 있는 두 마을에 헌팅턴병에 걸린 사람이 놀랄 정도로 많다는 말을 들은 적이 있었다. 밀턴 웩슬러는 그 신경과 의사가 찍은 흐릿한 흑백 동영상에서 십여

명의 마을 사람들이 제멋대로 움직이는 팔다리로 멍하니 거리를 돌아다니는 광경을 보았다. 그 마을에는 헌팅턴 환자가 수십 명이었다. 낸시 웩슬러는 보츠스타인의 기술이 먹힐 가능성이 있다면, 베네수엘라 사람들의 유전체를 얻어야 한다고 추론했다. 자기 집안의 병을 일으키는 유전자를 찾을 가능성이 가장 높은 곳은 로스앤젤레스에서 수천 킬로미터 떨어진 바랑키타스였다.

1979년 7월, 웩슬러는 헌팅턴병 유전자를 사냥하러 베네수엘라로 향했다. "내 인생에서 가만히 앉아서 기다릴 수 없다고, 진정으로 옳다는 확신한, 몇 안 되는 순간이었다."[20]

바랑키타스를 방문한 사람은 처음에 주민들에게서 별 다른 점을 발견하지 못할지도 모른다.[21] 한 남자가 먼지 자욱한 도로 옆으로 걷고 있고, 그 뒤를 웃통을 벗은 아이들이 따라간다. 꽃무늬 치마를 입은 홀쭉한 검은 머리 여자가 양철 지붕을 덮은 헛간에서 나와 시장으로 향한다. 두 남자가 마주 앉은 채 이야기를 나누면서 카드놀이를 한다.

모든 것이 정상이라는 이 첫 인상은 순식간에 바뀐다. 남자의 걸음걸이에는 몹시 부자연스러워 보이는 무언가가 있다. 몇 걸음마다 몸이 홱 움직이는 단속적인 양상이 나타나고, 손이 원을 그리듯이 공중에서 휘저어진다. 씰룩거리면서 옆으로 몸이 홱 움직였다가 다시 바로잡힌다. 이따금 얼굴 근육이 일그러지면서 찌푸려진다. 여자의 손도 씰룩거리고 구부러지면서 몸 주변에서 허공에 반원을 그린다. 넋이 나간 듯한 표정에다가 침도 흘린다. 그녀는 치매가 진행 중이다. 대화를 하던 두 남자 중 한 명이 갑자기 마구 팔을 휘두른다. 그런 뒤 마치 아무 일도 없었다는 듯이 둘은 다시 이야기를 나눈다.

베네수엘라 신경과 의사 아메리코 네그레테는 1950년대에 바랑키타스에 처음 갔을 때, 알코올 중독자들의 마을인가보다 여겼다.[22] 하지만 곧 그 생각이 틀렸음을 알아차렸다. 치매, 얼굴 씰룩거림, 근육 쇠퇴, 통제할 수 없는 움직임을 보이는 사람들은 모두 유전되는 신경학적 증후군인 헌팅턴병 환자들이었다. 미국에서는 그 병이 아주 드물다. 1만 명에 1명꼴이다. 대조적으로 바랑키타스와 라우네타스의 일부 지역에서는 이 병에 걸린 사람이 남녀 20명에 1명을 넘었다.[23]

웩슬러는 1979년 7월에 마라카이보에 도착했다. 그녀는 지역 연구자 8명을 고용하여 호수 연안의 마을들을 돌면서, 병에 걸린 사람들과 안 걸린 사람들의 가계도를 작성하기 시작했다(비록 원래 전공은 임상심리학자였지만, 그때 그녀는 무도병과 신경 퇴행성 질환의 세계적인 전문가 중 한 명이 되어 있었다). 그녀의 조수는 "연구를 수행하기가 불가능한 장소였다"고 회상했다. 그들은 신경과 의사들이 환자를 식별하고, 병의 특징을 파악하고, 환자들에게 정보와 지원을 제공할 임시 응급 진료소를 세웠다. 특히 웩슬러는 헌팅턴병 돌연변이 유전자를 쌍으로 지닌 사람, 즉 "동형접합자"를 찾고자 했다.[24] 그런 사람을 찾으려면, 부모 양쪽의 가계도를 조사해야 했다 어느 날 아침, 동네 어부가 중요한 단서를 가져왔다. 호수를 따라 두 시간쯤 간 곳에 배 위에 지은 오두막이 있는데, 거기에 그 병에 걸린 몇 가족이 살고 있다고 말했다. 그런데 늪을 헤치고 그 마을까지 들어갈 것이오?

그녀는 가겠다고 했다. 다음날 그녀는 조수 두 명과 함께 그 수상 가옥들이 있는 마을로 배를 몰았다. 찌는 듯한 날씨였다. 그들이 물살을 거슬러서 몇 시간 동안 노를 저은 뒤, 한 후미를 도는 순간, 갈색 치마를 입은 여성이 집 앞에서 다리를 꼬고 앉아 있는 모습이 눈에 들어왔다. 배가 오자 그녀는 깜짝 놀라서, 벌떡 일어나 집으로 향했다. 그런데 도중에 갑자기 몸이 홱 움직이면서 헌팅턴병 특유의 춤추는 동작이 나타났다. 웩슬러는 집에서 대륙 하나를 건넌 곳에서 가슴을 아프게 만드는 그 춤과 대면했다. "너무나 기이하면서 너무나 친숙한 만남이었다. 나는 동질감과 이질감을 동시에 느꼈다. 감정이 북받쳤다."[25]

잠시 뒤, 웩슬러가 마을 한가운데로 노를 저어갈 때, 해먹 두 개에 누워 있는 남녀가 보였다. 둘 다 춤을 추듯이 몸을 씰룩거리고 있었다. 그들에게는 자식이 14명 있었다. 웩슬러는 주민들과 그 자녀들에 관한 정보를 모으면서 가계도를 작성했다. 몇 달 지나지 않아서 헌팅턴병이 있는 집안의 남녀와 아이들 수백 명의 자료가 모였다. 그 뒤로 몇 달에 걸쳐, 웩슬러는 숙달된 간호사들과 의사들로 팀을 꾸려서 마을들을 돌면서 혈액 표본을 채취했다. 그들은 끈기 있게 조사하고 자료를 모아서 그 베네수엘라 친족들의 가계도를 작성했다.[26] 채취한 혈액은 보스턴에 있는 매사추세츠 종합병원의 제임스 구셀라와 인디애나 대학교의 의학유전학자 마이클 코넬리에게 보내졌다.

보스턴에서 구셀라는 혈액 세포에서 DNA를 추출하여 효소들을 이용해서 조각낸 뒤, 헌팅턴병과 연관이 있는 변이체를 찾는 데에 몰두했다. 코넬리 연구진은 그 자료를 분석하여 DNA 변이체들과 그 병 사이의 통계적 연관성을 정량화하는 일을 했다. 일을 분담한 이 세 연구진은 일의 진행 속도가 느릴 것이라고 예상했다. 다형성 변이체 수천 개를 훑어야 했기 때문이다. 그러나 그들은 머지않아 놀라운 결과를 얻었다. 혈액 표본이 도착한 지 3년이 채 지나기 전인 1983년, 구셀라 연구진은 4번 염색체의 한 영역에서 그 병과 놀라운 연관성을 보이는 DNA 변이체를 찾아냈다. 구셀라 연구진은 훨씬 더 적긴 했지만 미국의 헌팅턴병 환자들에게서도 혈액 표본을 구해놓고 있었다. 그 혈액들도 그 병이 4번 염색체의 DNA 표지와 강하게 연관되어 있음을 보여주었다.[27] 두 독립된 집안에서 그렇게 강한 연관성을 보여주는 결과가 나왔으니, 유전적 연관을 의심할 여지가 거의 없었다.

1983년 8월, 웩슬러, 구셀라와 코넬리는 4번 염색체의 한 외진 곳─4p16.3─에 헌팅턴병 유전자가 있는 것이 확실하다는 논문을 「네이처」에 발표했다.[28] 그곳은 있다고 알려진 유전자가 몇 개 안 되는, 유전체에서 황무지라고 할 수 있는 기이한 영역이었다. 유전학자의 관점에서는 눈에 띄는 이정표는 전혀 보이지 않는, 황량한 해안에 갑작스럽게 배가 얹혀 있는 것과 같았다.

연관 분석을 이용하여 유전자가 염색체의 어느 영역에 있는지 지도를 작성하는 일은 외계 공간에서 출발하여 지구의 대도시를 찾아내는 일과 비슷하다. 유전자가 어디에 있는지를 아주 상세히 파악한 것이긴 하지만, 유전자 자체를 찾아내려면 아직 갈 길이 멀다. 연관 표지들을 더 많이 찾아내어 더 상세한 유전자 지도를 작성하는 식으로, 유전자가 있는 구간을 점점 더 좁혀 나가야 한다. 구와 동을 거쳐서 동네와 길까지 찾아야 한다.

마지막 단계는 이루 말할 수 없이 고통스럽다. 추정되는 유전자를 지닌 염색체 부위를 점점 더 잘게 나눈다. 각 조각을 인간 세포에서 분리 추출하여, 효모나 세균의 염색체에 집어넣어서 사본, 즉 클론을 수백만 개 만든다. 이 조각들의 서열을 분석한 뒤, 그곳에 그 유전자가 들어 있는지를 살펴본다. 이 과정을 반복하면서 범위를 점점 좁힌다. 후보 유전자가 들어 있는 하나의 DNA 조각을 마주칠 때까지, 각 조각의 서열을 분석하고 재검토한다. 마침내 조각을 찾아내면, 정상인과 환자의 유전자 서열을 비교하여 유전병 환자의 조각에 차이점이 있는지 확인한다. 집집마다 문을 두드리고 다니면서 범인을 찾아내는 것과 비슷하다.

1993년 2월의 어느 우중충한 아침, 제임스 구셀라는 선임 박사후 연구원으로부터 전자우편을 받았다. 단어 하나만 달랑 적혀 있었다. "빙고(Bingo)." 마침내 도착했다는, 착륙했다는 신호였다. 1983년 헌팅턴 유전자가 4번 염색체에 있음을 처음으로 알아낸 이후로, 구셀라와 58명의 과학자로 이루어진 연구진은 무려 10년을 그 유전자를 찾으면서 보냈다. 그들은 유전자를 찾아내는 기간을 줄이기 위해서 온갖 방법을 다 시도했다. 그러나 모두 헛수고였다. 처음에 찾아왔던 행운은 달아나고 없었다. 낙심한 채 그들은 유전자를 하나씩 꾸준히 조사하는 방식에 의존해야 했다. 1992년, 그들은 서서히 후보 유전자를 하나로 좁혀 갔다. 처음에 IT15—"흥미로운 전사체 15(interesting transcript 15)"의 줄임말—이라고 이름을 붙인 유전자였다. 이윽고 그 유전자는 헌팅턴 유전자가 되었다.

IT15는 거대한 단백질을 만든다는 것이 드러났다. 인체의 다른 거의 모든 단백질보다 더 큰, 무려 3,144개의 아미노산으로 이루어진 생화학적인 거인 단백질이었다(인슐린은 고작 51개의 아미노산으로 이루어져 있다). 2월의 그 날 아침, 구셀라의 박사후 연구원은 정상인 대조군과 헌팅턴병 환자들의 IT15 유전자 서열을 분석했다. 서열 분석에 쓰이는 젤에 생긴 띠무늬를 세던 그녀는 환자들과 병에 걸리지 않은 그 친척들 사이에 한 가지 뚜렷한 차이점이 있다는 것을 알았다. 마침내 후보 유전자가 발견된 것이다.[29]

웩슬러는 혈액 표본을 모으기 위해서 다시 베네수엘라로 떠나려 하다가 구셀라의 전화를 받았다. 그녀는 감정이 북받쳤다. 눈물을 멈출 수가 없었다. "우리가 해냈어요, 우리가 해냈다고요."[30] 그녀는 한 기자에게 말했다. "정말로 기나긴 여정이었습니다."

헌팅턴 단백질이 어떤 기능을 하는지는 아직도 잘 모른다. 정상 단백질은 뉴런과 고환 조직에서 발견되며, 뇌의 발달에 필요하다. 헌팅턴병을 일으키는 돌연변이는 더욱 수수께끼이다. 정상 헌팅턴 유전자에는 CAGCAGCAGCAG…라는 심하게 반복되는 서열이 포함되어 있다. 분자판 단조로운 선율이라고 할 수 있는 이 서열은 평균 17회 반복되어 있다(반복 횟수가 10회인 사람도 있고, 무려 35회인 사람도 있다). 헌팅턴병 환자들에는 특이한 돌연변이가 있다. 낫 모양 적혈구 빈혈은 단백질의 아미노산 하나가 바뀌어서 생긴다. 헌팅턴병에서는 아미노산 한두 개가 바뀌는 돌연변이가 아니라, 이 서열의 반복 횟수가 증가하는 형태의 돌연변이가 나타난다. 정상 유전자에서는 35회 이하이지만, 돌연변이체에서는 40회를 넘는다. 반복 횟수가 증가하면 헌팅턴 단백질은 더 길어진다. 이 더 길어진 단백질은 뉴런에서 조각나고, 이 조각들이 세포 안에 쌓여서 뒤엉킨 실 뭉치처럼 되면서 기능 이상과 죽음을 초래하는 것으로 여겨진다.

이 기이한 분자 "더듬거림(stutter)", 즉 반복 서열의 반복 횟수 변화가 어디에서 기원했는지도 아직 미지의 영역이다. 유전자 복제의 오류로 생기는 것일 수도 있다. 마치 아이가 미시시피(Mississippi)의 철자를 쓸 때 s를 한 번 더 쓰는 것처럼, DNA 복제 효소가 이 반복 서열을 복제할 때 CAG를 더 덧붙이는 것일 수도 있다. 헌팅턴병 유전의 한 가지 두드러진 특징은 "앞당김(anticipation)"이라는 현상이다.[31] 헌팅턴병 집안에서는 세대가 지날수록 반복 횟수가 더 늘어나면서, 50-60회에 도달하기도 한다(미시시피의 철자를 한 번 잘못 쓴 아이가 s를 계속 더 덧붙이는 것과 같다). 반복 횟수가 늘어날수록, 증세는 더 심해지고 발병 연령이 더 낮아져서 점점 더 이른 나이에 발병한다. 베네수엘라에서는 현재 12세의 아이들에게서도 발병하고 있으며, 그중에는 반복 횟수가 70-80회에 이르는 아이도 있다.

염색체에 있는 유전자의 물리적 위치를 토대로 한 데이비스와 보츠스타인의 유전자 지도 작성 기술―나중에 위치 추적 클로닝(positional cloning)이라고 불리게 된다―은 인류유전학의 역사에 전환점이 되었다. 1989년 그 기술은 허파, 췌장, 담즙관, 장을 손상시키는 지독한 병인 낭성 섬유증의 유전자를 찾아내는 데에 이용되었다. 대다수 인류 집단에서 아주 드문(베네수엘라의 특이한 환자 집단을 제외하고) 헌팅턴병을 일으키는 돌연변이와 달리, 낭성 섬유증(Cystic Fibrosis, CF) 돌연변이체는 흔하다. 유럽인 후손은 25명에 1명꼴로 이 돌연변이를 가진다. 이 돌연변이 유전자를 하나만 가지면 대개 증상이 나타나지 않는다. 그러나 무증상인 보인자 두 사람이 만나 아이를 낳으면, 그 아이가 돌연변이 유전자를 쌍으로 가진 채 태어날 확률은 4분의 1이된다. 돌연변이 CF 유전자를 쌍으로 물려받으면 치명적인 결과가 빚어질 수도 있다. 이 돌연변이 중에는 침투도가 거의 100퍼센트에 달하는 것도 있다. 1980년대까지, 그런 돌연변이 대립유전자를 쌍으로 가진 아이의 평균 수명은 20세에 불과했다.

수세기 전부터 낭성 섬유증은 염분 분비와 관련이 있다고 추정되어 왔다. 1857년, 동요와 놀이를 수집한 한 스위스 학자는 "이마에 뽀뽀할 때 짠 맛이 나는" 아이는 건강이 안 좋을 수 있다고 경고했다.[32] 그런 병이 있는 아이는 땀에 젖은 옷을 철사 줄에 걸으면 바닷물에 담근 것처럼 쇠가 부식될 정도로 땀샘으로 엄청난 양의 소금을 분비한다고 알려졌다. 허파의 분비물은 너무나 끈적거려서 가래가 기도를 막을 정도였다. 점액이 들어찬 기도는 세균이 번식하기 좋기 때문에, 치명적인 폐렴에 걸리는 일이 흔했고, 그것이 주된 사망 원인이었다. 자신의 분비물에 익사하여 끔찍한 죽음을 맞이하곤 하는 끔찍한 삶이었다. 1595년, 라이든 대학교의 한 해부학 교수는 어느 아이의 죽음을 이렇게 기록했다. "심막 안에서 심장이 녹색의 유독한 액체에 둥둥 떠 있었다. 췌장이 기이하게 부풀어 오른 것이 사망 원인이었다……이 어린 소녀는 소모열에 시달려서 바짝 말랐다. 오르내리긴 했지만 지속되는 형태의 열이었다."[33] 낭성 섬유증 환자를 묘사했음이 거의 확실하다.

1985년, 토론토에서 일하던 인류유전학자 랩치 추이는 유전체에 흩어져 있는 보츠스타인의 DNA 변이체 중 하나인 "이름 없는 표지"가 돌연변이 CF 유전자와 연관되어 있음을 발견했다.[34] 그 표지는 7번 염색체에 있음이 곧 밝혀졌지만, CF 유전자가 그 염색체의 어디에 있는지는 아직 오리무중이었다. 추이는 있을 만한 영역을 점점 더 좁혀가면서 CF 유전자 사냥을 시작했다. 미시건 대학교의 인류유전학자 프랜시스 콜린스, 토론토의 잭 라이어든도 그 사냥에 합류했다. 콜린스는 표준 유전자 사냥 기술을 창의적으로 변형한 바 있었다. 유전자 지도를 작성할 때는 대개 염색체를 따라 "걷는" 방법을 이용했다. 한 조각을 클로닝한 뒤, 그 옆의 조각을 일부 겹치게 잘라내어 클로닝하는 식으로 진행했다. 주먹을 번갈아 조금 겹치게 쥐면서 밧줄을 잡고 오르는 것처럼, 고되기 그지없는 방식이었다. 대신에 콜린스의 방법은 염색체의 긴 영역을 오르락내리락 하면서 훑을 수 있었다. 그는 그 방법을 염색체 "도약(jumping)"이라고 했다.

1989년 봄, 콜린스, 추이, 라이어든은 염색체 도약을 이용하여 7번 염색체의 유전자 서너 개로 사냥 범위를 좁혔다.[35] 남은 과제는 그 유전자들의 서열을 분석하고, 정체를 확인하고, CF 유전자의 기능에 영향을 미친 돌연변이가 무엇인지를 알아내는 것이었다. 그해 늦여름 비가 추적추적 내리는 저녁, 추이와 콜린스는 베데스다에서 열린 유전자 지도 작성 워크숍에 참석하고 있었다. 그들은 콜린스 연구실의 박사후 연구원으로부터 유전자 서열을 분석한 결과가 오기를 기다리면서 팩스기 옆에 초조하게 서 있었다. 이윽고 팩스기가 서열이 가득 적힌 종이 더미를 내뱉기 시작했다. ATGCCGGTC…콜린스는 허공에서 계시가 물질화하는 광경을 지켜보았다. 병에 걸린 아이들에게서는 유전자의 두 사본에 돌연변이가 있고, 병이 없는 부모에게서는 한쪽 사본에만 돌연변이가 있는 양상이 일관되게 나온 유전자는 단 하나뿐이었다.

CF 유전자는 세포막을 가로질러 염분을 이동시키는 분자를 만든다. 가장 흔한 돌연변이는 DNA 염기 3개가 누락되면서 단백질에서 아미노산 하나가 제거되는, 즉 결실(缺失)하는 결과를 낳는 것이다(유전자의 언어에서, DNA의 염기 3개는 아미노산 하나를 지정한다). 이 결실로 염화물—염화나트륨, 즉 소금의 한 성분—을 세포막을 가로질러 옮길 수 없는, 즉 제 기능을 못하는 단백질이 만들어진다. 땀 속의 소금은 다시 몸으로 흡수될 수 없어서, 특유의 짠 땀이 분비된다. 게다가 몸은 장으로 염분과 물을 분비할 수 없기 때문에, 특유의 뱃속 증상들이 나타난다.*

* 인류유전학자들은 유럽인 집단에서 돌연변이 낭성 섬유증 유전자의 비율이 왜 그렇게 높은지를 놓고 수십 년 동안 고심해왔다. CF가 그렇게 치명적인 병이라면, 그 유전자가 진화적 선택을 통해서 제거되지 않은 이유가 무엇일까? 최근의 연구들은 한 가지 도발적인 이론을 제시한다. 돌연변이 낭성 섬유증 유전자가 콜레라 감염 때 선택적 **이점**을 제공할 수도 있다는 것이다. 콜레라는 잘 낫지 않는 심한 설사를 일으키면서 염분과 수분이 급격히 빠져나간다. 이 급격한 상실은 탈수, 대사 혼란, 죽음을 가져올 수 있다. 돌연변이 CF 유전자를 하나만 가진 사람은 막을 통해서 염분과 물이 빠져나가는 능력이 약간 떨어지므로, 상대적으로 콜레라의 가장 치명적인 합병증을 덜 앓는다(유전자를 변형한 생쥐를 이용하여 이점이 확인되었다). 여기에서도 한 유전자의 돌연변이는 상황에 따라서 양쪽으로 효과를 미칠 수 있다. 하나일 때는 유익하지만, 한 쌍일 때는 치명적이 된다. 따라서 돌연변이 CF

CF 유전자의 클로닝은 인류유전학자에게 한 이정표가 되었다. 몇 달 지나지 않아서, 그 돌연변이 대립유전자를 진단하는 검사법이 개발되었다. 1990년대 초에는 그 돌연변이의 보인자들을 알아낼 수 있게 되었고, 산전 검사 때 그 병은 으레 검사하는 항목이 되었다. 부모는 그 유전자를 쌍으로 가진 태아를 낙태하거나 병의 예후를 살펴볼 수 있게 되었다. "보인자 부부", 즉 각자 그 돌연변이 유전자를 적어도 하나 가진 부부는 아이를 가지지 않거나, 입양하는 쪽을 택할 수 있다. 지난 10년 사이에, 부모 선별 검사와 태아 검사의 결합에 힘입어서 그 돌연변이 대립유전자의 빈도가 가장 높은 집단들에서 낭성 섬유증을 지닌 아이의 비율은 약 30-40퍼센트 감소했다.[36] 1993년, 뉴욕의 한 병원은 아슈케나지 유대인(유럽에 퍼져 살던 유대인들을 가리키며, 오랜 세월 동안 타민족과 혈연적으로 격리되면서 독특한 유전적 특징을 가지게 됨/역주)을 대상으로 낭성 섬유증, 고셰병, 테이색스병 세 가지 유전병(아슈케나지 집단은 이 돌연변이 유전자들의 비율이 유달리 높다)을 걸러내는 공격적인 계획을 실행했다.[37] 선별 검사와 양수 검사에 대한 여부, 그 병이 있다고 드러났을 때 임신 중절 여부를 부모가 자유롭게 선택하도록 했다. 그 계획이 시작된 이래로, 그 병원에서 그런 유전병을 가진 아기는 단 한 명도 태어나지 않았다.

버그와 잭슨이 최초의 재조합 DNA 분자를 만든 1971년과 헌팅턴병 유전자가 확실히 분리된 1993년 사이에 유전학에서 일어난 전환들을 개념화하는 것이 중요하다. 1950년대 말에 DNA가 유전학의 "주인 분자"임이 밝혀졌다고 해도, 당시에는 그것을 서열 분석하거나 합성하거나 변형하거나 조작할 수단이 전혀 없었다. 몇 가지 눈에 띄는 예외 사례를 빼면, 인간 질병의 유전적

유전자를 하나만 가진 사람은 유럽에 콜레라가 대유행할 때 살아남았을지 모른다. 그런 사람 둘이 만나서 아이를 낳으면, 돌연변이 유전자를 쌍으로 가진, 즉 낭성 섬유증에 걸릴 아이가 나올 확률이 4분의 1이지만, 그 돌연변이가 주는 선택적 이점이 충분히 크기 때문에 집단에 돌연변이 CF 유전자가 유지된다.

토대는 대체로 모르는 상태였다. 원인인 유전자를 확실하게 밝혀낸 질병—낫 모양 적혈구 빈혈, 지중해 빈혈, B형 혈우병—은 극소수에 불과했다. 임상에 적용할 수 있는 유전적 개입 수단은 양수 검사와 낙태뿐이었다. 인슐린과 혈액 응고 인자는 돼지의 기관과 인간의 혈액에서 분리되고 있었다. 유전공학으로 만든 약물은 전혀 없었다. 인간의 유전자를 인간의 세포 바깥에서 발현시킨 사례도 전혀 없었다. 외래 유전자를 도입하거나 타고난 유전자에 일부러 돌연변이를 일으켜서 생물의 유전체를 바꾸는 일은 아직 요원했다. **생명공학**이라는 단어는 옥스퍼드 사전에 아직 등재되지 않았다.

20년 후, 유전학의 경관은 놀라울 정도로 바뀌었다. 사람의 유전자는 지도로 작성되고 분리되고 서열 분석되고 합성되고 복제되고 재조합되고 세균 세포에 도입되고 바이러스 유전체에 전달되고 약물을 만드는 데에 이용되고 있었다. 물리학자이자 역사가인 에벌린 폭스 켈러는 이렇게 썼다. "분자생물학자들이 자신의 DNA를 조작할 수 있는 기술을 발견하자, '본성'이 불변이라는 전통적인 개념을 결정적으로 바꾸는 기술적 노하우가 출현했다."[38]

"전통적인 견해에서 '본성'은 운명이고 '양육'은 자유를 의미했지만, 이제는 그 역할의 뒤바뀔 듯했다……우리는 장기적인 목표로서가 아니라 당면한 목적을 위해 전자[즉 유전자]를 후자[즉 환경]보다 더 쉽게 통제할 수 있게 될 것이다."

그 계시적인 시대가 시작되기 직전인 1969년, 유전학자 로버트 신세이머는 미래에 관한 글을 썼다. 유전자를 합성하고 서열 분석하고 조작하는 능력이 "인류 역사에 새로운 지평"[39]을 열 것이라고 적었다.

"이것이 인류의 완성이라는 오래된 꿈의 새로운 판본에 불과하다고 느끼거나 피식 웃을 사람들도 있을지 모른다. 바로 그렇다. 그러나 그 이상의 것이 있다. 인류 문화의 완성이라는 오래된 꿈은 늘 인류가 타고난, 물려받은 불완전성과 한계 때문에 심하게 제약을 받아왔다……이제 우리 눈앞에 다른 길이 어렴풋이 보인다. 20억 년에 걸친 진화의 이 놀라운 산물을 현재 상상할 수도 없는 수준으로 쉽게 의식적으로 완성시킬 가능성이 엿보인다.”[40]

이 생물학적 혁명을 예견했던 다른 과학자들은 그보다는 더 냉철한 태도를 보였다. 1923년에 유전학자 J. B. S. 할데인은 유전자를 통제할 힘을 수중에 넣은 뒤에는, “어떤 믿음도 어떤 가치도 어떤 제도도 안전하지 않다”[41]라고 썼다.

"유전체를 알다"

사냥을 갈 거야, 사냥을 갈 거야!
여우를 잡아서 상자에 담을 거야,
그런 다음 풀어줄 거야.
                                    —18세기 동시

우리 유전체의 이 서열을 읽는 능력은 철학적 역설을 낳는다. 지적인
존재가 자신을 만드는 명령문을 과연 이해할 수 있을까?
                                    —존 설스턴[1]

르네상스 시대의 조선업을 연구하는 학자들은 1400년대 말과 1500년대에 원
양 항해의 폭발적인 증가를 자극하여, 결국 신대륙의 발견을 낳은 기술이 무
엇인지를 두고 논쟁을 벌여왔다. 한쪽 진영에서 주장하듯이, 갤리언 선, 카라
크 선, 플뤼트 선 등 점점 더 큰 배를 건조할 수 있는 능력이었을까? 아니면
우수한 아스트롤라베(astrolabe: 천문 관측 장치/역주), 나침반, 초기 육분의
같은 새로운 항해 기술의 발명이었을까?

　과학과 기술의 역사에서도 돌파구는 두 기본 형태로 이루어지는 듯하다.
하나는 규모의 전환이다. 크기나 규모가 바뀐 것만으로 중요한 진보가 이루
어진다(한 공학자의 유명한 말처럼, 달로켓은 그저 거대한 제트기를 달을 향
해서 수직으로 세운 것에 불과하다). 다른 하나는 개념의 전환이다. 근본적으
로 새로운 개념이나 착상이 출현함으로써 발전이 이루어진다. 사실 둘은 상
호 배타적이 아니라, 서로를 보강한다. 규모의 전환은 개념의 전환을 가능하

게 하고, 새로운 개념은 새로운 규모를 요구한다. 현미경은 눈에 안 보이는 세계로 향하는 문을 열었다. 세포와 세포소기관이 알려지자, 세포의 구조와 생리에 관한 의문들이 제기되었고, 세포 속 기관들의 구조와 기능을 이해하려면 더 강력한 현미경이 필요했다.

1970년대 중반부터 1980년대 중반 사이에, 유전학에는 많은 개념적 전환—유전자 클로닝, 유전자 지도 작성, 쪼개져 있는 유전자, 유전공학, 새로운 유전자 조절 양상—이 이루어졌지만, 규모의 근본적인 전환은 일어나지 않았다. 그 10년 동안, 수백 개의 유전자가 독특한 기능을 토대로 분리되고 서열 분석되고 클로닝이 이루어졌지만, 세포로 이루어진 생물의 유전자들을 집대성한 목록은 아직 만들어지지 않았다. 생물의 유전체 전체의 서열을 분석할 기술은 원리상 이미 발명되었지만, 그 일이 너무나 엄청난 규모였기에 과학자들은 멈칫했다. 1977년 프레더릭 생어는 ϕX 바이러스의 유전체 서열을 분석했다.[2] 그 DNA를 이루는 염기 5,386개가 바로 유전자 서열 분석 능력의 한계치였다. 3,095,677,412개의 염기쌍으로 이루어진 사람 유전체는 규모가 574,000배 더 컸다.[3]

유전체 전체의 서열 분석은 인간의 질병 연관 유전자들을 찾아낸다는 관점에서 보면 특히 더 바람직했다. 1990년대 초에 2개의 중요한 인간 유전자가 밝혀져서 언론을 장식하고 있었어도, 유전학자들—그리고 환자들—은 그 과정이 너무나 비효율적이고 고역스럽다고 속으로 걱정하고 있었다. 헌팅턴병의 사례를 보면, 한 환자(낸시 웩슬러의 모친)로부터 유전자까지 도달하는 데에 거의 25년이 걸렸다(그 병의 사례가 처음 보고된 때부터 따지면 121년이 걸린 셈이다). 유방암이 유전된다는 것도 고대부터 알려져 있었지만, 가장 흔한 유형의 유방암과 연관된 유전자인 BRCA1은 1994년에야 발견되었다.[4] 낭성 섬유증 유전자를 분리하는 데에 쓰인 염색체 도약 같은 신기술들을 써도, 유전자를 찾아내는 과정은 좌절을 느낄 만큼 느렸다.[5] 선충 생물학자인 존 설스턴은 말했다. "인간의 유전자를 찾는 일에 대단히 명석한 사람들이 결코 부족하진 않지만, 그들은 어떤 서열 조각이 쓸 만한지 추정하는 일에 시간을 다 보내고 있었다."[6] 설스턴은 유전자를 하나씩 찾아내는 접근법이 결국은 막다른 골목에 이를 것이라고 걱정했다.

제임스 왓슨도 "단일 유전자" 유전학의 진척 속도에 좌절을 드러냈다. "재조합 DNA 기술이 엄청난 힘을 가지고 있어도, 질병 유전자의 대부분을 분리하는 일은 1980년대 중반까지도 여전히 인간의 능력 너머에 있는 듯이 보였다."[7] 왓슨은 인간 유전체 전체의 서열을 분석하기를 원했다. 첫 번째 뉴클레오티드에서 마지막 뉴클레오티드까지, 30억 개의 염기쌍 전체 서열을 원했다. 알려진 모든 유전자와 그 모든 유전 암호, 모든 조절 서열, 모든 인트론과 엑손, 유전자 사이의 모든 DNA 조각과 모든 단백질 암호 조각이 그 서열 안에 들어 있을 것이다. 그 서열은 앞으로 발견될 유전자들에 주석을 붙일 주형(鑄型, template) 역할을 할 터였다. 한 예로, 어느 유전학자가 유방암 위험을 증가시키는 새로운 유전자를 발견한다면, 그 인간 유전체 서열과 비교하여 그 유전자의 정확한 위치와 서열을 해독할 수 있을 것이다. 그리고 그 유전체 서열은 비정상 유전자, 즉 돌연변이를 파악할 수 있는 "정상"적인 주형 역할도 할 것이다. 유전학자는 유방암에 걸린 여성과 그렇지 않은 여성의 유방암 연관 유전자를 비교함으로써, 그 병을 일으키는 돌연변이를 밝혀낼 수 있을 것이다.

인간 유전체 전체의 서열을 분석할 추진력은 두 곳에서 나왔다. 유전자를 한 번에 하나씩 찾는 접근법은 낭성 섬유종과 헌팅턴병 같은 "단일 유전자" 질병에는 매우 적절했다. 그러나 가장 흔한 유전병들은 단일 유전자 돌연변이로 생기는 것이 아니다. 그런 병들은 유전자 질병이라기보다는 **유전체** 질병이었다. 유전체 전체에 퍼져 있는 여러 유전자들이 발병 위험 수준을 결정한다. 어느 한 유전자만 살펴보고서는 그런 병을 이해할 수가 없다. 개별 유전자들의 상호 관계를 이해해야만 병을 이해하고 진단하고 예측할 수가 있는 것이다.

암은 유전체 질병의 원형이다. 암이 유전병이라는 것은 한 세기 전부터 알려져 있었다. 1872년, 브라질 안과 의사 일라리우 데고베아는 망막모세포종(retinoblastoma)이라는 희귀한 형태의 눈암이 집안에 대물림되는 불행한 사례를 기록했다.[8] 물론 한 집안은 유전자만 공유하는 것이 아니다. 나쁜 습성, 나쁜 식단, 신경증, 강박 성향, 환경, 행동도 공유한다. 그러나 그 병이 집안 내력이라는 것은 유전적 원인도 있음을 시사했다. 데고베아는 이 희귀한 눈 종양의 원인이 "유전 인자"라고 주장했다. 지구 반대편에서 7년 전에, 멘델이라는 무명의 식물학자 겸 수도사가 완두의 유전 인자를 설명한 논문을 발표했지만, 데고베아는 멘델의 논문도 유전자라는 단어도 알지 못했다.

데고베아의 사례 보고가 있은 지 꼬박 한 세기 뒤인 1970년대 말, 과학자들은 암이 정상 세포의 성장 조절 유전자에 돌연변이가 일어나서 생긴다는 불편한 진실을 깨닫기 시작했다.* 정상 세포에서 이 유전자들은 성장의 강력한 조절자 역할을 한다. 그래서 피부에 상처가 나면, 빨리 분열하여 치유를 하고, 다 나으면 분열을 중단하므로 종양으로 변하는 일이 없다(유전학의 언어로 말하자면, 유전자는 상처를 입었을 때 세포에게 언제 성장하고 언제 멈추라고 말해준다). 유전학자들은 암 세포에서는 어떤 식으로든 이 경로가 교란되어 있음을 깨달았다. 경로를 시작하는 유전자들은 **켜져서** 미친 듯이 돌아가는 반면, 경로를 끝내는 유전자들은 작동을 **멈춘다**. 유전자들이 대사를 변형시키자 세포의 정체성이 혼란에 빠지면서, 성장을 멈추는 법을 알지 못하는

---

* 인간의 **내생** 유전자가 변질되어 암이 발생한다는 것을 밝혀내기까지, 엉뚱한 방향으로 진이 빠지도록 나아간 적도 있었고 번뜩이는 직감을 통해서 지름길을 찾아낸 적도 있는, 이 파란만장한 지적 여정은 별도의 책으로 쓰일 만하다.

1970년대에는 모든 또는 대부분의 암이 바이러스로 생긴다는 것이 주류 이론이었다. 그러나 UCSF의 해럴드 바머스와 J. 마이클 비숍을 비롯한 몇몇 과학자들의 선구적인 실험을 통해서, 그 바이러스가 대개 **세포 유전자** —원암유전자(proto-oncogene)—를 자극시키면서 암이 발생된다는 놀라운 사실을 밝혀냈다. 즉 암 취약성은 이미 인간 유전체에 존재했다. 암은 이 유전자들에 돌연변이가 일어나면서, 제멋대로 증식이 일어날 때 생긴다.

세포로 변신했다.

암은 그런 **내생**의 유전적 경로들이 격렬하게 요동치도록 변형된 결과였다. 암생물학자 해럴드 바머스의 말을 빌리자면, "우리의 정상 자아의 일그러진 판본"이었다. 수십 년 동안 과학자들은 바이러스나 세균 같은 어떤 병원체가 암의 보편적인 원인이 아닐까 생각했다. 그러면 백신이나 항생제 요법을 써서 암을 없앨 수 있을 것이었다. 그러나 암 유전자와 정상 유전자가 긴밀한 관계에 있음이 드러나자 암생물학은 한 가지 핵심 도전 과제에 직면하게 되었다. 어떻게 하면 정상적인 성장 과정이 교란되지 않게 하면서, 돌연변이 유전자를 **켜짐**이나 **꺼짐** 상태로 되돌려놓을 수 있을까? 이 목표는 지금도 여전히 존재하며, 암 치료의 영원한 환상이자 가장 심오한 난제로 남아 있다.

정상 세포는 네 가지 경로를 통해서 이 암을 일으키는 돌연변이를 획득할 수 있다. 돌연변이는 담배 연기, 자외선, X선 등 DNA를 공격하여 그 화학 구조를 바꾸는 환경 요인들을 통해서 생길 수 있다. 또 세포 분열 때 저절로 오류가 일어나서 돌연변이가 생길 수도 있다(세포에서 DNA가 복제될 때마다 복제 과정에 사소한 오류가 일어날 수 있다. A가 T, G가 C로 바뀌는 식이다). 집안 내력인 망막모세포종이나 유방암처럼 돌연변이 암 유전자를 부모로부터 물려받아서 유전성 암에 걸리기도 한다. 또 미생물 세계에서 유전자 운반과 교환의 전문가인 바이러스가 세포로 돌연변이 유전자를 들여올 수도 있다. 이 네 경로는 동일한 병리학적 과정으로 수렴되어 동일한 결과를 낳는다. 성장을 통제하는 유전적 경로가 부적절하게 활성을 띠거나 잃음으로써, 암의 특징인 통제 불능의 악성 세포 분열이 일어난다.

인류 역사에서 가장 근원적인 병 중의 하나가 생물학의 가장 근원적인 두 과정이 변질되어 생긴다는 것은 우연이 아니다. 즉 암은 진화와 유전이라는 두 논리를 전용한다. 멘델과 다윈의 병리학적 수렴이다. 암 세포는 돌연변이, 생존, 자연선택, 성장을 통해서 생긴다. 그리고 유전자를 통해서 악성 성장의 명령문을 딸세포에게 전달한다. 1980년대 초에 생물학자들이 깨달았듯이, 암은 "새로운" 유형의 유전병이었고, 유전, 진화, 환경, 우연이 모두 혼합된 결과물이었다.

그러나 전형적인 암이 발생하는 데에 관련되는 그런 유전자가 몇 개나 될까? 한 암에 하나의 유전자일까? 아니면 12개? 100개? 1990년대 말, 존스홉킨스 대학교의 암유전학자 버트 보겔스타인은 인간의 암에 관여하는 유전자들을 거의 다 모으는 목록을 작성하기로 결심했다.[9] 그는 암이 세포에 돌연변이 수십 개가 축적되는 단계적인 과정을 통해서 생긴다는 것을 이미 알고 있었다. 세포는 이 유전자 저 유전자에 돌연변이가 하나씩 생기면서 서서히 암을 향해 나아간다. 돌연변이가 하나, 둘, 넷……수십 개가 쌓이다보면, 통제되던 성장은 어느 시점에 문턱을 넘어서 통제 불능의 성장이 될 때 암이 생긴다.

이 자료는 암유전학자들에게 유전자를 하나씩 연구하는 방식이 암을 이해하고 진단하고 치료하는 데에 미흡하다는 것을 명확히 보여주었다. 암의 한 가지 근본적인 특징은 유전적 다양성이 엄청나다는 점이었다. 한 여성의 양쪽 유방에서 한날한시에 떼어낸 유방암 표본 두 개가 돌연변이 양상이 전혀 달라서, 행동도 다르고 진행 속도도 다르고 화학 요법에 반응하는 양상도 다를 수 있다. 암을 이해하려면 암 세포의 유전체 전체를 파악할 필요가 있었다.

암 유전체―개별 암 유전자가 아니라―의 서열 분석이 암의 생리와 다양성을 이해하는 데에 필요하다면, 정상 유전체의 서열 분석이 먼저 완료되어야 한다는 것도 너무나 명백했다. 인간의 유전체는 암 유전체의 정상적인 대응물이다. 유전자 돌연변이는 정상 또는 "야생형(wild-type)" 유전자라는 맥락에서만 이야기할 수 있다. 정상인 주형이 없이는 암의 기초 생물학을 이해할 수 있다는 희망조차 품기 힘들었다.

유전성 정신질환도 암처럼 수십 개의 유전자가 관여한다는 사실이 드러나고 있었다. 특히 조현병은 1984년 편집성 환각에 시달리던 제임스 허버티라는 남자가 7월의 어느 오후에 길을 걷다가 샌디에이고의 맥도널드 가게에 들어가서 무차별 총격을 가해 21명을 살해한 일로 전국적인 관심사가 되었다.[10] 학살을 저지르기 전날, 허버티는 한 정신병원의 접수원에게 제발 도와달라는 절실한 메시지를 남겼었다. 그리고 그는 전화기 옆에서 하염없이 기다렸다. 그러나 전화는 오지 않았다. 접수원은 그의 이름을 슈버티라고 잘못 적었고 그의 전화번호도 적어놓지 않았다. 다음날 아침, 편집증 시달려서 여전히 몽롱한 상태에서 그는 반자동 총기를 장전하여 격자무늬 담요로 감싼 채, 딸에게 "인간 사냥을 하러 간다"고 말하고 집을 나섰다.

허버티 사건이 터지기 7개월 전, 국립과학원이 조현병은 유전자와 관련이 있음을 명확히 나타내는 대규모 연구 자료를 발표한 바 있었다.[11] 1890년대에 골턴이 개척하고 1940년대에 나치 우생학자들도 했던 그 쌍둥이 연구를 통해서 국립과학원은 일란성 쌍둥이의 조현병 일치율이 무려 30-40퍼센트라는 것을 발견했다. 앞서 1982년에 유전학자 어빙 고츠먼은 일란성 쌍둥이에게서 그 일치율이 40-60퍼센트에 달한다는 훨씬 도발적인 연구 결과를 내놓기도 했다.[12] 즉 쌍둥이 중 한쪽이 조현병 진단을 받으면, 다른 쌍둥이가 그 병에 걸릴 확률이 일반 집단보다 50배 더 높다는 것이었다. 고츠먼은 가장 심각한 유형의 조현병에 걸린 일란성 쌍둥이를 조사했을 때에는 일치율이 75-90퍼센트에 달했다고 했다.[13] 일란성 쌍둥이 중 한쪽이 그 병이 있다면 다른 한쪽도 거의 **모두** 그 병을 가지고 있었다. 일란성 쌍둥이 사이의 이 높은 일치율은 조현병이 유전적 영향을 강하게 받음을 시사했다. 반면에 국립보건원과 고츠먼 모두 이란성 쌍둥이 사이의 일치율이 크게 낮다는 결과를 내놓았다(약 10퍼센트).

이러한 유전 양상은 어느 병이 유전자에 어떻게 영향을 받는지를 말해주는 중요한 단서이다. 조현병이 한 유전자에 생긴 침투도가 높은 하나의 우성 돌연변이로 발생한다고 가정하자. 일란성 쌍둥이 중 한쪽이 그 돌연변이 유전자를 물려받았다면, 다른 한쪽도 반드시 그 유전자를 물려받았을 것이다. 둘

다 그 병에 걸릴 것이고, 둘 사이의 일치율은 100퍼센트에 가까워야 한다. 한편 이란성 쌍둥이와 형제자매는 평균적으로 그 유전자를 물려받을 확률이 절반이므로, 그들 사이의 일치율은 50퍼센트로 떨어져야 한다.

반대로 이제 조현병이 단일한 병이 아닌 질병들의 집합이라고 가정하자. 뇌의 인지 기구가 움직임을 통제하고 조정하는 중심축, 변속기, 더 작은 피스톤과 개스킷 등 수십 가지 부품으로 이루어진 복잡한 기계 엔진이라고 상상하자. 중심축이 부러지고 변속기가 고장나면, "인지 엔진" 전체가 망가질 것이다. 이는 심각한 유형의 정신분열증에 해당한다. 신경의 연결과 발달을 통제하는 유전자들에서 침투도가 높은 돌연변이들이 몇 개 조합되면, 중심축과 변속기가 고장 나서 심각한 인지 결함이 나타날 수 있다. 일란성 쌍둥이는 동일한 유전체를 물려받으므로, 당연히 양쪽 다 중심축과 변속기의 유전자에 있는 돌연변이들을 물려받을 것이다. 그리고 그 돌연변이들은 침투도가 높기 때문에, 일란성 쌍둥이들 사이의 일치율은 100퍼센트에 가까울 것이다.

이제 작은 개스킷, 점화 플러그, 피스톤 중 몇 개가 작동하지 않아서 인지 엔진에 이상이 생길 수 있다고 상상해보자. 이때는 엔진이 완전히 고장 나지는 않는다. 쿨럭거리고 툴툴거리겠지만, 기능 이상은 상황에 좀더 좌우될 것이다. 겨울에는 더 심해지는 식이다. 이것은 더 약한 유형의 조현병에 비유할 수 있다. 이 기능 이상은 침투도가 낮은 돌연변이들의 **조합**으로 생긴다. 인지의 전반적인 메커니즘을 좀더 미묘하게 조절하는 개스킷, 피스톤, 점화 플러그 유전자들에 일어난 돌연변이들이다.

여기에서도 일란성 쌍둥이들은 똑같은 유전자를 지니므로, 이를테면 그 유전자들의 변이체 5개를 똑같이 물려받겠지만, 침투가 불완전하고 촉발 요인은 더욱 상황에 좌우되므로 둘 사이의 일치율은 30퍼센트나 50퍼센트에 불과할 것이다. 반면에 이란성 쌍둥이와 형제자매는 이 유전자 변이체들 중 일부만을 공유할 것이다. 멘델 법칙에 따라 두 형제자매가 이 변이체 5가지를 한꺼번에 물려받는 일은 드물다. 이란성 쌍둥이와 형제자매 사이의 일치율은

5퍼센트나 10퍼센트로 매우 낮을 것이다.

조현병 사례들에서 더 흔하게 관찰되는 유전 양상이 바로 이것이다. 일란성 쌍둥이의 일치율이 50퍼센트에 불과하다는—즉 한쪽이 그 병에 걸렸을 때 다른 한쪽이 걸릴 확률은 50퍼센트에 불과하다는—것은 그 성향을 벼랑 끝으로 내모는 다른 어떤 촉발 요인(환경 요인이나 우연한 사건)이 필요하다는 것을 의미한다. 그러나 조현병이 있는 부모의 아이가 태어나자마자 그 병이 없는 가정에 입양될 때에도, 아이에게서 그 병이 나타날 확률은 15-20퍼센트에 달한다. 일반 집단보다도 약 20배 높다. 환경이 아무리 달라져도 유전자가 강력하고도 자동적으로 영향을 미칠 수 있음을 보여주는 사례이다. 이 양상들은 조현병이 다수의 변이체, 다수의 유전자, 잠정적인 환경이나 우연의 촉발 요인을 수반하는 복잡한 다유전자 질병임을 강하게 시사한다. 따라서 암을 비롯한 다유전자 질병들처럼, 조현병 역시 유전자를 하나씩 파악하는 접근법으로는 문제가 해결될 가능성이 적다.

1985년 여름에 출판된 『범죄와 인간 본성: 범죄 원인 연구의 결정판(*Crime and Human Nature: The Definitive Study of the Causes of Crime*)』이라는 책은 유전자, 정신질환, 범죄에 관한 대중의 불안을 더욱 부채질했다.[14] 정치학자인 제임스 Q. 윌슨과 행동생물학자인 리처드 헌스타인이 쓴 선동적인 책이었다. 그들은 특정한 유형의 정신질환들—특히 폭력적이고 파괴적인 유형의 조현병—이 범죄자들에게서 매우 높은 비율로 나타나고, 유전적일 가능성이 높고, 범죄 행동의 원인일 가능성이 높다고 주장했다. 중독과 폭력도 유전적 요소가 강하다고 했다. 이 가설은 대중의 상상을 사로잡았다. 전후의 범죄학계에는 범죄의 "환경론"이 주류를 이루고 있었다. 즉 범죄자는 나쁜 영향의 산물이라는 것이었다. "나쁜 친구, 나쁜 이웃, 나쁜 꼬리표"[15]가 원인이었다. 윌슨과 헌스타인은 그런 요인들을 인정하면서도, 가장 논란을 불러일으킬 네 번째 요인을 추가했다. 바로 "나쁜 유전자"였다. 토양이 오염된 것이 아니라,

씨가 오염되었다는 의미였다. 『범죄와 인간 본성』은 곧 주요 언론들에 대서 특필되었다. 「뉴욕 타임스」, 「뉴스위크」, 「사이언스」를 비롯한 20개의 주요 언론지가 서평이나 특집 기사를 실었다. 「타임스(*Times*)」는 기사 제목을 통해서 메시지의 핵심을 전달했다. "범죄자는 만들어지는 것이 아니라 타고나는 것일까?" 「뉴스위크」의 기사 제목은 더 노골적이었다. "범죄자는 태어나고 자란다."

월슨과 헌스타인의 책은 엄청난 비판에 휩싸였다. 조현병의 유전 이론을 굳게 믿는 사람들조차도 그 병의 원인이 크게 알려져 있지 않으며, 습득된 영향이 주된 방아쇠 역할을 하는 것이 분명하고(그래서 일란성 쌍둥이들의 일치율이 100퍼센트가 아니라 50퍼센트), 대다수의 조현병 환자들이 병의 그늘 아래 고통스럽게 살아가지만 범죄를 저지르는 일은 없다는 점을 인정해야 했다.

그러나 1980년대에 폭력과 범죄를 걱정하느라 밤잠을 설치던 대중에게는 인간 유전체가 질병만이 아니라, 탈선, 알코올 중독, 폭력, 도덕적 타락, 성적 도착, 중독 같은 사회적 병폐의 해답도 가지고 있을 것이라는 생각이 대단히 유혹적으로 다가왔다. 한 신경외과 의사는 「볼티모어 선(*Baltimore Sun*)」과의 인터뷰에서 "범죄 성향"을 가진 자들이(허버티 같은) 범죄를 저지르기 전에 그들을 미리 찾아내어 격리시키고 치료할 수 있다면 어떨까, 즉 예비 범죄자의 유전자 프로파일링을 할 수 있다면 어떨까 하고 말했다. 한 정신유전학자는 그런 유전자를 찾아냈을 때 범죄, 책임, 처벌을 둘러싼 대중 논의에 어떤 영향을 미칠지에 대해서 논했다. "[유전학과의] 관계는 아주 명확하다······ 우리가 [범죄 치료의] 한 측면이 생물학적이라고 생각하지 않는다면 어리석은 짓일 것이다."

이렇게 극도로 과장과 기대가 판치던 상황에서도, 인간 유전체 서열 분석으로 이어질 최초의 대화는 놀라울 만큼 차분했다. 1984년 여름, 미국 에너지부의 과학 담당관인 찰스 델리시는 인간 유전체 서열 분석의 기술적 실현 가능성을 평가하기 위해서 전문가들을 모아 회의를 열었다.[16] 1980년대 초부터, 에너지부의 연구자들은 방사선이 인간 유전자에 미치는 효과를 연구하고 있었다. 1945년에 히로시마와 나가사키에 원자폭탄이 떨어졌을 때, 방사선 양의 차이는 있겠지만 일본인 수십만 명은 그 세례를 받았다. 그중 1만2,000명의 아이가 살아남아서 지금은 40-50대가 되었다. 이 아이들의 어떤 유전자에 몇 차례나 얼마나 많은 돌연변이가 일어났을까? 방사선이 일으키는 돌연변이가 유전체 전체에 무작위로 퍼져 있을 가능성이 높으므로, 유전자를 하나씩 연구하는 방식은 별 소용이 없을 것이다. 1984년 12월, 유전체 전체의 서열 분석이 방사선에 노출된 아이들의 유전자 변형을 검출하는 데에 이용될 수 있는지에 대해서 평가할 과학자들의 회의가 열렸다. 회의는 유타 주의 알타에서 열렸다. 보츠스타인과 데이비스가 연관과 다형성을 이용하여 인간 유전자 지도를 작성한다는 착상을 떠올린 바로 그 산 속의 도시였다.

언뜻 볼 때 알타 회의는 장엄한 실패였다. 모인 과학자들은 1980년대 중반의 서열 분석 기술이 인간 유전체 전체의 돌연변이 지도를 작성하기에는 너무나 부족하다는 것을 깨달았다. 그러나 그 회의는 포괄적인 유전자 서열 분석에 관한 대화에 활기를 불어넣는 중요한 발판이 되었다. 그 후로 유전체 서열 분석을 논의하는 회의가 잇달아 열렸다. 1985년 5월에는 산타크루즈에서, 1986년 3월에는 샌타페이에서 열렸다. 1986년 늦여름, 제임스 왓슨이 이 회의들 중에 가장 결정적이라 할 회의를 콜드 스프링 하버에서 주최했다. "호모 사피엔스의 분자생물학"이라는 도발적인 명칭을 달았다. 애실로마에서처럼 언덕이 굽이치면서 수정 같은 잔잔한 만을 향해 내리 뻗은 곳에 자리한 평온한 교정에서, 열띤 토론이 벌어졌다.

그 회의에서 여러 새로운 연구들이 발표되자, 갑자기 유전체 서열 분석이 기술적으로 실현 가능한 양 보였다. 가장 중요한 기술적 돌파구는 유전자 복제를 연구하는 생화학자인 캐리 멀리스가 내놓은 듯했다.[17] 유전자의 서열을 분석하려면, 재료인 DNA를 충분히 확보하는 것이 중요하다. 세균 세포 하나는 수억 마리로 불어날 수 있으며, 그럼으로써 서열 분석에 쓸 세균 DNA를 엄청난 양으로 공급할 수 있다. 그러나 사람 세포를 수억 개로 증식시키는 일은 어렵다. 멀리스는 창의적인 해결책을 찾아냈다. 그는 DNA 중합효소를 써서 시험관에서 인간 유전자 사본을 하나 만들고, 그 사본의 사본을 만드는 과정을 반복하여 수많은 사본을 만들었다. 복제 주기가 되풀이될 때마다 DNA는 증폭되어 유전자의 수가 기하급수적으로 증가했다. 그 기술은 나중에 중합효소 연쇄 반응(polymerase chain reaction, PCR)이라고 불리게 되었고, 인간 유전체 계획에 중요한 역할을 하게 된다.

수학자였다가 생물학자가 된 에릭 랜더는 복잡한 다유전자 질병과 관련된 유전자들을 찾는 새로운 수학적 방법을 제시했다. 칼텍의 르로이 후드는 생어의 서열 분석 방법의 속도를 10-20배 높일 수 있는 반자동 기계를 설명했다.

DNA 서열 분석의 선구자인 월터 길버트는 사전에 냅킨 가장자리에다가 비용과 인원이 얼마나 들지 간단히 계산해본 적이 있었다. 그는 인간 DNA의 염기쌍 30억 개 전체의 서열을 분석하려면 총 인원 5만 명에, 염기 1개당 1달러로 쳐서 약 30억 달러가 들 것이라고 추정했다.[18] 길버트가 특유의 당당한 태도로 걸어 나와서 칠판에 그 숫자를 적자, 청중 사이에서 격렬한 논쟁이 벌어졌다. "길버트의 수"가 제시되자, 유전체 계획은 손에 잡힐 듯이 현실감을 가지게 되었다. 나중에 그 수는 놀라울 정도로 정확한 것으로 드러났다. 사실 더 멀리 놓고 보면, 그 비용이 유달리 과한 것도 아니었다. 아폴로 계획(Apollo program : 1961년부터 1972년까지 이루어진 미국의 유인 우주 탐사 계획/역주)이 전성기에 있을 때, 고용 인원은 거의 40만 명에 달했고, 누적 총 비용은 약 1,000억 달러에 이르렀다. 길버트가 옳다면, 인간 유전체 분석에 드는 비용은 달 착륙 비용의 13분의 1도 안 될 것이었다. 후에 시드니 브레너는 궁극적으로 인간 유전체의 서열 분석 계획을 어렵게 만드는 것은 비용이나 기술이 아닌, 그 일의 지독한 단조로움일 것이라고 농담했다. 그는 유전체 서열 분석을 범죄자와 기결수를 처벌하는 용으로도 쓸 수 있다고 했다. 강도범은 염기 100만 쌍, 의도하지 않은 살인범은 200만 쌍, 계획적인 살인범은 1,000만 쌍 하는 식으로 말이다.

그날 저녁 어스름이 깔릴 무렵, 왓슨은 몇몇 과학자들에게 끙끙 앓고 있던 자신의 속사정에 대해서 털어놓았다. 회의 전날인 5월 27일 밤, 15세인 아들 루퍼스 왓슨이 화이트 플레인스의 정신병원에서 탈출했다. 아들은 기찻길 옆 숲속을 돌아다니다 발견되어 다시 시설에 수용되었다. 그보다 몇 달 전에는 세계무역센터에서 뛰어내리겠다고 창문을 깨려 한 적도 있었다. 루퍼스는 조현병이라는 진단을 받았다. 그 병이 유전적인 원인에서 나온다고 굳게 믿는 왓슨에게는 인간 유전체 계획이야말로 반드시 필요한 것이었다. 조현병을 연구할 모델 동물은 존재하지 않았으며, 유전자를 찾는 데에 필요한 다형성도 전혀 뚜렷하지가 않았다. "루퍼스의 삶을 되찾아줄 방법은 오로지 왜 아픈지를 이해하는 데에 달려 있었다. 그리고 유전체를 알아야만 그 이유를 이해할 수 있었다."[19]

그러나 어떤 유전체를 "알아야" 할까? 설스턴을 비롯한 일부 과학자들은 단계적인 접근법을 취하자고 했다. 빵효모, 선충, 초파리 같은 단순한 생물에서 시작하여 복잡성과 크기의 사다리를 따라 인간 유전체까지 올라가자는 것이다. 반면에 왓슨 같은 이들은 곧바로 인간 유전체로 뛰어들고 싶어 했다. 기나긴 내부 토론 끝에, 과학자들은 타협안에 도달했다. 선충과 초파리 같은 단순한 생물의 유전체 서열을 먼저 분석한다는 것이다. 이 계획들에는 선충 유전체 계획이나 초파리 유전체 계획처럼 각 생물의 이름이 붙게 되고, 각 계획은 유전자 서열 분석 기술을 발전시키는 데에 기여하게 된다. 인간 유전자의 서열 분석도 별도로 계속될 것이다. 단순한 유전체를 통해서 배운 것들은 훨씬 더 크고 더 복잡한 인간 유전체에 적용될 것이다. 그보다 더 큰 과제, 즉 유전체 전체의 서열 분석에는 인간 유전체 계획(Human Genome Project,

인간 게놈 프로젝트)이라는 이름이 붙었다.

한편 국립보건원과 에너지부는 인간 유전체 계획의 주도권을 두고 다투고 있었다. 1989년 몇 차례 의회 청문회를 거친 뒤, 2차 타협안이 나왔다.[20] 국립보건원이 그 계획의 공식 "주관 기관"이 되고, 에너지부가 자원과 전략 관리를 맡기로 했다. 왓슨은 책임자로 뽑혔다. 곧 세계 각국도 협력하겠다고 나섰다. 영국의 의학 연구 위원회와 웰컴 트러스트가 합류했다. 이어서 프랑스, 일본, 중국, 독일의 과학자들도 합류했다.

1989년 1월, 베데스다의 국립보건원 구내 구석의 31동에 있는 한 회의실에 자문 위원 12명이 모였다.[21] 위원회 의장은 애실로마 선언문 작성에 참여했던 유전학자 노턴 진더가 맡았다. 진더는 선언했다. "오늘 우리는 인류 생물학이라는 끝없는 연구를 시작합니다. 어찌되든 이 일은 하나의 모험이자, 가치를 따질 수 없는 노력이 될 것입니다. 그리고 이 일이 끝나면, 누군가 앉아서 말하겠지요. '이제 시작이야'라고요."[22]

인간 유전체 계획이 시작되기 전날인 1983년 1월 28일, 캐리 벅은 펜실베이니아 주 웨이너스버로의 한 요양원에서 76세를 일기로 세상을 떠났다.[23] 그녀의 탄생과 죽음은 거의 한 세기에 걸친 유전학의 역사에 이정표가 되었다. 그녀의 세대는 유전학이 과학으로 부활하고, 그것이 대중 담론에 억지로 비집고 들어와서는 사회공학과 우생학으로 변질되었다가, 전후(戰後)에 "새로운" 생물학의 핵심 주제로 떠오르는 것을 목격했다. 그 새로운 생물학은 인간의 심리와 병리에 영향을 미쳤고, 우리의 질병을 이해할 강력한 설명 도구를 제공했고, 운명과 정체성과 선택이라는 불가피한 문제와 뒤얽히게 되었다. 그녀는 강력한 새 과학을 잘못 이해한 사람들에게 희생된 최초의 인물 중의 한 명이었다. 그리고 그녀는 그 과학이 의학, 문화, 사회를 보는 우리의 관점을 바꾸는 광경도 목격했다.

그녀의 "유전적 백치"는 어떻게 되었을까? 연방대법원이 불임 수술이 정당하다고 판결한 지 3년 뒤인 1930년, 캐리 벅은 버지니아 콜로니에서 풀려나서 버지니아 주 블랜드 카운티의 한 가족과 지내라고 보내졌다. 그녀의 외동딸인 비비안 돕스[24]—법원이 정한 검사를 받고 "중간백치"라는 판결을 받은—는 1932년에 소장대장염으로 사망했다. 8년 남짓한 삶을 산 비비안은 학교에서 꽤 잘 지냈다. 1학년 2학기에 품행에서는 A, 철자법에서는 B를 받았고, 늘 헤매던 과목인 수학에서는 C를 받았다. 1931년 4월에는 우등생 명단에 들었다. 남아 있는 학생 기록부를 보면, 그녀가 여느 아이들보다 더하지도 덜하지도 않은 유쾌하고 생기 있고 낙천적인 아이였음을 알 수 있다. 비비안의 삶에서 캐리 벅의 운명을 봉인했던 바로 그 진단명인 정신질환이나 백치의 성향을 물려받았음을 암시하는 단서는 단 하나도 없었다.

지리학자

아프리카 지도를 그리는 지리학자들은
빈 곳에 야만인을 그려넣지
그리고 사람이 살 수 없는 곳에는
마을 대신에 코끼리를 그려넣어.
　　　　　　　　─조너선 스위프트, 「시에 대하여(On Poetry)」[1]

인류의 가장 고상한 활동 중 하나로 여겨지던 인간 유전체 계획은 점
점 더 진흙탕 레슬링을 닮아가고 있다.
　　　　　　　　　　　　　　─저스틴 길리스, 2000년[2]

유전자와 무관하다는 것이야말로 인간 유전체 계획의 첫 번째 놀라운 점이라
는 것을 말하는 것이 공평하다. 1989년, 왓슨과 진더를 비롯한 이들이 유전체
계획을 출범시키기 위해서 박차를 가하고 있을 때, 국립보건원에서 일하던
거의 무명의 신경생물학자 크레이그 벤터는 유전체 서열 분석의 지름길을
제시했다.[3]

　외골수에다가 욱하는 호전적인 성격에 성적이 중간쯤인 반항아였고, 파도
타기와 요트를 좋아하고 베트남 전쟁 참전 용사였던 벤터는 미지의 과제를
곧장 파고드는 능력이 있었다. 그는 신경생물학을 전공했고, 아드레날린 연
구가 경력의 대부분을 차지했다. 국립보건원에서 일하던 1980년대 중반에
그는 인간의 뇌에서 발현되는 유전자들의 서열을 분석하는 일에 흥미를 느꼈

다. 1986년 그는 르로이 후드의 고속 서열 분석 장치 이야기를 듣자마자, 초기 모델을 구입하여 자기 연구실에 설치했다.[4] 그는 도착한 그 장치를 "상자에 담긴 내 미래"라고 말했다.[5] 그는 뭐든지 뚝딱뚝딱 고치고 만드는 공학자의 손에, 용액들을 뒤섞기 좋아하는 생화학자의 성향을 겸비했다. 몇 달 지나지 않아서 그는 반자동 서열 분석기를 써서 빠르게 유전체의 서열을 분석하는 전문가가 되었다.

벤터의 유전체 서열 분석 전략은 급진적인 단순화에 의지했다. 물론 인간의 유전체가 유전자를 가지고 있지만, 유전체의 대부분은 유전자가 없는 영역이다. 유전체 사이 DNA라고 하는 유전자들 사이의 드넓은 영역은 캐나다 도시들 사이에 놓인 기나긴 고속도로와 비슷하다. 그리고 필립 샤프와 리처드 로버츠가 보여주었다시피, 유전자는 단백질 암호를 가진 조각들 사이에 인트론이라는 긴 영역이 들어가서 조각나 있었다.

유전체 사이 DNA와 인트론—유전자들 사이의 간격을 벌리는 조각과 유전자를 쪼개는 조각—에는 단백질 정보가 전혀 없다.* 이 영역 중의 일부는 시간적으로 공간적으로 유전자의 발현을 조절하고 조율하는 정보가 들어 있다. 또 유전자를 켜고 끄는 스위치 역할을 하는 곳도 있다. 아예 아무런 기능을 하지 않는 영역도 있다. 따라서 인간 유전체의 구조는 이런 문장에 비유할 수 있다.

This······is the······str···uc······ture···,,,···of···your···

(···gen···ome···)···

---

* 유전자에 딸린 프로모터(promoter, 촉진 유전자)라는 DNA 조각은 그 유전자의 "켜짐" 스위치에 비유할 수 있다. 이 서열은 유전자를 언제 어디에서 활성화할지에 관한 정보를 담고 있다(따라서 헤모글로빈은 적혈구에서만 켜진다). 반면에 유전자를 언제 어디에서 "끌"지에 관한 정보를 가진 DNA 부위도 있다(따라서 젖당 소화 유전자는 젖당이 더 이상 주된 양분이 아닐 때 세균 세포에서 꺼진다). 세균에서 처음 발견된 "켜짐"과 "꺼짐" 유전자 스위치 체계가 생물계 전반에 보존되어 있다는 것은 놀라운 일이다.

단어는 유전자, 생략 부호는 간격 띄우개(spacer)와 충전재(stuffer), 이따금 있는 쉼표는 유전자의 조절 서열을 나타낸다.

벤터가 택한 첫 번째 지름길은 인간 유전체의 간격 띄우개와 충전재를 무시하는 것이었다. 그는 인트론과 유전자 사이의 DNA가 단백질 정보를 가지지 않는데, "활성", 즉 단백질 암호를 가진 부위에 초점을 맞추지 않을 이유가 어디 있겠는가? 그리고 그는 지름길 속에서도 지름길을 찾았다. 유전자 조각만을 서열 분석한다면, 아마 활성을 띠는 부분들을 더욱 빨리 찾아낼 수 있을 것이라고 주장했다. 이 유전자 단편 접근법이 먹힐 것이라고 확신한 벤터는 뇌 조직에서 그런 유전자 단편 수백 개의 서열을 분석하는 일에 착수했다.

유전체가 영어 문장이라는 비유를 이어가자면, 벤터는 인간 유전체에서 한 문장의 단어 파편들—struc, your, geno—을 찾아내기로 결심한 것과 같았다. 그는 이 방법으로 설령 전체 문장의 내용을 알아내지 못한다고 해도, 그 파편들로부터 인간 유전체의 핵심 요소를 충분히 추론할 수 있을 것이라고 판단했다.

왓슨은 경악했다. 벤터의 "유전자 파편" 전략이 더 빠르고 비용이 적게 든다는 데에는 의심의 여지가 없었지만, 많은 유전학자들은 그 방법이 엉성하고 불완전하다고 여겼다. 유전체의 단편적인 정보만 제공할 것이기 때문이다.* 한 가지 예기치 않은 일이 벌어지면서 양측의 갈등은 깊어졌다. 1991년 여름, 벤터 연구진이 사람 뇌에서 유전자 파편들의 서열을 분석하는 일을 시작했을 때, 국립보건원의 기술이전국은 새로운 유전자 파편에 대한 특허를 논의하기 위해서 벤터와 접촉했다.[6] 왓슨은 이 혼란스러운 상황을 납득하지 못했다. 국립보건원의 한쪽에서는 유전 정보를 밝혀내어 자유롭게 이용할 수

---

* 유전체에서 단백질 암호를 가진 영역과 RNA를 만드는 영역만을 서열 분석한다는 벤터의 전략은 후에 유전학자들에게 이루 말할 수 없이 중요한 기여를 하게 된다. 벤터의 방법은 "활성"을 띤 유전체 부위만을 분석하므로, 유전학자는 유전체 전체에 비추어서 이 활성 부위를 파악할 수 있다.

있도록 하려는데, 다른 쪽에서는 똑같은 정보에 배타적 권리를 가지겠다고 하는 형국이었다.

그런데 대체 어떤 논리로 유전자에, 아니 벤터의 사례에서는 유전자의 "활성" 파편에 특허를 받을 수 있다는 것일까? 스탠퍼드의 보이어와 코언이 DNA 조각들을 "재조합"하여 유전적 키메라를 만드는 **방법**에 대한 특허를 받았다는 점을 생각해보자. 제넨텍은 세균에게서 인슐린 같은 단백질을 발현시키는 **과정**에 대한 특허를 받았다. 1984년 암젠은 재조합 DNA를 이용하여 적혈구 생산 호르몬인 에리트로포이에틴(erythropoietin)을 분리하는 기술에 대한 특허를 받았다.[7] 그러나 그 특허도 내용을 꼼꼼히 읽어보면 특정한 기능을 가진 특정한 단백질을 생산하고 분리하는 과정이 수반되어 있음을 알 수 있었다. 유전자나 유전 정보 조각 자체에 특허를 받은 사람은 아무도 없었다. 사람의 유전자가 코나 왼팔 같은 다른 신체 부위와 다를 바 없으므로 근본적으로 특허를 받을 수 없지 않겠는가? 아니면 새로운 유전 정보의 발견이 소유권과 특허권을 주장할 수 있을 만큼 참신한 것일까? 설스턴은 유전자 특허라는 개념 자체에 확고한 반대 입장을 표했다. "특허(혹은 내가 그렇다고 믿는 것)는 발명을 보호하기 위한 것이다. [유전자 조각]을 발견하는 데에는 그 어떤 '발명'도 관여하지 않는데, 어떻게 특허를 받을 수 있단 말인가?"[8] 한 연구자는 "추잡하게 재빨리 땅을 약탈하는 것"[9]이라고 경멸했다.

벤터의 유전자 특허를 둘러싼 논쟁은 그 유전자 파편이 유전자의 기능 같은 것은 전혀 살펴보지 않은 채 오로지 무작위로 서열 분석을 한 것이라는 점 때문에 더욱 가열되었다. 벤터의 접근법으로 서열을 분석한 조각들이 온전한 유전자를 구축하지 못할 수도 종종 있으므로, 그 정보의 특성을 오인하는 일도 필연적으로 일어나게 되었다. 유전자의 기능을 추론할 수 있을 만큼 충분한 조각들이 모일 때도 있었지만, 그 조각들만으로는 유전자를 이해한다는 것이 사실상 불가능한 사례가 더 많았다. 에릭 랜더는 말했다. "꼬리를 묘사했다고 코끼리 그림이라고 특허를 줄 수 있겠는가? 꼬리의 세 부분을 묘사했다고 코끼리 그림이라고 특허를 준다는 것은?"[10] 유전체 계획을 논의하는 의회 청문회에서, 왓슨은 격분을 토했다. 그런 조각을 내놓는 짓은 "그 어떤 원숭이"도 할 수 있다고 주장했다. 영국 유전학자 월터 보드머는 미국인들이 벤터에게 유전자 조각 특허를 내준다면, 영국도 경쟁적으로 특허를 주기 시작할 것이라고 경고했다.[11] 몇 주일이 지나지 않아서 유전체는 분할 통치가 이루어질 것이고, 미국, 영국, 독일 깃발이 꽂힌 천 개의 식민지로 나뉠 것이라고 했다.

1992년 6월 10일, 끝없는 언쟁에 지친 벤터는 국립보건원을 떠나서 민간 유전자 서열 분석 연구소를 차렸다. 처음에는 유전체 연구소(Institute for Genome Research)라고 했는데, 곧 벤터는 그 명칭에 문제가 있음을 알아차렸다. 약어를 이고르(IGOR)라고 쓰려 했더니, 프랑켄슈타인 박사의 조수인 사팔눈의 음침한 인물이 연상되었다. 그래서 벤터는 앞에 정관사를 붙였고 (The Institute for Genomic Research), 약어는 타이거(TIGR)가 되었다.[12]

서류로 볼 때, 아니 적어도 과학 논문으로 볼 때 타이거는 대성공을 거두었다. 벤터는 버트 보겔스타인과 켄 킨즐러 같은 과학계의 저명인사들과 협력하여 암과 관련된 새로운 유전자들을 발견했다. 더 중요한 점은 벤터가 유전체 서열 분석 기술의 최전선을 계속 공략하고 있었다는 것이다. 그는 비판자들에게 유달리 예민하게 반발하면서도 그들에게 유달리 호응하기도 했다. 1993년, 유전자 조각을 넘어서 유전자 전체로, 더 나아가 유전체로 서열 분석 시도를 확장했다. 그는 노벨상을 받은 세균학자 해밀턴 스미스와 새롭게 협력 관계를 맺고, 사람에게 치명적인 폐렴을 일으키는 세균인 헤모필루스 인플루엔자(*Haemophilus influenzae*)의 유전체 전체를 서열 분석하기로 했다.[13]

벤터는 뇌를 연구할 때 썼던 유전자 파편 접근법을 확장한 전략을 썼지만, 한 가지의 중요한 수정을 가했다. 이번에는 산탄총(샷건) 같은 장치를 써서 세균 유전체를 100만 개로 산산조각을 냈다. 그런 뒤 그 수많은 조각을 무작위로 서열 분석한 뒤, 겹치는 부위를 찾아내어 서로 이어서 유전체 전체의 서열을 파악하는 방식이었다. 영어 문장에 비유하자면, stru, uctu, ucture, structu, ucture라는 조각들을 구한 다음 끼워 맞추는 것과 같았다. 컴퓨터를 이용하여 그 조각들의 겹친 부위를 이어서 structure라는 온전한 단어를 복원한다.

그 해법은 겹친 서열이 존재하느냐에 달려 있었다. 겹침이 없다면, 또는 단어의 일부가 누락된다면, 맞는 단어를 조립하기가 불가능하다. 하지만 벤터는 이 방법으로 유전체를 산산조각 내어 대부분을 재조립할 수 있다고 확신했다. 일종의 험프티 덤프티(Humpty Dumpty : 루이스 캐럴의 『거울 나라의 앨리스』에 나오는 달걀로써, 아슬아슬한 상황에서 자신감과 자만심을 피력한다는 의미로 전용됨/역주) 전략이었다. 왕의 시종들이 모두 달려들어서 조각들을 끼워 맞추어 조각 그림 퍼즐을 맞추는 것과 같았다. "샷건" 서열 분석이라는 이 기술은 유전자 서열 분석의 창안자인 프레더릭 생어가 1980년대에 쓴 적이 있었다. 그러나 벤터의 헤모필루스 유전체 공략은 이 방법을 가장 야심차게 적용한 최초의 사례였다.

벤터와 스미스는 1993년 겨울에 헤모필루스 계획에 착수했다. 끝난 것은 1995년 7월이었다. 나중에 벤터는 이렇게 썼다. "최종[논문]을 40번이나 고쳐 썼다. 이것이 역사적인 논문이 되리라는 것을 알았기에, 가능한 한 완벽하게 다듬어야 한다고 주장했다."14)

경이로운 성과였다. 스탠퍼드 유전학자 루시 샤피로는 자기 연구실 사람들이 "살아 있는 종의 유전자 내용물 전체를 처음으로 엿본다는 데에 전율을 느끼면서"15) 밤새도록 그 유전체의 서열을 읽었다고 썼다. 에너지를 생산하는 유전자, 외피 단백질을 만드는 유전자, 단백질을 만드는 유전자, 먹이를 조절하는 유전자, 면역계를 피하는 유전자가 있었다. 생어는 벤터에게 그 연구가 "경이롭다"는 편지를 직접 썼다.

벤터가 타이거에서 세균 유전체의 서열을 분석하고 있을 때, 인간 유전체 계획은 내부적으로 급격한 변화를 겪고 있었다. 1993년, 국립보건원 원장과의 몇 차례 언쟁을 벌인 끝에 왓슨은 책임자 자리에서 물러났다. 낭성 섬유증 유전자의 클로닝을 1989년에 해낸 미시건 대학교의 유명한 유전학자 프랜시스 콜린스가 곧 그 자리를 물려받았다.

유전체 계획이 1993년에 콜린스를 발견하지 않았다면, 그를 만들어내야 했을지도 모른다. 그는 거의 선천적으로 그 과제에 안성맞춤인 인물이었다. 버지니아 출신의 독실한 기독교인이자, 유능한 교섭자이면서 행정가이자, 일류 과학자이기도 한 콜린스는 세심하고 신중하고 외교 수완이 있었다. 벤터의 작은 요트가 맞바람에 마구 뒤흔들리고 있을 때, 콜린스는 거의 흔들림 없이 대양을 가로지르는 여객선에 타고 있었다. 1995년, 타이거가 헤모필루스 유전체 서열 분석에 몰두하고 있을 때, 유전체 계획 진영은 유전자 서열 분석의 기본 기술을 다듬는 데에 전념하고 있었다. 유전체를 산산조각 내어 무작위로 서열을 분석한 다음 나중에 자료를 재조립하는 타이거의 전략과 정반대로, 유전체 계획은 더 체계적인 접근법을 택했다. 유전체 조각들의 물리적 지도를 작성한 다음("누가 누구 옆에 있지"), 각 클론의 정체와 겹치는 부위를 파악하고, 순서대로 클론의 서열을 분석하는 방식이었다.

인간 유전체 계획의 초창기 지도자들은 클론을 하나씩 분석하여 연결하는 이 방식이야말로 유일하게 타당한 전략이라고 보았다. 수학자에서 생물학자로 이제는 유전자 서열 분석가로 변신한 랜더는 거의 미적인 혐오감을 일으킨다고 할 만큼 샷건 서열 분석에 반대하면서, 마치 대수 문제를 푸는 양 유전체 전체를 한 조각씩 서열 분석한다는 개념을 선호했다. 그는 벤터의 접근법이 유전체에 구멍을 남길 수밖에 없다고 우려했다. "단어를 산산이 조각내었다가 그 조각들을 모아서 재구성하려 한다고 해보라. 그 단어의 모든 조각을 찾아낼 수 있고, 또 모든 조각에 겹치는 부위가 있어야만 가능하다. 그 단어의 어떤 글자가 빠져 있다면?"[16] 존재하는 자모만을 가지고 재구성하다가는 실제 단어와 **정반대** 의미를 지닌 단어가 나올 수도 있다. "심오함(pro-fundity)"이라는 단어에서 "하찮은(p…u…n…y)"이라는 글자만 찾아냈다면?

공공 유전체 계획의 옹호자들은 반쯤 완성된 유전체가 해로운 효과를 일으킬 것이라고 걱정했다. 유전체 서열 분석가들이 유전체의 10퍼센트를 미완성인 상태로 남긴다면, 서열 분석이 완성되는 일은 결코 없을 것이라고 생각했다. 랜더는 말했다. "인간 유전체 계획의 진정한 도전 과제는 서열 분석을 시작하는 데에 있지 않았다. 유전체의 서열을 **완성**하는 데에 있었다……유전체에 구멍이 숭숭 뚫려 있는 데에도 완성되었다는 인상을 받으면, 인내심을 가지고 그 서열을 끝까지 완성하려는 사람은 아무도 없을 것이다. 과학자들은 박수를 친 다음 손을 털고 짐을 꾸려서 떠날 것이다. 초고는 그저 초고 상태로 남을 것이다."[17]

순차적으로 클로닝을 하는 접근법은 비용이 더 많이 들었고 기반 시설에 더 많은 투자가 필요했으며, 유전체 연구자들에게서 오래 전에 사라진 듯한 요소까지 갖추고 있어야 했다. 그것은 바로 인내심이었다. MIT에서 랜더는 수학자, 화학자, 공학자로 이루어진 젊은 과학자들과 유전체를 체계적으로 훑는 알고리듬을 개발할 20명의 카페인 중독자들—컴퓨터 해커라고 할 수 있는—을 모아서 가공할 만한 연구진을 구성했다. 워싱턴 대학교 출신의 수학자 필 그린은 유전체를 샅샅이 훑는 알고리듬을 개발하고 있었다. 영국에서도 웰컴 트러스트의 지원을 받아서 분석과 조립을 할 연구진들이 구성되고 있었다. 전 세계 십여 개 연구진이 그 자료를 모으고 연결하는 일에 매달렸다.

1998년 5월, 끊임없는 소동의 근원지였던 벤터는 다시금 맞바람에 맞섰다. 비록 타이거의 샷건 방식이 성공적이라는 점은 분명했지만, 벤터는 그 연구소의 조직체계와도 불화를 빚고 있었다. 타이거는 기이한 조합체였다. 인간 유전체 과학(Human Genome Sciences, HGS)이라는 영리 기업 산하의 비영리 연구소였다.[18] 벤터는 이 러시아 인형식 조직체계가 불합리하다고 판단했다.

그는 자신의 상사들과 대판 언쟁을 벌였다. 결국 그는 타이거와 갈라서기로 결심했다. 그는 인간 유전체 서열 분석에만 전념할 새로운 회사를 세웠다. 회사명은 "가속하다(accelerate)"를 줄여서 셀레라(Celera)라고 했다.

콜드 스프링 하버에서 중요한 인간 유전체 계획 회의가 개최되기 일주일 전에, 벤터는 댈러스 공항의 라운지에서 콜린스와 마주친 적이 있었다. 벤터는 셀레라가 샷건 방식으로 인간 유전체 서열을 분석하는 일을 본격적으로 시작하려 한다고, 사무적인 태도로 콜린스에게 말했다. 이미 가장 성능 좋은 서열 분석 기계를 200대 구입했고, 그것을 가동하여 서열 분석을 최단 기간에 완성할 준비가 되어 있다고 했다. 벤터는 그 정보의 상당 부분을 공개할 것이라고 하면서도 위협적으로 들리는 단서를 덧붙였다. 셀레라가 유방암, 조현병, 당뇨병 같은 질병의 치료에 쓸 약물의 표적 역할을 할 수도 있는 가장 중요한 유전자 300개에 특허를 신청할 생각이라고 했다. 그는 야심적인 일정을 제시했다. 공적 기금으로 운용되는 인간 유전체 계획보다 4년 더 일찍, 2001년에 인간 유전체 전체를 분석하겠다는 것이었다. 그러더니 그는 갑자기 캘리포니아행 비행기를 타러 자리에서 일어났다.

다급해진 웰컴 트러스트는 공공 계획에 지원할 예산을 두 배로 늘렸다. 미국에서는 의회가 연방 예산을 조기 집행하여, 7개 연구 센터에 6,000만 달러를 배분했다. 메이너드 올슨과 로버트 워터스톤은 공공 계획의 전략을 짜고 조정을 하는 역할을 맡아서 유전체 계획이 체계적으로 진행될 수 있도록 중요할 때마다 의견을 제시했다.

1998년 12월, 선충 유전체 계획 진영은 결정적인 승리를 거두었다.[19] 존 설스턴, 로버트 워터스톤을 비롯한 유전체 연구자들은 인간 유전체 계획의 옹호자들이 선호하는 클론 생성 방식을 써서 예쁜꼬마선충 유전체의 서열을 완전히 해독했다고 발표했다.

1995년에 헤모필루스 유전체 때문에 유전학자들이 깜짝 놀라서 무릎을 꿇었다면, 선충 유전체—최초로 서열 분석이 완료된 다세포 생물의 유전체—는 그들을 거의 완전히 납작 엎드리게 만들었다. 선충은 헤모필루스보다 훨씬 더 복잡하며, 인간과 훨씬 더 가깝다. 입, 창자, 근육, 신경계가 있을 뿐 아니라, 원시적인 뇌도 가지고 있다. 접촉하고 느끼고 움직인다. 해로운 자극을 피해서 몸을 돌린다. 사회 활동도 한다. 먹이가 고갈되면 선충판 불안이라고 할 만한 행동도 보인다. 짝짓기를 할 때면 한 순간 쾌감을 느낄지도 모른다.

예쁜꼬마선충의 유전자는 18,891개였다.* 그 단백질 중 36퍼센트는 인간에게 있는 단백질과 비슷했다. 나머지—약 1만 개—는 알려져 있는 인간의 유전자와 전혀 비슷하지 않았다. 이 1만 개의 유전자는 선충에게만 있는 것일 수도 있었지만, 그보다는 우리가 인간의 유전자를 얼마나 모르고 있었는지를 말해주는 것일 가능성이 훨씬 더 높았다(사실 그 유전자들 중의 상당수가 인간의 유전자에 상응한다는 것이 밝혀졌다). 그 유전자들 중 10퍼센트만이 세균의 유전자와 비슷했다는 점도 놀라웠다. 즉 선충 유전체의 90퍼센트는 생물의 복잡성을 구축하는 데에 쓰이는 것들이었고, 오래 전 단세포 조상에서 다세포 생물을 만들어낸 진화적 혁신이 얼마나 격렬했는지를 말해주는 것이기도 했다.

인간의 유전자처럼, 선충의 유전자도 여러 기능을 할 수 있었다. 한 예로 ceh-13이라는 유전자는 발달하는 신경계에서 세포의 위치를 정하며, 세포들이 몸의 앞쪽으로 이동하도록 하고, 선충의 음문(陰門)이 제대로 만들어지게끔 한다.[20] 거꾸로 여러 유전자가 하나의 "기능"을 지정할 수도 있다. 선충의

---

* 한 생물의 유전자 수를 추정하는 일은 복잡하며, 유전자의 특성과 구조에 관한 몇 가지 가정이 동원되어야 한다. 유전체 전체의 서열 분석이 등장하기 전에는 유전자를 기능을 통해서 파악했다. 그러나 유전체 전체의 서열 분석은 유전자의 기능을 고려하지 않는다. 단어나 글자가 무엇을 의미하는지 전혀 참조하지 않은 채 백과사전의 단어와 글자를 하나하나 파악하는 것과 비슷하다. 유전자 수는 유전체 서열을 살펴서 유전자처럼 보이는 DNA 영역을 파악하는 것으로 추정할 수 있다. 즉 다른 생물들에게서 발견된 유전자들과 비슷한 서열을 가지거나, 조절 서열이 딸려 있고 RNA 서열을 만드는 부위를 찾는다. 그러나 유전자의 구조와 기능을 더 많이 알수록, 이 수는 변하기 마련이다. 현재 선충의 유전자는 19,500개로 여겨지지만, 우리가 유전자를 더 깊이 이해할수록 수는 계속 변할 것이다.

입이 만들어지려면 여러 유전자의 기능이 조화를 이루어야 한다.

1만 개의 새로운 단백질과 1만 개가 넘는 새로운 기능을 발견했다는 것만으로도 그 계획이 참신했다는 점을 충분히 정당화할 수 있다. 그러나 선충 유전체의 가장 놀라운 특징은 단백질을 만드는 유전자가 아니라, 단백질은 만들지 않으면서 RNA 메시지를 만드는 유전자의 수에 있었다. 이 유전자들—"단백질 암호를 가지지 않아서 비암호화(noncoding)"라고 하는—은 유전체 전체에 퍼져 있으면서, 특정한 염색체에 몰려 있었다. 수백 개, 아니 수천 개는 될 듯했다. 비암호화 유전자 중에는 기능이 알려진 것도 있었다. 단백질을 만드는 거대한 세포 내 기계인 리보솜에는 단백질 생산을 돕는 특수한 RNA 분자가 들어 있다. 다른 비암호화 유전자들은 놀라울 정도의 특이성을 띠고 유전자를 조절하는 일을 하는 마이크로 RNA(micro-RNA)라는 하는 작은 RNA를 만든다는 것이 나중에 드러났다. 그러나 여전히 수수께끼 같고 명확하지 않은 것들도 많았다. 그것들은 유전체의 암흑물질이 아니라 그림자 물질이었다. 유전학자의 눈에 보이긴 하지만, 기능이나 의미가 알려지지 않은 것들이었다.

그렇다면 유전자란 무엇일까? 1865년에 "유전자"를 발견했을 때, 멘델은 유전자를 추상적인 하나의 현상이라고 이해했다. 어떤 독립적인 결정 인자가 다음 세대로 온전히 전달되면서 완두의 꽃 색깔이나 씨 모양처럼 하나의 가시적인 특징이나 표현형을 결정하는 현상이라고 보았다. 모건과 멀러는 유전자가 염색체에 들어 있는 물리적, 즉 **물질적 구조물**임을 보여줌으로써, 이해를 더욱 심화시켰다. 에이버리는 그 물질의 화학적 형태를 파악함으로써 유전자를 더 깊이 이해하게 해주었다. 즉 유전 정보는 DNA에 들어 있었다. 왓슨, 크릭, 윌킨스, 프랭클린은 DNA의 분자 구조가 상보적인 두 가닥이 짝을 지은 이중나선임을 밝혀냈다.

1930년대에 비들과 테이텀은 유전자가 단백질의 구조를 지정하면서 "작동한다"는 것을 발견함으로써 유전자의 활동 메커니즘을 풀었다. 브레너와 자코브는 유전 정보가 단백질로 번역되려면 중간 전령, 즉 RNA 사본이 필요하다는 것을 밝혀냈다. 모노와 자코브는 각 유전자에 딸린 조절 스위치를 써서 이 RNA 메시지를 늘리거나 줄임으로써 유전자를 켜고 끌 수 있다는 것을 밝혀내어, 유전자가 역동적이라는 개념을 추가했다.

선충 유전체 전체의 서열 분석은 유전자 개념에서 얻은 이 깨달음들을 확장시키고 수정하는 결과를 가져왔다. 한 유전자가 한 생물에서 하나의 기능을 지정하긴 하지만, 하나의 유전자가 둘 이상의 기능을 지정할 수도 있다는 것이다. 또 유전자가 반드시 단백질을 만드는 명령문을 제공하는 것도 아니다. 단백질을 만들지 않고 RNA만을 만들 수도 있다. DNA는 하나로 죽 이어져 있을 필요도 없다. 여러 조각으로 쪼개져 있을 수도 있다. 조절 서열이 딸려 있지만, 그 서열이 반드시 옆에 붙어 있을 필요는 없다.

이미 유전체 전체 서열 분석은 유기체 생물학(organismal biology)이라는 미지의 세계로 나아가는 문을 열었다. 무한히 재간행되는 백과사전처럼—기입된 항목들이 끊임없이 갱신되어야 하는—유전체의 서열 분석은 우리의 유전자 개념, 따라서 유전체 자체의 개념도 바꾸었다.

예쁜꼬마선충의 유전체—1998년 12월 「사이언스」 특집호에 1센티미터도 안 되는 선충의 표지 사진과 함께 실려서 과학계 전반의 찬사를 불러일으킨—는 인간 유전체 계획을 강력하게 뒷받침하는 사례였다.[21] 선충 유전체가 발표된 지 몇 달 뒤, 랜더도 놀라운 소식을 내놓았다. 인간 유전체 계획이 인간 유전체 서열의 4분의 1을 분석했다는 소식이었다. 미국 매사추세츠 주 케임브리지의 켄들스퀘어 인근 산업 지구의 어둡고 건조한 창고 건물에서, 거대한 회색 상자 같은 모양의 반자동 서열 분석 기계 125대가 초당 약 200개의 DNA 글자를 읽고 있었다(생어가 분석하는 데에 3년이 걸린 바이러스의 서열은 25초면 다 읽을 수 있었다).[22] 22번 염색체는 서열이 다 분석되어 최종 확인을 기다리는 상태였다. 1999년 10월, 유전체 계획은 기념할 만한 이정표를 하나 지나게 된다. 총 30억 개의 염기쌍 중 10억 번째 서열이 분석되었다 (G-C쌍이었다).[23]

한편 셀레라도 이 경쟁에서 뒤처질 생각이 전혀 없었다. 셀레라는 민간 투자자들로부터 자금을 끌어모아서, 유전자 서열 분석 속도를 두 배로 높였다. 선충 유전체 서열이 발표된 지 거의 9개월 뒤인 1999년 9월 17일, 셀레라는 마이애미의 폰테인블로 호텔에서 자신들의 전략적 반격을 알리는 대규모 유전체 학술대회를 개최했다. 셀레라는 초파리의 유전체 서열 분석을 완료했다고 발표했다.[24] 벤터 연구진은 초파리 유전학자 게리 루빈 및 버클리와 유럽의 유전학자들과 공동으로 11개월이라는 짧은 기간에 초파리 유전체 서열을 분석해냈다. 이전의 그 어떤 유전자 서열 분석 연구보다도 속도가 더 빨랐다. 벤터, 루빈, 마크 애덤스가 연단에 올라서 발표를 하자, 비약적인 발전이 이루어졌다는 것이 명백해졌다. 토머스 모건이 초파리 연구를 시작한 이래로 90년 동안 유전학자들이 찾아낸 초파리 유전자는 약 2,500개에 불과했다. 그런데 셀레라의 서열 초안에는 그 알려진 2,500개뿐만 아니라 10,500개의 새 유전자가 한꺼번에 추가되었다. 발표가 끝난 뒤 잠시 관중이 감탄하고 있을 때, 벤터는 경쟁자들의 등줄기를 서늘하게 하는 말을 거침없이 내뱉었다. "아, 그런데 말이죠, 우리가 인간 DNA 서열 분석도 막 시작했어요. 초파리 때보다 [기술적 장애물이] 더 적은 듯합니다."

2000년 3월, 「사이언스」는 또 한번 특집호를 통해서 초파리 유전체 서열을 실었다.[25] 이번에는 1934년에 그려진 암수 초파리 그림이 표지에 실렸다. 샷건 서열 분석을 가장 험하게 비판하는 사람들조차도 그 자료의 질과 깊이 앞에 침묵했다. 셀레라의 샷건 전략은 서열에 몇 가지 중요한 틈새를 남겼지만, 초파리 유전체의 중요한 영역들은 완성되었다. 인간, 선충, 초파리의 유전자를 비교하자 몇 가지의 흥미로운 양상이 드러났다. 질병과 관련이 있다고 알려진 인간 유전자 289개 가운데,[26] 177개의 유전자—60퍼센트보다 높은―는 초파리에게도 비슷하게 있었다.[27] 낫 모양 적혈구 빈혈이나 혈우병의 유전자는 없었지만―초파리는 적혈구도 없고 혈전도 형성하지 않는다―잘록창자암, 유방암, 테이색스병, 근육위축증, 낭성 섬유증, 알츠하이머병, 파킨슨병, 당뇨병에 관여하는 유전자 혹은 거의 상응하는 유전자는 가지고 있었다. 비록 네 개의 다리, 두 개의 날개, 수억 년에 걸친 진화가 가로놓여 있었지만, 초파리와 인간은 핵심 생화학 경로들과 유전적 망을 공유했다. 윌리엄 블레이크가 1794년에 말했듯이, 작디작은 초파리는 "우리와 같은 인간"[28]임이 드러났다.

초파리 유전체의 가장 당혹스러운 특징은 크기였다. 아니 더 정확히 말하자면, 그 유전체는 크기가 중요하지 않다는 옛말이 옳았음을 다시금 떠올리게 했다. 가장 관록 있는 초파리 생물학자들의 예상과도 어긋나게, 초파리는 유전자가 1만3,601개에 불과했다. 선충보다 5,000개나 적었다. 즉 더 적은 유전자로 더 많은 것을 만들어냈다. 고작 1만3,000개의 유전자로 짝짓고, 자라고, 발효된 과일에 취하고, 알을 낳고, 고통을 겪고, 후각과 미각과 촉각을 지니고, 우리와 똑같이 잘 익은 여름 과일에 달려드는 생물을 만들어냈다. 루빈은 이렇게 말했다. "여기서 얻은 교훈은 겉으로 보이는 복잡성이 유전자의 수로 결정되는 것이 아니라는 점이다. 인간의 유전체는……초파리 유전체를 증폭시킨 것과 비슷하다……추가된 복잡한 속성들은 본질적으로 재편성을 통해서 진화한다. 꽤 비슷한 요소들의 시간적 공간적 분리를 통해서 새로운 상호작용들이 일어난다."[29]

리처드 도킨스의 말처럼, "모든 동물은 특정한 시기에 그것을 '불러내는 데에' 필요한 비교적 비슷한 단백질 목록을 가진 듯하다." 더 복잡한 생물과 더 단순한 생물의 차이, "인간과 선충의 차이는 인간이 기본 부품을 더 많이 가지고 있다는 데에 있지 않고, 더 복합적인 공간에서 더 복잡한 순서로 불러내어 작동시킬 수 있다는 데에 있다."[30] 즉 배의 크기가 아니라, 널빤지의 배치가 중요했다. 초파리 유전체는 나름의 테세우스 배였다.

2000년 5월, 셀레라와 인간 유전체 계획이 인간 유전체의 초안을 향해서 전력 질주를 하고 있을 때, 벤터는 에너지부에 있는 친구 아리 파트리노스로부터 전화를 받았다. 파트리노스는 앞서 프랜시스 콜린스에게 전화를 해서 저녁에 자기 집에 와서 한 잔 하자고 했다. 벤터는 함께 할 생각이 있을까? 측근도 자문가도 언론인도 투자자나 예산 담당자도 없을 것이다. 대화는 전적으로 비공식적일 것이고, 결론도 비밀로 유지될 것이었다.

파트리노스는 벤터에게 전화를 걸기 전에, 몇 주일 동안 조율을 거쳤다. 셀레라와 인간 유전체 계획 사이의 경쟁 소식은 정치적 통로를 거쳐 결국 백악관에까지 전달되었다. 늘 여론의 향방에 관심을 기울이던 클린턴 대통령은 그 경쟁이 비화되면 정부가 곤혹스러운 상황에 처할 수도 있음을 알아차렸다. 셀레라가 먼저 승리를 선포한다면 더욱 그럴 것이었다. 클린턴은 서류 여백에 짧게 두 단어를 적어서 측근에게 건넸다. "바로잡을 것!"[31] "바로잡을 사람"으로는 파트리노스가 지명되었다.

일주일 뒤, 벤터와 콜린스는 조지타운에 있는 파트리노스 저택의 지하 오락실에서 만났다.[32] 당연히 분위기는 냉랭했다. 파트리노스는 분위기가 풀어지기를 기다렸다가, 불러 모은 이유를 조심스럽게 꺼냈다. 콜린스와 벤터가 인간 유전체의 서열 분석 결과를 공동으로 발표할 의향은 있을까?

벤터와 콜린스는 그런 제안이 나올 것이라고 이미 생각하고 있었다. 벤터는 그 가능성을 심사숙고하다가 받아들였다. 그러나 몇 가지 단서를 달았다. 백악관에서 초안 발표를 축하하는 공동 행사를 열고 「사이언스」에 나란히 논문을 싣는다는 데에는 동의했다. 일정은 정하지 않았다. 한 기자가 나중에 말했듯이, 가장 "세심한 각본에 따른 비기는 승부"였다.

아리 파트리노스의 지하실에서 첫 만남을 가진 뒤로 세 명은 몇 차례 더 비공식 만남을 가졌다. 다음 3주일에 걸쳐서, 콜린스와 벤터는 선언 행사의 개요를 신중하게 조율했다. 클린턴 대통령이 먼저 축하 인사를 하고, 토니 블레어 영국 총리가 말을 한 다음, 콜린스와 벤터가 차례로 발표를 하기로 했다. 사실상 셀레라와 인간 유전체 계획은 인간 유전체 서열 분석을 향한 경주의 공동 우승이라고 선언하기로 했다. 백악관은 공동 발표 가능성이 높다는 것을 알자, 날짜를 잡으라고 재촉했다. 벤터와 콜린스는 각자의 연구진으로 돌아가서 의견을 조율한 뒤, 2000년 6월 26일에 하기로 동의했다.

6월 26일 오전 10시 19분, 백악관에서 벤터, 콜린스, 대통령은 많은 과학자, 기자, 외교 사절 앞에서 인간 유전체의 "1차 조사"가 끝났다고 발표했다(사실 셀레라도 인간 유전체 계획도 서열 분석을 끝내지 못했다. 그러나 양측은 그 발표를 상징적 행위로 삼고 분석을 계속하기로 했다. 백악관이 이른바 유전체의 "1차 조사"가 끝났다고 발표하는 와중에도 셀레라와 유전체 계획 소속의 과학자들은 자리에는 참석했지만 각자의 컴퓨터 화면 앞에서 미친 듯이 자판을 두드리면서 조각들을 이어붙여서 의미 있는 전체로 만들기 위해서 몰두하고 있었다).[33] 토니 블레어는 런던에서 위성을 통해서 참석했고, 노턴 진더, 리처드 로버츠, 에릭 랜더, 해밀턴 스미스는 관중석에 앉아 있었다. 제임스 왓슨도 특유의 빳빳한 하얀 정장을 입고 참석했다.

먼저 클린턴이 인간 유전체 지도를 루이스와 클라크(미국 최초의 서부 탐사대를 이끈 사람들/역주)의 북미 대륙 지도에 비교하면서 말문을 열었다.[34]

"거의 2세기 전, 바로 이 방의 이 바닥에 토머스 제퍼슨은 측근의 도움을 받아서 장엄한 지도를 펼쳤습니다. 자신이 생전에 볼 수 있기를 너무나 갈망했던 지도였습니다……지형선을 명확히 그려 넣고 우리 대륙과 우리 상상의 변경을 영구히 확장시킨 지도였습니다. 오늘 우리와 함께 이 방에서 훨씬 더 큰 의미를 지닌 지도를 보기 위해서 전 세계가 주시하고 있습니다. 우리는 인간 유전체 전체의 1차 조사가 완성되었음을 축하하기 위해서 이 자리에 와 있습니다. 이것이 여태껏 인류가 작성한 지도 중 가장 중요하고 가장 경이로운 것임은 의심할 여지가 없습니다."

마지막 연사로 나선 벤터는 이 "지도"가 민간 탐험가가 이끈 민간 탐험을 통해서도 나란히 이루어졌다는 점을 상기시키지 않고서는 견딜 수가 없었다. "오늘 12시 30분, 공적인 유전체 연구단과 공동 기자회견을 하는 이 자리에서, 셀레라 지노믹스는 샷건 방식으로 유전체 전체의 유전 암호를 최초로 파악했음을 선언할 것입니다……셀레라는 이 방법으로 5명의 유전 암호를 파악했습니다. 자신을 히스패닉계, 아시아계, 카프카스계, 아프리카계 미국인이라고 보는 여성 3명과 남성 2명의 유전체 서열입니다."[35]

많은 휴전 협정이 그렇듯이, 벤터와 콜린스 사이의 허약한 휴전도 힘겹게 이루어지자마자 깨지고 말았다. 어느 정도는 기존의 다툼을 중심으로 갈등이 빚어졌기 때문이기도 하다. 유전자 특허의 지위가 아직 불분명했음에도, 셀레라는 예약 구매를 통해서 데이터베이스를 학계 연구자나 제약회사에 팔아서 현금화하기로 결정했다(벤터는 거대 제약회사들이 신약, 특히 특정한 단백질을 표적으로 하는 약물의 개발을 위해서 유전자 서열을 알고 싶어할 것이라고 재빠르게 추론했다). 그런 한편으로 벤터는 셀레라의 인간 유전체 서열을 주요 학술지―이를테면 「사이언스」―에 발표하고도 싶었다. 그러기 위해서는 회사가 유전체 서열을 공개 이용할 수 있는 공간에 제출해야 하는 문제가 있었다(과학자는 일반 대중이 읽도록 과학 논문을 발표하면서 그 핵심 자료를 비밀로 유지하겠다는 주장을 할 수가 없다). 당연히 왓슨, 랜더, 콜린스는 상업계와 학계 사이에 양다리를 걸치려 하는 셀레라의 시도를 격렬하게 비판했다. 벤터는 한 기자에게 말했다. "양쪽 세계로부터 계속 증오를 받았다는 점이 내가 가장 큰 성공을 거둔 부분입니다."[36]

한편 유전체 계획은 기술적 장애물을 넘기 위해서 노력하고 있었다. 순차적 클로닝 방식을 이용하여 유전체의 방대한 영역들을 서열 분석한 유전체 계획은 지금 중대한 전환기에 직면해 있었다. 조각들을 조립하여 퍼즐을 완성해야 했다. 그러나 이론적으로 볼 때는 별 것 아닌 듯했던 그 일은 엄청나게 벅찬 계산 문제임이 드러났다. 그 서열에는 상당히 많은 부분이 아직 누락되어 있었다. 유전체의 모든 부위가 다 쉽게 클로닝과 서열 분석이 이루어지는 것은 아니었으므로, 겹치지 않는 조각들을 조립하는 일은, 가구 틈새에 빠져서 조각 몇 개가 사라진 퍼즐을 맞추는 것처럼, 예상보다 훨씬 더 복잡해졌다. 랜더는 일을 도울 과학자들을 더 충원했다. 산타크루즈에 있는 캘리포니아 대학교의 컴퓨터 과학자 데이비드 하우슬러와 컴퓨터 프로그래머였다가 분자생물학자가 된 40세인 그의 연구원 제임스 켄트였다.[37] 번뜩이는 영감을 좇아서, 하우슬러는 대학을 설득하여 데스크톱 컴퓨터 100대를 구입했다. 켄트가 수만 줄에 이르는 프로그램을 작성하여 그 컴퓨터들에서 동시에 돌릴 수 있게 하기 위해서였다. 켄트는 밤마다 손목에 얼음찜질을 한 뒤 아침에 다시 코드를 짜곤 했다.

셀레라에서도 유전체 조립 문제는 좌절감을 일으키고 있었다. 인간 유전체에는 기이하게 반복되는 서열들이 가득하다. 벤터는 "조각그림 퍼즐에서 넓게 퍼져 있는 파란 하늘과 같다"고 했다. 유전체 조립을 담당한 컴퓨터 과학자들은 유전체 조각들을 이어맞추기 위해서 쉴 새 없이 일했지만, 완전한 서열은 여전히 나오지 않고 있었다.

2000년 겨울에 양쪽 진영은 거의 완성 단계에 이르렀다. 가장 우호적인 시기에도 껄끄러웠던 양쪽 진영의 대화는 이미 파탄난 상태였다. 벤터는 유전체 계획이 "셀레라에게 복수"하고 있다고 비난했다. 랜더는 「사이언스」의 편집부에게 셀레라가 서열 분석 데이터베이스를 예약 구매자에게 팔고, 자료 중 일부는 대중이 접근 못하게 하면서 자신들이 택한 부분만 학술지에 발표하려 한다고 항의했다. 셀레라가 "유전체를 소유하면서 팔려고도 한다"라고 비난했다. "1600년대 이래로 과학 저술 역사에서, 자료를 공개하는 행위는 발견의 공표와 연관을 맺어왔다. 그것이 바로 현대 과학의 **토대**이다. 근대 이전 시대에는 '나는 해답을 발견했어' 또는 '납을 금으로 바꾸었어'라고 발견을 선언하면서도 결과를 보여주기를 거부하는 짓을 얼마든지 할 수 있었다. 그러나 과학 전문 학술지의 취지는 공개와 영예에 있다."[38] 게다가 콜린스와 랜더는 셀레라가 인간 유전체 계획이 발표한 서열을 자기 유전체를 조립할 "뼈대"로 삼고 있다고 비난했다. 분자 표절 행위라는 것이었다(벤터는 터무니없는 생각이라고 응수했다. 셀레라는 그런 "뼈대"의 도움을 전혀 받지 않은 채 다른 모든 유전체들을 해독했다는 것이다). 랜더는 셀레라의 자료는 그 자체로는 "유전체에 얹은 샐러드"[39]나 다름없다고 주장했다.

셀레라가 논문의 최종 원고를 쓰는 데에 몰두할 때, 과학자들은 그 회사에게 자료를 서열을 공개적으로 이용할 수 있는 보관소인 진뱅크(GenBank)에 넣으라고 필사적으로 호소했다. 결국 벤터는 학계 연구자들이 자유롭게 접근할 수 있도록 하겠다고 말했지만, 몇 가지 중요한 단서를 달았다. 그 타협안이 불만스러웠던 설스턴, 랜더, 콜린스는 논문을 경쟁 관계에 있는 학술지인 「네이처」에 싣기로 결정했다.

2001년 2월 15일과 16일에 인간 유전체 계획 연구단과 셀레라는 각자 「네이처」와 「사이언스」에 논문을 발표했다. 두 학술지의 지면 대부분을 차지하는 엄청난 연구 논문이었다(약 6만6,000단어로 이루어진 인간 유전체 계획의 논문은 「네이처」에 실린 역사상 가장 긴 논문이었다). 모든 위대한 과학 논문은 자신의 역사를 언급하기 마련이며, 「네이처」논문 역시 첫머리에서 자신이 걸어온 길을 서술했다.

"20세기가 시작된 시점에 이루어진 멘델의 유전법칙의 재발견으로 유전정보의 특성과 내용을 이해하려는 과학적 탐구가 촉발되었고, 그것이 지난 100년 동안 생물학의 추진력이 되어왔다. 그 이후의 과학 발전은 크게 네 단계로 자연스럽게 나뉘며, 그에 따라서 그 한 세기도 크게 4분기로 나뉜다."

"첫 단계에서는 유전의 세포학적 토대가 밝혀졌다. 바로 염색체였다. 두 번째 단계에서는 유전의 분자적 토대가 밝혀졌다. 바로 DNA 이중나선이었다. 세 번째 단계에서는 세포가 유전자에 담긴 정보를 읽는 생물학적 메커니즘이 발견되고 클로닝과 서열 분석이라는 재조합 DNA 기술들이 발명되면서 유전학자들이 같은 일을 할 수 있게 됨으로써, 유전의 정보 토대[즉 유전 암호]가 해명되었다."

논문은 인간 유전체의 서열 분석이 유전학의 "네 번째 단계"의 출발점을 나타낸다고 적었다. 인간을 비롯한 생물들의 유전체 전체를 조사하는 "유전체학(genomics)"의 시대가 왔다는 것이다. 철학의 오래된 수수께끼 중에 지적 기계가 자신의 제작 설명서를 해독할 수 있다면 어떻게 될까 라고 묻는 것이 있다. 인류의 제작 설명서는 이미 완성되었다. 그러나 그것을 해독하고 읽고 이해하는 일은 전혀 다른 문제였다.

인간이라는 책
(23권으로 된 전집)

인간이란 고작 이런 존재인가? 잘 생각해보라.

　　　　　　　　　　　　—윌리엄 셰익스피어, 『리어왕』, 3막 4장

산 너머에는 또 산이 있다.　　　　　　　　　—아이티 속담

· DNA의 글자는 3,088,286,401개이다(조금 더 많거나 적을 수는 있다. 최근에는 약 32억 개라는 추정값이 나왔다).

· 일반적인 크기의 활자로 책을 만들면, 단지 네 글자가 …AGCTTGCAGGGG… 하는 식으로 하염없이 150만 쪽 넘게 이어질 것이다. 브리태니커 백과사전의 66배에 달한다.

· 몸의 대부분의 세포에는 23쌍—총 46개—의 염색체가 들어 있다. 고릴라, 침팬지, 오랑우탄을 비롯한 다른 모든 유인원은 24쌍이다. 인류 진화의 어느 시점에, 어느 조상 유인원의 몸에서 중간 크기의 염색체 두 개가 융합되어 하나가 되었다. 인류의 유전체는 시간이 흐르면서 새로운 돌연변이와 변이를 획득하면서, 수백만 년 전에 유인원의 유전체와 갈라졌다. 우리는 염색체 하나를 잃었지만, 엄지를 얻었다.

· 인간은 약 2만 687개의 유전자를 가진다.[1] 선충보다 고작 1,796개 더 많고, 옥수수보다 1만 2,000개 더 적으며, 벼나 밀보다는 2만 5,000개 더 적다. "인간"과 "곡물"의 차이는 유전자 수가 아니라, 유전자 망의 정교함에서 나타난다. 무엇을 가지는가가 아니라 가진 것을 어떻게 사용하느냐가 중요하다.

· 대단히 창의적이다. 단순성에서 복잡성을 짜낸다. 시간적으로 공간적으로 유전자별로 독특한 맥락과 협력 상황을 조성함으로써, 특정한 시기에 특정한 세포에서만 특정한 유전자를 활성화하거나 억제한다. 그럼으로써 한정된 유전자 목록으로부터 거의 무한히 다양한 기능을 만들어낸다. 그리고 한 유전자 내의 유전자 모듈—엑손—들을 뒤섞고 이어붙여서 유전자 목록으로부터 더욱 다양한 조합을 만들어낸다. 이 두 전략—유전자 조절과 유전자 이어맞추기—은 다른 생물의 유전체보다 인간의 유전체에서 훨씬 더 폭넓게 쓰이는 듯하다. 우리 복잡성의 비밀은 유전자의 수, 유전자 유형의 다양성, 유전자 기능의 독창성보다는 유전체의 **독창성**에 들어 있다.

· 역동적이다. 일부 세포는 스스로 자신의 DNA 서열을 재편하여 새로운 변이체를 만든다. 면역계의 세포는 "항체"를 분비한다. 항체는 침입한 병원체에 달라붙도록 설계된 단백질이다. 그러나 병원체가 끊임없이 진화하므로, 항체도 그에 맞추어 변화해야 한다. 병원체가 진화하면 숙주도 진화해야 한다. 유전체는 유전 인자를 재편성하여 경이로운 다양성을 생성함으로써 이 맞대응 진화를 이룬다(s…tru…c…t…ure와 g…en…ome을 재편성하여 c…ome…t이라는 아예 새로운 단어를 만들 수도 있다). 재편성된 유전자들은 항체의 다양성을 늘린다. 이 세포의 유전체는 전혀 다른 유전체를 만들어낼 수 있다.

· 어떤 부위들은 놀라울 만큼 아름답다. 한 예로 11번 염색체에는 후각만을

위한 전용 도로가 길게 뻗어 있다. 이곳에 모여 있는 서로 밀접한 관련이 있는 155개의 유전자들은 냄새 감지기인 단백질 수용체들을 만들어낸다. 각 수용체는 마치 자물쇠에 맞는 열쇠처럼, 들어맞는 하나의 화학 구조에만 결합함으로써 스피어민트, 레몬, 캐러웨이, 재스민, 바닐라, 생강, 후추 등 뇌에서 저마다 다른 냄새 감각을 빚어낸다. 정교한 유전자 조절을 통해서 이 유전자 집단에서 한 냄새 수용체 유전자만이 선택되어 코의 한 후각 뉴런에서 발현된 덕분에, 우리는 수천 가지 냄새를 식별할 수 있게 되는 것이다.

• 기이하게도 유전자가 차지하는 지면은 극히 적다. 지면의 대부분—무려 98퍼센트—은 유전자가 아니라, 유전자들 사이에 놓인 기나긴 서열(유전체 사이 DNA)과 유전자 내에 끼워진 긴 서열(인트론)이 차지한다. 이 긴 가닥은 RNA도, 단백질도 만들지 않는다. 유전자 발현을 조절하는 부위도 있고, 나머지는 우리가 아직 모르는 어떤 이유 때문에 들어 있을 수도 있고, 아무런 이유도 없이(즉 "쓰레기" DNA) 들어 있을 수도 있다. 유전체가 북미와 유럽 사이의 대서양을 가로지르는 긴 전선이라면, 유전자는 그 전선 주위의 검푸른 드넓은 바다에 점점이 흩어진 섬들에 해당한다. 이 섬들을 다 모아서 죽 늘어세워도 갈라파고스 제도의 가장 큰 섬이나 대도시의 한 전철 노선의 길이밖에 되지 않는다.

• 그 안에는 역사가 새겨져 있다. 어떤 고대의 바이러스에서 유래한 독특한 DNA 조각이 먼 과거에 유전체에 끼워졌다가 그대로 기나긴 세월에 걸쳐 전해지기도 한다. 이 조각 중에는 과거에는 유전자와 생물 사이를 "도약" 할 수 있었지만, 지금은 거의 활성을 잃고 침묵하는 것들도 있다. 해고된 순회 외판원처럼, 이 조각들은 우리 유전체에 박혀서 영구히 오도 가도 못하는 신세가 되어 있다. 이 조각들은 유전자보다 훨씬 더 많으며, 그것이

우리 유전체의 또 한 가지 주요 특징이다. 인간 유전체에는 그다지 인간적이지 않은 부분이 많다.

· 흔하게 존재하는 반복된 요소들이 있다. Alu라는 300개의 염기쌍으로 이루어진 수수께끼 같은 성가신 서열은 수백만 군데에서 계속 나타나지만, 기원도 기능도 의미도 수수께끼로 남아 있다.

· 서로 닮았으면서 비슷한 기능을 하는 "유전자족(gene family)"도 있으며, 이들은 대개 한 곳에 모여 있다. "혹스(Hox)" 유전자족은 특정한 염색체의 특정한 부위에 모여 있는 약 200개의 비슷한 유전자들로서, 그중 상당수는 배아, 체절, 기관의 운명, 정체성, 구조를 결정하는 중요한 역할을 한다.

· 한때 기능을 했지만 지금은 기능을 잃은, 즉 단백질이나 RNA를 만들지 않는 "가짜 유전자(pseudogenes)"가 수천 개 들어 있다. 활성을 잃은 이 유전자 사체들은 해변에서 부서지는 조개껍데기들처럼 유전체 전체에 흩어져 있다.

· 우리 각자를 다르게 만들 수 있을 만큼의 충분한 변이를 담고 있으면서, 우리 종의 모든 구성원들을 우리와 유전체의 96퍼센트가 같은 침팬지나 보노보와 크게 다르게 만들 수 있을 만큼의 충분한 일관성도 가진다.

· 1번 염색체의 첫 번째 유전자는 코에서 냄새를 맡는 단백질을 만든다(후각 유전자가 그만큼 많다!). 마지막 유전자는 X 염색체에 있으며, 면역계 세포들 사이의 상호작용을 조율하는 단백질을 만든다. ("첫 번째" 염색체와 "마지막" 염색체는 임의로 정한 것이다. 가장 긴 것을 1번 염색체로 정했다.)

· 염색체의 끝에는 "텔로미어(telomere)"가 붙어 있다. 신발끈의 끝에 붙인

플라스틱처럼, 이 DNA 서열은 염색체의 올이 풀려서 해어지지 않도록 막는 역할을 한다.

· 우리는 유전 암호를―즉 한 유전자의 정보가 어떻게 단백질을 만드는 데에 쓰이는지를―완전히 이해하고 있지만, **유전체** 암호는 거의 알지 못한다. 즉 유전체 전체에 흩어져 있는 다수의 유전자들이 시간적으로 공간적으로 발현되는 것을 조화시켜서 인간이라는 생물을 만들고 유지하고 수리하는 과정은 전혀 모른다. 유전 암호는 단순하다. DNA는 RNA를 만들고, RNA는 단백질을 만든다. DNA의 염기 세 개가 단백질의 아미노산 하나를 지정한다. 유전체 암호는 복잡하다. 유전자에는 언제 어디에서 그 유전자를 발현시킬지에 관한 정보를 담은 DNA 서열이 딸려 있다. 우리는 특정한 유전자가 왜 유전체의 특정한 지리적 위치에 놓여 있는지, 그리고 유전자들 사이에 있는 DNA 가닥이 유전자의 생리를 어떻게 조절하고 조율하는지를 알지 못한다. 산 너머에 산이 있듯이, 암호 너머에도 암호가 있다.

· 환경 변화에 반응하여 자신에게 화학적 표지를 새기고 지운다. 그럼으로써 일종의 세포 "기억"을 저장한다(이 주제는 뒤에서 다시 다루기로 하자).

· 불가사의하고 취약하고 회복력이 있고 적응력이 있고 반복적이고 독특하다.

· 진화할 준비가 되어 있다. 과거의 잔해가 널려 있다.

· 생존하도록 설계되어 있다.

· 우리를 닮았다.

제5부
거울 속으로

정체성과 "정상 상태"의 유전학

(2001-2015)

거울 속의 집으로 들어갈 수 있다면 얼마나 신날까! 정말로 멋진 것들이 있다고 난 믿어!

—루이스 캐럴, 『이상한 나라의 앨리스(*Alice in Wonderland*)』[1]

"따라서 우리는 똑같아"[1]

투표를 다시 해야 해. 이건 옳지 않아.
—스눕 독, 농구 선수인 찰스 바클리보다 자신에게 유럽인의 피가
더 많이 흐른다는 것을 알자 한 말.[2]

내가 유대인들과 무슨 공통점이 있다는 건가? 나는 내 자신과도 거의
아무런 공통점이 없는데.　　　　　　　　　　　—프란츠 카프카[3]

사회학자 에버렛 휴스는 의학이 "거울 문자(mirror writing)"를 통해서 세계를 인식한다고 비꼰 적이 있었다. 질병은 안녕을 정의하는 데에 쓰인다. 비정상 상태는 정상 상태의 경계를 정한다. 일탈은 순응의 한계를 정한다. 이 거울 문자는 인체를 일그러진 관점에서 보게 할 수 있다.[4] 그리하여 정형외과 의사는 뼈를 골절이 일어나는 부위라고 생각하기 시작한다. 신경과 의사의 상상 속에서 뇌는 기억이 사라지는 장소이다. 기억을 상실한 보스턴의 한 외과 의사가 자신이 친구들에게 한 수술을 떠올림으로써 비로소 그들의 이름을 떠올릴 수 있었다는 출처가 의심스러운 오래된 이야기가 있다.

인류 생물학의 역사 대부분에 걸쳐서, 유전자도 대체로 거울 문자를 통해서 인식되어왔다. 즉 돌연변이가 일어났을 때 생기는 비정상이나 질병을 통해서 파악되었다. 낭성 섬유증 유전자, 헌팅턴병 유전자, 유방암을 일으키는 BRCA1 유전자 등이 그렇다. 생물학자가 보기에는 불합리한 명명법이다. BRCA1 유전자의 기능은 돌연변이일 때 유방암을 일으키는 것이 아니라, 정

상일 때 DNA를 수선하는 것이다. "양성" 유방암 유전자 BRCA1의 기능은 오로지 손상된 DNA를 수선하는 것이다. 유방암 가족력이 없는 수억 명의 여성은 이 양성 BRCA1 유전자를 물려받는다. 돌연변이체, 즉 악성인 대립유전자―m-BRCA1―는 손상된 DNA를 수선할 수 없도록 BRCA1 단백질의 구조를 바꾼다. 따라서 BRCA1이 자신의 제 기능을 못할 때 유전체에 유방암을 일으키는 돌연변이가 생기는 것이다.

초파리의 **날개없음**(wingless) 유전자가 만드는 단백질의 진짜 기능은 날개가 없는 곤충을 만드는 것이 아니라, 날개를 만드는 것이다. 과학 저술가 매트 리들리는 낭성 섬유증 유전자라는 명칭은 "신체기관을 거기에 생기는 질병을 통해서 정의하는 것처럼 불합리하다"고 했다. "간은 간경화가 일어나는 곳이고, 심장은 심장마비가 일어나는 곳이고, 뇌는 뇌졸중이 일어나는 곳이라는 것인가?"[5]

인간 유전체 계획(Human Genome Project)은 유전학자들이 이 거울 문자를 다시 뒤집을 수 있게 해주었다. 인간 유전체의 모든 정상 유전자를 집대성한 목록―그리고 그 목록을 만드는 데에 쓰인 도구들―을 통해서 원리상 거울의 앞에서 유전학을 볼 수 있게 되었다. 정상 생리의 경계를 정하기 위해서 병리를 이용할 필요가 이제 없어졌다. 1988년, 영국 국립 의학 위원회의 유전체 계획 서류에는 유전체 연구의 미래를 내다보는 중요한 구절이 있다. "DNA 서열에는 학습, 언어, 기억 등 인류 문화의 핵심인 정신적 능력들을 근본적으로 결정하는 인자들이 담겨 있다. 또 인류에게 많은 고통을 안겨주는 많은 질병들을 일으키거나 그것에 취약하게 만드는 돌연변이와 변이도 담겨 있다."[6]

눈치 빠른 독자는 이 두 문장에서 새로운 과학의 두 가지 야심이 드러나고 있음을 간파했을 것이다. 전통적으로 인류유전학은 주로 병리를 다루었다. 즉 "인류에게 많은 고통을 안겨주는 질병들"에 초점을 맞추었다. 그러나 이제 새로운 도구와 방법으로 무장한 유전학에서는 여태껏 접근이 불가능해 보였던 인류 생물학의 측면들도 마음껏 탐구할 수 있게 되었다. 유전학은 병리학에서 정상 상태로 넘어갔다. 이 새로운 과학은 역사, 언어, 기억, 문화, 성, 정체성, 인종을 이해하는 데에 쓰이게 된다. 이 과학의 가장 야심적인 환상은 정상 상태의 과학, 즉 건강, 정체성, 운명의 과학이 되는 것일 것이다.

유전학의 이 궤도 변경은 유전자의 이야기도 이 시점에서 방향을 바꾸어야 한다는 것을 알려준다. 지금까지 우리의 이야기는 역사를 기준으로 삼았다. 유전자에서 유전체 계획까지의 여정은 비교적 순차적으로 일어난 개념 도약과 발견의 연대기를 따라왔다. 그러나 인류유전학이 병리에서 정상 상태로 시선을 옮겨가면서, 엄격한 연대기적 접근법으로는 더 이상 그 탐구의 다양한 차원을 포착할 수 없게 되었다. 이 분야는 좀더 **주제별로**, 즉 비록 겹치는 부분이 있긴 하지만 인류 생물학의 다양한 탐구 영역 중심으로 재편되었다. 인종, 사회적 성, 생물학적 성, 지능, 기질, 성격의 유전학으로 말이다.

유전학의 영토 확장을 통해서 우리는 유전자가 우리의 삶에 미치는 영향을 훨씬 더 깊이 이해하게 될 것이다. 그러나 유전자를 통해서 인간의 정상 상태를 대면하려는 이 시도는 유전학이라는 과학을 자신의 역사상 가장 복잡한 과학적, 도덕적 난제들 중 몇 가지와 억지로 대면시키게 하는 것이기도 했다.

유전자가 인간에 관해서 무엇을 말해주는지 이해하기 위해서 먼저 유전자가 인류의 기원에 관해서 무엇을 말해주는지를 알아보자. 인류유전학이 등장하기 전인 19세기 중반에 인류학자, 생물학자, 언어학자는 인간의 기원이라는 문제를 두고 격렬하게 맞붙었다. 1854년 스위스 태생의 자연사학자 루이 아가시는 **다기원론**(polygenism)이라는 학설을 가장 열정적으로 설파했다. 백인종, 황인종, 흑인종―그는 그렇게 세 범주로 나누는 쪽을 선호했다―이라는 세 주요 인종이 수백만 년 전에 각기 다른 조상 계통에서 독자적으로 생겨났다는 이론이었다.

아가시는 과학 역사상 가장 눈에 띄는 인종차별주의자라고 할 수 있다.

인종 사이에 본질적인 차이가 있음을 믿는 사람이라는 그 단어의 원래의 의미에서 뿐만이 아니라, 일부 인종이 다른 인종보다 근본적으로 더 우수하다고 믿는 사람이라는 실질적인 의미에서도 그랬다. 자신이 아프리카인과 공통 조상이 가졌을지도 모른다는 생각에 섬뜩해진 그는 인종마다 각자의 남녀 시조가 있고, 그들로부터 독자적으로 생겨나서 시간적으로 공간적으로 독자적으로 갈라졌다고 주장했다. (그는 아담[Adam]이라는 이름이 "얼굴을 붉히는 사람"이라는 히브리어에서 유래했고, 백인만이 눈에 띄게 얼굴을 붉힐 수 있다고 했다. 그는 각 인종마다 아담이, 즉 얼굴을 붉히는 사람과 붉히지 못하는 사람이 따로 있어야 한다고 결론지었다.)

1859년 출간된 『종의 기원』은 아가시의 다기원론에 도전했다. 비록 『종의 기원』에 인류의 기원이라는 문제는 빠져 있었지만, 자연선택을 통한 진화라는 다윈의 개념은 인종마다 별도의 계통이 있다는 아가시의 이론에 전혀 들어맞지 않았다. 핀치와 거북이 공통 조상에서 나왔다면, 인간이라고 다를 이유가 어디 있단 말인가?

학계의 논쟁치고는 거의 우스꽝스러울 만큼 일방적인 싸움 같았다. 위엄 있게 구레나룻을 기른 하버드 교수인 아가시는 당시 세계에서 가장 유명한 자연사학자 중 한 명이었던 반면, 대서양 반대편 케임브리지 교구의 신부였다가 독학으로 자연사학자가 된 다윈은 아직 영국 바깥에는 거의 알려지지 않은 수상쩍은 인물이었다. 그러나 숙명적으로 대결하리라는 것을 인식한 아가시는 다윈의 책을 통렬하게 반박했다. "개체들이 그런 식으로 시간이 흐르면서 변화하여 마침내 종을 생성한다는 것을 보여주는 사실을 다윈 씨나 그 추종자들이 단 하나라도 제시했다면……상황이 좀 달랐을지도 모르겠다."[7]

그러나 아가시도 각 인종이 독자적인 계통을 가진다는 자신의 이론을 공격할 만한 사실이 "단 하나"가 아니라 여럿이 있을 수 있음을 인정할 수밖에 없었다. 1848년, 독일 네안더 계곡의 석회암 채석장에서 인부들이 우연히 특이한 머리뼈를 발견했다.[8] 사람의 머리뼈와 비슷했지만, 뇌 부분이 더 크고,

턱이 들어가고, 강하게 맞물리는 턱뼈에다가 눈썹 부위가 도드라져 있는 등 차이점도 상당했다. 처음에는 사고를 당한 기형 인간의 유골이라고 치부했다. 동굴에 갇힌 어느 미친 사람의 것이라고 말이다. 하지만 그 뒤로 수십 년에 걸쳐 유럽과 아시아의 여러 골짜기와 동굴에서 비슷한 머리뼈와 뼈들이 계속 발견되었다. 뼈들을 모아서 재구성했더니 다소 굽은 다리로 서서 걸은 강인한 몸집에 눈썹이 두드러진 종이 나타났다. 늘 찌푸리고 있는 화난 레슬링 선수 같은 모습이었다. 이 인류에게는 처음 발견한 곳의 지명을 따서 네안데르탈인(Neanderthal)이라는 이름이 붙었다.

처음에 많은 과학자들은 네안데르탈인이 현생인류의 조상형이며, 인류와 유인원을 잇는 잃어버린 고리였다고 믿었다. 한 예로 1922년에 「파퓰러 사이언스 먼슬리(*Popular Science Monthly*)」에는 네안데르탈인이 "인류 진화의 초기 형태"라는 기사가 실렸다.[9] 기사에는 지금 우리에게 친숙한 것과 비슷한 인류 진화 그림도 함께 있었다. 긴팔원숭이처럼 생긴 영장류가 고릴라로 변하고, 고릴라가 곧추선 네안데르탈인이 되는 식으로 인간에게까지 이어지는 그림이었다. 그러나 1970-1980년대에 인류 조상으로서의 네안데르탈인 가설은 논박당하고 더욱 기이한 개념으로 대체되었다. 초기 현생인류가 네안데르탈인과 **공존**했다는 설이었다. "진화의 사슬" 그림은 긴팔원숭이, 고릴라, 네안데르탈인, 현생인류가 인류 진화의 점진적인 단계들이 아니라, 모두 공통 조상에서 출현했음을 나타내는 쪽으로 수정되었다. 후속 증거들은 현생인류—당시 크로마뇽인이라고 불린—가 약 4만5,000년 전에 네안데르탈인의 주거지에 도착했음을 암시했다. 네안데르탈인이 살던 유럽 지역으로 이주해 왔을 가능성이 가장 높았다. 우리는 현재 네안데르탈인이 4만 년 전에 멸종했음을 안다. 따라서 초기 현생인류와 약 5,000년을 공존했다.

사실 크로마뇽인이야말로 더 작은 머리뼈, 더 납작한 얼굴, 더 들어간 눈썹, 더 얄팍한 턱을 지닌 현생인류의 더 가까운 더 진정한 조상이다(해부학적으로 정확한 크로마뇽인을 가리키는 정치적으로 올바른 명칭은 유럽 초기 현생인류[European Early Modern Human, EEMH]이다). 이 초기 현생인류는 적어도 유럽의 일부 지역에서는 네안데르탈인과 만났으며, 자원, 식량, 공간을 두고서 그들과 경쟁했을 가능성이 높다. 네안데르탈인은 우리의 이웃이자 경쟁자였다. 우리가 그들과 상호 교배를 했고, 식량과 자원을 두고 경쟁함으로써 그들의 멸종에 기여했을 수 있음을 시사하는 증거들도 있다. 우리는 그들을 사랑했지만, 맞다, 우리는 그들을 없앴다.

그러나 네안데르탈인과 현생인류의 구분은 우리를 다시 원점으로, 원래의 질문으로 돌아가게 한다. 인류는 얼마나 오래되었으며, 어디에서 나왔을까? 1980년대에 버클리에 있는 캘리포니아 대학교의 생화학자 앨런 윌슨은 유전적 도구를 이용해서 이 의문을 풀기로 했다.*[10] 윌슨의 실험은 좀 단순한 착상에서 시작되었다. 당신이 한 크리스마스 파티장에 불쑥 들어갔다고 하자. 당신은 주빈도 손님들도 전혀 알지 못한다. 안에는 100명의 남녀와 아이들이 음료를 마시면서 흥겹게 어울리고 있다. 그때 갑자기 게임이 시작된다. 당신은 가족, 친족, 혈통에 따라서 사람들을 나눠보라는 요청을 받는다. 이름도 나이도 물어서는 안 된다. 게다가 당신은 눈까지 가려진다. 얼굴 모습이나 태도를 보고서 가계도를 구성할 수가 없다.

유전학자라면 쉽게 풀 수 있다. 그는 각자의 유전체에 수백 개의 자연적인 변이, 즉 돌연변이가 존재함을 안다. 서로 유연관계가 가까운 사람일수록, 변이나 돌연변이도 더 유사한 양상을 띤다(일란성 쌍둥이는 유전체 전체가 같다, 부모는 자식에게 평균적으로 유전체의 절반을 기여한다, 등등). 각자에게서 이 변이 서열들을 알아내고 분석할 수 있다면, 계통을 즉시 파악할 수

---

* 윌슨의 핵심적인 깨달음은 생화학계의 두 거인인 라이너스 폴링과 에밀 추커칸들에게서 나왔다. 그들은 유전체를 보는 전혀 새로운 관점을 제시한 바 있었다. 개별 생물을 만드는 정보의 집합체가 아니라, 생물의 진화 역사를 말해주는 정보의 집합체로 보자는 것이었다. 바로 "분자시계(molecular clock)" 개념이었다. 일본 진화생물학자 모토 기무라도 같은 이론을 내놓았다.

있다. 유연관계는 돌연변이의 함수이다. 유연관계가 있는 사람들은 얼굴 특징이나 피부색이나 키가 비슷하듯이, 같은 집안의 사람들은 다른 집안의 사람들보다 변이도 더 공통적으로 가진다(사실 얼굴 특징과 키는 같은 유전적 변이를 가지기 때문에 비슷해진다).

그리고 유전학자에게 파티에 모인 사람들의 나이를 모르는 상태에서 가장 많은 세대수가 참석한 가족을 찾아보라고 한다면? 한 가족은 증조할아버지, 할아버지, 아버지, 아들이 참석했다고 하자. 4대가 참석한 것이다. 다른 한 가족도 네 명이 와 있지만, 아버지와 일란성 세쌍둥이 아들들이다. 즉 2대가 와 있다. 그렇다면 얼굴도 이름도 모른 채, 가장 많은 세대가 참석한 가족을 알아낼 수 있을까? 식구 수만 세어서는 알 수 없을 것이다. 아버지와 세쌍둥이가 참석한 가족과 증조부부터 참석한 가족은 네 명으로 같다.

유전자와 돌연변이는 영리한 해결책을 제시한다. 돌연변이는 세대가 지날수록—세대 간격이 커질수록—쌓이므로, 유전자 변이의 **다양성**이 가장 높은 가족이 가장 많은 세대가 참석한 가족이다. 세쌍둥이는 유전체가 똑같다. 그들은 유전적 다양성이 가장 낮다. 반면에 증조부와 증손자는 유연관계에 있는 유전체를 지니지만, 그들의 유전체는 가장 차이가 크다. 진화는 돌연변이를 통해서 틱톡틱톡 시간을 재는 메트로놈이다. 따라서 유전적 다양성은 "분자시계(分子時計, molecular clock : DNA와 같은 생명 분자는 시간의 흐름에 따라서 일정한 속도로 변하므로 그것이 시계 역할을 할 수 있다는 개념/역주)" 역할을 하며, 변이를 토대로 계통 관계를 파악할 수 있다. 어느 두 식구 사이의 세대 간격은 유전적 다양성에 비례한다.

윌슨은 이 기술을 식구들에게만이 아니라, 생물 집단 전체에도 적용할 수 있음을 깨달았다. 유전자의 변이는 유연관계의 지도를 작성하는 데에 쓸 수 있었다. 그리고 유전적 다양성은 종 내의 가장 오래된 집단이 누구인지를 알아내는 데에도 쓸 수 있었다. 유전적 다양성이 가장 높은 부족이 다양성이 낮거나 없는 부족보다 더 오래된 부족이다.

월슨은 어느 종의 나이를 추정하는 문제를 유전체 정보를 이용하여 거의 해결한 셈이었다. 그러나 한 가지 문제가 있었다. 유전적 변이가 돌연변이만으로 생긴다면, 월슨의 방법은 실패할 리가 없었다. 그러나 월슨은 대부분의 인간 세포에 유전자가 쌍으로 존재하며, 짝지은 염색체들 사이에 "교차"가 일어나면서 변이와 다양성이 증가할 수 있다는 것도 알았다. 이 변이 생성 방식은 월슨의 연구에 혼란을 일으킬 수밖에 없었다. 월슨은 이상적인 유전적 계통을 구축하려면, 본질적으로 재조합과 교차가 일어나지 않는 유전자를 찾아야 한다는 것을 알았다. 오로지 돌연변이가 쌓임으로써 변화가 일어날 수 있는 유전체 부위, 그럼으로써 완벽한 분자시계 역할을 할 수 있는 취약한 유전체 부위를 찾아야 했다.

그러나 그런 취약한 부위를 어디에서 찾을 수 있을까? 월슨은 창의적인 해결책을 찾아냈다. 사람의 유전자는 세포핵 안의 염색체에 들어 있지만, 예외가 하나 있다. 모든 세포에는 미토콘드리아라는 세포소기관이 있다. 에너지를 생산하는 기관이다. 미토콘드리아는 자체 소형 유전체를 지니며, 그 안에는 37개의 유전자가 들어 있다. 인간의 염색체에 든 유전자 총수의 약 6,000분의 1이다. (일부 과학자들은 미토콘드리아가 단세포 생물에 침입한 고대 세균에서 유래했다고 주장한다. 이 세균은 해당 생물과 공생 동맹을 맺었다. 세포에 에너지를 제공하는 대가로 세포 환경의 양분 공급, 대사, 방어 같은 기능을 이용하기로 했다. 미토콘드리아의 유전자는 이 고대의 공생 관계가 남긴 것이다.[11] 사실 인간의 미토콘드리아 유전자는 인간의 다른 유전자보다 세균의 유전자와 더 비슷하다.)

미토콘드리아 유전체는 한 벌만 존재하며, 재조합이 거의 일어나지 않는다. 미토콘드리아 유전자의 돌연변이는 온전히 대대로 전달되며, 교차가 없이 시간이 흐르면서 쌓인다. 그래서 미토콘드리아 유전체는 이상적인 유전적 시간 기록 장치가 된다. 월슨은 이 연대 재구성 방식이 전적으로 독립적이고 편견에 휘둘리지 않는다는 중요한 사실도 깨달았다. 화석 기록도, 언어 계통도, 지층도, 지리도, 인류학적 조사도 전혀 참조하지 않았다. 지금 살고 있는 사람들은 자신의 유전체에 우리 종의 진화 역사를 간직하고 있다. 마치 지갑에 모든 선조들의 사진을 평생 넣고 다니는 것과 같다.

1985-1995년에 걸쳐 윌슨과 제자들은 이 기법을 인류 표본에 적용하는 법을 터득했다(윌슨은 1991년에 백혈병으로 사망했지만, 그의 제자들이 연구를 이어나갔다). 이 연구 결과는 세 가지 이유에서 놀라웠다. 첫째, 사람 미토콘드리아 유전체의 전반적인 다양성을 측정한 윌슨은 놀라울 정도로 다양성이 낮다는 사실을 알아차렸다.[12] 침팬지의 미토콘드리아 유전체보다 훨씬 낮았다. 다시 말해서, 현생인류는 침팬지보다 상당히 더 젊고 상당히 더 균질했다(사람의 눈에는 침팬지들이 다 똑같아 보이겠지만, 침팬지에게는 사람들이 훨씬 더 똑같아 보인다). 계산을 해보니, 인류의 나이가 약 20만 년이라고 추정되었다. 진화 차원에서 보면, 한 번 삐익 소리를 냈거나 잠시 똑딱거린 것에 불과했다.

최초의 현생인류는 어디에서 출현했을까? 1991년까지 윌슨은 자신의 방법을 이용해서 전 세계 다양한 인류 집단 사이의 계통 관계를 재구성하고, 유전적 다양성을 분자시계로 삼아 어느 집단의 상대적 나이를 계산할 수 있었다.[13] 유전자 서열 분석과 비교 기술이 발전함에 따라, 유전학자들은 미토콘드리아 변이뿐 아니라 적용 범위를 더 넓혀서 전 세계 수백 집단에 속한 수천 명을 연구하기에 이르렀다.

2008년 11월, 스탠퍼드 대학교의 루이지 카발리스포르차, 마커스 펠드먼, 리처드 마이어스는 전 세계 51개 아집단(亞集團)의 938명의 유전적 변이 64만2,690가지를 조사했다.[14] 이 연구로부터 인류 기원의 두 번째 놀라운 점이 드러났다. 현생인류가 약 10-20만 년 전 다소 좁은 땅덩어리인 아프리카 사하라 이남 지역의 어딘가에서 출현하여, 북쪽과 동쪽으로 이동하면서 중동, 유럽, 아시아, 아메리카로 퍼진 듯하다는 것이다. 펠드먼은 이렇게 썼다. "아프리카에서 멀어질수록 변이는 점점 적어진다. 그런 양상은 최초의 현생인류가 약 10만 년 전에 아프리카를 떠나서 징검다리를 건너는 식으로 전 세계로 퍼졌다는 이론에 들어맞는다. 매번 작은 무리가 떨어져 나와서 새 영역으로 향할 때, 모집단의 유전적 다양성 중 일부만을 지니고 갔다."[15]

가장 오래된 인류 집단―그들의 유전체에는 다양한 오래된 변이들이 쌓여 있다―은 남아프리카, 나미비아, 보츠와나에 사는 산족(San)과 콩고 이투리 숲 깊숙한 곳에 사는 음부티 피그미족(Mbuti Pygmy)이다.[16] 반대로 "가장 젊은" 인류 집단은 유럽을 떠나서 약 1만5,000-3만 년 전에 얼어붙은 베링 해협을 지나 알래스카의 시워드 반도로 건너간 북아메리카 원주민들이다.[17] 화석 표본, 지리적 자료, 고고학 유적지에서 발견된 도구, 언어 패턴이 이 인류 기원과 이주 이론을 뒷받침하며, 대다수의 인류유전학자들에게 압도적으로 지지를 받고 있다. 이것을 아프리카 기원론(Out of Africa, Recent out of Africa)이라고 한다(최근[recent]이라는 말을 붙이기도 한 이유는 현생인류가 놀라울 정도로 최근에 진화했음을 강조하기 위함이며, 그 약어인 ROAM[방랑이라는 뜻이기도 함/역주]은 방랑하려는 오래된 충동이 우리 유전체에서 곧바로 튀어나온 듯한 느낌을 주는 멋진 용어이다).[18]

이 연구들로부터 나온 세 번째로 중요한 결론을 살펴보려면 배경 설명이 좀 필요하다. 난자가 정자에 수정되면서 단세포 배아가 형성되는 과정을 생각해 보자. 이 배아의 유전물질은 두 원천으로부터 온다. 부계 유전자(정자에서 온)와 모계 유전자(난자에서 온)이다. 그러나 배아의 세포물질은 오로지 난자에서 온다. 정자는 남성의 DNA를 운반하는 차량이나 다름없다. 힘차게 움직이는 꼬리가 달린 유전체라고 할 수 있다.

난자는 단백질, 리보솜, 양분, 막 외에 미토콘드리아라는 특수한 구조물도 배아에 공급한다. 미토콘드리아는 세포의 에너지 생산 공장이다. 해부학적으로 구분되어 있고 기능이 너무나 분화되어 있어서 세포학자들은 그것을 "세포소기관(organelle, 細胞小器官)"이라고 한다. 즉 세포 안에 있는 작은 기관이라는 뜻이다. 앞서 말했듯이, 미토콘드리아는 독립된 작은 유전체를 지닌다. 세포핵에 들어 있는 23쌍의 염색체(그리고 약 2만1,000개의 유전자)와 별개이다.

배아의 모든 미토콘드리아가 오로지 모계에서 유래한다는 사실은 한 가지 중요한 결과를 낳는다. 모든 사람—남성이든 여성이든—은 어머니로부터 미토콘드리아를 물려받았고, 그 어머니는 미토콘드리아를 자신의 어머니로부터 받았다. 그런 식으로 무한히 먼 과거까지 모계가 끊임없이 계속적으로 이어나간다. (여성은 자기 세포에 모든 후손들의 미토콘드리아 유전체도 가지고 있다. 역설적이게도 "호문쿨루스[homunculus]" 같은 것이 있다면, 여성만이 가진 셈이다. 따라서 "페문쿨루스[femunculus]"라고 해야 하지 않을까?)

이제 여성 200명이 있는 고대 부족이 있다고 상상하자. 각 여성은 아이를 한 명씩 낳는다. 아이가 딸이라면, 그 여성은 미토콘드리아를 충실히 다음 세대로 전달하고, 딸의 딸을 통해서 3대까지 전달할 수 있다. 반면에 어느 여성은 아들만 있고 딸이 없다면, 그 여성의 미토콘드리아 계통은 유전적 막다른 골목에 처하면서 끊기게 된다(정자는 배아에 미토콘드리아를 전달하지 않으므로, 아들은 자신의 미토콘드리아 유전체를 자식에게 전달할 수 없다). 그 부족의 진화 과정에서, 그런 미토콘드리아 계통들 중 수만 개는 운에 의해서 막다른 골목으로 들어서서 사라질 것이다. 그리고 바로 이 부분이 핵심이다. 한 종의 창시자 집단이 아주 작고, 충분히 많은 시간이 흐른다면, 생존한 모계 계통의 수는 점점 더 줄어들다가, 결국에는 극소수만 남을 것이다. 우리 부족의 여성 200명 가운데 절반이 아들만 낳는다면, 미토콘드리아 계통 100개가 남성들만으로 이루어진 유전의 유리 천장에 부딪혀서 다음 세대로 이어지지 못할 것이다. 살아남은 계통 중 다시 절반은 두 번째 세대에서 아들만 낳아서 사라질 것이고, 그런 식으로 죽 이어질 것이다. 몇 세대가 지날 무렵이면, 그 부족의 후손들은 남녀 상관없이 모두 극소수 여성의 미토콘드리아 계통에 속할 것이다.

현생인류에게서 이 계통의 수는 단 하나로 줄어들었다. 즉 우리 모두의 미토콘드리아 계통은 약 20만 년 전 아프리카에 살았던 한 여성에게로 이어진다. 그녀는 우리 종의 공통 어머니이다. 우리는 그녀가 어떻게 생겼는지 알지 못하지만, 그녀의 가장 가까운 현생 친척은 보츠와나나 나미비아에 사는 산족의 여성들이다.

나는 그 시조 어머니라는 개념에 한없이 빠져드는 것을 느낀다. 인류유전학계에서 그녀는 미토콘드리아 이브(Mitochondrial Eve)라는 멋진 이름으로 알려져 있다.

1994년 여름, 면역계의 유전적 기원에 관심이 있던 대학원생인 나는 동아프리카 지구대를 따라 케냐에서 짐바브웨까지 여행을 했다. 잠베지 강의 분지를 지나 남아프리카의 평원까지 향했다. 인류의 진화 여정을 거슬러올라갔다. 여행의 종착지는 나미비아와 보츠와나에서 거의 비슷한 거리만큼 떨어진 남아프리카의 건조한 메사 지대였다. 그곳은 산족의 일부가 한때 살았던 곳이다. 달처럼 황량한 곳이었다. 복수심에 불타는 지구물리학적인 힘이 꼭대기를 댕강 잘라내어 탁자처럼 평평하게 만든 메마른 산을 평원 위에 보란 듯이 가져다놓은 듯했다. 그때쯤 나는 몇 차례 도둑을 맞고 분실하기도 해서 거의 빈털터리 상태였다. 반바지인 양 겹쳐 입고 다니던 사각 팬티 네 벌, 단백질 바 한 상자, 생수 한 통이 전부였다. 성서는 우리가 벌거벗은 몸으로 나온다고 했다. 내가 거의 그 모습이었다.

상상력을 조금 발휘하면, 그 삭막한 메사를 출발점으로 삼아서 인류 역사를 재구성할 수 있다. 시계가 째깍거리기 시작한 것은 약 20만 년 전이다. 초기 현생인류 집단이 이곳이나 주변의 비슷한 곳에 터를 잡기 시작한 때이다(진화유전학자인 브레너 헨, 마커스 펠드먼, 세라 티시코프는 인류가 훨씬 더 서쪽인 나미비아의 해안에서 이주를 시작했다고 주장해왔다). 우리는 이 고대 부족의 문화와 관습을 거의 알지 못한다. 그들은 유물도 유적도 전혀 남기지 않았다. 도구도, 그림도, 동굴 거주지도 없다. 모든 유물 중 가장 심오한 것만 남겼을 뿐이다. 바로 우리 자신의 유전체에 단단히 꿰매어 붙인 그들의 유전자이다.

인구는 아주 적었을 것이다. 현대의 기준으로 보면 더욱 그렇게 느껴진다. 약 6,000명이나 1만 명을 넘지 않았을 것이다. 겨우 700명에 불과했다는 가장 도발적인 추정값도 있다. 오늘날 도시의 한 블록이나 시골 마을에 사는 인구 수준이다. 미토콘드리아 이브도 그중에 있었을지 모른다. 최소한 딸 한 명과 손녀 한 명이 있었을 것이다. 우리는 이들이 언제 왜 다른 선행 인류 집단들과 상호 교배를 중단했는지 알지 못한다. 그러나 약 20만 년 전에 그들이 자신들끼리만 번식을 시작했음을 안다. (시인인 필립 라킨은 "1963년에 성교가 시작되었다"라고 썼다.[19] 약 20만 년을 착각한 셈이다.) 기후 변화로 고립되었거나, 지리적 장벽에 막혔을지도 모른다. 서로 사랑에 빠졌을 수도 있다.

젊은이들이 종종 그렇듯이, 그들은 여기에서 서쪽으로 나아갔고, 이어서 북쪽으로 여행했다.* 지구대의 틈새로 기어올랐거나, 현재 음부티족과 반투족이 사는 콩고 분지 주변의 습한 우림의 수관 속으로 들어갔다.

여정은 지리적으로 명확한 지점을 따라 산뜻하게 이루어진 것이 아니다. 초기 현생인류 집단 중 일부는 돌아다니다가 사하라로 돌아갔다고 알려져 있다. 당시 그곳은 호수와 강이 그물처럼 연결되어 있었고 숲이 무성했다. 그들은 그 지역의 인류 유전자풀(gene pool)에 뒤섞였고, 그들과 공존하고 상호 교배도 하면서, 진화적 역교배를 일으켰을 것이다. 고인류학자 크리스토퍼 스트링어는 이렇게 표현했다. "현생인류에 비추어볼 때, 이것은……일부 현생인류가 나머지 현생인류보다 더 고대의 유전자를 지녔음을 의미한다. 실제로 그런 듯하다. 따라서 우리는 다시 묻게 된다. 현생인류란 무엇일까?

---

* 최근의 몇몇 연구는 이 집단이 아프리카 남서부에서 기원하여 대체로 동쪽과 북쪽으로 이동했다고 주장한다.

우리 중 일부가 네안데르탈인으로부터 얻은 DNA를 살펴보는 일은 내년이나 내후년에 이루어질 가장 흥미로운 연구 주제에 속한다……과학자들은 그 DNA를 살펴보면서 물을 것이다. 기능을 할까? 그것을 지닌 사람들의 몸에서 실제로 일을 할까? 뇌, 해부 구조, 생리 등에 영향을 미칠까?"[20]

그러나 기나긴 행군은 계속되었다. 약 7만5,000년 전, 한 무리의 인류가 에티오피아나 이집트의 북동쪽 끝에 이르렀다. 홍해가 해협으로 좁아지면서 아프리카가 어깨를 으쓱하며 올린 부분과 아라비아 반도의 팔꿈치 부분(현재의 예멘)이 거의 닿을 듯한 곳이었다. 그곳에서 어느 누구도 바다를 가르지 않았다. 우리는 그들을 물로 뛰어들어 바다를 건너게 한 것이 무엇인지, 그들이 어떻게 바다를 건넜는지 알지 못한다(당시 바다는 더 얕았으며, 일부 지질학자는 그 해협에 모래섬들이 죽 이어져 있었고, 우리 조상들이 그 섬들을 징검다리로 삼아 아시아와 유럽으로 들어갔다고 추측한다). 약 7만 년 전 인도네시아의 투바 화산이 폭발하면서 엄청난 양의 재를 하늘로 뿜어냈고, 그 결과 수십 년 동안 추운 겨울이 이어지면서 그들은 필사적으로 새로운 식량과 땅을 찾으려 나선 것인지도 모른다.

더 작은 격변들이 발생하면서 인류 역사의 여러 시기에 걸쳐 여러 차례 분산이 일어났다는 주장도 있다.[21] 한 유력한 이론에서는 바다를 건넌 일이 적어도 두 차례 있었다고 본다. 첫 번째는 13만 년 전에 일어났다. 이주자들은 중동에 상륙했고, 해안을 따라 아시아로 들어가서 인도까지 올라갔다가, 남쪽으로 미얀마, 말레이시아, 인도네시아까지 퍼졌다. 두 번째 이주는 더 최근인 약 6만 년 전에 일어났다. 이들은 북쪽의 유럽으로 진출했고, 그곳에서 네안데르탈인과 만났다. 두 이주 경로 모두 아라비아 반도의 예멘 지역을 중심으로 이루어졌다. 그곳이 인류 유전체의 진정한 "용광로(melting pot)"이였다.

확실한 점은 바다를 건너는 위험천만한 모험에서 살아남은 이들이 극히 적었다는 것이다. 600명도 채 안 되었을 것이다. 유럽인, 아시아인, 호주인,

미국인은 모두 이 힘겨운 병목 지점을 통과한 이들의 후손이며, 역사의 이 송곳은 우리 유전체에 흔적을 남겼다. 유전적인 의미에서, 새로운 땅과 공기를 갈망하면서 아프리카를 빠져나온 거의 우리 전부는 예전에 추측했던 것보다 훨씬 더 가까운 사이였다. 우리는 같은 배를 탄 형제들이었다.

이 이야기가 인종과 유전자에 관해서 말해주는 것이 무엇일까? 매우 많다. 첫째, 인종이라는 범주가 본래 한계를 가지고 있음을 상기시킨다. 정치학자인 월리스 세이어는 학계의 논쟁이 걸려 있는 판돈이 너무나 작기 때문에 가장 격렬하다고 빈정거리곤 했다. 비슷한 논리를 적용하면, 점점 가열되고 있는 인종 논쟁은 인류 유전체의 실제 변이 범위가 놀라울 만큼 좁다는 사실을 인정하는 데에서 출발해야 한다. 다른 수많은 종들보다 훨씬 좁다(침팬지보다도 좁다는 점을 기억하자). 우리가 종으로서 살아온 기간이 짧다는 점을 고려할 때, 우리는 차이점보다는 닮은 점이 훨씬 더 많다. 독이 든 사과를 맛볼 시간조차 없었던 젊은 우리에게는 당연한 결과이다.

그러나 젊은 종에게도 역사는 있다. 유전학이 가진 가장 강한 힘 중 하나는 유연관계가 아주 가까운 유전체들까지도 분류하고 또 세분하는 능력이다. 차이가 나는 특징과 조합을 찾아나선다면, 우리는 사실상 그 특징과 조합을 차별화할 것이다. 꼼꼼히 살펴보면, 인간 유전체의 변이는 지리적 영역과 대륙별로, 그리고 인종이라는 전통적인 경계에 따라 묶일 것이다. 모든 유전체는 조상의 흔적을 지닌다. 개인의 유전적 특징을 연구하면, 그가 어느 대륙, 민족, 국가, 더 나아가 부족에서 유래했는지를 놀라울 만큼 정확히 찍어낼 수 있다. 이는 사소한 차이를 극대화한 것임이 분명하지만, 우리가 말하는 "인종"이 그것을 의미한다면, 그 개념은 유전체 시대에도 살아남을 뿐 아니라, 더 강화되어왔다고 할 수 있다.

그러나 인종 차별의 문제는 개인의 유전적 특징으로부터 인종을 추론한다는 데에 있지 않다. 정반대이다. 인종으로부터 개인의 특징을 추론한다는 데에 있다. 문제는 개인의 피부색, 머리카락, 언어를 통해서 그의 혈통이나 기원에 관한 무언가를 추론할 수 있느냐 여부가 아니다. 그것은 생물 계통학의 문제다. 계통, 분류, 인종 지리학, 생물학적 식별의 문제이다. 물론 우리는 그런 추론을 할 수 있고, 유전체학은 그 추론을 더욱 심화시켜왔다. 우리는 개인의 유전체를 훑어서 개인의 혈통, 기원 지역을 다소 깊이 있게 추론할 수 있다. 하지만 훨씬 더 논란을 불러일으키는 것은 그 반대쪽이다. 인종적 정체성—아프리카인이나 아시아인이라는—이 주어졌을 때, 개인의 특징에 관한 무언가에 대해서 추론할 수 있을까? 피부색이나 머리색만이 아니라, 지능, 습성, 성격, 태도 같은 더 복잡한 특징들까지? **유전자는 분명히 인종에 관해서 말해줄 수 있지만, 인종이 유전자에 관한 무언가를 우리에게 말해줄 수 있을까?**

이 질문에 답하려면, 유전적 변이가 다양한 인종 범주들 사이에 어떻게 분포되어 있는지를 살펴볼 필요가 있다. 다양성이 인종 **사이**에서 더 높을까, 인종 **내**에서 더 높을까? 누군가가 아프리카인 혈통인지 유럽인 혈통인지를 알면, 그들의 유전 형질, 아니 성격적, 신체적, 지적 속성들을 좀더 의미 있는 수준으로 이해할 수 있을까? 아니면 아프리카인과 유럽인의 **인종 내** 다양성이 인종 간의 다양성보다 훨씬 더 높아서 "아프리카인"이나 "유럽인"이라는 범주 자체를 논쟁거리로 만들까?

현재 우리는 이런 질문들에 정확하게 정량적인 답을 할 수 있다. 인간 유전체의 유전적 다양성 수준을 정량화하려는 연구들은 많이 이루어져왔다. 가장 최근의 추정값들은 유전체 다양성의 대부분(85-90퍼센트)이 이른바 인종 내에서(즉 아시아인들이나 아프리카인들 내에서) 나타나며, 인종 집단 사이의 차이는 미미하다(7퍼센트)고 말한다(유전학자 리처드 르원틴은 일찍이 1972년에 비슷한 추정값을 내놓았다).[22] 인종 또는 민족 집단에 따라서 크게 달라지는 유전자도 분명히 있지만—낫 모양 적혈구 빈혈은 아프리카와 카리브 해, 인도 주민들의 질병이고, 태이색스병은 아슈케나지 유대인에게서 훨씬 더 높은 빈도로 나타난다 ─대체로 한 인종 집단 내의 유전적 다양성이 인종 집단들 사이의 다양성보다 훨씬 높다. 미미한 차이가 아니라, 엄청난 차이가 존재한다. 이 인종 내 다양성 수준을 생각할 때, "인종"은 제대로 대변하는 특징을 거의 찾을 수 없는 엉성한 대리인이다. 유전적 의미에서, 나이지리아의 아프리카인은 나미비아의 아프리카인과 너무나 "다르기" 때문에, 두 사람을 같은 범주로 묶는다는 것은 거의 아무런 의미가 없다.

따라서 인종과 유전학이라는 측면에서 볼 때, 유전체는 엄격한 일방통행로이다. 유전체를 이용하여 누가 어디 출신인지를 예측할 수는 있다. 그러나 누가 어디 출신인지를 안다고 해도, 그 사람의 유전체에 관해서는 거의 예측이 불가능하다. 즉 모든 유전체는 자기 혈통의 흔적을 간직하고 있지만, 개인의 인종적 계보를 안다고 해서 개인의 유전체에 관해서 예측할 수 있는 것은 거의 없다. 아프리카계 미국인의 DNA 서열을 분석하여 그의 조상이 시에라리온이나 나이지리아에서 왔다고 결론을 내릴 수는 있다. 하지만 나이지리아나 시에라리온 사람을 증조부모로 둔 사람과 마주쳤을 때, 그의 유전체가 어떤 특징을 지녔다고는 거의 말할 수 없다. 유전학자는 행복해하며 집으로 돌아간다. 인종차별주의자는 빈손으로 돌아간다.

마커스 펠드먼과 리처드 르원틴은 이렇게 썼다. "인종 지정(Racial assignment)은 전반적인 생물학적 관심사들을 모두 놓친다. 인류 종에게서 개인의 인종 지정은 유전적 분화에 관한 일반적인 의미를 전혀 담고 있지 않다."[23] 스탠퍼드 유전학자 루이지 카발리스포르차는 1994년에 발표한 인류유전학, 이주, 인종에 관한 기념비적인 연구서에서 인종 분류가 유전적 분화가 아니라 문화적인 임의 판단에 따른 "무익한 행위"라고 했다.[24] "우리가 어느 수준에서 분류를 멈출지는 전적으로 임의적이다……우리는 집단들의 '무리'를 지을 수 있지만……어느 수준에서 무리를 짓든 간에 그에 따라 각기 다른 식으로 분할이 이루어질 것이므로……특정한 무리를 선호할 생물학적 이유는 전혀 없다……진화적 설명은 단순하다. 설령 작은 집단이라고 해도 집단 내의 유전적 변이는 크다. 이 개인 변이는 장기간에 걸쳐 축적된 것이다. 대부분의 [유전적 변이]는 인류가 대륙별로 나뉘기 이전에 일어났고, 50만 년도 안 된 그 종의 기원보다도 앞설 것이다……따라서 실질적인 차이가 축적될 수 있는 시간은 거의 없었다."

이 특이한 마지막 문장은 과거를 향하고 있었다. 아가시와 골턴, 19세기의 미국 우생학자들, 20세기의 나치 우생학자들을 향한 논리정연한 과학적 반론이었다. 19세기에 유전학은 과학적 인종차별주의라는 유령을 풀어놓았다. 고맙게도 유전체학은 그 유령을 다시 병에 넣고 틀어막았다. 영화 「헬프(The Help)」에서 아프리카계 미국인 하녀 에이비가 모블리에게 말한 것처럼 말이다. "그러니까 우리는 똑같아요. 색깔만 다를 뿐이죠."[25]

루이지 카발리스포르차가 인종과 유전학을 포괄적으로 살펴본 책을 낸 바로 그해인 1994년,[26] 미국인들은 인종과 유전자를 다룬 전혀 다른 종류의 책 때문에 몹시 불안감에 휩싸여 있었다.[27] 행동심리학자인 리처드 헌스타인과 정치학자 찰스 머리가 쓴 『종형 곡선(The Bell Curve)』이었다. 「타임스」는 그 책이 "계급, 인종, 지능에 관한 화염 방사기 같은 보고서"라고 했다.[28] 『종형 곡선』은 유전자와 인종이라는 말을 얼마나 쉽게 왜곡시킬 수 있는지, 그리고 그 왜곡이 유전과 인종에 집착하는 문화 전체에 얼마나 강력한 반향을 일으킬 수 있는지를 엿보게 해주었다.

대중에게 불을 지르는 사람치고는 노장이었던 헌스타인은 1985년에 『범죄와 인간 본성』이라는 책에서 성격과 기질 같은 타고난 특징이 범죄 행동과 관련이 있다고 주장함으로써 격렬한 논쟁을 이미 일으킨 바 있었다.[29] 10년 뒤에 나온 『종형 곡선』에서 그는 더욱 선동적인 주장들을 내놓았다. 머리와 헌스타인은 지능도 대체로 타고나는 것, 즉 유전적인 것이며, 인종별로 차등적이라고 주장했다. 평균적으로 백인과 아시아인은 IQ가 더 높고, 아프리카인과 아프리카계 미국인은 더 낮았다. 머리와 헌스타인은 이 "지적 능력"의 차이 때문에 대체로 아프리카계 미국인들이 사회적 경제적 영역에서 늘 뒤처진다고 주장했다. 아프리카계 미국인은 사회 계약 체계의 결함 때문이 아니라, 정신 구조 체계의 결함 때문에 미국에서 뒤처진다는 것이었다.

『종형 곡선』을 이해하려면, "지능"의 정의부터 살펴보아야 한다. 예상대로 머리와 헌스타인은 지능의 협소한 정의를 택했다. 19세기 생물측정학과 우생학을 떠올리게 하는 정의이다. 당시 골턴과 그의 사도들은 지능을 측정하는 일에 집착하고 있었다. 1890-1910년에 걸쳐, 유럽과 미국에서는 객관적이고 정량적인 방식으로 지능을 측정한다고 주장하는 검사법이 수십 가지나 나왔다. 1904년, 영국 통계학자 찰스 스피어먼은 이 검사 결과들의 한 가지 중요한 특징을 알아차렸다.[30] 한 검사에서 좋은 점수를 얻은 사람이 대개 다른 검사에서도 좋은 성적이 나오는 경향이 있었다. 스피어먼은 모든 검사법이 어떤 수수께끼의 공통 인자를 간접적으로 측정하기 때문에 이 양의 상관관계가 나오는 것이라고 가설을 세웠다. 그는 이 인자가 지식 자체가 아니라, 추상적 지식을 습득하고 다루는 능력이라고 제시했다. 그는 그것을 "일반 지능(general intelligence)"이라고 하면서, g라고 표시했다.

20세기 초에 g는 대중의 상상을 사로잡았다. 먼저 매료된 쪽은 초기 우생학자들이었다. 1916년 미국 우생학 운동의 열렬한 지지자인 스탠퍼드 심리학자 루이스 터먼은 일반 지능을 신속하게 정량적으로 평가할 표준 검사법을 고안했다. 그 검사법을 써서 더 지적인 사람들을 선택하여 우생학적으로 번식시키고 싶어 했다. 그는 유년기에 발달하는 동안 나이에 따라 측정값이 달라진다는 것을 깨닫고는 연령별 지능을 정량화할 새로운 방식을 고안했다.[31] 대상자의 "정신 연령"이 자신의 신체 연령과 같으면, "지능 지수", 즉 IQ는 100이라고 정했다. 신체 연령에 비해 정신 연령이 뒤처진다면, IQ는 100보다 낮았다. 정신 연령이 더 빠르다면, IQ는 100을 넘었다.

지능의 측정값은 제1차, 제2차 세계대전 때 요구되던 사항들과 특히 잘 들어맞았다. 각기 다른 기능을 요구하는 전쟁 활동들에 신병을 배치하기 위해서, 신속한 정량적 평가가 필요했기 때문이다. 전쟁이 끝난 뒤 민간인으로 돌아온 이들은 자신들의 삶이 지능 검사를 중심으로 돌아간다는 것을 알아차 렸다. 1940년대 초에, 그런 검사는 미국 문화의 본질적인 부분으로 받아들여 져 있었다. IQ 검사는 구직자들의 등급을 매기고, 학교에서 아이들을 배정하 고, 비밀 기관이 요원을 뽑는 데에 쓰였다. 1950년대에 미국인들은 으레 이력 서에 IQ 검사 결과를 적었고, 입사 지원 때 검사 결과를 제출했고, 심지어 검사 결과를 토대로 배우자를 고르기도 했다. 우량아 경연대회 때에는 IQ 점수를 적은 종이를 아기의 몸에 붙이기도 했다(두 살배기의 IQ를 어떻게 측정했는지는 의문으로 남았지만 말이다).

지능 개념이 수사학적으로 역사적으로 이렇게 변해온 과정은 주목할 필요 가 있다. 잠시 뒤에 이 문제로 다시 돌아가기로 하자. 일반 지능(g)은 원래 특정한 상황에서 특정한 개인이 받은 검사들 사이의 통계적 상관관계를 설명 하기 위해서 나온 것이었다. 그것이 지식 습득의 특성에 관한 한 가설 때문에, "일반적인 지능"이라는 개념으로 변모하게 되었다. 그리고 전시의 절박한 필 요에 부응하기 위해서 "IQ"로 요약되었다. 문화적 의미에서, g의 정의는 절묘 하게 자기 강화적인 현상이었다. 그것을 소유한 사람, 즉 "지적"이라는 영예 를 얻은 사람은 그 정의를 퍼뜨리려는 동기를 충분히 가진다고 할 수 있었다. 그 자질의 정의가 임의적인 것이기에 더욱 그러했다. 진화생물학자 리처드 도킨스는 돌연변이를 일으키고 복제되고 선택되면서 사회 전체로 바이러스 처럼 퍼지는 문화적 단위를 밈(meme)이라고 정의한 바 있다. 우리는 g를 그런 자기 증식적인 단위라고 상상할 수도 있다. 더 나아가 그것을 "이기적 g"라고 부를 수도 있다.

문화에 맞서려면 반문화가 필요하다. 1960-70년대에 미국을 휩쓸었던 정 치적 운동이 일반 지능과 IQ 개념을 뿌리째 뒤흔든 것은 필연적이었을지도 모른다. 인권 운동과 여성 운동이 미국의 고질적인 정치적 및 사회적 불평등 을 폭로하면서, 생물학적 및 심리적 형질들이 타고나는 것만이 아니라 맥락과 환경에 깊이 영향을 받을 가능성이 높다는 것이 명백해졌다. 지능이 단일한 형태라는 교리 역시 과학적 증거의 도전을 받고 있었다. 루이스 서스톤(1950년대)과 하워드 가드너(1970년대 말) 같은 발달심리학자들은 "일반 지능"이 시공간 지능, 수학 지능, 언어 지능과 같은 훨씬 더 맥락 의존적이고 미묘한 형태의 여러 지능들을 뭉뚱그리는 좀 엉성한 방식이라고 주장했다.[32] 유전학자가 이 자료를 재검토한다면, g─특정한 맥락에 쓰기 위해서 창안된 가설적인 자질의 측정값─는 유전자와 연관지을 가치가 거의 없는 형질이라는 결론을 내릴지도 모르겠지만, 머리와 헌스타인을 설득할 수는 없었다. 앞서 심리학자 아서 젠슨이 발표한 논문에 깊이 의존하여 머리와 헌스타인은 g가 유전성이며, 인종 집단별로 다르고, 무엇보다도─가장 중요한 점인─백인과 아프리카계 미국인 사이의 타고난 유전적 차이 때문에 인종별 수준 차이가 나타난다는 것을 입증하려고 했다.[33]

g가 유전될까? 어떤 의미에서는 그렇다. 1950년대에, 강한 유전적 요소가 있음을 시사하는 일련의 논문들이 나왔다.[34] 가장 결정적인 것은 쌍둥이 연구였다. 1950년대 초에 심리학자들이 함께 자란 일란성 쌍둥이─즉 같은 유전자와 같은 환경을 지닌─를 검사했다. 그들의 IQ는 상관관계가 0.86이라는 놀라운 수준의 일치율을 보였다.* 1980년대 말에 태어나자마자 떨어져서 따로 자란 일란성 쌍둥이를 검사했더니, 상관관계가 0.74로 더 낮았지만, 그럼에도 여전히 놀라운 수준이었다.

그러나 아무리 일치율이 강하다고 한들, 한 형질의 유전 가능성은 상대적으로 각각 미미한 영향을 미치는 다수의 유전자들의 산물일 수 있다. 실제로 그렇다면, 일란성 쌍둥이는 g에서 강한 상관관계를 보여야 하고, 부모와 아

---

* 더 최근의 추정값에서는 일란성 쌍둥이 사이의 상관관계가 0.6-0.7이라고 말한다. 레온 카민을 비롯한 몇몇 심리학자들은 1950년대의 자료를 재검토하여 당시 사용된 방법론에 문제가 있음을 지적했고, 초기의 추정값에 의구심을 제기했다.

이 사이의 일치율은 그보다 훨씬 낮아야 할 것이다. IQ는 이 패턴에 들어맞았다. 한 예로 부모와 아이가 함께 살 때 그 상관관계는 0.42였다. 부모와 아이가 함께 살지 않은 경우 그 상관관계는 0.22로 떨어졌다. IQ 검사가 측정하는 것이 무엇이든 간에, 그것은 유전되는 인자였지만, 많은 유전자에 영향을 받았고 아마 환경에 강하게 영향을 받을 터였다. 즉 본성에도 양육에도 영향을 받았다.

이 사실들로부터 나오는 가장 논리적인 결론은 유전자와 환경의 어떤 조합이 g에 강하게 영향을 미칠 수 있고, 이 조합은 부모로부터 자식에게로 온전히 전달되는 일이 거의 없으리라는 것이다. 멘델의 법칙은 유전자들의 그 특정한 조합이 세대마다 흩어질 것이라고 거의 장담한다. 그리고 환경의 상호작용은 시간이 흘러도 재현되지 못하므로 포착하고 예측하는 것은 너무나 어렵다. 한 마디로 지능은 유전되지만(즉 유전자의 영향을 받지만), 쉽게 유전되는 것은 아니다(즉 한 세대에서 다음 세대로 온전히 전달되지 않는다).

머리와 헌스타인이 이 결론에 도달했다면, 별 화젯거리는 안 되었을지라도 유전의 대물림을 정확히 기술한 책을 썼을 것이다. 그러나 『종형 곡선』에서 가장 논란을 일으킨 핵심 주제는 IQ의 유전 가능성이 아니라 그것의 인종적 분포를 다룬 내용이다. 머리와 헌스타인은 인종 사이의 IQ를 비교한 156건의 독립된 연구들을 검토했다. 연구 결과들을 종합해보니, 백인은 평균 IQ는 100(정의상 기준 집단의 평균 IQ는 100이다)이고 아프리카계 미국인은 15점이나 낮은 85였다. 머리와 헌스타인은 다소 용감하게 검사법들이 아프리카계 미국인에게 불리하게 편향되어 있을 가능성을 제거하려고 시도했다. 그들은 1960년대 이후에 이루어진 검사만을 선택했고, 지역적 편향을 배제하고자 남부 지역의 자료도 뺐다. 그래도 15점이라는 차이는 유지되었다.[35]

이 흑인 IQ 점수 차이가 사회경제적 지위의 산물일 수는 없을까? 인종에 관계없이 가난한 집안의 아이가 IQ 점수가 낮게 나온다는 것은 수십 년 전부터 알려져 있었다. 사실 인종별 IQ 차이에 관한 모든 가설들 가운데, 가장 설득력이 있는 것은 흑인과 백인의 점수 차이가 대부분 가난한 아프리카계 미국인 아이들이 지나치게 많이 표본에 포함된 결과일 수 있다는 것이다. 1990년대에 심리학자 에릭 터크하이머는 몹시 가난한 환경에서는 유전자가 IQ를 결정하는 데에 다소 작은 역할만을 한다는 것을 보여줌으로써 이 이론을 강하게 뒷받침했다.[36] 아이에게 가난, 굶주림, 병을 덧씌운다면, 그 변수들이 IQ에 주된 영향을 미치는 요인이 된다. IQ를 담당하는 유전자들은 이런 제한 요인들을 제거해야만 중요해진다.

연구실에서 비슷한 효과를 일으키기는 쉽다. 두 식물 품종—키가 큰 것과 작은 것—을 양분이 부족한 환경에서 함께 키우면, 본래의 유전적 충동에 관계없이 둘 다 키가 작다. 반대로 양분 제한을 없애면, 키 큰 식물은 쑥쑥 자란다. 유전자와 환경—본성과 양육—중 어느 쪽이 주된 영향을 끼칠지는 맥락 의존적인 것이다. 환경이 제약 요인일 때는 환경이 주된 영향을 미친다. 그 제약이 풀리면, 유전자의 영향력이 커진다.*

빈곤과 박탈이 흑인과 백인의 **전반적인** IQ 차이에 영향을 미쳤다는 설명은 지극히 합리적으로 들리는 것이었지만, 머리와 헌스타인은 더 깊이 파고들었다. 그들은 사회경제적 지위를 보정(補正)해도 흑인과 백인의 점수 차이가 완전히 사라지지는 않는다는 것을 발견했다. 백인과 아프리카계 미국인의 IQ 점수 분포를 사회경제적 지위 분포와 겹쳐놓자, 예상했던 양상이 나타났다. 백인과 아프리카계 미국인 양쪽 집단에서 부유한 집안의 아이가 가난한 집안의 아이보다 IQ 점수가 더 높았다. 그러나 인종 간의 IQ 점수 차이는 여전히 남아 있었다. 사실 역설적이게도, 사회경제적 지위가 높을수록 백인과 아프리카계 미국인의 점수 차이는 더 **커졌다**. 부유한 백인과 부유한 아프리카계 미국인의 IQ 점수 차이는 더욱 뚜렷했다. 그 격차는 좁아지기는커녕, 소득 최상위 수준에서는 더 **벌어졌다**.

---

* 평등 측면에서는 더 일관된 유전적 논증을 펼치기가 거의 불가능하다. 먼저 환경을 평등화하지 않으면 인간의 유전적 잠재력을 확인하는 것은 불가능하다.

이 결과들을 분석하고 재검토하고 반박하는 내용이 책, 잡지, 학술지, 신문에 무수히 실렸다. 한 예로 진화생물학자 스티븐 제이 굴드는 「뉴요커(New yorker)」에 강력하게 비판하는 글을 썼다.[37] 그는 그 효과가 너무나 미미하며, 검사 결과들 사이의 변이 폭이 너무 크기 때문에 차이에 관한 어떤 통계적 결론을 내리기가 불가능하다고 했다. 하버드 역사학자 올랜도 패터슨은 "누구를 위하여 종은 휘는가(For Whom the Bell Curves)"라는 재치 있는 제목의 글에서 노예제, 인종차별, 편협함이 남긴 낡은 유산이 백인과 아프리카계 미국인 사이의 문화적 열곡(裂谷)을 더 깊이 파놓았기 때문에 인종 간의 생물학적 속성들을 유의미한 방식으로 비교하는 것은 불가능하다는 것을 상기시켰다.[38] 사회심리학자 클로드 스틸은 흑인 학생들에게 새 전자펜이나 새 점수 부여 방식을 시험하기 위해서라고 속이고 IQ 검사를 받게 했을 때 점수가 더 높게 나온다는 것을 보여주었다. 반면에 "지능" 검사를 한다고 말하면, 점수가 대폭 떨어진다. 그렇다면 실제로 측정되는 변수는 지능이 아니라, 검사에 임하는 태도, 혹은 자존감, 혹은 단순히 자아나 불안감인 셈이다. 흑인이 드러나지 않게 만연되어 있는 차별을 일상적으로 겪는 사회에서, 그런 성향은 지극히 자기 강화적이 될 수 있다. 흑인 아이들은 검사 점수가 안 좋다는 말을 들어왔기 때문에 점수가 낮아지고, 그 낮은 점수는 지능이 떨어진다는 생각을 더욱 부채질하는 식으로 무한히 이어질 수 있다.[39]

그러나 『종형 곡선』의 마지막 치명적인 결함은 훨씬 더 단순한 것이다. 800쪽에 달하는 그 책의 대충 흘려 쓴 한 문단에는 거의 눈에 띄지 않는 한 가지 사실이 담겨 있다.[40] IQ 점수가 동일한, 이를테면 105인 아프리카계 미국인과 백인을 골라서 지능의 다양한 세부 검사를 수행하면, 흑인 아이들이 특정한 검사 항목(이를테면, 단기기억과 회상)에서는 더 낮고, 백인 아이들은 다른 검사 항목(시공간 지각과 지각 변화)에서는 더 낮게 나온다고 했다. 다시 말해서, IQ 검사 방식이 인종 집단, 그리고 그들의 유전자 변이체가 그 검사를 수행하는 양상에 깊이 영향을 미친다. 동일한 검사법 내에서도 항목의 배점과 균형을 바꾸면, 지능의 측정값도 달라진다.

그런 편향의 가장 강력한 증거는 1976년 샌드라 스카와 리처드 와인버그가 수행한 거의 잊힌 연구에서 나온다.[41] 스카는 인종 간의 입양아, 즉 백인 부모에게 입양된 흑인 아이들을 연구했다. 그 아이들은 평균 IQ가 106으로서, 적어도 백인만큼 높았다. 스카는 대조군을 실험한 결과와 세심하게 비교 분석하여, "지능"이 향상된 것이 아니라, 지능의 특정한 하위 검사 항목에서 점수가 높아진 것이라고 결론지었다.

우리는 현재의 IQ 검사가 현실에서의 수행 능력을 제대로 예측하므로 검사 구성 체계가 틀림없이 옳다고 주장함으로써 이 결론을 무시할 수는 없다. 물론 IQ 검사는 예측한다. IQ 개념이 강력하게 자기 강화적이기 때문이다. 이 검사는 자기 자신을 증식시키는 것이 일인, 엄청난 의미와 가치를 간직한 자질을 측정한다. 그 논리 회로는 완벽하게 닫혀 있고 난공불락이다. 그러나 그 검사의 실제 구성은 비교적 자의적이다. 이를테면 시공간 지각에서 단기 회상 항목 쪽으로 균형을 옮기면, 지능이라는 단어를 무의미하기 만들 수는 없지만, 흑인과 백인의 IQ 점수 차이를 바꿀 수는 있다. 바로 그것이 핵심이다. 이 g 개념의 교묘한 점은 그것이 한 생물학적 자질이 측정 가능하고 유전될 수 있다고 하면서도, 실제로는 문화적 우선순위를 통해서 강하게 결정된다고 가정한다는 점이다. 다소 단순화하자면, 가장 위험한 것이다. 유전자인양 행세하는 밈이다.

의학유전학의 역사가 주는 교훈이 하나 있다면, 생물학과 문화 사이의 바로 그런 미끄러짐을 경계하라는 것이다. 현재 우리는 인류가 유전적인 측면에서 대체로 비슷하다는 것을 안다. 그런 한편으로 우리 내의 변이는 진정한 다양성을 보여줄 만큼 크다. 아니, 더 정확히 말하자면, 우리는 문화적으로 또는 생물학적으로 변이를 확대하려는 성향이 있다. 유전체라는 더 큰 규모에서 볼 때 그 변이가 사소하다고 해도 그렇다. 능력의 분산을 포착하겠다고 작정하고 설계한 검사법은 능력의 분산을 포착할 가능성이 높을 것이고, 그 변이는 인종이라는 경계선에 잘 들어맞을 것이다. 그러나 그런 검사의 점수를 "지능"이라고 부르는 것—특히 점수가 검사 항목의 구성 방식에 매우 민감하게 반응할 때—은 측정하고자 한 바로 그 자질을 모욕하는 행동이다.

유전자는 인류의 다양성을 어떻게 분류하거나 이해할지를 알려주지 못한다. 그러나 환경, 문화, 지리, 역사는 할 수 있다. 우리 언어는 이 미끄러짐을 포착하려고 시도할 때 더듬거린다. 어떤 유전적 변이가 통계적으로 가장 흔할 때, 우리는 그것을 정상(normal)이라고 한다. 그 단어는 통계적으로 더 다수라는 의미뿐만 아니라, 질적으로 또는 더 나아가 도덕적으로 우월하다는 의미도 가진다(메리엄-웹스터 사전에는 "자연적으로 나타나는"과 "정신적 및 신체적으로 건강한"이라는 뜻을 비롯하여 무려 8가지 정의가 실려 있다). 그 변이가 드물 때에는 돌연변이(mutant)라고 불린다. 돌연변이란 그 단어는 통계적으로 흔치 않다는 의미만이 아니라, 질적으로 열등하다거나 더 나아가 도덕적으로 혐오스럽다는 의미도 가진다.

그런 식으로 유전적 변이에 언어적 차별을 덧씌우고, 생물학과 욕망을 뒤섞는다. 어떤 유전자 변이체가 특정한 환경에서 생물이 적합도를 줄일 때—남극대륙의 털이 없는 인간—우리는 그 현상을 유전병(genetic illness)이라고 부른다. 같은 변이체가 다른 환경에서 적합도를 증가시킬 때, 우리는 그 생물이 유전적으로 강화되었다고 말한다. 진화생물학과 유전학의 종합을 통해서 우리는 이런 판단이 무의미함을 안다. 강화나 병은 특정한 환경에서 특정한 유전형의 적합도를 나타내는 용어들이다. 환경을 바꾸면, 그 단어들의 의미는 뒤집힐 수도 있다. 심리학자 앨리슨 고프닉은 이렇게 썼다. "읽는 사람이 아무도 없었을 때, 난독증은 아무런 문제가 되지 않았다. 대부분의 사람들이 사냥을 해야 했을 때, 주의 집중 능력에 관한 사소한 유전적 변이는 거의 문제가 안 되었고, 아마 장점이었을 수도 있다[한 예로, 사냥꾼이 여러 표적에 동시에 주의를 집중할 수 있었기에]. 그러나 대부분의 사람들이 고등학교를 다녀야만 할 때, 이 변이는 인생을 바꾸는 질병이 될 수 있다."[42]

인종의 경계선을 따라서 인류를 나누려는 욕망과 그 경계선에 지능(또는 범죄성, 창의성, 폭력성) 같은 속성을 겹치려는 충동은 유전학 및 범주화와 관련된 한 가지 일반적인 주제를 드러낸다. 소설이나 얼굴과 마찬가지로, 인간의 유전체도 100만 가지 방법으로 묶거나 나눌 수 있다. 그러나 나누거나 묶는 것, 분류하거나 종합하는 것은 하나의 선택이다. 유전병과(이를테면 낫 모양 적혈구 빈혈) 같은 뚜렷하고 유전되는 생물학적 특징이 특히 우려될 때에는 유전체를 검사하여 그 형질의 유전자좌(遺傳子座, locus : 염색체에서 그 유전자가 있는 위치/역주)를 파악하는 것이 절대적으로 옳다. 유전성 특징이나 그 형질의 정의를 더 협소하게 할수록, 그 형질의 유전자좌를 찾을 가능성이 더 높아질 것이고, 그 형질이 어떤 인류 집단에 한정될 가능성도 더 높아진다(태이색스병은 아슈케나지 유대인, 낫 모양 적혈구 빈혈은 아프리카인-카리브 해인). 한 예로 마라톤이 유전적 영향이 강한 스포츠가 되고 있는 이유가 있다. 한 대륙의 좁은 동쪽 가장자리에 해당하는 케냐와 에티오피아의 선수들이 마라톤을 지배하는 것은 재능과 훈련뿐만이 아니라, 마라톤이 특정한 유형에서의 극도의 인내심을 시험하는 협소하게 정의된 종목이기 때문이기도 하다. 이 인내력을 제공하는 유전자들(특정한 유형의 해부 구조, 생리, 대사를 낳는 유전자 변이체들의 특정한 조합)은 자연적으로 선택된 것이다.

거꾸로 어떤 특징이나 형질(이를테면 지능이나 기질)의 정의를 더 넓힌다면, 그 형질이 어느 한 유전지 ─따라서 인종, 부족, 아집단 ─와만의 상관관계가 있을 가능성은 줄어들 것이다. 지능이나 기질은 마라톤 경주가 아니다. 정해진 성공의 기준도 없고, 출발선과 결승선도 없으며, 옆으로 뛰거나 뒤로 뛰어도 승리할 수 있다.

한 특징의 정의가 협소한가 넓은가는 사실 정체성의 문제이다. 즉 하나의 문화적, 사회적, 정치적 의미에서 인류(우리 자신)를 어떻게 정의하고 분류하고 이해할 것인가 하는 문제이다. 따라서 인종의 정의를 두고 나누는 우리의 모호한 대화에는 정체성의 정의라는 중요한 한 가지 요소가 빠져 있다.

정체성의 1차 도함수

수십 년 동안 인류학은 학문 탐구의 안정한 대상으로서의 "정체성"을
전반적으로 해체하는 데에 관여해왔다. 개인이 사회적 활동을 통해서
정체성을 다듬는다는 개념, 따라서 정체성이 고정된 본질이 아니라는
개념은 현재의 사회적 성과 생물학적 성 연구의 기본 추진력이다. 정
치적 투쟁과 타협에서 나온 집단 정체성이라는 개념은 현재의 인종,
민족성, 국민성 연구의 토대를 이룬다.

― 폴 브로드윈, 「유전학, 정체성, 본질주의의 인류학

(Genetics, Identity, and the Anthropology of Essentialism)」[1]

내 생각에 넌 내 형제가 아니라 내 거울이야.

― 윌리엄 셰익스피어, 『헛소동(The Comedy of Errors)』, 5막 1장

아버지의 가족이 바리살을 떠난 지 5년 뒤인 1942년 10월 6일, 델리에서 어머
니가 둘째로 태어났다. 일란성 쌍둥이인 블루 이모가 먼저 나왔다. 평온하고
아름다운 모습이었다. 몇 분 뒤 어머니 툴루가 태어났다. 떠나갈 듯이 울면서
몸부림치면서 말이다. 다행히 산파는 가장 아름다운 모습이 가장 위태로운
모습일 수 있다는 사실을 잘 알고 있었다. 무심하게 비칠 만큼 조용했던 이모
는 심각한 영양 부족 상태였기에, 담요로 잘 감싸서 원기를 북돋아주어야 했
다. 생후 첫 며칠이 이모의 삶에서 가장 위태로운 시기였다. 이모는 젖도 빨
지 못했다. 전해지는 이야기에 따르면(출처가 의심스러운), 당시 델리에는

젖병 같은 것이 아예 없었기에, 무명실을 젖에 담갔다가 빨리고, 그 다음에는 숟가락처럼 생긴 조개껍데기로 떠먹였다고 한다. 이모를 돌볼 사람도 구했다. 출산 7개월째에 젖이 마르기 시작하자, 할머니는 나의 어머니부터 젖을 떼고 나머지 모두를 이모에게 먹이셨다. 그러니 출생 직후부터 나의 어머니와 쌍둥이 이모는 유전학의 살아 있는 실험 사례가 된 셈이었다. 지극히 똑같은 본성을 지니고 태어나서 지극히 다른 양육을 받았으니까.

어머니―몇 분 차이로 동생이 된―는 왈가닥이었다. 종잡을 수 없고 변덕스러운 성격이었다. 걱정도 두려움도 없었고, 뭐든지 빨리 배웠고, 실수 따위에는 신경도 안 쓰는 분이었다. 블루 이모는 몸을 사리는 편이지만 두뇌 회전이 빠르고 혀는 더 날카로웠고 재치도 뛰어났다. 어머니는 사교적이었다. 친구를 쉽게 사귀었고, 모욕을 받아도 개의치 않는 성격이었다. 이모는 내성적이고 자제하고 더 조용하고 더 무른 성격이었다. 어머니는 연극과 춤을 좋아했고, 이모는 시인이자 소설가이자 몽상가였다.

그러나 이런 대조적인 모습들은 쌍둥이의 유사점에 비추어볼 때에만 두드러졌다. 어머니와 이모는 외모가 놀라울 정도로 비슷했다. 벵골 사람치고는 특이하게도 똑같이 하얀 피부에 갸름한 얼굴이었고, 광대뼈가 솟아 있었다. 또 이탈리아 화가들이 신비로운 분위기를 뿜어내는 듯 보이게 하기 위해서 성모 마리아의 그림에 이용했던 기법처럼, 눈꼬리가 살짝 아래로 처진 것도 똑같았다. 쌍둥이들이 종종 공유하곤 하는 내면의 언어도 가지고 있었다. 두 분은 서로만이 이해할 수 있는 농담을 하곤 했었다.

세월이 흐르면서 두 분의 삶은 달라져갔다. 어머니는 1965년에 아버지와 결혼했다(아버지는 3년 전에 델리로 왔다). 중매결혼이었지만, 위태로운 구석도 있었다. 아버지는 새 도시로 이주한 빈털터리에다가, 늘 집에 틀어박혀 있는 반쯤 미쳐 있는 형제와 권위적인 어머니에게 치이고 있는 청년이었다. 지나칠 만큼 점잖은 서벵골의 외가 친척들에게 아버지의 식구들은 동벵골 촌뜨기들의 대표적인 사례로 비쳤다. 아버지의 형제들은 점심을 먹으러 앉자마자 밥을 산더미처럼 담은 뒤, 한가운데에 화산처럼 구멍을 뚫은 뒤 고기 국물을 퍼 담았다. 고향에서 굶주리던 시절의 허기에서 영원히 못 벗어나고 있다는 사실이 그릇에 만든 분화구라는 형태로 드러나는 듯했다. 그에 비하면 이모의 혼인은 훨씬 더 안전해보였다. 1966년, 이모는 젊은 변호사와 약혼했다. 캘커타의 한 유지 집안의 장남이었다. 이모는 1967년에 혼인해서 시댁인 남캘커타의 널찍한 낡은 대저택으로 들어갔다. 정원은 이미 잡초로 뒤덮여 있었다.

내가 태어난 1970년에는 이미 자매의 운명은 예기치 않은 방향으로 뻗기 시작한 상태였다. 1960년대 말, 캘커타는 나락으로 추락하기 시작했다. 경제 상황은 나빠지고 있었고, 허약한 기반시설은 밀려드는 이주자들에 짓눌려서 무너지고 있었다. 격렬한 정치 시위가 빈발했고, 상점과 공장이 몇 주일 동안 문을 닫는 일도 잦았다. 폭력과 무심함의 주기가 되풀이되면서 도시가 피폐해져갈 때, 이모의 새 가족은 기존에 저축했던 것을 까먹으면서 겨우 버티고 있었다. 이모부는 일이 있는 양 매일 아침 여행 가방과 도시락을 들고 집을 나섰지만, 무법천지인 도시에서 누가 변호사를 필요로 하겠는가? 결국 이모의 시댁은 넓은 베란다와 안뜰이 딸린 곰팡내 나는 대저택을 팔고서, 방 두 칸짜리 초라한 공동주택으로 이사했다. 할머니가 캘커타에서 첫 밤을 보냈던 집에서 몇 킬로미터 떨어지지 않은 곳이었다.

반대로 아버지는 새 도시에서 운명의 역전을 맞이했다. 인도의 수도인 델리는 영양 과잉 상태의 아이였다. 보조금과 지원금으로 살찌워서 거대도시를 만들겠다는 국가의 열망에 힘입어서, 도로가 넓어지고 경제가 팽창하고 있었다. 일본계 다국적 회사에 다니던 아버지는 승진을 거듭했고, 하층민에서 금세 중상위층이 되었다. 들개와 염소가 우글거리던 가시덤불 숲에 에워싸여 있던 우리 동네는 도시에서 가장 부유한 사람들이 사는 곳으로 바뀌었다. 우리는 휴가 때면 유럽을 갔고, 젓가락을 쓰는 법을 배우고, 여름이면 호텔에서 수영을 했다. 캘커타는 우기가 오면 산더미 같은 쓰레기가 도로를 뒤덮고 배

수구를 막아서, 도시 전체가 해충이 들끓는 드넓은 늪으로 변했다. 이모의 집 앞도 해마다 모기가 우글거리는 그런 연못으로 변하곤 했다. 이모는 그곳을 우리만의 "수영장"이라고 불렀다.

그 말에는 어떤 징후가, 일종의 경쾌함이 담겨 있다. 운명의 급변으로 어머니와 이모의 삶도 급변했을 것이라고 상상할지 모르겠다. 그러나 정반대였다. 세월이 흐르면서, 두 분의 외모는 거의 닮은 구석이 없을 정도로 달라져 갔지만, 말로 표현하기 힘든 변하지 않는 무언가가 여전히 있었다. 일종의 접근 방식 또는 기질이 눈에 띄게 비슷하게 남아 있었다. 아니 수렴되어서 더욱 똑같아지고 있었다. 자매 사이의 경제적 격차는 점점 더 커지고 있었지만, 두 분은 낙천적인 성격, 호기심, 유머 감각, 거만한 구석은 전혀 없이 고상할 만큼 평온한 태도를 지녔다는 점에서 같았다. 우리 가족이 해외여행을 할 때면, 어머니는 이모에게 줄 기념품을 사곤 했다. 벨기에서는 나무 장난감, 미국에서는 신비한 과일 향기가 나는 껌, 스위스에서는 유리 장신구를 구입했다. 이모는 우리 가족이 갔던 나라들을 소개한 여행 안내서를 읽곤 했다. 이모는 유리장에 놓인 기념품들을 만지면서 "나도 거기 갔었어"라고 말하곤 했다. 그 말에 씁쓸한 기색은 전혀 없었다.

영어에는 아들이 어머니를 이해하기 시작하는 깨달음의 순간을 가리키는 단어나 구절이 없다. 그것은 피상적으로가 아니라, 자신이 이해하고 있음을 매우 명료하게 알아차리는 순간이다. 내 어린 시절의 어느 시점에 느꼈었던 그 경험은 완벽하게 이중적이었다. 어머니를 이해한 순간, 나는 쌍둥이 이모를 이해하는 법도 터득했다. 이모가 언제 웃을지, 어떨 때 살짝 기분이 나빠질지, 어떨 때 활기가 넘치는지, 무엇을 공감하거나 좋아할지를 명확하게 알게 되었다. 세상을 어머니의 눈을 통해서 본다는 것은 쌍둥이인 이모의 눈을 통해서 보는 것이기도 했다. 아마 수정체의 색조만 약간 달랐을 것이다.

나는 어머니와 이모 사이에서 수렴된 것이 성격(personality)이 아니라 성향(tendency)임을, 수학 용어를 빌리자면 성격의 1차 도함수임을 알아차릴 수 있었다. 미분에서 어느 한 점의 1차 도함수는 공간적인 위치가 아니라, 그 위치가 변화하는 경향을 가리킨다. 대상이 어디에 있느냐가 아니라, 시공간에서 어떻게 움직이는지를 가리킨다. 누군가에게는 이해 불가능하지만 네 살배기에게는 자명했던 이 공통의 자질이야말로 어머니와 쌍둥이 이모 사이의 영속적인 고리였다. 더 이상 두 분은 쌍둥이로 보이지 않았지만, 정체성의 1차 도함수를 공유했다.

유전자가 정체성을 정할 수 있다는 점을 의심하는 사람은 인류가 두 가지 기본 변이 형태로 있음을 알아차리지 못하는, 다른 행성에서 온 외계인과 비슷하다. 즉 남성과 여성 말이다. 문화평론가, 동성애 이론가, 패션 사진가, 레이디 가가는 이 두 범주가 생각하는 것처럼 근본적이지 않을 수도 있으며, 그 경계선에 불편하게 만드는 모호한 구석이 있다고―정확하게―상기시켜준다. 그러나 반박하기 어려운 세 가지 핵심 사실이 있다. 남성과 여성이 해부학적으로 생리학적으로 다르다는 것, 이 해부학적 및 생리학적 차이점들을 유전자가 정한다는 것, 이 차이점들이 자아의 문화적 및 사회적 구성물들과 겹쳐지면서 우리 개인의 정체성에 강력한 영향을 미친다는 것이다.

유전자가 성, 젠더, 젠더 정체성과 관련이 있다는 것은 우리 역사에서 비교적 새로운 개념이다. 이 세 용어의 구분은 이번 논의와 관련이 있다. 나는 성(sex)을 남녀 몸의 해부학적 및 생리학적 측면들을 가리키는 의미로 쓴다. 젠더(gender)는 더 복잡한 개념이다. 개인이 가정하는 심리적, 사회적, 문화적 역할을 가리킨다. 젠더 정체성(gender identity)은 개인의 자아감(여성 대 남성으로서, 혹은 어느 쪽도 아니라거나 중간의 어떤 존재로서 인식하는 것)을 뜻한다.

수천 년 동안 남녀의 해부학적 차이―즉 성의 해부학적 이형성(anatomical dimorphism)―는 거의 이해가 되지 않은 채로 남아 있었다. 서기 200년, 고대 세계에서 가장 큰 영향을 미친 해부학자 갈레노스는 남녀의 생식기관이 서로 상동기관임을 입증하기 위해서 꼼꼼하게 해부를 했다. 남성 생식기관의 안팎을 뒤집은 것이 여성 생식기관이라는 것이었다. 그는 난소가 그저 여성의 몸속에 남아 있는 내부화한 고환이라고 주장했다. 여성은 어떤 "생명의 열기 (vital heat)"가 부족하여 그 기관을 밖으로 내보내지 못하기 때문이라고 했다. "여성의 기관을 밖으로 꺼내어 가까이 모으면, 남성의 생식기관과 똑같을 것이다." 갈레노스의 제자들과 추종자들은 이 유추를 말 그대로 터무니없는 수준까지 확장하여, 자궁이 안쪽으로 풍선처럼 부푼 음낭이고, 나팔관은 정낭이 부풀고 늘어난 것이라고 주장했다. 이 이론은 중세 의대생들이 해부 구조를 암기하는 방법으로 고안한 시구 형태로 전해졌다.

두 성이 있긴 하지만
전체적으로 보면 둘은 같아
우리 같은 가장 엄밀한 탐구자들이
여성이 단지 남성을 뒤집은 것임을 알아냈거든.

그러나 양말처럼 남성을 "바깥쪽으로", 또는 여성을 "안쪽으로" 뒤집는 힘은 무엇이었을까? 갈레노스보다 수세기 앞서 살았던 그리스 철학자 아낙사고라스는 기원전 400년경에, 마치 부동산의 가격처럼 성이 전적으로 위치에 따라서 정해진다고 주장했다. 피타고라스처럼, 아낙사고라스도 유전의 핵심이 남성의 정자를 통해서 전달되고, 여성은 자궁에서 남성의 정액을 "빚어서" 태아를 만드는 것일 뿐이라고 믿었다. 성별의 유전도 이 양상을 따랐다. 오른쪽 고환에서 생산된 정액에서는 남자아기가 나오고, 왼쪽 고환에서 생산된 정액에서는 여자아기가 나왔다. 성의 결정은 자궁 내에서도 계속되었다. 사정 때 자궁의 왼쪽과 오른쪽의 구분도 이루어졌다. 남성 태아는 절묘하리만치 자궁의 오른쪽에 들어섰고, 여성 태아는 왼쪽에 들어섰다.

아낙사고라스의 이론을 시대착오적이고 별나다고 비웃기는 쉽다. 마치 성이 일종의 식기 배치에 따라서 결정되는 양 왼쪽이냐 오른쪽이냐에 따라 나뉜다는 특이한 주장은 분명히 시대착오적이다. 그러나 그 이론은 당시에 두 가지 중요한 발전을 이루었다는 점에서 혁신적이었다. 첫 번째는 성의 결정이 본질적으로 무작위적이라고 보았다는 점이다. 따라서 설명하려면 무작위적 원인(정자가 왼쪽에서 나왔는지 오른쪽에서 나왔는지)이 무엇인지를 제시할 필요가 있었다. 두 번째는 일단 확정된 원래의 무작위적 행위가 성을 온전히 생성하기 위해서는 그것이 강화되고 확고해지는 과정이 있어야 한다고 추론했다. 따라서 태아의 발달 과정이 중요했다. 오른쪽 정자는 자궁의 오른쪽으로 갔다. 그곳에서 더 세부 조정을 거쳐서 남성 태아가 되었다. 왼쪽 정자는 자궁의 왼쪽으로 가서 여아를 만들었다. 성 결정은 하나의 단계에서 출발하여 태아의 위치를 통해서 증폭되면서 남녀 사이의 완전한 이형성(二形成, dimorphism)으로 발전하는 연쇄반응이었다.

그리고 수세기 동안 성 결정 문제는 대체로 그 수준에서 머물러 있었다. 많은 이론이 나왔지만, 개념상 아낙사고라스의 착상을 변형한 것들에 불과했다. 성이 본질적으로 무작위적으로 결정되고, 난자나 태아의 환경을 통해서 강화되고 굳어진다는 것이었다. 1900년 한 유전학자는 "성은 유전되는 것이 아니다"[2]라고 썼다. 아마 유전자가 발생 때 중요한 역할을 한다는 것을 밝혀낸 가장 저명한 학자일 토머스 모건도 유전자가 성을 결정한다는 것은 불가능하다고 주장했다. 1903년 모건은 성이 하나의 유전자보다는 다수의 환경 입력을 통해서 결정될 가능성이 높다고 썼다. "성에 관한 한, 난자는 일종의 균형 상태에 있는 듯하며, 난자가 노출되는 조건이……어느 성이 나올지를 결정하는 것 같다. 모든 종류의 난자에 결정적인 영향을 미치는 어느 한 요인을 발견하려는 시도는 헛수고일 것이다."[3]

모건이 성 결정의 유전론을 깊이 생각하지 않고 내친 바로 그해인 1903년 겨울, 대학원생인 네티 스티븐스는 그 분야를 혁신시킬 연구를 했다. 스티븐스는 1861년 버몬트에서 목수의 딸로 태어났다. 그녀는 학교 교사가 되었지만, 교사 봉급을 모은 돈으로 1890년대 초에 캘리포니아의 스탠퍼드 대학교에 들어갔다. 1900년 그녀는 생물학과 대학원을 택했다. 그 당시 여성으로서는 특이한 선택이었다. 더욱 특이하게도 그녀는 멀리 나폴리의 동물학 연구소에서 현장 연구를 하겠다고 했다. 테오도어 보베리가 성게 알을 채집했던 곳이었다. 그녀는 이탈리아어를 배워서 동네 어부들의 사투리로 해안에서 알을 가져다달라고 말할 수 있었다. 또 보베리에게서 알을 염색하여 염색체를 식별하는 법을 배웠다. 세포 안에서 기이하게 푸른색으로 염색된 섬유가 바로 염색체였다.

보베리는 변형된 염색체를 가진 세포가 정상적으로 발생할 수 없다는 것을 보여주었다. 따라서 발생의 유전 명령문은 염색체 안에 들어 있어야 했다. 그런데 성의 유전적 결정 인자도 염색체에 들어 있을 수 있을까? 1903년 스티븐스는 단순한 생물─거저리─를 택해서 염색체 조성과 성별 사이의 상관관계를 조사하기로 했다. 보베리의 염색체 염색법을 거저리 암수에 적용하자, 현미경 아래에서 곧바로 해답이 튀어나왔다. 단 한 염색체의 변이가 거저리의 성과 완벽한 상관관계가 있었다. 거저리의 염색체는 20개, 즉 10쌍이다(대부분의 동물에게서 염색체는 쌍을 이루고 있다. 인간의 염색체는 23쌍이다). 암컷의 세포는 예외 없이 10쌍의 염색체를 가졌다. 대조적으로 수컷의 세포에는 쌍을 이루지 않은 염색체가 2개 있었다. 작은 혹 같은 것 하나와 좀더 큰 것 하나였다. 스티븐스는 작은 염색체의 유무가 성을 결정하는 데에 충분하다고 주장했다. 그녀는 그것을 **성염색체**(性染色體, sex chromosome)라고 했다.[4]

스티븐스가 볼 때 이것은 성 결정 이론이 단순함을 시사했다. 정자가 남성의 생식샘에서 만들어질 때, 혹 같은 수컷 염색체를 지닌 것과 정상적인 크기의 암컷 염색체를 지닌 것, 두 형태가 대강 동일한 비율로 생산되었다. 수컷의 염색체를 지닌 정자, 즉 "수컷 정자"가 난자를 수정시키면, 수컷 배아가 나왔다. "암컷 정자"가 난자를 수정시키면, 암컷 배아가 나왔다.

스티븐스의 가까운 동료인 세포학자 에드먼드 윌슨은 그녀의 연구를 재확인했다. 그는 스티븐스의 용어를 단순화하여 수컷 염색체를 Y, 암컷 염색체를 X라고 했다. 염색체로 말할 때, 수컷 세포는 XY, 암컷 세포는 XX였다. 윌슨은 난자가 X 염색체를 하나 지닌다고 추론했다. Y 염색체를 지닌 정자가 난자를 수정시키면 XY 조합이 되고, X 염색체를 지닌 정자가 수정시키면 XX가 된다. 성은 오른쪽 고환이나 왼쪽 고환에 따라 결정되는 것이 아니라, 비슷한 무작위 과정을 통해서 결정되었다. 난자에 닿아서 수정시키는 첫 번째 정자의 유전물질의 특성에 따라서 결정되었다.

스티븐스와 윌슨이 발견한 XY 체계는 한 가지 중요한 결과를 가져왔다. Y 염색체가 수컷성을 결정하는 모든 정보를 지닌다면, 그 염색체는 배아를 수컷으로 만드는 유전자를 가져야 했다. 처음에 유전학자들은 Y 염색체에 성을 결정하는 수십 개의 유전자가 있을 것이라고 예상했다. 어쨌거나 성은 여러 해부학적, 생리학적, 심리학적 특징들의 까다로운 조화를 수반하며, 하나의 유전자가 이 모든 다양한 기능을 수행할 수 있다고 상상하기는 어려웠다. 하지만 사려 깊은 유전학자들은 Y 염색체가 유전자가 존재하기에는 험한 곳임을 알았다. 다른 모든 염색체와 달리, Y는 "짝을 짓지 않는다." 즉 자매 유전체도 사본도 없다. 그 염색체의 모든 유전자는 스스로 헤쳐나가야 한다. 다른 모든 염색체들에서 돌연변이가 일어나면 짝을 이루는 염색체의 온전한 유전자를 복제하는 방법으로 수선 가능하다. 그러나 Y 염색체 유전자는 고치거나 수선하거나 재복사될 수가 없다. 복사본도 복구 지침서도 없다(그러나 Y염색체의 유전자를 수선하고 독특한 내부 체계가 하나 있기는 하다). Y 염색체는 돌연변이의 공격을 받았을 때, 정보를 복구할 메커니즘이 없다. 따라서 Y는 역사의 상흔과 흉터로 가득하다. 인간 유전체에서 가장 취약하다.

이렇게 끊임없이 유전적 폭격을 맞은 결과 인류의 Y 염색체는 수백만 년 전부터 정보를 잃기 시작했다. 생존에 진정으로 가치가 있는 유전자들은 더 안전하게 보관될 수 있는 유전체의 다른 영역들로 옮겨졌을 가능성이 높다. 가치가 적은 유전자는 낡아서 폐물이 되거나 대체되었다. 가장 필수적인 유전자들은 보존되었다. 정보를 잃으면서, Y 염색체 자체도 쪼그라들었다. 돌연변이와 유전자 상실이라는 악순환이 되풀이되면서 야금야금 잘려나갔다. 염색체 중 Y 염색체가 가장 작은 것은 우연이 아니다. 그것은 대체로 폐기 계획의 희생자이다(2014년에 과학자들은 대단히 중요한 유전자 몇 개가 Y염색체에 영구히 자리를 잡았을 수도 있다는 것을 알아냈다).

유전적 측면에서 보면, 여기에는 독특한 역설이 있다. 인간의 가장 복잡한 형질에 속하는 성이 다수의 유전자를 통해서 결정되지 않을 가능성이 높다는 것이다. 오히려 Y 염색체에 좀 불안하게 담겨 있는 유전자 하나가 남성성을 결정하는 주된 조절 인자임이 분명했다.* 남성 독자는 이 마지막 문장에 주

---

* 그렇게 몹시 취약하다는 점을 생각하면, 애초에 왜 XY 성 결정 체계가 생겼는지 의아하다. 포유동물은 왜 그렇게 위험이 뻔히 보이는 성 결정 기구를 진화시킨 것일까? 무엇보다도 성 결정 유전자가 돌연변이의 공격을 받을 가능성이 가장 높은, 짝을 짓지 않는 위태로운 유전자에 들어 있는 이유가 대체 무엇일까? 이 질문에 답하려면, 가장 근원적인 질문으로 돌아갈 필요가 있다. 애초에 유성생식은 왜 발명된 것일까? 다윈도 궁금해한 질문이었다. 왜 새로운 생명이 "단성생식이 아니라 두 성적 요소의 결합을 통해서 생기는"것일까? 대다수의 진화생물학자들은 성이 빠르게 유전자를 재조합하기 위해서 창안된 것이라고 본다. 난자와 정자를 섞는 것만큼 두 생물의 유전자를 혼합할 수 있는 방법은 없다. 그리고 정자와 난자가 형성될 때에도 유전자들은 재조합을 통해서 뒤섞인다. 유성생식 때 유전자들이 심하게 재조합됨으로써 변이가 늘어난다. 그 변이는 끊임없이 변화하는 환경에서 생물의 적합도와 생존율을 높인다. 따라서 유성생식이라는 용어는 사실 너무나 잘못 붙여진 것이다. 성은 "생식"을 위해서 진화한 것이 아니다. 즉 생물은 성이 없을 때, 자신을 쏙 빼닮은 사본을 더 잘 만들 수 있다. 재생산을 더 잘할 수 있다. 성은 정반대 이유로 창안된 것이다. 재조합을 일으키기 위해서이다.
그러나 "유성생식"과 "성 결정"은 같은 것이 아니다. 설령 유성생식이 많은 장점이 있음을 인정한다고 해도, 대다수 포유동물이 XY 성 결정 체계를 이용하는 이유는 대체 무엇일까? 한 마디로, 왜 Y일까? 우리는 알지 못한다. XY 성 결정 체계는 오래 전에 진화한 것이 분명하다. 조류, 파충류, 일부 곤충에게서는 그 체계가 뒤집혀 있다. 암컷이 서로 다른 염색체를 두 개를 지니고, 수컷은 똑같은 염색체를 두 개 지닌다. 또 일부 파충류와 어류에게서는 알의 온도나 경쟁자들과의 몸집 차이에 따라서 성이 결정되기도 한다. 이 성 결정 체계는 포유류의 XY 체계보다 먼저 나타난 듯하다. 그런데 왜 포유류는 XY 체계로 정착한 것일까? 그리고 왜 여전히 쓰고 있는 것일까? 그 점도 수수께끼이다. 양성 체계는 분명히

목해야 한다. 남성이란 간신히 만들어진 것에 불과하다.

1980년대 초, 피터 굿펠로라는 런던의 젊은 유전학자는 Y 염색체에 있는 성 결정 유전자 사냥에 나섰다. 열렬한 축구 애호가이자 추레하고 깡마른 체격에 동부 잉글랜드 출신임이 뻔히 드러나는 느린 말투에 "펑크와 신낭만주의가 만난"5) 듯한 옷차림을 한 굿펠로는 보츠스타인과 데이비스가 개척한 유전자 지도 작성 기법을 써서 Y 염색체의 탐색 범위를 좁혀나갈 생각이었다. 그러나 변이 표현형이나 관련된 질병이 없는 상태에서 어떻게 "정상" 유전자의 지도를 작성할 수 있을까? 낭성 섬유증과 헌팅턴병 유전자는 질병을 일으키는 유전자와 유전체 이정표 사이의 연관성을 추적함으로써 염색체 내 위치를 찾아낼 수 있었다. 형제자매 중에 그 질병 유전자를 가진 사람과 그렇지 않은 사람 모두가 같은 유전체 이정표를 가지고 있었기 때문에 가능했다. 그러나 형제자매 중 일부에게만 유전적으로 전달되는 변이 젠더—제3의 성—가 있는 가족을 어디에서 찾을 수 있을까?

사실 그런 사람들은 있었다. 비록 찾아내기가 예상했던 것보다 훨씬 더 힘들긴 했지만 말이다. 1955년, 여성의 불임을 연구하던 영국 내분비학자 제럴드 스와이어는 생물학적으로는 여성이지만 염색체를 보면 남성인 희귀한 증후군을 발견했다.6) "스와이어 증후군"을 갖고 태어난 "여성"은 유년기에는 해부학적 및 생리학적으로 여성이었지만, 성년기에 진입할 때 여성으로서의 성적인 성숙이 일어나지 않았다. 유전학자들의 세포를 검사해보니, 그 "여성"의

몇 가지 장점이 있다. 암수는 서로 다른 특수한 기능을 수행할 수 있고, 번식할 때 서로 다른 역할을 맡을 수 있다. 하지만 양성 체계에 반드시 Y 염색체가 필요한 것은 아니다. 아마 진화는 성 결정 문제의 빠르고 간편한 해결책으로써 Y 염색체를 택한 것일 수도 있다. 남성을 결정하는 유전자를 별도의 염색체에 넣고 남성성을 통제할 강력한 기능을 가진 유전자도 곁들이는 방식은 분명히 쓸 만한 해결책이다. 일부 유전학자는 Y가 계속 줄어들 것이라고 보는 반면, 어느 시점까지만 그렇고 SRY 같은 필수 유전자들은 남을 것이라고 보는 이들도 있다.

모든 세포는 XY 염색체를 가지고 있었다. 즉 모든 세포는 염색체 면에서 남성이었다. 그러나 이 세포들로 이루어진 사람은 해부학적, 생리학적, 심리학적으로 여성이었다. 스와이어 증후군을 가진 "여성"은 모든 세포의 염색체 패턴이 남성의 것이었지만(즉 XY 염색체), 어쩐 일인지 그 세포들은 자신의 몸에 "남성"이라는 신호를 보내는 데에 실패했다.

스와이어 증후군의 원인을 설명해줄 가장 설득력 있는 시나리오는 남성을 결정하는 주 조절 유전자가 돌연변이로 활성을 잃음으로써 여성성이 나타난다는 것이었다. MIT의 유전학자 데이비드 페이지와 그 연구진은 그런 성이 뒤집힌 여성들을 대상으로 Y 염색체에서 남성 결정 유전자가 있을 만한 영역의 범위를 얼마간 좁힐 수 있었다. 가장 힘든 것은 그 다음 단계였다. 그 영역에 있을 유전자 수십 개를 하나하나 살펴보면서 적절한 후보자를 찾아내야 했다. 굿펠로가 느리지만 꾸준히 목표에 다가가고 있을 때, 날벼락 같은 소식이 전해졌다. 1989년 여름, 페이지가 마침내 남성 결정 유전자를 찾아냈다는 소식이 들렸다. 페이지는 Y 염색체에 있는 그 유전자에 ZFY라는 이름을 붙였다.[7]

처음에 ZFY는 완벽한 후보자 같았다. Y 염색체의 바로 그 영역에 있었고, DNA 서열 분석 결과 다른 수십 개 유전자의 주스위치 역할을 할 수 있는 듯했다. 그러나 굿펠로가 꼼꼼히 살펴보니, 뭔가 어긋나 있었다. 스와이어 증후군이 있는 여성의 ZFY 서열도 지극히 정상이었다. 그 여성들에게서 남성 신호가 교란되었음을 설명해줄 돌연변이가 전혀 없었다.

ZFY가 아니라는 것을 알아차린 굿펠로는 연구를 계속했다. 남성성의 유전자는 페이지 연구진이 파악한 바로 그 영역에 있어야 했다. 그들은 가까이 다가갔지만, 간발의 차이로 놓친 셈이었다. 1989년, 굿펠로는 ZFY 유전자 근처를 훑다가 유망한 후보자를 하나 발견했다. SRY라는 인트론 없이 치밀하게 짜인 별 특징 없는 작은 유전자였다.[8] 그 유전자는 처음부터 완벽한 후보자처럼 보였다. 성 결정 유전자라고 하면 짐작할 수 있는 그대로, 정상적인 SRY 단백질은 정소에 풍부하게 들어 있었다. 유대류(有袋類)를 비롯한 다른 동물들도 Y 염색체에 그 유전자의 변이체를 가지고 있었고, 따라서 수컷만 그 유전자를 물려받았다. SRY가 맞다는 가장 두드러진 증거는 사람들의 유전자 서열을 분석한 자료에서 나왔다. 그 유전자는 스와이어 증후군이 있는 여성들에게서는 돌연변이가 뚜렷하게 있는 반면, 그 증후군이 없는 형제들에게서는 돌연변이가 없었다.

그러나 굿펠로는 확증하기 위해서 한 가지 실험을 더 했다. 가장 극적인 증거를 얻기 위해서였다. SRY 유전자가 "남성성"의 유일한 결정 인자라면, 동물 암컷에게서 그 유전자를 강제로 **활성화**하면 어떻게 될까? 암컷이 강제로 수컷으로 바뀌게 될까? 굿펠로와 로빈 러벨배지는 생쥐 암컷에게 SRY 유전자를 집어넣었다. 그러자 모든 세포에 XX 염색체를 가진 새끼들(즉 유전적으로 암컷)이 해부학상 수컷으로 발달했다. 음경과 고환이 발달했을 뿐 아니라, 암컷에게 올라타는 등 수컷의 모든 행동 특징들을 보였다.[9] 굿펠로는 유전적 스위치 하나를 켬으로써 생물의 성별을 바꾸었다. 스와이어 증후군의 반대 상황을 만들어낸 것이다.

그렇다면 성의 모든 것이 유전자 하나로 결정될까? 거의 그렇다. 스와이어 증후군을 지닌 여성은 몸의 모든 세포에 남성의 염색체가 들어 있지만, 남성 결정 유전자가 돌연변이로 활성을 잃은 상태이다. Y 염색체는 말 그대로 거세되어 있다(경멸적인 의미가 아니라 전적으로 생물학적 의미에서 그렇다). 스와이어 증후군이 있는 여성의 세포에 들어 있는 Y 염색체는 해부학적 발달의 몇몇 측면들을 교란한다. 특히 유방이 제대로 형성되지 않고, 난소도 기능이 비정상이어서 에스트로겐 분비량이 적다. 그래도 이 여성들은 생리학적으로 아무런 문제도 느끼지 못한다. 여성 해부 구조의 대부분은 지극히 정상이다. 음문과 질도 온전하며, 요도 출구도 교과서에 실린 그대로 붙어 있다. 놀랍게도 스와이어 증후군을 지닌 여성은 **젠더 정체성**도 명확하다. 단지 유전자 하나가 꺼지는 것만으로 여성이 "된다." 비록 2차 성징이 발달하고 성인 여성의 몇 가지 해부학적 측면들이 두드러지려면 에스트로겐이 필요하지만, 스와이어 증후군을 가진 여성은 대개 자신의 젠더나 젠더 정체성을 결코 혼동하지 않는다. 한 여성은 이렇게 썼다. "내 젠더가 여성이라는 점을 결코 의심하지 않는다. 나는 늘 자신이 100퍼센트 여성이라고 생각해왔다⋯⋯나는 잠깐 남자 축구팀에서 뛴 적이 있다. 외모는 전혀 닮지 않았지만, 쌍둥이인 남동생이 있어서였다. 그러나 나는 그 팀에서 유일한 여자였다. 잘 적응하지 못했다. 나는 우리 팀 이름을 '나비'라고 하자고 제안한 적도 있다."[10]

스와이어 증후군이 있는 여성은 "남성의 몸에 갇힌 여성"이 아니다. 남성의 염색체를 가진(유전자 하나만 빼고) **여성**의 몸에 갇힌 여성이다. 그 단일 유전자, 즉 SRY에 일어난 돌연변이가 (거의 온전한) 여성의 몸, 더 나아가 더 중요한 여성의 자아를 만든다. 탁자 위로 손을 뻗어서 스위치를 켜거나 끄는 단순하면서 평범한 양자택일의 문제이다.*

2004년 5월 5일 아침, 위니펙에 사는 38세의 데이비드 라이머는 한 슈퍼마켓의 주차장으로 들어가서 총신을 짧게 자른 엽총으로 자살했다.[11] 1965년에 태어나서 브루스 라이머라는 이름을 얻은―염색체상으로 만이 아니라 유전적으로도―남성인 그는 서툰 외과 의사가 한 조잡한 포경수술의 희생자였다.

---

* "간성(intersexuality, 間性)"은 어떨까? 간성은 남성과 여성의 몸에 관한 전형적인 정의에 들어맞지 않는 생식기 구조와 생리 기능을 가지고 태어나는 사람들을 가리킨다. 간성은 성적 해부 구조와 생리 기능을 통제하는 강력한 양자택일 유전적 스위치가 있다는 개념과 모순되는 것이 아닐까? 그렇지 않다. SRY가 남성 대 여성을 만드는 연쇄적인 사건들의 정점에 있다는 점에 유념하자. SRY는 다른 유전자들을 켜거나 끄고, 이어서 그 유전자들은 다른 유전자들의 망을 활성화하거나 억제한다. 그러면서 생식적 및 성적 해부 구조와 생리 기능의 다양한 측면들을 빚어낸다. 다양한 양상을 띠는 하향 흐름의 망은 마찬가지로 다양한 양상을 띠는 노출 및 환경(호르몬 등)과 뒤얽히면서 생식기 해부 구조에 변이를 일으킬 수 있다. 연쇄 흐름의 맨 꼭대기에 강력한 양자택일 스위치가 있다고 해도 말이다. 맨 위에 강력한 자율적인 구동기가 있고, 그 밑으로 더 미묘한 증폭기와 조절기가 있는 유전망의 계층 구조라는 이 주제는 뒤에서 몇 차례 더 다루어질 것이다.

그 수술로 아기 때 음경에 심각한 손상을 입었다. 재건 수술도 불가능하자, 브루스의 부모는 존스홉킨스 대학교의 정신과 의사 존 머니를 찾아갔다. 머니는 젠더와 성 행동 연구로 국제적인 명성을 얻은 의사였다. 아이를 진찰한 머니는 브루스의 부모에게 아들을 거세한 뒤 딸로 키우는 것이 어떻겠냐고 물었다. 내심 자기 실험의 일환으로 삼겠다는 것이었다. 아들이 "정상적인" 생활을 할 수 있는 방법을 찾느라 필사적이었던 부모는 받아들였다. 그들은 아들의 이름을 브렌다로 바꾸었다.

머니에게 데이비드 라이머는 1960년대의 학계에서 널리 유행하고 있던 이론을 검증해줄 실험—자신의 소속 대학이나 병원에 결코 허가를 받으려고 하거나 받은 적이 없는—의 대상이었다. 젠더 정체성은 타고난 것이 아니라 사회적 행동과 문화적 모방을 통해서 구축된다는 개념("당신이 누구인지는 어떤 행동을 하느냐에 달려 있다. 양육은 본성을 이길 수 있다")은 당시 전성기를 구가하고 있었고, 머니는 그 이론을 가장 소리 높여 열렬하게 옹호하는 인물 중 하나였다. 자신을 성전환 분야의 헨리 히긴스(버나드 쇼의 희곡『피그말리온(*Pygmalion*)』에서 촌뜨기 여성을 훈련시켜서 상류층 귀부인으로 만들 수 있다고 주장한 언어학자/역주)라고 여긴 머니는 "성전환 요법(sexual reassignment)", 즉 행동 요법과 호르몬 요법을 통해서 성적 정체성을 전환하는 요법을 주창했다. 자신이 창안한 그 방법으로 10년 동안 치료를 하면 실험 대상자가 흔쾌히 성적 정체성을 바꾸게 될 것이라고 했다. 머니의 권고를 토대로, "브렌다"는 소녀처럼 입고 소녀로 대우받았다.[12] 머리도 길게 길렀다. 브렌다는 여자 인형과 재봉틀을 선물로 받았다. 교사들과 친구들에게는 그녀가 성전환자임을 결코 알리지 않았다.

브렌다의 일란성 쌍둥이—브라이언이라는 남자아이—는 그대로 남자아이로 키워졌다. 머니는 연구를 위해서 브렌다와 브라이언을 유년기 내내 매우 자주 볼티모어의 자기 병원으로 불렀다. 사춘기가 다가올 무렵, 머니는 브렌다를 여성화하기 위해 에스트로겐을 처방했다. 해부학적으로 여성으로 전환하는 과정을 완결짓기 위해서 인공 질을 만드는 수술 일정도 잡았다. 머니는 그 성전환이 대성공을 거두었다고 자랑하는 논문들을 꾸준히 발표했고, 그 논문들은 많이 인용되었다. 그는 브렌다가 지극히 평온하게 새 정체성에 익숙해지고 있다고 주장했다. 그녀의 쌍둥이인 브라이언은 "거칠고 소란스러운" 소년인 반면, 브렌다는 "활동적인 소녀"라고 했다. 머니는 브렌다가 거의 아무런 문제없이 순탄하게 여성으로 자랄 것이라고 선언했다. "유전적 남성이 소녀로 성공적으로 전환할 수 있을 정도로, 젠더 정체성은 태어날 때 충분히 분화가 되어 있지 않는다."[13]

그러나 실상은 전혀 달랐다. 브렌다는 네 살 때, 억지로 입힌 분홍 드레스와 흰 드레스를 가위로 마구 잘라버렸다. 소녀처럼 걷고 말하라는 말에 성질을 낸 것도 한두 번이 아니었다. 자신이 명백하게 잘못되었고 자신과 맞지 않는다고 생각되는 정체성에 얽매인 그녀는 불안해하고 우울해하고 혼란스러워하고 괴로워하고 때로 분노에 사로잡히곤 했다. 학교생활 통지표에는 브렌다가 "신체 에너지"가 넘치고 "왈가닥에다가 아이들을 좌지우지한다"고 적혀 있었다. 브렌다는 인형이나 다른 여자아이들과 놀기 싫어하고, 쌍둥이 남동생의 장난감을 더 좋아했다(재봉틀을 가지고 논 적이 딱 한 번 있었는데, 아버지의 연장통에서 드라이버를 몰래 들고 와서 재봉틀을 나사 하나하나까지 꼼꼼하게 분해했다). 아마 반 아이들을 가장 어리둥절하게 만든 것은 브렌다가 순순히 여자 화장실에 갔지만, 소변을 앉아서 누는 대신에 서서 누곤 했다는 것이다.

브렌다는 14세가 지나자, 이 기괴한 허구 생활을 끝냈다. 그녀는 질 수술을 거부했다. 에스트로겐 알약도 끊었고, 양쪽 유방절제술로 가슴 조직을 제거했고, 남성으로 돌아가기 위해서 테스토스테론 주사를 맞기 시작했다. 이름도 데이비드로 바꾸었다. 그는 1990년에 한 여성과 혼인했지만, 부부 관계는 처음부터 삐걱거렸다. 브루스/브렌다/데이비드―남자아기였다가 소녀가 되었다가 남자가 된―는 계속 불안, 분노, 부정, 우울증에 시달리면서 점점 피폐해져갔다. 직장도 잃었고, 혼인 관계도 파탄 났다. 2004년 그는 아내와 심하게 다툰 직후에 자살했다.

데이비드 라이머만이 아니었다. 1970-1980년대에, 성전환 치료 사례—남성의 염색체를 지닌 아이를 심리적 및 사회적 조건 형성을 통해서 여성으로 전환하려고 시도한 사례—는 몇 건이 더 있었는데, 각자 나름의 문제가 있었다. 데이비드보다 젠더 불쾌감을 덜 심하게 경험한 사람들도 있었지만, 그 여성/남성들은 성인이 되어서까지 발작적으로 일어나는 불안, 분노, 불쾌감, 혼란 증세에 시달리곤 했다. 미네소타 주 로체스터의 한 정신과 의사를 찾은 C라는 가명으로 알려진 여성의 사례는 특히 많은 것을 말해준다. 술이 달린 꽃무늬 블라우스와 거친 가죽 재킷 차림—스스로 "나의 가죽과 레이스 차림"[14]이라고 한—의 그녀는 자신이 가진 이중성의 몇몇 측면에 대해서는 별 문제를 못 느꼈지만, "근본적으로 여성이라는 자아"를 도저히 받아들이기를 어려워했다. 1940년대에 소녀로 태어나고 자란 C는 학교에서 자신이 선머슴 같았다고 기억했다. 그녀는 자신이 신체적으로 남자라고 생각한 적은 한 번도 없었지만, 늘 남자들과 친밀함을 느꼈다("내가 남자의 뇌를 가진 것처럼 느껴져요"[15]). 그녀는 20대에 한 남자와 혼인하여 함께 살았다. 우연히 한 여성이 그녀 부부와 함께 지내면서 여성에 대한 환상을 일깨우기 전까지는 그랬다. 그녀의 남편은 그 여성과 재혼했고, C는 여성들과 레즈비언 관계를 전전했다. 그녀는 평온하게 지내다가 우울증에 빠져들기를 되풀이했다. 그녀는 한 교회에 갔다가 영적인 가르침을 주는 공동체를 접했다. 목사가 그녀의 동성애를 공격하면서 "성전환" 요법을 받으라고 권고했다는 점이 문제였지만 말이다.

죄의식과 두려움에 시달리던 그녀는 48세 때, 마침내 정신과 의사의 도움을 받기로 했다. 검사의 일환으로 세포의 염색체를 분석했더니, 놀랍게도 XY 염색체를 가지고 있음이 드러났다. 즉 C는 유전적으로는 남성이었다. 나중에야 그는 자신이 염색체상으로는 남성이었지만, 생식기가 애매하게 미발달된

456

상태로 태어났다는 것을 알았다. 어머니는 수술을 통해서 아기를 여성으로 바꾸는 데에 동의했다. 성전환 요법은 그녀가 생후 6개월일 때부터 시작되어, 사춘기 시기에는 "호르몬 불균형"을 치료한다는 구실로 호르몬 주사도 맞았다. 유년기와 사춘기 내내, C는 자신의 젠더를 단 한 순간도 의심한 적이 없었다.

C의 사례는 젠더와 유전학의 관계를 살펴볼 때 신중해야 한다는 점을 잘 보여준다. 데이비드 라이머와 달리, C는 젠더 **역할**을 수행하는 데에 혼란을 느끼지 않았다. 그녀는 여성복을 입고 다녔고 남성과 혼인 관계를 유지했으며(적어도 얼마간), 48년 동안 그녀의 행동은 문화적 및 사회적으로 여성이라고 받아들여지는 범위를 벗어나지 않았다. 그러나 자신의 성행위에 죄의식을 느끼긴 했어도, 정체성의 중요한 측면들―사귐, 환상, 욕망, 성욕―은 남성성 쪽에 얽매여 있었다. C는 사회적 행동과 모방을 통해서 자신이 습득한 젠더의 핵심 특징들 중의 상당수를 배울 수 있었지만, 자기 유전적 자아의 성심리적 욕구를 내버리지는 못했다.

2005년, 컬럼비아 대학교의 한 연구진은 대개 생식기가 덜 발달했다는 이유로 태어날 때 여성 젠더를 강제적으로 받은 "유전적 남성들", 즉 XY 염색체를 가지고 태어난 사람들을 종단 연구(longitudinal study : 연구 대상자를 오랜 기간 계속 추적하는 연구/역주)를 했고, 이 사례 보고들을 통해서 입증해냈다.[16] 데이비드 라이머나 C처럼 극심한 고통에 시달리지 않은 사례들도 있기는 있었다. 그러나 여성 젠더 역할을 할당받은 이 남성들 중에 유년기에 온건하거나 심각한 수준의 젠더 불쾌감을 경험했다고 한 이들이 압도적으로 많았다. 불안, 우울증, 혼란을 경험한 이들도 많았다. 사춘기와 성년기에 자발적으로 남성으로 젠더를 바꾼 이들도 많았다. 가장 눈에 띄는 점은 모호한 생식기를 가지고 태어난 "유전적 남성들" 가운데 소녀가 아니라 소년으로서 키워진 이들은 단 한 명도 젠더 불쾌감을 느낀 적도 없었고 성년기에 성전환을 한 사례도 전혀 없었다.

이 사례 연구는 훈련, 암시, 행동 강화, 사회적 행동, 문화적 개입을 통해서 전적으로, 아니 상당한 수준으로라도 젠더 정체성을 만들어내거나 프로그래밍할 수 있다는 당시의 일부 학계에서 여전히 굳게 유지되고 있던 가정을 마침내 무너뜨렸다. 지금은 유전자가 성 정체성과 젠더 정체성을 형성하는 데에 다른 거의 모든 힘들보다 훨씬 더 큰 영향을 미친다는 것이 명확해져 있다. 비록 제한된 상황에서는 젠더의 몇몇 속성들을 문화적, 사회적, 호르몬적 재프로그래밍을 통해서 습득시킬 수 있긴 하지만 말이다. 호르몬조차도 궁극적으로는 "유전적인" 것이므로, 즉 유전자의 직접적 또는 간접적 산물이므로, 오로지 행동 요법과 문화적 강화를 통해서 젠더를 재프로그래밍할 수 있는 능력이란 이제 불가능의 세계에 속한 듯이 보인다. 사실 지금 의학계에서는 매우 희귀한 예외 사례를 빼고, 해부학적 변이와 차이에 상관없이 아이를 염색체(즉 유전적) 성에 맞추어야 한다는 이들이 점점 늘어나고 있다. 원한다면 더 자라서 성전환을 할 수 있을 가능성을 열어두고서 말이다. 이 글을 쓰고 있는 현재, 그런 아이들 중 유전자가 지정한 성별로부터 전환하는 쪽을 택한 이는 한 명도 없다.

하나의 유전적 스위치가 인간의 정체성을 가장 근본적으로 양분하는 데에 주된 역할을 한다는 이 개념과 현실 세계의 젠더 정체성이 연속 스펙트럼을 이룬다는 사실을 어떻게 하면 조화시킬 수 있을까? 거의 모든 문화는 젠더가 흑과 백으로 칼로 자른 듯 양분되어 있는 것이 아니라, 천 가지 회색의 색조를 띠고 있다고 진정해왔다. 여성 혐오로 유명한 오스트리아 철학자 오토 바이닝거조차도 인정했다. "모든 남녀가 서로 극명하게 나뉜다는 것이 정말일까? 금속과 비금속 사이에는 전이 형태가 있다. 화학적 결합물과 단순한 혼합물 사이에도, 동물과 식물 사이에도, 종자식물과 은화식물(隱花植物 : 꽃을 피우지 않는 식물/역주) 사이에도, 포유류와 조류 사이에도……전이 형태가 있다. 따라서 자연에서 모든 남성이 한쪽에 있고 모든 여성이 다른 쪽에 있는 식으로 날카롭게 나뉘는 사례를 찾기란 불가능할 것이다."[17]

그러나 유전적인 관점에서 보면 모순 따위는 전혀 없다. 주스위치와 유전자들의 계층 조직은 행동, 정체성, 생리의 연속 곡선과 완벽하게 조화를 이룬다. SRY 유전자가 켜짐/꺼짐 방식으로 성 결정을 통제한다는 점은 분명하다. SRY를 켜면, 동물은 해부학적 및 생리학적으로 수컷이 된다. 끄면, 해부학적 및 생리학적으로 암컷이 된다.

하지만 젠더 결정과 젠더 정체성의 더 심오한 측면들을 빚어낼 수 있으려면, SRY는 수십 가지 표적에 작용해야 한다. 켜고 끄고 하면서 일부 유전자는 활성화하고 일부 유전자는 억제하면서 손에서 손으로 배턴을 넘기는 계주처럼 이어가야 한다. 그리고 이 유전자들은 자기 자신과 환경의 입력들—호르몬, 행동, 노출, 사회적 행동, 문화적 역할 놀이, 기억—도 통합하여 젠더를 만들어낸다. 따라서 우리가 젠더라고 부르는 것은 SRY가 계층 구조의 꼭대기에 있고 그 밑으로 수정자, 통합자, 선동자, 해석자가 있는 정교한 유전적 및 발달적 계단 폭포를 내려가는 것이다. 이 유전-발달 폭포가 바로 젠더 정체성을 빚어낸다. 앞서 썼던 비유를 떠올리자면, 각 유전자는 젠더를 결정하는 요리법의 한 행이다. SRY 유전자는 그 요리법의 첫 번째 행이다. "먼저 밀가루 4컵이 필요해요." 밀가루에서 시작하지 않는다면, 케이크에 가까운 무언가를 굽지 못할 것이 확실하다. 그러나 그 첫 행에서 출발하면, 프랑스 빵집의 바삭바삭한 바게트에서 차이나타운의 월병에 이르기까지 무한히 많은 변이가 펼쳐진다.

트랜스젠더 정체성은 이 유전-발달 폭포가 있다는 강력한 증거가 된다. 해부학적 및 생리학적 의미에서, 성 정체성은 지극히 이진법적이다. 단 하나의 유전자가 성 정체성을 좌우함으로써 우리가 남성과 여성 사이에서 보는 놀라운 해부학적 및 생리학적 이형성을 빚어낸다. 그러나 젠더와 젠더 정체성은 이진법과 거리가 멀다. 뇌가 SRY(또는 다른 어떤 남성 호르몬이나 신호)에 어떻게 반응하는지를 결정하는 TGY라는 유전자가 있다고 상상하자. 한 아이가 SRY가 뇌에 미치는 영향에 극도로 저항하는 TGY 유전자 변이체를 물려받아서, 몸은 해부학적으로 남성인 반면 뇌는 남성의 신호를 읽거나 해석하지 못한다고 하자. 그런 뇌는 자신을 심리적으로 여성이라고 인식할지 모른다. 혹은 자신이 남성도 여성도 아니라, 제3의 젠더에 속한다고 상상할 수도 있다.

이 남성(또는 여성)은 **정체성**의 스와이어 증후군이라고 할 만한 것을 가진다. 염색체적 및 해부학적 젠더는 남성(혹은 여성)이지만, 그 염색체/해부 구조는 뇌에서 동시 신호를 일으키지 못한다. 쥐를 대상으로, 암컷 배아의 뇌에 있는 유전자 하나를 바꾸거나 배아를 뇌에서의 "암컷성" 신호 전달을 차단하는 약물을 주입하면 그런 증상을 일으킬 수 있다. 이 유전자를 변형하거나 약물로 처리한 생쥐 암컷은 해부학적 및 생리학적으로 암컷의 특징을 모두 가지지만, 암컷에 올라타는 등 수컷의 행동을 한다. 즉 해부학적으로는 암컷이지만, 행동학적으로는 수컷이다.[18]

이 유전적 폭포라는 계층 조직화가 바로 유전자와 환경 사이의 전반적인 관계를 보여주는 핵심 원리이다. 본성이냐 양육이냐, 유전자냐 환경이냐 하는 꾸준히 이어져온 오래된 논쟁이 있었다. 너무 오랜 기간 동안 원한을 쌓아가면서 이루어진 그 논쟁에서 양쪽 모두는 몰락했다. 이제 우리는 정체성이 천성과 양육, 유전자와 환경, 내부 입력과 외부 입력을 통해서 정해진다는 말을 듣고 있다. 그러나 그 말도 무의미하다. 바보들 사이의 휴전 협정에 불과하다. 젠더 정체성을 통제하는 유전자들이 계층 조직을 이루고 있다면—즉 맨 꼭대기의 SRY에서 시작하여 수천 가지의 정보 시냇물을 이루면서 펼쳐진다면—본성의 우세나 양육의 우세는 절대적인 것이 아니며, 우리가 조직화의 어느 수준을 살펴보느냐에 따라서 크게 달라진다.

이 폭포의 맨 꼭대기에서는 본성이 강력하고 일방적으로 작용한다. 꼭대기에서 젠더는 아주 단순하다. 단 하나의 주 유전자가 켜지거나 꺼짐으로써 결정된다. 유전적 수단이나 약물로 그 스위치를 켜고 끄는 법을 터득한다면, 남성이나 여성의 형성을 통제할 수 있고, 남성 대 여성의 정체성(그리고 해부 구조의 대부분)이 거의 온전히 출현할 것이다. 대조적으로 그 망의 바닥에서는 순수한 유전적 관점으로는 들어맞지 않는다. 여기서 그 관점은 젠더나 그 정체성을 이해하는 데에 그다지 큰 도움이 안 된다. 여기, 즉 정보들이 이리저리 교차하는 강어귀의 평원에서는 역사, 사회, 문화가 파도처럼 유전학과 충돌하고 교차한다. 어떤 물결들은 서로 상쇄시키고, 어떤 물결들은 서로 보강한다. 어떤 힘도 특별히 강하지는 않다. 그러나 그것들이 조합된 효과는 우리가 개인의 정체성이라고 부르는 독특하면서도 주름진 경관을 빚어낸다.

최종 구간

잠자는 개처럼, 서로를 모르는 쌍둥이는 그대로 놔두는 편이 더 낫다.
— 윌리엄 라이트, 『그렇게 태어났다(*Born That Way*)』[1]

모호한 생식기를 가지고 태어난 2,000분의 1에 해당하는 아기들의 성 정체성
이 타고 나는가 아니면 획득되는가에 대한 여부가 유전, 선호, 도착, 선택에
관한 국가적인 논쟁을 불러일으키는 일은 거의 없다. 그러나 성 정체성—성
적 상대의 선택과 선호—이 타고 나는가 획득되는가 하는 문제는 국가적인
논쟁거리가 된다. 1950-60년대에는 그 문제가 완전히 해결된 듯해 보이기도
했다. 정신과 의사들 사이에서는 성적 선호—즉 "이성 선호" 대 "게이 선호"
—가 타고 나는 것이 아니라 획득되는 것이라는 이론이 주류였다. 동성애는
신경증적 불안의 욕구 불만 형태라고 여겼다. 1956년 정신과 의사인 샨도르
롤런드는 이렇게 썼다. "현재 많은 정신분석가들은 모든 성적 도착자들처럼
영구적인 동성애자가 신경증 환자라는 데에 의견이 일치한다."[2] 1960년대 말
에 또다른 정신과 의사는 이렇게 썼다. "동성애자의 진정한 적은 그의 성적
도착이라기보다는 그가 도움을 받을 수 있다는 점과 더 나아가 그의 심리적
마조히즘이 치료를 회피하게 만든다는 점을 그가 모른다는 것이다."[3]

1962년, 게이 남성을 이성애자로 전환시키려 노력한 인물로 유명한 뉴욕
의 정신과 의사 어빙 비버는 『동성애 : 남성 동성애자들의 정신분석(*Homo-
sexuality : A Psychoanalytic Study of Male Homosexuals*)』이라는 대단히 영향
을 크게 끼친 책을 발표했다. 비버는 남성 동성애가 일그러진 가족 동역학에

서 비롯된다고 주장했다. 설령 노골적으로 유혹하지는 않더라도 아들을 "끼고 지내며 [성적으로] 친밀한"[4] 숨 막히게 하는 어머니와 데면데면하고 거리를 두거나 "정서적으로 적대적인" 아버지라는 치명적인 조합의 산물이라는 것이었다. 소년들은 이런 힘에 신경증적, 자기 파괴적, 무기력한 행동으로 반응한다는 것이다(1973년 비버는 유명한 말을 했다. "동성애자는 소아마비 희생자의 다리처럼 이성애 기능이 불구가 된 사람이다.")[5] 결국 그런 소년들 중 일부는 어머니와 자신을 동일시하고 아버지를 거세하려는 무의식적 욕망에 휘둘러서 정상을 벗어난 생활양식을 받아들이는 쪽을 선택한다고 했다. 비버는 소아마비 희생자가 병리학적 걸음걸이를 받아들이는 것과 마찬가지로, 성적 "소아마비 희생자"가 병리학적 존재 양식을 채택한다고 주장했다. 1980년대 말에, 동성애가 일탈적인 생활양식을 선택했다는 의미라는 개념은 거의 교리 수준으로 굳어진 상태였다. 그 결과 1992년에 미국 부통령 댄 퀘일은 "동성애는 생물학적 상황이라기보다는 선택에 더 가깝다……잘못된 선택이다"라고 말할 정도였다.[6]

1993년 7월, 이른바 게이 유전자가 발견되면서 유전자, 정체성, 선택에 관한 유전학의 역사상 가장 격렬한 논쟁이 벌어졌다.[7] 그 발견은 유전자란 존재가 여론을 뒤흔들고 논쟁의 양상을 거의 완전히 뒤엎을 수 있는 힘을 가지고 있음을 잘 보여주는 사례이다. 그해 10월에 칼럼니스트 캐럴 샬러는 「피플(*People*)」지에 (급격한 사회적 변화를 그다지 노골적으로 옹호하는 잡지가 아니라는 점을 염두에 두자) 이렇게 썼다. "자라서 다른 조용하고 배려하는 소년을 사랑할지도 모를―그렇다, 그냥 그럴지도 모른다는 것뿐이다―조용하고 배려하는 소년을 키우기보다는 차라리 낙태를 하겠다는 여성에게 우리가 무슨 말을 할 수 있을까? 우리는 그녀가―억지로 그 아이를 낳게 한다면―아이의 삶을 지옥으로 만드는, 일그러진 비정상적인 괴물이라고 말하려고 한다. 그녀를 엄마가 되게 할 그 어떤 아이도 있어서는 안 된다고 말하려고 한다."[8]

"조용하고 배려하는 소년"이라는—어른의 도착적인 선호가 아니라 아이의 타고난 성향을 설명하기 위해서 선택된—표현은 그 논쟁의 양상이 뒤집혔음을 잘 보여주었다. 일단 유전자가 성적 선호의 발달에 관여한다는 것이 드러나자, 게이 아이는 즉시 정상인으로 변신했다. 그를 혐오하는 적들은 비정상적인 괴물이 되었다.

한 연구자가 즉시 게이 유전자 탐색에 나선 것은 행동주의라기보다는 지루함 때문이었다. 국립암연구소의 연구원 딘 해머는 논쟁에 관심이 없었다. 스스로 논쟁에 뛰어드는 일도 없었다. 게이임을 공개하긴 했지만, 정체성이나 성 같은 것의 유전학에 그다지 관심을 가진 적도 없었다. 그는 인생의 대부분을 "비커와 병이 바닥에서 천장까지 들어차 있는, 대개 조용한 미국 정부의 연구실"에서 메탈로티오닌(metallothionine, MT)이라는 유전자의 조절을 연구하면서 편안하게 보내고 있었다. 구리나 아연 같은 유독한 중금속에 세포가 대응할 때 쓰는 유전자였다.

1991년 여름, 해머는 유전자 조절에 관한 세미나에서 발표를 하기 위해서 옥스퍼드행 비행기를 탔다. 언제나 하는 전형적인 연구 발표였고 언제나 그렇듯이 호응을 받았다. 그러나 토의를 위해서 다시 연단에 섰을 때, 그는 가장 황폐한 유형의 기시감을 경험했다. 나온 질문들이 10년 전에 발표를 했을 때 제기되었던 질문들과 똑같아 보였다. 게다가 다른 연구실의 경쟁적인 관계에 있는 연구원이 다음 발표자로 나서서 해머의 연구를 확언하며 확장된 자료를 발표할 때, 해머는 점점 지루해지고 기운이 빠지는 것을 느꼈다. "앞으로 10년을 더 이 연구에 매달린다고 해도, 기껏해야 이 작은 [유전적] 모델의 삼차원 복제물을 구축하는 것이 기대할 수 있는 최고의 성과일 터였다. 여생의 목표로 삼기에는 부족해 보였다."

휴식 시간에 해머는 복잡한 심경에 멍한 상태로 밖으로 나왔다. 그는 무작정 걷다가 하이 스트리트에 있는 동굴 같은 대형 서점인 블랙웰 앞에 멈췄다.

그는 동심원처럼 배열된 방들을 따라 가면서 생물학 책들을 훑어보았다. 그는 두 권을 샀다. 하나는 1871년에 나온 다윈의 『인간의 유래와 성선택(*Descent of Man, and Selection in Relation to Sex*)』이었다. 다윈의 책은 인간이 유인원처럼 생긴 조상에게서 유래했다고 주장함으로써 격렬한 논쟁을 촉발했다(『종의 기원』에서 다윈은 인간의 유래라는 문제를 소심하게 회피했지만, 『인간의 유래』에서는 그 문제를 정면으로 다루었다).

생물학자에게 『인간의 유래』는 문학 전공 대학원생에게 『전쟁과 평화(*War and Peace*)』와 같은 것이다. 거의 모든 생물학자는 그 책을 읽었다고 주장하거나 아님 그 책의 핵심 주제를 아는 것처럼 보인다. 그러나 사실 그 책을 펼쳐본 사람조차 거의 없다. 해머도 그 책을 읽은 적이 없었다. 놀랍게도 해머는 다윈이 상당히 많은 지면을 성, 성 상대의 선택, 성이 지배 행동과 사회 조직화에 미치는 영향을 논의하는 데에 할애했음을 알아차렸다. 다윈은 유전이 성적 행동에 강력한 영향을 미친다고 확신했다. 하지만 성적 행동과 선호의 유전적 결정 인자, 즉 다윈의 표현에 따르면 "성의 최종 원인"은 그에게 수수께끼로 남았다.

그러나 성적 행동, 아니 어떤 행동이든 간에 유전자와 연관되어 있다는 개념은 낡은 것이 아니었다. 그가 산 두 번째 책은 다른 견해를 제시한 리처드 르원틴의 『우리 유전자 안에 없다(*Not in Our Genes: Biology, Ideology, and Human Nature*)』였다.[9] 1984년에 나온 그 책에서 르원틴은 인간 본성의 상당 부분이 생물학적으로 결정된다는 개념을 공격했다. 그는 유전적으로 정해진다고 여겨지는 인간 행동의 요소들이 권력 구조를 강화하려는 문화와 사회의 임의적인, 그리고 때로 조종하기 위한 구축물에 불과할 때가 많다고 주장했다. "동성애가 어떤 유전적 토대를 지닌다고 받아들일 만한 증거는 전혀 없다……그 이야기는 전적으로 날조된 것이다."[10] 그는 다윈이 생물의 진화에 관해서는 대체로 옳았지만, 인간 정체성의 진화에 관해서는 틀렸다고 주장했다.

이 두 이론 중 어느 쪽이 옳을까? 해머는 성적 지향성이 너무나 근본적인 것이기에 전적으로 문화적으로 구축된다고 볼 수는 없을 것이라고 생각했다. "가공할 유전학자인 르원틴이 왜 그토록 단호하게 행동이 유전될 수 없다고 믿은 것일까?……연구실에서 행동의 유전학을 반증할 수가 없어서 정치적으로 논박하는 책을 쓴 것이 아닐까? 바로 그 부분에서 진정한 과학이 개입할 여지가 있을지 모른다." 해머는 성적 행동의 유전학이라는 난투장에 직접 뛰어들기로 결심했다. 연구실로 돌아온 그는 문헌을 찾기 시작했다. 그러나 거의 소득이 없었다. 1966년 이래로 발표된 모든 학술지를 모은 데이터베이스에서 "동성애"와 "유전자"로 검색하자, 나온 논문은 겨우 14편에 불과했다. 메탈로티오닌 유전자로 검색해도 654편이나 나왔는데 말이다.

그래도 해머는 감질나긴 하지만, 학술 문헌 더미에 반쯤 묻혀 있던 몇 가지 단서를 찾아냈다. 1980년대에 J. 마이클 베일리라는 심리학 교수가 쌍둥이 연구를 통해서 성적 지향성의 유전학을 연구하려고 시도한 적이 있었다.[11] 그가 쓴 방법은 고전적이었다. 성적 지향성이 일부 유전된다면, 일란성 쌍둥이가 둘 다 게이일 확률이 이란성 쌍둥이에 비해 높아야 했다. 베일리는 게이 잡지와 신문에 광고를 게재하여, 적어도 쌍둥이 중 한쪽이 게이인 남성 쌍둥이를 110쌍 모았다. (오늘날에도 어려워 보이는 이 실험은, 자신이 게이라고 공개하고 나선 남성이 거의 없고 미국의 일부 주에서 동성애를 범죄로 처벌하기도 했던 1978년 당시에 이것이 얼마나 어려웠을지를 상상해보라.)

쌍둥이 사이의 게이 성향 일치율을 조사한 베일리는 깜짝 놀랐다. 일란성 쌍둥이 56쌍 중, 양쪽 다 게이인 쌍은 52퍼센트였다.* 이란성 쌍둥이 54쌍

---

* 동일한 자궁 속 환경이나 임신 때 접한 요인들이 이 일치율을 일부 설명해줄 수도 있지만, 이란성 쌍둥이도 같은 자궁 환경에서 자랐음에도 일란성 쌍둥이에 비해서 일치율이 낮다는 사실이 그런 이론들을 반증한다. 전체 집단에 비해서 형제자매의 게이 일치율이 더 높다는 것도(일란성 쌍둥이보다는 더 낮지만) 유전적 요인이 있다는 주장을 뒷받침한다. 후속 연구를 통해서 성적 선호의 결정에 환경적 요인과 유전적 요인이 어떻게 결합되는지가 밝혀질지 몰라도, 유전자는 중요한 요인으로 남아 있을 가능성이 높다.

중에는 22퍼센트만이 양쪽 다 게이였다. 일란성 쌍둥이보다 비율이 더 낮긴 했지만, 그래도 전체 인구 중 10퍼센트로 추정되는 게이 비율에 비하면 훨씬 높은 수준이었다. (여러 해가 흐른 뒤 베일리는 놀라운 사례를 접하게 된다. 1971년에, 태어난 지 몇 주일 만에 서로 떨어지게 된 캐나다의 일란성 쌍둥이 형제가 있었다. 한 명은 미국의 부유한 집안에 입양되었다. 다른 한 명은 전혀 다른 환경인 캐나다의 친어머니 밑에서 자랐다. 자신이 쌍둥이라는 사실조차 몰랐지만 외모가 판박이였던 두 사람은 어느 날 우연히 캐나다의 한 게이 술집에서 마주쳤다.)[12]

베일리는 남성 동성애가 꼭 유전자 때문만은 아니라는 것도 알아차렸다. 가족, 친구, 학교, 종교 신앙, 사회 구조 등의 요인들이 성적 행동에 영향을 미친다는 것도 분명했다. 일란성 쌍둥이 중 한쪽이 게이이고 다른 한쪽이 이성애자인 비율이 48퍼센트인 것도 그 때문이었다. 아마 특유의 성적 행동 양상이 나타나려면 외부 또는 내부의 촉발 요인이 있어야 하는 듯했다. 동성애를 둘러싼 널리 퍼져 있는 억압적인 문화적 신념이 쌍둥이 중 한쪽만이 "이성애"를 선택하게 할 만큼 강력한 영향을 미쳤을 것이다. 그래도 쌍둥이 연구는 유전자가 제1형 당뇨병의 발병 성향(일란성 쌍둥이 사이의 일치율이 30퍼센트에 불과)보다 동성애에 훨씬 더 강력한 영향을 미치며, 유전자가 키에 미치는 영향과 거의 맞먹는다는(일치율이 약 55퍼센트) 논란의 여지없는 증거를 제시했다.

베일리는 1960년대부터 성 정체성 하면 으레 "선택" 및 "개인적 선호"를 언급하던 분위기를 생물학, 유전학, 유전 쪽으로 급격히 기울게 했다. 우리가 키의 차이나 독서 장애, 제1형 당뇨병을 선택의 문제라고 여기지 않는다면, 성 성체성도 선택의 문제라고 생각할 수 없게 되었다.

그러나 관련된 유전자가 하나일까 여럿일까? 그리고 어떤 유전자일까? 그 유전자는 어디에 있을까? 해머가 "게이 유전자"를 찾아내려면, 훨씬 더 큰 규모의 연구가 필요했다. 성적 지향성을 여러 세대에 걸쳐 추적할 수 있는 집안들을 대상으로 한 연구가 바람직했다. 그런 연구를 하려면 새로 연구비를 따와야 했다. 하지만 메탈로티오닌 조절을 연구하던 정부 소속 연구원에게 인간의 성에 영향을 미치는 유전자를 사냥할 연구비를 대체 누가 지원하겠는가?

1991년 초, 두 가지 진전이 이루어지면서 해머는 사냥에 나설 수 있게 되었다. 첫 번째는 인간 유전체 계획의 출범이었다. 인간 유전체의 정확한 서열을 알기 위해서는 또다른 10년이 필요했지만, 유전체에서 중요한 유전적 이정표들의 위치를 알아낸 것만으로도 유전자 사냥은 훨씬 쉬워질 수 있었다. 해머의 착상—동성애와 관련된 유전자의 지도 작성—은 1980년대에는 방법론적으로 불가능했겠지만, 대부분의 염색체에 등불처럼 유전적 표지들이 내걸린 1990년대에는 적어도 개념적으로는 가능했다.

두 번째는 에이즈였다. 그 병은 1980년대 말에 게이 공동체를 쑥대밭으로 만들었고, 때로 시민 불복종 운동과 폭력적인 시위가 벌이기도 했던 운동가들과 환자들의 성화에 못 이긴 국립보건원은 결국 에이즈 연구에 수억 달러의 예산을 편성하기로 했다. 해머는 그 에이즈 연구에 편승하여 게이 유전자 사냥을 할 묘안을 떠올렸다. 그는 이전까지 희귀했던 난치성 종양인 카포시 육종(Kaposi's sarcoma)이 에이즈에 걸린 게이 남성들에게 유달리 높은 빈도로 나타난다는 것을 알았다. 그는 카포시 육종을 일으키는 위험 요인이 동성애와 관련이 있지 않을까 추론했다. 만일 그렇다면, 그 유전자를 찾으면 동성애 유전자도 찾게 될 터였다. 그 이론은 사실 잘못된 것이었다. 성행위로 전파된 바이러스가 주로 면역력이 떨어진 사람에게서 일으키는 병이 카포시 육종임이 나중에 드러났다. 그래서 에이즈 환자에게 주로 나타났던 것이다. 그러나 당시에는 전술적으로 탁월한 묘안이었다. 1991년 국립보건원은 해머의 새 연구 계획에 7만5,000달러를 지원했다. 동성애 관련 유전자를 찾겠다는 연구에 말이다.

연구 과제 #92-C-0078은 1991년 가을에 시작되었다.[13] 1992년에 해머는 게이 남성 114명을 모았다. 그들을 대상으로 꼼꼼하게 가계도를 작성하여 성적 지향성이 집안 내력인지 여부를 판별하고, 유전 양상과 해당 유전자의 위치를 찾아낸다는 계획이었다. 형제가 모두 게이인 이들을 찾아내면, 게이 유전자 지도를 작성하는 일이 훨씬 쉬워질 터였다. 쌍둥이는 모든 유전자를 공유하지만, 형제는 유전체의 일부만을 공유한다. 게이 형제를 찾을 수 있다면, 그들이 공유하는 유전체의 부분을 찾아내어 게이 유전자를 파악할 수 있지 않을까? 따라서 해머는 가계도뿐 아니라, 그런 형제들의 유전자도 필요했다. 그는 주말에 45달러를 경비로 지급하면서 그런 형제들을 워싱턴으로 불러 모았다. 소원했던 형제들이 화해하는 일도 종종 일어났다. 그리고 해머는 그들의 혈액을 채취했다.

1992년 늦봄까지 해머는 게이 남성 114명의 거의 1,000명에 달하는 식구들에 관한 자료를 모아서 가계도를 구축했다. 6월에 그는 처음 얻은 자료를 컴퓨터에 입력했다. 거의 즉시 흡족하게 모든 것이 들어맞는 듯했다. 베일리의 연구에서처럼, 해머의 연구에서도 형제들은 성적 지향성의 일치율이 더 높았다. 일반 집단이 약 10퍼센트인 반면, 거의 두 배인 약 20퍼센트에 달했다. 즉 그가 얻은 자료는 진짜였다. 그러나 흡족한 느낌은 곧 싸늘해졌다. 숫자들을 아무리 살펴보아도, 새롭게 깨달음을 안겨주는 사항은 전혀 없었다. 게이 형제 사이의 일치율을 제외하고는 다른 패턴이나 경향은 전혀 보이지 않았다.

해머는 낙심했다. 그 숫자들을 이렇게 저렇게 모으고 나누고 하면서 애썼지만, 모두 헛수고였다. 그가 종이에 대강 그린 가계도들을 다시 서류 더미에 처박으려고 할 때, 갑자기 어떤 패턴이 눈에 띄었다. 너무나 미묘해서 인간의 눈으로만 간파할 수 있는 패턴이었다. 가계도를 그릴 때, 그는 우발적으로 부계 친척들을 **왼쪽**, 모계 친척들을 **오른쪽**에 그렸다. 그리고 게이 남성들을 빨간색으로 표시했다. 그 종이들을 뒤섞다가 그는 한 가지 추세가 나타남을 본능적으로 간파했다. 빨간 표시들은 오른쪽에 몰려 있었고, 표시가 안 된 남성들은 왼쪽에 몰려 있었다. 게이 남성에게는 게이인 삼촌이 있는 경향이 있었다. **외삼촌만 그랬다.** 게이 친척들의 가계도를 더 자세히 살펴보자—그는 "게이 **뿌리** 찾기 과제(gay Roots project)"[14]라고 불렀다—그 추세가 더 뚜렷해졌다. 모계 사촌끼리가 일치율이 더 높았고, 부계 사촌끼리는 그렇지 않았다. **이모를** 통해서 이어지는 모계 사촌들은 다른 사촌들보다 일치율이 더 높은 경향을 보였다.

이 양상은 대대로 죽 이어졌다. 노련한 유전학자는 이 추세가 게이 유전자가 X 염색체를 통해서 전달된다는 의미임을 알아차릴 것이다. 해머에게는 이제 전달 양상이 거의 눈앞에 보이는 듯했다. 전형적인 낭성 섬유증이나 헌팅턴병의 돌연변이 유전자처럼 침투도가 높지는 않지만, X 염색체를 따라 필연적으로 자취를 남기면서 그림자처럼 후대로 전달되는 유전적 요소가 있었다. 전형적인 가계도에서, 종조부는 잠재적인 게이라고 볼 수 있었다. (집안의 역사는 불분명할 때가 많았다. 과거에는 지금보다 동성애자임을 더 감추었기에, 해머가 성 정체성을 2대 또는 3대까지 파악할 수 있었던 가족이 특수한 사례였다.) 그 종조부의 형제들로부터 태어난 아들들은 모두 이성애자였다. 남성은 아들에게 X 염색체를 물려주지 않는다(모든 남성의 X 염색체는 엄마에게서 온다). 그러나 그의 누이가 낳은 아들 중 한 명은 게이일 수 있고, 그 아들의 누이가 낳은 아들도 게이일 수 있다. 남성은 누이 및 그 누이의 아들과 X 염색체의 일부를 공유하기 때문이다. 그렇게 마치 체스에서 나이트의 행마처럼, 종조부, 삼촌, 조카, 조카의 조카로 세대를 따라 엇비슷하게 전달된다. 그렇게 한 순간에 해머는 표현형(성적 선호)에서 염색체의 잠재적인 위치, 즉 유전형으로 넘어갔다. 게이 유전자를 찾아낸 것은 아니었지만, 성적 지향성과 관련된 DNA 조각이 인간 유전체의 특정 부위에 있고 물리적으로 대응시킬 수 있음을 입증했다.

그런데 X 염색체의 어디에 있을까? 이제 해머는 자신이 혈액을 채취했던 40쌍의 게이 형제들에게로 시선을 돌렸다. 게이 유전자가 정말로 X 염색체의 어느 한 작은 영역에 있다고 가정해보자. 그 부위가 어디든 간에, 40쌍의 형제들은 한 명은 게이이고 한 명은 이성애자인 다른 형제 쌍들보다 그 DNA를 공유하는 경향이 상당히 더 높게 나타날 것이다. 인간 유전체 계획이 지정한 유전체 이정표들과 세심한 수학적 분석을 이용하여, 해머는 X 염색체의 그 영역을 점점 더 좁혀 나갔다. 그는 X 염색체 전체에 있는 22개의 표지들을 하나씩 훑어 나갔다. 그는 40쌍의 게이 형제들 중 33쌍에게서 X 염색체의 Xq28라는 작은 영역이 동일하다는 것을 발견했다. 무작위 확률로 따지면, 그 표지를 지닌 형제 쌍은 절반, 즉 20쌍이어야 한다. 무작위적인 우연으로 동일한 표지를 지닌 형제가 13쌍이나 더 많을 확률은 극도로 더 작았다. 1만분의 1도 안 되었다. 따라서 Xq28의 근처에 남성의 성 정체성을 결정하는 유전자가 있었다.

Xq28은 즉시 화젯거리가 되었다. 해머는 이렇게 회상했다. "전화통에 불이 났다. 연구실 바깥에 TV 카메라맨들이 줄지어 있었다.[15] 우편함과 전자우편함이 편지로 넘쳤다." 런던의 보수적인 신문인 「데일리 텔레그래프(*Daily Telegraph*)」는 과학이 게이 유전자를 찾아냈다면 "과학을 그것을 제거하는 데에 쓸 수도 있다"[16]고 썼다. 또 한 신문은 "많은 어머니들이 죄의식을 느낄 것이다"라고 적었다. 또 한 신문은 "유전적 폭정!"이라고 기사 제목을 뽑았다. 윤리학자들은 부모가 태아를 검사하여 동성애자 아기를 중절할지 여부를 논의했다. 한 저술가는 해머의 연구가 "각 남성에게서 분석할 수 있는 염색체 영역을 알려주긴 하지만, 이 연구를 토대로 한 그 어떤 검사 결과든 간에 일부 남성의 성적 지향을 추정하는 확률적 도구에 불과할 것이다"라고 썼다.[17] 해머는 좌우 양쪽에서 공격을 받았다.[18] 게이 반대 보수주의자들은 해머가 동성애를 유전학으로 환원시킴으로써 그것을 생물학적으로 정당화했다고 주장했다. 게이의 권리를 주장하는 이들은 해머가 "게이 검사"라는 환상을 더 부추김으로써 새로운 방식의 검출과 차별을 부추긴다고 비난했다.

해머 자신의 접근법은 중립적이고 엄밀하고 과학적이었다. 때로 스스로 좌절하게 만들 만큼 엄격했다. 그는 다양한 검사법을 써서 Xq28을 조사하면서 자신의 분석법을 계속 다듬어갔다. Xq28이 동성애의 유전자가 아니라 "계집 애다움(sissyness)의 유전자"가 아닐까도 생각했다(게이 남성만이 과학 논문에 감히 그런 단어를 쓸 수 있을 것이다). 그러나 아니었다. Xq28을 지닌 남성들은 젠더 행동이나 남성성의 관습적인 측면들에 별 다른 변화가 없었다. 항문 성교를 수용하는 유전자일 가능성은(그는 "뒤치기 유전자일까?"라고 물었다)? 이번에도 아무런 상관관계가 없었다. 반항과 관련된 유전자일 가능성은? 혹은 억압적인 사회적 관습에 반발하는 유전자일 가능성은? 반항 행동을 하는 유전자일 가능성은? 가설들을 하나하나 조사했지만, 연관성이 전혀 없었다. 모든 가능성들을 하나하나 다 제거하자 단 하나의 결론이 남았다. 남성의 성 정체성이 Xq28 근처의 한 유전자를 통해서 어느 정도 결정된다는 것이었다.

1993년 해머가 「사이언스」에 논문을 발표한 이래, 몇몇 연구진들은 그 자료에 대한 타당성을 확인하려는 시도를 했다.[19] 1995년에 해머와 그의 연구진은 원래의 연구를 재확인하는 더욱 포괄적인 분석 결과를 내놓았다. 1999년 캐나다 연구진은 더 소규모의 게이 형제들을 대상으로 해머의 연구 결과를 재현하려 시도했지만, Xq28과의 연관성을 찾는 데에 실패했다. 2005년에는 아마 역대 최대 규모라 할 456쌍의 게이 형제들을 연구한 결과가 발표되었다.[20] Xq28과의 연관성은 발견되지 않았고, 대신 7번, 8번, 10번 염색체와 관련이 있다고 나왔다. 한편 2015년에 409쌍의 게이 형제들을 상세히 분석한 자료에서는 Xq28과 연관성이 있으며—비록 약하긴 하지만—앞서 파악된 8번 염색체와의 연관성도 있다고 나왔다.[21]

아마 이 모든 연구의 가장 흥미로운 특징은 지금까지 성 정체성에 영향을 미치는 실제 유전자를 찾아낸 사람이 아무도 없다는 점일 것이다. 연관 분석은 유전자 자체를 찾아내는 것이 아니다. 유전자가 발견될 만한 염색체 영역을 파악하는 것일 뿐이다. 거의 10년 동안 집중적으로 추적한 끝에 유전학자들이 발견한 것은 "게이 유전자"가 아니라 몇 군데의 "게이 지점"뿐이다. 이 지점들에 있는 유전자들 중 일부는 성적 행동의 조절자일 가능성이 있는, 정말로 감질나는 후보이지만, 이 후보자들 중에서 동성애나 이성애와 연관이 있음이 실험을 통해서 드러난 사례는 전혀 없다. 한 예로 Xq28 영역에 있는 한 유전자는 성적 행동의 매개자로 잘 알려진 테스토스테론 수용체를 조절하는 단백질을 만든다.[22] 그러나 Xq28에 있는 이 유전자가 그토록 오랫동안 찾아온 게이 유전자인지 여부는 아직 모른다.

"게이 유전자"는 적어도 전통적인 의미의 유전자가 아닐 수도 있다. 그 근처에 있는 유전자를 조절하거나, 아니면 멀리 떨어진 유전자에 영향을 미치는 DNA 조각일 수도 있다. 유전자를 쪼개어 모듈로 분리하는 DNA 조각인 인트론 안에 들어 있을 수도 있다. 그 결정 인자의 정체가 무엇이든 간에, 이 점은 확실하다. 인간의 성 정체성에 영향을 미치는 유전성 요소의 정확한 특성을 머지않아 찾아낼 것이라고 말이다. Xq28에 관한 해머의 주장이 옳은지에 대한 여부를 말하기에는 아직 이르다. 쌍둥이 연구는 성 정체성에 영향을 미치는 몇몇 결정 인자들이 인간 유전체의 일부임을 명백히 시사하며, 유전학자들이 유전자들을 지도에 담고 식별하고 분류하는 더 강력한 방법을 알아낸다면 이 결정 인자들도 당연히 찾아낼 것이다. 젠더와 마찬가지로, 이 요소들도 계층 조직을 이룰 가능성이 높다. 주 조절 인자가 맨 꼭대기에 있고, 복잡한 통합 인자들과 변형 인자들이 바닥 쪽에 있는 식으로 말이다. 그러나 젠더와 달리, 성 정체성이 하나의 주 조절 인자에게 지배될 가능성은 낮다. 각자 작은 효과를 미치는 다수의 유전자들—특히 환경의 입력을 조절하고 통합하는 유전자들—이 성 정체성의 결정에 관여할 가능성이 훨씬 더 높다.

이성애의 SRY 유전자 따위는 없을 것이다.

해머의 게이 유전자 논문이 발표된 시기는 유전자가 다양한 행동, 충동, 성격, 욕망, 기질에 영향을 미칠 수 있다는 개념이 강력하게 재출현한 시기와 일치한다. 거의 20년 동안 지적인 유행에서 밀려나 있던 개념이었다. 1971년 저명한 호주 생물학자 맥팔레인 버넷은 『유전자, 꿈, 현실(Genes, Dreams and Realities)』이라는 책에서 이렇게 썼다.[23] "우리가 가지고 태어난 유전자들이 우리의 기능적 자아의 나머지들과 함께 우리 지능, 기질, 성격의 토대를 이룬다는 것은 자명하다." 그러나 70년대 중반 무렵 버넷의 개념은 "자명한" 것과 멀어졌다. 모든 것 중에서 유전자가 특정한 "기능적 자아", 즉 특정한 기질, 성격, 정체성을 지닌 자아를 형성하는 성향을 미리 부여할 수 있다는 개념은 학계에서 꼴사납게 쫓겨났다. 심리학자 낸시 시걸은 이렇게 썼다. "1930년대부터 1970년대까지 심리학 이론과 연구는 환경론적 견해가……주도했다. 일반적인 학습 능력을 지니고 태어났다는 것 외에, 인간의 행동은 거의 오로지 외부의 힘들을 통해서 설명되었다."[24] 한 생물학자의 회고에 따르면, "걸음마를 떼는 아기"를 "문화를 통해서 얼마든지 운영 체제를 탑재시킬 수 있는 랜덤 액세스 메모리(RAM)[25]라고 여겼다고 한다. 아기의 정신은 무한히 변형시킬 수 있는 고무 찰흙이었다. 환경을 바꾸거나 행동을 재프로그래밍함으로써 어떤 형태로도 빚어낼 수 있고 어떤 옷이든 입힐 수 있었다(그래서 행동 및 문화 요법을 통해서 젠더를 확실히 바꾸려고 시도한 존 머니의 실험 같이 깜짝 놀랄 만한 것을 고지식하게 받아들였다). 1970년대에 예일 대학교의 인간 행동을 연구하는 과제에 참여한 한 심리학자는 새로 들어간 학과가 유전학에 독단적인 입장을 고수하고 있는 것을 알고 당혹스러워했다. "우리가 뒷구멍으로 뉴헤이븐(예일 대학교가 위치한 도시/역주)에 유전 형질[인간의 행동을 추진하고 좌우하는]에 관한 어떤 지혜를 들여오든 간에, 그것은 예일대가 내버릴 쓰레기에 불과했다."[26] 오로지 환경만을 중시하는 환경이었다.

원주민—심리적 충동의 주요 동인(動因)으로서 등장할 유전자—의 귀환 과정은 쉽지 않았다. 어느 정도는 인류유전학의 고전적인 수단을 근본적으로 재창조해야 했기 때문이기도 했다. 몹시 해로운, 몹시 오해를 받아온 쌍둥이 연구 말이다. 쌍둥이 연구는 나치 이래로 죽 있었지만—멩겔레가 **쌍둥이**에 섬뜩하게 집착했음을 떠올려보라—그 연구는 개념적인 정체 상태에 빠져 있었다. 유전학자들은 한 집안의 일란성 쌍둥이를 연구할 때, 본성과 양육의 뒤엉킨 가닥들을 풀기가 불가능하다는 것을 알았다. 같은 집에서 같은 부모의 손에 자라고, 때로 한 반에서 같은 교사의 교육을 받고, 같은 옷을 입고 같은 것을 먹고 똑같이 키워진 쌍둥이들에게서 유전자 대 환경의 효과를 분리할 자명한 방법은 전혀 없었다.

일란성 쌍둥이를 이란성 쌍둥이와 비교하면 그 문제를 어느 정도 해결할 수 있었다. 이란성 쌍둥이는 같은 환경을 공유하지만, 평균적으로 유전자의 절반만을 공유하기 때문이다. 그러나 비판자들은 그런 일란성/이란성 비교도 근본적인 결함이 있다고 주장했다. 아마 부모는 이란성 쌍둥이보다 일란성 쌍둥이를 더 비슷하게 대할 것이다. 한 예로, 일란성 쌍둥이는 이란성 쌍둥이 보다 영양과 성장 패턴이 더 비슷하다고 알려져 있었다. 그것이 본성 때문일까, 양육 때문일까? 또는 일란성 쌍둥이가 서로를 구별하기 위해서 서로 다른 반응을 보일까? 나의 어머니와 쌍둥이 이모는 일부러 서로 반대되는 색조의 립스틱을 바르곤 했다. 하지만 그것이 유전자가 지정한 차이점일까, 유전자에 대한 반발일까?

1979년, 미네소타의 과학자는 그 막다른 골목에서 빠져나올 방법을 발견했다. 2월의 어느 날 저녁, 행동심리학자 토머스 부샤드는 한 학생이 자신의 우편함에 넣은 뉴스 기사를 보았다. 특이한 이야기였다. 오하이오 출신의 일란성 쌍둥이가 태어난 직후에 서로 다른 가정에 입양되었다가 놀랍게도 30세에 다시 만났다는 내용이었다. 이 형제들은 분명히 아주 희귀한 집단에 속했다. 입양되어 따로 자랐음에도, 인간 유전자의 효과를 입증하는 강력한 사례였다. 이 쌍둥이의 유전자는 똑같았지만, 환경은 전혀 다를 때가 많았다. 따라서 태어나자마자 떨어진 쌍둥이들과 한 가정에서 자란 쌍둥이들을 비교한다면, 유전자와 환경의 영향을 분리할 수도 있을 터였다. 그런 쌍둥이 사이의 유사성은 양육과 무관할 수 있었다. 그 유사성은 오직 유전적인 영향, 즉 본성만을 반영할 수 있었다.

부샤드는 1979년에 그런 쌍둥이들을 모아서 연구를 시작했다. 1980년대 말경에는 함께 양육되거나 떨어져서 양육된 쌍둥이 자료들을 가장 많이 모은 상태였다. 그는 이 연구를 미네소타의 떨어져서 양육된 쌍둥이 연구(Minnesota Study of Twins Reared Apart, MISTRA)[27]라고 했다. 1990년 여름, 연구진은 「사이언스」에 포괄적인 분석을 다룬 논문을 표지 기사로 실었다.* 연구진은 떨어져서 자란 일란성 쌍둥이 56쌍과 따로 자란 이란성 쌍둥이 30쌍에게서 자료를 수집했다. 게다가 함께 자란 쌍둥이(일란성 및 이란성) 331쌍을 조사했던 이전의 연구 자료도 넣었다. 이 쌍둥이들은 사회경제적 지위의 범위 폭이 넓었고, 쌍둥이 사이에 격차가 크게 벌어진 사례도 많았다(한쪽은 가난한 가정에서 자라고, 다른 한쪽은 부유한 집안에 입양되는 식이었다). 신체적 및 인종적 환경도 크게 다양했다. 부샤드는 환경을 평가하기 위해서, 쌍둥이들의 가정, 학교, 사무실, 행동, 선택, 식단, 노출, 생활양식에 관한 내용을 꼼꼼하게 기록했다. "문화 계층"의 지표를 정하기 위해서, 연구진은 가정에 "망원경, 큰 사전, 원본 예술 작품"이 있는지에 대한 여부도 기록했다.

논문의 핵심 내용은 하나의 표에 담겨 있었다. 대개 수십 개의 도표가 실리는 「사이언스」의 논문치고는 특이했다. 미네소타 연구진은 거의 11년에 걸쳐, 따로 자란 쌍둥이들을 대상으로 온갖 상세한 생리적 및 심리적 검사를 수행했다. 어느 검사를 해도 쌍둥이 사이의 유사성은 놀라울 정도로 일관성 있게 유지되었다. 신체 특징 사이의 상관관계는 예상대로였다. 한 예로, 엄지

---

* 이 논문은 1984년과 1987년에 실린 논문들의 속편이다.

지문의 주름 수는 거의 똑같았고, 상관관계가 0.96이었다(완전히 일치할 때, 즉 완전히 동일하면 값이 1이다). IQ도 약 0.70으로서 강한 상관관계를 보였다. 이 점은 이전의 연구들에서도 드러난 바 있었다. 그런데 성격, 선호, 행동, 태도, 기질이라는 가장 수수께끼 같고 심오한 측면들조차도 다양한 독립된 검사들을 통해서 폭넓게 검사를 했을 때, 0.50에서 0.60이라는 강한 상관관계를 보였다. 함께 자란 일란성 쌍둥이들과 거의 동일한 수준이었다. (인류 집단에서 키와 몸무게 사이의 상관관계가 0.60-0.70이고, 교육 수준과 소득 사이의 상관관계가 약 0.50임을 생각하면, 이 상관관계가 얼마나 강한지 감을 잡을 수 있을 것이다. 명백하게 유전적인 것이라고 여겨지는 병인 제1형 당뇨병의 일란성 쌍둥이 사이의 일치율은 0.35에 불과하다.)

미네소타 연구에서 나온 가장 흥미로운 상관관계들은 가장 예상을 벗어난 것들이기도 했다. 따로 자란 쌍둥이 사이의 사회적 및 정치적 태도는 함께 자란 쌍둥이 사이의 태도만큼 일치했다. 한쪽이 자유주의자이면 다른 쪽도 자유주의자였고, 한쪽이 교조적이면 다른 쪽도 교조적이었다. 종교와 신앙도 두드러질 정도로 일치했다. 어느 한쪽이 신자이거나 무신론자이면, 다른 한쪽도 그랬다. 전통주의, 즉 "권위에 기꺼이 복종하는 성향"도 상관관계가 높았다. "자기주장, 지도자가 되려는 욕망, 주목을 받으려는 성향" 같은 특징들도 마찬가지였다.

인간의 성격과 행동에 유전자가 미치는 영향을 더 깊이 살펴본 연구 논문들도 계속 나왔다. 새로움을 추구하고 충동적으로 행동하는 성향도 상관관계가 현저하게 높았다. 지극히 개인적인 것이라고 여길 법한 경험들도 실제로는 쌍둥이들이 공통적으로 겪곤 했다. "공감, 이타주의, 공평하다는 느낌, 사랑, 신뢰, 음악, 경제적 행동, 심지어 정치적 견해까지도 어느 정도는 타고난다."[28] 한 평론가는 놀라서 이렇게 썼다. "교향악 콘서트를 감상하는 것 같은 미적인 경험에 몰입하는 능력에서도 놀랍게도 유전적 요소가 크게 관여한다는 것이 드러났다."[29] 태어나자마자 떨어져서 지리적으로 및 경제적으로 다른 세계에서 자란 쌍둥이가 밤에 똑같은 쇼팽 야상곡을 들으면서 눈물을 글썽였고, 그들은 유전체가 정한 대로 어떤 미묘한 공통의 화음에 반응하는 듯했다.

부샤드는 측정 가능한 형질들을 측정했다. 그러나 이 유사성이 주는 기이한 느낌을 제대로 전달하려면 실제 사례들을 인용할 수밖에 없다. 대프니 굿십과 바버라 허버트는 영국 출신의 쌍둥이이다.[30] 1939년 교환 학생으로 온 핀란드 여성이 미혼 상태에서 그들을 낳았다. 엄마는 그들을 입양시키고는 핀란드로 돌아갔다. 쌍둥이는 떨어져서 자랐다. 바버라는 더 낮은 계층인 지방의 녹지 공무원의 딸이 되었고, 대프니는 상류층인 저명한 금속공학자의 가정에서 자랐다. 둘 다 런던 인근에 살았지만, 1950년대 영국의 경직된 계층 구조를 고려할 때, 서로 다른 행성에 사는 것이나 마찬가지였다.

그러나 미네소타의 부샤드 연구진은 둘 사이의 유사점을 보면서 계속 놀라고 있었다. 둘 다 사소한 자극에도 도저히 못 참겠다는 듯이, 갑자기 킥킥 웃음을 터뜨리곤 했다(담당 연구원은 그들을 "킥킥 쌍둥이"라고 불렀다). 그들은 서로에게, 그리고 그 연구원에게 장난을 치곤 했다. 둘 다 키가 158센티미터였고, 손가락이 굽어 있었다. 둘 다 머리가 회갈색이었는데, 독특한 적갈색으로 염색을 했다. IQ도 똑같았다. 둘 다 어릴 때 계단에서 굴러 떨어져서 발목이 부러지기도 했다. 그 결과 둘 다 고소공포증을 가지게 되었고, 둘 다 볼룸댄스를 배웠지만 별로 실력이 늘지 않았다. 둘 다 춤을 배우다가 남편이 될 사람을 만났다.

한 쌍둥이 형제는 태어난 지 37일째에 따로 입양되어—둘 다 이름이 짐으로 바뀌었다—오하이오 북부의 공단 지역에서 서로 130킬로미터 떨어져서 자랐다. 둘 다 학교에서 많은 문제를 일으켰다. "둘 다 쉐보레를 몰았고, 살렘 담배를 쉴 새 없이 피워댔고, 스포츠, 특히 자동차 경주를 좋아했다. 그러나 둘 다 야구를 싫어했다……두 짐은 각각 린다라는 여성과 혼인했다. 둘 다

토이라는 이름의 개를 키웠다……한 쪽은 아들 이름을 제임스 앨런(James Allan)이라고 했고, 다른 한 쪽은 제임스 앨런(James Alan)이라고 했다. 둘 다 정관절제술을 받았고, 볼룸댄스를 배웠고, 혈압이 약간 높았다. 둘 다 거의 같은 시기에 살이 쪘다가 거의 같은 나이에 살을 뺐다. 둘 다 하루의 거의 절반을 편두통에 시달렸는데, 어떤 처방도 듣지 않았다."[31]

태어난 직후에 떨어져 자란 다른 두 여성은 각자 반지 7개를 낀 채 비행기에서 내렸다.[32] 한 명은 트리니다드에서 유대인으로 자라고 또 한 명은 독일에서 가톨릭 신도로 자란 쌍둥이 형제는 주머니가 4개 있고 어깨 장식이 달린 파란 옥스퍼드 셔츠를 비롯하여 비슷한 옷을 즐겨 입었고, 주머니에 휴지를 한 뭉치 넣고 다니고 화장실에서 볼일을 보기 전과 후에 물을 내리는 등 특이한 강박적 행동을 했다. 둘 다 대화를 할 때 긴장된 상황을 풀기 위해서 가짜로 재채기를 했는데, 나름 생각해낸 "농담"이라고 할 수 있었다. 둘 다 욱하는 성질이 있었고, 이따금 뜬금없이 불안해하기도 했다.[33]

한 쌍둥이는 똑같이 코를 문지르는 습관이 있었고, 한 번도 만난 적이 없었음에도 그 기묘한 습관을 가리키는 스퀴딩(squidging)이라는 새 단어를 만들었다.[34] 또 한 쌍둥이 자매는 동일한 불안과 절망의 패턴을 보였다. 그들은 10대 때 똑같은 악몽에 시달렸다. 한밤중에 온갖 물건이 목안으로 들어와서 질식하는 느낌에 깨어나곤 했다. 대개 "문손잡이, 바늘, 낚싯바늘"[35] 같은 금속이었다.

떨어져서 자란 쌍둥이들은 전혀 다른 특징들도 몇 가지 있었다. 대프니와 바버라는 외모가 비슷했지만, 몸무게는 바버라가 약 10킬로그램 더 나갔다 (10킬로그램이나 몸무게가 달라도 심장 박동수와 혈압은 똑같았다). 가톨릭/유대인 쌍둥이 중에서 독일인 쪽은 젊을 때 확고한 독일 민족주의자였고, 그의 쌍둥이 형제는 여름마다 키부츠에서 생활했다. 이렇게 거의 정반대의 신념을 지니고 있었음에도, 둘 다 열정적인 태도로 신념을 고수한다는 점에서는 같았다. 미네소타 연구는 떨어져 자란 쌍둥이가 똑같지는 않지만, 행동이 비슷하거나 수렴되는 강한 경향이 있음을 보여주었다. 그들의 공통점은 정체성이 아니라, 정체성의 1차 도함수였다.

1990년대 초에 이스라엘 유전학자 리처드 엡스타인은 토머스 부샤드의 떨어져서 성장한 쌍둥이 연구 논문을 읽었다. 엡스타인은 흥미를 느꼈다. 부샤드의 연구는 성격과 기질을 이해하는 관점을 바꾸었다. 문화와 환경에서 유전자쪽으로 옮겼다. 그러나 해머처럼 엡스타인도 행동의 다양한 유형을 결정하는실제 유전자를 찾고 싶었다. 이전에도 유전자를 기질과 연관지은 사례가 있긴했다. 심리학자들은 오래 전부터 다운 증후군 아이가 딴 세상에서 온 듯이대단히 상냥하다는 사실에 주목해왔다. 반면에 폭력이나 공격성의 분출과 연관된 유전적 증후군들도 있었다. 하지만 엡스타인은 병리학에는 관심이 없었다. 그는 기질의 정상적인 변이 형태에 관심이 있었다. 극단적인 유전적 변화가 기질의 극단적인 형태를 낳을 수 있다는 것은 분명했다. 그러나 성격의정상적인 유형에 영향을 미치는 "정상적인" 유전자 변이체가 있을까?

엡스타인은 그런 유전자를 찾으려면 먼저 유전자와 연관 짓고자 하는 성격의 유형들을 엄밀히 정의할 필요가 있음을 알았다. 1980년대 말, 기질의 변이를 연구하는 심리학자들은 예/아니오 문항 단 100개로 이루어진 설문지로 성격을 4가지 기본형으로 구분할 수 있다고 주장했다. 새로움 추구(충동적 대신중함), 보상 의존(열정 대 초연함), 위험 회피(불안 대 차분), 지속성(끈기대 변덕)이 그것이다. 쌍둥이 연구들은 각 성격 유형에 유전적 요소가 강하게작용함을 시사했다. 일란성 쌍둥이는 이런 설문 조사에서 일치율이 50퍼센트를 넘었다.

엡스타인은 이 성격 유형 중 하나에 특히 관심이 갔다. "새로움 추구자(neophile)"는 "충동적이고, 탐구적이고, 변덕스럽고, 흥분하기 쉽고, 사치스러운" 특징이 있었다(제이 개츠비, 엠마 보바리, 셜록 홈스를 생각해보라). 반면에 "새로움 혐오자(neophobe)"는 "생각이 깊고, 경직되고, 충직하고, 금욕적이고, 느리고, 검약한" 특징이 있었다(닉 캐러웨이, 늘 괴로워하는 찰스 보바리, 늘 철저한 왓슨 박사를 생각해보라). 가장 극단적인 새로움 추구자 ─그중 최고는 개츠비이다─는 자극과 흥분에 거의 중독된 듯했다.[36) 설문 점수를 떠나서, 그들이 검사를 받는 행동조차도 기질적이었다. 그들은 어떤 문항들에는 아예 답을 적지 않았다. 나갈 길을 찾으려 하면서 시험장 안을 이리저리 살폈다. 견딜 수 없이 지겹다는 태도도 종종 보였다.

엡스타인은 자원자 124명을 모아서 표준 설문 조사를 통해 새로움을 추구 하는 행동을 평가했다("대다수가 시간 낭비라고 생각하는 일을 단지 재미와 짜릿함을 맛보기 위해서 해보곤 하나요?" "예전에 어떠했는지 전혀 생각하지 않고서 그 순간의 느낌에 따라서 어떤 일을 하곤 하나요?"). 3년에 걸쳐 그는 그런 남녀 124명을 모았다. 그런 뒤 유전학과 분자생물학의 기술을 써서 특 정한 유전자들을 기준으로 유전형을 파악했다. 그는 가장 극단적인 새로움 추구자들에게서 한 유전자가 높은 비율로 발현된다는 것을 발견했다. 도파민 수용체 유전자인 **D4DR**의 한 변이체였다. (이런 유형의 분석을 연관 분석[association study]이라고 한다. 특정한 표현형─이 사례에서는 극도의 충동성 ─과 연관지어서 유전자를 찾기 때문이다.)

신경 전달 물질─뇌에서 뉴런 사이에 화학적 신호를 전달하는 분자─인 도파민(dopamine)은 특히 뇌에서 "보상"을 알아차리는 데에 관여한다. 도파 민은 가장 강력한 신경화학적 신호를 전달하는 물질에 속한다. 레버를 누르 면 뇌의 도파민 반응성 보상 중추가 전기적으로 자극되도록 하면, 쥐는 먹지 도 마시지도 않은 채 죽을 때까지 레버를 누를 것이다.

D4DR는 도파민의 "도킹 스테이션(docking station)" 역할을 하며, 도파민이 결합하면 그 신호를 도파민 반응성 뉴런으로 중계한다. 생화학적으로 새로움 추구와 연관된 변이체인 "D4DR-7R(D4DR-7 repeat)"은 도파민에 대한 반응 을 둔화시키며, 아마 그럼으로써 같은 수준의 보상을 얻기 위해서 외부 자극 을 더 원하게 만드는 듯하다. 반쯤 먹통이 된 스위치나 천으로 감싼 수화기와

비슷하다. 켜려면 더 세게 누르거나 더 큰 소리가 필요하다. 새로움 추구자들은 점점 더 큰 위험으로 뇌를 자극하면서 그 신호를 증폭시키려고 애쓴다. 그들은 습관성 약물 이용자나 도파민 보상 실험에 쓰인 쥐와 비슷하다. 그 "약물"이 흥분 자체를 일으키는 뇌 화학물질이라는 점만 빼고 말이다.

엡스타인의 연구 결과는 다른 서너 연구진들을 통해서 재확인되었다. 미네소타 쌍둥이 연구를 통해서 짐작할 수도 있겠지만, 흥미로운 점은 D4DR가 성격이나 기질을 "빚어내는" 것이 아니라는 사실이다. 대신에 자극이나 흥분을 추구하는 기질의 **성향**, 즉 충동성의 1차 도함수를 빚어낸다. 자극의 정확한 특성은 맥락에 따라 다르다. 그 자극은 인간의 가장 숭고한 자질들—탐구욕, 열정, 창의적 욕구—를 낳을 수 있지만, 충동성, 중독, 폭력, 우울을 향해서 추락할 수도 있다. D4DR-7R 변이체는 집약된 창의성의 분출뿐 아니라 주의력 결핍 장애와도 연관되어왔다. 역설적으로 보이겠지만, 둘 다 동일한 충동을 통해서 추진될 수 있음을 이해할 필요가 있다. 이 D4DR 변이체의 지리적 분포도를 작성하는 가장 도발적인 연구도 이루어져왔다. 유목 집단과 떠돌이 집단은 이 변이 유전자의 빈도가 더 높다. 그리고 인류가 출현하여 퍼져나가기 시작한 출발점인 아프리카에서 멀어질수록, 이 변이 유전자의 빈도는 더 높아지는 듯하다. 아마 우리 조상들은 이 D4DR 변이체의 미묘한 충동질에 넘어가서 바다로 뛰어들면서 "아프리카 바깥으로" 이주하게 된 듯하다.[37] 그러므로 우리의 초조하고 불안한 현대 사회의 많은 속성들은 초조하고 불안한 유전자의 산물일지도 모른다.

그러나 이 D4DR 변이체 연구 결과를 다른 집단과 다른 맥락에서 재현하기란 쉽지 않았다. 새로움 추구 행동이 어느 정도는 나이에 의존하기 때문이기도 하다. 나이가 50세쯤 되면, 탐험 욕구 같은 것들이 대부분 사라진다고 예상할 수 있다. 지리적 및 인종적 변이도 D4DR이 기질에 미치는 영향에 관여한다. 하지만 그 D4DR 변이체의 효과가 비교적 약하기 때문에 결과가 재현되지 않을 가능성이 가장 높다. 한 연구자는 D4DR가 사람들의 새로움 추구 행동의 차이 중 약 5퍼센트밖에 설명하지 못한다고 추정한다. D4DR는 개성의 이 특정한 측면을 결정하는 많은 유전자—10개가 될 수도 있다—중 하나에 불과할 가능성이 높다.

젠더, 성적 선호, 기질, 성격, 충동성, 불안, 선택. 그 하나하나가 인간 경험에서 가장 수수께끼였던 영역들이 서서히 유전자에 둘러싸이기 시작했다. 대체로 또는 전적으로 문화, 선택, 환경의 산물이라고 여겼던, 혹은 자아와 정체성의 독특한 구축물이라고 여겼던 행동의 측면들이 놀라울 정도로 유전자로부터 영향을 받는다는 것이 드러나게 되었다.

그러나 진정으로 놀라운 점은 아마도 우리가 놀랐다는 점 자체일 것이다. 유전자의 변이가 인간 병리의 다양한 측면들에게 영향을 미친다는 점을 받아들인다면, 유전자의 변이가 **정상 상태**의 다양한 측면들에게도 마찬가지로 영향을 미칠 수 있다는 말에 놀랄 이유가 없지 않을까? 유전자가 질병을 일으키는 메커니즘이 유전자가 정상적인 행동과 발달을 야기하는 메커니즘에 정확히 대응한다는 개념에는 근본적인 대칭성이 있다. "거울 속 집으로 들어갈 수 있다면 얼마나 멋질까!"라고 앨리스는 말한다.[38] 인류유전학은 자신의 거울 속 집을 여행했다. 그리고 거울 이편의 법칙들이 거울 저편의 법칙들과 똑같다는 것을 알아차렸다.

유전자가 인간의 정상적인 형태와 기능에 미치는 영향을 어떻게 기술할 수 있을까? 우리는 친숙하게 와 닿는 언어로 묘사해야 한다. 유전자와 질병의 연관성을 묘사하는 데에 이용했던 바로 그 언어로 말이다. 부모로부터 물려받아서 뒤섞이고 짝지어진 변이들은 세포와 발달 과정의 변이들을 결정하고, 궁극적으로 생리적 상태의 변이를 빚어낸다. 이 변이가 계층 구조의 꼭대기에 있는 주 조절 유전자에 일어난다면, 그 효과는 이진법적이고 강력해질 수 있다(남성 대 여성, 작은 키 대 정상 키). 그러나 변이/돌연변이 유전자는 정보 계단 폭포의 더 아랫단에 놓여 있어서 성향의 변화만을 일으킬 수 있을 때가 더 많다. 때로 이런 성향이나 편향을 만드는 데에 수십 개의 유전자가 필요할 때도 있다.

이 성향은 다양한 환경 단서들 및 우연과 교차하면서 형태, 기능, 행동, 성격, 기질, 정체성, 운명의 변이 형태를 비롯한 다양한 결과를 낳게 된다. 대개 확률론적인 의미에서만 그렇다. 즉 무게와 균형을 바꿈으로써, 가능성을 변경함으로써, 특정한 결과가 나올 가능성을 높이거나 낮춤으로써만 그렇게 한다.

그러나 이 가능성의 변경만으로도 충분히 관찰 가능한 차이를 빚어낼 수 있다. 뇌의 신경에 "보상" 신호를 전달하는 수용체의 분자 구조가 바뀌었을 때 일어나는 변화가 그저 한 분자가 그 수용체와 접촉하는 시간의 길이가 바뀌는 것에 불과할 수도 있다. 변이 수용체가 내놓는 신호가 한 뉴런에서 고작 0.5초 더 길어질 수도 있다. 하지만 그 변화는 누군가를 충동성을 띠게 하거나, 신중한 쪽으로 기울게 하거나, 조증이나 우울증 성향을 띠게 하는 데에는 충분하다. 복잡한 인식, 선택, 감정은 신체적 및 정신적 상태의 그런 변화에서 나오는 것인지도 모른다. 그리하여 화학적 상호작용의 길이는 이를테면 정서적 상호작용의 갈망으로 변한다. 조현병 성향을 지닌 한 남성은 과일 행상의 대화를 자신을 죽이려는 음모로 해석한다. 양극성 장애의 유전적 성향을 지닌 그의 형제는 같은 대화를 자신의 미래를 예시하는 원대한 우화로 인식한다. 과일 행상까지도 아직 미미한 자신의 존재를 알아본다. 한 사람의 불행이 다른 사람에게는 마법이 된다.

여기까지는 쉽다. 그러나 **개별** 생물의 형태, 기질, 선택을 어떤 식으로 설명할 수 있을까? 다시 말해서, 추상적인 개념인 유전적 성향에서 구체적이고 실질적인 개성까지 어떻게 나아갈 수 있을까? 우리는 이것을 유전학의 "최종 구간" 문제라고 말할 수 있다. 유전자는 복잡한 생물의 형태나 운명을 가능성과 확률로 기술할 수 있지만, 형태나 운명 자체를 정확히 묘사할 수는 없다. 유전자들의 특정한 조합(유전형)은 특정한 유형의 코나 성격을 가지도록 성향을 부여할지 모르지만, 당신이 지닐 코의 정확한 모양과 길이는 알 수 없다. 성향을 소질 자체와 혼동해서는 안 된다. 성향은 통계적 확률이고, 소질은 구체적인 현실이다. 마치 유전학이 인간의 형태, 정체성, 행동의 문 앞까지 거의 들이닥칠 수 있는 것 같다. 하지만 유전학은 그 최종 구간을 넘을 수가 없다.

유전자의 최종 구간이라는 이 문제를 전혀 다른 두 탐구 경로를 대비시킴으로써 살펴볼 수도 있다. 1980년대 이후로 인류유전학은 태어난 직후 떨어진 일란성 쌍둥이가 온갖 유사점을 간직하고 있다는 점을 보여주는 데에 많은 시간을 할애했다. 태어나자마자 떨어져서 성장한 쌍둥이가 충동, 우울, 암, 조현병의 성향을 공유한다면, 그 유전체는 그런 특징들의 성향을 부여하는 정보를 가지고 있을 것이 분명하다.

그러나 성향이 어떻게 소질로 전환되는지를 이해하려면 정반대의 연구도 필요하다. 그 문제에 답하려면 거꾸로 질문할 필요가 있다. 같은 집과 가정에서 함께 자란 일란성 쌍둥이가 왜 그토록 서로 다른 삶을 살고 서로 다른 사람이 되는 것일까? 동일한 유전체가 왜 서로 다른 기질, 성격, 운명, 선택을 지닌 그토록 다른 개성으로 발현되는 것일까?

1980년대 이후로 거의 30년 동안, 심리학자들과 유전학자들은 같은 환경에서 자란 일란성 쌍둥이의 운명이 갈라지는 이유를 설명해줄지 모를 미묘한 차이들을 측정하고 그 목록을 작성하려고 노력해왔다. 그러나 구체적이고 측정 가능하고 체계적인 차이들을 찾으려는 시도들은 예외 없이 모두 실패했다. 한 가정에서, 같은 집에서 살고, 대개 같은 학교에 다니고, 거의 똑같은 음식을 먹고, 때로 같은 책을 읽고, 똑같은 문화를 접하고, 비슷한 친구들을 사귀는 쌍둥이들이라도 확연히 서로 다르다.

무엇이 그런 차이를 낳는 것일까? 20년 동안 수행된 43건의 연구들은 강력하면서도 일관적인 답을 내놓았다.[39] "비체계적이고 특유하고, 우연한 사건들"[40]이 원인이라고 말이다. 질병, 사고, 외상, 촉발 요인. 놓친 기차, 잃어버린 열쇠, 머릿속에서 맴도는 생각. 유전자에 요동을 일으킴으로써 조금 다른 형태를 빚어내는 분자의 요동.* 베네치아에서 길모퉁이를 돌다가 운하에 빠진 일. 사랑에 빠진 일. 무작위성. 우연.

짜증나게 그것이 답이라고? 수십 년 동안 연구한 끝에 나온 결론이, 운명이란……운명이라고? 우리가 그저 그렇게 살다보니 지금의 우리가 된 것이라고? 나는 그 결론이 대단히 아름답다고 본다. 「템페스트」에서 프로스페로는 기형 괴물 칼리반에게 분노를 표출하면서, 그를 "악마, 타고난 악마, 양육이 끼어들 여지가 없는 천성을 지닌"[41]이라고 묘사한다. 칼리반의 가장 소름 끼치는 결함은 그가 외부의 그 어떤 정보로도 고쳐 쓸 수 없는 고유의 천성을 가지고 있다는 것이다. 그의 본성은 양육이 끼어드는 것을 허락하지 않을 것이다. 칼리반은 유전적 자동인형, 태엽 장치 괴물이며, 그래서 그 어떤 인간보다도 훨씬 더 비극적이고 더 애처롭다.

이는 유전체가 불편한 아름다움을 지닌 이유가 현실 세계에 "끼어들" 수

---

* 아마 우연, 정체성, 유전학에 관한 최근 연구 중 가장 눈에 띄는 것은 MIT의 선충 생물학자 알렉산더르 판아우데나르던의 연구일 것이다. 판아우데나르던은 선충을 모델로 삼아서 우연과 유전자에 관한 가장 난해한 문제 중 하나를 살펴보았다. 동일한 유전자를 가지고 동일한 환경에서 사는 두 동물―완벽한 쌍둥이―의 운명이 왜 서로 갈릴까? 판아우데나르던은 skn-1 유전자의 돌연변이를 조사했다. 이 유전자는 "불완전 침투"를 한다. 즉 어느 선충에게서는 그 돌연변이가 표현형으로 발현되고(창자에 세포가 형성된다), 같은 돌연변이를 가진 쌍둥이 선충에게서는 표현형으로 발현되지 않는다(세포가 형성되지 않는다). 두 쌍둥이 선충의 차이를 결정하는 것이 무엇일까? 유전자는 아니다. 두 선충은 똑같이 skn-1 유전자 돌연변이를 가지기 때문이다. 환경도 아니다. 둘 다 정확히 똑같은 환경에서 살고 자라기 때문이다. 그렇다면 어떻게 같은 유전형에서 불완전하게 침투한 표현형이 나올 수 있는 것일까? 판아우데나르던은 end-1이라는 조절 유전자의 발현 수준이 중요한 결정 인자임을 알아냈다. 유전자 end-1의 발현 수준, 즉 선충 발달의 특정한 단계에서 만들어지는 RNA의 수는 선충에 따라 다르며, 이 차이는 무작위적 또는 확률적 효과 때문일 가능성이 가장 높다. 한 마디로 우연 때문이다. 발현이 어느 문턱을 넘어서면, 선충은 그 표현형을 드러낸다. 그 수준에 못 미치면, 선충은 다른 표현형을 드러낸다. 선충의 몸에 있는 한 분자의 요동이 무작위적으로 운명을 가른다. 자세한 내용은 다음 문헌 참조. Arjun Raj et al., "Variability in gene expression underlies incomplete penetrance," *Nature* 463, no. 7283 (2010): 913-18.

486

있다는 점 때문임을 말해주는 것이기도 하다. 우리 유전자는 개별 환경에 계속 똑같은 방식으로 진부하게 반응하는 것이 아니다. 만일 그렇다면, 우리는 태엽장치 자동인형이나 다름없어질 것이다. 오래 전부터 힌두 철학자들은 "존재"의 경험을 그물(jaal)이라고 묘사해왔다. 유전자는 그 그물의 실이다. 모든 개별 그물을 존재로 전환시키는 것은 거기에 달라붙는 자질구레한 것들이다. 그 별난 설명 체계에는 절묘할 만치 정확한 부분이 하나 있다. 유전자는 환경에 프로그래밍된 반응을 보여야 한다. 그렇지 않으면, 그 어떤 형태도 보존되지 않을 것이다. 그러나 유전자는 우연의 장난이 끼어들 여지도 충분히 남겨두어야 한다. 우리는 이 교차를 "운명"이라고 부른다. 그리고 그 운명에 대한 자신의 반응을 "선택"이라고 한다. 따라서 마주보는 엄지를 가진 곧추선 동물인 우리는 하나의 대본에서 만들어지지만, 그 대본에서 벗어나도록 만들어져 있다. 우리는 그런 생물 중에서 독특한 변이체 하나를 "자아"라고 부른다.

굶주린 겨울

일란성 쌍둥이는 똑같은 유전 암호를 가진다. 같은 자궁에서 지내고, 대개 아주 비슷한 환경에서 자란다. 이 점을 생각하면, 쌍둥이 중 한쪽에게서 조현병이 나타날 때 다른 쪽에게서도 그 병이 나타날 확률이 매우 높다는 것도 놀랄 일은 아닌 듯하다. 사실 우리는 왜 그보다 더 높지 않은지 궁금해 하기 시작해야 한다. 왜 100퍼센트가 아닐까?

ㅡ네사 캐리,

『유전자는 네가 한 일을 알고 있다(*The Epigenetics Revolution*)』[1]

유전자는 20세기에 눈부신 질주를 했다……우리를 새로운 생물학의 시대 바로 앞까지 데려다주었고, 그 새 시대는 더욱 놀라운 발전이 이루어질 것이라고 약속하고 있다. 하지만 그 발전이 이루어지려면 생명 체계에 관한 다른 개념, 다른 용어, 다른 사고방식을 도입하고, 그럼으로써 생명과학의 상상력을 사로잡고 있었던 유전자의 손아귀를 느슨하게 풀 필요가 있을 것이다.

ㅡ에벌린 폭스 켈러,

『생명의학의 인류학(*An Anthropology of Biomedicine*)』[2]

앞 장의 말미에서 반드시 답해야 하는 의문 하나가 암묵적으로 제기되었다. "자아"가 사건과 유전자 사이의 우연한 상호작용을 통해서 형성된다면, 이 상호작용은 실제로 어떻게 기록될까? 쌍둥이 중 한쪽이 얼음 위로 떨어져서 무릎이 골절되어 애벌뼈가 형성되는 반면, 다른 한쪽은 그렇지 않다. 쌍둥이 자매 중 한쪽은 델리의 잘 나가는 중역과 혼인하고, 다른 한쪽은 캘커타의 쇠락해가는 집안으로 들어간다. 이 "운명의 작용"은 어떤 메커니즘을 통해서 세포나 몸에 기록되는 것일까?

수십 년 동안 표준적인 답은 있었다. 바로 유전자를 통해서이다. 아니, 더 정확히 표현하자면, 유전자를 켜고 끔으로써이다. 1950년대에 파리에서 모노와 자코브는 세균이 포도당에서 젖당으로 먹이를 바꿀 때, 포도당을 대사하는 유전자가 꺼지고 젖당을 대사하는 유전자가 켜진다는 것을 보여주었다. 거의 30년 뒤, 선충을 연구하는 생물학자들은 이웃 세포에서 오는 신호―개별 세포의 차원에서 볼 때는 운명의 사건―역시 주 조절 유전자의 켜짐과 꺼짐을 통해서 기록되고, 그럼으로써 세포 계통에 변화가 일어난다는 것을 발견했다. 쌍둥이 중 한쪽이 얼음 위에 떨어졌을 때, 상처를 치유하는 유전자들이 켜진다. 이 유전자들은 골절 부위에 애벌뼈가 생성되도록 함으로써 골절 흔적을 남긴다. 복잡한 기억이 뇌에 저장될 때에도 유전자들이 켜지고 꺼질 것이 틀림없다. 명금(鳴禽) 한 마리가 다른 새의 새로운 노래를 듣는 순간, 뇌에서 ZENK라는 유전자가 켜진다.[3] 노래가 맞지 않다면―다른 종의 노래이거나 그냥 밋밋한 음이라면―ZENK는 같은 수준으로 켜지지 않고, 입에서 노래는 흘러나오지 않는다.

그러나 세포와 몸에서 일어나는(추락, 사고, 상처 같은 환경 입력에 반응하여 일어나는) 유전자의 활성이나 억제가 유전체에 어떤 영구적인 표지나 각인도 새겨질까? 생물이 번식을 할 때에는 어떤 일이 일어날까? 유전체에 새겨진 표지나 각인이 후대로 전달될까? 환경의 정보가 세대를 거치면서 전달될 수 있을까?

지금 우리는 유전자의 역사에서 가장 치열한 논쟁이 벌어져온 분야 중 하나로 들어가고 있으며, 여기에서는 역사적 맥락을 살펴볼 필요가 있다. 1950년대에 영국 발생학자 콘래드 와딩턴은 환경의 신호가 세포의 유전체에 영향을 미칠 수 있지 않을까 생각했고, 그 메커니즘을 이해하려고 애썼다.[4] 그는 배아가 발생할 때, 하나의 수정란에서 신경세포, 근육세포, 혈액세포, 정자 등 수천 종류의 다양한 세포들이 생성된다는 것을 알았다. 번뜩이는 영감에 힘입어서, 와딩턴은 배아의 분화 과정을 천 개의 구슬들이 바위, 바위 더미, 움푹진 곳, 틈새로 가득한 비탈진 경관을 굴러떨어지는 상황에 비유했다. 그는 세포들이 저마다 나름의 특정한 통로나 바위 틈새를 따라 이 "와딩턴 경관"을 내려가게 되고, 그 결과 특정한 유형의 세포로만 발달할 수 있게 된다고 주장했다.

와딩턴은 세포의 환경이 그 세포가 유전자를 사용하는 양상에 어떤 식으로 영향을 미칠 것인가에 유달리 흥미를 느꼈다. 그는 이 현상을 "후성유전학(後成遺傳學, epi-genetics)" 즉 "상위 유전학(above genetics)"이라고 했다.* 와딩턴은 후성유전학은 "표현형을 빚어내는……유전자와 환경의 상호작용"을 다룬다고 썼다.

비록 그 여파가 뚜렷이 드러나기까지 몇 세대가 걸리긴 했지만, 와딩턴의 이론을 입증한 섬뜩한 인간 실험이 하나 있다. 제2차 세계대전이 가장 격렬하게 전개되던 1944년 9월, 네덜란드에 주둔하던 독일군은 식량과 석탄을 북부 지역으로 보내는 것을 금지시켰다. 철도와 도로는 차단되었다. 수로를 통한 여행도 금지되었다. 로테르담 항의 크레인, 배, 부두는 폭발물로 날려버렸다. 그리하여 한 라디오 방송자의 말처럼, "고문당하고 피 흘리는 네덜란드"가

---

* 처음에 와딩턴은 하나의 세포에서 배아가 발생하는 과정을 묘사하기 위해서 "후성발생(epigenesis)"을 명사가 아니라 동사(후성발생하다)로 썼다("후성발생하다"는 원래의 수정란에서 신경세포, 피부세포 등 서로 다른 종류의 세포들이 순차적으로 생겨나면서 배아가 발생하는 과정을 가리켰다). 그러나 시간이 흐르면서, "후성발생"은 세포나 생물이 유전자 서열에 변화가 없이—즉 유전자 조절을 통해서—어떤 형질을 획득하는 방식을 가리키는 데 쓰이게 되었다. 더 현대적인 용법에서는 DNA에 화학적 또는 물리적 변화가 일어난 결과, DNA 서열에는 변화가 없는 상태에서 유전자 조절 양상이 변하는 것을 일컫는다.

되었다.

수로와 바지선에 크게 의존하던 네덜란드는 고문당하고 피를 흘리기만 한 것이 아니었다. 굶주리기도 했다. 암스테르담, 로테르담, 위트레흐트, 레이던은 정기적으로 운송되어 오는 식량과 연료에 의존했다. 그런데 1944년 초겨울, 발 강과 라인 강의 북부 주들로 오는 배급량이 거의 끊기다시피 했고, 주민들은 기근으로 내몰렸다. 12월경에 수로가 다시 열렸지만, 이미 물이 얼어붙은 상태였다. 맨 먼저 버터가 동이 났고, 이어서 치즈, 고기, 빵, 채소도 사라졌다. 추위와 굶주림에 시달리는 사람들은 뜰에 있던 튤립 뿌리를 파먹고, 나뒹굴던 시래기까지 먹고, 나중에는 자작나무의 껍질과 잎, 풀까지 뜯어먹었다. 이윽고 하루에 먹는 열량은 거의 400칼로리로 줄었다. 감자 3개 분량이었다. 한 사람은 인간이 "위장과 몇 가지 본능만으로"[5] 버티는 상황이 되었다고 썼다. 이 시기는 네덜란드 국민의 기억에 지금까지도 새겨져 있으며, 네덜란드어로 굶주린 겨울(Hongerwinter)이라고 불린다.

기근은 1945년까지 계속되었다. 남녀노소 할 것 없이 수만 명이 굶어죽었고, 수백만 명이 겨우 살아남았다. 이 갑작스럽게 극심하게 일어난 영양 상태의 변화는 일종의 끔찍한 자연 실험이 되었다. 연구자들은 겨울을 견뎌낸 사람들을 대상으로 갑작스러운 기근이 미치는 영향을 살펴볼 수 있었다. 영양실조와 성장 지체 같은 일부 특징들은 충분히 예상되던 것들이었다. 굶주린 겨울을 살아남은 아이들은 우울, 불안, 심장병, 잇몸염, 골다공증, 당뇨병 등 만성적인 건강 질환들에도 시달렸다. (깡마른 여배우 오드리 헵번도 생존자 중 한 명이었고, 그녀는 평생 온갖 만성질환에 시달렸다.)

그러나 더욱 흥미로운 양상이 나타난 것은 1980년대에 들어서였다. 기근 당시에 임신하고 있던 여성들에게서 태어난 아이들은 성장한 후에 비만과 심장병에 걸리는 비율이 더 높았다.[6] 이 발견도 사실 예상할 수 있는 것이었다. 자궁에서 영양실조에 노출되면, 태아의 생리에 변화가 일어난다고 알려져 있다. 영양분 결핍에 시달리는 태아는 열량 상실로부터 자신을 보호하기 위해서 더 많은 양의 지방을 확보하는 쪽으로 메커니즘을 변경한다. 그 결과 역설적으로 나중에 비만과 대사 장애가 생긴다. 그러나 굶주린 겨울 연구의 가장 기이한 결과는 그 다음 세대에서 나타나게 된다. 1990년대에 기근에 시달렸던 세대의 손자손녀를 조사했더니, 그들에게서도 비만과 심장병에 걸린 사람들의 비율이 높았다. 극심한 기아에 시달린 사건은 그 일을 직접 겪은 사람들의 유전자만 바꾼 것이 아니었다. 그 메시지는 손자손녀에게로도 전해졌다. 어떤 유전되는 요소 또는 요소들이 굶주리던 사람들의 유전체에 새겨져서 적어도 2세대에 걸쳐 전달된 것이 분명했다. 굶주린 겨울은 국민의 기억에만 새겨진 것이 아니라, 유전적 기억에도 침투했다.*

그런데 "유전적 기억(genetic memory)"이란 무엇일까? 유전자 자체가 아닌 다른 어딘가에, 어떻게 유전자 기억이 저장된다는 것일까? 와딩턴은 굶주린 겨울 연구를 알지 못했고, 1975년에 거의 모르는 상태에서 세상을 떠났다. 그러나 유전학자들은 와딩턴의 가설과 네덜란드인들에게서 몇 세대에 걸쳐 전해지는 질병 사이에 관련이 있음을 간파했다. 바로 거기에 "유전적 기억"이 있는 것이 명백했다. 기아에 시달린 사람의 자식과 손자손녀는 대사(代謝) 질환에 걸리는 경향이 존재했다. 마치 그들의 유전체가 조부모가 겪은 대사의 고통을 어떤 식으로든 기억하는 듯했다. 여기에서 그 "기억"을 담당하는 요소가 유전자 서열의 변형일 리는 없었다. 수십만 명에 달하는 네덜란드인들이 3세대에 걸쳐 유전자 돌연변이를 일으킬 수는 없었다. 여기서도 표현형을 바꾼 것은 "유전자와 환경"의 상호작용이었다(즉 질병에 걸리는 성향을 가지도록). 기근에 노출됨으로써 유전체에 어떤 각인—영구적이며 유전되는 표지—이 새겨졌고, 그것이 대대로 전달되고 있는 것이 분명했다.

---

* 네덜란드 기근 연구가 본질적으로 편향되어 있다고 주장하는 과학자들도 있다. 부모에게 대사 장애(비만 같은)가 있어서 자녀의 식단 선택이나 습성이 어떤 비유전적인 방식으로 바뀌었을지도 모른다는 것이다. 그들은 세대간에 "전달되는" 요소가 유전적인 표지가 아니라, 문화적 선택 또는 식단 선택이라고 주장한다.

그런 정보의 층이 유전체에 덧씌워질 수 있다면, 의외의 결과가 나올 수 있을 것이다. 우선, 고전적인 다윈 진화의 핵심 내용에 의문이 제기될 것이다. 개념상 다윈 이론의 핵심 요소는 유전자가 생물의 경험을 영구히 유전될 수 있는 방식으로 기억하지는 않는다 — 그럴 수 없다 — 는 것이다. 어떤 영양이 키 큰 나무에 닿을 만큼 목을 죽 늘인다고 해도, 유전자는 그 노력을 기록하지 않으며, 그 새끼들은 기린으로 태어나지 않는다(어떤 적응이 유전 가능한 형질로서 곧바로 전달된다는 것이 라마르크의 결함 있는 적응 진화론의 토대임을 기억하자). 기린은 자연발생적인 변이와 자연선택을 통해서 생겨난다. 나뭇잎을 뜯어먹는 어떤 조상 동물에게서 목이 긴 돌연변이체가 나타나고, 기근 때 이 돌연변이체가 살아남아 자연선택됨으로써 생겨난다. 아우구스트 바이스만은 생쥐의 꼬리를 5세대에 걸쳐 잘라내는 실험을 통해서 환경의 영향이 유전자에 영구적인 변화를 일으킬 수 있다는 개념을 정면으로 검증하고자 했다. 그러나 6세대의 생쥐는 완벽하게 멀쩡한 꼬리를 가지고 태어났다. 진화는 완벽하게 적응한 생물을 빚어낼 수 있지만, 의도적인 방식으로는 아니다. 리처드 도킨스의 유명한 말처럼 진화는 "눈먼 시계공"일 뿐 아니라, 부주의한 시계공이기도 하다. 진화의 원동력은 오로지 생존과 선택이다. 진화의 기억은 오로지 돌연변이뿐이다.

그러나 굶주린 겨울의 손자손녀는 어떤 식으로든 조부모의 기근을 기억했다. 돌연변이와 선택을 통해서가 아니라, 어떤 식으로든 유전 가능한 기억으로 전환된 환경 메시지를 통해서이다. 이런 유형의 유전적 "기억"은 진화의 웜홀(wormhole)로 작용할 수 있다. 이를테면, 기린의 조상은 돌연변이, 생존, 선택이라는 냉정한 맬서스식 논리를 통해서 꾸준히 나아가는 대신에, 단순히 목을 늘이고 그 늘인 기억을 유전체에 기록하고 각인시킴으로써 기린을 만들어낼 수도 있을 것이다. 잘린 꼬리를 가진 생쥐는 그 정보를 자신의 유전체에 전달함으로써 짧아진 꼬리를 지닌 생쥐를 낳을 수 있을 것이다. 자극적인 환경에서 자란 아이들은 자극에 더 친숙한 아이들을 낳을 수 있을 것이다. 이 개념은 다윈의 제뮬 이론을 고쳐 말한 것이기도 했다. 한 생물의 독특한 경험 또는 역사가 곧바로 유전체에 전해진다는 말이기 때문이다. 그런 체계는 생물의 적응과 진화 사이의 고속 운송 체계 역할을 할 것이다. 시계공의 눈을 뜨게 할 것이다.

와딩턴이 그 답을 제시한 이유가 하나 더 있었다. 개인적인 이유였다. 일찍이 열성적인 마르크스주의자였던 그는 유전체에서 그런 "기억 고정" 요소를 발견하면 인간의 발생을 이해하는 일뿐 아니라, 자신의 정치적 입장에도 중요한 도움이 될 것이라고 생각했다. 유전자 기억을 조작함으로써 세포를 세뇌하거나 세뇌를 깰 수 있다면, 아마 사람도 세뇌시킬 수 있지 않을까(리센코가 밀 품종을 대상으로 그렇게 하려고 시도했고, 스탈린이 반체제 인사들의 이념을 지우려고 시도했다는 점을 기억하자)? 그런 과정은 세포의 정체성을 초기화함으로써 세포가 와딩턴 경관을 거꾸로 올라갈 수 있게 할 것이다. 성체 세포를 배아 세포로 되돌림으로써, 생물학적 시간을 되돌릴 수 있을지도 모른다. 심지어 깊이 새겨진 인간의 기억, 정체성, 더 나아가 선택의 결과까지 되돌릴 수 있을지도 모른다.

1950년대 말까지, 후생학은 현실보다 환상에 더 가까웠다. 유전체에 역사나 정체성이 덧씌워진 세포를 본 사람은 아무도 없었다. 그러다가 1961년, 약 30킬로미터 떨어진 두 지역에서 6개월 차이도 안 나는 시기에 이루어진 두 건의 실험을 통해서 유전자를 이해하는 방식이 변화하고 와딩턴의 이론이 신뢰를 얻게 된다.

1958년 여름, 옥스퍼드 대학원생 존 거던은 개구리의 발생을 연구하기 시작했다. 거던은 그다지 유망한 학생이라고 할 수 없었다. 과학 시험에서 250명 중 250등을 한 적도 있었다. 그러나 그가 스스로 설명했듯이, "미세한 차원에서 무언가를 하는 재주"가 있었다.[7] 그의 가장 중요한 실험은 가장 미세한 차원에서 이루어졌다. 1950년대 초에 필라델피아의 두 과학자가 미수정된 개구리 알에서 세포핵을 빨아내어 유전자를 모두 제거하고 껍질만 남겼다가, 그 속이 빈 알에 다른 개구리 세포의 유전체를 주입했다. 새 둥지에서 새끼들을 다 빼내고 가짜 새끼를 슬쩍 넣은 뒤, 그 새끼가 정상적으로 발달하는지 보는 것이나 다름없었다. 그 "둥지", 즉 자신의 유전체를 모두 잃은 알세포가, 주입된 다른 세포의 유전체로부터 배아를 만드는 데에 필요한 모든 요소를 지니고 있을까? 그랬다. 필라델피아 연구진은 개구리 세포의 유전체를 주입한 알에서 올챙이를 만들어냈다. 기생의 극단적인 형태라고 할 수 있었다. 알세포는 정상 세포의 유전체를 위한 숙주 또는 그릇이 되었고, 그럼으로써 유전체가 완벽하게 정상적인 성체로 자랄 수 있도록 도왔다. 연구진은 이 방법을 핵 이식(nuclear transfer)이라고 했다. 그러나 이 방법은 극도로 효율이 낮았다. 결국 그들은 그 방법을 거의 포기했다.

그들의 드문 성공 사례에 흥미를 느낀 거던은 그 실험의 한계를 넘어서고자 했다. 필라델피아 연구진은 핵을 제거한 난자에 다른 배아의 핵을 주입했다. 1961년 거던은 성체 개구리의 장에서 얻은 세포의 유전체를 주입함으로써, 올챙이로 자랄 수 있는지 알아보는 실험을 시작했다.[8] 해결해야 할 문제들이 엄청나게 많았다. 먼저, 거던은 가느다란 자외선 광선을 쬐어 개구리의 미수정란에 있는 핵을 없애고 세포질만 온전히 남기는 법을 터득하느라 애썼다. 그런 다음 다이빙 선수가 물을 가르듯이, 불로 날카롭게 다듬은 바늘로 표면에 거의 흔들림조차 일으키지 않으면서 난자의 막에 구멍을 뚫은 뒤, 미세한 액체 방울에 담긴 개구리 성체 세포에서 빼낸 핵을 불어넣었다.

빈 난자에 집어넣은 성체 개구리의 핵(즉 그 안의 모든 유전자)은 제 기능을 했다. 완벽하게 정상적인 개구리가 나왔고, 각 올챙이는 성체 개구리 유전체의 사본을 고스란히 가지고 있었다. 거던이 같은 성체 개구리의 여러 세포에서 핵을 빼내, 여러 개의 빈 난자에 집어넣었다면, 서로 똑같은 클론인 올챙이들이 여럿 나왔을 것이다. 그 올챙이들은 핵을 기증한 원래 개구리의 클론이다. 이 과정은 무한히 반복될 수 있다. 클론에서 만들어진 클론으로 다시 클론을 만들 수 있다. 그리고 그 클론들은 모두 똑같은 유전형을 지닌다. 생식 없는 번식이다.

거던의 실험은 생물학자들의 상상에 불을 지폈다. 무엇보다도 과학 소설에나 나올 법한 일을 실현시켰기 때문이다. 거던은 개구리 한 마리의 장 세포로 클론 18마리를 만들기도 했다. 18개의 똑같은 어항에 나누어서 넣자, 18개의 평행 우주에서 사는 18마리의 도플갱어처럼 보였다. 여기에 담긴 과학적 원리도 도발적이었다. 완전히 성숙한 성체 세포의 유전체를 알세포라는 불로장생의 묘약에 잠깐 담갔더니, 완전히 새롭게 배아로 회춘한 것이다. 요컨대 알세포는 필요한 모든 것을, 즉 유전체의 발생 시계를 되돌려서 제 기능을 하는 배아로 만드는 데에 필요한 모든 요소들을 가지고 있었다. 시간이 흐르면서, 거던의 방법은 변형되어 다른 동물들에게도 적용되기 시작했다. 이윽고 생식 없이 재생산된 유일한 고등 동물인 복제양 돌리(Dolly)의 탄생으로 이어졌다(생물학자 존 메이너드 스미스는 "섹스 없이 탄생한 포유동물이 하나 더 있다는 관찰 사례는 전혀 설득력이 없었다"[9]라고 말했다. 바로 예수였다).[10] 2012년 거던은 핵 이식 연구로 노벨상을 받았다.*

---

* 거던의 기술─난자의 핵을 제거하고 수정된 상태의 핵을 집어넣는─은 이미 임상 분야에까지 진출했다. 일부 여성은 미토콘드리아 유전자, 즉 세포 안에서 에너지를 만드는 소기관인 미토콘드리아에 들어 있는 유전자에 돌연변이가 있다. 사람의 배아는 모두 오로지 난자로부터, 즉 어머니로부터 미토콘드리아를 물려받는다는 점을 기억하자(정자는 미토콘드리아에 기여하는 바가 전혀 없다). 어머니의 미토콘드리아 유전자에 돌연변이가 있다면, 자녀는 모두 그 돌연변이를 가질 것이다. 이런 유전자들의 돌연변이는 에너지 대사에 영향을 미치곤 하며, 그 결과 근육 소모병, 심장 기형, 사망을 야기할 수 있다. 2009년에 일련의 도발적인 실험을 통해서, 유전학자들과 발생학자들의 한 공동 연구진은 이 모계 미토콘드리아 돌연변이를 해결할 대담한 새 방법을 제시했다. 난자가 아버지의 정자에 수정되자, 그 핵을 꺼내어 기증을 통해서 얻은 온전한("정상인") 미토콘드리아를 가진 정상 난자에 주입했다. 미토콘드리아가 기증자의 것이므로, 모계 미토콘드리아 유전자는 온전하고, 아기는 모계 돌연변이가 없이 태어난다. 따라서 이 방법으로 태어난 아기는 부모가 3명이다. 유전물질은 거의 대부분 "엄마"와 "아빠"(부모 1, 2)의 세포가 결합되어 생긴 수정란이 제공한다. 세 번째 부모, 즉 난자 기증자는 미토콘드리아, 따라서 미토콘드리아 유전자만 제공한다. 2015년, 기나긴 국가적 논쟁 끝에, 영국은 이 방법을 합법화했고, "부모가 세 명인 아이들"이 처음으로 태어나려 하고 있다(2016년 9월 27일에 태어났다/역주). 이 아이들은 인류유전학(그리고 미래)의 미지의 변경을 대변한다. 자연에는 그에 상응하는 동물이 전혀 없다.

그러나 거던 실험이 여러 면에서 놀랍긴 해도, 성공률이 낮다는 점 역시 나름의 시사하는 바가 있었다. 성체의 장세포는 분명히 올챙이로 자랄 수 있었지만, 거던이 아무리 심혈을 기울였어도 성공률은 무척 낮았다. 성체 세포가 올챙이로 되는 성공률은 극도로 낮았다. 이 점을 설명하려면 고전적인 유전학의 범위를 넘어서야 했다. 어쨌든 성체 개구리 유전체의 DNA 서열은 배아나 올챙이의 DNA 서열과 똑같다. 모든 세포가 똑같은 유전체를 가지고, 그 유전자들이 세포별로 단서에 따라 서로 다른 식으로 켜지고 꺼짐으로써 배아가 성체로 발달하는 과정을 통제한다는 것이 유전학의 근본 원리가 아니던가?

그러나 그 유전자가 바로 그 유전자라면, 성체 세포의 유전체는 왜 배아로 되돌아가는 효율이 그렇게 낮을까? 그리고 다른 연구자들이 알아차렸듯이, 더 나이든 동물보다 더 젊은 동물의 핵이 이 회춘을 일으키기가 더 쉬운 이유는 무엇일까? 굶주린 겨울 연구에서와 마찬가지로, 무언가가 성체 세포의 유전체에 서서히 각인됨으로써—계속 누적되는, 지워지지 않는 어떤 표지—유전체의 발달 시계를 되돌리는 일을 어렵게 하는 것이 분명했다. 그 표지는 유전체 서열 자체에 있는 것이 아니라, 그 위에 새겨져야 했다. 즉 후성유전학적이어야 했다. 거던은 와딩턴의 질문으로 돌아갔다. 모든 세포가 유전체에 자신의 역사와 정체성의 각인을 지닌다면? 즉 일종의 세포 기억을 지닌다면?

거던은 후성유전학적 표지를 추상적인 의미로 생각했을 뿐, 개구리의 유전체에서 그런 각인을 실제로 보지는 못했다. 1961년, 와딩턴의 학생이었던 메리 라이언은 동물 세포에서 후성유전학적 변화의 가시적인 사례를 발견했다. 공무원과 교사의 딸로 태어난 라이언은 성질 나쁘기로 유명한 케임브리지의 로널드 피셔 밑에서 대학원 생활을 시작했지만, 곧 에든버러로 달아나서 그곳에서 학위를 마친 뒤, 옥스퍼드에서 약 30킬로미터 떨어진 하웰이라는 조용한 마을에 있는 연구소로 가서 자신의 연구실을 꾸렸다.

하웰에서 라이언은 형광 염색을 통해서 염색체를 연구했다. 그녀는 염색했을 때 서로 짝지은 염색체들이 서로 똑같아 보였지만, 암컷의 두 X 염색체만 다르다는 것을 알고 깜짝 놀랐다. 생쥐 암컷의 모든 세포에서 두 X 염색체 중 하나는 예외 없이 더 짙게 염색되어 있었다. 짙게 염색된 염색체에 들어 있는 **유전자들**은 변하지 않았다. 즉 양쪽 염색체의 DNA의 서열은 동일했다. 변한 것은 **활성**이었다. 이 쭈그러진 염색체의 유전자들은 RNA를 만들지 않았다. 따라서 염색체 전체가 "침묵했다." 마치 염색체 중 하나를 폐업시킨, 즉 전원을 꺼버린 듯했다. 라이언은 침묵시킬 X 염색체가 무작위로 선택되었다는 것을 알았다. 한 세포에서는 부계 X 염색체가 침묵하고, 이웃 세포에서는 모계 X 염색체가 활성을 잃을 수 있었다.[11] 이 양상은 X 염색체를 쌍으로 가진, 즉 암컷 몸에 있는 모든 세포의 보편적인 특징이었다.

불활성화는 어떤 기능을 할까? 암컷은 X 염색체가 2개인 반면 수컷은 1개이다. 따라서 암컷의 세포는 X 염색체가 2개라서 2배에 달하는 유전자들의 "용량"을 균등화하기 위해서 X 염색체 하나의 활성을 없앤다. X 염색체의 무작위적 불활성화는 한 가지 중요한 생물학적 결과를 낳는다. 암컷의 몸이 두 세포 유형의 모자이크처럼 된다는 것이다. X 염색체 하나를 이렇게 무작위로 침묵시켜도 대개는 눈에 띄지 않는다. X 염색체 중 하나(이를테면, 부계 염색체)가 가시적인 형질을 만드는 유전자 변이체를 가지지 않는 한 그렇다. 그런 변이체가 있다면, 어느 세포에서는 그 변이체가 발현되고, 이웃 세포에서는 발현되지 않는 양상이 나타날 것이다. 즉 모자이크 효과가 나타난다. 한 예로, 고양이의 털 색깔 유전자 중 하나는 X 염색체에 있다. 따라서 X 염색체가 무작위로 불활성화하면 세포 하나는 이 색소를 지니고 이웃 세포는 저 색소를 지니게 된다. 이렇게 삼색얼룩고양이 암컷의 수수께끼는 유전학이 아니라 후성유전학을 통해서 해결된다. (사람의 피부색 유전자가 X 염색체에 있다면, 피부가 검은 사람과 흰 사람이 혼인하여 낳은 딸은 얼룩덜룩한 피부가 될 것이다.)

어떻게 세포가 하나의 염색체 전체를 "침묵시킬" 수 있을까? 이 과정은 환경 단서를 토대로 유전자 한두 개를 활성화하거나 불활성화하는 차원이 아니다. 염색체 전체—그 안의 모든 유전자까지—를 세포의 평생 동안에 침묵시키는 것이다. 1970년대에 제기된 가장 논리적인 추정은 세포가 어떤 식으로든 그 염색체의 DNA에 영구적인 화학적 각인을, 즉 분자판 "취소 서명"을 찍는다는 것이었다. 유전자 자체는 온전하므로 유전자 위에 새겨지는 그런 표지는, 와딩턴의 말을 빌리자면 후성유전학적인 것이어야 했다.

1970년대 말, 유전자 침묵을 연구하는 과학자들은 DNA에 작은 분자—메틸기(methyl group)—가 달라붙을 때, 유전자가 꺼진다는 것을 발견했다. 이 메틸기 꼬리표는 목걸이의 장식처럼 DNA 가닥을 장식했고, 꺼짐 신호로 받아들여졌다. RNA 생산이 중단되고 유전자의 발현도 멈추었다. 염색체에 메틸기 꼬리표들이 아주 많이 달라붙으면, 염색체 전체가 침묵할 수도 있을 듯했다.

DNA 목걸이에 달리는 장식이 메틸기 꼬리표만은 아니었다. 1996년, 뉴욕 록펠러 대학교의 생화학자 데이비드 앨리스는 유전자에 영구 표지를 새기는 또다른 체계를 발견했다.* 이 두 번째 체계는 유전자에 직접 표지를 찍는 대신에, 유전자의 포장지 역할을 하는 히스톤(histone)이라는 단백질에 표지를 새겼다.

히스톤은 DNA에 단단히 달라붙어서 DNA를 코일과 고리 모양으로 돌돌 말아서, 염색체의 뼈대를 형성한다. 뼈대가 변할 때, 유전자의 활성도 변할 수 있다. 포장 방식이 바뀜으로써 물질의 특성이 변하는 것과 비슷하다(실을 돌돌 감아서 만든 공과 같은 실을 꼬아서 만든 밧줄은 특성이 전혀 다르다).

---

* 히스톤이 유전자를 조절한다는 개념은 원래 1960년대에 록펠러 대학교의 생화학자 빈센트 앨프리가 내놓았다. 그 후 30년 뒤에, 마치 한 바퀴 돌고 온 듯이 같은 대학교에서 앨리스가 앨프리의 "히스톤 가설"을 입증하는 실험을 했다.

따라서 "분자 기억"은 유전자에 찍힌다. 여기서는 그 신호를 단백질에 붙임으로써 간접적으로 이루어진다. 세포가 분열할 때, 그 표지도 복제되어 딸세포로 전해지며, 그럼으로써 기억이 대를 이어 후대의 세포로 전달된다. 정자나 난자가 생길 때, 이 표지도 생식세포로 복제되어 기억이 몇 세대 동안 이어진다고 볼 수도 있다. 이 히스톤 표지의 유전 가능성과 안정성, 그리고 그 표지를 적절한 시기에 적절한 유전자에 새기는 메커니즘은 아직 덜 밝혀졌지만, 효모와 선충 같은 단순한 생물도 몇 세대에 걸쳐 히스톤 표지를 전달할 수 있는 듯하다.[12]

전사 인자(transcription factors)라고 하는 단백질 조절 인자—세포에 든 유전자들의 교향곡을 지휘하는 "지휘자"—를 통해서 유전자가 켜지고 꺼진다는 사실이 1950년대 이래로 밝혀져 왔다. 그러나 이 지휘자는 전사 보조 인자라는 다른 단백질을 동원하여 유전자에 영구적인 화학적 각인을 새길 수도 있다. 심지어 유전체 수준에서 꼬리표를 붙일 수도 있다.* 이 꼬리표는 세포나 환경에서 오는 신호에 반응하여 덧붙거나 제거되거나 증폭되거나 감소하거나 켜지거나 꺼질 수도 있다.**

이 표지는 문장 위에 적은 기호나 책의 여백에 적은 글과 비슷한 기능을 한다. 연필로 죽 그은 표시, 밑줄, 휘갈겨 적은 기호, 가위표 한 글자, 첨자, 각주 등은 실제 단어를 바꾸지 않은 채 유전체의 맥락을 바꾼다. 한 생물의 모든 세포는 동일한 책을 물려받지만, 특정한 문장에 표시를 하고 주석을 달

* 주 조절 유전자는 대체로 자동적으로 이루어지는 "양의 피드백(positive feedback)"이라는 과정을 통해서 표적 유전자에 계속 작용할 수 있다.
** 유전학자인 티모시 베스터와 그의 동료들은 DNA 메틸화가 주로 인간 유전체에 숨어 있는 고대의 바이러스성 인자들을 불활성화하고, X 염색체를 불활성화하고(라이언의 사례처럼), 난자가 아닌 정자의 특정한 유전자에 표시함으로써(또는 그 반대로) 생물이 그 유전자가 모계가 아니라 부계에서 왔음을 알고 "기억하게" 하는 데—이 현상을 "각인(imprinting)"이라고 한다—에 쓰인다고 주장해왔다. 베스터가 환경 자극이 유전체에 유의미한 영향을 미친다고는 믿지 않는다는 점도 언급해두자. 그는 후성적 표지가 발생과 각인이 이루어질 때 유전자 발현을 조절하는 일을 한다고 본다.

500

고, 특정한 단어를 "침묵시키고 활성화시키고", 특정한 구절을 강조함으로써, 각 세포는 동일한 기본 대본을 토대로 나름의 소설을 쓸 수 있다. 이 화학적 표지가 붙은 인간 유전체의 유전자들을 다음과 같이 시각화할 수도 있다.

$$\cdots\text{This}\cdots\text{is}\cdots\textbf{the}\cdots\cdots\cdots\cdots\cdots\cdots\underline{\text{struc}}\cdots\text{ture,}\cdots\cdots$$
$$\text{of}\cdots\textbf{Your}\cdots\cdots\textbf{Gen}\cdots\text{ome}\cdots$$

앞서 말했듯이, 이 문장에서 단어는 유전자에 대응한다. 줄임표와 쉼표는 인트론, 유전체 사이 영역, 조절 서열을 나타낸다. 진한 서체와 대문자, 밑줄은 의미의 마지막 층위를 덧씌우기 위해서 유전체에 붙인 후성학적 표지이다.

이것이 바로 거던이 실험에 심혈을 기울였음에도 성체 장세포의 발달 시계를 되감아서 배아 세포로 만들었다가 온전한 개구리로 만드는 일의 성공률이 그토록 낮았던 이유이다. 장세포의 유전체는 후성학적 "기호"가 너무나 많이 달려 있어서, 싹 지우고 배아의 유전체로 되돌리기가 쉽지 않다. 바꾸려고 해도 계속 떠오르는 기억처럼, 유전체에 적힌 화학적 낙서도 바꿀 수는 있긴 해도 쉽지는 않다. 이 기호들은 세포가 자신의 정체성을 확고하게 간직할 수 있는 지속성을 가지도록 마련되었다. 배아 세포만이 다양한 유형의 정체성을 획득할 수 있기 때문에 몸의 모든 종류의 세포를 만들 수 있는, 융통성이 있는 유전체를 가진다. 일단 배아를 이루는 모든 세포의 정체성이 고정되면, 즉 장세포나 혈구나 신경세포가 되면, 거의 되돌릴 수가 없다(그래서 거던이 개구리의 장세포로 올챙이를 만들기가 어려웠던 것이다). 배아 세포는 동일한 대본으로 1,000편의 소설을 쓸 수 있다. 그러나 일단 청소년 소설로 쓰이고 나면, 빅토리아 시대의 로맨스로 고쳐 쓰기란 쉽지 않다.

후성학은 세포의 개성이라는 수수께끼를 일부 풀었다. 그렇다면 **개체의 개성**이라는 더 어려운 수수께끼도 풀 수 있지 않을까? 앞서 우리는 "쌍둥이는 왜 서로 다른가?"라고 물은 바 있다. 독특한 사건이 몸에 독특한 표지를 통해서 기록되기 때문일 것이다. 그러나 어떤 식으로 "기록되는" 것일까? 유전자의 실제 서열에는 아니다. 50년 동안 10년 단위로 일란성 쌍둥이의 유전체 서열을 분석한다면, 계속 똑같은 서열이 나올 것이다. 그러나 같은 기간에 쌍둥이의 **후성유전체** 서열을 분석한다면, 상당한 차이가 보일 것이다. 혈구나 뉴런의 유전체에 메틸기들이 붙은 양상은 실험을 처음 시작할 때에는 쌍둥이 사이에 거의 차이가 없겠지만, 10년이 흐르는 동안 서서히 달라지기 시작하여 50년이 흐르면 상당히 차이를 보일 것이다.*

쌍둥이 중 한 명에게만 닥치는 우연한 사건들—상처, 감염, 심취, 뇌리에 맴도는 특정한 야상곡의 선율, 파리에서 맡은 어느 특정한 빵의 냄새—이 있다. 그 사건들에 반응하여 유전자들은 켜지고 꺼지며, 후성학적 표지들이 유전자 위에 서서히 덧씌워진다.** 모든 유전체에는 저마다 독특한 상처, 애벌뼈, 주근깨가 생기지만, 이 상처와 애벌뼈는 오로지 유전자에 적혔기 때문에 "존재한다." 환경도 유전체를 통해서 자신의 존재를 알린다. "양육"이 존재한다면, 그것은 "본성"에 반영됨으로써만 존재한다. 그 개념은 곤혹스러운 철학적 난제를 제기한다. 유전체에서 각인을 지운다면, 우연, 환경, 양육의 사건들도 더 이상 존재하지 않게 될까? 적어도 읽어낼 수 있는 수준에서 말이다. 일란성 쌍둥이는 진정으로 똑같아질까?

아르헨티나 작가 호르헤 루이스 보르헤스는 걸작 단편소설 「기억의 천재 푸네스(Funes the Memorious)」에서 사고를 당한 뒤 깨어난 젊은 남자가 "완

---

* 더 강력한 방법을 써서 메틸화 양상을 분석한 더 최근 연구 자료들은 쌍둥이 사이의 차이가 더 적다고 말한다. 이 분야는 아직 논란이 분분하며, 상황이 금방금방 바뀌고 있다.
** 유전학자 마크 프타신은 후성유전학적 표지의 영속성과 그 표지에 기록된 기억의 성격에 의문을 제기해왔다. 그는 몇몇 유전학자들과 함께, 유전자의 활성과 억제를 조절하는 것은 주 조절 단백질-분자 "켜짐"과 "꺼짐" 스위치라고 주장해왔다. 후성유전학적 표지는 유전자의 활성화 또는 억제의 결과로 나타나며, 유전자 활성화와 억제를 조절하는 데에 부수적인 역할을 할지는 모르지만, 유전자 발현을 조율하는 주된 역할은 이 주 조절 단백질이 한다고 본다.

벽한"기억을 지니게 된 상황을 묘사한다.[13] 푸네스는 자기 인생의 모든 순간, 모든 사물, 모든 만남을 상세히 다 기억한다. "모든 구름의 모양……가죽 장정된 책 표지의 대리석 무늬"도 말이다. 이 비범한 능력이 푸네스를 더 강하게 해주는 것은 아니다. 오히려 그는 무력해진다. 기억들이 억제할 수 없이 끝없이 밀려든다. 끊임없이 들려오는 잠재울 수 없는 군중의 소음처럼 기억이 그를 압도한다. 푸네스는 밀려드는 끔찍한 정보를 견딜 수가 없어서 컴컴한 방 안에 누운 채 세상과 단절한 채로 살아간다.

자신의 유전체 중 일부를 선택적으로 침묵시킬 수 없는 세포는 기억의 천재 푸네스(혹은 그 소설에서처럼 무력해진 푸네스)가 된다. 그 유전체는 모든 생물의 모든 조직의 모든 세포를 만들 기억을 담고 있다. 기억이 너무나 압도적으로 많고 다양하므로, 선택적으로 억누르고 재활성화하는 체계가 없는 세포는 기억에 압도당할 것이다. 푸네스가 보여주듯이, 기억을 이용하는 능력은 역설적으로 기억을 침묵시키는 능력에 의존한다. 후성학적 체계가 있는 덕분에 유전체는 제 기능을 할 수 있다. 그 체계의 궁극적 목적은 세포의 개성을 확립하는 것이다. 생물의 개성은 아마 의도하지 않은 결과일 것이다.

아마 세포의 기억을 재설정하는 후성유전학의 힘을 잘 보여준 가장 경이로운 사례는 일본 줄기세포 생물학자 신야 야마나카가 2006년에 내놓은 실험 결과일 것이다. 거던처럼 야마나카도 세포의 유전자에 붙는 화학적 표지가 세포 정체성을 기록하는 역할을 할지도 모른다는 개념에 흥미를 느꼈다. 이 표지를 지울 수 있다면 어떻게 될까? 성체 세포가 원래의 상태로 돌아갈까? 시간을 되돌려서 역사를 지우고 순수한 상태인 배아 세포로 바뀔까?

거던처럼 야마나카도 생쥐 성체의 정상 세포를 이용하여 세포의 정체성을 되돌리려는 시도를 했다. 다 자란 생쥐의 피부에서 떼어낸 세포였다. 거던은 난자에 있는 요소들―단백질과 RNA―이 성체 세포의 유전체에 있는 표지들을 지움으로써, 세포의 운명을 되돌리고 개구리 세포로부터 올챙이를 만들 수 있음을 입증했다. 야마나카는 난자로부터 그런 요소들을 파악하고 분리하여, 세포 운명의 분자 "지우개"로 쓸 수 있지 않을까 생각했다. 10년 동안 추적한 끝에, 그는 수수께끼 요소들의 후보를 단 4개의 유전자가 만드는 단백질로 좁혔다.[14] 이어서 그는 그 네 유전자를 생쥐 성체의 피부세포에 집어넣었다.

야마나카뿐 아니라 전 세계의 과학자들은 이 네 유전자를 성숙한 피부 세포에 집어넣자, 일부 세포가 배아 줄기세포와 비슷하게 변한다는 것을 알고 깜짝 놀랐다. 이 줄기세포는 당연히 피부세포를 만들 수 있었고, 더 나아가서 근육세포, 뼈세포, 혈구, 장세포, 신경세포도 만들 수 있었다. 사실상 생물의 몸을 이루는 모든 종류의 세포를 만들 수 있었다. 야마나카 연구진은 피부세포가 배아처럼 생긴 세포로 진행하는(아니, 퇴행하는) 과정을 분석하여, 연쇄적으로 벌어지는 사건들을 파악했다. 유전자들의 회로는 활성화하거나 억제되었다. 세포의 대사는 재설정되었다. 후성학적 표지는 지워지고 다시 쓰였다. 세포의 모양과 크기가 바뀌었다. 주름이 펴지고, 뻣뻣한 관절이 유연해지고, 젊음을 회복한 세포는 이제 와딩턴의 비탈을 거슬러 올라갈 수 있었다. 야마나카는 생물학적 시간을 되돌림으로써 세포의 기억을 없앴다.

이 이야기에는 유념할 사항이 하나 있다. 야마나카가 세포의 운명을 되돌리는 데에 썼던 네 유전자 중 하나는 c-myc다. 회춘 인자인 myc는 평범한 유전자가 아니다. 생물학계에 알려진 세포 성장 및 대사의 조절 인자 중 가장 강력한 축에 속한다. 이 유전자를 비정상적으로 활성을 띠게 하면, 성체 세포를 배아 같은 상태로 되돌릴 수 있고, 야마나카의 세포 운명 역전 실험도 그 덕분에 성공한 것이다(물론 이 기능이 발휘되려면 야마나카가 발견한 다른 세 유전자와 협력해야 한다). 그러나 myc는 생물학계에 알려진 가장 강력한 발암 유전자 중 하나이기도 하다. 이 유전자는 백혈병과 림프종, 췌장암, 위암, 자궁암에서도 활성을 띤다. 옛 이야기에 담긴 교훈처럼, 영원한 젊음을 얻으려면 무시무시한 대가를 치러야 하는 듯하다. 세포를 죽음과 노화로부터 건져줄 수 있는 바로 그 유전자는 유해한 불멸성, 한없는 성장, 늙지 않음 쪽으로 운명을 기울일 수도 있다. 바로 암의 징표들을 가지도록 말이다.

이제 우리는 네덜란드의 굶주린 겨울과 여러 세대에 미친 그 여파를 유전자와 후성유전자 양쪽의 활동이라는 관점에서 이해할 수 있다. 1945년 이 혹독한 몇 달 동안 극도로 굶주릴 때, 대사와 저장에 관여하는 유전자들의 발현 양상이 바뀐 것이 분명하다. 처음에 변화는 일시적이었을 것이다. 환경의 영양분에 반응하여 유전자들이 켜지고 꺼지는 것과 별 다를 바 없었을 것이다.

그러나 기아가 지속되면서 대사의 경관이 얼어붙고 재설정되었고—일시적인 변화가 영구히 굳어짐에 따라서—이에 유전체에는 더 영속적인 변화가 새겨졌다. 호르몬들이 신체 기관들 사이로 퍼지면서 식량 부족이 장기화될 수 있다고 알리면서 유전자 발현 양상을 더 폭넓게 재편할 것임을 예고했다. 세포 내의 단백질들은 이 전갈을 받았다. 유전자들은 하나씩 활동을 중단했고, 이어서 DNA에 각인이 새겨지면서 유전자들을 더욱 굳게 닫아걸었다. 폭풍이 밀려들 때 문단속을 하는 집처럼, 유전자 프로그램 전체도 방벽으로 둘러싸였다. 메틸기 표지가 유전자들에 붙여졌다. 기아의 기억을 기록하기 위해서 히스톤도 화학적으로 변형되었을지 모른다.

몸은 생존을 위해서 세포 하나하나, 기관 하나하나의 프로그램을 다시 짰다. 궁극적으로 생식세포—정자와 난자—에도 표지가 붙었다(우리는 정자와 난자가 어떻게 왜 기아 반응의 기억을 가지게 되었는지 알지 못한다. 아마 인간 DNA에 있는 어떤 고대의 경로들이 생식세포에 기아나 결핍을 기록하는 것일 수도 있다).* 이 정자와 난자로부터 자식과 손자손녀가 잉태될 때, 배아가 이 표지들을 지님으로써 굶주린 겨울로부터 수십 년이 흐른 뒤에도

---

* 선충과 생쥐 실험들에서도 기아가 다음 세대들에까지 영향을 미친다는 것이 드러났다. 이 영향이 여러 세대에 걸쳐 지속되는지, 세대가 흐를수록 약해지는지 여부는 불분명하다. 이 연구들 중 일부는 그 세대 간 정보 전달에 작은 RNA가 관여한다는 것을 보여주었다.

유전체에 변형된 대사가 새겨지게 된 것일 수도 있다. 역사적 기억은 이렇게 하여 세포 기억으로 전환되었다.

주의할 점이 하나 있다. 후성유전학은 위험한 개념으로 전환되기 직전에 와 있기도 하다. 유전자의 후성학적 변형을 통해서 세포와 유전체에 역사적 및 환경적 정보가 덧씌워질 가능성이 있다는 것은 분명하지만, 이 능력은 추정적이고 제한적이고 독특하고 예측 불가능하다. 기아 경험이 있는 부모에게서 비만과 **영양 과다** 상태인 아이가 나오긴 하지만, 결핵에 걸린 경험이 있는 아버지로부터 결핵에 대한 반응이 변형된 아이가 나오는 것은 아니다. 대부분의 후성학적 "기억"은 고대 **진화** 경로의 결과이며, 우리 아이들에게 바람직한 유산을 새기고자 하는 갈망과 혼동해서는 안 된다.

20세기 초의 유전학이 그러했듯이, 후성유전학도 현재의 사이비 과학을 정당화하고 정상 상태의 지극히 협소한 정의를 강요하는 데에 동원되고 있다. 유전에 변화를 일으킨다고 주장하는 식단, 노출, 기억, 요법은 기괴하게도 충격 요법을 써서 밀을 "재교육시키려" 한 리센코를 떠올리게 한다. 엄마는 임신기에 불안을 최소화하라고 애쓰라는 말을 듣는다. 아이에게 불안이 전염되고, 그 아이의 아이가 비정상적인 미토콘드리아를 갖고 태어나는 일이 없도록 말이다. 바야흐로 라마르크가 새로운 멘델로 복권되고 있는 중이다.

후성유전학을 얍삽하게 포장한 이런 개념들은 의심해야 한다. 환경 정보는 분명히 유전체에 새겨질 수 있다. 그러나 이 각인들은 대부분 **각 생물**의 세포와 유전체에 "유전적 기억"으로서 기록되는 것이다. 즉 다음 세대로 전달되지 않는다. 사고로 한쪽 다리를 잃은 사람은 세포, 상처, 흉터에 그 사고의 각인이 새겨진다. 하지만 자식의 다리가 짧아지지는 않는다. 또 우리 집안이 타향살이를 했다고 해서, 나나 내 아이들이 외로움에 시달리는 것은 아니다.

메넬라오스의 훈계와 달리, 우리 선조들의 피는 우리 안에서 흩어지고 사라지며, 다행스럽게 그들의 결점과 죄악도 그렇다. 우리는 그 점을 한탄하기보다는 축하해야 한다. 유전체와 후성유전체는 세포와 세대를 가로질러서 닮음, 유산, 기억, 역사를 기록하고 전달하기 위해서 존재한다. 돌연변이, 유전자 재조합, 기억의 삭제는 이 힘들을 상쇄시킴으로써, 닮지 않음, 변이, 기이함, 천재, 재발명이 이루어질 수 있도록 한다. 그리고 세대마다 새로운 시작이 이루어질 눈부신 가능성을 열어놓는다.

우리는 유전자와 후성유전자가 상호작용하면서 사람의 배아 발생을 조율한다고 상상해볼 수 있다. 그러나 여기서 다시 모건의 질문으로 돌아가보자. 단세포 배아에서 다세포 생물이 어떻게 만들어질 수 있을까? 수정된 직후, 배아는 갑자기 활기를 띤다. 단백질들은 세포핵으로 들어가서 유전적 스위치들을 켜고 끄기 시작한다. 잠들어 있던 우주선이 다시 움직인다. 유전자들이 활성을 띠거나 억제되고, 그 유전자들이 만들어낸 단백질들은 다른 유전자들을 깨우거나 억제한다. 하나였던 세포가 둘로 나뉘고, 이어서 넷, 여덟로 계속 불어난다. 늘어난 세포들은 층을 형성하고, 그 공의 거죽 아래로 빈 공간이 생긴다. 대사, 이동성, 세포의 운명, 정체성을 조정하는 유전자들이 켜진다. 보일러실이 윙윙거리며 돌아간다. 복도에 조명이 켜진다. 내부 통신망이 바쁘게 돌아간다.

이제 2단계 암호가 가동되면서 세포별로 유전자 발현 양상이 정해지면서, 각 세포는 정체성을 획득하고 확정된다. 특정한 유전자들에 선택적으로 화학적 표지가 붙거나 지워짐으로써 세포별로 유전자 발현이 조절된다. 메틸기가 붙거나 떨어지고, 히스톤이 변형되면서 유전자의 활성을 켜거나 끈다.

배아의 발생이 차근차근 진행된다. 몸마디가 나뉘기 시작하고 배아의 부위별로 세포들이 자리를 잡는다. 새로운 유전자들이 활성을 띠면서 팔다리와 기관을 만드는 서브루틴들이 가동되고, 세포별로 유전체에 화학적 표지들이 더 추가된다. 세포가 더 늘어나면서 기관과 구조를 만든다. 팔, 다리, 근육, 콩팥, 뼈, 눈 등등. 미리 정해진 대로 죽는 세포도 있다. 기능, 대사, 수선을 담당하는 유전자들이 켜진다. 하나의 세포에서 생물이 출현한다.

이 묘사에 기가 죽지 말기를. 관대한 독자여, "맙소사, 정말 엄청나게 복잡한 요리법이네!"라고 탄성을 내지른 뒤, 누구라도 그 요리법을 이해하거나 어떤 식으로든 조작하거나 변형하지 못할 것이라고 지레 짐작하지 말기를 바란다.

과학자들이 복잡성을 과소평가할 때, 의도하지 않은 결과라는 함정에 빠지게 된다. 그런 과학적 넘겨짚기의 실패 사례는 많다. 해충을 방제하겠다고 들여온 외래동물 자체가 유해 동물이 되거나, 도시 오염을 줄이겠다고 굴뚝을 더 높이 올리자 입자물질이 더 멀리 퍼져서 오염을 가중시키거나, 심장마비를 예방하겠다고 혈구 생산을 자극하자 피가 찐득해져서 심장에 혈전이 형성될 위험이 더 높아진 사례가 그렇다.

그러나 과학자가 아닌 사람들이 복잡성을 **과대평가**할 때—"이 암호는 누구도 풀 수 없어"—그들도 예기치 않은 결과라는 함정에 빠진다. 1950년대 초에 일부 생물학자들은 유전 암호가 지극히 맥락 의존적이어서—어느 생물의 어느 세포에 있느냐에 따라 크게 달라지고 대단히 복잡하기에—해독하기가 불가능할 것이라고 여겼다. 사실은 정반대임이 드러났다. 그 암호는 단 하나의 분자에 들어 있었고, 단 한 종류의 암호가 생물 세계 전체에 퍼져 있었다. 그 암호를 안다면, 생물, 궁극적으로 인간이 지닌 암호를 원하는 대로 바꿀 수 있다. 마찬가지로 1960년대에 많은 사람들은 유전자 클로닝 기술을 이용해서 종 사이로 유전자를 쉽게 옮길 수 있다는 주장에 의구심을 드러냈다. 그러나 1980년에 세균 세포에서 포유동물의 단백질을 만들거나 포유동물의 세포에서 세균 단백질을 생산하는 일은 단지 가능하다는 차원을 넘어서, 버그의 말에 의하면 "터무니없을 만큼 간단했다." 종은 허울이었다. "자연적인 것은 그저 겉모습에 불과할 때가 많았다."

유전적 명령문으로부터 인간을 형성하는 일은 확실히 복잡하지만, 그 명령문의 조작 또는 왜곡을 금하는 것이나 제약하는 것은 아무것도 없다. 어느 사회과학자가 유전자-환경의 상호작용—유전자 혼자서가 아닌—이 형태, 기능, 운명을 결정한다고 역설할 때, 그는 무조건적이고 자율적으로 작동함으로써 복잡한 생리학적 및 해부학적 상태를 결정하는 주 조절 유전자의 힘을 과소평가하는 것이다. 그리고 인류유전학자가 "복잡한 상태와 행동은 대개 유전자 수십 개의 통제를 받기 때문에, 유전학은 그런 것들을 조작할 수 없다"라고 말할 때, 그는 다른 유전자들의 주 조절 인자 같은 단 하나의 유전자가 존재의 상태 전체를 "재설정할" 능력이 있다는 것을 과소평가하는 것이다. 유전자 4개의 활성으로 피부세포를 만능 줄기세포로 전환시킬 수 있다면, 약물 하나로 뇌의 정체성을 역전시킬 수 있다면, 한 유전자의 돌연변이가 하나로 성 및 젠더 정체성을 바꿀 수 있다면, 우리의 유전체, 그리고 우리의 자아는 우리가 상상했던 것보다 훨씬 더 유연한 것이다.

앞서 말했듯이, 기술은 전환을 가능하게 할 때 가장 강력하다. 직선 운동과 원 운동(바퀴) 사이, 현실 공간과 가상공간(인터넷) 사이의 전환이 대표적이다. 대조적으로 과학은 세계를 보고 체계화하는 렌즈 역할을 하는 구성 규칙—법칙—을 밝혀낼 때 가장 강력하다. 공학자는 이 전환을 통해서 현재 우리 현실의 제약으로부터 우리를 해방시키려고 애쓴다. 과학은 가능성의 바깥 경계를 설정함으로써 그 제약 요인을 정의한다. 우리의 가장 큰 기술적 혁신이 일어날 때, 세계에 그 위업을 알릴 이름이 붙는다. 엔진("독창성"을 뜻하는 잉게니움[ingenium]에서 유래)이나 컴퓨터("함께 셈하다"라는 콤푸타레 [computare]에서 유래)가 그렇다. 대조적으로 우리의 가장 심오한 과학 법칙들은 인류 지식의 한계를 딴 이름이 붙을 때가 많다. 불확정성, 상대성, 불완전성, 불가능성이 그렇다.

모든 과학 분야 중 생물학은 가장 무법천지이다. 애초에 쓸 만한 규칙이 거의 없을뿐더러, 보편적인 규칙은 더욱더 적다. 물론 생물학은 물리학과 화학의 기본 법칙을 따라야 하지만, 생명은 이 법칙들의 가장자리와 빈틈에서 살아가면서 그 법칙들이 언제 부러지는지를 보려는 듯이 계속 구부려보곤 한다. 우주는 평형을 추구한다. 에너지를 흩어버리고, 조직을 해체하고, 혼돈을 최대화하려고 한다. 생명은 이 힘에 맞서도록 설계되어 있다. 우리는 반응을 늦추고, 물질을 농축시키고, 화학물질들을 체계적으로 정리한다. 우리는 수요일마다 세탁물을 분류한다. 제임스 글릭은 "우리가 우주에서 엔트로피를 줄이겠다고 마치 돈키호테처럼 날뛰는 듯이 보일 때가 종종 있다"라고 썼다.[15] 우리는 확장, 예외, 면제를 추구하면서 자연법칙의 구멍 속에서 살아간다. 허용 가능성의 바깥 테두리는 여전히 자연법칙이 정한다. 그러나 생명은 온갖 독특함과 기이함을 뽐내면서 그 경계선상에서 번성한다. 코끼리도 열역학 법칙을 어기지 못한다. 에너지를 써서 물질을 옮기는 수단 중 가장 특이한 축에 들 것이 분명한 코를 가지고 있을지라도 말이다.

생물 정보의 원형 흐름은 아마 생물학에 있는 극소수의 조직화 규칙에 속할 것이다.

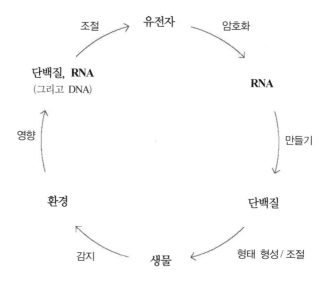

분명히 이 정보 흐름의 방향성에는 예외 사례가 있긴 하다(레트로바이러스

는 RNA에서 DNA로 "역행"할 수 있다). 그리고 생물 세계에는 살아 있는 계에서 정보 흐름의 질서나 구성 요소를 바꿀 수도 있는, 아직 발견되지 않은 메커니즘들이 있다(한 예로, RNA가 유전자 조절에 영향을 미칠 수 있다는 사실은 최근에 발견된 것이다). 그러나 생물 정보의 이 원형 흐름은 개념상 개괄된 것이다.

이 정보 흐름은 생물학 법칙에 가장 가까운 것이다. 이 법칙을 조작하는 기술을 터득할 때, 우리는 역사의 가장 심오한 전환점 중 하나를 통과하게 될 것이다. 우리는 자아를, 자기 자신을 읽고 쓰는 법을 터득하게 될 것이다.

그러나 유전체의 미래로 넘어가기 전에, 그 과거를 잠시 돌아보기로 하자. 우리는 유전체가 어디에서 왔는지, 어떻게 출현했는지 알지 못한다. 그리고 생물학에서 가능한 그 모든 방법들 중에 하필이면 왜 이 정보 전달 및 자료 저장 방법이 선택되었는지도 알 수 없다. 하지만 유전자의 기원을 시험관에서 재현하려는 시도는 해볼 수 있다. 부드러운 말씨를 가진 하버드 생화학자 잭 쇼스택은 20년 넘게 시험관에서 자기 복제하는 유전적 체계를 만들려고 노력해왔다. 유전자의 기원을 재현하기 위해서이다.[16]

쇼스택의 실험 이전에 스탠리 밀러의 실험이 있었다. 밀러는 고대 대기에 존재했다고 알려진 기본 화학물질들을 섞어서 "원시 수프(primordial soup)"를 끓이려고 시도했던 선구적인 화학자였다.[17] 1950년대에 시카고 대학교에서 밀러는 유리 플라스크를 잘 밀봉한 다음, 주입구를 통해서 메탄, 이산화탄소, 암모니아, 산소, 수소를 불어넣었다. 거기에 뜨거운 수증기를 첨가한 뒤, 번개를 모사하기 위해서 전기 불꽃을 일으켰고, 동시에 고대 세계의 변덕스러운 조건을 재현하기 위해서 플라스크를 달구었다가 식혔다를 반복했다. 지옥의 불, 천국과 지옥, 공기와 물이 플라스크 안에 농축되었다.

3주일 뒤 밀러의 플라스크에서 생물은 기어 나오지 않았다. 그러나 이산화탄소, 메탄, 물, 암모니아, 산소, 수소, 열, 전기의 혼합물 속에서 밀러는 단백질의 구성단위인 아미노산과 가장 단순한 당을 미량 찾아냈다. 그 뒤에 점토, 현무암, 화산암을 추가하여 밀러의 실험을 변형하여 실험했더니 지질(脂質), 지방, 심지어 RNA와 DNA의 화학적 구성단위까지 나왔다.[18]

쇼스택은 이 수프에서 어울리지 않는 두 가지가 우연히 만나면서 유전자가 출현했다고 생각한다. 첫째, 수프 안에서 형성된 지질들이 융합되어 마이셀(micelle)을 구성했다. 마이셀은 비눗방울처럼 속이 빈 공 모양의 막으로서, 그 안에는 액체가 담겨 있고 세포의 막과 비슷하다(수용액에 함께 섞였을 때 특정한 지방들은 자연히 뭉쳐서 이런 방울을 형성하는 경향이 있다). 실험실에서 쇼스택은 이런 마이셀이 시원세포(始原細胞, protocell)처럼 행동할 수 있음을 보여주었다.[19] 지질을 더 추가하면 이 속이 빈 "세포"는 크기가 더 커지기 시작한다. 세포의 흔들리는 막처럼 팽창하고 출렁이고 가느다란 돌기를 뻗기도 한다. 그러다가 이윽고 분열하여 두 개의 마이셀이 된다.

둘째, 자기 조직적인 마이셀이 형성되는 동안, 뉴클레오사이드(A, C, G, U 또는 그 조상 화학물질)가 연결되어 가닥을 이루면서 RNA 사슬이 생겨났다. 이 커다란 RNA 사슬은 번식 능력이 전혀 없었다. 즉 자신의 사본을 만드는 능력이 전혀 없었다. 그러나 복제되지 않는 RNA 분자 수십억 개 중에 하나가 자신의 사본을 만들, 아니 자신의 거울상을 이용하여 사본을 생성할(RNA와 DNA가 본질적으로 자신의 거울상인 분자들을 만들 수 있는 화학구조를 지닌다는 점을 기억하자) 독특한 능력을 우연히 가지게 되었다. 놀랍게도 이 RNA 분자는 뒤섞인 화학물질들 중에서 뉴클레오사이드를 골라 모으고 그것들을 길게 이어서 새로운 RNA 사본을 만드는 능력을 지녔다. 자기 복제하는 화학물질이었다.

다음 단계는 편의상의 혼인이었다. 지구의 어딘가에서—쇼스택은 연못이나 늪의 가장자리였을지도 모른다고 생각한다—자기 복제하는 RNA 분자가 자기 복제하는 마이셀과 충돌했다. 개념적으로 볼 때, 그것은 폭발적인 사건이었다. 두 분자가 만나서, 사랑에 빠지고, 기나긴 혼인생활을 시작했다. 자기 복제하는 RNA는 분열하는 마이셀 안에서 지내기 시작했다. 마이셀은 RNA를 격리하고 보호했고, 그럼으로써 안전한 방울 안에서 특수한 화학 반응이 일어날 수 있었다. 그리고 RNA 분자는 단지 자신만이 아니라 RNA-마이셀 단위 전체의 자기 증식에 유리한 정보를 담기 시작했다. 시간이 흐르면서 RNA-마이셀 복합체에는 그런 RNA-마이셀 복합체를 더 많이 만들 수 있는 정보가 담기게 되었다.

쇼스택은 이렇게 썼다. "RNA를 토대로 한 시원세포가 그 뒤에 어떻게 진화했을지는 비교적 쉽게 알 수 있다. [원세포가] 더 단순하면서 더 풍부한 원료 물질로부터 내부적으로 양분을 합성하는 법을 배우면서……대사가 서서히 생겨났을 수 있다. 이어서 그 생물은 화학적 비결을 담은 주머니에 단백질 합성도 추가했을 것이다."[20] RNA "시원유전자(proto-gene)"는 아미노산을 구슬려서 사슬을 형성하고, 따라서 단백질을 만드는 법을 배웠을지도 모른다. 훨씬 더 효율적으로 대사, 자기 증식, 정보 전달을 할 수 있는 다재다능한 분자 기계를 말이다.

독립된 "유전자"—정보의 모듈—는 RNA 가닥에 언제, 어디에서 출현했을까? 유전자가 처음부터 모듈 형태로 존재했을까, 아니면 정보 저장의 중간 또는 대안 형태가 따로 있었을까? 이 질문들도 근본적으로 대답할 수 없는 것이지만, 아마 정보 이론이 한 가지 중요한 단서를 제공할 수 있을지도 모른다. 모듈 형식이 아닌 연속된 형태의 정보는 관리하기가 극도로 어렵다는 문제점이 있다. 그런 정보는 확산되고 훼손되는 경향이 있다. 엉키고 희석되고 분해되는 경향이 있다. 한쪽 끝을 잡아당기면 다른 쪽 끝이 풀린다. 정보가 정보로 흘러든다면, 왜곡될 위험이 훨씬 더 커진다. 한가운데가 찍혀서 움푹 들어간 레코드판을 생각해보라. 반면에 "디지털화한" 정보는 수선하고 복구하는 것이 훨씬 쉽다. 서가(書架) 전체를 재배치할 필요 없이 책 한 권에 있는 단어 하나를 찾아서 바꿀 수 있다. 유전자도 같은 이유로 출현했을지 모른다. RNA 한 가닥에 있는 별개의 정보 모듈을 독립적이고 별개의 기능을 담당하는 명령문을 담는 데에 쓸 수 있었다.

정보의 불연속적 속성은 추가 혜택을 제공했을 것이다. 하나의 돌연변이가 다른 유전자들에는 영향을 주지 않고 단 하나의 유전자에만 영향을 미칠 수 있었다는 것이다. 이제 돌연변이는 생물 전체의 기능을 교란하지 않고 개별 정보 모듈에 작용할 수 있었다. 그럼으로써 진화를 촉진할 수 있었다. 그러나 그 혜택에는 단점이 딸려 있었다. 돌연변이가 너무 많아지면, 정보가 손상되거나 사라진다는 것이었다. 아마 그럴 때를 대비하여 복구에 쓸 사본이 필요했을 것이다. 즉 원본을 보호하거나 손상되었을 때 원형을 복구하는 데에 쓸 거울상이 필요했다. 아마 그것이 **이중나선** 핵산을 만들게 된 궁극적인 동기였을 것이다. 한 가닥의 자료는 다른 가닥에 완벽하게 반영되어 있어서 어딘가 손상되면 복구하는 데에 쓸 수 있었다. 음이 양을 보호할 터였다. 따라서 생명은 자신의 하드 드라이브를 발명한 셈이었다.

시간이 흐르자 이 새로운 사본—DNA—은 원본이 되었다. DNA는 RNA 세계의 발명품이었지만, 곧 RNA를 뛰어넘어서 유전자의 운반체가 되었고, 살아 있는 계의 유전 정보를 지닌 주된 물질이 되었다.* 또 하나의 고대 신화—제우스에게 찬탈당하는 크로노스처럼, 자식에게 밀려나는 아버지라는—가 우리 유전체의 역사에 새겨져 있다.

---

* 지금도 RNA 형태로 유전자를 가지고 있는 바이러스들이 일부 있다.

제6부
유전체 이후

운명과 미래의 유전학

(2015-···)

지상낙원을 약속하는 사람들이 만들어낸 것은 지옥뿐이었다

—칼 포퍼[1]

자신의 미래를 소유하고 싶어하는 것은 오로지 우리 인간뿐이다.

—톰 스토퍼드, 『유토피아의 해안(*The Coast of Utopia*)』[2]

미래의 미래

아마 유전자 요법이라는 분야만큼 희망을 주는 동시에 논란을 일으키고 과대평가되고 심지어 위험하기까지 한 DNA 과학은 또 없을 것이다.
— 지나 스미스, 『유전체학 시대(*The Genomic Age*)』[1]

공기를 정화하라! 하늘을 맑게 하라! 바람을 씻어라! 돌에서 돌을 취하고, 팔에서 피부를 취하고, 뼈에서 근육을 취하여 씻어라. 돌을 씻고, 뼈를 씻고, 뇌를 씻고, 영혼을 씻고, 씻고 또 씻어라!
— T. S. 엘리엇, 『대성당의 살인(*Murder in the Cathedral*)』[2]

잠시 한 요새의 성벽으로 돌아가 보자. 때는 1972년 늦여름이었다. 우리는 시칠리아의 유전학 학술대회에 있다. 늦은 밤, 폴 버그는 한 무리의 학생들과 도시의 불빛이 한눈에 내려다보이는 언덕 위로 올라갔다. 버그가 전한 소식, 즉 두 DNA 조각을 결합하여 "재조합 DNA"를 만들 수 있다는 소식에 청중은 충격과 불안에 휩싸였다. 회의장에서 학생들은 그런 새로운 DNA가 위험할 수 있다고 우려했다. 잘못된 유전자가 잘못된 생물에 도입된다면, 생물학적 또는 생태학적 재앙이 일어날 수 있었다. 그러나 버그의 토론 상대들은 병원체 쪽으로는 별 걱정을 하지 않았다. 학생들이 종종 그렇듯이, 그들은 문제의 핵심을 파고들었다. 그들은 인류 유전공학의 미래를 알고 싶어했다. 새로운 유전자가 인간의 유전체에 영구히 도입된다면 어떻게 될까? 유전자로부터 미래를 예측할 수 있다면? 그리고 유전자 조작을 통해서 그 운명을 바꿀 수 있다면? 훗날 버그는 내게 말했다. "그들의 생각은 이미 몇 단계 앞서나가고 있었어. 나는 미래를 걱정하고 있었는데, 그들은 미래의 미래를 걱정하고 있었던 거야."

얼마 동안은 "미래의 미래"를 생물학적으로 다룬다는 것이 불가능해 보였다. 그러나 재조합 DNA 기술이 발명된 지 겨우 3년 뒤인 1974년, 과학자들은 유전자 변형 SV40 바이러스로 생쥐의 초기 배아세포를 감염시켰다.[3] 대담한 연구 계획이었다. 바이러스에 감염된 배아세포를 정상 배아의 세포와 뒤섞어서 배아 "키메라"를 만든다는 것이었다. 이 복합 배아를 생쥐에 착상시킨다. 배아의 모든 세포와 기관은 이 세포 혼합체에서 생겨날 것이다. 혈액, 뇌, 장, 심장, 근육, 가장 중요한 정자와 난자까지도 말이다. 바이러스에 감염된 배아세포가 새로 태어난 생쥐의 정자와 난자 중 일부를 만든다면, 바이러스 유전자는 다른 여느 유전자들과 함께 다음 세대의 생쥐에게로 대를 이어 전달될 것이다. 그러면 그 바이러스는 트로이 목마처럼 동물의 유전체에 유전자를 집어넣어서 영구히 대대로 전달함으로써 최초의 유전자 변형 고등동물을 탄생시킬 것이다.

실험은 처음에는 순조로웠다. 그러나 예기치 않은 두 가지 문제가 나타났다. 첫째, 생쥐의 혈액, 근육, 뇌, 신경에 바이러스 유전자를 지닌 세포들이 있는 것은 분명했지만, 정자와 난자에 바이러스 유전자가 들어갈 확률이 극도로 낮았다. 아무리 애써도 과학자들은 세대 간에 유전자를 전달할 효율적인 "수직" 전달 방법을 찾을 수가 없었다. 둘째, 설령 생쥐 세포에 바이러스 유전자가 들어 있다고 해도, 그 유전자는 전혀 발현이 되지 않았다. 따라서 그것은 RNA나 단백질을 만들지 못하는 불활성 유전자였다. 여러 해가 흐른 뒤에야 과학자들은 세포가 바이러스 유전자에 후성유전학적 표지를 붙여서 그것을 침묵시킨다는 것을 알아냈다. 지금 우리는 세포가 바이러스 유전자를 인식하여 거기에 마치 취소 서명처럼 그 활성을 막는 화학적 표지를 찍는 고대의 검출기를 가진다는 것을 안다.

마치 유전체가 자신의 변형하려는 시도가 있을 것임을 이미 예견하고 있었던 듯이 보인다. 완벽한 교착상태였다. 마술사들 사이에는 대상을 사라지게 하는 것보다 다시 나타나게 하는 법을 배우는 것이 핵심이라는 오래된 격언이 있다. 유전자 요법 연구자들은 이 교훈을 다시 배우는 중이다. 유전자를 세포와 배아 속으로 보이지 않게 집어넣기는 쉬웠다. 진짜 도전 과제는 다시 보이게 하는 것이었다.

이 초기 연구 결과들에 의욕이 꺾인 유전자 요법 분야는 거의 10년 남짓 정체기를 겪었다. 이런 상황은 생물학자들이 한 가지 중요한 발견을 하면서 바뀌게 되었다. 바로 배아 줄기세포(embryonic stem cell, ES cell)였다.[4] 유전자 요법의 미래를 이해하려면, 배아 줄기세포를 살펴볼 필요가 있다. 뇌나 피부 같은 기관을 생각해보자. 동물이 나이를 먹을수록, 피부 표면에 있는 세포들은 자랐다가 죽어서 떨어져나간다. 이 세포 죽음의 물결은 거대해질 수도 있다. 이를테면 화상을 입거나 큰 상처를 입은 뒤에 그렇다. 죽은 세포를 대체하기 위해, 대다수의 기관은 자신의 세포를 재생하는 방법을 갖추어야 한다.

이 기능을 맡은 것이 바로 줄기세포이다. 대규모로 세포를 잃었을 때는 더욱 그렇다. 줄기세포는 두 가지 특성을 통해서 정의되는 독특한 세포이다. 첫 번째 특성은 분화를 통해서 신경세포나 피부세포 등 다른 기능을 가진 세포들을 만들 수 있다는 것이다. 둘째로는 **스스로**를 재생산하여, 더 많은 줄기세포를 만들 수 있다는 점이다. 이 불어난 세포들은 분화하여 특정 기관의 기능을 담당하는 세포가 된다. 줄기세포는 자식, 손자, 증손자 등을 계속 낳는 한편으로, 번식 능력을 결코 잃지 않는 먼 조상에 비유할 수도 있다. 줄기세포는 조직이나 기관의 궁극적인 재생 원천이다.

대부분의 줄기세포는 특정한 조직과 기관에 자리를 잡고 한정된 종류의 세포만을 만들어낸다. 골수에 있는 줄기세포는 혈액세포만을 만들어낸다. 장의 구석진 곳에 있는 줄기세포는 장세포만을 생산한다. 그러나 동물 배아의 안쪽에서 생기는 배아 줄기세포는 훨씬 더 강력하다. 이 세포는 혈구, 뇌, 장, 근육, 뼈, 피부 등 생물의 몸을 이루는 모든 세포를 만들 수 있다. 생물학자들은 배아 줄기세포의 이 특성을 묘사하기 위해서 만능(pluripotent : 배아 줄기세포가 발견된 뒤, 얼마나 많은 종류의 세포를 만들 수 있느냐에 따라서 세포의 능력을 구분하는 용어들이 여럿 나왔다. 하지만 엄밀하게 구분해서 쓰지 않는 사례도 많다. pluripotent라는 영어 단어는 흔히 다능이라고 번역되지만, 이보다 더 능력이 적은 세포를 가리키는 multipotent 역시 다능이라고 번역된다. 따라서 여기서는 전능[totipotent], 만능, 다능 중에서 만능이라는 용어를 택했다. 전능은 접합자나 포자, 다능은 성체 줄기세포를 가리킬 때 주로 쓰인다/역주)이라는 단어를 만들었다.

배아 줄기세포는 독특하고 별난 성질의 세 번째 특징도 가진다. 별난 성질이다. 이 세포는 생물의 배아에서 분리하여 실험실의 배양 접시에서 기를 수 있다. 배지에서 하염없이 자란다. 그러면서 투명한 작은 공 모양이 되는데, 현미경에서 보면 새 둥지처럼 돌돌 말려 있는 듯하다. 형성되고 있는 생물이라기보다는 녹고 있는 신체 기관처럼 보인다. 사실 1980년대 초에 영국 케임브리지의 한 연구실에서 생쥐 배아로부터 이 세포를 처음으로 얻었을 때, 유전학자들은 흥미를 거의 못 느꼈다. 발생학자 마틴 에번스는 "내 세포에는 아무도 관심이 없는 모양이야"[5]라고 투덜거렸다.

그러나 배아 줄기세포의 진정한 힘도 전환을 이룬다는 데에 있다. DNA, 유전자, 바이러스처럼, 이 세포가 강력한 생물학적 도구가 될 수 있는 이유는 본질적으로 이중성을 가지고 있기 때문이다. 배아 줄기세포는 조직 배양을 할 때 실험하는 대로 잘 따르는 듯이 보인다. 배양 접시에서 키울 수 있고, 작은 병에 담아 얼려 두었다가 다시 녹여서 배양할 수도 있다. 배양액에서 여러 세대 동안 증식시킬 수도 있고, 그 유전체에 유전자를 집어넣거나 들어 있는 유전자를 제거하기도 비교적 쉽다.

그렇지만 같은 세포를 적절한 맥락에서 적절한 환경에 놓으면, 말 그대로 생물이 튀어나온다. 이 배아 줄기세포를 초기 배아에서 얻은 세포와 섞어서 생쥐의 자궁에 착상시키면, 세포들이 분열하면서 층을 형성한다. 그리고 혈구, 뇌, 근육, 간, 심지어 정자와 난자에 이르기까지 온갖 세포로 분화한다. 이 세포들은 저절로 조직되어 기관을 형성하고, 통합되면서 기적처럼 여러 층으로 구성된 다세포 생물이 된다. 즉 진짜 생쥐가 탄생한다. 따라서 배양 접시에서 이루어진 모든 실험 조작은 이 생쥐에게로 전달된다. 배양 접시에 있는 어떤 세포에게 가한 유전자 조작이 자궁에 있는 생물의 유전자 변형이 "된다." 실험실과 생물 사이의 전환이다.

줄기세포는 실험하기 쉽다는 장점이 있는 반면에, 훨씬 더 해결하기 어려운 문제점도 가진다. 바이러스를 이용하여 세포에 유전자를 집어넣을 때에는 그 유전자가 유전체의 어디에 끼워질지 통제하는 것이 거의 불가능하다. 사람 유전체에는 30억 개의 염기쌍이 있다. 대다수 바이러스의 유전체보다 약 5-10만 배 더 크다. 바이러스의 유전자가 유전체의 어디에 끼워질지는 대서양을 지나는 비행기에서 떨어진 사탕 포장지의 운명과 다를 바 없다. 어디에 떨어질지 예측하는 것이 아예 불가능하다. HIV나 SV40처럼 유전자를 끼워넣을 수 있는 바이러스들은 거의 대부분이 대체로 자기 유전자를 인간 유전체의 아무 곳에나 무작위로 끼운다. 유전자 요법을 하려는 입장에서는 이 무작위적인 통합이 대단히 성가신 문제이다. 바이러스 유전체는 결코 발현되지 않을 유전체의 적막한 틈새로 떨어질 수도 있다. 세포가 별 어려움 없이 능동적으로 침묵시킬 수 있는 염색체 영역에 떨어질 수도 있다. 또는 핵심 유전자를 망가뜨리거나 발암 유전자를 활성화함으로써 끔찍한 재앙을 일으킬 수도 있다.

그러나 배아 줄기세포를 통해서 과학자들은 무작위적이 아니라, **유전자 자체까지** 포함하여 유전체의 원하는 위치에 정확히 유전적 변화를 일으키는 법을 터득했다.[6] 인슐린 유전자를 바꾸기로 마음먹고서, 다소 기초적이긴 하지만 독창적인 실험 조작을 가해서 세포의 인슐린 유전자만 바꿀 수도 있다.[7]

그리고 원리상 유전자 변형 배아 줄기세포는 생쥐의 모든 세포를 만들 수 있으므로, 정확히 인슐린 유전자가 변형된 생쥐를 탄생시킬 수 있을 것이다. 유전자 변형 배아 줄기세포가 이윽고 생쥐 성체에서 난자와 정자를 생산한다면, 그 유전자는 대를 이어서 생쥐에게서 생쥐로 전달됨으로써, 수직 유전자 전달이 이루어질 것이다.

이 기술은 엄청난 의미를 함축하고 있었다. 자연계에서 유전자에 지향적이거나 의도적인 변화를 일으키려면 무작위 돌연변이와 자연선택을 통하는 수밖에 없다. 예를 들면, 한 동물을 X선에 노출시키면, 유전체에 영구적인 유전자 변형이 일어날 수 있다. 그러나 그 X선을 어느 특정한 유전자에 집중시킬 방법은 없다. 자연선택은 그 생물에게 가장 높은 적합도를 제공하는 돌연변이를 선택할 것이고, 그럼으로써 그 돌연변이는 유전자풀에서 점점 흔해진다. 그러나 이 체계에서는 돌연변이도 진화도 지향성이나 의도성을 전혀 가지고 있지 않다. 자연에서 유전적 변화를 일으키는 엔진의 운전석에는 아무도 앉아 있지 않다. 리처드 도킨스의 말처럼, 자연의 "시계공(watchmaker)"은 본래 앞을 볼 수 없다.[8]

그러나 과학자는 배아 줄기세포를 이용하여, 거의 모든 유전자를 원하는 대로 조작한 뒤, 동물의 유전체에 집어넣어서 영구적인 변화를 일으킬 수 있게 되었다. 똑같이 돌연변이와 선택이라는 단계를 거치지만, 실험실의 배양 접시에서 급속히 가속시킨 진화였다. 그 기술이 대단히 혁신적이었기 때문에, 이 생물을 가리키는 새로운 용어가 만들어져야 했다. 유전자를 옮겼다고 해서 **유전자 도입 동물**(transgenic animal, 형질전환 동물)이라고 했다. 1990년대 초까지, 전 세계의 연구실에서 유전자 도입 생쥐 수백 계통이 만들어져서 유전자의 기능을 밝히는 데에 이용되었다. 해파리 유전자를 집어넣어서 푸른 불빛을 쬐면 어둠 속에서 빛을 내는 생쥐도 있었다. 성장 호르몬 유전자 변이체를 가지고 있어서 정상 생쥐보다 몸집이 2배인 생쥐도 있었다. 알츠하이머병, 간질, 조로증에 걸리도록 유전자를 변형한 생쥐도 있었다. 발암 유전자가 활성화하여 종양으로 뒤덮인 생쥐는 사람의 악성 종양을 연구하는 모델이 되었다. 2014년에는 뇌의 신경세포 사이의 의사소통을 통제하는 유전자에 돌연변이가 일어난 생쥐가 탄생했다. 이 생쥐는 기억력과 인지 기능이 상당히 향상되어 있었다. 설치류 세계의 석학이다. 이들은 더 빨리 기억하고, 더 오래 기억하며, 정상 생쥐보다 새로운 과제를 거의 2배나 빨리 배운다.[9]

이런 실험들은 복잡한 윤리적 문제를 안고 있다. 이 기술을 영장류에 쓸 수 있을까? 아니면 사람에게? 유전자 도입 동물을 만들지 여부를 누가 규제해야 할까? 어떤 유전자가 도입 가능하며, 실제로 도입될까? 도입된 유전자는 어떤 문제가 있을까?

다행히도 윤리적 격론이 벌어질 기회가 오기 전에, 기술적 장벽이 먼저 앞을 가로막았다. 유전자 도입 생물의 탄생을 포함하여, 초창기의 배아 줄기세포 연구는 대부분 생쥐 세포를 이용했다. 그러다가 1990년대 초에 과학자들은 **사람**의 초기 배아로부터 사람의 배아 줄기세포를 얻는 데에 성공했다. 그러나 그들은 예기치 않은 장벽과 맞닥뜨렸다. 실험 조작에 아주 잘 따른다고 입증된 생쥐 배아 줄기세포와 달리, 사람 배아 줄기세포는 도무지 배양할 수가 없었다. 생물학자 루돌프 재니시는 이렇게 말했다. "이 분야의 지저분한 작은 비밀일지도 모르겠다. 사람 배아 줄기세포가 생쥐 배아 줄기세포와 똑같은 능력이 있는 것이 아니라는 사실 말이다. 사람의 배아 줄기세포는 복제할 수가 없다. 유전자 표적으로도 쓸 수 없다……모든 것을 할 수 있는 생쥐 배아 줄기세포와 전혀 다르다."[10]

적어도 잠시였지만, 유전자 도입이라는 요정은 병 속에 갇힌 듯이 보였다.

사람 배아에 유전자를 도입하는 문제는 당분간 제쳐두어야 했다. 그러나 유전자 요법 연구자들이 덜 급진적인 목표를 택할 수 있다면? 바이러스를 사람의 **생식세포가** 아닌 다른 세포, 이를테면 뉴런, 혈구, 근육세포에 유전자를 도입하는 데에 쓸 수 있다면? 유전자가 유전체에 무작위로 끼워진다는 문제는 남아 있을 것이고, 가장 중요한 과제인 한 생물에서 다음 세대의 생물로 유전자의 수직 전달도 일어나지 않을 것이다. 하지만 바이러스가 지닌 유전자를 적절한 세포에 집어넣을 수 있다면, 치료라는 목적은 달성할 수도 있을 것이다. 그것만으로도 인류 의학은 새로운 미래로 도약하게 될 것이다. 그것은 약한 유전자 요법이 될 것이었다.

1988년, 오하이오 주 노스 올름스테드에 사는 아샨티 데실바, 줄여서 애시라는 애칭으로 불리는 두 살배기 여아에게 특이한 증상들이 나타나기 시작했다.[11] 부모라면 다 알겠지만, 아기 때는 수십 가지 병을 잠깐씩 앓고 지나가기 마련이다. 그러나 애시의 병과 증상은 매우 비정상적이었다. 특이한 폐렴과 감염이 오래 이어졌고, 상처가 잘 낫지 않았고, 백혈구 수가 계속 정상보다 낮은 수준으로 유지되었다. 애시는 어린 시절의 상당 부분을 병원을 들락거리면서 보냈다. 두 살 때에는 흔한 바이러스 감염이 걷잡을 수 없이 악화되어 체내 출혈로 목숨까지 위험해져서 장기간 병원 신세를 지기도 했다.

얼마 동안 담당 의사들은 애시의 증상들에 당혹스러워하면서, 면역계가 덜 발달되어서 주기적으로 병에 걸리는 것이 아닐까 생각했다. 면역계가 발달되면 나아지지 않을까 기대하면서 말이다. 그러나 애시가 세 살이 되어도 증상이 호전되지 않자, 온갖 검사가 이루어졌다. 이윽고 애시의 면역결핍증이 유전자 때문임이 밝혀졌다. 20번 염색체에 있는 ADA라는 유전자 쌍 양쪽에 희귀한 돌연변이가 자연적으로 생긴 결과였다. 그때쯤 애시는 이미 몇 차례 생사의 기로를 오간 상태였다. 신체적 고통도 엄청났지만, 정서적 고통은 더욱 극심했다. 네 살이었던 어느 날 아침, 애시는 눈을 뜨자 말했다. "엄마, 나 같은 아이는 낳지 말았어야 했어."[12]

아데노신 탈아미노효소(adenosine deaminase)의 약자인 ADA 유전자는 몸에서 생기는 천연 화학물질인 아데노신을 이노신(inosine)이라는 무해한 물질로 전환하는 효소를 만든다. ADA 유전자가 없으면, 그 독소 제거 반응이 일어나지 않아서 아데노신 대사의 유독한 부산물이 몸에 쌓인다. 감염에 맞서 싸우는 T 세포가 이 독소에 가장 심하게 피해를 본다. 그리고 T 세포가 없으면 면역계는 빠르게 붕괴한다. 이 병은 아주 희귀하다. 15만 명 중 1명꼴로 ADA 결핍증을 타고난다. 그러나 출생 후에 거의 대부분이 그 병으로 사망하기 때문에, 생존자는 더욱 적다. ADA 결핍증은 중증 복합 면역결핍증 (severe combined immunodeficiency, SCID)이라는 널리 알려진 더 큰 질병군에 속한다. SCID 환자 중 가장 널리 알려진 사례는 데이비드 베터라는 소년이었다. 그는 12년이라는 전 생애를 텍사스의 한 병원의 플라스틱 격리실 안에서 살았다. 언론에 버블 보이(Bubble Boy)라고 소개된 데이비드는 멸균 상태의 플라스틱의 투명한 보호막 안에서 갇혀 살다가 1984년에 골수 이식 수술을 받았지만 결국 숨을 거두었다.[13]

데이비드 베터의 사망으로 ADA 결핍증을 골수 이식으로 치료할 수 있지 않을까 희망을 품었던 의사들은 손을 놓아야 했다. 1980년대 중반에 초기 임상 시험에 들어간 약물만이 남은 유일한 치료 수단이었다. PEG-ADA라는 그 약물은 소에게서 추출하여 정제한 효소를 혈액 속에서 오래 살아남도록 (정상적인 ADA 단백질은 수명이 아주 짧아서 효과를 발휘하지 못한다), 지방으로 감싼 것이었다. 그러나 PEG-ADA는 면역결핍증을 거의 치유하지 못했다. 거의 매달 혈액에 새로 주입하여, 분해된 효소를 대체해야 했다. 설상가상으로 PEG-ADA는 그것에 맞서는 항체를 유도할 위험이 있었다. 그 결과 그 효소의 농도가 급감하면서 더욱 큰 재앙이 빚어진다. 해결책이 원래의 문제보다 더욱 심각한 상황을 낳게 된다.

그렇다면 유전자 요법이 ADA 결핍증을 교정할 수 있을까? 아무튼 단 하나의 유전자만 교정하면 되고, 그 유전자는 이미 파악되고 분리된 상태였다. 유전자를 사람의 세포에 운반하도록 고안된 운반체, 즉 벡터도 이미 나와 있었다. 보스턴의 바이러스학자이자 유전학자인 리처드 멀리건은 어떤 유전자든 비교적 안전하게 사람의 세포에 전달할 수 있는 레트로바이러스—HIV의 사촌—균주를 만들어냈다.[14] 레트로바이러스는 감염시키는 세포의 종류에 따라 다양하게 설계할 수 있다. 레트로바이러스는 자신의 유전체를 세포의 유전체에 끼워서, 유전물질을 영구히 세포의 유전체에 고정시키는 독특한 능력이 있다. 멀리건은 이 기술을 변형시켜서, 세포를 감염시키고 유전체에 자신의 유전자를 끼워넣을 수는 있지만 증식하여 세포에서 세포로 옮겨가는 능력은 사라진, 부분적으로는 기능이 망가진 바이러스를 만들어냈다. 즉 바이러스는 들어가지만, 나오는 바이러스는 전혀 없었다. 그 유전자는 유전체에 끼워지지만, 다시 튀어나오는 일은 없었다.

1986년, 베데스다의 국립보건원에서 윌리엄 프렌치 앤더슨과 마이클 블레이즈*가 이끄는 유전자 치료 연구진은 멀리건의 벡터를 변형하여 ADA 유전자를 ADA 결핍증 아이에게 집어넣을 계획을 세웠다.**[15] 앤더슨은 다른 연구실에서 ADA 유전자를 구해서 레트로바이러스 유전자 전달 벡터에 삽입했다. 1980년대 초에 앤더슨과 블레이즈는 레트로바이러스 벡터를 써서 사람의 ADA 유전자를 생쥐, 이어서 원숭이의 혈액을 만드는 줄기세포에 넣는 몇 가지 예비 실험을 수행했다.[16] 앤더슨은 ADA 유전자를 지닌 바이러스가 그 줄기세포를 감염시키면, 제 기능을 하는 ADA 유전자를 지닌 T 세포를 비롯한 혈액 성분들이 만들어질 것이라고 기대했다.

그러나 실험 결과는 기대한 것과 거리가 멀었다. 유전자 전달율이 극도로 낮았던 것이다. 실험 대상 원숭이 5마리 중 한 마리—멍키 로버츠—만이 바

---

* 케니스 컬버도 그 연구진의 중요한 일원이었다.
** 사람에게 유전자 요법을 처음으로 시도한 사람은 UCLA의 마틴 클라인이라고 알려져 있다. 원래 전공이 혈액학이었던 그는 베타지중해빈혈(beta-thalassemia)을 연구하고 있었다. 헤모글로빈의 구성단위 중 하나를 만드는 유전자에 돌연변이가 일어나서 심각한 빈혈이 발생하는 유전병이었다. 그는 제약과 규제가 덜한 외국에서라면, 재조합 DNA를 써서 사람에게 실험을 할 수 있을 것이라고 생각했다. 클라인은 소속 병원의 심사 위원회에 알리지 않고, 1980년에 이스라엘인과 이탈리아인 두 명의 지중해빈혈 환자에게 임상 시험을 했다. 그러나 국립보건원과 UCLA에게 발각되었다. 국립보건원은 연방 법규 위반으로 그를 제재했고, 결국 그는 담당 부서의 책임자 자리에서 물러났다. 그의 시험 자료 전체는 공식적으로 발표된 적이 없다.

이러스가 전달한 유전자로부터 사람의 ADA 단백질이 계속해서 생산되는 혈구를 지니고 있었다. 하지만 앤더슨은 개의치 않았다. 그는 이렇게 주장했다. "사람의 몸에 새로운 유전자가 들어갔을 때 어떤 일이 일어날지는 아무도 모른다. 누가 뭐라든 간에 그것은 완전한 블랙박스이다……시험관과 동물 연구는 그만큼만 말해줄 수 있을 뿐이다. 결국은 사람을 상대로 시험을 해야 한다."[17]

1987년 4월 24일, 앤더슨과 블레이즈는 국립보건원에 유전자 요법 실험을 하겠다고 허가 신청서를 냈다. 그들은 ADA 결핍증 아이의 골수 줄기세포를 추출하여, 실험실에서 그 세포를 바이러스에 감염시킨 뒤, 그 변형된 세포를 몸에 다시 이식하겠다고 했다. 그 줄기세포는 B 세포와 T 세포를 포함하여 혈액의 모든 성분을 만들므로, ADA 유전자는 가장 필요한 곳인 T 세포에서도 발현될 것이라고 했다.

실험 계획안은 재조합 DNA 자문 위원회(Recombinant DNA Advisory Committee, RAC)로 넘겨졌다. 버그의 애실로마 회의 권고안이 나온 뒤 국립보건원에 설치된 위원회였다. 까다롭게 검토하기로 유명한 그 위원회는 재조합 DNA를 쓰는 모든 실험이 거쳐야 할 문지기였다(너무나 깐깐했기에, 연구자들은 그 위원회의 승인을 받는 일을 "고문대[Rack] 통과하기"라고 부르곤 했다). 예상대로 RAC은 동물 자료가 미흡하고, 줄기세포로 유전자가 전달되는 비율이 검출이 거의 안 될 만큼 낮고, 실험의 근거도 부족할 뿐 아니라, 인체에 유전자를 도입하는 실험이 여태껏 시도된 적이 없다는 등의 이유를 들어서 계획안을 단박에 거부했다.[18]

앤더슨과 블레이즈는 연구실에서 계획안을 수정했다. 그들은 RAC의 결정이 옳다고 마지못해 인정했다. 유전자를 전달하는 바이러스가 골수 줄기세포를 감염시키는 비율이 검출이 거의 안 될 만큼 낮다는 점은 분명히 문제였고, 동물 자료도 결코 흡족한 수준이라고 할 수 없었다. 그러나 줄기세포를 쓸 수 없다면, 유전자 요법이 어떻게 성공하기를 바랄 수 있겠는가? 줄기세포는 몸에서 유일하게 스스로를 재생산할 수 있는 세포이므로, 유전자 결핍의 장기적인 해결책이 될 수 있다. 자기 재생을 하거나 수명이 긴 세포가 아니라면, 유전자를 인체에 집어넣을 수는 있어도 그 유전자를 지닌 세포는 이윽고 죽어 사라질 것이다. 그러면 유전자가 있어도, 치료는 없을 터였다.

그해 겨울, 그 문제로 고심하던 블레이즈는 가능성 있는 해결책을 하나 떠올렸다. 유전자를 혈액을 만드는 줄기세포에 집어넣는 대신, ADA 환자의 혈액에서 T 세포를 채취하여 그 세포에 바이러스를 집어넣는다면 어떨까? 바이러스를 줄기세포에 집어넣는 것처럼 근본적이거나 영구적인 결과를 얻지는 못하겠지만, 위험이 훨씬 덜하고 임상에 적용하기가 훨씬 더 수월할 터였다. T 세포는 골수가 아니라 혈관에서도 채취할 수 있으며, ADA 단백질을 만들어서 결핍증을 호전시킬 수 있을 정도로 살아 있을 수도 있었다. 비록 T 세포는 시간이 흐르면서 혈액에서 사라지겠지만, 이 과정은 얼마든지 반복해서 쓸 수 있었다. 결정적인 유전자 요법이라고 할 수는 없겠지만, 그래도 원리는 입증하는 셈이 될 터였다. 이중으로 가벼운 형태의 유전자 요법이라고 할 수 있었다.

앤더슨은 망설였다. 사람 유전자 요법의 첫 임상 시험을 시작하겠다면, 이왕이면 결정적인 실험으로 의학사에 영구히 이름을 남기고 싶었다. 그는 처음에는 반대했지만, 결국 마음이 약해져서 블레이즈의 논리에 수긍했다. 1990년, 앤더슨과 블레이즈는 다시 위원회와 접촉했다. 이번에도 격렬한 반대에 직면했다. T 세포 계획은 처음에 제안했던 계획보다 뒷받침할 자료가 더욱 부족했다. 앤더슨과 블레이즈는 계획서를 수정하고 또 수정하면서 계속 제출했다. 그렇게 몇 달이 흘러갔다. 지루하게 논의에 논의를 거듭한 끝에, 1990년 여름, 위원회는 마침내 임상 시험을 진행해도 좋다고 동의했다. RAC의 의장 제라드 맥개리티는 말했다. "의사들은 이 날을 1,000년 동안 기다려 왔습니다." 그러나 대다수의 위원들은 성공 가능성을 그리 높게 보지 않았다.

앤더슨과 블레이즈는 전국의 병원을 뒤져서 임상 시험 대상자가 될 만한

ADA 결핍증 아동을 찾았다. 그들은 오하이오 주에 사는 환자 두 명을 찾아 냈다. 한 명은 신시아 컷셜이라는 키가 크고 검은 머리의 소녀였다. 다른 한 명은 스리랑카 출신의 화학자와 간호사의 4살 된 딸 아샨티(애시) 데실 바였다.

1990년 9월의 어느 흐린 아침, 밴과 라자 데실바 부부는 딸을 베데스다의 국립보건원으로 데리고 왔다. 애시는 네 살이었다. 목을 따라 산뜻하게 자른 윤기 나는 머리칼을 지닌 수줍은 소녀였다. 얼굴에는 걱정이 가득했지만 웃 음을 머금을 때마다 환하게 빛났다. 앤더슨과 블레이즈와의 첫 만남인 자리 였다. 그들이 다가가자 소녀는 외면했다. 앤더슨은 애시를 병원 기념품점으 로 데려가서 인형을 고르게 했다. 아이는 토끼 인형을 선택했다.

임상 센터로 돌아온 앤더슨은 애시의 정맥에 카테터를 삽입하여, 혈액 표 본을 채취하여 실험실로 달려갔다. 나흘에 걸쳐, 애시의 혈액에서 채취한 T 세포 2억 개가 탁한 수프 같은 커다란 배양액에서 레트로바이러스 2억 마리 와 뒤섞였다. 감염된 세포는 배양 접시에서 자라면서 분열하여 계속 불어났 다. 임상 센터의 10동에 있는 조용하고 습한 배양기에서 세포는 밤낮으로 두 배씩 계속 불어났다. 거의 정확히 25년 전 마셜 니런버그가 유전 암호를 푼 연구실에서 100미터쯤 떨어진 곳이었다.

1990년 9월 14일, 애시 데실바의 유전자 변형 T 세포가 준비되었다. 앤더 스는 동이 트자마자 초조함에 속이 안 좋아지는 것을 참으면서 아침을 건너 뛴 채 집에서 나왔다. 그는 계단을 마구 달려서 3층의 연구실로 향했다. 데실 바 가족은 벌써 와서 기다리고 있었다. 애시는 마치 구강 검진을 받을 때처럼, 엄마 옆에 꼭 붙어 서서 앉아 있는 엄마의 무릎을 두 팔꿈치로 꽉 누르고 있었다. 아침은 몇 가지의 추가 검사를 하면서 빠르게 흘러갔다. 바쁘게 들락 거리는 간호사들의 발소리만 가끔 들릴 뿐, 병원은 조용했다. 애시가 헐거운 노란 가운을 입고 침대에 앉자, 정맥에 주삿바늘이 들어갔다. 애시는 살짝 움찔했지만 곧 인상을 폈다. 정맥에 바늘이 꽂히는 경험은 수십 번 넘게 했으니까 말이다.

오후 12시 52분, ADA 유전자를 지닌 레트로바이러스에 감염된 T 세포 약 10억 개가 담긴 탁한 액체가 비닐 주머니에 담겨서 왔다. 간호사가 주머니를 정맥에 연결할 때, 애시는 걱정하는 눈빛으로 주머니를 쳐다보았다. 28분 뒤, 주머니가 텅 비고 마지막 방울이 애시의 몸속으로 들어갔다. 애시는 침대에서 노란 스펀지 공을 갖고 놀았다. 활력 징후들은 정상이었다. 애시의 아버지는 1층 자판기에서 사탕을 사기 위해서 동전을 한 줌 들고 계단으로 향했다. 앤더슨은 눈에 띄게 안도한 표정이었다. 옆에서 지켜본 한 사람은 이렇게 썼다. "중요하다는 인상을 거의 남기지 않은 채, 우주적인 순간이 지나갔다."[19] 그들은 여러 색깔의 M&M 초콜릿으로 자축했다.

앤더슨은 주입이 끝난 뒤, 복도를 따라 애시가 탄 휠체어를 밀고 가면서 의기양양하게 애시에게 말했다. "네가 1번이야." 국립보건원의 일부 동료들이 유전자 변형 세포를 이식받은 첫 번째 아이를 보기 위해서 문 밖에서 기다리고 있었다. 그러나 곧 사람들은 흩어졌고 과학자들은 연구실로 사라졌다. 앤더슨은 투덜거렸다. "맨해튼 도심에서 예수가 걷고 있어도 아무도 알아차리지 못할 것이라고 하더니."[20] 다음날, 애시의 가족은 오하이오의 집으로 돌아갔다.

앤더슨의 유전자 요법 실험이 성공했을까? 우리는 알지 못한다. 아마 결코 알지 못할 것이다. 앤더슨의 계획은 안전을 위한 원칙을 정하기 위해서 설계되었다. 레트로바이러스에 감염된 T 세포를 안전하게 인체에 전달할 수 있을까? 실험이 효과가 있는지 알아보기 위한 것이 아니었다. 이 실험으로 적어도 일시적으로라도 ADA 결핍증이 치료되었을까? 최초의 환자들인 애시 데실바와 신시아 컷셜은 유전자 변형 T 세포를 이식받기는 했지만, 인공 효소인 PEG-ADA 치료도 계속해서 받았다. 그러므로 유전자 요법의 효과가 있었다고 해도 그 약물의 효과와 뒤섞였다.

그렇기는 해도 데실바의 부모와 컷셜의 부모는 그 치료가 성공했다고 확신했다. 컷셜의 엄마는 인정했다. "크게 나아지진 않았어요. 하지만 예를 하나 들면, 딸은 감기만 한 번 걸리고 넘어갔어요. 대개 감기에 걸리면 폐렴까지 찾아오거든요. 그런데 이번에는 아니었어요……딸에게는 놀라운 일이었어요."[21] 애시의 아버지 라자 데실바도 동의했다. "PEG를 썼을 때도 증세가 엄청나게 호전되긴 했지만 콧물이 계속 흘렀고 늘 감기를 달고 살았죠. 계속 항생제를 복용하는데도 말이죠. 그런데 12월에 두 번째 이식을 받았을 때부터 달라지기 시작했어요. 전에 비해 사용하는 휴지의 양이 줄었거든요."

앤더슨의 열정과 두 가족이 증거로 제시한 일화들이 있다고 해도, 멀리건을 비롯한 많은 유전자 요법 연구자들은 앤더슨의 임상 시험이 그저 명성을 얻으려는 홍보 활동에 불과하다고 여겼다. 처음부터 그 임상 시험을 가장 공공연히 비판했던 멀리건은 자료가 미흡함에도 성공했다고 주장했다는 데에 특히 분개했다. 사람을 대상으로 시도되는 야심적인 유전자 요법 임상 시험이 콧물 빈도와 휴지 상자의 수로 측정된다면, 그 분야는 당혹스러워질 것이다. 멀리건은 한 기자가 그 실험에 관하여 묻자 답했다. "사기죠." 그는 사람의 세포에 유전적 변형을 도입할 수 있는지, 그 유전자가 안전하고 효과적으로 정상 기능을 하는지를 검사하려면, 세심하고 오염되지 않은 임상 시험을 해야 한다고 주장했다. "깨끗하고 순결한 유전자 요법"이었다.

그러나 그때쯤 유전자 요법 연구자들의 야망은 "깨끗하고 순결한" 세심한 실험이 거의 불가능할 정도로 열광적인 분위기로 들끓고 있었다. 국립보건원의 T 세포 임상 시험 보고서가 나오자, 유전자 요법 연구자들은 낭성 섬유종과 헌팅턴병 같은 유전병의 새로운 치료법을 떠올렸다. 유전자는 거의 어떤 세포에든 전달할 수 있으므로, 심장병, 정신질환, 암 등 세포에 일어나는 모든 병은 유전자 요법의 대상이 될 수 있었다. 그 분야가 앞으로 전력 질주할 태세를 갖추자, 신중하고 자제하자는 멀리건 같은 사람들의 목소리는 한 귀로 흘러들게 되었다. 그러나 그 열광은 엄청난 대가를 치르게 된다. 유전자 요법, 아니 인류유전학이라는 분야 전체는 머지않아 재앙에 빠지고, 그 분야의 역사상 가장 황폐한 순간을 맞이하게 된다.

애시 데실바가 유전자 변형 백혈구 치료를 받은 지 거의 9년 뒤인 1999년 9월 9일, 제시 젤싱어라는 소년이 또다른 유전자 요법 임상 시험에 참가하기 위해서 필라델피아로 왔다. 젤싱어는 18세였다. 오토바이를 즐겨 타고 레슬링 애호가이자 느긋한 성격의 젤싱어도 애시 데실바나 신시아 컷셜처럼 대사에 관여하는 한 유전자에 돌연변이를 가진 채로 태어났다. 젤싱어는 오르니틴 카르바밀 전달효소(ornithine transcarbamylase, OTC)를 만드는 유전자에 돌연변이가 있었다. 이 효소는 간에서 합성된다. OTC는 단백질을 분해하는 과정의 중요한 단계를 수행한다. 이 효소가 없으면 단백질 대사의 부산물인 암모니아가 몸에 축적된다. 세정제에 쓰이는 화학물질이기도 한 암모니아는 혈관과 세포를 손상시키고, 혈뇌 장벽을 넘어서 뇌의 뉴런을 서서히 중독시킨다. OTC 돌연변이가 있는 환자들은 대부분 유년기에 살아남지 못한다. 엄격하게 단백질이 없는 식사를 한다고 해도, 자라면서 자기 세포가 분해되면서 발생하는 물질에 중독된다.

불행한 질병을 안고 태어난 아이들 중에서 젤싱어는 자신이 유달리 운이 좋다고 생각해왔다. 그의 OTC 결핍증은 약한 형태였기 때문이다. 그의 유전자에 있는 돌연변이는 아버지나 어머니에게서 온 것이 아니라, **자궁 안에서** 세포 하나에 자연히 생긴 것이다. 아마 배아 때 생겼을 것이다. 유전적으로 볼 때 젤싱어는 희귀한 사례로, 일부 세포에는 제 기능을 하는 OTC가 없고 일부 세포에는 있는, 세포들의 조각보인 인간 키메라였다. 그러나 단백질 대사 능력은 심하게 떨어졌다. 젤싱어는 세심하게 조절된 식단—열량과 분량을 꼼꼼하게 측정하고 고려한—으로 살았고, 암모니아 농도를 억제하기 위해서 하루에 32개의 알약을 먹었다. 이렇게 극도로 신중을 기했어도, 젤싱어는 몇 차례 목숨이 위태로운 사건을 겪었다. 네 살 때에는 땅콩버터 샌드위치를 신나게 먹고서 혼수상태에 빠졌다.[22]

젤싱어가 열두 살이던 1993년, 펜실베이니아의 두 소아과 의사 마크 뱃쇼와 제임스 윌슨은 유전자 요법으로 OTC 결핍증 아동을 치료하기 위해서 실험을 시작했다.[23] 전직 대학 축구선수였던 윌슨은 야심적인 인체 실험에 흥미를 느끼는 모험가였다. 그는 제노바(Genova)라는 유전자 회사를 설립했고, 펜실베이니아 대학교에 인간 유전자 요법 연구소를 세웠다. 윌슨과 뱃쇼는 OTC 결핍증에 관심이 있었다. ADA 결핍증처럼 OTC 결핍증도 유전자하나의 기능 이상으로 생기므로, 유전자 요법을 쓰기에 이상적인 사례였다. 그러나 윌슨과 뱃쇼가 상상한 유전자 요법은 훨씬 더 급진적인 형태였다. 세포를 추출하여 유전적으로 변형시킨 다음 아이에게 다시 주입하는 (앤더슨과 블레이즈가 했듯이) 대신, 뱃쇼와 윌슨은 교정한 유전자를 바이러스를 통해서 **직접** 몸에 집어넣는 방식을 생각했다. 약한 형태의 유전자 요법이 아니었다. OTC 유전자를 지닌 바이러스를 만들어서 혈액을 통해서 간으로 그 바이러스를 보내고, 바이러스가 그 자리에서 세포를 감염시키게 하는 방식이었다.

뱃쇼와 윌슨은 바이러스에 감염된 간세포가 OTC 효소를 합성하기 시작할 것이고, 그러면 효소 결핍증이 치유될 것이라고 추론했다. 혈액의 암모니아 농도가 낮아지면, 일이 성공했다는 뜻이었다. 윌슨은 "별로 어렵지 않았다"고 회고했다. 그들은 유전자를 전달할 운반체로 아데노바이러스를 택했다. 대개 감기를 일으키지만, 심각한 질병과는 무관한 바이러스였다. 안전하고 합리적인 선택인 듯했다. 가장 흔해 빠진 바이러스를 그 시대의 가장 대담한 유전적 실험을 할 매개체로 쓴다니 말이다.

1993년 여름, 뱃쇼와 윌슨은 변형시킨 아데노바이러스를 생쥐와 원숭이에게 투여하기 시작했다. 생쥐 실험은 예측한 대로 이루어졌다. 바이러스는 간세포에 도달하여 유전자를 끼워넣음으로써, 세포를 제 기능을 하는 OTC의 공장으로 변모시켰다. 그러나 원숭이 실험은 더 복잡했다. 바이러스가 더 고농도일 때, 이따금 원숭이는 격렬한 면역 반응을 일으켰고, 그 결과 염증 반응과 간 손상이 일어났다. 출혈로 사망한 원숭이도 한 마리 있었다. 윌슨과 뱃쇼는 바이러스를 변형하여 면역 반응을 일으킬 만한 유전자들을 여러 개 제거하여, 더 안전한 유전자 전달 운반체를 만들고자 했다. 또 그들은 안전성을 이중으로 확보하기 위해서, 사람에게 투여할 용량을 17분의 1로 줄였다. 1997년 그들은 모든 유전자 요법 실험의 문지기인 재조합 DNA 자문 위원회에 사람을 대상으로 한 임상 시험의 승인을 신청했다. RAC은 처음에 반대했지만, 그 기관도 변해 있었다. ADA 임상 시험과 윌슨의 임상 시험이라는 10년 사이에, 재조합 DNA의 무서운 수호자였던 위원회는 인간 유전자 요법의 열광적인 응원자로 바뀌어 있었다. 열광적인 분위기는 위원회 바깥까지 퍼져 있었다. RAC가 윌슨의 임상 시험에 대한 평을 해달라고 요청하자, 생명 윤리학자들은 OTC 결핍증이 완연한 아이를 치료하는 일은 "강요"가 될 수 있다고 주장했다. 죽어가는 아이에게 효과가 있을지도 모를 혁신적인 요법을 시도하고 싶지 않을 부모가 어디 있겠냐는 것이었다. 대신에 그들은 더 약한 형태의 OTC를 가진 환자들과 정상적인 자원자들을 대상으로 임상 시험할 것을 권고했다. 바로 제시 젤싱어 같은 환자였다.

한편 젤싱어는 애리조나에서 복잡한 식단 제한과 약물에 점점 짜증을 내고 있었다(젤싱어의 부친 폴은 "10대들은 다 반항하기" 마련이지만, "햄버거와 우유 한 잔"조차 제대로 먹지 못할 때는 유달리 예민하게 굴었다고 내게 말했다). 17세였던 1998년 여름, 그는 펜실베이니아 대학교에서 OTC 임상 시험을 한다는 소식을 들었다. 그 즉시 그는 유전자 요법이라는 개념에 푹 빠졌다. 그는 쳇바퀴 도는 지겨운 삶에서 벗어나고 싶었다. 그의 부친은 이렇게 회상했다. "하지만 아들을 더욱 흥분시킨 것은 자기 아기를 위해서 한다는 생각이었어요. 어떻게 안 된다고 말하겠어요?"

젤싱어는 당장이라도 서명하고 싶어했다. 1999년 6월, 그는 동네 의원을 통해서 펜실베이니아 연구진과 연락하여 임상 시험 참가 신청을 했다. 그 달에 폴과 제시 젤싱어는 윌슨과 뱃쇼를 만나러 필라델피아로 향했다. 그들은 깊은 인상을 받았다. 폴은 그 임상 시험이 "매우 아름다운 것"이라는 인상을 받았다. 그들은 병원을 방문한 다음, 흥분과 기대감에 휩싸여서 도시를 돌아다녔다. 제시는 스펙트럼 경기장 밖에 있는 로키 발보아 동상 앞에 멈추었다. 폴은 아들의 사진을 찍었다. 권투선수가 이겼을 때처럼 두 팔을 치켜든 자세였다.

9월 9일, 제시는 대학병원에서 시작되는 임상 시험에 참가하기 위해서 옷, 책, 레슬링 비디오로 꽉 찬 가방을 메고 필라델피아로 돌아왔다. 제시는 숙부및 사촌들과 함께 그 도시에서 지내면서 예약된 날 아침에 병원에 입원할예정이었다. 시술이 빠르고 고통 없이 이루어질 것이라고 했기에, 폴은 요법이 끝난 다음 주에 아들을 여객기에 태워 집으로 데려가기로 했다.

9월 13일 아침, 바이러스를 투여하기로 한 날, 젤싱어의 혈중 암모니아 수치가 리터당 약 70마이크로몰(micromole)에서 떨어지지 않고 있었다. 정상 수준의 2배였고, 임상 시험을 중단해야 하는 상한선에 가까웠다. 간호사가 윌슨과 뱃쇼에게 그 소식을 전했다. 그 사이에 이미 임상 시험은 준비가 거의다 끝난 상태였다. 수술실은 대기 중이었다. 냉동했던 바이러스 액은 녹아서플라스틱 주머니에 넣어진 후였다. 윌슨과 뱃쇼는 젤싱어의 상태가 어떨지논의를 했고, 계속해도 안전할 것이라고 판단을 내렸다. 어쨌거나 그 전에도17명의 환자가 그런 주사를 견뎌냈으니까. 오전 9시 30분경, 젤싱어는 휠체어를 타고 방사선과로 향했다.

진정제가 투여되었고, 두 개의 굵은 카테터가 다리를 통해서 뱀처럼 기어올라가서 간에 가까운 동맥에 다다랐다. 오전 11시경, 외과의가 농축한 아데노바이러스가 든 탁한 주머니에서 약 30밀리리터를 뽑아서 젤싱어의 동맥으로 주입했다. OTC 유전자를 지닌 보이지 않는 감염 입자 수억 마리가 간으로 흘러들었다. 수술은 정오쯤 끝났다.[24]

오후는 별일 없이 흘러갔다. 그날 저녁, 병실로 돌아온 젤싱어는 섭씨 40도까지 체온이 올랐다. 얼굴은 붉게 달아올랐다. 윌슨과 뱃쇼는 그다지 개의치 않았다. 다른 환자들도 일시적으로 체온이 올랐으니까. 제시는 애리조나에 있는 아버지에게 전화를 걸어서 "사랑해요"라고 말하고는 수화기를 채 내려놓기도 전에 이불을 끌어올리고 잠에 빠졌다. 그러나 밤새도록 잠을 설쳤다.

다음날 아침, 간호사가 제시의 눈동자에 아주 연한 노란색 기운이 감도는 것을 알아차렸다. 검사를 해보니 빌리루빈(bilirubin)이 혈액으로 새어나오고 있었다. 그 물질은 원래 간에서 만들어져서 적혈구에 저장되어야 했다. 빌리루빈 농도가 높아졌다는 것은 둘 중 하나를 의미했다. 간이 손상되고 있거나 혈구가 손상되고 있었다. 둘 다 불길한 징후였다. 다른 사람이었다면 혈구가 좀 파괴되거나 간에 좀 이상이 생겨도 별일 아니라고 넘어갈 수도 있었겠지만 OTC 결핍증 환자에게는 이 두 가지 손상이 결합되는 순간 대재앙이 닥칠 수 있었다. 혈구에서 새어나오는 단백질은 분해가 되지 않을 것이고, 가장 상태가 좋을 때에도 단백질 대사 능력이 떨어지는 손상된 간은 그 여분의 단백질을 더욱더 처리할 수 없을 것이다. 몸은 자신이 만들어낸 독에 중독된다. 정오쯤 젤싱어의 혈중 암모니아 농도가 무려 리터당 393마이크로몰까지 치솟았다. 정상 수준의 약 10배였다. 폴 젤싱어와 마크 뱃쇼에게 소식이 전해졌다. 윌슨은 카테터와 바이러스를 주입했던 외과의로부터 그 소식을 들었다. 폴은 즉시 펜실베이니아행 야간 항공편을 예약했고, 그 사이에 집중치료실로 의사들이 와서 혼수상태를 막기 위해서 투석을 시작했다.

다음날 아침 8시경 폴이 병원에 도착했을 때, 제시는 정신이 혼미한 상태에서 숨을 가쁘게 내쉬고 있었다. 콩팥도 망가지고 있었다. 의사들은 호흡을 안정시키려고 진정제를 투여한 뒤 인공호흡기를 달았다. 그날 밤 늦게, 염증 반응으로 생긴 체액이 들어차면서 허파가 활동을 멈추면서 기능을 잃기 시작했다. 덩달아 호흡기가 산소를 충분히 공급하지 못하게 되자, 산소를 혈액으로 직접 공급하는 장치가 동원되었다. 뇌 기능도 떨어지고 있었다. 신경과 의사가 와서 살펴보았다. 제시의 눈동자가 아래로 향해 있었다. 뇌 손상의 징후였다.

다음날 아침, 허리케인 플로이드가 동해안을 강타했다. 펜실베이니아와 메릴랜드의 연안 지역은 거센 바람과 폭우에 잠겼다. 병원으로 향하던 뱃쇼는 멈춘 열차에 갇히고 말았다. 그는 휴대전화 전원이 꺼질 때까지 간호사와 의사에게 이런저런 지시를 했다. 그런 뒤 불안한 마음으로 칠흑 같은 어둠 속에 앉아 있어야만 했다. 오후 늦게 제시의 상태는 다시 악화되었다. 콩팥이 활동을 멈추었다. 혼수상태가 더 깊어졌다. 폴 젤싱어는 호텔 방에 있다가 뛰쳐나왔지만, 택시가 보이지 않아 거센 폭풍우를 뚫고서 2킬로미터 남짓 떨어진 병원까지 걸어서 왔다. 아들의 모습은 알아볼 수조차 없을 지경이 되어 있었다. 혼수상태에 몸은 퉁퉁 붓고 여기저기 멍이 들어 있었고, 황달에 누렇게 뜬 상태였고, 수십 개의 줄과 카테터가 온몸에 뒤엉켜 있었다. 인공호흡기가 바람이 수면에 부딪히는 듯한 밋밋한 소리를 내면서 염증으로 물이 들어찬 허파에 헛되이 공기를 불어넣고 있었다. 온갖 장치들이 윙윙거리고 삑삑거리면서, 서서히 생기를 잃어가는 소년의 몸 상태를 기록하고 있었다.

유전자 치료를 받은 지 나흘째인 9월 17일 금요일 아침, 제시는 뇌사 상태에 빠졌다. 폴은 생명유지 장치를 떼기로 결심했다. 신부가 병실로 와서 제시의 이마에 손을 얹고 주기도문을 외웠다. 장치들의 전원이 하나씩 꺼졌다. 이윽고 병실은 침묵에 잠겼다. 깊게 들이쉬는 제시의 고통스러운 숨소리만이 들릴 뿐이었다. 오후 2시 30분, 심장이 멈추었다. 공식적으로 사망 선고가 내려졌다.

"그렇게 아름다운 것이 어떻게 그렇게 잘못될 수 있는 걸까요?"[25] 2014년 여름, 내가 폴 젤싱어와 대화를 나눌 때, 그는 여전히 답을 찾고 있었다. 그보다 몇 주일 전에 나는 제시의 이야기에 관심이 있다는 전자우편을 그에게 보냈다. 우리는 전화 통화를 했고, 마침 내가 애리조나 주 스코츠데일의 공개 포럼에서 유전학과 암의 미래에 관한 주제로 강연을 할 예정이어서 거기에서 만나기로 했다. 강연이 끝나고 내가 강당 로비에 서 있을 때, 제시의 환한 둥근 얼굴이 찍힌 하와이안 셔츠를 입은 남자가 보였다. 웹에서 본 사진을 통해서 생생하게 기억하고 있던 얼굴이었다. 그는 사람들을 헤치고 다가와서 손을 내밀었다.

제시가 사망한 뒤, 폴은 섣부른 임상 시험에 맞서 싸우는 1인 십자군 전사가 되었다. 의학이나 혁신에 반대하는 것이 아니었다. 그는 유전자 요법의 미래를 믿는다. 그러나 결국 아들을 죽음으로 내몬 열광과 과대망상에 찬 분위기를 미심쩍게 바라본다. 사람들이 빠져나갈 때, 폴도 떠날 준비를 했다. 우리 사이에는 말없는 공감대가 형성되었다. 의학과 유전학의 미래에 대해서 글로 쓰는 의사와 그 이야기가 과거의 기억에 아로새겨져 있는 아버지 사이에 말이다. 그의 목소리에는 한없는 슬픔이 깔려 있었다. "그들은 아직 그것을 할 능력이 없었어요. 너무 서둘렀어요. 제대로 하지도 못하면서 한 거죠. 무작정 달려든 거예요. 덮어놓고 시도한 겁니다."

"너무나 잘못된" 실험의 사후 조사는 1999년 10월, 펜실베이니아 대학교가 그 OTC 임상 시험의 조사에 착수하면서 본격적으로 시작되었다. 10월 말, 「워싱턴 포스트」의 탐사 보도기자가 젤싱어의 죽음을 알렸고, 세상이 떠들썩해지기 시작했다. 11월에 미국의 상원과 하원, 펜실베이니아 주에서 각각 제시의 사망을 다루는 청문회가 열렸다. 12월에 RAC와 FDA(식품의약청)는 펜실베이니아 대학교를 조사하는 일에 착수했다. 젤싱어의 의료 기록, 임상 전 동물 실험, 동의서 양식, 시험 일지, 검사 자료, 동일한 유전자 요법 임상 시험을 받은 다른 환자들의 기록 등이 대학병원의 지하 창고에서 꺼내졌고, 연방정부는 소년의 사망 원인을 파헤치기 위해서 산더미 같은 서류들을 빠짐없이 긁어서 가져갔다.

초기 조사 결과, 근본적인 지식 자체에 구멍이 많았을 뿐만 아니라, 무능함, 얼버무림, 소홀함까지 겹쳐서 일어난 사고였음이 드러났다. 첫째, 아데노바이러스의 안전성을 확인하기 위해서 이루어진 동물 실험이 성급하게 진행되었다는 것이 드러났다. 가장 많은 양의 바이러스를 투여한 원숭이 한 마리가 사망했는데, 국립보건원에는 그 일을 보고하고 사람 환자들에게 투여할 용량을 줄이는 조치가 이루어졌다. 그러나 젤싱어의 가족에게 내민 서류 양식에는 그 내용이 전혀 언급되어 있지 않았다. 폴 젤싱어는 말했다. "동의서에는 치료가 피해를 끼칠 수도 있다고 암시하는 내용은 한 마디도 없었어요. 불리한 조건은 없고 유리한 조건만 있는, 마치 완벽한 내기처럼 보였어요." 둘째, 제시보다 먼저 그 치료를 받은 환자들도 부작용을 겪었고, 임상 시험 자체를 중단하거나 시험 절차를 재평가해야 할 만큼 심각한 부작용을 겪은 이들도 있었다. 열, 염증 반응, 간 손상의 초기 증후가 기록되었지만, 그런 사항들을 다 과소평가하거나 무시하고 넘어갔다. 윌슨이 이 유전자 요법 실험의 혜택을 보기 위해서 설립한 생명공학 회사가 재정 위기에 처해 있었다는 점 역시 임상 시험이 부적절한 동기에서 이루어졌을 것이라는 의구심을 더하게 했다.[26]

임상 시험이 너무나 엉성하게 진행되었음이 드러나면서, 그 임상 시험에서 얻은 가장 중요한 과학적 교훈조차 거의 묻히고 말았다. 설령 의사들이 부주의하고 조급하게 일을 진행했음을 시인했을지라도, 젤싱어의 사망은 여전히 수수께끼였다. 즉 다른 환자 17명은 그렇지 않았던 반면, 젤싱어만 그 바이러스에 그렇게 극심한 면역 반응을 일으킨 이유를 아무도 설명할 수 없었다. 그 아데노바이러스 벡터―설령 면역 반응을 일으킬 단백질들 중 일부를 제거한 "3세대" 바이러스라고 해도―가 어떤 식으로든 일부 환자에게서 독특한 중증 반응을 일으킬 수 있었던 것이 분명했다. 부검해보니 젤싱어의 몸에서 그 면역 반응이 엄청나게 일어나 있었다. 피를 분석해보니 그 바이러스에 강하게 반응하는 항체가 발견되었는데, 바이러스를 투여하기 이전부터 있었던 것으로 드러났다. 젤싱어의 과잉 면역 반응은 이와 비슷한 아데노바이러스 균주에 사전에 노출되었을 일과 관련이 있을 수 있다. 예를 들면, 감기에 걸리면서였을 것이다. 병원체에 노출되면 생성된 항체가 수십 년 동안 몸속을 돌아다닌다는 것은 잘 알려져 있다(어쨌거나 대부분의 백신은 그런 식으로 작용한다). 제시에게서는 이 사전 노출이 어떤 미지의 이유로 통제 불능의 과잉 면역 반응을 촉발했을 가능성이 높았다. "무해하다"는 이유로, 유전자 요법의 첫 벡터로 선택한 흔한 바이러스가 역설적으로 실험 실패의 주된 원인임이 드러났다.

그렇다면 유전자 요법에 적합한 벡터는 무엇이었을까? 유전자를 안전하게 사람의 몸으로 전달할 수 있는 바이러스는 무엇일까? 그리고 표적으로 적합한 신체 기관은 어느 것일까? 유전자 요법 분야가 이런 가장 흥미로운 과학적 문제들과 직면하기 시작했을 그때, 그 분야 전체는 엄격한 활동 중단 조치에 놓이게 되었다. OTC 임상 시험에서 드러난 수많은 문제들은 그 시험에만 국한된 것이 아니었다. 2000년 1월, FDA가 다른 임상 시험 28건을 조사하자, 거의 절반 가까이에서 당장 개선해야 할 문제점들이 발견되었다.[27] 당연히 경계심을 갖게 된 FDA는 거의 모든 임상 시험을 중단시켰다. 한 기자는 이렇게 썼다. "유전자 요법 분야 전체가 추락했다. 윌슨은 향후 5년 동안 FDA의 규제를 받는 인체 임상 시험에 참여하는 것이 금지되었다. 그는 인간 유전자 요법 연구소의 책임자 자리에서 물러났지만, 펜실베이니아 대학교 교수 자리는 유지했다. 그 직후에 연구소도 폐쇄되었다. 1999년 9월에는 유전자 요법이 마치 의학계에 돌파구 역할을 할 것처럼 보였다. 2000년 말에 그 요법은 과학적 성급함을 경계하라는 이야기처럼 들렸다."[28] 아니, 생명윤리학자 루스 매클린이 퉁명스럽게 내뱉은 말이 더 적절했다. "유전자 요법은 아직 요법이 아니다."[29]

과학계에는 가장 아름다운 이론이 추한 사실 하나에 살해될 수 있다는 유명한 경구가 있다. 의학계에는 이 경구가 좀 다른 형태를 취한다. 아름다운 이론은 추한 임상 시험에 살해될 수 있다고 말이다. 돌이켜보면 OTC 임상 시험은 추하기 그지없었다. 성급하게 설계되고, 엉성하게 계획되고, 경과를 제대로 지켜보지도 않고, 몹시 급하게 이루어졌다. 거기에 재정적 문제가 관련되어 있었기 때문에 두 배로 더 끔찍했다. 선지자들은 이익을 추구하는 이들이었던 것이다. 그러나 그 임상 시험의 배후에 있는 기본 개념—유전자를 사람의 몸이나 세포에 넣어 유전적 결함을 고친다는 것—은 타당했고, 수십 년 전부터 있었던 것이다. 원리상 바이러스나 다른 유전자 벡터를 이용하여 유전자를 세포에 전달하는 능력은 강력한 새로운 의학 기술로 이어져야 했다. 유전자 요법의 초기 주창자들의 과학적 및 재정적 야심이 방해를 하지 않았다면 그렇게 되었을 것이다.

유전자 요법은 결국 요법이 된다. 추했던 초기 임상 시험의 충격에서 벗어나서 "과학적 성급함을 경계하라는 이야기"[30]에 담긴 교훈을 배우게 된다. 그러나 그렇게 되기까지는 다시 10년이 걸려야 했고, 과학이 그 돌파구를 열려면 훨씬 더 많은 것을 배워야 했다.

유전자 진단 : "선생존자"

인간이라는 존재 전부를,

그 모든 번잡스러운 것들을.

　　　　　　　　　　—W. B. 예이츠, 「비잔티움(Byzantium)」[1]

결정론을 반대하는 이들은 DNA가 그저 지엽적인 것에 불과하다고 말
하고 싶어하지만, 우리가 가진 모든 질병은 DNA가 일으킨다. 그리고
[모든 질병은] DNA로 고칠 수 있다.

　　　　　　　　　　　　　　　　—조지 처치[2]

인간 유전자 요법이 1990년대 말에 추방되어 과학판 시베리아를 떠돌고 있을
때, 인간 유전자 진단은 눈부신 부흥기를 맞이하고 있었다. 이 부흥기를 이해
하려면, 시칠리아의 성벽에서 버그와 토론했던 학생들이 상상했던 "미래의
미래"로 돌아갈 필요가 있다. 그 학생들이 상상했듯이, 인류유전학의 미래는
두 기본 요소에 토대를 둘 것이었다. 첫 번째는 "유전자 진단"이었다. 유전자
가 질병, 정체성, 선택, 운명을 예측하거나 결정하는 데에 이용될 수 있다는
개념이다. 두 번째는 "유전자 변형" 즉 질병, 선택, 운명의 미래를 바꾸기 위
해서 유전자를 바꿀 수 있다는 개념이다.

　　이 두 번째 과제—유전자의 의도적인 변형("유전체 쓰기")—는 유전자 요
법 임상 시험이 갑작스럽게 금지되는 바람에 진행이 어려워졌다. 하지만 첫
번째 과제, 즉 유전자를 통해서 미래의 운명을 예측하는 일("유전체 읽기")은

점점 더 힘을 얻고 있었다. 제시 젤싱어가 사망한 뒤로 10년이 흐르는 동안, 유전학자들은 가장 복잡하면서 가장 수수께끼 같은 질병 중 일부와 연관된 유전자 수십 개를 찾아냈다. 유전자가 주된 원인이라고 여겨진 적이 없는 질병도 있었다. 이런 발견들은 질병을 사전에 진단할 수 있는 강력한 신기술의 개발로 이어지게 된다. 그와 동시에 유전학과 의학은 역사상 가장 심오한 의학적 및 도덕적 난제 중 몇 가지와 대면해야 했다. 의학유전학자 에릭 토폴은 이렇게 표현했다. "유전자 검사는 도덕적 검사이기도 하다. '미래 위험'을 조사하겠다고 결심한 순간, 당신은 내가 위험을 무릅쓰려 하는 미래는 어떤 것인가라고 불가피하게 자문하게 된다."[3]

유전자를 이용하여 "미래 위험"을 예측하는 일의 힘과 위험을 보여주는 세 가지의 사례 연구를 살펴보자. 첫 번째는 유방암 유전자인 BRCA1이다. 1970년대 초에 유전학자 메리클레어 킹은 대가족을 대상으로 유방암과 난소암의 유전 양상을 연구하기 시작했다. 본래 전공이 수학이었던 그녀는 버클리의 캘리포니아 대학교에서 앨런 윌슨—미토콘드리아 이브라는 개념을 제시한 인물—을 만난 후, 유전자와 유전적 계통의 재구성을 연구하는 쪽으로 돌아섰다. (킹은 윌슨의 연구실에 있었을 때, 침팬지와 인간이 유전적으로 90퍼센트 이상 동일하다는 연구 결과를 내놓기도 했다.)

대학원을 마친 뒤, 킹은 다른 유형의 유전적 역사를 연구하기 시작했다. 바로 인류 질병의 계통을 재구성하는 연구였다. 그녀는 특히 유방암에 관심이 많았다. 수십 년 동안 여러 가계를 대상으로 이루어진 세심한 연구들은 유방암이 산발성과 가족성 두 가지 형태라는 것을 시사했다. 산발성 유방암은 그 병력이 없는 집안의 여성에게 나타난다. 가족성 유방암은 여러 세대에 걸쳐 집안에 전해진다. 한 여성, 그녀의 자매, 딸, 손녀가 유방암에 걸리는 것이 전형적인 양상이다. 정확히 몇 살 때 진단이 내려지고 암이 얼마나 진행되는지는 개인마다 다르지만 말이다. 일부 집안에서는 유방암 발병률 증가할 때 난소암 발병률도 증가하는 양상이 나타나곤 한다. 그것은 두 종류의 암이 하나의 돌연변이와 관련이 있음을 말해준다.

1978년, 국립암연구소가 유방암 환자들에게 설문조사를 시작할 때만 해도, 유방암의 원인을 놓고 의견이 크게 나누어져 있었다. 한쪽 진영의 암 전문가들은 유방암이 만성적인 바이러스 감염 때문에 생기며, 경구 피임약을 남용함으로써 촉발된다고 주장했다. 반대 진영은 스트레스와 식단 탓이라고 했다. 킹은 그 설문지에 두 가지 질문을 추가해달라고 요청했다. "환자의 집안에 유방암 병력이 있는가? 집안에 난소암에 걸린 사람이 있었나?" 설문조사가 끝날 때쯤, 유전적 연관성이 드러나 있었다. 그녀는 유방암과 난소암 양쪽으로 오래 동안 대대로 앓아온 몇몇 집안을 찾아냈다. 1978-1988년에 걸쳐, 그런 집안의 목록은 수백 곳으로 늘어났고, 유방암에 걸린 여성들의 가계도가 엄청나게 쌓였다.[4] 한 집안에서는 150명이 넘는 식구들 중 30명이 유방암에 걸렸다.

이 모든 가계도를 좀더 자세히 분석했더니, 어떤 유전자 하나가 그 가족성 유방암 사례들 중 상당수와 관련이 있는 듯했다. 그러나 그 유전자를 찾아내는 일은 쉽지 않았다. 그 유전자를 가진 사람이 유방암에 걸릴 위험이 10배 이상 더 높긴 했지만, 그 유전자를 물려받은 사람이 모두 암에 걸리는 것은 아니었다. 킹은 유방암 유전자가 "불완전 침투도"를 가진다는 것을 알았다. 설령 그 유전자에 돌연변이가 일어나도, 그 영향이 반드시 모든 사람에게 완전히 "침투하여" 증상(즉 유방암이나 난소암)을 일으키는 것은 아니었다.

침투도 때문에 복잡해지긴 했지만, 모은 사례가 워낙 많았기에 킹은 여러 집안의 여러 세대에 걸친 환자들에게 연관 분석을 적용하여 17번 염색체로 그 유전자의 위치를 좁힐 수 있었다. 1988년까지 그녀는 유전자가 있을 만한 범위를 더욱 좁혔다 그는 17번 염색체의 17q21이라는 영역으로 범위를 좁혔다.[5] 그녀는 "그 유전자는 아직 가설이었다"라고 말했지만, 적어도 사람의 한 염색체에 물리적으로 존재한다는 것은 알려졌다. "불확실한 상황이 수년간 지속되어도 마음을 편히 하라는 것이……윌슨 연구실에서 배운 교훈이며, 우리가 하는 일은 그래야 할 필요가 있다."[6] 아직 찾아내지도 못했지만, 그녀는 그 유전자에 BRCA1이라는 이름을 붙였다.

BRCA1이 들어 있는 영역의 범위를 좁히자, 그 유전자를 찾으려는 불꽃 튀기는 경쟁이 시작되었다. 90년대 초에 킹을 비롯하여 전 세계의 여러 유전학자들이 BRCA1을 찾아나섰다. 중합효소 연쇄 반응(PCR) 같은 신기술에 힘입어서 연구자들은 시험관에서 유전자의 사본을 수백만 개로 불릴 수 있었다. 이 기술에 노련한 유전자 클로닝, 유전자 서열 분석, 유전자 지도 작성법이 결합되자, 유전자의 염색체상 위치를 더욱 빠르게 알아낼 수 있었다. 1994년, 유타 주에 있는 미리어드 제네틱스(Myriad Genetics)라는 기업이 BRCA1 유전자를 분리했다고 발표했다. 1998년, 미리어드는 BRCA1 서열에 특허를 받았다. 사람의 유전체 서열에 특허가 부여된 첫 번째 사례 중 하나였다.[7]

미리어드는 유전자 검사라는 방식으로 BRCA1 서열을 임상의학에 이용했다. 그 유전자에 아직 특허가 부여되기도 전인 1996년, 회사는 BRCA1 유전자 검사를 받으라고 광고하기 시작했다. 검사는 단순했다. 발병 위험이 있는지에 대한 여부는 유전자 상담가가 평가한다. 가족 병력을 토대로 유방암에 걸릴 위험이 있다고 의심되면, 입 안을 면봉으로 긁어서 얻은 세포를 중앙 연구소로 보낸다. 연구소는 중합효소 연쇄 반응으로 BRCA1 유전자를 증폭시켜서 서열을 분석하여 돌연변이가 있는지에 대한 여부를 파악한다. 결과는 "정상", "돌연변이", "판단 불명"(유방암 위험성이 아직 제대로 파악되지 않은 특이한 돌연변이들도 있다)으로 나뉜다.

2008년 여름, 나는 유방암 가족력이 있는 한 여성을 만났다. 매사추세츠 주 노스쇼어 출신의 제인 스털링이라는 37세 여성이었다. 그녀 집안의 이야기는 메리클레어 킹의 사례 파일에서 곧바로 끄집어낸 듯했다. 그녀의 증조할머니는 이른 나이에 유방암에 걸렸다. 할머니는 45세에 유방암 때문에 근치유방절제술을 받았다. 어머니는 60세에 양쪽 가슴에 유방암이 생겼다. 스틸링은 두 딸이 있었다. 그녀는 BRCA1 유전자 검사의 존재를 거의 10년 전부터 알고 있었다. 첫째 딸을 낳았을 때 그 검사를 받을까 생각했지만, 어쩌다보니 흐지부지 넘어갔다. 둘째 딸을 낳고 가까운 친구가 유방암이라는 진단을 받자, 그녀는 유전자 검사를 받기로 결심했다.

스틸링은 BRCA1에 돌연변이가 있다는 결과를 받았다. 2주일 뒤, 그녀는 질문을 잔뜩 적은 종이를 한 아름 안고서 의사를 다시 찾아갔다. 진단 결과를 알았는데 이제 어떻게 해야 할까? BRCA1 돌연변이가 있는 여성은 생애에 유방암에 걸릴 위험이 80퍼센트이다. 그러나 유전자 검사는 그녀가 언제 암에 걸릴지, 어떤 유형의 암에 걸릴지 전혀 말해주지 않는다. BRCA1 돌연변이가 불완전 침투도를 가지므로, 그 돌연변이를 가진 여성은 30세에 수술이 불가능하고 공격적이고 치료하기 어려운 유방암에 걸릴 수도 있다. 또는 50세에 치료가 잘 듣는 암에 걸릴 수도 있고, 75세에 드러나지 않고 통증도 없는 암에 걸릴 수도 있다. 아니면 암에 아예 안 걸릴 수도 있다.

그녀는 두 딸에게 그 진단에 관해서 언제 알려줘야 할까? 양성이라는 검사 결과를 받은 한 작가는 "이 여성들[BRCA1 돌연변이를 가진] 중 일부는 자기 어머니를 증오한다."[8] 라고 썼다(어머니에게만 증오를 드러낸다는 것은 그동안 유전학이 얼마나 잘못 이해되어왔으며, 그런 오해가 인간의 정신을 얼마나 피폐하게 만드는지를 잘 보여주는 사례이다. 돌연변이 BRCA1 유전자는 어머니뿐 아니라 아버지로부터도 물려받을 수 있다). 스틸링은 딸들에게 그 사실을 알려주어야 할까? 자신의 이모에게는? 사촌 자매에게는?

발병의 불확실성에다가 치료 요법의 선택이라는 측면의 불확실성까지 더해져서 상황은 더 복잡해졌다. 스틸링은 아무 일도 안 하는 쪽을 택할 수도 있다. 그냥 지켜보면서 기다리는 것이다. 유방암과 난소암 위험을 대폭 줄이기 위해서 양쪽 유방과 난소를 제거하는 쪽을 택할 수도 있다. BRCA1 돌연변이를 가진 한 여성의 말을 빌리자면, "자신의 유전자를 괴롭히기 위해서 유방을 잘라내는" 것이다. 유방암을 조기에 발견하기 위해서 유방 X선 촬영, 자가 진단, MRI 등을 이용하여 계속 지켜볼 수도 있다. 아니면 전부는 아니지만 일부 유방암의 위험을 줄여줄 타목시펜(tamoxifen) 같은 호르몬 약물을 투여하는 쪽을 택할 수도 있다.

발병 양상이 이렇게 아주 다양한 것은 어느 정도는 BRCA1의 근본적인 특성 때문이기도 하다. 이 유전자는 손상된 DNA의 수선 과정에서 중요한 역할을 맡고 있다. 세포로서는 DNA가 끊기면 재앙을 맞이할 수 있다. 그것은 정보의 상실, 즉 위기를 뜻한다. DNA 손상되면 곧바로 끊긴 부위를 수선하기 위해서 BRCA1 단백질이 달려온다. 정상인 유전자에서 만들어진 단백질은 연쇄 반응을 일으키고, 그 결과 수십 가지 단백질이 달려들어서 재빨리 끊긴 유전자를 다시 잇는다. 그러나 유전자에 돌연변이가 있으면, 그 단백질이 제대로 작동하지 못해서 끊긴 부위가 수선되지 않는다. 그 결과 불에 기름을 붓는 것처럼, 돌연변이가 더 많은 돌연변이를 허용하게 된다. 이윽고 세포의 성장 조절 및 대사 통제 기능이 손상되어, 세포는 암세포로 변한다. BRCA1 돌연변이가 있다고 해도, 유방암이 생기려면 많은 촉발 인자들이 필요하다. 환경도 분명히 나름의 역할을 한다. X선이나 DNA를 손상시키는 물질을 접하면, 돌연변이율은 더욱 높아진다. 돌연변이는 무작위로 축적되므로 우연도 나름의 역할을 한다. 다른 유전자들은 BRCA1의 효과를 강화하거나 약화시킨다. DNA 수선에 관여하거나 끊긴 가닥에 BRCA1 단백질이 달라붙는 데 관여하는 유전자들이 대표적이다.

따라서 BRCA1 돌연변이는 미래를 예측하지만, 낭성 섬유증 유전자나 헌팅턴병 유전자의 돌연변이가 미래를 예측한다는 것과는 의미가 다르다. BRCA1 돌연변이를 가진 여성의 미래는 사실을 아는 순간에 근본적으로 바뀌게 되지만, 여전히 미래는 근본적으로 불확실한 상태로 남아 있다. 유전자 진단 때문에 마음의 힘을 다 소모하는 여성도 있다. 그들은 언제 암에 걸릴지, 과연 살아남을 수 있을지를 상상하느라 인생과 기력을 다 소비하는 듯하다.

아직 걸리지도 않은 병을 상상하느라 말이다. 이들을 가리키는 조지 오웰식 분위기를 풍기는 불편한 용어가 만들어지기도 했다. **선생존자(previvor)**, 즉 **사전 생존자(pre-survivor)**라는 뜻이다.

유전자 진단의 두 번째 사례는 조현병과 양극성 장애 연구에 관한 것이다. 이제 우리는 한 바퀴 돌아서 본론으로 돌아왔다. 1908년, 스위스 정신과 의사 오이겐 블로일러는 끔찍한 유형의 인지 붕괴, 즉 생각의 붕괴가 특징인 특이한 정신질환을 묘사하기 위해서 정신분열병(schizophrenia, 조현병)이라는 용어를 만들었다.[9] 그 전에는 "일찍 미친다"는 의미의 조발성 치매(dementia praecox)라고도 불렀다. 조현병 환자 중에 서서히 그렇지만 돌이킬 수 없이 인지 능력이 붕괴하는 젊은이들이 종종 있었기 때문이다. 그들은 자신의 머릿속에서 기이하고 엉뚱한 행동을 하라고 명령하는 유령의 목소리를 듣곤 했다(모니 형이 "여기에 쉬해, 여기에 쉬해"라고 말하는 내면의 목소리를 계속 들었다던 이야기를 떠올려보라). 환영도 출몰했다. 정보를 분류하거나 목표 지향적 과제를 수행하는 능력도 붕괴했고, 마치 정신의 저편에서 넘어오는 것 같은 새로운 단어들, 공포, 불안에 시달렸다. 결국 모든 체계적인 사고가 무너지기 시작하면서, 파편화된 정신의 미로에 갇히고 말았다. 블로일러는 이 병의 주된 특징이 인지적 뇌의 분열, 아니 파편화라고 주장했다. 그래서 이 현상에 "분열된 뇌(split brain)"라는 뜻에서 온 정신분열병(schizo-phrenia)이라는 이름이 붙여졌다.

다른 많은 유전병처럼, 조현병도 가족성과 산발성 두 형태가 있다. 일부 집안에서는 여러 세대에 걸쳐 조현병이 나타난다. 어떤 집안에서는 조현병 환자뿐만 아니라 양극성 장애 환자도 나오기도 한다(모니, 자구, 라제시). 반면에 산발성 조현병은 뜬금없이 나타난다. 그 병의 가족력이 전혀 없었던 집안의 젊은이가 갑자기 인지 붕괴를 겪을 수도 있다. 사전 징후가 거의 또는 전혀 없이 나타날 때도 있다. 유전학자들은 이런 양상을 이해하려고 노력했지만, 이 장애의 모형을 구축할 수가 없었다. 산발성 형태와 가족성 형태가 어떻게 같은 질병일 수 있을까? 그리고 서로 무관하게 보이는 마음의 장애들인 양극성 장애와 조현병 사이에는 어떤 관계가 있을까?

정신분열병의 원인에 관한 첫 번째 단서는 쌍둥이 연구에서 나왔다. 1970년대의 연구들은 쌍둥이 사이에 이 병의 일치율이 놀라울 만큼 높다는 것을 보여주었다.[10] 일란성 쌍둥이는 한쪽이 조현병 환자일 때 다른 한쪽이 같은 병에 걸릴 확률이 30-50퍼센트인 반면, 이란성 쌍둥이는 그 확률이 10-20퍼센트였다. 조현병의 정의를 더 확대하여 좀더 가벼운 사회적 및 행동적 장애까지 포함한다면, 일란성 쌍둥이의 일치율은 80퍼센트까지 치솟았다.

이런 감질나는 단서들은 조현병에 유전적 원인이 있음을 시사하긴 했지만, 1970년대의 정신과 의사들은 조현병이 성적 불안의 좌절된 형태라는 생각에 사로잡혀 있었다. 프로이트는 편집성 망상증이 "무의식적인 동성애 충동"이며, 강한 어머니와 약한 아버지의 조합이 만들어낸 것이라는 유명한 해석을 남겼다. 1974년, 정신과 의사 실바노 아리에티는 조현병이 "아이에게 자기 주장을 펼칠 기회조차 주지 않는 횡포를 부리고 잔소리를 해대는 적대적인 어머니"[11] 때문에 생긴다고 주장했다. 실제 연구들에서 그렇다고 시사하는 증거가 전혀 나오지 않았지만, 아리에티의 개념은 너무나 혹할 만했다. 이보다 성차별, 성, 정신질환을 자극적으로 뒤섞은 이론이 어디 있겠는가? 덕분에 그는 수많은 상을 받고 영예를 얻었다. 국립과학도서상까지 받았다.[12]

이 정신병 연구를 온전한 상태로 되돌리기 위해서 인류유전학은 최선을 다해야 했다. 1980년대 내내, 쌍둥이 연구들은 잇달아 조현병에 유전적 원인이 있음을 보여주었다. 일란성 쌍둥이가 이란성 쌍둥이가 일치율이 훨씬 높다는 연구가 잇따르자, 유전적 원인을 부정하기가 불가능해졌다. 우리 집안처럼 조현병과 양극성 장애의 병력이 뚜렷한 집안들은 그 병이 유전적 원인으로 생긴다는 것을 여러 세대에 걸치며 보여주었다.

그런데 실제로 어떤 유전자가 관여할까? 1990년대 말부터, 대규모 병렬

DNA 서열 분석(massively parallel DNA sequencing) 또는 차세대 서열 분석 (next-generation sequencing)이라는 새로운 DNA 서열 분석법이 등장하면서, 유전학자들은 인간 유전체의 염기쌍 수억 개씩을 분석할 수 있게 되었다. 대 규모 병렬 서열 분석은 기존 서열 분석법의 규모를 엄청나게 확대한 것이다. 인간 유전체를 수만 개로 조각낸 뒤, 그 조각들의 서열을 동시에 분석하고— 즉 병렬적으로—컴퓨터를 써서 조각들 사이에 겹친 서열을 분석하여 유전체 를 "재조립하는" 방식이다. 이 방법은 유전체 전체에 적용할 수도 있고(총유 전체 서열 분석[whole genome sequencing]), 단백질을 만드는 엑손처럼(엑 솜 서열 분석[exome sequencing]) 유전체의 특정 부위에 쓸 수도 있다.

대규모 병렬 서열 분석은 유연관계가 가까운 유전체끼리 비교하여 유전자 를 사냥할 때 특히 유용하다. 식구 중 한 명만 유전병이 있고, 다른 식구들은 없다면, 해당 유전자를 찾는 일은 대단히 단순해진다. 유전자 사냥은 특이한 사람 찾아내기 게임을 거대한 규모로 하는 것과 같아진다. 가까운 친척들의 모든 유전자 서열을 비교하면, 그 병에 걸린 사람에게만 있고 다른 친척들에 게는 없는 돌연변이를 찾아낼 수 있다.

산발성 조현병은 이 접근법의 위력을 보여준 완벽한 시범 사례가 되었다. 2013년, 부모나 형제자매에게는 없는 조현병에 걸린 젊은 남녀 623명을 조사 한 대규모 연구가 있다.[13] 연구진은 그 가족들까지 유전자 서열 분석을 했다. 한 가족은 유전체의 대부분을 공유하므로, 추정되는 범인의 유전자만이 다를 것이다.*

그중 617명에게서 아이에게만 있고 부모에게는 없는 돌연변이가 발견되었 다. 돌연변이를 두 개 이상 가진 아이도 있었지만, 평균적으로 각 아이는 돌

---

* 새로운 돌연변이를 산발성 병의 원인과 연관 짓기란 쉬운 일이 아니다. 아이에게서 발견한 돌연변이가 전적으로 우연히 생긴 것이고 그 병과 무관할 수도 있기 때문이다. 또는 그 병이 발생하려면 특정한 환경 촉발 요인이 필요할 때도 있다. 이른바 산발성 사례라는 것이 사실은 환경적 또는 유전적 촉발 요인을 통해서 어떤 전환점 너머로까지 밀리면서 나타나 는 가족성 질병일 수도 있다.

연변이를 하나 가졌다. 그 돌연변이는 아버지에게서 받은 염색체에서 거의 80퍼센트가 나타났고, 아버지의 나이가 두드러진 위험 요인이었다. 그 돌연변이가 정자 형성 과정에서, 특히 나이가 많은 남성에게서 나타날 가능성이 있음을 시사했다. 예상한 대로 이 돌연변이 중 상당수는 신경 사이의 시냅스나 신경계의 발달에 영향을 미치는 유전자들에 있었다. 비록 그 617명 전체로 보면 수백 개의 유전자에 수백 개의 돌연변이가 있었지만, 서로 무관한 몇몇 가정에서 동일한 돌연변이 유전자가 나타나는 사례도 있고, 그 사례들은 그 유전자가 조현병과 연관되어 있을 가능성을 크게 높였다.* 정의상 이 돌연변이들은 산발성 또는 신생이다. 즉 아이가 잉태될 때 나타난 것이다. 산발성 조현병은 신경계의 발달에 관여하는 유전자들이 변형됨으로써 신경계 발달에 이상이 생긴 결과일 수 있다. 놀랍게도 이 연구에서 찾아낸 유전자들 중 상당수는 산발성 자폐 및 양극성 장애와도 관련이 있는 것들이었다.**

그렇다면 **가족성** 조현병의 유전자는 어떨까? 가족성 질병의 유전자를 찾기가 더 쉬울 것이라는 생각이 언뜻 들었을지도 모르겠다. 여러 세대를 톱날처럼 가르면서 집안에 대물림되는 조현병은 애초에 더 흔하므로, 환자를 찾아서 추적하기가 훨씬 쉽긴 하다. 하지만 직관에 반하긴 해도, 복잡한 가족성 질병의 유전자를 찾아내는 일은 훨씬 더 어렵다. 산발성 또는 자연발생적 형태의 질병을 일으키는 유전자를 찾는 것은 건초 더미에서 바늘을 찾는 것과 비슷

---

* 복제 수 변이(Copy Number Variation, CNV)라는 돌연변이는 조현병과 연관된 중요한 한 가지 돌연변이 유형이다. 한 유전자가 누락되거나 2배/3배로 중복되어 있는 돌연변이를 말한다. CNV는 산발성 자폐를 비롯한 다른 정신질환 환자들에게서도 발견되어왔다.
** 산발성 또는 신생 질병을 가진 아이와 그 부모의 유전체를 비교하는 이 방법은 2000년대에 자폐 연구자들이 개척하면서, 정신의학적 유전학 분야를 혁신시켰다. 사이먼스 심플렉스 컬렉션(Simons Simplex Collection)은 자폐 스펙트럼 장애가 부모에게는 없고 아이에게만 있는 2,800가정의 자료를 수집했다. 부모와 아이의 유전체를 비교했더니 그런 아이에게서 몇 개의 신생 돌연변이가 발견되었다. 놀라운 점은 자폐아에게서 돌연변이가 일어난 유전자 중 몇 개는 조현병 환자에게서 돌연변이가 일어난 유전자이기도 했다. 따라서 두 병은 더 깊은 차원에서 유전적으로 연관되어 있을 가능성이 제기된다.

하다. 두 유전체를 비교하여 아주 미세한 차이를 찾아내려 하는 것인데, 자료가 충분하고 컴퓨터 성능이 뛰어나면, 그런 차이는 대개 찾아낼 수 있다. 그러나 가족성 병을 일으키는 다수의 유전자 변이체를 찾는 일은 건초 더미에서 건초 더미를 찾는 것과 비슷하다. "건초 더미"의 어느 부분, 즉 어느 유전자 변이체들의 조합이 위험을 증가시키고, 어떤 부분이 무해한 방관자일까? 부모와 아이는 자연히 유전체의 많은 부분을 공유하지만, 그 공유된 부분 중 어디가 대물림된 질병과 관련이 있을까? 첫 번째 문제인 "국외자 찾기"에는 좋은 컴퓨터가 필요하다. 두 번째 문제인 "유사점 뜯어보기"에는 섬세한 개념 정의가 필요하다.

이런 장애물들이 있기는 했지만, 유전학자들은 염색체상에서 범인 유전자가 있는 물리적 위치를 지도로 작성하는 연관 분석, 질병과 연관된 유전자를 파악하는 대규모 연관 연구, 해당 유전자와 돌연변이를 찾는 차세대 서열 분석 등의 유전적 기술을 조합하여 그런 유전자들을 체계적으로 사냥하기 시작했다. 유전체 분석을 토대로, 우리는 조현병과 연관된 유전자(아니, 그보다는 유전적 영역)를 적어도 108개를 찾아냈다. 비록 그 범인들 중 정체를 알아낸 것은 극소수에 불과하지만 말이다.*14) 주목할 점은 어느 한 유전자가 그 위

---

* 조현병과 연관된 가장 강력하면서 가장 흥미로운 유전자는 면역계와 관련이 있는 것이다.15) C4라는 이 유전자는 가까운 친척간인 C4A와 C4B라는 두 형태로 존재하며, 이 둘은 유전체에서 서로 뺨을 맞댄 채 나란히 놓여 있다. 둘 다 바이러스, 세균, 세포 부스러기, 죽은 세포를 찾아내어 파괴하고 제거하는 데에 쓰이는 단백질을 만든다. 그러나 이 유전자들이 조현병과 어떻게 강력한 관계를 맺고 있는지는 수수께끼로 남아 있었다.

2016년 1월, 이 수수께끼를 어느 정도 푼 선구적인 연구 결과가 나왔다. 뇌에서 신경세포들은 시냅스(synapse)라는 특수한 접점 또는 연결 부위를 통해서 서로 의사소통을 한다. 시냅스는 뇌가 발달할 때 형성되며, 정상적인 인지 과정이 일어나는 데에 핵심적인 역할을 한다. 회로판의 전선 연결이 컴퓨터의 기능에 핵심이 되는 것과 마찬가지이다.

뇌가 발달할 때, 시냅스들은 솎아지고 재편된다. 회로판을 제작할 때 전선들을 자르고 납땜하는 것과 비슷하다. 놀랍게도 죽은 세포, 부스러기, 병원체를 인식하여 제거한다고 생각되는 분자인 C4 단백질이 "전용되어" 시냅스를 제거하는 데에도 쓰인다. 이 과정을 시냅스 가지치기(synaptic pruning)라고 한다. 사람에게서 시냅스 가지치기는 유년기 내내 계속될 뿐만 아니라, 30대까지도 이어진다. 바로 그 30대 시기에 조현병의 많은 증상들이 드러나기 시작한다.

험의 유일한 추진력인 사례가 거의 없다는 것이다. 유방암과 대조적이다. 유전성 유방암에 많은 유전자가 관여한다는 것은 분명하지만, BRCA1처럼 그 위험을 야기할 수 있는 강력한 유전자들이 있다(우리는 BRCA1을 가진 여성이 언제 유방암에 걸릴지는 예측할 수 없을지라도, 생애에 유방암에 걸릴 확률이 70-80퍼센트라는 것은 안다). 대체로 조현병에는 그런 강력한 하나의 추진력이나 예언자가 없는 듯하다. 한 연구자는 이렇게 말했다. "작고 흔한 유전적 효과를 미치는 많은 유전자들이 유전체 전체에 흩어져 있다……수많은 다양한 생물학적 과정들이 관여한다."[16]

따라서 가족성 조현병은(지능이나 기질 같은 사람의 정상적인 형질들과 마찬가지로) 고도로 유전성을 띠지만, 강하게 대물림되는 것은 아니다. 다시 말해서, 유전자—유전되는 결정 인자—는 앞으로 그 병에 걸릴지에 대한 여부에서 대단히 중요한 역할을 한다. 어떤 사람이 유전자들의 특정한 조합을 가지고 있다면, 그 병이 생길 확률이 극도로 높다. 일란성 쌍둥이 사이의 일치율이 아주 높은 이유가 그 때문이다. 반면에 그 병이 다음 세대로 전달되는 양상은 복잡하다. 유전자들은 세대마다 뒤섞이고 짝지어지므로, 자신이 아버지나 어머니로부터 변이체들의 정확한 조합을 물려받을 확률은 극도로 낮다. 아마 어떤 집안에서는 유전자 변이체가 더 적지만 더 강력한 효과를 미칠 수도 있다. 그것이 대대로 그 병이 되풀이해서 나타나는 이유일 것이다. 다른 집안에서는 유전자들이 더 약한 효과를 일으키고 더 깊은 차원의 변형 인자와 촉발 인자를 필요로 할 수도 있다. 드물게 발병하는 이유가 그 때문이다. 또다

조현병 환자가 지닌 C4 유전자 변이체들은 C4A와 C4B 단백질의 양과 활성을 증가시키며, 그 결과 발달할 때 시냅스 가지치기가 지나칠 정도로 너무 많이 일어난다. 따라서 이 분자들을 억제하는 약물을 투여하면, 취약한 아이나 청소년의 뇌에서 시냅스 수가 정상이 되도록 회복시킬 수 있을지도 모른다.

70년대의 쌍둥이 연구, 80년대의 연관 분석, 90년대와 2000년대의 신경생물학과 세포학 연구로 이어지는 40년의 연구 끝에 이 발견이 이루어졌다. 우리 집안 같은 가문들에게, C4가 조현병과 관련이 있다는 발견은 그 병의 진단과 치료가 가능해질 것이라는 희망을 주었지만 그런 진단 검사나 치료를 언제 어떻게 받아야 하는가라는 골치 아픈 문제도 안겨준다.

른 집안에서는 잉태되기 전의 정자나 난자에서 침투도가 높은 하나의 유전자에 우연히 돌연변이가 일어나서 산발성 조현병이 나타날 수도 있다.*

조현병의 유전자 검사가 가능할까? 관련된 모든 유전자들의 목록 작성이 첫 단계가 될 것이다. 인간 유전체학에 엄청난 과제가 될 것이다. 그러나 그런 목록만으로는 부족하다. 일부 돌연변이는 다른 돌연변이들과 함께 작용해야 만 병을 일으킨다고 시사하는 연구 결과들이 많이 있다. 따라서 실제 위험을 예측해줄 유전자들의 조합을 알아낼 필요가 있다.

다음 단계는 불완전 침투도와 다양한 발현도를 조사하는 것이다. "침투도" 와 "발현도"가 그 유전자들의 서열 분석 연구에서 어떤 의미를 지니는지 이해 하는 것이 중요하다. 조현병(또는 그 어떤 유전병)이 있는 아이와 정상인 형 제자매나 부모의 유전체 서열을 비교할 때, 우리는 이렇게 묻는 셈이다. "조 현병 진단을 받은 아이는 '정상인' 아이와 유전적으로 어떻게 다를까?" 반면 에 우리가 묻지 않고 있는 질문도 있다. "돌연변이 유전자가 아이에게 있다 면, 아이에게 조현병이나 양극성 장애가 생길 확률은 얼마나 될까?"

두 질문에는 중요한 차이가 있다. 인류유전학은 유전 장애의 "역행 목록 (backward catalog)" 즉 뒷거울이라고 할 수 있는 것을 작성하는 데에 점점 능숙해져왔다. 아이에게 어떤 증후군이 있음을 알았을 때, 돌연변이가 일어 난 유전자는 무엇일지 묻는 식이다. 그러나 침투도와 발현도를 추정하려면, "순행 목록(forward catalog)"도 작성해야 한다. 아이가 어떤 돌연변이 유전자 를 가질 때, 증상이 발생할 확률이 얼마나 될지 묻는 것이다. 모든 유전자가 위험을 고스란히 예측하고 있을까? 동일한 유전자 변이체나 유전자 조합이 사람마다 크게 다른 표현형을 빚어낼까? 이 사람에게서는 조현병, 저 사람에

---

* "가족성"과 "산발성"의 구분은 유전자 수준으로 가면 뒤엉키고 무너지기 시작한다. 가족성 질병을 일으키는 돌연변이 유전자 중에는 산발성 질병 환자에게서도 나타나는 것들이 있다. 이 유전자들이야말로 그 병의 강력한 원인일 가능성이 가장 높다.

게서는 양극성 장애, 또다른 사람에게서는 비교적 약한 형태의 조증을 일으키는 식으로? 그리고 위험을 한계 너머로 내모는 다른 돌연변이, 혹은 촉발 요인이 필요한 변이체들의 조합은 어떤 것일까?

진단이라는 이 퍼즐을 더 풀기 어렵게 만드는 요소가 하나 더 있다. 설명을 하기 위하여 사례를 하나 들자. 라제시 삼촌이 세상을 뜨기 몇 달 전인 1946년 어느 날 밤, 삼촌은 대학에서 수수께끼 같은 수학 퍼즐을 들고 집에 왔다. 어린 세 형제는 달려들어서 마치 축구공을 주고받듯이 이렇게 저렇게 풀어야 한다고 저마다 떠들었다. 형제간의 경쟁심이 불붙었다. 사춘기의 치졸한 자만심, 난민의 회복력, 용서를 모르는 치열한 도시에 사는 사람들이 가진 실패에 대한 두려움이 복합적으로 작용했을 것이다. 나는 당시 21세, 16세, 13세였던 세 사람이 비좁은 방의 세 모퉁이에 각자 틀어박혀서 나름의 전략으로 그 문제를 공략하면서 환상적인 해답을 찾아내느라 애쓰는 장면을 떠올려보았다. 굳세고 끈기 있고 완고하고 체계적이지만 상상력이 부족하신 아버지, 인습에 얽매이지 않고 삐딱하고 창의적이지만 일관성 있게 끌고나갈 능력은 없던 자구 삼촌, 면밀하고 영감이 넘치고 자제력도 있고 때로 오만하기도 한 라제시 삼촌.

밤이 깊어갔지만 해답은 나오지 않고 있었다. 밤 11시경 형제들은 한 명씩 잠이 들었다. 그러나 라제시 삼촌은 밤새 깨어 있었다. 삼촌은 답을 적었다가 고쳐 쓰고 하면서 방안을 서성거렸다. 새벽녘에 마침내 삼촌은 퍼즐을 풀었다. 삼촌은 아침에 종이 네 장에 해답을 적어서 형제의 발치에 놓았다.

이 이야기는 우리 집안에 전설처럼 전해지는 일화였다. 그러나 그 다음에 어떻게 되었는지는 모른다. 오랜 세월이 흐른 뒤, 나는 아버지로부터 그 다음에 어떤 일이 생겼는지 들을 수 있었다. 라제시 삼촌은 밤을 샌 다음날도, 그 다음날도 잠을 자지 않았다. 밤을 지새운 일이 계기로 작용하여 돌발적으로 조증이 튀어나왔던 것이다. 아니, 조증이 먼저 튀어나와서 밤새도록 문제를 붙들고 씨름하여 해답을 내놓도록 자극했을지도 모른다. 어쨌든 간에, 삼촌은 그 뒤로 며칠 동안 어디론가 사라졌고 찾을 수가 없었다. 결국 라탄 삼촌이 찾으러 나섰고, 이윽고 억지로 집에 끌고 와야 했다. 할머니는 앞으로 일어날지 모를 정신 붕괴의 싹을 자르기 위해서, 집에서 퍼즐과 게임을 아예 금지했다(할머니는 세상을 떠날 때까지도 게임 때문에 그렇게 되었다고 생각했다. 어릴 때 우리는 집에서 게임을 해본 적이 없었다). 라제시 삼촌에게 그 일은 미래의 전조였다. 그 뒤로 그런 일을 무수히 겪게 된다.

아버지가 유전을 가리키는 말이라고 한 아베드(abhed)는 "나눌 수 없는"이라는 뜻이 있다. 대중문화에는 "미친 천재"라는 말이 오래 전부터 있었다. 마치 스위치 하나로 두 상태를 오가듯이, 광기와 명민함 사이를 오가는 정신의 소유자를 가리킨다. 그러나 라제시 삼촌에게는 그런 스위치가 없었다. 분열도, 진동도, 진자도 없었다. 그 마법과 조증은 완벽하게 연속적으로 나타났다. 여권 따위를 요구하지 않는 맞붙어 있는 왕국이었다. 나눌 수 없는 하나의 전체를 이루는 부분들이었다.

미치광이들의 고위 사제인 바이런 경은 이렇게 썼다. "우리 예술가들은 모두 미치광이이다……유쾌함에 사로잡힌 이도 있고, 우울증에 시달리는 이도 있지만, 심하든 덜하든 모두 돌았다."[17] 양극성 장애, 몇몇 유형의 조현병, 희귀한 유형의 자폐증은 이런 이야기의 단골 소재가 되어왔다. 모두 "심하든 덜하든 미친" 사례들이다. 정신질환을 낭만적으로 바라보려는 유혹을 느낄지도 모르므로, 이런 정신질환을 가진 사람들이 여생을 황폐하게 만드는 인지적, 사회적, 심리적 혼란에 시달린다는 점을 강조해두자. 그러나 이런 증후군이 가진 환자 중에는 예외적이고 비범한 능력을 보이는 사람들도 분명히 있다. 양극성 장애의 조증 단계는 오래 전부터 비범한 창의력과 관련이 있다고 여겨졌다. 조증에 시달릴 때 창의적인 충동이 분출하곤 한다는 것이다.

심리학자이자 작가인 케이 레드필드 재미슨은 광기와 창의성의 관계를 다룬 권위 있는 연구서 『불에 닿다(Touched with Fire)』에 "심하든 덜하든 미친"

사람들의 목록을 실었다.[18] 문화계와 예술계에서 업적을 남긴 이들을 담은 인명사전처럼 보인다. 바이런(당연히 들어간다), 반 고흐, 버지니아 울프, 실비아 플래스, 앤 섹스턴, 로버트 로웰, 잭 케루악 등이다. 이 목록을 확장하면 과학자(아이작 뉴턴, 존 내시), 음악가(모차르트, 베토벤), 우울증에 시달리다 자살하기 전 조증을 토대로 한 장르 전체를 구축한 배우(로빈 윌리엄스)도 포함될 것이다. 자폐아를 학계에 처음 알린 심리학자 한스 아스퍼거는 그들을 "어린 교수들"이라고 했는데, 거기에는 타당한 이유가 있다.[19] 혼자 숨고, 사회성이 떨어지고, 언어 장애까지 있어서 "정상" 세계에서는 거의 제 기능을 못하는 이 아이들은 에릭 사티의 짐노페디를 천상에서 울리는 듯이 피아노로 연주하거나 7초 만에 소수점 아래 18자리까지 계산할 수도 있기 때문이다.

요점은 이것이다. 정신질환의 **표현형**과 창작열을 분리할 수 없다면, 정신질환의 **유전형**과 창작열을 분리할 수 없다는 것이다. 한쪽(양극성 장애)을 "일으키는" 유전자들은 다른 쪽(창작의 열기)도 "일으킬" 것이다. 이 난제를 통해서 우리는 빅터 매쿠직의 질병 이해 방식으로 돌아가게 된다. 질병을 절대적인 무능함이 아니라, 유전형과 환경 사이의 상대적 어긋남이라고 보는 관점이다. 고기능 자폐아는 이 세계에서는 무력할지 몰라도, 다른 세계에서는 비범한 기능을 보일 수 있다. 이를테면 복잡한 셈을 하거나 가장 미묘한 색깔 차이에 따라서 대상을 분류하는 일이 생존이나 성공의 필수 조건인 세계에서라면 말이다.

그렇다면 조현병의 유전적 진단이라는 모호한 사례에서는 어떨까? 미래에는 인류 유전자풀에서 조현병을 제거할 수 있을까? 이를테면 유전자 검사를 통해서 태아를 진단하고 그런 태아는 낙태시키는 방법을 쓴다면? 그러기 전에, 우리는 해결되지 않은 불확실한 사항들이 많다는 사실을 인정해야만 한다. 첫째, 설령 조현병의 많은 변이체들이 한 유전자의 돌연변이들과 연관되어 있다고 해도, 관련된 유전자가 수백 개나 될 것이고, 그중에는 아직 알려지지 않은 것들도 있다. 우리는 유전자들의 어떤 조합이 다른 조합들보다도 발병 가능성을 더 높이는지를 알지 못한다.

둘째, 설령 관련된 모든 유전자를 집대성한 목록을 작성할 수 있다고 해도, 여전히 그 위험의 정확한 특성을 바꿀 수 있는 미지의 인자들로 구성된 드넓은 세계가 존재한다. 우리는 어느 개별 유전자의 침투도가 어느 정도인지, 특정한 유전형에서 무엇이 위험의 수준을 바꾸는지 알지 못한다.

마지막으로, 특정한 유형의 조현병이나 양극성 장애에서 파악된 유전자들 중에는 실제로는 특정한 능력을 강화하는 것들이 있다. 유전자나 유전자 조합만을 토대로 어떤 정신질환의 가장 심각한 형태와 고기능 형태를 구별할 수 있다면, 우리는 그런 검사가 가능할 것이라는 희망을 품을 수도 있다. 그러나 그런 검사는 본질적으로 한계가 있을 가능성이 훨씬 더 높다. 한 상황에서 병을 일으키는 유전자들이 대부분 다른 상황에서는 비범한 창의성을 낳을 수도 있기 때문이다. 에드바르 뭉크의 말을 들어보라. "[내 고통은] 나와 내 예술의 일부이다. 나와 분리할 수 없으며, [치료는] 내 예술을 파괴할 것이다. 나는 이 고통을 간직하고 싶다."[20] 우리는 바로 그 "고통"이 20세기의 가장 상징적인 이미지 중 하나를 낳았음을 되새기게 된다. 정신병적인 시대에 너무나 매몰된 나머지, 절규라는 정신병적인 반응밖에 할 수 없는 남자의 모습이 그렇다.

따라서 조현병과 양극성 장애의 유전적 진단이 가능해질까라는 물음은 불확실성, 위험, 선택의 본질에 관한 근본적인 질문들과 대면하게 된다. 우리는 고통을 제거하고 싶지만, 한편으로 "그 고통을 간직하고"도 싶다. 수전 손태그이 질병을 왜 "삶의 밤 쪽(night-side)"이라고 표현했는지 우리는 쉽게 이해할 수 있다.[21] 그 개념은 질병의 많은 형태들에 들어맞는다. 그러나 전부는 아니다. 문제는 어스름이 끝나는 지점이나 낮이 시작되는 지점을 정의하기가 어렵다는 데에 있다. 어느 한 상황에서 질병이라고 정의한 것이 다른 상황에서는 비범한 능력의 정의가 된다는 점 때문에 상황은 더 복잡해진다. 지구의 한쪽이 밤일 때, 다른 대륙은 찬란하고 눈부신 낮이 되곤 한다.

2013년 봄, 나는 한 회의에 참석하러 샌디에이고로 향했다. 내가 참석한 회의 중 제목이 가장 도발적인 축에 속했다. "유전체 의학의 미래"라는 제목의 그 학술대회는 라 호이아에 있는 스크립스 연구소에서 열렸다.[22] 바다가 한눈에 내려다보이는 그곳은 강철 틀에 각진 콘크리트, 고급스러운 목재로 마감된 모더니즘의 기념물 같은 곳이었다. 수면에 부딪히는 햇살이 눈부시게 빛났다. 산책로에서는 신인류 같은 몸을 가진 사람들이 경쾌하게 조깅을 하고 있었다. 집단유전학자 데이비드 골드스타인은 대규모 병렬 유전자 서열 분석을 진단이 안 되는 아동 질병에까지 확대시킨 "아동의 진단 불확정 상태 서열 분석"을 발표했다. 의사에서 생물학자로 돌아선 스티븐 퀘이크는 임신부의 혈액으로 자연적으로 누출되는 태아 DNA 조각을 채취하여 태아의 모든 돌연변이를 진단한다는 내용의 "태아 유전체학"을 발표했다.

대회 이튿날 아침, 15세 소녀—에리카라고 하자—가 엄마가 미는 휠체어를 타고 연단에 올랐다. 에리카는 술이 달린 하얀 드레스 차림에 스카프로 어깨를 감싸고 있었다. 에리카는 유전자, 정체성, 운명, 선택, 진단이 뒤얽힌 자신의 이야기를 들려주었다. 그녀는 서서히 퇴행하는 심각한 유전병을 앓고 있었다. 증상은 에리카가 한 살 반이 되었을 때부터 시작되었다. 근육이 살짝 씰룩거리기 시작했다. 네 살 무렵에는 몸이 격렬하게 떨릴 정도로 악화되었다. 근육이 도무지 가만히 있지 않았다. 밤마다 20-30번씩 땀에 흠뻑 젖은 채 멈추지 않는 떨림 때문에 깨곤 했다. 잠을 자면 증상이 더 심해지는 듯했기에, 부모는 몇 분이라도 아이가 편안히 쉴 수 있도록 달래면서 교대로 밤새 곁을 지키곤 했다.

의사들은 특이한 유전병이 아닐까 짐작하긴 했지만, 알려진 유전자 검사법을 다 썼지만 어떤 병인지 알아내지 못했다. 그러다가 2011년 6월, 라디오에서 에리카의 아버지는 오랫동안 근육 질환을 앓아왔다는 캘리포니아에 사는 알렉시스와 노아 비어리라는 쌍둥이의 소식을 듣게 되었다.[23] 쌍둥이는 유전자 서열 분석을 받았는데, 새로운 희귀한 병이라는 진단이 나왔다. 유전자 진단을 토대로, 5-하이드록시트립타민(5-hydroxytryptamine, 5-HT)이라는 화학물질을 투여했더니, 운동 증후군이 크게 줄어들었다.[24]

에리카도 비슷한 결과가 나오기를 기대했다. 2012년, 에리카는 유전체 서열 분석을 통해서 질병을 진단하는 한 임상 시험에 첫 번째 환자로 등록했다. 2012년 여름에 서열 분석 결과가 나왔다. 에리카의 유전체에는 돌연변이가 한 개가 아니라 두 개 있었다. 하나는 신경세포 사이에 신호를 보내는 일을 하는 ADCY5라는 유전자에 있었다. 다른 하나는 근육이 조화롭게 움직일 수 있도록 신경 신호를 통제하는 DOCK3이라는 유전자에 있었다. 이 둘의 조합으로 근육이 쇠약해지고 떨림이 일어나는 증상이 나타난 것이다. 이는 유전적 월식(月蝕)이라고 할 수 있었다. 두 희귀한 증후군이 겹침으로써 희귀한 질병 중에서도 가장 희귀한 질병이 되었다.

에리카의 강연이 끝나고 청중이 강당 밖 로비로 빠져나올 때, 나는 에리카와 엄마가 있는 곳으로 달려갔다. 에리카는 아주 매력적이었다. 겸손하고 사려 깊고 차분하고 톡 쏘는 유머 감각이 있었다. 부러졌다가 아물면서 더욱 튼튼해지는 뼈의 지혜를 얻은 듯했다. 에리카는 책을 한 권 썼고 한 권을 더 쓰고 있는 중이었다. 블로그를 운영하고, 수백만 달러의 연구비를 모으는 데에 기여하기도 했으며, 무엇보다도 내가 만난 10대 중 가장 생각이 깊고 말을 조리 있게 잘하는 편에 속했다. 병에 관하여 묻자, 그녀는 그 때문에 가족이 고통에 시달렸다고 솔직하게 말했다. 그녀의 아버지는 이렇게 말한 적이 있다. "가장 큰 걱정이 아무것도 찾아내지 못하면 어쩌나 하는 것이었어요. 아무 것도 모른다는 것은 곧 최악의 상황일 테니까요."

그러나 "알았다"고 해서 모든 것이 달라졌을까? 에리카의 두려움은 줄어들었지만, 그 돌연변이 유전자나 그것들이 근육에 미치는 효과 측면에서 할 수 있는 일은 거의 없다. 2012년에 그녀는 근육의 씰룩거림을 전반적으로 줄여준다고 알려진 디아목스(Diamox)라는 약물을 처방받았는데, 완화되는 효과가 일시적으로 나타났다. 그녀는 18일 동안 잠을 푹 잤다. 평생 밤새도록 잠을 자본 적이 거의 없었던 10대 소녀에게는 당장 목숨을 잃어도 아깝지 않을 만한 경험이었다. 그러나 병은 재발했다. 다시 근육이 떨리기 시작했다. 근육은 지금도 계속 쇠퇴하고 있다. 그녀는 여전히 휠체어를 타고 있다.

이 병의 산전 검사 방법을 개발할 수 있다면 어떻게 될까? 스티븐 퀘이크는 "태아의 유전체학", 즉 태아 유전체의 서열 분석을 주제로 발표를 했다. 모든 태아의 유전체를 훑어서 **모든** 잠재적인 돌연변이들을 찾아내고 그것들을 심각성과 침투도에 따라서 등급을 매기는 일이 머지않아 가능해질 것이다. 우리는 에리카 유전병을 세세하게 전부 알지는 못한다. 일부 유전적인 형태의 암처럼, 그녀의 유전체에 숨은 "협력자" 돌연변이들이 있을지도 모른다. 그러나 대다수의 유전학자들은 그녀가 침투성이 매우 높은 두 돌연변이만을 가지고 있으며, 그것들이 그 증상들을 일으킨다고 본다.

부모가 태아의 유전체 서열 전체를 분석하여 그런 삶을 황폐화시키는 유전자 돌연변이를 가진 태아를 중절할 수 있게 허용해야 할까? 그렇게 하면, 에리카의 돌연변이를 인류 유전자풀에서 확실히 제거할 수 있을 것이다. 그러나 우리는 에리카도 제거하게 된다. 에리카나 그녀의 가족이 겪는 고통의 규모를 최소화하려는 것이 아니다. 하지만 에리카를 잃는 것도 분명히 큰 손실이다. 에리카가 겪는 고통의 깊이를 이해하지 못한다면 우리의 공감 능력에 결함이 있다는 뜻이다. 그러나 이 교환을 위해서 지불해야 하는 대가가 얼마나 큰지를 이해하지 못한다면, 거꾸로 우리의 인간성에 결함이 있다는 뜻이된다.

사람들이 에리카와 엄마 주위로 몰려들었고, 나는 해안 쪽으로 걸어갔다. 샌드위치와 음료가 준비되어 있었다. 에리카의 강연은 낙관론으로 팽배했던 대회장에 울려 퍼지면서 분위기를 차분하게 바꾸었다. 에리카는 특정한 돌연변이의 효과를 완화시키는 맞춤 약물을 찾기를 기대하면서 유전체의 서열을 분석할 수는 있겠지만, 그 희망이 실현되는 사례는 드물 것임을 깨닫게 했다. 산전 검사와 임신중절은 여전히 삶을 황폐화하는 그런 질병에 대처하는 가장 단순한 선택 수단이다. 그러나 윤리적으로 볼 때는 가장 대면하기 어려운 수단이기도 하다. 대회를 조직한 에릭 토폴은 내게 말했다. "기술이 발전할수록, 우리는 더욱더 미지의 영역으로 들어갑니다. 엄청나게 힘겨운 선택에 직면하리라는 것도 분명하지요. 새로운 유전체학의 시대에, 공짜 점심은 거의 없어요."

실제로 점심시간이 막 끝난 참이었다. 종이 울렸고, 유전학자들은 미래의 미래를 논의하기 위해서 강당으로 돌아갔다. 에리카의 엄마는 휠체어를 밀면서 회의장 밖으로 나갔다. 나는 손을 흔들었지만, 에리카는 보지 못한 듯했다. 내가 건물로 들어갈 때, 에리카가 주차장을 가로질러 가는 것이 보였다. 스카프가 마치 마지막 곡을 지휘하듯이 바람에 뒤로 흩날리고 있었다.

내가 이 세 가지 사례—제인 스털링의 유방암, 라제시 삼촌의 양극성 장애, 에리카의 신경근육 질환—를 고른 이유는 유전질환의 폭넓은 스펙트럼을 대변하면서도, 유전자 진단의 가장 어려운 문제 중 일부를 보여주기 때문이다. 스털링은 흔한 병으로 이어지는 하나의 범인 유전자(BRCA1)에 식별 가능한 돌연변이를 지니고 있다. 이 돌연변이는 침투도가 높다. 지닌 사람의 70-80퍼센트는 결국 유방암에 걸릴 것이다. 그러나 이 침투는 불완전하며(100퍼센트가 아니다), 병이 언제 어떤 형태로 발병할지, 위험은 어느 정도일지는 알지 못하며, 아마 알 수도 없을 것이다. 예방적 치료—유방절제, 호르몬 요법—역시 신체적 및 심리적 고통을 수반하며, 나름대로 위험성이 있다.

대조적으로 조현병과 양극성 장애는 침투도가 훨씬 낮은 다수의 유전자가 일으키는 병이다. 예방적 치료도, 완치 수단도 전혀 없다. 둘 다 만성적이고 재발하는 성질의 질병으로서, 정신 및 가정을 산산조각 낸다. 그러나 이 병을 일으키는 유전자들은 비록 드문 상황에서이긴 하지만 궁극적으로 그 질병 자체와 근본적으로 연관된 수수께끼 같은 유형의 창작열을 일으킨다.

그리고 에리카의 신경근육 질환—유전체에 일어난 한두 가지 변화로 생기는 희귀한 유전병—은 침투도가 높고, 극도로 피폐하게 하며, 완치가 불가능하다. 치료법을 상상할 수 없는 것은 아니지만, 실제로 나올 가능성은 적다. 태아 유전체의 서열 분석을 임신중절과 결합시킨다면(또는 이 돌연변이가 없는 배아를 골라서 선택적으로 착상시킨다면), 그런 유전병을 파악하여 인류 유전자풀에서 제거할 수도 있을 것이다. 유전자 서열 분석을 통해서 미래의 약물 치료나 유전자 요법에 반응할 수 있는 질병을 찾아내는 사례도 일부 있을 것이다(2015년 가을에 쇠약해지고, 몸을 떨리고, 서서히 시력을 잃어가고, 침을 흘리는 증상을 보이는 17개월 된 아기가 컬럼비아 대학교의 유전학과로 왔다. 아기는 이전에 "자기면역 질환"이라고 잘못 진단이 내려진 적이 있었다. 유전자 서열 분석을 했더니, 비타민 대사와 관련된 유전자에 돌연변이가 있음이 드러났다. 아기에게 심하게 부족했던 비타민 B2를 투여하자, 신경 기능은 꽤 많이 회복되었다).

스털링, 라제시, 에리카는 모두 "선생존자(previvors)"이다. 그들의 장래 운명은 유전체에 잠재되어 있지만, 선생존자들의 실제 이야기와 선택 양상은 매우 다양하다. 이 정보를 가지고 무엇을 할 수 있을까? SF 영화「가타카(GATTACA)」의 젊은 주인공 제롬은 "내 진짜 이력서는 내 세포 안에 있어"라고 말한다. 그러나 개인의 유전적 이력서를 우리는 얼마나 많이 읽고 이해할 수 있을까? 유전체에 암호로 담긴 운명을 유용한 방식으로 해독할 수 있을까? 그리고 어떤 상황에서 개입할 수 있을까? 아니 개입해야 할까?

첫 번째 질문으로 돌아가자. 인간 유전체의 얼마나 많은 부분을 사용 가능하거나 예측 가능한 방식으로 "읽을" 수 있을까? 최근까지 인간 유전체에서 운명을 예측하는 능력은 두 가지 근본적인 제약 때문에 한계가 있었다. 첫째, 리처드 도킨스가 말했듯이, 대부분의 유전자는 "청사진"이 아니라 "요리법"이다. 부품이 아니라 과정을 지정한다. 형태를 만드는 공식이다. 청사진을 수정한다면, 최종 산물은 완벽하게 예측 가능한 방식으로 바뀐다. 청사진에 실린 부품 하나를 빼면, 그 부품이 빠진 기계가 나온다. 그러나 요리법이나 공식을 수정했을 때에는 예측 가능한 방식으로 제품이 바뀌는 것이 아니다. 케이크 요리법에서 버터의 양을 4배로 늘리면, 단순히 버터의 양이 4배로 늘어난 케이크가 나오는 것이 아니라 더 복잡한 효과가 나타난다(한번 해보라. 전체가 기름 덩어리처럼 뭉개질 것이다). 마찬가지로 대부분의 유전자 변이체들을 따로 떼어내어 형태와 운명에 미치는 영향을 개별적으로 살펴보는 것은 불가능하다. 정상일 때 DNA에 화학적 변형을 가하는 기능을 하는 MECP2 유전자에 돌연변이가 일어나면 특정한 유형의 자폐가 생길 수 있다는 말은 결코 자명한 것이 아니다(유전자들이 뇌를 만드는 신경발달 과정을 어떻게 통제하는지를 이해하지 못하는 한).[25]

두 번째 제약—아마도 더 깊은 의미가 있을—은 일부 유전자가 본질적으로 예측이 불가능한 특성을 지닌다는 것이다. 대다수의 유전자는 다른 촉발 요인—환경, 우연, 행동, 심지어 부모의 노출이나 태아 때의 노출까지—과 상호작용함으로써 생물의 형태와 기능을 결정하고, 따라서 생물의 미래에 영향을 미친다. 이미 알아차렸듯이, 이 상호작용은 체계적이지 않다. 우연의 산물로서 일어나며, 확실하게 예측하거나 모형화할 방법이 전혀 없다. 이 상호작용은 유전자 결정론에 강력한 제한을 가한다. 이 유전자-환경 상호작용의 궁극적 효과는 유전학만으로는 신뢰할 만한 수준으로 예측하기가 **불가능**하다.[26] 사실 쌍둥이 중 한쪽의 질병을 이용하여 다른 한쪽의 향후 질병을 예측하려는 최근의 시도들은 미미한 성공만을 거두었을 뿐이다.

이런 불확실성이 있긴 해도, 우리는 인간 유전체에서 예측력을 지닌 몇 가지 결정 인자들을 머지않아 알아낼 수 있을 것이다. 유전자와 유전체를 더 능숙하게 더 포괄적으로 더 강력한 컴퓨터로 조사할수록, 유전체를 더 철저하게 "읽을" 수 있게 될 것이다. 적어도 확률적 의미에서는 그렇다. 현재 임상 의학 쪽에서 유전자 진단은 침투도가 높은 단일 유전자 돌연변이(테이색스병, 낫 모양 적혈구 빈혈)나 염색체 전체의 변형(다운 증후군)에 국한되어 이루어진다. 하지만 유전자 진단을 단일 유전자의 돌연변이나 염색체 이상으로 생기는 질병에만 국한시킬 이유는 전혀 없다.* 게다가 "진단"을 질병에만 국한할 이유도 전혀 없다. 충분히 강력한 컴퓨터라면 요리법을 이해하는 데에도 쓸 수 있을 것이다. 무언가 수정을 가했을 때, 그것이 제품에 미치는 효과를 계산할 수 있을 것이다.

2010년대가 저물 무렵이면, 유전적 변이들의 조합과 순열이 표현형, 질병, 운명의 변이를 예측하는 데에 이용될 것이다. 그런 유전자 검사가 불가능할 질병도 있겠지만, 아마 가장 심각한 형태의 조현병이나 심장병, 혹은 가장 침투도가 높은 유형의 가족성 암 같은 것들은 몇 가지 돌연변이들의 결합 효과를 토대로 예측이 가능해질 것이다. 그리고 그렇게 이해한 "과정"이 예측 알고리듬으로 구축된다면, 다양한 유전자 변이체들 사이의 상호작용을 질병뿐 아니라 온갖 신체적 및 정신적 형질들에 미치는 궁극적인 효과를 계산하는 데에도 이용할 수 있을 것이다. 계산 알고리듬을 쓰면 심장병이나 천식 또는 성적 취향의 발달 확률을 파악하고 유전체별로 가진 다양한 운명의 상대적인 위험 수준을 계산할 수 있을 것이다. 따라서 유전체는 절대적인 수치가 아닌 가능성으로서 읽히게 될 것이다. 점수가 아니라 확률로 기재되는 성적표, 과거 경험이 아니라 미래의 성향이 적힌 이력서가 될 것이다. 선생존자의 편람이 될 것이다.

1990년 4월, 마치 유전자 진단에 더 힘을 실어주려는 것처럼, 「네이처」에 여성의 몸에 착상시키기 전 배아를 대상으로 유전자 진단을 할 수 있는 새로운 기술이 탄생했다는 기사가 실렸다.[27]

그 기술은 사람 배아 발생의 특성에 의존한다. 체외 수정으로 배아가 생기

---

* 어떤 질병의 위험과 연관된 돌연변이나 변이가 유전자의 단백질 암호 영역에 있지 않을 수도 있다. 유전자의 조절 영역, 즉 단백질 암호를 가지지 않는 유전자에 들어 있을 수도 있다. 사실, 현재 특정한 질병이나 표현형의 위험에 영향을 미친다고 알려져 있는 유전적 변이 중의 상당수는 유전체의 비암호 영역, 즉 조절 영역에 있다.

면, 대개 며칠 동안 배양기에서 배양한 다음 자궁에 착상시킨다. 습한 배양기에서 양분이 풍부한 배지에 잠긴 채, 단세포인 배아는 분열하여 세포들로 이루어진 반들거리는 공처럼 된다. 사흘이 지날 무렵에, 세포는 8개를 거쳐 16개로 늘어난다. 놀라운 점은 이 배아에서 세포 몇 개를 떼어내도 남은 세포들이 분열하면서 이 빠진 세포들의 틈새를 메운다는 것이다. 배아는 마치 아무 일도 없었다는 듯이 정상적으로 계속 자란다. 인간의 역사에서 잠깐 동안 우리는 사실상 도롱뇽, 아니 도롱뇽의 꼬리와 매우 비슷하다. 4분의 1이 잘려도 온전히 재생할 능력을 지닌다.

따라서 이 초기 단계에서는 사람의 배아에서 세포 몇 개를 떼어내어 유전자 검사를 할 수 있다. 검사를 해서, 배아가 알맞은 유전자들을 지니고 있다는 것이 드러나면 착상시킬 수 있다. 몇 가지 수정을 가하면, 이 방식은 수정이 이루어지기 전에 난모세포, 즉 난자를 만드는 세포에도 적용할 수 있다. 이 기술을 "착상전 유전 진단(preimplantation genetic diagnosis, PGD)"이라고 한다. 도덕적인 관점에서 볼 때, 착상전 유전 진단은 불가능할 것 같던 묘기를 부리는 것과 같다. "알맞은" 배아를 골라서 착상시키고 나머지 배아들은 죽이지 않고 냉동 보존한다면, 낙태시키지 않고서 태아를 선택할 수 있다. 태아의 사망 없이, 긍정적 우생학과 부정적 우생학을 한꺼번에 달성하는 것이다.

1989년 겨울, 두 영국인 부부가 처음으로 착상전 유전 진단을 써서 배아를 선택했다. 한 부부는 중증 X 연관 정신지체 가족력이 있었고, 다른 한 부부는 X 연관 면역 증후군 가족력이 있었다. 양쪽 다 남자 아이에게만 나타나는 완치 불가능한 유전병이었다. 두 부부 모두 여성 배아를 선택했다. 그리고 양쪽 모두에서 쌍둥이 여아가 태어났다. 예상대로 양쪽 쌍둥이들은 그 병에 걸리지 않았다.

이 최초의 두 사례는 엄청난 윤리적 논란을 불러일으켰고, 몇몇 국가는 즉시 그 기술의 이용을 제한하는 조치를 취했다. 이해할 수 있겠지만, 가장 먼저 가장 엄격한 제한 조치를 취한 나라들 중에는 독일과 오스트리아가 있었다. 인종차별주의, 대량 학살, 우생학의 상흔이 남아 있는 나라들이었다. 세계에서 가장 노골적으로 성차별을 하는 하위문화들이 존재하는 인도의 몇몇 지역에서는 1995년부터 일찍이 PGD를 써서 아이의 성별을 "진단하려는" 시도가 이루어졌다고 한다. 인도 정부는 어떤 형태로든 간에 남아를 선택하는 행위를 금지해왔기에, 성별을 선택하는 데에 PGD를 이용하는 행위를 곧 금지했다. 그러나 정부의 금지는 그 문제를 해결하는 데에 별 효과가 없었던 듯하다. 인도와 중국의 독자들은 인류 역사에서 일어났던 가장 큰 규모의 "부정적 우생학" 계획이 유대인을 체계적으로 박멸하려 했던 1930년대 나치 독일이나 오스트리아의 것이 아니었다고 좀 창피해하면서 차분하게 말할지도 모른다. 인도와 중국에게 그 섬뜩한 영예는 돌아간다. 두 나라에서는 유아 살해, 낙태, 여아의 양육 소홀로 성년이 될 때까지 살아남지 못하는 여아가 1,000만 명이 넘는다. 타락한 독재자와 약탈 국가가 우생학의 절대적인 요구 조건은 아니다. 인도의 사례에서처럼, 완벽하게 "자유로운" 시민들도 국가의 그 어떤 명령도 없이 스스로의 의지에 따라서 기괴한 우생학 프로그램—여기서는 여성을 제거하는—을 수행할 수 있다.

현재 PGD는 낭성 섬유증, 헌팅턴병, 테이색스병 등 많은 단일 유전자 질병을 지닌 배아를 걸러내는 데에 이용되고 있다. 그러나 원리상 유전자 진단을 단일 유전자 질병으로 제한할 이유는 전혀 없다. 굳이 「가타카」 같은 영화를 떠올리지 않더라도 우리는 그 개념만으로도 우리를 몹시 불안하게 만들 수 있다는 것을 안다. 우리는 아이의 미래가 확률로 설명되거나, 태어나기 전의 태아를 진단하거나, 잉태 전에 이미 "선생존자"가 되는 세계를 이해할 모형도 비유도 가지고 있지 않다. 진단(diagnosis)이라는 영어 단어는 "구별하여 알다"라는 뜻의 그리스어에서 유래했다. 그러나 "구별하여 알다"는 의학과 과학의 영역을 훨씬 넘어서서 도덕적 및 철학적 파장을 일으킨다. 우리의 역사 내내, 구별하는 기술로 병자를 파악하고 치료하고 치유할 수 있었다. 이 기술을 유익한 방향으로 활용하여, 우리는 진단 검사와 예방 수단을 통해서 질병에 선제적으로 대응하고, 적절히 질병을 치료할 수 있었다(BRCA1 유전자를 이용하여 유방암을 선제적으로 치료하는 것이 대표적이다). 그러나 그 기술은 제멋대로 비정상 상태를 정의함으로써 우리를 옥죄고, 약자와 강자를 가르고, 우생학이 가장 끔찍한 형태의 천인공노할 만행을 저지르는 데에도 일조했다. 인류유전학의 역사는 "구별하여 알다"가 처음에는 "알다"에 중점을 두고 시작하지만, 결국에는 "구별"을 강조하는 쪽으로 끝난다는 것을 되풀이해서 우리에게 상기시킨다. 나치 우생학자의 대규모 인간측정학적 계획—턱 크기, 머리 모양, 코 길이, 키를 측정하는 일에 강박적으로 집착한—이 "인간을 구별하여 알려는" 시도로서 정당화되었다는 것은 우연의 일치가 아니다.

정치이론가 데즈먼드 킹은 이렇게 표현했다. "어떤 식으로든 간에, 우리 모두는 본질적으로 우생학적인 것이 될 '유전자 관리'의 체제로 끌려갈 것이다. 그 체제는 집단 전체의 적합도보다는 개인의 건강이라는 명목하에 구축될 것이며, 관리자는 당신과 나, 그리고 우리의 의사들과 국가일 것이다. 유전적 변화는 개인의 선택이라는 보이지 않는 손을 통해서 관리되겠지만, 전체적인 결과는 동일할 것이다. 후손의 유전자를 '개선'하려는 시도가 이루어진다는 점에서 똑같다."[28]

최근까지 유전자 진단과 개입이라는 분야에 적용된 세 가지의 무언의 지침이 있다. 첫째, 진단 검사는 대체로 단독으로 강력하게 병을 결정하는 인자인 유전자 변이체, 즉 발병시킬 확률이 100퍼센트에 가까운(다운 증후군, 낭성 섬유증, 테이색스병) 침투도가 높은 돌연변이에 국한되어왔다. 둘째, 이 돌연변이로 생긴 병은 대개 "정상" 생활과 근본적으로 부합하지 않거나 극심한 고통을 수반하는 것들이었다. 셋째, 정당한 개입—다운 증후군이 있는 태아를 중절하거나 BRCA1 돌연변이가 있는 여성에게 수술을 하는 등의 결정—은 사회적 및 의학적 합의를 통해서 정의된 것들이었고, 모든 개입은 완전한 선택의 자유하에 이루어져왔다.

이 삼각형의 세 변은 대다수의 사회가 넘지 않으려 하는 도덕적인 선이라고 생각할 수도 있다. 예를 들면, 앞으로 암을 일으킬 가능성이 10퍼센트에 불과한 유전자를 지닌 배아를 낙태시키는 것은 침투도가 낮은 돌연변이에 개입하지 말라는 지침과 어긋난다. 마찬가지로, 당사자(태아라면 부모의 동의)의 동의 없이 유전병이 있는 사람에게 국가의 명령으로 의학적 조치를 취하는 것은 자유의사와 비강압이라는 경계를 넘어서는 것이다.

그러나 이 변수들이 자기 강화의 논리에 본질적으로 취약하다는 것도 우리는 직감하고 있다. "극심한 고통"의 정의는 우리가 내린다. "정상" 대 "비정상"의 경계도 우리가 정한다. 의학적으로 개입할지 여부의 선택도 우리가 한다. "정당화할 수 있는 개입"의 성격도 우리가 결정한다. 특정한 유전체를 물려받은 사람들이 다른 유전체를 물려받은 사람들을 정의하고, 그들에게 개입하고, 더 나아가서 그들을 제거할 기준을 정의하는 일을 맡는다. 한 마디로, "선택"은 특정 유전자가 비슷한 유전자를 선택하여 증식시키기 위해서 고안된 환각처럼 보인다.

설령 그렇다고 해도, 이 한계의 삼각형―고침투도 유전자, 극심한 고통, 비강압적인 정당화할 수 있는 개입―은 어떤 형태의 유전적 개입을 받아들일 것인지를 판단하는 유용한 지침임이 입증되어왔다. 그러나 이 경계는 침범당하고 있다. 하나의 유전자 변이를 이용하여 사회공학적 선택을 이끈 일련의 대단히 도발적인 연구를 예로 들어보자.[29] 1990년대 말, 뇌의 특정한 뉴런 사이의 신호 전달을 조율하는 분자를 만드는 5HTTLPR라는 유전자가 심리적 스트레스에 대한 반응과도 관련이 있다는 것이 드러났다. 이 유전자는 두 가지 형태, 즉 두 가지 대립유전자로 존재한다. 긴 변이체와 짧은 변이체이다. 5HTTLPR/short라는 짧은 변이체는 인구의 약 40퍼센트가 가지며, 그 단백질을 상당히 더 적게 생산하는 듯하다. 여러 연구들은 짧은 변이체가 불안 행동,

우울, 심리적 외상, 알코올 중독, 고위험 행동과 관련이 있다는 결과를 잇달아 내놓았다. 이 연관성은 강하지 않지만, 넓은 범위에 걸쳐 있다. 짧은 대립 유전자는 독일 알코올 중독자들의 자살 위험률, 우울증을 앓는 미국 대학생들의 비율, 파견된 군인들의 외상후 스트레스 장애 발생률 증가와 관련이 있다고 알려졌다.[30]

2010년, 한 연구진은 조지아 주의 한 가난한 농촌 지역을 대상으로 강한 아프리카계 미국인 가정(Strong African American Families, SAAF)이라는 연구를 하기 시작했다.[31] 청소년 비행, 알코올 중독, 폭력, 정신질환, 마약 투여가 횡행하는 대단히 황폐한 지역이었다. 창문이 깨진 버려진 판잣집들이 여기저기 널려 있었고, 범죄도 빈발했다. 텅 빈 주차장에는 주삿바늘이 널려 있었다. 고등학교도 졸업하지 못한 성인이 태반이었고, 여자 혼자서 꾸려가는 집안도 거의 절반에 달했다.

연구진은 사춘기 초의 자녀가 있는 아프리카계 미국인 가정 600곳을 모았다.[32] 그 가정들을 무작위로 둘로 나누었다. 한쪽 집단의 부모와 자녀에게는 7주일 동안 알코올 중독, 탐닉, 폭행, 충동적 행동, 마약 투여를 예방하는 데에 초점을 맞추고 집중 교육, 상담, 정서적 지원 그리고 체계적인 사회적 개입 행동을 했다. 대조군에 속한 가정에는 개입을 최소화했다. 한편 연구진은 양쪽 집단의 아이들이 지닌 5HTTLPR 유전자의 서열을 분석했다.

이 무작위화한 실험에서 나온 첫 번째 결과는 이전 연구들로부터 예측할 수 있던 것이었다. 대조군에서 짧은 변이체, 즉 "고위험" 형태의 유전자를 가진 아이들은 폭음, 마약 투여, 문란한 성적 행동을 비롯한 고위험 행동을 하는 확률이 2배 더 높았다. 이 유전적 하위 집단의 위험이 더 크다는 이전의 연구들을 확인하는 결과였다. 더 놀라운 것은 두 번째 결과였다. 바로 그 아이들이 사회적 개입에 반응할 확률도 가장 **높다**고 나온 것이다. 개입 집단에서 고위험 대립유전자를 가진 아이들이 가장 강하고 빠르게 "정상화"되었다. 즉 가장 심각했던 아이들에게서 개입의 효과가 가장 컸다. 함께 병행된 연구에서도, 5HTTLPR의 짧은 변이체를 가진 고아들이 처음에는 긴 변이체를 가진 고아들보다 더 충동적이고 사회성이 떨어졌지만, 더 풍족한 양육 환경에 놓였을 때는 혜택을 볼 가능성이 가장 높게 나왔다.

양쪽 사례에서, 짧은 변이체는 심리적 감수성을 높이는 과민 반응하는 "스트레스 감지기"를 가진 듯하다. 그러나 그 감지기는 그 감수성을 표적으로 하는 개입에 가장 잘 반응하는 것이기도 하다. 가장 상처 입기 쉽거나 허약한 정신은 심리적 외상을 일으키는 환경에서 비뚤어질 가능성이 가장 높지만, 집중적인 개입을 통해서 회복될 가능성도 가장 높다. 마치 **탄력성**(resilience) 자체에 유전적 핵심 요소가 있는 듯하다. 어떤 사람은 탄력성을 타고 나는 반면(그러나 개입에 덜 반응한다), 어떤 사람은 본래 민감하다(그러나 환경 변화에 더 반응을 잘한다).

사회공학자들은 "탄력성 유전자"라는 개념에 혹해왔다. 2014년 행동심리학자 제이 벨스키는 「뉴욕 타임스」에 이렇게 썼다. "개입과 서비스에 투자할 예산이 부족할 때, 가장 잘 반응할 아이들을 파악하여 집중 표적으로 삼아야 하지 않을까? 나는 그렇다고 믿는다……흔히 쓰는 비유를 들자면, 어떤 아이들은 섬세한 난초와 같다. 그들은 스트레스와 박탈에 노출되면 금방 시들지만, 충분히 보살피고 지원하면 활짝 핀다. 반면에 민들레에 더 가까운 아이들도 있다. 그들은 역경의 부정적인 영향을 잘 견디지만, 긍정적인 경험의 혜택도 그다지 크게 보지 못한다."[33] 벨스키는 유전자 프로파일링을 통해서 아이들이 "섬세한 난초"인지 "민들레"인지를 파악한다면, 사회가 희소 자원을 훨씬 더 효율적으로 이용할 수 있다고 주장한다. "초등학교에서 모든 아이들의 유전형을 파악하여 각자 최고의 교사에게서 가장 큰 혜택을 볼 수 있도록 배치하는 날이 온다는 상상도 할 수 있을 것이다."

초등학교에서 모든 아이들의 유전형을 파악한다고? 유전자 프로파일링을 통해서 맞춤 양육을 한다고? 민들레와 난초라고? 유전자와 편향을 둘러싼 대화가 원래의 경계—고침투도 유전자, 극심한 고통, 정당화할 수 있는 개입

―를 이미 넘어서 유전형 기반의 사회공학까지 나아간 것이 명백하다. 유전형으로 단극성 우울증이나 양극성 장애에 걸릴 위험이 있는 아이를 찾아낸다면 어떻게 할 것인가? 폭력, 범죄성, 충동성의 유전자 프로파일링은 어떤가? 어떤 것이 "극심한 고통"이고, 어떤 개입이 "정당화할 수 있는" 것일까? 그리고 무엇이 정상일까? 부모에게 자녀의 "정상 상태"를 선택하도록 허용해야 할까? 심리학판 하이젠베르크 원리(관찰하기 전까지는 불확실한 상태로 있다는 개념/역주)에 따라서, 개입 행위 자체가 비정상 상태를 더 심화시킨다면?

이 책은 내밀한 역사에서 시작했다. 그러나 내가 우려하는 것은 나의 내밀한 미래이다. 현재 우리는 조현병이 있는 엄마나 아빠를 둔 아이는 60세가 될 때까지 그 병에 걸릴 확률이 13-30퍼센트임을 안다. 부모가 다 병이 있다면, 위험은 약 50퍼센트로 치솟는다. 삼촌 한 명이 그 병에 걸렸다면, 일반 집단보다 위험도가 3-5배 높다. 삼촌 두 명과 사촌 한 명이 걸렸다면―자구 삼촌, 라제시 삼촌, 모니 형―약 10배로 뛴다. 나의 부친이나 누이, 조카나 질녀에게 그 병이 나타난다면(증상은 말년에 나타날 수도 있다), 위험도는 거기에서 다시 몇 배 더 높아진다. 내 유전적 위험도를 측정하고 또 측정하면서 마치 운명의 팽이가 돌고 또 도는 모습을 그냥 지켜보면서 기다리는 것과 같다.

　가족성 조현병에 관한 기념비적인 연구들이 발표될 때마다, 나는 내 유전체와 우리 집안사람들의 유전체 서열을 분석하면 어떨까 하는 생각을 종종 해왔다. 기술은 있다. 내 연구실에도 유전체를 추출하고 서열 분석하고 해석하는 장비가 구비되어 있다(나는 이 기술로 암 환자들의 유전자 서열을 분석하는 일을 일상적으로 하고 있다). 그러나 위험을 증가시키는 유전자 변이체, 아니 변이체들의 조합은 대부분 여전히 정체가 밝혀지지 않은 상태이다. 물론 2010년대 말까지 이 변이체들 중 상당수가 파악될 것이고, 그것들이 미치는 위험의 수준을 정량적으로 파악할 수 있으리라는 것은 거의 확실하다. 우리 같은 집안의 사람들에게, 유전자 진단은 더 이상 추상적인 가능성이 아니라, 임상적 및 개인적 현실로 다가올 것이다. 고려해야 할 삼각형—침투도, 극심한 고통, 정당화할 수 있는 선택—이 우리 개인의 미래에 드리워질 것이다.

지난 세기의 역사가 정부에게 유전적 "적합도"를 결정할(즉 그 삼각형의 안에 들어가는 사람은 누구이고, 밖에 놓이는 사람은 누구인지를 정할) 권한을 부여했을 때 어떤 위험이 있었는지를 우리에게 가르쳤다면, 현 시점에 우리가 직면한 질문은 그 힘이 개인에게 맡겨질 때 어떤 일이 일어날 것인가이다. 이 질문은 개인의 욕구—심한 고통 없이 행복과 성취를 누리는 삶을 살아가려는—와 단기적으로 질병과 장애가 주는 부담과 그 비용을 줄이는 일에만 관심을 보일 수도 있을 사회의 욕구 사이에서의 균형을 취할 것을 요구한다. 그리고 배후에서 조용히 움직이는 제3의 무리가 있다. 바로 우리 유전자들이다. 그들은 우리의 욕망과 충동 따위는 안중에 없이 번식하고 새로운 변이체를 만들면서 직접적으로 또는 간접적으로, 정면으로 또는 에둘러서 우리의 욕망과 충동에 영향을 미친다. 문화역사가 미셸 푸코는 1975년 소르본 대학 강연에서 이렇게 말했다. "비정상인의 기술은 지식과 권력의 격자망이 확정되었을 때 나타난다."[34] 푸코는 인간들의 "격자망"을 염두에 두고 있었다. 그러나 그것은 유전자들의 망이라고 해도 무리가 아닐 것이다.

유전자 요법 : 포스트 휴먼

나는 무엇을 두려워하는가? 내 자신? 그 외에는 없도다.
—윌리엄 셰익스피어, 『리처드 3세(*Richard III*)』, 5막 3장

지금 현재의 생물학에는 20세기가 시작될 때의 물리학을 떠올리게 하는, 거의 억누를 수 없는 기대감이 가득해 있다. 그것은 미지의 세계로 나아가고 있다는 느낌이며, 이 발전이 어디로 향할지를 생각하면 흥분되고 신기하다⋯⋯20세기 물리학과 21세기 생물학의 유사성은 좋은 의미에서도 나쁜 의미에서도 계속될 것이다.
—「생물학의 빅뱅(Biology's Big Bang)」, 2007년[1]

인간 유전체 계획이 출범한 지 얼마 되지 않은 1991년 여름, 한 기자가 뉴욕 콜드 스프링 하버에 있는 제임스 왓슨을 방문했다.[2] 찌는 듯이 더운 오후였고, 왓슨은 반짝거리는 해안이 내려다보이는 사무실 창가에 앉아 있었다. 기자는 왓슨에게 유전체 계획의 미래에 관해서 물었다. 우리 유전체에 있는 모든 유전자의 서열이 분석되고 과학자들이 사람의 유전정보를 마음대로 조작할 수 있다면 어떻게 될까요?

왓슨은 낄낄거리면서 눈썹을 치켜 올렸다. "그는 한 손으로 성긴 백발을 쓸어내렸고⋯⋯눈가에 장난기가 어렸다⋯⋯'많은 사람들이 우리 유전자 명령문을 바꾸는 것에 대해서 걱정을 합니다. 그러나 그 명령문은 지금은 사라졌을지도 모를 특정한 환경 조건에 적응하도록 고안된 진화의 산물에 불과합

니다. 우리 모두는 자신이 얼마나 불완전한지 잘 알지요. 스스로를 생존에 좀더 적합하게 만들면 왜 안 되나요?"

"우리는 그렇게 할 겁니다." 그는 기자를 쳐다보면서 갑자기 웃음을 터뜨렸다. 독특한 높은 소리로 터져 나오는 그 웃음이 폭풍의 전조라는 것은 과학계에는 익히 알려져 있었다. "우리는 그렇게 할 거예요. 우리 자신을 좀더 낫게 만들 겁니다."

왓슨의 말은 에리체 회의에서 학생들이 제기한 두 번째 우려를 떠올리게 한다. 사람 유전체를 의도적으로 바꾸는 법을 터득한다면 어떻게 될까? 1980년대 말까지, 사람의 유전체를 변형하는—유전적 의미에서 "우리 자신을 좀더 낫게 만드는"—방법은 태아를 검사하여 침투도가 높으면서 심하게 해로운 유전자 돌연변이(테이색스병이나 낭성 섬유증을 일으키는 돌연변이 같은)가 발견되었을 때 임신을 중절하는 것뿐이었다. 1990년대에 착상전 유전자 진단(PGD)이 개발되어 부모가 그런 돌연변이가 없는 배아를 선제적으로 골라서 착상할 수 있게 되면서, 태아 생명의 중절이라는 도덕적 딜레마를 선택이라는 도덕적 딜레마로 대체했다. 그러나 인류유전학자들은 여전히 앞서 말한 경계의 삼각형 안에서 일했다. 고침투성 유전적 질환, 극심한 고통, 정당화할 수 있는 비강압적인 개입이라는 경계를 벗어나지 않았다.

1990년대 말에 등장한 유전자 요법은 이 논의의 양상을 바꾸었다. 이제는 인체의 유전자를 의도한 대로 바꿀 수 있었다. "긍정적 우생학"의 부활이었다. 해로운 유전자를 지닌 사람을 제거하는 대신에, 과학자들은 결함 있는 유전자를 고치게 되면서, 유전체를 "좀더 낫게" 만들 수 있다는 생각을 하게 되었다.

개념상 유전자 요법은 두 가지로 나뉜다. 첫 번째는 **비생식세포**, 즉 혈구, 뇌, 근육세포의 유전체를 수정하는 것이다. 이 세포들을 유전적으로 변형하면 기능에 변화가 일어나지만, 그 변화는 한 세대에서만 나타난다. 유전적 변화를 근육세포나 혈구에 도입하면, 그 변화는 사람의 배아로 전달되지 않는다. 변형된 유전자는 그 세포가 죽을 때 사라진다. 애시 데실바, 제시 젤싱어, 신시아 컷셜은 비생식계통 유전자 요법을 받은 사람들이다. 이 세 명은 생식계통 세포(정자와 난자)가 아니라 혈액세포가 외래 유전자를 받아서 변형되었다.

두 번째는 더 근본적인 형태의 유전자 요법으로서, 변화가 **생식세포에** 영향을 미칠 수 있도록 유전체를 수정하는 것이다. 일단 정자나 난자에, 즉 사람의 생식계통에 유전체 변화를 도입하면, 그 변화는 자기 증식한다. 사람의 유전체에 영구적으로 통합이 되고 한 세대에서 다음 세대로 전달된다. 도입된 유전자는 사람의 유전체에 떼어낼 수 없이 연결된다.

1990년대 말까지 사람의 생식계통 유전자 요법은 상상할 수도 없었다. 사람의 정자나 난자에 유전적 변화를 전달할 신뢰할 만한 기술이 아예 존재하지 않았다. 그러나 비생식계통 유전자 요법 임상 시험도 중단된 상태였다. 「뉴욕 타임스 매거진」이 "생명공학적 죽음"[3]이라고 한 제시 젤싱어의 죽음은 그 분야 전체에 엄청난 고통의 물결을 일으키면서 미국에서 유전자 요법 임상 시험을 전면 중단시켰다. 기업들은 파산했다. 과학자들은 다른 분야로 옮겨갔다. 그 임상 시험은 모든 형태의 유전자 요법이라는 땅에 불을 질러서 영구히 흉터를 남겼다.

그러나 유전자 요법은 돌아왔다. 조심스럽게 한 걸음씩 내딛으면서 말이다. 정체된 듯한 1990-2000년이라는 10년은 성찰과 재고의 시간이었다. 첫째, 젤싱어 임상 시험 때의 오류들을 상세하게 분석했다. 유전자를 지닌 무해해 보이는 바이러스를 간에 집어넣었는데 왜 그렇게 지독한 치명적인 반응이 일어났을까? 의사들, 과학자들, 당국자들이 그 임상 시험을 철저히 분석하자, 실험이 실패한 이유가 분명해졌다. 젤싱어의 세포를 감염시키는 데에 쓰인 벡터는 사람을 대상으로 적절히 검토된 적이 한 번도 없었다. 하지만 가장 중요한 점은 젤싱어가 그 바이러스에 보인 면역 반응을 예상했어야 했다는 것이다. 젤싱어는 유전자 요법 실험에 쓰인 아데노바이러스 균주에 자연적으로 노출되었을 가능성이 높았다. 그의 격렬한 면역 반응은 비정상 사례가 아니었다. 몸이 과거에 접했던 병원체에 맞서 싸우기 위한 지극히 습관적인 반응이었다. 아마 감기에 걸렸을 때 감염되었을 것이다. 흔한 사람 바이러스를 유전자 전달의 매개체로 선택함으로써, 유전자 요법 전문가들은 중요한 판단 오류를 저질렀다. 그들은 역사, 흉터, 기억, 사전 노출 경험을 가진 사람의 몸에 유전자가 전달된다는 점을 소홀히 했다. "그렇게 아름다운 것이 어떻게 그렇게 잘못될 수 있는 겁니까?" 폴 젤싱어는 그렇게 물었다. 지금 우리는 이유를 안다. 아름다움만을 추구하다가 과학자들이 재앙을 대비하지 않았기 때문이다. 인간 의학의 변경을 개척한 의사들은 그 흔한 감기를 고려하는 것을 잊었다.

젤싱어가 사망하고 20년이 흐르는 동안, 원래의 유전자 요법 임상 시험에 쓰였던 도구들은 대부분 차세대 또는 3세대 기술로 대체되었다. 이제 새로운 바이러스가 사람 세포에 유전자를 전달하는 데에 쓰이며, 유전자 전달에 성공했는지 살펴보는 새로운 방법들도 개발되었다. 이 바이러스들 중 상당수는 젤싱어의 몸을 통제 불가능 상태로 빠뜨린 면역 반응을 이끌어내지 않으면서도 실험실에서 쉽게 조작할 수 있다는 이유로 선택된 것들이었다.

2014년, 유전자 요법으로 혈우병 치료에 성공했다는 기념비적인 연구 결과가 「뉴잉글랜드 의학회지」에 발표되었다.[4] 혈액 응고 인자에 돌연변이가 생김으로써 끔찍한 출혈이 일어나는 질병인 혈우병은 유전자의 역사를 따라 죽 이어지고 있는 하나의 끈이다. DNA 이야기에서의 DNA와 같다. 차레비치 알렉세이가 1904년 태어날 때부터 가지고 있었고 20세기 초 러시아 정치의 중심점이 되었던 바로 그 질병이었다. 사람에게서 처음으로 알려진 X 연관 질병 중 하나였고, 그럼으로써 유전자가 염색체에 있음을 알려준 질병이었다. 하나의 유전자 때문에 생긴다는 것이 확실히 밝혀진 최초의 질병 중의 하나이기도 했다. 그리고 1984년 제넨텍이 필요한 단백질을 인공적으로 합성한 첫 번째 질병 중 하나이기도 했다.

유전자 요법으로 혈우병을 치료한다는 개념은 1980년대 중반에 처음 등장했다. 혈우병은 제 기능을 하는 응고 단백질이 없어서 생기는 것이므로, 바이러스를 써서 유전자를 세포에 전달하면 몸이 그 빠진 단백질을 만듦으로써 혈액 응고 능력이 회복될 수 있을 것이라는 생각이었다. 거의 20년 동안 계속 연기되다가 2000년대 초, 유전자 요법 전문가들은 유전자 요법으로 혈우병을 치료해보자고 결정했다. 혈우병은 혈액에 빠져 있는 응고 인자의 종류에 따라서, 크게 두 유형으로 나뉜다. 유전자 요법 검사를 위해서 선택된 혈우병은 B형이었다. 응고 인자 IX의 유전자에 돌연변이가 일어나 정상 단백질이 생산되지 않아서 생기는 병이었다.

　검사 방법은 단순했다. 이 병의 중증 형태를 지닌 환자 10명에게 응고 인자 IX의 유전자를 지닌 바이러스를 한 차례 투여했다. 그런 뒤 바이러스가 만드는 단백질이 혈액에 들어 있는지를 몇 달 동안 살펴보았다. 주목할 점은 이 임상 시험이 안전성만이 아니라, 효능도 검증하기 위한 것이었다는 사실이다. 그리고 출혈을 얼마나 겪는지, 응고 인자 IX 주사를 얼마나 자주 맞아야 하는지도 살펴보았다. 비록 바이러스를 통해서 주입된 유전자는 IX 농도를 정상 수준의 5퍼센트밖에 늘리지 못했지만, 출혈에 미친 영향은 경이로웠다. 출혈 사건의 빈도가 90퍼센트나 감소했고, IX 인자를 투여하는 횟수도 마찬가지로 급감했다. 그 효과는 3년 넘게 지속되었다.

　빠진 단백질을 단 5퍼센트만 보충해도 강력한 치료 효과가 나타나는 것을 본 유전자 요법 전문가들은 열망에 불타올랐다. 그것은 인간의 생물학에서 중복성이 강력한 역할을 한다는 것을 상기시킨다. 응고 인자가 5퍼센트만 있어도 혈액의 응고 기능이 거의 다 회복된다면, 그 단백질의 95퍼센트는 잉여분임이 분명했다. 완충용이나 저장분, 진정으로 심각한 출혈 사건이 일어날 때를 대비한 예비용으로 몸에 들어 있을 가능성이 있었다. 같은 원리가 낭성 섬유증처럼 하나의 유전자 때문에 생기는 다른 유전병들에도 적용된다면, 유전자 요법은 지금까지 생각했던 것보다 훨씬 더 실현 가능성이 높을지 모른다. 치료용 유전자가 소수의 세포에 비효율적으로 전달된다고 할지라도, 치명적인 질병을 충분히 치료할 수 있을지도 모른다.

그렇다면 인류유전학이 줄곧 품어온 환상은 어떨까? 생식세포의 유전자를 변형함으로써 사람의 유전체에 영구적인 변화를 일으킨다는 개념, 즉 "생식계통 유전자 요법"은? "포스트휴먼(post-human)"이나 "트랜스휴먼(trans-human)", 즉 영구히 수정된 유전체를 가진 인간 배아를 만든다면? 1990년대 초, 인간 유전체에 영구적 변화를 일으키기 위해서 해결해야 할 과학적 과제는 세 가지로 압축되었다. 이 각각은 예전에는 불가능한 일처럼 보였지만, 이제는 극복하기 직전에 와 있다. 현재 인간 유전체공학에서 가장 두드러진 부분은 실현 가능성이 얼마나 요원한가가 아니라 얼마나 위험하게, 감질나게 가까워졌느냐이다.

첫 번째 도전 과제는 믿을 만한 인간 배아 줄기세포(ES 세포)를 만드는 것이었다. ES 세포는 초기 배아의 내부 세포 덩어리에서 유래한 줄기세포이다. 세포와 생물의 전이 지대에 산다. 실험실에서 세포주(cell line)로서 계속 배양하면서 조작할 수도 있고, 살아 있는 배아의 모든 조직 층을 만들 수도 있다. 따라서 ES 세포의 유전체를 변형하는 일은 생물의 유전체에 영구 변화를 일으키는 길로 나아가는 방편이 된다. ES 세포의 유전체를 의도한 대로 바꿀 수 있다면, 그 유전적 변화를 배아, 그 배아로부터 생기는 모든 신체 기관, 그리고 생물에까지도 도입할 수 있다. ES 세포의 유전적 변형은 생식계통 유전체공학이라는 모든 환상이 거쳐야 하는 좁은 길목이나 마찬가지인 것이다.

1990년대 말, 위스콘신대의 발생학자 제임스 톰슨은 사람의 배아로부터 줄기세포를 유도하는 실험에 나섰다. 생쥐 ES 세포는 1970년대 말부터 알려져 있었지만, 사람의 ES 세포를 얻으려는 시도는 수십 번 이루어졌지만 다 실패했다. 톰슨은 이 실패의 원인이 두 가지 요인이라고 파악했다. 나쁜 씨와 나쁜 흙이었다. 인간 줄기세포를 얻기 위해서 처음에 쓴 재료들은 질이 낮을 때가 많았고, 배양 조건도 최적이 아니었다. 대학원생이던 1980년대에 그는 생쥐 ES 세포를 집중적으로 연구했다. 이국적인 식물을 본래 환경이 아닌 곳에서 키우고 번식시키려 애쓰는 온실 정원사처럼, 톰슨은 ES 세포의 많은 별난 특징들을 조금씩 파악해갔다. ES 세포는 성깔 있고, 변덕스럽고, 까다로웠다. 가장 사소한 도발에도 나자빠져서 죽곤 했다. 그는 ES 세포를 부양하려면 "영양세포"가 필요하다는 것, ES 세포가 모여서 덩어리를 형성하는 경향을 보인다는 것을 알아냈고, 현미경으로 볼 때마다 투명하고 빛을 굴절시키면서 마치 최면을 걸듯이 윤기가 흐르는 그 세포들에 사로잡히곤 했다.

1991년, 위스콘신 지역 영장류 센터로 자리를 옮긴 톰슨은 원숭이로부터 ES 세포를 얻는 실험을 시작했다. 그는 잉태한 레서스원숭이의 몸에서 6일 된 배아를 꺼내어, 배양 접시에서 키웠다. 6일 뒤, 그는 마치 과일 껍질을 벗기듯이 배아의 바깥층을 벗겨내고, 내부 세포 덩어리에서 각 세포를 떼어냈다. 그는 생쥐 세포로 했듯이, 중요한 성장 인자를 제공할 수 있는 영양세포층을 써서 이 세포를 배양하는 법을 알아냈다. 영양세포층이 없으면 ES 세포는 죽었다. 1996년, 이 기술을 사람에게도 쓸 수 있을 것이라는 확신이 든 그는 위스콘신 대학교 규제 위원회에 인간 ES 세포를 만드는 실험을 허가해달라고 신청했다.

생쥐와 원숭이의 배아는 쉽게 구할 수 있었다. 막 수정된 인간 배아를 어디에서 구할 수 있을까? 톰슨은 확실한 곳을 찾아냈다. 바로 체외 수정(IVF) 클리닉이었다. 1990년대 말에 체외 수정은 다양한 형태의 불임을 치료하는데에 널리 이용되고 있었다. 체외 수정을 하려면, 배란이 이루어진 뒤 난자를 채취해야 한다. 대개 한 번에 여러 개를 채취하며—때로는 10-12개까지도—배양 접시에서 정자와 수정시킨다. 수정된 배아는 잠시 배양기에서 배양한다음, 자궁에 착상시킨다.

그러나 체외 수정된 배아를 다 착상시키는 것은 아니다. 배아를 3개 이상 착상시키는 경우는 드물며 안전하지도 않다. 남은 배아는 대개 폐기한다(드물게는 다른 여성의 몸에 착상시키기도 한다. 그 여성은 배아의 "대리모"가 된다). 1996년, 톰슨은 위스콘신 대학교의 허가를 얻어서, 체외 수정 클리닉에서 배아 36개를 얻었다. 그중 14개가 배양기에서 자라 반들거리는 공 모양의 세포 덩어리가 되었다. 톰슨은 원숭이를 대상으로 다듬은 기술—바깥층을 벗겨내고, 속의 세포를 "지지세포(feeder)"와 영양세포에서 잘 구슬려서 자라게 하는 법—을 써서, 몇 개의 인간 배아 줄기세포를 분리하는 데에 성공했다. 생쥐의 몸에 착상시키자, 이 세포는 인간 배아의 세 세포층을 다 만들어낼 수 있었다. 피부, 뼈, 근육, 신경, 장, 혈액 등 모든 조직을 만드는 원천이 되는 세포층들이었다.

톰슨이 체외 수정 클리닉에서 얻은 배아에서 유도한 줄기세포들은 인간 배아 발생의 많은 특징들을 재현했지만, 한 가지 주된 한계점이 있었다. 거의 모든 인간 조직을 만들 수 있었지만, 정자와 난자 같은 몇몇 조직은 만들어내지 못했다. 그러므로 이 배아 줄기세포에 도입된 유전적 변화는 배아의 모든 세포로 전달될 수 있었지만 가장 중요한 세포가 빠져 있었다. 바로 그 유전자를 다음 세대로 전달할 수 있는 세포였다. 1998년, 톰슨의 논문이 「사이언스」에 실리자마자, 미국, 중국, 일본, 인도, 이스라엘을 비롯한 전 세계의 과학자들은 생식계통 유전자 전달이 가능한 ES 세포를 얻겠다고 앞다투어 나섰고, 배아 조직에서 수십 개의 배아 줄기세포 계통이 만들어졌다.[5]

그런데 그때 거의 아무런 예고도 없이, 그 분야를 얼어붙게 하는 일이 일어났다. 톰슨의 논문이 발표된 지 3년 뒤인 2001년, 조지 W. 부시 대통령은 이미 만들어진 세포주 74개를 대상으로 한 줄기세포 연구에만 연방 예산을 지원하도록 했다.[6] IVF 클리닉에서 폐기되는 배아에서도 새로운 세포주를 유도할 수가 없게 되었다. ES 세포를 연구하는 실험실들은 하루아침에 엄격한 규제와 연구비 삭감에 직면했다. 2006년과 2007년에도 부시는 새로운 세포주를 만드는 연구에는 연방 예산을 지원하지 못하게 했다. 퇴행성 질환과 신경 장애가 있는 자녀를 둔 부모를 비롯하여 줄기세포 연구를 지지하는 사람들은 워싱턴의 거리를 행진하면서 연구를 금지한 연방정부 기관을 고소하겠다고 외쳤다. 부시는 "폐기될" 운명이었던 IVF 배아를 대리모에게 착상시켜서 태어난 아이들을 옆에 세우고 기자회견을 열어서 그 요구를 반박했다.

새로운 ES 세포에 연방 연구비 지원이 금지되자 인간 유전체공학자들은 적어도 당분간 야심을 접어야 했다. 그러나 인간 유전체에 유전되는 영구적인 변화를 일으키는 데에 필요한 두 번째 단계의 연구는 계속할 수 있었다. 이미 있는 ES 세포의 유전체에 의도한 변화를 일으키는 효율적이고 믿을 만한 방법을 개발하는 연구였다.

처음에는 이 역시 넘을 수 없는 기술적 장벽처럼 보였다. 인간 유전체를 변형하는 기술은 거의 다 엉성하고 비효율적이었다. 과학자들은 줄기세포에 방사선을 쬐어 유전자에 돌연변이를 일으킬 수 있었다. 그러나 그 돌연변이는 유전체 전체에서 무작위로 생기면서, 의도한 쪽으로 돌연변이를 일으키려는 모든 시도들을 무산시켰다. 유전적 변화를 일으킨 바이러스를 유전체에 집어넣을 수는 있었지만, 그 바이러스가 유전체에 끼워지는 위치는 대개 무작위적이었고, 삽입된 유전자가 침묵하는 일도 종종 있었다. 1980년대에 유전체에 의도한 변화를 일으키는 또다른 방법이 나왔다. 변이 유전자를 지닌 외래 DNA 조각들을 대량으로 세포에 쏟아넣는 방법이었다. 외래 DNA가 세포의 유전물질에 직접 끼워지거나 그 메시지가 유전체로 복제되는 식이었다. 그러나 이 방식은 먹히긴 했어도, 비효율적이고 오류가 많다고 악명이 높았다. 효율적이고 믿음직하게 **의도한** 변화—특정한 유전자를 특정한 방식으로 세심하게 교정하는—를 일으키는 일은 불가능해 보였다.

2011년 봄, 연구자인 제니퍼 다우드나가 언뜻 보기에는 사람 유전자나 유전체공학과는 거의 무관한 문제를 논의하기 위해서 세균학자 에마뉘엘 샤펜티에에게 다가갔다. 샤펜티에와 다우드나는 푸에르토리코에서 열린 미생물학 학술대회에 참석하고 있었다. 둘은 문 위에 아치가 달려 있고 정면이 채색된 자홍색과 노란색의 집들이 늘어선 올드 산 후안의 골목길을 따라 걸었다. 샤펜티에는 자신이 세균의 면역계─세균이 바이러스를 막는 메커니즘─에 대한 관심이 있다고 말했다. 바이러스와 세균 사이의 전쟁은 너무나 오랜 세월 계속되었고 대단히 격렬했기에, 늘 함께 한 오래된 정적들처럼 각자는 상대방을 통해서 정의될 정도가 되었다. 그 상호 원한은 유전체에까지 새겨졌다. 바이러스에서는 침입하여 세균을 죽이는 메커니즘이 진화했다. 세균에서는 그것과 맞서 싸우는 유전자들이 진화했다. 다우드나는 "바이러스 감염은 시한폭탄"이라는 것을 알았다. "세균이 폭탄을 해체할 시간은 몇 분밖에 없다. 더 늦으면 자신이 당한다."

2000년대 중반에 필리프 호바트와 로돌프 바랑구라는 두 프랑스 과학자가 그런 세균의 자기 방어 기구 중의 하나를 우연히 발견했다. 둘은 다니스코라는 덴마크 식품회사에서 치즈와 요구르트를 만드는 세균을 연구하고 있었다. 그들은 이 세균 종들 중 일부에서, 침입한 바이러스의 유전체를 정교하게 난도질하여 무력화하는 체계가 진화해 있는 것을 발견했다. 일종의 분자 접이 칼(molecular switchblade)이라 할 이 체계는 DNA 서열을 통해서 연쇄 살해범 바이러스를 인식한다. 아무데에서나 칼을 꺼내는 것이 아니라, 바이러스 DNA의 특정 지점만을 찾아 자른다.

곧 세균의 이 방어 체계에 적어도 두 가지 핵심 구성요소가 있다는 것이 밝혀졌다. 하나는 "탐색자(seeker)"로서, 세균 유전자가 만드는 RNA인데, 바이러스의 DNA에서 특정 서열을 인식하여 짝을 짓는다. 여기서도 인식은 결합을 통해서 이루어진다. RNA "탐색자"는 침입하는 바이러스 DNA의 특정 서열과 거울상을 이루기 때문에, 그 부위를 알아낼 수 있다. 음과 양처럼 말이다. 마치 적의 사진을 늘 주머니에 넣고 다니는 것과 같다. 세균에게서는 음화(陰畵) 형태로 유전체에 새겨져 있는 셈이다.

방어 체계의 두 번째 구성요소는 "저격수(hitman)"이다. 바이러스의 DNA 가 침입자임을 알아보고 짝을 지으면(음화를 통해서), Cas9이라는 세균 단백 질이 급파되어 바이러스 유전체에 치명적인 상처를 입힌다. "탐색자"와 "저격 수"는 함께 일한다. Cas9 단백질은 인식 요소가 서열에 달라붙은 뒤에야 그 유전체를 벤다. 찍어내는 자와 처형자, 드론과 로켓, 보니와 클라이드처럼 고전적인 동업자 조합이다.

연구자로서 거의 오로지 RNA만을 연구해왔던 다우드나는 그 체계에 흥미 를 느꼈다. 처음에는 단순한 호기심 차원이었다. "내가 연구한 것 중 가장 모호했다." 그러나 샤펜티에와 공동으로 그녀는 그 체계를 구성요소들에 이 르기까지 낱낱이 파헤쳤다.

2012년, 다우드나와 샤펜티에는 그 체계를 "프로그래밍"할 수 있다는 것을 깨달았다. 물론 세균은 바이러스를 찾아서 파괴할 수 있도록 바이러스 유전 체의 사진만을 지닌다. 다른 유전체를 알아보고서 벨 이유가 전혀 없다. 그러 나 그 자기 방어 체계를 상세히 파악했기 때문에 다우드나와 샤펜티에는 그 체계를 속일 수 있었다. 인식 요소를 교체함으로써, 그들은 의도한 대로 그 체계가 다른 유전자와 유전체를 자르게끔 할 수 있었다. "탐색자"를 교체하 면, 다른 유전자를 찾아서 자르게 할 수 있었다.

위의 마지막 문단에 모든 유전학자들의 마음을 끊임없이 울리면서 환상을 자극하는 말이 숨겨져 있다. 유전자를 "의도한 대로 자른다"는 것이야말로 돌연변이의 강력한 원천이다. 대다수의 돌연변이는 유전체에 무작위로 생긴 다. X선이나 우주선에는 낭성 섬유증 유전자나 테이색스 유전자에만 선택적 으로 변화를 일으키라고 명령할 수가 없다. 그러나 다우드나와 샤펜티에는 돌연변이를 무작위로 일으키는 것이 아니었다. 자기 방어 체계가 인식한 정 확한 지점을 자르도록 **프로그래밍**할 수 있었다. 인식 요소를 바꿈으로써, 다 우드나와 샤펜티에는 특정한 유전자를 골라서 공격할 수 있었고, 따라서 원하는 대로 유전자에 돌연변이를 일으킬 수 있었다.*

이 체계는 더욱 조작이 가능하다. 유전자를 자르면 잘린 끈처럼 DNA의 양쪽 끝이 생기는데, 이 양끝을 더 다듬을 수 있다. 자르기와 다듬기는 돌연변이 유전자를 수선할 수 있다는 뜻이다. 잘려나간 유전자는 온전한 사본을 찾아서 잃어버린 정보를 복원하려 시도할 것이다. 물질은 에너지를 보존해야 한다. 유전체는 정보를 보존하도록 되어 있다. 대개 잘린 유전자는 세포에 있는 그 유전자의 사본을 이용하여 잃어버린 정보를 복원하려고 시도한다. 그러나 세포에 외래 DNA가 넘친다면, 그 유전자는 속아서 자신의 예비 사본이 아니라 그 미끼 DNA로부터 정보를 복사한다. 따라서 미끼 DNA 조각에 적힌 정보가 유전체에 영구히 복사된다. 문장의 한 단어를 지운 뒤 억지로 그곳에 다른 단어를 적는 것과 비슷하다. 따라서 미리 정한 유전적 변화를 유전체에 적을 수 있다. 한 유전자의 ATGGGCCCG라는 서열이 ACCGCCG GG(또는 다른 원하는 서열)로 바뀐다. 돌연변이 낭성 섬유증 유전자를 야생형으로 교정할 수도 있다. 바이러스에 내성을 제공하는 유전자를 생물에 도입할 수도 있다. 돌연변이 BRCA1 유전자를 야생형으로 바꿀 수도 있다. 돌연변이 헌팅턴병 유전자가 가진 밋밋하게 되풀이되는 후렴구도 제거할 수 있을 것이다. 이 기술을 유전체 편집(genome editing) 또는 유전체 수술(genomic surgery)이라고 한다.

다우드나와 샤펜티에는 2012년 「사이언스」에 CRISPR/Cas9라는 이 미생물 방어 체계를 연구한 결과를 발표했다.[7] 이 논문은 즉시 생물학자들의 상상에 불을 지폈다. 이 기념비적인 논문이 발표된 뒤로 3년 사이에, 이 기술을 이용한 연구 결과들이 폭발적으로 쏟아졌다.[8] 이 방법에는 아직 몇 가지 근본적인 제약이 있다. 때때로 엉뚱한 유전자가 잘리곤 한다는 것이다. 때로는 수선이 효율적이지 못해서, 염색체의 특정한 지점에 있는 정보를 "고쳐 쓰기"

* DNA 절단 효소를 써서 특정한 유전자를 자르도록 "프로그래밍"할 수 있는 또다른 체계가 개발되고 있다. "TALEN"이라는 이 효소도 유전체 편집에 쓸 수 있다.

가 어렵다. 그러나 지금까지 나온 거의 모든 유전체 변형 방법보다 더 쉽고 더 강력하고 더 효율적이다. 생물학의 역사에서 그렇게 우연히 과학적 발견이 이루어진 사례는 손꼽을 정도이다. 미생물이 고안하고 요구르트 연구자들이 발견했고 RNA 연구자들이 재프로그래밍을 한 이 신비한 방어 체계는 유전학자들이 수십 년 동안 갈망하던 형질전환 기술로 나아갈 작은 문을 만들었다. **사람 유전체에 직접적이고 효율적이고 서열 특이적인 수정을 가하는 방법**이었다. 유전자 요법의 선구자인 리처드 멀리건은 "깨끗하고 순결한 유전자 요법"을 꿈꾼 바 있었다. 이 체계는 바로 그 깨끗하고 순결한 유전자 요법을 실현할 수 있었다.

사람의 유전체에 의도한 영구 수정을 일으키는 데에 필요한 단계가 하나 더 남아 있다. 사람의 ES 세포에 일으킨 유전적 변화는 사람의 배아로 들어가야 한다. 사람 ES 세포를 직접 배아로 만드는 일은 기술적 및 윤리적 이유로 상상할 수도 없다. 사람의 ES 세포가 실험실에서 모든 유형의 조직들을 생산할 수는 있지만, 저절로 짜임새를 갖추어서 살아갈 수 있는 배아가 되기를 기대하면서 그 세포를 곧바로 여성의 자궁에 착상시킨다는 것은 상상도 할 수 없다. 사람의 ES 세포를 동물의 자궁에 착상시키면, 기껏해야 사람 배아의 조직 층들이 엉성하게 배열된 세포 덩어리만 얻을 수 있다. 배아가 발생할 때 수정란이 보여주는 조화로운 해부학적 및 생리학적 변화와는 거리가 멀다.

한 가지 대안은 배아가 해부학적 기본 형태를 갖춘 뒤—즉 잉태된 지 며칠 또는 몇 주일이 지난 뒤—배아 전체의 유전체 변형을 시도하는 것이다. 그러나 이 전략도 쉽지 않다. 사람의 배아는 일단 체계를 갖추면, 근본적으로 유전자를 변형하기가 쉽지 않기 때문이다. 기술적 장애물을 제쳐두더라도, 그런 실험은 엄청난 윤리적 논란을 불러일으킬 것이기에 아예 다른 사항들은 고려할 여지가 없을 것이다. 살아 있는 배아에 유전체 변형을 시도하는 행위는 생물학과 유전학이라는 차원을 넘어서 사회 전체에 온갖 질문들을 불러일으킬 것이 명백하다. 대부분의 국가에서의 그런 실험은 용납할 수 있는 한계를 벗어나 있다.

그러나 가장 접근하기 쉬운 듯한 제3의 전략이 있다. 표준 유전자 변형 기술을 써서 인간 ES 세포에 유전적 변화를 도입한다고 하자. 이제 유전자 변형 ES 세포를 **생식세포**, 즉 정자와 난자로 변화시킬 수 있다고 상상하자. ES 세포가 진정한 만능 줄기세포라면, 사람의 정자와 난자를 만들 수 있어야 한다(어쨌든 사람의 진짜 배아는 자신의 생식세포, 즉 정자나 난자를 만든다).

이제 사고 실험을 해보자. 그런 유전자 변형 정자나 난자를 써서 체외 수정을 통해서 사람의 배아를 만들 수 있다면, 그렇게 나온 배아는 모든 세포에 그 유전적 변화를 지니고 있을 것이다. 자신의 정자와 난자에도 그럴 것이다. 이 과정의 예비 단계들은 실제 인간 배아를 조작하거나 변형하는 일 없이 검증할 수 있으므로, 인간 배아 조작의 도덕적 경계를 침범하지 않으면서도 안전하게 수행할 수 있다.* 가장 중요한 점은 이 과정이 잘 확립된 IVF 절차를 모방한다는 점이다. 시험관에서 정자와 난자를 수정시킨 뒤, 초기 배아를 여성의 몸에 착상시키는 이 과정은 거의 논란을 일으키지 않는다. 따라서 이 방법은 생식계통 유전자 요법으로 나아가는 지름길, 트랜스휴머니즘(transhumanism)으로 향하는 뒷문이다. 즉 배아 줄기세포를 생식**세포**로 전환함으로써, 사람의 생식**계통**에 유전자를 도입하는 과정을 단축시킨다.

이 마지막 도전 과제는 다우드나가 유전체를 변형하는 체계를 완성하고 있던 바로 그 시기에 거의 해결되고 있었다. 2014년 겨울, 영국 케임브리지와 이스라엘 와이즈먼 연구소의 발생학자들은 사람의 배아 줄기세포에서 원시 생식세포(primordial germ cell), 즉 난자와 정자의 전구체(前驅體, precursor)를 만

---

* 각 ES 세포를 복제하여 증식시킬 수 있으므로, 의도하지 않은 돌연변이가 생긴 세포는 찾아내어 폐기할 수 있다는 점도 기술적으로 중요한 장점이다. 의도한 돌연변이를 가진 ES 세포만 미리 걸러내어 정자나 난자로 전환시키면 된다.

드는 체계를 개발했다.[9] 앞서 얻은 사람의 ES 세포를 이용했던 기존의 실험들은 그런 생식세포를 만드는 데에 실패했다. 2013년, 이스라엘 연구진은 그 이전의 실험들을 변형하여, 생식세포를 형성하는 능력이 더 뛰어나 보이는 새로운 ES 세포를 분리하는 데에 성공했다. 1년 뒤, 그들은 케임브리지의 과학자들과 협력하여, 그 ES 세포를 특정한 조건 하에서 배양하면서 특정한 물질로 분화를 이끌면, 정자와 난자의 전구체 덩어리가 형성된다는 것을 발견했다.

이 기술은 아직 엉성하고 비효율적이다. 인공 인간 배아를 만드는 일이 엄격하게 제한되고 있기 때문에, 이 정자나 난자처럼 생긴 세포에서 정상적으로 발달할 수 있는 사람 배아를 만들 수 있는지는 아직 모른다. 그러나 유전될 수 있는 세포를 유도하는 기본 과정은 해낸 셈이었다. 원리상 어떤 유전적 기술—유전자 편집, 유전자 수술, 바이러스를 이용한 유전자 삽입—로든 그 ES 세포를 변형할 수 있다면, 그 유전적 변화는 어떤 것이든 간에 인간의 유전체에 영구히 새겨져서 유전될 수 있다.

유전자를 조작하는 것과 유전체를 조작하는 것은 전혀 다르다. 1980년대와 90년대에, DNA 서열 분석과 유전자 클로닝 기술을 써서 과학자들은 유전자를 이해하고 조작했고, 그럼으로써 세포의 생물학을 매우 능숙하게 통제할 수 있었다. 그러나 본연의 맥락에 속해 있는, 특히 배아세포나 생식세포에 들어 있는 유전체의 조작은 훨씬 더 강력한 기술로 나아가는 문을 열었다. 이제 관심의 초점은 세포가 아니라 생물, 즉 우리 자신에게 맞추어진다.

1939년 봄, 알베르트 아인슈타인은 프린스턴 대학교에서 최근의 핵물리학에서 이루어진 발전들을 살펴보다가 한없이 강력한 무기를 만드는 데에 필요한 모든 단계들이 개별적으로 완성이 되어 있음을 깨달았다. 우라늄 정제, 핵분열, 연쇄 반응, 반응의 완충, 격실에서의 반응 속도 통제에 관한 기술들이 모두 개발되어 있었다. 그저 그 모든 것을 순서대로 연결하기만 되었다.

그 반응들을 순서대로 연결하면, 원자폭탄이 나왔다. 1972년 스탠퍼드에서 폴 버그는 분리된 DNA들이 형성한 띠무늬를 보다가 비슷한 깨달음을 얻었다. 유전자를 자르고 붙이는 기술, 키메라 형성 기술, 유전자 키메라를 세균이나 포유동물 세포에 도입하는 기술을 쓰면, 사람과 바이러스의 유전적 잡종을 만들 수 있었다. 그저 이 반응들을 순서대로 연결하기만 하면 되었다.

인간 유전체공학도 지금 비슷한―출범하기 직전의―상황에 놓여 있다. 단계들이 이런 순서를 이루고 있다고 생각해보라. (a) 진정한 인간 배아 줄기세포(정자와 난자를 형성할 수 있는)의 유도 (b) 그 세포주에서 의도한 대로, 믿을 만하게 유전적 변형을 일으킬 수 있는 방법 (c) 유전자 변형 줄기세포를 사람의 정자와 난자로 직접 전환 (d) 변형된 정자와 난자를 체외 수정시켜서 사람 배아를 생산……그러면 그리 어렵지 않게 유전자 변형 인간에 다다를 수 있다.

여기에 마법 따위는 없다. 이 단계들 하나하나는 현재의 기술로 가능하다. 물론 아직 연구가 안 된 측면들도 많다. 모든 유전자를 효율적으로 변형할 수 있을까? 그런 변형은 어떤 부수적인 효과를 일으킬까? ES 세포에서 형성된 정자와 난자가 정말로 제 기능을 하는 사람의 배아를 생성할까? 아주 많은 사소한 기술적 장애물들이 남아 있긴 하다. 하지만 이 조각그림 퍼즐의 핵심 조각들은 이미 끼워졌다.

예상할 수 있겠지만, 이 단계들 각각에는 현재 언급한 규제와 금지 조치가 취해지고 있다. ES 세포에 연방 예산을 지원하지 못하게 한 조치는 오랫동안 이어졌고, 2009년에 오바마 행정부는 미국에서 새로운 ES 세포를 유도하는 것을 금지했던 조치를 해제했다. 그러나 국립보건원은 인간 ES 세포 연구 중 두 가지는 여전히 금지하고 있다. 첫째, 이 세포를 사람이나 동물에 이식하여 살아 있는 배아로 발달하게 하는 연구는 허용되지 않는다. 둘째, ES 세포의 유전체 변형은 "생식계통으로 전달될 수도 있을", 즉 정자나 난자로 전달될 수 있는 상황에서는 허용되지 않는다.

내가 이 책을 끝낸 2015년 봄에 제니퍼 다우드나와 데이비드 볼티모어를 비롯한 과학자들이 유전자 편집 및 유전자 변형 기술을 임상 분야에, 특히 사람 ES 세포에 이용하는 일을 유예하자는 합동 선언문을 발표했다.[10] "사람 생식 계통 공학의 가능성은 오랫동안 일반 대중에게 흥분과 불안을 야기했다. 특히 질병을 치료하는 응용 기술로부터 덜 시급하거나 더 나아가 논란을 일으킬 수 있는 용도로 향하는 '미끄러운 비탈'로 첫 걸음을 내딛게 할지도 모른다는 생각 때문에 그렇다……논의의 한 가지 핵심은 중증 질병의 치료나 완치를 유전체공학의 책임감 있는 이용이라고 볼 수 있는가, 그렇다면 어떤 상황에서 그러한가 하는 것이다. 예를 들면, 그 기술을 써서 질병을 일으키는 유전자 돌연변이를 건강한 사람들이 지닌 더 흔한 서열로 바꾸는 것은 적절할까? 이 수월해 보이는 시나리오조차도 심각한 우려를 일으킨다……인간의 유전학, 유전자-환경 상호작용, 질병의 경로에 관한 우리의 지식에 한계가 있기 때문이다."

많은 과학자들은 그 유예 선언 요청이 이해가 가며, 더 나아가 필요하다고 생각한다. 줄기세포 연구자 조지 데일리는 이렇게 간파했다. "유전자 편집은 미래에 우리가 인류를 어떻게 바라볼지, 자신의 생식계통을 수정하는 극적인 단계로 나아갈지, 그리고 어떤 의미에서 자신의 유전적 운명을 통제할지에 관한 가장 근본적인 현안들을 제기한다. 인류에게 엄청난 위험을 야기한다."

그 제시된 제한 조치는 여러 면에서 애실로마 유예 선언을 상기시킨다. 그 기술에 함축된 윤리적, 정치적, 사회적, 법적 의미들을 명확히 할 수 있을 때까지 이용을 제한하자는 것이다. 그 과학과 그 미래에 관한 대중의 평가를 요구한다. 또한 우리가 영구적인 변화를 가한 유전체를 가진 인간 배아를 만드는 단계에 얼마나 가까이 다가와 있는지를 솔직히 인정한다. ES 세포로부터 최초로 생쥐 배아를 만든 바 있는 MIT의 생물학자 루돌프 재니시는 이렇게 말했다. "사람들이 인간(human)에게 유전자 편집을 시도하리라는 것은 아주 명확하다. 우리는 이런 식으로 인간을 강화하고 싶은지 아닌지, 어떤 원칙적인 합의가 필요하다."[11]

위의 마지막 문자에서 주목할 단어는 **강화**(enhance)이다. 유전체공학의 기존 제약을 과감하게 떨쳐버린다는 것을 시사하기 때문이다. 유전체 편집 기술이 나오기 전, 배아 선택 같은 기술은 인간 유전체에서 정보를 솎아낼 수 있게 해주었다. 착상전 유전자 진단을 통해서 배아를 선택함으로써, 헌팅턴병 돌연변이나 낭성 섬유증 돌연변이를 특정한 가계에서 제거할 수 있었다.

반면에 CRISPR/Cas9를 토대로 한 유전체공학은 유전체에 정보를 **추가**할 수 있게 해준다. 의도한 대로 유전자를 바꿀 수 있고, 새로운 유전 암호를 사람의 유전체에 적을 수 있다. 프랜시스 콜린스는 내게 이렇게 썼다. "이런 현실은 '우리 자신을 개선하겠다'고 하면서 생식계통 조작을 정당화하게 될 것임을 의미합니다……누군가가 무엇이 '개선'인지를 결정할 권한을 지닌다는 의미입니다. 그런 행위를 할 생각을 하는 사람은 자신의 오만함을 경계해야 합니다."[12]

따라서 문제의 핵심은 유전적 해방(유전병이라는 속박으로부터의 자유)이 아니라 유전적 강화(인간 유전체에 담긴 현재의 형태와 운명이라는 한계로부터의 자유)이다. 유전체 편집의 미래를 둘러싼 논쟁은 이 두 개를 구분하는 허약한 논리를 중심으로 펼쳐진다. 역사가 우리에게 가르치듯이, 한 사람의 질병이 다른 사람의 정상 상태라면, 누군가에게는 강화라고 여겨지는 것이 다른 사람에게는 해방이라고 여겨질 수도 있다("우리 자신을 좀더 낫게 만들면 왜 안 되죠?"라고 왓슨이 물었듯이 말이다).

그러나 인류가 자신의 유전체를 확실하게 "강화할" 수 있을까? 우리 유전체에 담긴 자연적인 정보를 강화하면 어떤 결과가 빚어질까? 우리 자신을 상당히 더 열악하게 만들 수도 있는 가능성을 무릅쓰지 않으면서 우리 유전체를 "좀더 낫게" 만드는 것이 가능할까?

2015년 봄, 중국의 한 연구실이 무모하게도 그 장벽을 넘었다는 소식이 들렸다.[13] 광저우에 있는 중산대학교의 준쥬 황 연구진은 IVF 클리닉에서 얻은 인간 배아 86개에 CRISPR/Cas9 체계를 써서 흔한 혈액 질환을 일으키는 유전자를 교정하려는 시도를 했다. 살아남은 배아 71개 가운데, 54를 검사했더니 4개만이 교정된 유전자가 들어가 있었다. 더 불길한 점은 그 체계가 부정확하다는 사실이 드러났다는 것이다. 검사한 배아 중 3분의 1은 다른 유전자들에 의도하지 않은 돌연변이가 도입되었다. 그중에는 정상적인 발달과 생존에 필수적인 유전자들에 돌연변이가 일어난 것도 있었다. 실험은 중단되었다.

반응을 도발할 의도 속에서 이루어진 대담하고 무모한 실험이었다. 그 의도는 성공했다. 전 세계의 과학자들이 극도의 걱정과 고통이 담긴 어조로 인간 배아를 변형하려는 시도에 반대하고 나섰다. 「네이처」, 「셀(Cell)」, 「사이언스」 같은 일류 과학 잡지들은 안전과 윤리 기준을 위반했다는 이유로 그 결과를 싣지 않겠다고 했다(그 연구 결과는 결국 「단백질+세포(Protein + Cell)」라는 거의 아무도 읽지 않는 온라인 잡지에 실렸다[14]).[15] 그러나 설령 그 발표를 접하면서 걱정과 두려움이 앞섰다고 해도, 생물학자들은 그 연구가 위반의 첫 사례에 불과하다는 것을 이미 알고 있었다. 중국 연구자들은 영구적인 인간 유전체공학으로 나아가는 가장 짧은 경로를 택했고, 예상대로 배아에는 뜻하지 않았던 돌연변이들이 가득했다. 하지만 그 기술은 다양하게 개선되면서 점점 더 효율적이고 정확해질 수도 있을 것이다. 한 예로, 배아 줄기세포 그리고 줄기세포에서 유래한 정자와 난자를 썼다면, 해로운 돌연변이가 생긴 세포들을 미리 걸러냈을 수도 있었을 것이고 유전자 표적 맞추기의 효율은 크게 높아졌을지도 모른다.

준쥬 황은 기자에게 "다양한 전략을 써서 빗나간 돌연변이들의 수를 줄일 계획"이라고 했다.[16] "수명 조절을 도울 수 있는, 그래서 돌연변이가 쌓이기 전에 중단시킬 수 있는 형태로 효소를 집어넣어서, 원하는 지점에 더 정확히 돌연변이가 일어나도록 효소로 유도하는" 전략이었다. 그는 방법을 개선하여 몇 달 안에 실험을 다시 할 예정이라고 했다. 이번에는 효율과 신뢰도가 훨씬 높을 것이라고 기대했다. 과장이 아니었다. 인간 배아의 유전체를 수정하는 기술은 복잡하고 비효율적이고 부정확할지 모르지만, 과학이 다다르지 못하는 영역에 있는 것은 아니다.

서구의 과학자들이 준쥬 황의 인간 배아 실험을 당연히 걱정스럽게 바라보는 반면, 중국 과학자들은 그 실험에 훨씬 더 낙관적이었다. 2015년 6월 말, 한 과학자는 「뉴욕 타임스」에 이렇게 말했다. "나는 중국이 일시 유예 조치를 취할 것이라고는 보지 않는다."[17] 한 중국 생명윤리학자는 명쾌하게 말했다. "유교 사상은 태어난 뒤에야 사람이 된다고 여긴다. 기독교의 영향을 받은 미국을 비롯한 나라들에서 보는 것과는 다르다. 종교 때문에 그들은 배아 연구가 좋지 않다고 느낄지도 모른다. 여기서는 14개월 미만의 배아만 실험할 수 있으며, 그것이 우리의 '기준선'이다."

또다른 한 과학자는 중국의 접근 방식을 "행동 먼저, 생각은 나중에"라고 썼다. 몇몇 대중 평론가들은 이 전략에 동의하는 듯했다. 「뉴욕 타임스」의 논평에 투고한 독자들은 인간 유전체공학에 내려진 금지 조치들을 해제하고, 아시아에 맞서서 경쟁력을 유지하기 위한 차원에서라도 서구에서도 당장 실험에 나서야 한다고 촉구했다. 중국의 실험이 전 세계의 이목을 끈 것은 분명했다. 한 저술가는 이렇게 썼다. "우리가 안 하면, 중국이 할 것이다." 인간 배아의 유전체를 바꾸려는 욕망은 대륙간 군비 경쟁으로 비화되고 있다.

이 글을 쓰는 현재, 중국에서는 4개 연구진이 인간 배아에 영구 돌연변이를 일으키는 연구를 하는 중이라고 한다. 이 책이 출간될 즈음에, 실험실에서 인간 배아에 선택적으로 유전체 변화를 일으키는 데에 성공했다는 소식이 들려도 나는 놀라지 않을 것이다. 최초의 "유전체 이후(post-genomic)" 인간이 뱃속에서 자라고 있는 중인지도 모른다.

우리에게는 유전체 이후 세계를 위한 선언문, 아니 적어도 여행안내서가 필요하다. 역사가 토니 저트는 내게 알베르 카뮈의 소설 『페스트(*The Plague*)』가 『리어왕』이라는 리어라는 이름의 왕에 관한 이야기인 것과 같은 의미에서 페스트에 관한 이야기라고 말한 적이 있다. 『페스트』에서는 생물학적 재앙이 우리의 오류 가능성, 욕망, 야심의 시험대가 된다. 『페스트』를 읽다보면 그것이 인간 본성을 살짝 위장한 알레고리임을 알 수 있다. 유전체도 우리의 오류 가능성과 욕망의 시험대이다. 비록 알레고리나 은유를 몰라도 읽을 수 있다는 점이 다르기는 하지만 말이다. 우리가 유전체에서 읽고 거기에 쓰는 것은 우리의 오류 가능성, 욕망, 야심이다. 인간의 본성이다.

완전한 선언문을 쓰는 과제는 다른 세대의 일이겠지만, 우리는 이 역사의 과학적, 철학적, 도덕적 교훈을 떠올리면서 머리말을 끼적거려 볼 수는 있을 듯하다.

1. **유전자는 유전 정보의 기본 단위이다.** 생물을 만들고 유지하고 수선하는 데에 필요한 정보를 지닌다. 유전자는 다른 유전자들, 환경의 입력, 촉발 요인, 무작위적 우연과 협력하면서 생물의 궁극적인 형태와 기능을 만든다.

2. **유전 암호는 보편적이다.** 흰긴수염고래의 유전자를 아주 작은 세균에 집어넣으면 정확하게 그리고 거의 완벽할 만큼 확실하게 해독될 것이다. 마찬가지로 인간의 유전자도 특별할 것이 없다.

3. **유전자는 형태, 기능, 운명에 영향을 미치지만, 그 영향이 대개 일대일 방식으로 이루어지는 것은 아니다.** 인간의 속성들은 대부분 둘 이상의 유전자가 만든다. 유전자, 환경, 우연의 협력 산물인 것들이 많다. 이 상호작용은 대부분 체계적이지 않다. 즉 유전체와 근본적으로 예측 불가능한 사건이 교차하면서 일어난다. 그리고 일부 유전자는 성향이나 소인에만 영향을 미치는 경향을 보인다. 따라서 돌연변이나 변이가 궁극적으로 생물에 어떤 영

향을 미칠지를 확실하게 예측할 수 있는 유전자는 극소수에 불과하다.

4. 유전자의 변이는 특징, 형태, 행동의 변이에 기여한다. 흔히 파란 눈의 유전
자나 키의 유전자 하는 식으로 말할 때, 우리는 사실 눈 색깔이나 키를
정하는 변이(즉 대립유전자)를 가리키는 것이다. 이 변이는 유전체의 극히
일부에 불과하다. 그러나 그 변이는 차이를 부풀리는 우리의 문화적인, 그
리고 아마도 생물학적인 성향 때문에 우리의 상상 속에서 확대된다. 키가
180센티미터인 덴마크인과 120센티미터인 뎀바족은 해부 구조, 생리, 생
화학적 측면에서 똑같다. 가장 극단적인 두 변이체―남성과 여성―도 유
전자의 99.688퍼센트가 동일하다.

5. 인간의 어떤 특징이나 기능의 "유전자"를 찾았다는 주장은 그 특징을 협소하
게 정의함으로써 나온다. 혈액형의 "유전자"나 키의 "유전자"는 그 생물학
적 속성들이 본래 협소하게 정의되어 있기 때문에 그렇게 말하는 것이다.
하지만 생물학은 옛날부터 어떤 특징의 정의를 특징 자체와 혼동하는 잘
못을 저질러왔다. 우리가 파란 눈(오직 파란 눈)을 지닌 것을 "아름다움"
이라고 정의한다면, 우리는 사실상 "아름다움의 유전자"를 찾게 될 것이
다. "지능"을 오직 한 종류의 검사에서 한 종류의 문제를 푸는 능력이라고
정의한다면, 우리는 사실상 "지능의 유전자"를 찾게 될 것이다. 유전체는
인류 상상력의 폭이나 협소함을 비추는 거울일 뿐이다. 거울에 비친 나르
키소스이다.

6. "본성"이나 "양육"을 절대적이거나 추상적인 개념으로 쓰는 것은 무의미하다.
본성―즉 유전자―이나 양육―즉 환경―이 어떤 특징이나 기능의 발달
을 지배하는가 여부는 개별 특징과 맥락에 크게 의존한다. SRY 유전자는
굉장할 정도로 자동적인 방식으로 성적 해부 구조와 생리를 결정한다. 즉
전부 본성에 따라 결정된다. 젠더 정체성, 성적 선호, 성적 역할의 선택은

유전자와 환경의 교차, 즉 본성 더하기 양육을 통해서 정해진다. 반면에 "남성성" 대 "여성성"이 사회에서 규정되거나 인식되는 방식은 대체로 환경, 사회적 기억, 역사, 문화를 통해서 결정된다. 전부 양육에 따라 정해진다.

7. 모든 세대는 변이체와 돌연변이체를 생성할 것이다. 그 점은 우리 생물학의 필수불가결한 측면이다. 돌연변이는 통계적 의미에서만 "비정상"이다. 즉 덜 흔한 변이체를 뜻한다. 인류를 균질화하고 "정상화"하려는 욕구는 다양성과 비정상 상태를 유지하라는 생물학적 명령과 상충된다. 정상 상태는 진화의 안티테제이다.

8. 많은 질병―예전에 식단, 노출, 환경, 우연과 관련이 있다고 생각했던 몇몇 질병들도 포함하여―은 유전자에 강하게 영향을 받거나 유전자 때문에 생긴다. 이 질병들의 대부분은 다유전자성(polygenic)이다. 즉 여러 유전자의 영향을 받는다. 이 질병들은 "유전성", 즉 유전자들이 특정한 조합을 이룬 결과로 생기는 것이지만, 쉽게 "대물림되는" 것은 아니다. 즉 그 유전자들의 조합은 세대마다 다시 "뒤섞이기" 때문에 다음 세대로 온전히 전달될 가능성은 낮다. 각각의 단일 유전자(monogenic) 질병은 드물지만, 전체적으로 보면 놀라울 만큼 흔하다. 지금까지 알려진 그런 질병은 1만 가지가 넘는다. 단일 유전자 질병을 지닌 채 태어나는 아이는 100-200명에 한 명꼴이다.

9. 모든 "유전병"은 생물의 유전체와 그 환경이 어긋난 사례이다. 때로는 생물의 형태에 "적합하게" 환경을 바꾸는 것이 병의 증세를 완화시키는 적절한 의학적 개입일 수도 있다(왜소증이 있는 사람을 위해서 건축 구조를 바꾸거나, 자폐아를 위해 대안 교육을 하는 식으로). 거꾸로 유전자를 환경에 "적합하게" 바꾸는 것이 적절한 개입을 의미하는 사례일 수도 있다. 그리고

어떤 식으로든 양쪽을 일치시키기가 불가능한 사례도 있다. 핵심 유전자의 기능 파괴로 생기는 병처럼 가장 심각한 형태의 유전병들은 어떤 환경과도 양립할 수가 없다. 오늘날에는 환경을 바꾸는 쪽이 더 수월할 때에도 본성, 즉 유전자를 바꾸는 것이 질병의 결정적인 해결책이라고 여기는 잘못된 믿음이 퍼져 있다.

10. 예외적으로 유전적 불화합성이 너무나 심각해서 유전적 선택, 즉 지향적인 유전적 개입 같은 특별한 수단이 정당성을 띠는 사례도 있다. 유전자를 선택하고 유전체를 수정할 때 일어날 많은 예상 외의 결과들을 이해하기 전까지는 그런 사례들은 규칙이 아닌 예외라고 보는 편이 더 안전하다.

11. 유전자나 유전체에는 화학적 및 생물학적 조작에 본질적으로 저항성을 띠게 하는 것이 전혀 없다. "인간 형질은 대부분 복잡한 유전자-환경 상호작용의 산물이며 대부분 다수 유전자의 산물"이라는 일반적인 견해는 절대적으로 옳다. 그러나 이 복잡성은 유전자를 조작할 능력을 제약하는 한편으로, 강력한 유형의 유전자 조작을 할 기회도 많이 제공한다. 수십 개의 유전자에 영향을 미치는 주 조절 인자는 인간의 생물학에 흔하다. 하나의 스위치로 유전자 수백 개의 상태를 바꾸도록 설계된 후성유전학적 변형 인자가 있을지도 모른다. 유전체에는 그런 개입 가능한 지점들이 풍부하다.

12. 고려할 사항들의 삼각형―극심한 고통, 고침투성 유전형, 정당화할 수 있는 개입― 은 지금까지 개입하려는 시도들을 제한해왔다. 이 삼각형의 경계를 느슨하게 하려면("극심한 고통"이나 "정당화할 수 있는 개입"의 기준을 바꿈으로써), 어떤 유전적 개입을 허용하거나 제한해야 할지, 그리고 어떤 상황에서 이 개입이 안전해지고 허용되는지를 결정할 새로운 생물학적, 문화적, 사회적 규정이 필요하다.

13. 역사는 반복되는데, 그 이유의 어느 정도는 유전체 자체가 반복되기 때문이다. 그리고 유전체도 어느 정도는 역사가 반복되기 때문에, 반복된다. 인류 역사를 추진하는 충동, 야심, 환상, 욕망은 적어도 어느 정도는 인간 유전체에 새겨져 있다. 그리고 인류 역사는 그런 충동, 야심, 환상, 욕망을 지닌 유전체를 선택해왔다. 이 자족적인 논리 회로는 우리 종의 가장 장엄하고 상징적인 자질 중의 일부뿐만 아니라, 가장 괘씸한 특징 중의 일부도 빚어낸다. 이 논리의 궤도를 탈출하라는 것은 너무 심한 요구이다. 그러나 그것이 본질적으로 순환적임을 인식하고, 지나칠 때 회의적인 태도를 가진다면, 우리는 강자의 의지로부터 약자를, "정상인"의 박멸 행위로부터 "돌연변이"를 보호할 수 있을 것이다.

아마 그 회의주의 역시 2만1,000개에 이르는 우리의 유전자 어딘가에 있을 것이다. 아마 그런 회의주의에서 나오는 연민도 인간의 유전체에 지워지지 않게 새겨져 있을 것이다.

아마 그것이야말로 우리를 인간답게 만드는 무언가의 일부가 아닐까.

에필로그 : 베다, 아베다

Sura-na Bheda Pramaana Sunaavo;
Bheda, Abheda, Pratham kara Jaano.

노래의 음들을 나눌 수 있다는 것을 보여주오.
그러나 먼저 구분할 수 있다는 것을 보여주오.
나눌 수 있는 것과
나눌 수 없는 것을
—고전적인 산스크리트 시에 영감을 받아 쓴 익명의 음악 중에서

나의 부친은 유전자를 아베드(abhed), 즉 "나눌 수 없는" 것이라고 했다. 그 반대말인 베드(bhed)도 나름대로 단어의 만화경이다. "차별하다", "잘라내다, 결정하다, 파악하다, 나누다, 치료하다"라는 뜻을 가진다. 이 단어는 "지식"을 뜻하는 비드야(vidya), "의학"을 가리키는 베드(ved)와 어원이 같다. 힌두교 경전인 베다(Veda)도 같은 어원에서 나왔다. 고대 인도유럽어의 "알다" 또는 "의미를 파악하다"라는 뜻의 우이에드(uied)에서 유래했다.

과학자들은 나눈다. 우리는 차별한다. 그것은 세계를 구성 요소로 해체해야만 하는—다시 합쳐서 전체를 구성하기 전에—우리 같은 직업을 가진 사람들이 어쩔 수 없이 안고 있는 직업상의 위험이다. 우리는 세계를 이해할 다른 메커니즘은 전혀 알지 못한다. 부분들의 합을 구성하려면, 먼저 그 합을 부분들로 나누는 것부터 시작해야 한다.

그러나 이 방법에는 한 가지 위험이 내재되어 있다. 일단 생물—인간—을

유전자, 환경, 유전자-환경 상호작용의 조립물로 인식하면, 인류를 보는 우리의 관점은 근본적으로 바뀐다. 버그는 내게 말했다. "제정신을 가진 생물학자라면 우리가 오로지 유전자의 산물이라고 믿을 리가 없지. 그러나 일단 유전자를 끌어들이고 나서는, 우리는 더 이상 우리 자신을 똑같은 관점에서 볼 수가 없게 돼."[1] 부분들의 합을 통해서 조립된 전체는 부분들로 해체하기 전의 전체와 다르다.

산스크리트어 시에 적힌 대로이다.

노래의 음들을 나눌 수 있다는 것을 보여주오.
하지만 먼저 구분할 수 있다는 것을 보여주오.
나눌 수 있는 것과
나눌 수 없는 것을.

인류유전학의 앞에는 세 가지의 엄청난 과제가 있다. 모두 식별, 분리, 궁극적인 재구성과 관련된다. 첫 번째는 인간 유전체에 담긴 정보의 정확한 특성을 파악하는 것이다. 인간 유전체 계획은 이 탐구의 출발점이 되었지만, 인간 DNA의 뉴클레오티드 30억 개에 정확히 무엇이 "암호로 담겨" 있느냐 하는 일련의 흥미로운 질문들을 불러일으켰다. 유전체에서 기능적 요소는 무엇일까? 물론 단백질 암호를 가진 유전자가 있다. 약 2만1,000-2만4,000개이다. 그러나 유전자들의 조절 서열, 유전자들을 모듈로 분리하는 DNA 조각(인트론)도 있다. 단백질로 번역되지는 않지만 세포의 생리 활동에서 다양한 역할을 수행하는 듯한 RNA 분자 수만 개를 만드는 정보도 있다. 쓰레기 따위가 아니라 아직 알려지지 않은 수많은 기능을 지닐지도 모르는 "정크(junk)" DNA라는 긴 고속도로도 있다. 염색체의 한 부분이 다른 부분과 삼차원 공간에서 관련을 맺게 해주는 구부러지고 접힌 부위도 있다.

이 요소 하나하나의 역할을 이해하기 위해서, 2013년에 대규모 국제적 프로젝트가 출범했다. 사람 유전체의 모든 기능적 요소, 즉 염색체에서 암호나 명령문을 지닌 모든 서열의 목록을 작성하겠다는 계획이었다. DNA 요소 백과사전(Encyclopedia of DNA Elements, ENC-O-DE)이라는 독창적인 이름의 이 계획은 인간 유전체의 서열에 각 정보를 주석으로 달겠다는 목적을 가지고 있다.

일단 이 기능적 "요소들"이 파악되면, 생물학자들은 두 번째 도전 과제로 옮겨갈 수 있다. 그 요소들이 시간적으로 공간적으로 어떻게 결합되어 인간의 배아 발생과 생리, 상세한 해부 구조, 생물의 독특한 특징과 형질의 발달을 가능하게 하는지를 이해하는 일이다.* 인간 유전체에 관한 한 가지 부끄러운 사실은 우리가 그 유전체를 거의 모르고 있다는 점이다. 우리 유전자와 그 기능에 관한 우리 지식의 상당수는 우리 유전자와 비슷해 보이는 효모, 선충, 초파리, 생쥐의 유전자를 연구하여 추론한 것이다. 데이비드 보츠스타인의 말처럼, "직접 연구한 인간 유전자는 거의 없다."[2] 새로운 유전체학의 과제 중 일부는 생쥐와 인간 사이의 틈새를 메우는 것이다. 인간이라는 생물의 맥락에서 인간의 유전자가 어떻게 기능을 하는지를 파악하는 것이다.

이 계획은 의학유전학에 몇 가지 매우 중요한 보상을 안겨줄 것이다. 인간 유전체의 기능별 주석을 이용하여 생물학자들은 질병의 새로운 메커니즘들을 발견할 수 있을 것이다. 새로운 유전체 요소들은 복잡한 질병과 연관지어질 수 있을 것이고, 그 연관 관계를 토대로 질병의 궁극적 원인을 파악할 수도 있을 것이다. 한 예로, 우리는 유전 정보, 행동 노출, 무작위적 우연의 교차가 어떻게 고혈압, 조현병, 우울증, 비만, 암, 심장병을 일으키는지 여전히 모르고 있다. 유전체에서 이런 질병과 연관된 기능적 요소를 찾아내는 것이 그 병이 생기는 메커니즘의 비밀을 푸는 첫 단계이다.

---

* 유전자가 어떻게 생물로 구현되는지를 이해하려면, 유전자뿐만이 아니라 RNA, 단백질, 후성유전학적 표지도 이해할 필요가 있다. 앞으로 유전체, 모든 단백질 변이체(단백질체), 모든 후성유전학적 표지(후성유전체)가 어떻게 조화를 이루어서 인간을 만들고 유지하는지를 밝혀낼 필요가 있다.

이 연관성을 이해한다면, 인간 유전체의 예측력도 드러날 것이다. 심리학자 에릭 터크하이머는 2011년에 내놓은 많은 영향을 끼친 논문에 이렇게 썼다.[3] "쌍둥이, 형제자매, 부모와 아이, 입양아, 가계도 등 한 세기에 걸친 가족 연구를 통해서, 유전자가 환자에서 정상인에 이르기까지, 생물학적인 것에서 행동적인 것에 이르기까지, 인간의 모든 차이점을 설명하는 데에 핵심적인 역할을 한다는 사실이 의심의 여지없이 확립되어왔다." 그러나 이 연관성이 많은 것을 알려주었지만, 터크하이머가 말한 "유전적 세계"를 지도에 담고 분석하는 일은 예상보다 훨씬 어렵다는 것이 드러났다. 최근까지 미래의 질병을 강력하게 예측하게 해주는 유전적 변화는 오로지 가장 심각한 표현형을 빚어내는, 침투도가 높은 것들뿐이었다. 유전자 변이체들의 조합은 해독하기가 특히 더 어려웠다. 특정한 유전자들의 조합(즉 유전형)이 어떻게 미래의 특정한 결과(즉 표현형)를 결정하는지를 알아내기란 불가능했다. 그 결과가 여러 유전자들의 통제를 받는다면 더욱 그랬다.

그러나 그 장벽은 곧 붕괴할지도 모른다. 언뜻 볼 때, 무리일 듯한 사고 실험을 상상해보자. 앞으로 아동―즉 아이의 미래가 어떻게 될지 전혀 모르는 상태에서―10만 명의 전망에 관한 유전체 서열을 포괄적으로 분석하여, 아이의 유전체에 있는 기능적 요소들의 모든 변이와 조합을 데이터베이스로 만들 수 있다고 하자(10만 명은 임의로 정한 것이다. 얼마든지 더 늘릴 수 있다). 이제 이 아이들의 "운명 지도"를 작성한다고 하자. 모든 질병이나 생리적 이상은 파악하여 병렬 데이터베이스로 작성한다. 우리는 이 지도를 인간 "표현형체(phenome)"라고 부를 수 있다. 개인이 가진 모든 표현형(속성, 형질, 행동)의 전체 집합이다. 이제 이 유전자 지도/운명 지도 쌍에 담긴 자료를 분석하여 한쪽이 어떻게 다른 쪽을 예측하는지 파악하는 컴퓨터 프로그램이 있다고 상상하자. 여전히 불확실한 부분이―심각한 것도―있겠지만, 10만 개의 인간 유전체를 10만 개의 인간 표현형체에 대응시키면 경이로운 자료 집합이 될 것이다. 유전체에 담긴 운명의 본질이 드러나기 시작할 것이다.

이 운명 지도의 놀라운 특징은 질병에만 국한시킬 필요가 없다는 것이다. 우리가 원하는 만큼 넓고 깊고 상세하게 만들 수 있다. 태어날 때의 저체중, 취학 전 아동의 학습 장애, 사춘기의 일시적인 불안, 10대의 사랑의 열병, 충동적인 혼인, 커밍아웃, 불임, 중년의 위기, 중독 성향, 왼쪽 눈의 백내장, 때 이른 탈모, 우울증, 심장마비, 난소암이나 유방암에 따른 조기 사망도 포함시킬 수 있다. 예전 같으면 그런 실험을 상상도 할 수 없었을 것이다. 하지만 컴퓨터 기술, 자료 저장, 유전자 서열 분석이 결합된 덕분에 미래에는 가능할 수 있다. 그것은 엄청난 규모의 쌍둥이 연구이다. 쌍둥이가 없긴 하지만 말이다. 컴퓨터를 써서 시간적으로 공간적으로 유전체들을 짝지음으로써 수백만 쌍의 가상 유전적 "쌍둥이"를 만들고, 살면서 겪는 사건들을 이 각각의 조합에 주석으로 다는 것이다.

그런 계획, 아니 더 일반적으로 유전체의 질병과 운명을 예측하려는 시도에는 본질적인 한계가 존재함을 인정하는 것이 중요하다. 한 관찰자는 이렇게 불평했다. "아마 유전적 설명은 병인론적 과정을 탈맥락화하고, 환경의 역할을 과소평가하고, 어떤 놀라운 의학적 개입을 가능하게 하지만, 집단의 운명은 거의 밝혀내지 못하는 운명을 맞이할 것이다."[4] 그러나 그런 연구의 힘은 바로 질병을 "탈맥락화하는" 데에 있다. 대신 유전자가 발달과 운명을 이해할 맥락이 된다. 맥락 의존적이거나 환경 의존적인 상황은 희석되고 걸러진다. 유전자에 강하게 영향을 받는 상황만이 남는다. 대상자가 충분히 많고 컴퓨터 성능이 충분하다면, 원리상 유전체가 가진 예측 능력을 거의 다 파악하고 계산할 수 있다.

최종 계획은 아마 가장 요원한 일일 것이다. 인간 유전체를 통해서 인간의 표현형체를 예측하는 능력이 컴퓨터 기술의 한계로 제약을 받은 것처럼, 인간 유전체에 의도한 변화를 일으키는 능력은 생물학적 기술의 한계에 직면해 있다. 바이러스 같은 유전자 전달 방법은 잘해야 비효율적이고 신뢰할 수 없으며, 최악일 때는 치명적이었다. 그리고 인간 배아에 의도한 유전적 변화를 일으키기란 거의 불가능했다.

이 장벽들도 무너지기 시작했다. 이제 새로운 "유전자 편집" 기술을 통해서 유전학자들은 놀라울 만큼 구체적으로 인간 유전체를 놀라울 만큼 정확히 변형시킬 수 있다. 원리상 유전체의 다른 30억 개 염기들을 대체로 건드리지 않은 채, DNA의 문자 하나를 원하는 방식으로 다른 문자로 바꿀 수 있다(이 기술은 브리태니커 백과사전 66권을 훑어서 다른 모든 단어들은 건드리지 않은 채 한 단어만을 찾아서 지우고 바꾸는 편집 기계에 비유할 수 있다). 2010년에서 2014년 사이에, 우리 연구실의 한 박사후 연구원은 표준 유전자 전달 바이러스를 써서 세포주에 특정한 유전적 변화를 도입하려 시도했지만, 별로 성과를 거두지 못했다. 그러다가 2015년에 새로운 CRISPR 기반 기술로 바꾸자, 6개월 만에 인간 배아 줄기세포의 유전체를 비롯하여 14개 유전체에서 14개의 유전자를 바꿀 수 있었다. 과거에는 상상도 할 수 없었던 성과였다.

전 세계의 유전학자들과 유전자 요법 전문가들은 현재 새로 활기차게 앞다투어 인간 유전체의 변화 가능성을 탐구하고 있다. 어느 정도는 현재의 기술이 우리를 절벽까지 끌고 왔기 때문이기도 하다. 줄기세포 기술, 핵 이식과 후성유전학적 조절, 유전자 편집 기술을 결합함으로써, 우리는 인간 유전체를 폭넓게 조작할 수 있고, 형질전환 인간을 만들 수 있다는 생각을 품을 수 있게 되었다.

우리는 실제로 이 기술의 신뢰도나 효율성이 얼마나 될지 전혀 알지 못한다. 한 유전자에 의도한 변화를 일으키는 것이 유전체의 다른 부위에 의도하지 않은 변화를 일으킬 위험이 있을까? 다른 유전자들보다 "편집"이 더 쉽게 이루어지는 유전자가 있을까? 유전자의 편집 용이성을 통제하는 것은 무엇일까? 게다가 우리는 한 유전자에 의도한 변화를 일으켰을 때 유전체 전체의 조절에 이상이 생길지 여부는 알지 못한다. 도킨스의 말처럼, 일부 유전자가 정말로 "요리법"이라면, 유전자 하나를 바꾸었을 때 유전자 조절에 폭넓은 영향이 나타날 수도 있다. 유명한 나비 효과와 비슷하게 수많은 연쇄 효과가 나타날 수 있다. 그런 나비 효과 유전자가 유전체에 흔하다면, 유전자 편집 기술에 근본적인 한계가 있다는 의미가 될 것이다. 유전자의 불연속성—각 유전 단위의 독립성과 자율성—은 환상임이 드러날 것이다. 유전자들은 우리가 생각하는 것보다 더 상호 연결되어 있을지도 모른다.

그러나 먼저 구분할 수 있다는 것을 보여주오.
나눌 수 있는 것과
나눌 수 없는 것을

이런 기술이 일상적으로 활용되는 세계를 상상해보자. 아이가 잉태되었을 때, 모든 부모는 포괄적인 유전체 서열 분석을 통해서 뱃속에 있는 태아를 검사하는 쪽을 선택할 수 있다. 가장 심각한 장애를 일으키는 돌연변이가 있다면, 부모는 잉태 초기에 그런 태아를 중절하는 쪽을 선택하거나, 포괄적인 유전 선별 검사(이것을 착상전 포괄 유전 진단[comprehensive preimplantation genetic diagnosis, c-PGD]라고 부를 수도 있다)를 통해서 "정상인" 태아만을 골라 착상시킬 수도 있다.*

질병 소인(素因)을 부여할 수도 있는 더 복잡한 유전자 조합 역시 유전체 서열 분석을 통해서 파악된다. 그런 예상된 소인을 지닌 아이들이 태어나면, 유년기 내내 개입할 선택권을 가지게 된다. 한 예로, 유전적 형태의 비만 성

---

* 태아 유전체의 포괄 검사는 이미 비침습적 산전 검사(Non-Invasive Prenatal Testing, NIPT) 라는 이름으로 임상의학에 도입되었다. 2014년, 한 중국 회사는 15만 명의 태아를 대상으로 염색체 이상을 검사했고, 단일 유전자 돌연변이를 포착하기 위해서 검사를 확대하고 있다고 발표했다. 비록 이 검사법이 양수검사에 못지않은 신뢰도로 다운증후군 같은 염색체 이상을 검출하는 듯하지만, 이 검사법의 한 가지 주된 문제점은 "거짓 양성 반응"이다. 즉 태아 DNA에 염색체 이상이 있다고 여겨지지만, 실제로는 정상인 사례이다. 이 거짓 양성 반응률은 기술이 발전함에 따라 급감할 것이다.

향을 지닌 아이는 체중 변화를 주시하고, 식단을 바꾸거나, 유년기에 호르몬이나 약물이나 유전자 요법을 써서 대사를 "재프로그래밍"할 수도 있다. 주의력 결핍 과잉 행동 장애 성향이 있는 아이는 행동 요법을 받거나 풍부한 교실 환경에서 지내게 할 수도 있다.

혹시라도 병이 생기면, 유전자 기반 요법으로 치료하거나 완치시킨다. 교정된 유전자를 직접 병든 조직에 전달한다. 이를테면, 환자의 허파에 낭성 섬유증 유전자를 분무하여 주입함으로써, 허파의 정상 기능을 일부 복원한다. ADA 결핍증이 있는 여아에게는 교정된 유전자를 지닌 골수 줄기세포를 이식한다. 더 복잡한 유전병이라면, 유전자 진단을 유전자 요법, 약물, "환경 요법"과 결합한다. 암은 특정한 암의 악성 성장을 야기하는 돌연변이들을 파악함으로써 포괄적으로 분석할 수 있다. 이 돌연변이는 암세포의 생장을 촉진하는 경로를 파악하고, 악성 세포를 죽이고 정상 세포를 남기는 절묘할 정도로 정확한 요법을 고안하는 데에 이용된다.

정신과 의사 리처드 프리드먼은 2015년 『뉴욕 타임스』에 이렇게 썼다. "전쟁터에서 돌아온 외상 후 스트레스 장애를 가진 (post traumatic stress disorder, PTSD) 군인을 상상해보라. 유전자 변이체를 살펴보는 단순한 피 검사를 통해서, 우리는 생물학적으로 그가 두려움을 없애는 일을 잘할지에 대한 여부를 알아낼 수 있다······당신이 두려움을 없애는 능력을 줄이는 돌연변이를 가진다면, 의사는 그저 노출을 더 하기만 하면—즉 치료 횟수를 더 늘리기만 한다면—당신이 회복되리라는 것을 알게 된다. 아니면 대인 요법이나 약물 치료처럼, 노출 외의 전혀 다른 요법이 필요함을 알게 될 것이다."[5] 후성유전학적 표지를 지울 수 있는 약물을 대화 요법과 함께 처방할 수도 있다. 아마 세포 기억을 지우면 역사적 기억도 쉽게 삭제할 수 있을 것이다.

유전적 진단과 유전적 개입은 인간 배아에서 돌연변이를 찾아내고 교정하는 데에도 쓰일 수 있다. 생식계통에서 특정한 유전자에 "개입 가능한" 돌연변이가 있음이 드러난다면, 부모는 잉태 전에 정자나 난자를 교정하는 유전자 수술이나, 배아의 산전 검사를 통해서 돌연변이 배아가 애초에 착상되지 않게 막는 방법을 선택할 수 있다. 따라서 가장 치명적인 유형의 질병을 일으키는 유전자들은 긍정적 또는 부정적 선택이나, 유전체 변형을 통해서 미리 인간의 유전체에서 제거된다.

이 시나리오를 꼼꼼히 읽어보면, 놀라움과 동시에 도덕적 불편함을 느끼게 된다. 각각의 개입을 하나하나 따져보면 어떤 한계를 넘지 않는 양 여겨질지도 모르겠지만—사실상 암, 조현병, 낭성 섬유증의 표적 치료 등은 의학의 이정표적인 목표들이다—이 세계에는 특이하면서 반감까지 불러일으키는 이질적인 측면들이 있다. 그 세계에 사는 사람들은 "선생존자"와 "포스트휴먼"이다. 유전적 취약성을 미리 걸러냈거나 유전적 성향을 미리 변형한 남녀들이다. 질병은 서서히 사라질지 모르지만, 정체성도 그렇게 될지 모른다. 슬픔은 줄어들겠지만, 친절함도 줄어들 것이다. 심리적 외상은 지워지겠지만 역사도 지워질 것이다. 돌연변이체는 제거되겠지만, 인류의 변이*도 제거될 것이다. 질병은 사라지겠지만, 감수성도 사라질 것이다. 우연의 역할은 약화되겠지만, 불가피하게 선택의 역할도 줄어들 것이다.

1990년 선충 유전학자 존 설스턴은 인간 유전체 계획을 설명한 글에서, 지적인 생물이 "자신의 명령문을 읽는 법을 터득했을 때" 벌어질 철학적 곤혹스러움에 대해서 언급했다. 그러나 지적인 생물이 자신의 명령문을 쓰는 법

---

* 유전적 선별이라는 단순해 보이는 시나리오조차도 우리를 당혹스러운 도덕적 위험이라는 영역에 빠뜨린다. 혈액 검사를 통해서 PTSD에 취약하게 하는 유전자를 지닌 군인들을 걸러낸다는 프리드먼의 주장을 예로 들어보자. 언뜻 볼 때, 그 전략은 전쟁의 심리적 외상을 줄여줄 듯하다. "두려움 소거"를 할 수 없는 군인들을 파악하여, 돌아왔을 때 집중적인 정신 요법이나 약물 요법으로 정상 상태로 회복시킬 수 있다. 그러나 그 논리를 더 확장하여, 아예 파견 전에 PTSD 위험이 있는 군인들을 걸러낸다면? 사실상 그 편이 더 바람직하지 않을까? 우리는 정말로 심리적 외상에 걸리지 않을 군인을, 아니 아예 폭력과 관련된 번민을 없애는 능력을 유전적으로 "강화된" 군인을 원하는가? 내게는 그런 형태의 선별이야말로 바람직하지 않아 보인다. "두려움 소거"를 할 수 없는 마음이야말로 전쟁에서 피해야 할 위험한 부류이다.

을 터득한다면 한없이 더 곤혹스러운 상황에 빠지게 된다. 유전자가 생물의 본성과 운명을 결정한다면, 그리고 이제 생물이 자기 유전자의 본성과 운명을 결정하기 시작한다면, 논리 회로는 저절로 닫히게 된다. 일단 유전자를 운명이라고 생각하기 시작하면, 인간 유전체가 드러난 운명이라는 생각을 어쩔 수 없이 하게 된다.

캘커타에서 모니 형을 만나고 돌아오는 길에, 아버지는 어릴 때 살던 집을 다시 한번 보고 싶다고 했다. 조중의 열기에 휩싸인 라제시 삼촌을 마치 새 몰이를 하듯이 하면서 억지로 끌고 왔던 그 집이었다. 우리는 말없이 차를 몰았다. 아버지는 추억에 푹 잠겨 있었다. 우리는 하야트칸 길의 좁은 입구에서 내려서, 그 막다른 골목으로 걸어 들어갔다. 저녁 여섯 시쯤이었다. 집집마다 흐릿하게 불빛이 비치고 있었고, 금방이라도 비가 내릴 듯했다.

"벵골 사람의 역사에는 딱 한 가지 사건밖에 없어. 영토 분할이지." 아버지가 말씀하셨다. 아버지는 우리 위쪽에 있던 발코니를 올려다보면서, 옛 이웃들의 이름을 떠올리려고 했다. 고시, 탈루크다르, 무케르지, 차테르지, 센. 보슬비가 내리기 시작했다. 아니, 집집마다 걸린 빨랫줄에 다닥다닥 붙어 있는 빨래들에서 떨어지는 물방울일 수도 있었다. "영토 분할은 이 도시에 사는 모든 사람들을 규정하는 사건이었지. 자기 집을 잃거나, 지기 집이 누군가의 피난처가 되거나 둘 중의 하나였어." 아버지는 머리 위쪽에 죽 늘어서 있는 창문들을 가리켰다. "여기 살던 모든 가정마다 그 안에 또다른 가정이 살고 있었지." 가족 내의 가족, 방 안의 방, 미시 세계 내의 미시 세계가 있었다.

"바리살에서 강철 가방 네 개와 몇 가지 건진 것들을 들고서 여기로 왔을 때, 우리는 새로운 삶을 시작한다고 생각했어. 격변을 겪었지만, 새로운 출발이기도 했었다." 나는 그 거리의 집집마다 나름의 강철 가방과 건진 물건들의 이야기를 간직하고 있음을 알았다. 마치 겨울에 뿌리만 남기고 꺾인 정원처럼, 모든 주민들이 평준화된 듯이 보였다.

나의 부친을 포함하여 동뱅골에서 서뱅골로 이주한 사람들의 시계는 모두 근본적으로 새로 설정되었다. 원년에서 새롭게 시작되었다. 시간은 양분되었다. 격변 이전의 시대와 이후의 시대로 나뉘었다. 이 역사의 양분─분할의 분할─으로 사람들은 기이한 부조화를 겪게 되었다. 아버지 세대의 사람들은 자신도 모르는 사이에 자연의 실험 대상자가 되었음을 자각했다. 일단 시계가 원점으로 재설정되자, 사람들의 삶, 운명, 선택이 어떤 출발점에서부터, 시점에서부터 펼쳐지는 것을 지켜볼 수 있는 듯했다. 부친은 이 실험으로 매우 심한 고통을 겪었다. 형제 한 명은 조증과 우울증을 오갔다. 또다른 한 명은 현실 감각이 산산이 부서져갔다. 나의 할머니는 여생을 모든 형태의 변화를 의심하면서 살았다. 아버지는 모험을 하는 습관을 가지게 되었다. 마치 각자에게 저마다 다른 미래가 똬리를 틀고 있다가─호문쿨루스처럼─펼쳐지는 듯했다.

한 개인이 가지고 있는 이 매우 다양한 운명과 선택을 과연 어떤 힘과 어떤 메커니즘으로 설명할 수 있을까? 18세기에는 흔히 개인의 운명을 신이 예정한 일련의 사건들이 펼쳐지는 것이라고 설명했다. 힌두교도들은 개인의 운명이 전생에서 자신이 한 선행과 악행의 거의 산술적으로 정확한 어떤 계산에 따라서 정해진다고 오랫동안 믿어왔다. (여기서 신은 과거의 투자와 손실을 토대로 총계를 계산하여 좋은 운명과 나쁜 운명의 비율을 나누는 영광스러운 도덕적 회계사였다.) 이해할 수 없는 연민과 마찬가지로 헤아릴 길 없는 분노를 일으킬 수 있는 기독교의 신은 더 변덕스러운 회계사였지만, 더 이해하기 어렵긴 해도 그 역시 운명의 궁극적인 조정자였다.

19세기와 20세기의 의학은 더 세속적인 형태의 운명과 선택 개념을 제공했다. 질병─아마 운명의 가장 구체적이고 보편적인 형태라고 할 수 있는─은 이제 자의적으로 이루어진 신의 보복 사례로서가 아니라, 위험, 노출, 성향, 조건, 행동의 결과라는 기계적인 관점에서 기술될 수 있었다. 선택은 개인의 심리, 경험, 기억, 심리적 외상, 역사의 표현이라고 이해되었다. 20세기 중반에 정체성, 애호, 기질, 선호(이성애 대 동성애, 충동성 대 신중함)는 점점 더 심리적 충동, 개인의 역사, 무작위적 선택의 교차가 일으키는 현상으로 기술되었다. 운명과 선택의 역학(epidemiology, 疫學)이 탄생했다.

21세기 초인 지금 우리는 원인과 결과를 다른 언어로 말하는 법을 배우고 있으며, 자아의 새로운 역학을 구축하고 있다. 즉 우리는 질병, 정체성, 애호, 기질, 선호―그리고 궁극적으로 운명과 선택―를 유전자와 유전체의 관점에서 기술하기 시작했다. 그렇다고 해서 유전자가 우리의 본성과 운명의 근본적인 측면들을 들여다볼 수 있는 유일한 렌즈라는 불합리한 주장을 펼치는 것은 아니다. 우리의 역사와 운명에 관한 가장 도발적인 개념 중 하나를 제시하면서 진지하게 고찰하자고 말하는 것이다. 이전에 상상했던 것보다 유전자가 우리의 삶과 존재에 훨씬 더 풍부하고 깊게, 불편할 만큼 영향을 미치고 있다. 이 개념은 우리가 의도적으로 유전체를 해석하고 변형하고 조작하는 법을 배우고 미래의 운명과 선택을 바꿀 능력을 습득함에 따라서, 더욱 도발적이고 불편해질 것이다. 토머스 모건은 1919년에 이렇게 썼다. "아무튼 자연은 전적으로 접근 가능할지 모른다. 그토록 흔히 언급되던 자연의 불가해함은 다시금 환상임이 드러났다."[6] 현재 우리는 모건의 결론을 자연에만이 아니라 인간 본성에까지 확장하려고 시도하고 있다.

나는 자구 삼촌과 라제시 삼촌이 미래에 태어났다면, 지금부터 50년이나 100년 뒤에 태어났더라면 삶의 궤적이 어떠했을까 상상해보곤 한다. 그들의 유전적 취약성을 알아내어, 그 지식을 이용해서 삶을 황폐화시켰던 그 질병들의 치료법을 찾아낼까? 그 지식은 그들을 "정상화하는"데에 이용될까? 그렇다면 거기에는 어떤 도덕적, 사회적, 생물학적 위험이 수반될까? 그런 형태의 지식은 새로운 유형의 공감과 이해에 기여할까? 아니면 새로운 형태의 차별을 낳을까? 그 지식이 "자연적인" 것이 무엇인지를 재정의하는 데에 이용될까?

그런데 무엇이 "자연적인" 것일까? 나는 궁금하다. 한편에는 변이, 돌연변이, 변화, 변덕, 가분성(可分性), 요동이 있다. 다른 한편에는 불변, 영속, 불가분성, 신뢰성이 있다. 베드. 아베드. 모순의 분자인 DNA가 모순 덩어리인 생물을 만든다는 사실에 놀랄 필요는 없다. 우리는 유전에서 항구성을 추구하지만, 정반대로 변이를 발견하기도 한다. 돌연변이체는 우리 자아의 핵심을 유지하는 데에 필요하다. 우리의 유전체는 상반되는 가닥끼리 짝을 지우고, 과거와 미래를 뒤섞고, 기억과 욕망을 대비시키면서 상반되는 힘들 사이에서 허약한 균형을 유지하고 있다. 그것이야말로 우리가 가진 모든 것들 중에서 가장 인간적인 부분이다. 그 부분을 잘 지켜내는 것이 우리 종의 지식과 분별력을 보여주는 궁극적인 시험일지도 모른다.

감사의 말

2010년 5월에 600쪽에 달하는 『암 : 만병의 황제의 역사』 최종 원고를 마무리했을 때, 나는 다시 펜을 들어서 책을 쓰겠다는 생각을 아예 포기했다. 책을 쓰느라 소진되었던 체력은 금세 회복되었지만, 상상력이 고갈될지는 미처 예상하지 못했다. 그 책이 올해의 가디언 첫 저술상(Guardian First Book Prize)으로 선정되었을 때, 한 서평가는 유일한 저술상으로 선정했어야 한다고 불평했다. 그 비판은 내 두려움의 핵심을 찔렀다. 그 책은 내 모든 이야기를 빨아들였고, 내 여권들을 압류했고, 작가로서의 내 미래에 유치권(留置權)을 행사했다. 나는 더 이상 말할 것이 없었다.

그러나 악성 상태로 넘어가기 이전의 정상 상태에 관한, 다른 이야기가 있었다. 『베오울프(Beowulf)』에서 괴물을 묘사한 부분을 좀 바꾸어서, 암이 "우리 정상 자아의 일그러진 변이체"[1]라고 한다면, 우리 정상 자아의 일그러지지 않은 변이체를 만드는 것은 무엇일까? 그것은 바로 **유전자**이다. 이 책은 정상 상태, 정체성, 변이, 유전에 대해서 탐색하는 이야기이다. 『암 : 만병의 황제의 역사』의 전편(前篇)이다.

감사해야 할 사람이 너무나 많다. 가족과 유전의 이야기를 이처럼 생생하게 쓸 수 있도록 도와준 이들이 있다. 가장 먼저 열정적인 대화 상대이자 독자인 나의 아내 사라 제와 유전학과 미래가 얼마나 깊은 관계에 있는지를 매일 같이 상기시켜주는 두 딸 릴라와 아리아가 있다. 나의 부친인 시베스와르와 모친인 찬다라도 이 이야기에서 떼어낼 수 없는 한 부분을 차지한다. 누이인 라누와 남편 산자이는 필요할 때마다 개입하여 여유를 되찾게 해주었다. 주디와 치아-밍 제, 데이비드 제, 캐설린 도너휴도 가족과 미래라는 문제에 대한 의견을 계속 제시했다.

관대하게도 책의 내용에 정확한지를 확인해주고, 책에 대한 논평을 해준 분들이 있다. 폴 버그(유전학과 클로닝), 데이비드 보츠스타인(유전자 지도), 에릭 랜더와 로버트 워터스톤(인간 유전체 계획), 로버트 호비츠와 데이비드 허시(선충 생물학), 톰 매니어티스(분자생물학), 숀 캐럴(진화와 유전자 조절), 해럴드 바머스(암), 낸시 시걸(쌍둥이 연구). 인더 버마(유전자 요법), 제니퍼 다우드나(유전체 편집), 낸시 웩슬러(인간 유전자 지도), 마커스 펠드먼(인류 진화), 제럴드 피시바크(조현병과 자폐), 데이비드 앨리스와 티모시 베스터(후성유전학), 프랜시스 콜린스(유전자 지도와 인간 유전체 계획), 에릭 토폴(인류유전학), 휴 잭맨(울버린과 돌연변이)에게 감사드린다.

초고를 읽고 너무나도 귀중한 평을 해준 아쇼크 라이, 넬 브라이어, 빌 헬먼, 가우라브 마줌다르, 수만 시로드카르, 메루 고칼레, 치키 사르카르, 데이비드 블리스타인, 아즈라 라자, 체트나 초프라, 수조이 바타차리야에게도 고마움을 전하고 싶다. 리사 유스카이바게, 매트비 레벤스타인, 레이첼 파인스타인, 존 커린께도 당연히 감사드려야 한다. 이 책에는 유스카이바게의 작품 「쌍둥이(Twins)」를 평한 글에서 재인용한 대목이 한 군데 있고, 「2015년의 의학 법칙(*The Laws of Medicine, 2015*)」이라는 글에서도 한 대목 인용했다. 총 800개를 넘는 참고문헌을 꼼꼼하게 (그리고 탁월하게) 목록으로 작성하면서도 경이로운 생산력을 보여준 브리태니 러시, 주말에도 내내 원고를 읽고 편집하느라 고생한 대니얼 뢰델에게도 감사를 드린다. 교정을 맡은 미아 크롤리홀드와 애너 소피아 와츠, 탁월한 홍보 담당자인 케이트 로이드에게도 감사한다.

이 책의 핵심 개념을 서로 접하는 일련의 원들로 표현한 표지 그림을 그려준 친구이자 세심한 독자인 게이브리얼 오로조에게도 감사한다. 이보다 더 멋진 그림은 상상할 수도 없다.

그리고 68편에 달하는 초고와 수정 원고들을 모두 읽은 낸 그레이엄, 두 문단으로 된 집필 제안서를 통해서 이 책의 내용을 꿰뚫어보고, 책의 형태를 갖추고, 중점을 두고 시급히 다루어야 할 부분들을 명확히 제시해준 스튜어트 윌리엄스와 불굴의 새라 챌펀트께도 감사드린다.

용어 설명

단백질(Protein) 유전자가 번역되어 생기는 아미노산 사슬로 이루어진 화학물질. 신호 전달, 구조적 지지, 생화학 반응 촉진 등의 수많은 세포 기능을 수행한다. 유전자는 대개 단백질의 청사진을 제공함으로써 "일한다." 단백질은 인산이나 당, 지질 같은 작은 화학물질이 덧붙어서 화학적으로 변형될 수 있다.

대립유전자(Allele) 한 유전자의 변이체, 즉 또다른 형태. 대개 돌연변이로 생기며, 표현형 변이를 일으킬 수 있다. 한 유전자는 여러 가지 대립유전자를 지닐 수 있다.

돌연변이(Mutation) DNA 화학 구조의 변형. 돌연변이는 침묵할 수도 있고—그 변화가 생물의 기능에 아무런 영향도 미치지 않는 것—생물의 구조나 기능에 변화를 일으킬 수도 있다.

디엔에이(DNA) 데옥시리보 핵산의 약자. 세포로 이루어진 모든 생물에게서 유전 정보를 지닌 화학물질. 대개 상보적인 가닥끼리 결합하여 쌍을 이루고 있다. 각 가닥은 A, C, T, G로 표시되는 네 개의 단위 화학물질로 이루어진 사슬 화학물질이다. 유전자는 이 가닥에 유전 "암호" 형태로 들어 있으며, 이 암호는 RNA로 전사되었다가 단백질로 번역된다.

리보솜(Ribosome) 단백질과 RNA로 이루어진 세포 내 구조물로서 전령 RNA의 정보를 토대로 단백질을 만드는 공장이다.

번역(Translation) RNA에 담긴 유전 정보가 리보솜에서 단백질로 변환되는 과정. 번역 때 RNA의 염기 세 개로 이루어진 코돈(이를테면 AUG)은 단백질 사슬에 아미노산(이를테면 메티오닌)을 추가하는 데에 이용된다. 따라서 RNA 사슬은 아미노산 사슬을 만들 수 있다.

세포소기관(Organelle) 세포 안의 특수한 하위 단위. 대개 나름의 특수한 기능을 맡고 있다. 각 세포소기관은 대개 자체 막으로 에워싸여 있다. 미토콘드리아는 에너지 생산을 전담하는 세포소기관이다.

세포핵(Nucleus) 동식물의 세포 안에 있는 막으로 둘러싸인 구조물, 즉 세포소기관

중 하나. 세균 세포에는 없다. 동물 세포의 염색체(그리고 유전자)는 세포핵 안에 들어 있다. 동물 세포의 유전자는 대부분 세포핵 유전자이며, 일부 유전자는 미토콘드리아에 들어 있다.

알엔에이(RNA) 리보 핵산. 유전자가 단백질로 번역되는 "중간" 메시지 역할을 하는 등 세포에서 여러 가지 기능을 수행하는 화학물질이다. RNA는 A, C, G, U라는 염기들이 당-인산 뼈대를 따라 연결된 사슬 형태이다. 대개 RNA는 세포에서 단일 가닥으로 존재하지만(이중나선을 이루는 DNA와 달리), 특수한 조건에서는 이중 가닥을 만들기도 한다. 레트로바이러스 같은 일부 생물은 RNA에 유전 정보를 담는다.

역전사(Reverse transcription) 효소(역전사 효소)가 RNA 사슬을 주형으로 삼아서 DNA 사슬을 만드는 과정. 역전사 효소는 레트로바이러스에 들어 있다.

염색질(Chromatin) 염색체를 구성하는 물질. 크로마(chroma, "색깔")라는 단어에서 유래했다. 염색약으로 세포를 염색할 때 처음 드러났기 때문이다. 염색질은 DNA, RNA, 단백질의 혼합물이다.

염색체(Chromosome) 유전 정보를 저장하는 DNA와 단백질로 이루어진 세포 내 구조물.

유전자(Gene) 유전의 단위. 대개 DNA 가닥에서 단백질이나 RNA 사슬을 만드는 암호를 가진 부위이다(유전자가 RNA 형태로 있는 사례도 있다).

유전체(Genome) 생물이 지닌 모든 유전 정보의 총체. 단백질 암호를 가진 유전자, 단백질을 만들지 않는 유전자, 유전자의 조절 영역, 아직 모르는 기능을 지닌 DNA 서열까지 모두 포함한다.

유전형(Genotype) 물리적, 화학적, 생물학적, 지적인 특징을 결정하는 유전 정보의 집합("표현형" 참조).

전사(Transcription) 유전자에서 RNA 사본이 만들어지는 과정. 전사 때 DNA의 유전 암호(ATG-CAC-GGG)는 RNA "사본"(AUG-CAC-GGG)을 만드는 데에 이용된다.

중심 원리(Central Dogma, Central Theory) 대다수의 생물에게서 생물학적 정보가 DNA에 있는 유전자에서 전령 RNA를 거쳐서 단백질로 전달된다는 이론. 이 이론은 몇 차례의 수정이 있었다. 레트로바이러스는 RNA 주형에서 DNA를 만들 수 있는 효소를 가지고 있다.

침투도(Penetrance) 한 집단에서 관련된 형질, 즉 표현형으로 발현되는 한 유전자의 특정한 변이체를 지닌 생물들의 비율. 의학유전학에서 침투도는 어떤 질병의 증상을 드러내는 유전형을 지닌 사람들의 비율을 가리킨다.

표현형(Phenotype) 피부색이나 눈 색깔 등 개인이 지닌 생물학적, 신체적, 지적 형질의 집합. 기질이나 성격 같은 복잡한 형질도 포함될 수 있다. 표현형은 유전자, 후성유전학적 변형, 환경, 무작위 우연을 통해서 결정된다.

형질(Traits, 우성과 열성) 생물의 신체적 또는 생물학적 특징. 대개 유전자에 담긴 암호에서 만들어진다. 많은 유전자에서 하나의 형질이 만들어지기도 하고, 하나의 유전자가 여러 형질에 관여하기도 한다. 대개 우성 형질은 우성 대립유전자와 열성 대립유전자가 함께 있을 때 겉으로 드러나는 형질이고, 열성 형질은 양쪽이 함께 있을 때 드러나지 않는 형질이다. 유전자는 공동 우성을 띨 수도 있다. 그럴 때 우성 대립유전자와 열성 대립유전자가 함께 있다면 중간 형질이 나타난다.

형질전환(Transformation) 한 생물에서 다른 생물로 유전물질이 수평 전달되는 것. 대개 세균은 번식 없이 생물 사이에 유전물질을 전달하고 교환할 수 있다.

효소(Enzyme) 생화학 반응을 촉진하는 단백질.

후성유전학(Epigenetics) 주된 DNA 서열(즉 A, C, T, G)의 변형이 아니라, DNA의 화학적 변형(메틸화 등)이나 DNA 결합 단백질(히스톤 등)을 통한 DNA 포장의 변화로 발생하는 표현형 변이를 연구하는 학문. 이 변화 중에는 유전되는 것도 있다.

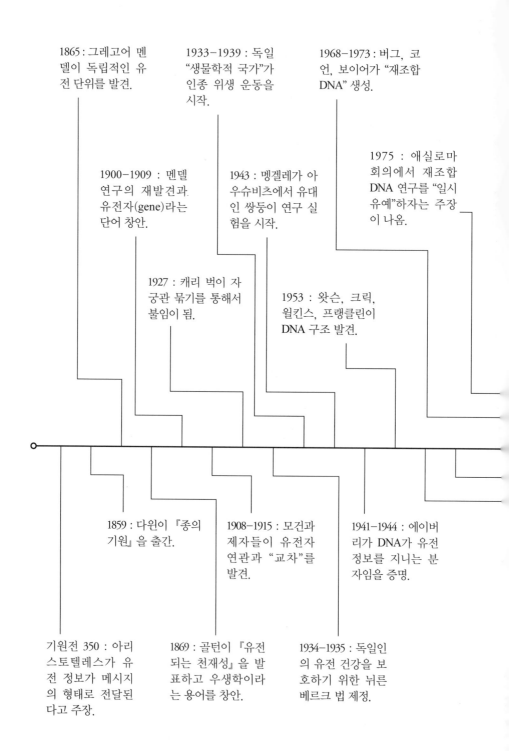

1865 : 그레고어 멘델이 독립적인 유전 단위를 발견.

1933–1939 : 독일 "생물학적 국가"가 인종 위생 운동을 시작.

1968–1973 : 버그, 코언, 보이어가 "재조합 DNA" 생성.

1975 : 애실로마 회의에서 재조합 DNA 연구를 "일시 유예"하자는 주장이 나옴.

1900–1909 : 멘델 연구의 재발견과 유전자(gene)라는 단어 창안.

1943 : 멩겔레가 아우슈비츠에서 유대인 쌍둥이 연구 실험을 시작.

1927 : 캐리 벅이 자궁관 묶기를 통해서 불임이 됨.

1953 : 왓슨, 크릭, 윌킨스, 프랭클린이 DNA 구조 발견.

1859 : 다윈이 『종의 기원』을 출간.

1908–1915 : 모건과 제자들이 유전자 연관과 "교차"를 발견.

1941–1944 : 에이버리가 DNA가 유전 정보를 지니는 분자임을 증명.

기원전 350 : 아리스토텔레스가 유전 정보가 메시지의 형태로 전달된다고 주장.

1869 : 골턴이 『유전되는 천재성』을 발표하고 우생학이라는 용어를 창안.

1934–1935 : 독일인의 유전 건강을 보호하기 위한 뉘른베르크 법 제정.

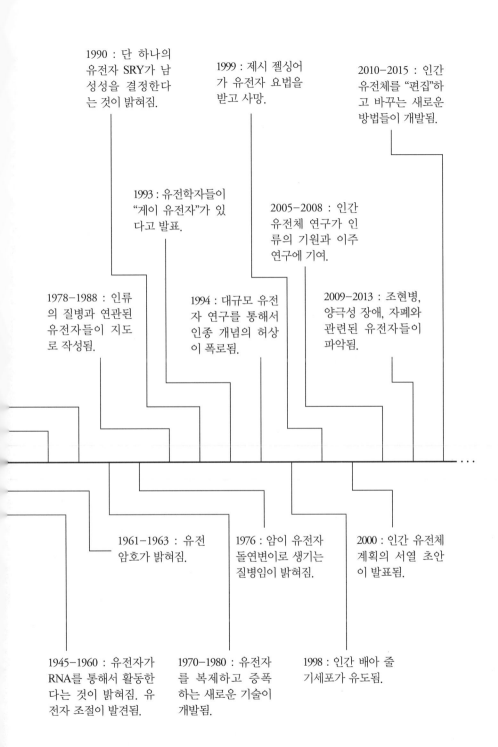

1990 : 단 하나의 유전자 SRY가 남성성을 결정한다는 것이 밝혀짐.

1999 : 제시 젤싱어가 유전자 요법을 받고 사망.

2010-2015 : 인간 유전체를 "편집"하고 바꾸는 새로운 방법들이 개발됨.

1993 : 유전학자들이 "게이 유전자"가 있다고 발표.

2005-2008 : 인간 유전체 연구가 인류의 기원과 이주 연구에 기여.

1978-1988 : 인류의 질병과 연관된 유전자들이 지도로 작성됨.

1994 : 대규모 유전자 연구를 통해서 인종 개념의 허상이 폭로됨.

2009-2013 : 조현병, 양극성 장애, 자폐와 관련된 유전자들이 파악됨.

1961-1963 : 유전 암호가 밝혀짐.

1976 : 암이 유전자 돌연변이로 생기는 질병임이 밝혀짐.

2000 : 인간 유전체 계획의 서열 초안이 발표됨.

1945-1960 : 유전자가 RNA를 통해서 활동한다는 것이 밝혀짐. 유전자 조절이 발견됨.

1970-1980 : 유전자를 복제하고 증폭하는 새로운 기술이 개발됨.

1998 : 인간 배아 줄기세포가 유도됨.

주

1) W. Bateson, "Problems of Heredity as a Subject for Horticultural Investigation," in *A Century of Mendelism in Human Genetics*, ed. Milo Keynes, A.W.F. Edwards, and Robert Peel (Boca Raton, FL: CRC Press, 2004), 153.
2) Haruki Murakami, *1Q84* (London: Vintage, 2012), 231.

프롤로그: 가문

1) *The Harvard Classics: The Odyssey of Homer,* ed. Charles W. Eliot (Danbury, CT: Grolier Enterprises, 1982), 49.
2) Philip Larkin, *High Windows* (New York: Farrar, Straus and Giroux, 1974).
3) Maartje F. Aukes et al., "Familial clustering of schizophrenia, bipolar disorder, and major depressive disorder," *Genetics in Medicine* 14, no. 3 (2012): 338-41; and Paul Lichtenstein et al., "Common genetic determinants of schizophrenia and bipolar disorder in Swedish families: A population-based study," *Lancet* 373, no. 9659 (2009): 234-39.
4) *Public Resistance and Techno-Scientific Responses* by Martin W. Bauer, Routledge Advances in Sociology (New York: Routledge, 2015).
5) Helen Vendler, *Wallace Stevens: Words Chosen out of Desire* (Cambridge, MA: Harvard University Press, 1984), 21.
6) Hugo de Vries, *Intracellular Pangenesis: Including a Paper on Fertilization and Hybridization* (Chicago: Open Court, 1910), 13.
7) Arthur W. Gilbert, "The Science of Genetics," *Journal of Heredity* 5, no. 6 (1914): 239.
8) Thomas Hunt Morgan, *The Physical Basis of Heredity* (Philadelphia: J. B. Lippincott, 1919), 14.
9) Jeff Lyon and Peter Gorner, *Altered Fates: Gene Therapy and the Retooling of Human Life* (New York: W. W. Norton, 1996), 9-10.

제1부 "빠져 있는 유전 과학"

1) Herbert G. Wells, *Mankind in the Making* (Leipzig: Tauchnitz, 1903), 33.
2) Oscar Wilde, *The Importance of Being Earnest* (New York: Dover Publications, 1990), 117.

울타리가 있는 정원

1) G. K. Chesterton, *Eugenics and Other Evils* (London: Cassell, 1922), 66.
2) Gareth B. Matthews, *The Augustinian Tradition* (Berkeley: University of California Press, 1999).
3) 멘델의 삶과 아우구스티누스 교단의 수도원에 대한 자세한 내용은 다음을 참조. Gregor Mendel, Alain F. Corcos, and Floyd V. Monaghan, *Gregor Mendel's Experiments on Plant Hybrids: A Guided Study* (New Brunswick, NJ: Rutgers University Press, 1993); Edward Edelson, Gregor Mendel: *And the Roots of Genetics* (New York: Oxford University Press, 1999); and Robin Marantz Henig, *The Monk in the Garden: The Lost and Found Genius of Gregor Mendel, the Father of Genetics* (Boston: Houghton Mifflin, 2000).
4) Edward Berenson, *Populist Religion and Left-Wing Politics in France, 1830–1852* (Princeton, NJ: Princeton University Press, 1984).
5) Henig, *Monk in the Garden*, 37.
6) Ibid., 38.
7) Harry Sootin, *Gregor Mendel: Father of the Science of Genetics* (New York: Random House Books for Young Readers, 1959).
8) Henig, *Monk in the Garden*, 62.
9) Ibid., 47.
10) Jagdish Mehra and Helmut Rechenberg, *The Historical Development of Quantum Theory* (New York: Springer-Verlag, 1982).
11) Kendall F. Haven, *100 Greatest Science Discoveries of All Time* (Westport, CT: Libraries Unlimited, 2007), 75–76.
12) Margaret J. Anderson, *Carl Linnaeus: Father of Classification* (Springfield, NJ: Enslow Publishers, 1997).
13) Aeschylus, *The Greek Classics: Aeschylus—Seven Plays* (n.p.: Special Edition Books, 2006), 240.
14) Maor Eli, The Pythagorean Theorem: *A 4,000-Year History* (Princeton, NJ: Princeton University Press, 2007).
15) Plato, *The Republic*, ed. and trans. Allan Bloom (New York: Basic Books, 1968).
16) Plato, *The Republic* (Edinburgh: Black & White Classics, 2014), 150.
17) Ibid.
18) Aristotle, *Generation of Animals* (Leiden: Brill Archive, 1943).
19) Aristotle, *History of Animals, Book VII*, ed. and trans. D. M. Balme (Cambridge, MA: Harvard University Press, 1991).
20) Aristotle, *The Complete Works of Aristotle: The Revised Oxford Translation*, ed. Jonathan Barnes (Princeton, NJ: Princeton University Press, 1984), bk. 1, 1121.

21) Aristotle, *The Works of Aristotle*, ed. and trans. W. D. Ross (Chicago: Encyclopædia Britannica, 1952), "Aristotle: Logic and Metaphysics."

22) Aristotle, *Complete Works of Aristotle*, 1134.

23) Daniel Novotny and Lukás Novák, *Neo-Aristotelian Perspectives in Metaphysics* (New York: Routledge, 2014), 94.

24) Paracelsus, *Paracelsus: Essential Readings*, ed. and trans. Nicholas Godrick-Clarke (Wellingborough, Northamptonshire, England: Crucible, 1990).

25) Peter Hanns Reill, *Vitalizing Nature in the Enlightenment* (Berkeley: University of California Press, 2005), 160.

26) Nicolaas Hartsoeker, *Essay de dioptrique* (Paris: Jean Anisson, 1694).

27) Matthew Cobb, "Reading and writing the book of nature: Jan Swammerdam (1637-1680)," *Endeavour* 24, no. 3 (2000): 122-28.

28) Caspar Friedrich Wolff, "De formatione intestinorum praecipue," *Novi commentarii Academiae Scientiarum Imperialis Petropolitanae* 12 (1768): 43-47. 볼프는 1759년에도 본질적인 형성력에 대한 책을 썼다. Richard P. Aulie, "Caspar Friedrich Wolff and his 'Theoria Generationis,' 1759," *Journal of the History of Medicine and Allied Sciences* 16, no. 2 (1961): 124-44.

29) Oscar Hertwig, *The Biological Problem of To-day: Preformation or Epigenesis? The Basis of a Theory of Organic Development* (London: Heinneman's Scientific Handbook, 1896), 1.

"수수께끼 중의 수수께끼"

1) Robert Frost, *The Robert Frost Reader: Poetry and Prose*, ed. Edward Connery Lathem and Lawrance Thompson (New York: Henry Holt, 2002).

2) Charles Darwin, *The Autobiography of Charles Darwin*, ed. Francis Darwin (Amherst, NY: Prometheus Books, 2000), 11.

3) Jacob Goldstein, "Charles Darwin, Medical School Dropout," *Wall Street Journal*, February 12, 2009, http://blogs.wsj.com/health/ 2009/02/12/charles-darwin-medical-school-dropout/.

4) Darwin, *Autobiography of Charles Darwin*, 37.

5) Adrian J. Desmond and James R. Moore, *Darwin* (New York: Warner Books, 1991), 52.

6) Duane Isely, *One Hundred and One Botanists* (Ames: Iowa State University, 1994), "John Stevens Henslow (1796-1861)."

7) William Paley, *The Works of William Paley...Containing His Life, Moral and Political Philosophy, Evidences of Christianity, Natural Theology, Tracts, Horae Paulinae, Clergyman's Companion, and Sermons, Printed Verbatim from the Original Editions. Complete in One Volume* (Philadelphia:J. J. Woodward, 1836).A Facsim. of the 1830

8) John F. W. Herschel, *A Preliminary Discourse on the Study of Natural Philosophy.* A Facsim. of the 1830 Ed. (New York: Johnson Reprint, 1966).

9) Ibid., 38.

10) Martin Gorst, *Measuring Eternity: The Search for the Beginning of Time* (New York: Broadway Books, 2002), 158.

11) Charles Darwin, *On the Origin of Species by Means of Natural Selection* (London: Murray, 1859), 7.

12) Patrick Armstrong, *The English Parson-Naturalist: A Companionship between Science and Religion* (Leominster, MA: Gracewing, 2000), "Introducing the English Parson-Naturalist."

13) John Henslow, "Darwin Correspondence Project," Letter 105,https://www.darwinproject.ac.uk /letter/entry-105.

14) Darwin, *Autobiography of Charles Darwin,* "Voyage of the 'Beagle.' "

15) Charles Lyell, *Principles of Geology: Or, The Modern Changes of the Earth and Its Inhabitants Considered as Illustrative of Geology* (New York: D. Appleton, 1872).

16) Ibid., "Chapter 8: Difference in Texture of the Older and Newer Rocks."

17) Charles Darwin, *Geological Observations on the Volcanic Islands and Parts of South America Visited during the Voyage of H.M.S. 'Beagle'* (New York: D. Appleton, 1896), 76-107.

18) David Quammen, "Darwin's first clues," *National Geographic* 215, no. 2 (2009): 34-53.

19) Charles Darwin, *Charles Darwin's Letters: A Selection, 1825-1859,* ed. Frederick Burkhardt (Cambridge: University of Cambridge, 1996), "To J. S. Henslow 12 [August] 1835," 46-47.

20) G. T. Bettany and John Parker Anderson, *Life of Charles Darwin* (London: W. Scott, 1887), 47.

21) Duncan M. Porter and Peter W. Graham, *Darwin's Sciences* (Hoboken, NJ: Wiley-Blackwell, 2015), 62-63.

22) Ibid., 62.

23) Timothy Shanahan, *The Evolution of Darwinism: Selection, Adaptation, and Progress in Evolutionary Biology* (Cambridge: Cambridge University Press, 2004), 296.

24) Barry G. Gale, *"After Malthus: Darwin Working on His Species Theory, 1838-1859"* (PhD diss., University of Chicago, 1980).

25) Thomas Robert Malthus, *An Essay on the Principle of Population* (Chicago: Courier Corporation, 2007).

26) Arno Karlen, *Man and Microbes: Disease and Plagues in History and Modern Times* (New York: Putnam, 1995), 67.

27) Charles Darwin, *On the Origin of Species by Means of Natural Selection,* ed. Joseph

Carroll (Peterborough, Canada: Broadview Press, 2003), 438.

28) Gregory Claeys, "The 'Survival of the Fittest' and the Origins of Social Darwinism," *Journal of the History of Ideas* 61, no.2 (2000): 223-40.

29) Charles Darwin, *The Foundations of the Origin of Species, Two Essays Written in 1842 and 1844*, ed. Francis Darwin (Cambridge: Cambridge University Press, 1909), "Essay of 1844."

30) Alfred R. Wallace, "XVIII.—On the law which has regulated the introduction of new species," *Annals and Magazine of Natural History* 16, no. 93 (1855): 184-96.

31) Charles H. Smith and George Beccaloni, *Natural Selection and Beyond: The Intellectual Legacy of Alfred Russel Wallace* (Oxford: Oxford University Press, 2008), 10.

32) Ibid., 69.

33) Ibid., 12.

34) Ibid., ix.

35) Benjamin Orange Flowers, "Alfred Russel Wallace," *Arena* 36 (1906): 209.

36) Alfred Russel Wallace, *Alfred Russel Wallace: Letters and Reminiscences, ed. James Marchant* (New York: Arno Press, 1975), 118.

37) Charles Darwin, *The Correspondence of Charles Darwin*, vol. 13, ed. Frederick Burkhardt, Duncan M. Porter, and Sheila Ann Dean, et al. (Cambridge: Cambridge University Press, 2003), 468.

38) E. J. Browne, *Charles Darwin: The Power of Place* (New York: Alfred A. Knopf, 2002), 42.

39) Charles Darwin, *The Correspondence of Charles Darwin, vol. 7, ed. Frederick Burkhardt and Sydney Smith* (Cambridge: Cambridge University Press, 1992), 357.

40) Charles Darwin, *The Life and Letters of Charles Darwin* (London: John Murray, 1887), 70.

41) "Reviews: Darwin's Origins of Species," *Saturday Review of Politics*, Literature, Science and Art 8 (December 24, 1859): 775-76.

42) Charles Darwin, *On the Origin of Species*, ed. David Quammen (New York: Sterling, 2008), 51.

43) Richard Owen, "Darwin on the Origin of Species," *Edinburgh Review* 3 (1860): 487-532.

44) Ibid.

"아주 넓은 공백"

1) Darwin, *Correspondence of Charles Darwin*, Darwin's letter to Asa Gray, September 5, 1857, https://www.darwinproject.ac.uk/letter/entry-2136.

2) Embracing the "Evolution of Sound" and "Evolution Evolved," with a *Review of the*

Six Great Modern Scientists, Darwin, Huxley, Tyndall, Haeckel, Helmholtz, and Mayer (London: Hall & Company, 1880), 441.

3) Monroe W. Strickberger, *Evolution* (Boston: Jones & Bartlett, 1990), "The Lamarckian Heritage."

4) Ibid., 24.

5) James Schwartz, *In Pursuit of the Gene: From Darwin to DNA* (Cambridge, MA: Harvard University Press, 2008), 2.

6) Ibid., 2-3.

7) Brian Charlesworth and Deborah Charlesworth, "Darwin and genetics," *Genetics* 183, no. 3 (2009): 757-66.

8) Ibid., 759-60.

9) Charles Darwin, *The Variation of Animals and Plants under Domestication*, vol. 2 (London: O. Judd, 1868).

10) Darwin, *Correspondence of Charles Darwin*, vol. 13, "Letter to T. H. Huxley," 151.

11) Charles Darwin, *The Life and Letters of Charles Darwin: Including Autobiographical Chapter*, vol. 2., ed. Francis Darwin (New York: Appleton, 1896), "C. Darwin to Asa Gray," October 16, 1867, 256.

12) Fleeming Jenkin, "The Origin of Species," *North British Review* 47 (1867): 158.

13) 다윈을 옹호하자면, 굳이 젠킨의 지적이 없었어도, 다윈도 "혼합 유전" 문제를 알아차리고 있었다. 그는 공책에 이렇게 적었다. "변종들이 자유롭게 교배하도록 한다면, 그런 변종들은 계속 사라질 것이고……모든 다양해지려는 성향은 계속 방해를 받을 것이다."

14) G. Mendel, "Versuche üuber Pflanzen-Hybriden," *Verhandlungen des naturforschenden Vereins Brno* 4 (1866): 3-47 (Journal of the Royal Horticultural Society 26 [1901]: 1-32).

15) David Galton, "Did Darwin read Mendel?" *Quarterly Journal of Medicine* 102, no. 8 (2009): 588, doi:10.1093/qjmed/hcp024.

"그는 꽃을 사랑했다"

1) Edward Edelson, *Gregor Mendel and the Roots of Genetics* (New York: Oxford University Press, 1999), "Clemens Janetchek's Poem Describing Mendel after His Death," 75.

2) Jiri Sekerak, "Gregor Mendel and the scientific milieu of his discovery," ed. M. Kokowski (The Global and the Local: The History of Science and the Cultural Integration of Europe, Proceedings of the 2nd ICESHS, Cracow, Poland, September 6-9, 2006).

3) Hugo de Vries, *Intracellular Pangenesis; Including a Paper on Fertilization and Hybridization* (Chicago: Open Court, 1910), "Mutual Independence of Hereditary

Characters."

4) Henig, *Monk in the Garden*, 60.

5) Eric C. R. Reeve, *Encyclopedia of Genetics* (London: Fitzroy Dearborn, 2001), 62.

6) 멘델 못지않게 헌신적으로 식물의 잡종을 연구한 선배들이 몇 명 있었다. 그러나 수량화하고 정량화하는 방면으로는 멘델에 미치지 못했다. 1820년대에 T. A. 나이트, 존 고스, 알렉산더 세턴, 윌리엄 허버트 같은 영국 식물학자들은 더 왕성하게 자랄 수 있는 농작물을 얻기 위해서 멘델의 실험과 놀라울 만큼 흡사한 식물 교배 실험을 했다. 프랑스의 오귀스탱 사제르의 멜론 교배 연구도 멘델의 실험과 비슷했다. 멘델에 바로 앞서 식물 교배 연구를 가장 집중적으로 한 사람은 독일 식물학자 조제프 쿨로이터였다. 그는 담배 교배 실험을 했다. 그후에 카를 폰 게르트너와 파리의 샤를 노댕도 교배 실험을 했다. 다윈은 사제르와 노댕의 논문을 읽었다. 둘 다 유전정보가 입자의 성질을 띤다고 시사하고 있었지만, 다윈은 그 내용이 중요함을 알아차리지 못했다.

7) Gregor Mendel, *Experiments in Plant Hybridisation* (New York: Cosimo, 2008), 8.

8) Henig, *Monk in the Garden*, 81. More details in "Chapter 7: First Harvest."

9) Ludwig Wittgenstein, *Culture and Value*, trans. Peter Winch (Chicago: University of Chicago Press, 1984), 50e.

10) Henig, *Monk in the Garden*, 86.

11) Ibid., 130.

12) Mendel, *Experiments in Plant Hybridization*, 8.

13) Henig, *Monk in the Garden*, "Chapter 11: Full Moon in February," 133-47. A second portion of Mendel's paper was read on March 8, 1865.

14) Mendel, "Experiments in Plant Hybridization," www.mendelweb.org/Mendel.html.

15) Galton, "Did Darwin Read Mendel?" 587.

16) Leslie Clarence Dunn, *A Short History of Genetics: The Development of Some of the Main Lines of Thought*, 1864-1939 (Ames: Iowa State University Press, 1991), 15.

17) Gregor Mendel, "Gregor Mendel's letters to Carl Näageli, 1866-1873," *Genetics* 35, no. 5, pt. 2 (1950): 1.

18) Allan Franklin et al., *Ending the Mendel-Fisher Controversy* (Pittsburgh, PA: University of Pittsburgh Press, 2008), 182.

19) Mendel, "Letters to Carl Näageli," April 18, 1867, 4.

20) Ibid., November 18, 1867, 30-34.

21) Gian A. Nogler, "The lesser-known Mendel: His experiments on Hieracium," *Genetics* 172, no. 1 (2006): 1-6.

22) Henig, *Monk in the Garden*, 170.

23) Edelson, *Gregor Mendel*, "Clemens Janetchek's Poem Describing Mendel after His Death," 75.

"멘델이라는 사람"

1) Lucius Moody Bristol, *Social Adaptation: a Study in the Development of the Doctrine of Adaptation as a Theory of Social Progress* (Cambridge, MA: Harvard University Press, 1915), 70.

2) Ibid.

3) Ibid.

4) Peter W. van der Pas, "The correspondence of Hugo de Vries and Charles Darwin," *Janus* 57: 173-213.

5) Mathias Engan, *Multiple Precision Integer Arithmetic and Public Key Encryption* (M. Engan, 2009), 16-17.

6) Charles Darwin, *The Variation of Animals & Plants under Domestication*, ed. Francis Darwin (London: John Murray, 1905), 5.

7) "Charles Darwin," *Famous Scientists*, http://www.famousscientists.org/charles-darwin/.

8) James Schwartz, *In Pursuit of the Gene: From Darwin to DNA* (Cambridge, MA: Harvard University Press, 2008), "Pangenes."

9) August Weismann, *William Newton Parker, and Harriet Röonnfeldt*, The Germ-Plasm; a Theory of Heredity (New York: Scribner's, 1893).

10) Schwartz, *In Pursuit of the Gene*, 83.

11) Ida H. Stamhuis, Onno G. Meijer, and Erik J. A. Zevenhuizen, "Hugo de Vries on heredity, 1889-1903: Statistics, Mendelian laws, pangenes, mutations," *Isis* (1999): 238-67.

12) Iris Sandler and Laurence Sandler, "A conceptual ambiguity that contributed to the neglect of Mendel's paper," *History and Philosophy of the Life Sciences* 7, no. 1 (1985): 9.

13) Edward J. Larson, *Evolution: The Remarkable History of a Scientific Theory* (New York: Modern Library, 2004).

14) Hans-Jöorg Rheinberger, "Mendelian inheritance in Germany between 1900 and 1910. The case of Carl Correns (1864-1933)," *Comptes Rendus de l'Acadéemie des Sciences—Series III—Sciences de la Vie* 323, no. 12 (2000): 1089-96,doi:10.1016/s0764-4469(00)01267-1.

15) Url Lanham, *Origins of Modern Biology* (New York: Columbia University Press, 1968), 207.

16) Carl Correns, "G. Mendel's law concerning the behavior of progeny of varietal hybrids," *Genetics* 35, no. 5 (1950): 33-41.

17) Schwartz, *In Pursuit of the Gene*, 111.

18) Hugo de Vries, *The Mutation Theory*, vol. 1 (Chicago: Open Court, 1909).

19) John Williams Malone, *It Doesn't Take a Rocket Scientist: Great Amateurs of Science* (Hoboken, NJ: Wiley, 2002), 23.

20) Schwartz, *In Pursuit of the Gene*, 112.

21) Nicholas W. Gillham, "Sir Francis Galton and the birth of eugenics," *Annual Review of Genetics 35*, no. 1 (2001): 83-101.

22) 레지널드 퍼넷과 루시앵 케노 같은 과학자들은 실험을 통해 멘델의 법칙을 뒷받침하는 중요한 결과들을 내놓았다. 1905년 퍼넷은 『멘델주의(*Mendelism*)』라는 책을 썼다. 이 책은 최초의 현대 유전학 교과서라고 여겨진다.

23) Alan Cock and Donald R. Forsdyke, *Treasure Your Exceptions: The Science and Life of William Bateson* (Dordrecht: Springer Science & Business Media, 2008), 186.

24) Ibid., "Mendel's Bulldog (1902-1906)," 221-64.

25) William Bateson, "Problems of heredity as a subject for horticultural investigation," *Journal of the Royal Horticultural Society* 25 (1900-1901): 54.

26) William Bateson and Beatrice (Durham) Bateson, *William Bateson, F.R.S., Naturalist; His Essays & Addresses, Together with a Short Account of His Life* (Cambridge: Cambridge University Press, 1928), 93.

27) Schwartz, *In Pursuit of the Gene*, 221.

28) Bateson and Bateson, *William Bateson*, F.R.S., 456.

우생학

1) Herbert Eugene Walter, *Genetics: An Introduction to the Study of Heredity* (New York: Macmillan, 1938), 4.

2) G. K. Chesterton, *Eugenics and Other Evils* (London: Cassell, 1922), 12-13.

3) Francis Galton, *Inquiries into Human Faculty and Its Development* (London: Macmillan, 1883).

4) Roswell H. Johnson, "Eugenics and So- Called Eugenics," *American Journal of Sociology* 20, no. 1 (July 1914): 98-103, http:// www.jstor.org/stable/2762976.

5) Ibid., 99.

6) Galton, *Inquiries into Human Faculty*, 44.

7) Dean Keith Simonton, *Origins of Genius: Darwinian Perspectives on Creativity* (New York: Oxford University Press, 1999), 110.

8) Nicholas W. Gillham, *A Life of Sir Francis Galton: From African Exploration to the Birth of Eugenics* (New York: Oxford University Press, 2001), 32-33.

9) Niall Ferguson, *Civilization: The West and the Rest* (Duisburg: Haniel-Stiftung, 2012), 176.

10) Francis Galton to C. R. Darwin, December 9, 1859, https://www.darwinproject.ac.uk/letter/entry-2573.

11) Daniel J. Fairbanks, *Relics of Eden: The Powerful Evidence of Evolution in Human DNA* (Amherst, NY: Prometheus Books, 2007), 219.

12) Adolphe Quetelet, *A Treatise on Man and the Development of His Faculties: Now*

First Translated into English, trans. T. Smibert (New York: Cambridge University Press, 2013), 5.

13) Jerald Wallulis, *The New Insecurity: The End of the Standard Job and Family* (Albany: State University of New York Press, 1998), 41.

14) Karl Pearson, *The Life, Letters and Labours of Francis Galton* (Cambridge: Cambridge University Press, 1914), 340.

15) Sam Goldstein, Jack A. Naglieri, and Dana Princiotta, *Handbook of Intelligence: Evolutionary Theory, Historical Perspective, and Current Concepts* (New York: Springer, 2015), 100.

16) Gillham, *Life of Sir Francis Galton*, 156.

17) Francis Galton, *Hereditary Genius* (London: Macmillan, 1892).

18) Charles Darwin, *More Letters of Charles Darwin: A Record of His Work in a Series of Hitherto Unpublished Letters*, vol. 2 (New York: D. Appleton, 1903), 41.

19) John Simmons, *The Scientific 100: A Ranking of the Most Influential Scientists, Past and Present* (Secaucus, NJ: Carol Publishing Group, 1996), "Francis Dalton," 441.

20) Schwartz, *In Pursuit of the Gene*, 61.

21) Gillham, *Life of Sir Francis Galton*, "The Mendelians Trump the Biometricians," 303–23.

22) Karl Pearson, *Walter Frank Raphael Weldon, 1860–1906* (Cambridge: Cambridge University Press, 1906), 48–49.

23) Ibid., 49.

24) Schwartz, *In Pursuit of the Gene*, 143.

25) William Bateson, *Mendel's Principles of Heredity: A Defence, ed. Gregor Mendel* (Cambridge: Cambridge University Press, 1902), v.

26) Ibid., 208.

27) Ibid., ix.

28) Johan Henrik Wanscher, "The history of Wilhelm Johannsen's genetical terms and concepts from the period 1903 to 1926," *Centaurus* 19, no. 2 (1975): 125–47.

29) Wilhelm Johannsen, "The genotype conception of heredity," *International Journal of Epidemiology* 43, no. 4 (2014): 989–1000.

30) Arthur W. Gilbert, "The science of genetics," *Journal of Heredity* 5, no. 6 (1914): 235–44, http://archive.org/stream/journalofheredit05amer/journalofheredit05amer_djvu.txt.

31) Daniel J. Kevles, *In the Name of Eugenics: Genetics and the Uses of Human Heredity* (New York: Alfred A. Knopf, 1985), 3.

32) First International Eugenics Congress, 1912 (New York: Garland, 1984), 483.

33) Paul B. Rich, *Race and Empire in British Politics* (Cambridge: Cambridge University

Press, 1986), 234.

34) Papers and Proceedings—First Annual Meeting—American Sociological Society, vol. 1 (Chicago: University of Chicago Press, 1906), 128.

35) Francis Galton, "Eugenics: Its definition, scope, and aims," *American Journal of Sociology* 10, no. 1 (1904): 1-25.

36) Andrew Norman, *Charles Darwin: Destroyer of Myths* (Barnsley, South Yorkshire: Pen and Sword, 2013), 242.

37) Galton, "Eugenics," comments by Maudsley, doi:10.1017/s0364009400001161.

38) Ibid., 7.

39) Ibid., comments by H. G. Wells; and H. G. Wells and Patrick Parrinder, *The War of the Worlds* (London: Penguin Books, 2005).

40) George Eliot, The Mill on the Floss (New York: Dodd, Mead, 1960), 12.

41) Lucy Bland and Laura L. Doan, Sexology Uncensored: The Documents of Sexual Science (Chicago: University of Chicago Press, 1998), "The Problem of Race-Regeneration: Havelock Ellis (1911)."

42) R. Pearl, "The First International Eugenics Congress," *Science* 36, no. 926 (1912): 395-96, doi:10.1126/science.36.926.395.

43) Charles Benedict Davenport, *Heredity in Relation to Eugenics* (New York: Holt, 1911).

44) First International Eugenics Congress, Problems in Eugenics (1912; repr., London: Forgotten Books, 2013), 464-65.

45) Ibid., 469.

"백치는 3세대면 충분하다"

1) Theodosius G. Dobzhansky, *Heredity and the Nature of Man* (New York: New American Library, 1966), 158.

2) Aristotle, *History of Animals*, Book VII, 6, 585b28-586a4.

3) 벅 가문에 대한 사세한 내용은 나음을 참조. J. David Smith, The Sterilization of Carrie Buck (Liberty Corner, NJ: New Horizon Press, 1989).

4) 이 장의 많은 내용은 다음 책에서 참조했음. Paul Lombardo, *Three Generations, No Imbeciles: Eugenics, the Supreme Court, and Buck v. Bell* (Baltimore: Johns Hopkins University Press, 2008).

5) "Buck v. Bell," Law Library, *American Law and Legal Information*, http://law.jrank.org/pages/2888/Buck-v-Bell-1927.html.

6) *Admissions, Discharges, and Patient Population for State Institutions for Mental Defectives and Epileptics*, vol. 3 (Washington, DC: US Government Printing Office, 1937).

7) "Carrie Buck Committed (January 23, 1924)," *Encyclopedia Virginia*, http://www.

encyclopediavirginia.org/Carrie_Buck_Committed_January _23_1924.

8) Ibid.

9) Stephen Murdoch, *IQ: A Smart History of a Failed Idea* (Hoboken, NJ: John Wiley & Sons, 2007), 107.

10) Ibid., "Chapter 8: From Segregation to Sterilization."

11) "Period during which sterilization occurred," Virginia Eugenics, doi:www.uvm.edu/~lkaelber/eugenics/VA/VA.html.

12) Lombardo, *Three Generations*, 107.

13) Madison Grant, *The Passing of the Great Race* (New York: Scribner's, 1916).

14) Carl Campbell Brigham and Robert M. Yerkes, *A Study of American Intelligence* (Princeton, NJ: Princeton University Press, 1923), "Foreword."

15) A. G. Cock and D. R. Forsdyke, *Treasure Your Exceptions: The Science and Life of William Bateson* (New York: Springer, 2008), 437-38n3.

16) Jerry Menikoff, *Law and Bioethics: An Introduction* (Washington, DC: Georgetown University Press, 2001), 41.

17) Ibid.

18) Public Welfare in Indiana 68-75 (1907): 50.1907년, 인디애나 주 의회는 "유죄가 확정된 범죄자, 백치, 중간백치, 강간범"에게 강제로 불임 수술을 할 수 있도록 규정하는 새로운 법률을 통과시켰고, 주지사는 서명을 했다. 나중에 헌법에 어긋난다는 판결이 내려졌지만, 이 법은 세계 최초의 우생학적 불임화 법률로 여겨지고 있다. 1927년에는 개정법이 발효되었고, 1974년에 폐지되기까지 그 주에서 가장 취약한 계층에 속한 2,300명이 넘는 주민들이 강제 불임 수술을 받아야 했다. 게다가 인디애나 주는 주 예산으로 정신 결함자 위원회를 설치하여 20여 개 카운티에서 우생학적 가족 연구를 수행했고, 인류 개선을 위해서 엄마와 아기의 과학적 위생 조치를 장려하는 "우량아" 정책을 적극적으로 펼쳤다. http://www.iupui.edu/~eugenics/.

19) Laura L. Lovett, "Fitter Families for Future Firesides: Florence Sherbon and Popular Eugenics," *Public Historian* 29, no. 3 (2007): 68-85.

20) Charles Davenport to Mary T. Watts, June 17, 1922, Charles Davenport Papers, American Philosophical Society Archives, Philadelphia, PA. 다음도 참조. Mary Watts, "Fitter Families for Future Firesides," *Billboard* 35, no. 50 (December 15, 1923): 230-31.

21) Martin S. Pernick and Diane B. Paul, *The Black Stork :Eugenics and the Death of "Defective" Babies in American Medicine and Motion Pictures since 1915* (New York: Oxford University Press, 1996).

제2부 "부분들의 합에는 부분들만 있을 뿐이야"

1) Wallace Stevens, *The Collected Poems of Wallace Stevens* (New York: Alfred A. Knopf, 2011), "On the Road Home," 203-4.

2) Ibid.

"아베드(Abhed)"

1) Thomas Hardy, *The Collected Poems of Thomas Hardy* (Ware, Hertfordshire, England: Wordsworth Poetry Library, 2002), "Heredity," 204-5.

2) William Bateson, "Facts limiting the theory of heredity," in *Proceedings of the Seventh International Congress of Zoology*, vol. 7 (Cambridge: Cambridge University Press Warehouse, 1912).

3) Schwartz, *In Pursuit of the Gene*, 174.

4) Arthur Kornberg, 저자와의 인터뷰, 1993.

5) "Review: Mendelism up to date," *Journal of Heredity* 7, no 1 (1916): 17-23.

6) David Ellyard, *Who Discovered What When* (Frenchs Forest, New South Wales, Australia: New Holland, 2005), "Walter Sutton and Theodore Boveri: Where Are the Genes?"

7) Stephen G. Brush, "Nettie M. Stevens and the Discovery of Sex Determination by Chromosome," *Isis* 69, no. 2 (1978): 162-72.

8) Ronald William Clark, *The Survival of Charles Darwin: A Biography of a Man and an Idea* (New York: Random House, 1984), 279.

9) Russ Hodge, *Genetic Engineering: Manipulating the Mechanisms of Life* (New York: Facts On File, 2009), 42.

10) Thomas Hunt Morgan, *The Mechanism of Mendelian Heredity* (New York: Holt, 1915), "Chapter 3: Linkage."

11) 모건이 초파리를 실험 대상으로 고른 것은 대단한 행운이었다. 초파리는 염색체 수가 유달리 적다. 겨우 4개에 불과하다. 염색체 수가 더 많았더라면, 연관을 입증하기가 훨씬 어려웠을 것이다.

12) Thomas Hunt Morgan, "The Relation of Genetics to Physiology and Medicine," Nobel Lecture (June 4, 1934), in *Nobel Lectures, Physiology and Medicine, 1922-1941* (Amsterdam: Elsevier, 1965), 315.

13) Daniel L. Hartl and Elizabeth W. Jones, *Essential Genetics: A Genomics Perspective* (Boston: Jones and Bartlett, 2002), 96-97.

14) Helen Rappaport, *Queen Victoria: A Biographical Companion* (Santa Barbara, CA: ABC-CLIO, 2003), "Hemophilia."

15) Andrew Cook, *To Kill Rasputin: The Life and Death of Grigori Rasputin* (Stroud, Gloucestershire: Tempus, 2005), "The End of the Road."

16) "Alexei Romanov," *History of Russia*, http://historyof russia.org/alexei-romanov/.

17) "DNA Testing Ends Mystery Surrounding Czar Nicholas II Children," *Los Angeles Times*, March 11, 2009.

진실과 화해

1) William Butler Yeats, *Easter*, 1916 (London: Privately printed by Clement Shorter, 1916).

2) Eric C. R. Reeve and Isobel Black, *Encyclopedia of Genetics* (London: Fitzroy Dearborn, 2001), "Darwin and Mendel United: The Contributions of Fisher, Haldane and Wright up to 1932."

3) Ronald Fisher, "The Correlation between Relatives on the Supposition of Mendelian Inheritance," *Transactions of the Royal Society of Edinburgh* 52 (1918): 399-433.

4) Hugo de Vries, *The Mutation Theory; Experiments and Observations on the Origin of Species in the Vegetable Kingdom*, trans. J. B. Farmer and A. D. Darbishire (Chicago: Open Court, 1909).

5) Robert E. Kohler, *Lords of the Fly: Drosophila Genetics and the Experimental Life* (Chicago: University of Chicago Press, 1994), "From Laboratory to Field: Evolutionary Genetics."

6) Th. Dobzhansky, "Genetics of natural populations IX. Temporal changes in the composition of populations of Drosophila pseudoobscura," *Genetics* 28, no. 2 (1943): 162.

7) 도브잔스키의 실험에 대한 자세한 내용의 출처는 다음을 참조. Theodosius Dobzhansky, "Genetics of natural populations XIV. A response of certain gene arrangements in the third chromosome of Drosophila pseudoobscura to natural selection," *Genetics* 32, no. 2 (1947): 142; and S. Wright and T. Dobzhansky, "Genetics of natural populations; experimental reproduction of some of the changes caused by natural selection in certain populations of Drosophila pseudoobscura," *Genetics* 31 (March 1946): 125-56. T. Dobzhansky, Studies on Hybrid Sterility. II. Localization of Sterility Factors in Drosophila Pseudoobscura Hybrids. *Genetics* (March 1, 1936) vol 21, 113-135.

형질전환

1) H. J. Muller, "The call of biology," *AIBS Bulletin* 3, no. 4 (1953). Copy with handwritten notes, http://libgallery.cshl.edu/archive/files /c73e9703aa1b65ca3f4881b9a2465797.jpg.

2) Peter Pringle, *The Murder of Nikolai Vavilov: The Story of Stalin's Persecution of One of the Great Scientists of the Twentieth Century* (Simon & Schuster, 2008), 209.

3) Ernst Mayr and William B. Provine, *The Evolutionary Synthesis: Perspectives on the Unification of Biology* (Cambridge, MA: Harvard University Press, 1980).

4) William K. Purves, *Life, the Science of Biology* (Sunderland, MA: Sinauer Associates, 2001), 214-15.

5) Werner Karl Maas, *Gene Action: A Historical Account* (Oxford: Oxford University Press, 2001), 59-60.

6) Alvin Coburn to Joshua Lederberg, November 19, 1965, Rockefeller Archives, Sleepy

Hollow, NY, http://www .rockarch.org/.

7) Fred Griffith, "The significance of pneumococcal types," *Journal of Hygiene* 27, no. 2 (1928): 113-59.

8) "Hermann J. Muller—biographical," http://www.nobelprize.org/nobel_prizes/medicine/ laureates/1946/muller-bio.html.

9) H. J. Muller, "Artificial transmutation of the gene," *Science* 22 (July 1927): 84-87.

10) James F. Crow and Seymour Abrahamson, "Seventy years ago: Mutation becomes experimental," *Genetics* 147, no. 4 (1997): 1491.

11) Jack B. Bresler, *Genetics and Society* (Reading, MA: Addison-Wesley, 1973), 15.

12) Kevles, *In the Name of Eugenics*, "A New Eugenics," 251-68.

13) Sam Kean, *The Violinist's Thumb: And Other Lost Tales of Love, War, and Genius, as Written by Our Genetic Code* (Boston: Little, Brown, 2012), 33.

14) William DeJong-Lambert, *The Cold War Politics of Genetic Research: An Introduction to the Lysenko Affair* (Dordrecht: Springer, 2012), 30.

살 가치가 없는 삶

1) Robert Jay Lifton, *The Nazi Doctors: Medical Killing and the Psychology of Genocide* (New York: Basic Books, 2000), 359.

2) Susan Bachrach, "In the name of public health—Nazi racial hygiene," *New England Journal of Medicine* 351 (2004): 417-19.

3) Erwin Baur, Eugen Fischer, and Fritz Lenz, *Human Heredity* (London: G. Allen & Unwin, 1931), 417. 히틀러의 부관인 헤스도 썼던 그 말은 원래 프리츠 렌츠가 『나의 투쟁』에 서평을 쓰면서 만든 용어이다.

4) Alfred Ploetz. Grundlinien Einer RassenHygiene (Berlin: S. Fischer, 1895); and Sheila Faith Weiss, "The race hygiene movement in Germany," *Osiris* 3 (1987): 193-236.

5) Heinrich Poll, "Über Vererbung beim Menschen," *Die Grenzbotem* 73 (1914): 308.

6) Robert Wald Sussman, *The Myth of Race: The Troubling Persistence of an Unscientific Idea* (Cambridge, MA: Harvard University Press, 2014), "Funding of the Nazis by American Institutes and Businesses," 138.

7) Harold Koenig, *Dana King, and Verna B. Carson, Handbook of Religion and Health* (Oxford: Oxford University Press, 2012), 294.

8) US Chief Counsel for the Prosecution of Axis Criminality, *Nazi Conspiracy and Aggression*, vol. 5 (Washington, DC: US Government Printing Office, 1946), document 3067-PS, 880-83 (English translation accredited to Nuremberg staff; edited by GHI staff).

9) USHMM Collections Search, http://collections.ushmm. org/search/catalog/fv3857.

10) "1936—Rassenpolitisches Amt der NSDAP—*Erbkrank*," Internet Archive, https:// archive.org/details/ 1936-Rassenpolitisches-Amt-der-NSDAP-Erbkrank.

11) *Olympia*, directed by Leni Riefenstahl, 1936.

12) History Place, http://www.historyplace.com/worldwar2/holocaust/timeline.html.

13) "Key dates: Nazi racial policy, 1935," US Holocaust Memorial Museum, http://www.ushmm.org/outreach/en/article.php?ModuleId=10007696.

14) "Forced sterilization," US Holocaust Memorial Museum, http://www.ushmm.org/learn/students/learning-materials-and-resources/mentally-and-physically-handicapped-victims-of-the-nazi-era/forced-sterilization.

15) Christopher R. Browning and Jürgen Matthäus, *The Origins of the Final Solution: The Evolution of Nazi Jewish Policy, September 1939-March 1942* (Lincoln: University of Nebraska, 2004), "Killing the Handicapped."

16) Ulf Schmidt, *Karl Brandt: The Nazi Doctor, Medicine, and Power in the Third Reich* (London: Hambledon Continuum, 2007).

17) Götz Aly, Peter Chroust, and Christian Pross, *Cleansing the Fatherland*, trans. Belinda Cooper (Baltimore: Johns Hopkins University Press, 1994), "Chapter 2: Medicine against the Useless."

18) Roderick Stackelberg, *The Routledge Companion to Nazi Germany* (New York: Routledge, 2007), 303.

19) Hannah Arendt, *Eichmann in Jerusalem: A Report on the Banality of Evil* (New York: Viking, 1963).

20) Otmar Verschuer and Charles E. Weber, *Racial Biology of the Jews* (Reedy, WV: Liberty Bell Publishing, 1983).

21) J. Simkins, "Martin Niemoeller," *Spartacus Educational Publishers*, 2012, www.spartacus.schoolnet.co.uk/GERniemoller.htm.

22) Jacob Darwin Hamblin, *Science in the Early Twentieth Century: An Encyclopedia* (Santa Barbara, CA: ABC-CLIO, 2005), "Trofim Lysenko," 188-89.

23) David Joravsky, *The Lysenko Affair* (Chicago: University of Chicago Press, 2010), 59. Zhores A. Medvedev, *The Rise and Fall of T. D. Lysenko*, trans. I. Michael Lerner (New York: Columbia University Press, 1969), 11-16.

24) T. Lysenko, *Agrobiologia*, 6th ed. (Moscow: Selkhozgiz, 1952), 602-6.

25) "Trofim Denisovich Lysenko," *Encyclopaedia Britannica Online*, http://www.britannica.com/biography/Trofim-Denisovich-Lysenko.

26) Pringle, *Murder of Nikolai Vavilov*, 278.

27) 카르페첸코, 고보로프, 레비츠키, 코발레프, 플라이크스베르거 등 바빌로프의 동료들도 상당수가 체포되었다. 리센코의 영향으로 소련 학계에서 유전학자는 거의 전멸했다. 그 결과 소련의 생물학은 수십 년 동안 침체 상태에 빠지게 된다.

28) James Tabery, *Beyond Versus: The Struggle to Understand the Interaction of Nature and Nurture* (Cambridge, MA: MIT Press, 2014), 2.

29) Hans-Walter Schmuhl, *The Kaiser Wilhelm Institute for Anthropology, Human Heredity, and Eugenics, 1927-1945: Crossing Boundaries* (Dordrecht: Springer, 2008), "Twin Research."

30) Gerald L. Posner and John Ware, Mengele: *The Complete Story* (New York: McGraw-Hill, 1986).

31) Lifton, *Nazi Doctors*, 349.

32) Wolfgang Benz and Thomas Dunlap, *A Concise History of the Third Reich* (Berkeley: University of California Press, 2006), 142.

33) George Orwell, *In Front of Your Nose, 1946-1950*, ed. Sonia Orwell and Ian Angus (Boston: D. R. Godine, 2000), 11.

34) Erwin Schröodinger, *What Is Life?: The Physical Aspect of the Living Cell* (Cambridge: Cambridge University Press, 1945).

"그 어리석은 분자"

1) Walter W. Moore Jr., *Wise Sayings: For Your Thoughtful Consideration* (Bloomington, IN: AuthorHouse, 2012), 89.

2) "The Oswald T. Avery Collection: Biographical information," *National Institutes of Health*, http://profiles.nlm.nih.gov/ps/retrieve/Narrative/CC/p-nid/35.

3) Robert C. Olby, *The Path to the Double Helix: The Discovery of DNA* (New York: Dover Publications, 1994), 107.

4) George P. Sakalosky, *Notio Nova: A New Idea* (Pittsburgh, PA: Dorrance, 2014), 58.

5) Olby, *Path to the Double Helix*, 89.

6) Garland Allen and Roy M. MacLeod, eds., *Science, History and Social Activism: A Tribute to Everett Mendelsohn*, vol. 228 (Dordrecht: Springer Science & Business Media, 2013), 92.

7) Olby, *Path to the Double Helix*, 107.

8) Richard Preston, *Panic in Level 4: Cannibals, Killer Viruses, and Other Journeys to the Edge of Science* (New York: Random House, 2009), 96.

9) Letter from Oswald T. Avery to Roy Avery, May 26, 1943, Oswald T. Avery Papers, Tennessee State Library and Archives.

10) Maclyn McCarty, *The Transforming Principle: Discovering That Genes Are Made of DNA* (New York: W. W. Norton, 1985), 159.

11) Lyon and Gorner, *Altered Fates*, 42.

12) O. T. Avery, Colin M. MacLeod, and Maclyn McCarty, "Studies on the chemical nature of the substance inducing transformation of pneumococcal types: Induction of transformation by a deoxyribonucleic acid fraction isolated from pneumococcus type III," *Journal of Experimental Medicine* 79, no. 2 (1944): 137-58.

13) US Holocaust Memorial Museum, "Introduction to the Holocaust," *Holocaust Encyclopedia*, http://www.ushmm.org/wlc/en/article.php?ModuleId=10005143.

14) Ibid.

15) Steven A. Farber, "U.S. scientists' role in the eugenics movement (1907-1939): A contemporary biologist's perspective," *Zebrafish* 5, no. 4 (2008): 243-45.

"중요한 생물학적 대상들은 쌍으로 나타난다"

1) James D. Watson, *The Double Helix: A Personal Account of the Discovery of the Structure of DNA* (London: Weidenfeld & Nicolson, 1981), 13.

2) Francis Crick, *What Mad Pursuit: A Personal View of Scientific Discovery* (New York: Basic Books, 1988), 67.

3) Donald W. Braben, *Pioneering Research: A Risk Worth Taking* (Hoboken, NJ: John Wiley & Sons, 2004), 85.

4) Maurice Wilkins, *Maurice Wilkins: The Third Man of the Double Helix: An Autobiography* (Oxford: Oxford University Press, 2003).

5) Richard Reeves, *A Force of Nature: The Frontier Genius of Ernest Rutherford* (New York: W. W. Norton, 2008).

6) Arthur M. Silverstein, *Paul Ehrlich's Receptor Immunology: The Magnificent Obsession* (San Diego, CA: Academic, 2002), 2.

7) Maurice Wilkins, correspondence with Raymond Gosling on the early days of DNA research at King's College, 1976, Maurice Wilkins Papers, King's College London Archives.

8) Letter of June 12, 1985, notes on Rosalind Franklin, Maurice Wilkins Papers, no. ad92d68f-4071-4415-8df2-dcfe041171fd.

9) Daniel M. Fox, Marcia Meldrum, and Ira Rezak, *Nobel Laureates in Medicine or Physiology: A Biographical Dictionary* (New York: Garland, 1990), 575.

10) James D. Watson, *The Annotated and Illustrated Double Helix*, ed. Alexander Gann and J. A. Witkowski (New York: Simon & Schuster, 2012), letter to Crick, 151.

11) Brenda Maddox, *Rosalind Franklin: The Dark Lady of DNA* (New York: HarperCollins, 2002), 164.

12) Watson, *Annotated and Illustrated Double Helix*, letter from Rosalind Franklin to Anne Sayre, March 1, 1952, 67.

13) 크릭은 프랭클린이 성 차별을 받았다고는 결코 믿지 않았다. 나중에 프랭클린이 과학자로서 겪었던 역경을 언급하면서 그녀의 연구를 너그러이 재조명하는 글을 썼던 왓슨과 달리, 크릭은 프랭클린이 킹스 칼리지의 분위기에 전혀 개의치 않았다고 보았다. 프랭클린과 크릭은 1950년대 말에 가까운 친구가 되었다. 특히 프랭클린이 병에 걸려 앓다가 일찍 세상을 떠날 때까지 몇 개월 동안 크릭 부부는 그녀에게 많은 도움을 주었

다. 크릭의 저서 『열광의 탐구(*What Mad Pursuit*)』를 보면, 그가 프랭클린에게 호의적이었음을 알 수 있다. Crick, *What Mad Pursuit*, 82-85.

14) "100 years ago: Marie Curie wins 2nd Nobel Prize," *Scientific American*, October 28, 2011, http://www.scientificamerican.com/article/curie-marie-sklodowska-greatest-woman-scientist/.

15) Athene Donald, "Dorothy Hodgkin and the year of crystallography," *Guardian*, January 14, 2014.

16) "Dorothy Crowfoot Hodgkin biological," Nobelprize.org, http://www.nobelprize.org/nobel_prizes/chemistry/laureates/1964/hodgkin-bio.html.

17) "The DNA riddle: King's College, London, 1951-1953," Rosalind Franklin Papers, http://profiles.nlm.nih.gov/ps/retrieve/Narrative/KR/p-nid/187.

18) J. D. Bernal, "Dr. Rosalind E. Franklin," *Nature* 182(1958): 154.

19) Max F. Perutz, *I Wish I'd Made You Angry Earlier: Essays on Science, Scientists, and Humanity* (Cold Spring Harbor, NY: Cold Spring Harbor Laboratory Press, 1998), 70.

20) Watson Fuller, "For and against the helix," Maurice Wilkins Papers, no. 00c0a9ed-e951-4761-955c-7490e0474575.

21) Watson, *Double Helix*, 23.

22) http://profiles.nlm.nih.gov/ps/access/SCBBKH.pdf.

23) Watson, *Double Helix*, 22.

24) Ibid., 18.

25) Ibid., 24.

26) 공식적으로 왓슨은 퍼루츠와 존 켄드루의 미오글로빈 단백질 연구를 돕기 위해서 케임브리지로 간 것으로 되어 있다. 그 뒤에 왓슨은 TMV, 즉 담배모자이크바이러스의 구조를 연구하는 쪽으로 방향을 틀었다. 그러나 DNA에 훨씬 더 관심이 많았기에, 곧 그는 다른 연구 과제들을 다 제쳐두고 DNA에만 몰두했다. Watson, *Annotated and Illustrated Double Helix*, 127.

27) Crick, *What Mad Pursuit*, 64.

28) Watson, *Annotated and Illustrated Double Helix*, 107.

29) L. Pauling, R. B. Corey, and H. R. Branson, "The structure of proteins: Two hydrogen-bonded helical configurations of the polypeptide chain," *Proceedings of the National Academy of Sciences* 37, no. 4 (1951): 205-11.

30) Watson, *Annotated and Illustrated Double Helix*, 44.

31) http://www.diracdelta.co.uk/science/source/c/r/crick%20francis/source.html#. Vh8XIaJe GKI.

32) Crick, *What Mad Pursuit*, 100-103. 크릭은 프랭클린이 모형 제작의 중요성을 제대로 인식하고 있었다고 늘 믿고 있었다.

33) Victor K. McElheny, *Watson and DNA: Making a Scientific Revolution* (Cambridge, MA: Perseus, 2003), 38.

34) Alistair Moffat, *The British: A Genetic Journey* (Edinburgh: Birlinn, 2014); and from Rosalind Franklin's laboratory notebooks, dated 1951.

35) Watson, *Annotated and Illustrated Double Helix*, 73.

36) Ibid.

37) Bill Seeds와 Bruce Fraser가 그 방문에 동행했다.

38) Watson, *Annotated and Illustrated Double Helix*, 91.

39) Ibid., 92.

40) Linus Pauling and Robert B. Corey, "A proposed structure for the nucleic acids," *Proceedings of the National Academy of Sciences* 39, no. 2 (1953): 84-97.

41) http://profiles.nlm.nih.gov/ps/access/KRBBJF.pdf.

42) Watson, *Double Helix*, 184.

43) Anne Sayre, *Rosalind Franklin & DNA* (New York: W. W. Norton, 1975), 152.

44) Watson, *Annotated and Illustrated Double Helix*, 207.

45) Ibid., 208.

46) Ibid., 209.

47) John Sulston and Georgina Ferry, *The Common Thread: A Story of Science, Politics, Ethics, and the Human Genome* (Washington, DC: Joseph Henry Press, 2002), 3.

48) 1953년 3월 11일이나 12일일 가능성이 가장 높다. 크릭은 3월 12일 목요일에 델브뤼크에게 그 모형을 만들었다는 소식을 전했다. Watson Fuller, "Who said helix?" with related papers, Maurice Wilkins Papers, no. c065700f-b6d9-46cf-902a- b4f8e078338a.

49) June 13, 1996, Maurice Wilkins Papers.

50) Letter from Maurice Wilkins to Francis Crick, March 18, 1953, Wellcome Library, Letter Reference no. 62b87535-040a-448c-9b73-ff3a3767db91. http://wellcomelibrary. org/player/b20047198#?asi=0&ai=0&z=0.1215%2C0.2046%2C0.5569%2C0.3498.

51) Fuller, "Who said helix?" with related papers.

52) Watson, *Annotated and Illustrated Double Helix*, 222.

53) J. D. Watson and F. H. C. Crick, "Molecular structure of nucleic acids: A structure for deoxyribose nucleic acid," *Nature* 171 (1953): 737-38.

54) Fuller, "Who said helix?" with related papers. "That Damned, Elusive Pimpernel"

"잡힐 듯 말 듯한 썩을 놈의 뚜쟁이"

1) "1957: Francis H. C. Crick (1916-2004) sets out the agenda of molecular biology," *Genome News Network*, http://www.genomenewsnetwork.org/resources/timeline/1957_ Crick.php.

2) "1941: George W. Beadle (1903-1989) and Edward L. Tatum (1909-1975) show how genes

direct the synthesis of enzymes that control metabolic processes," *Genome News Network*, http://www.genomenewsnetwork.org/resources/timeline /1941_Beadle_Tatum.php.

3) Edward B. Lewis, "Thomas Hunt Morgan and his legacy," Nobelprize.org, http://www. nobelprize. org/nobel_prizes/medicine/laureates /1933/morgan-article.html.

4) Frank Moore Colby et al., *The New International Year Book: A Compendium of the World's Progress, 1907–1965* (New York: Dodd, Mead, 1908), 786.

5) George Beadle, "Genetics and metabolism in Neurospora," *Physiological reviews* 25, no. 4 (1945): 643–63.

6) James D. Watson, *Genes, Girls, and Gamow: After the Double Helix* (New York: Alfred A. Knopf, 2002), 31.

7)http://scarc.library.oregonstate.edu/coll/pauling/dna/corr/sci9.001.43-gamow-lp-19531022-transcript.html.

8) Ted Everson, *The Gene: A Historical Perspective* (Westport, CT: Greenwood, 2007), 89–91.

9) "Francis Crick, George Gamow, and the RNA Tie Club," Web of Stories. http://www.webofstories.com/play/francis.crick/84.

10) Sam Kean, *The Violinist's Thumb: And Other Lost Tales of Love, War, and Genius, as Written by Our Genetic Code* (New York: Little, Brown, 2012).

11) 아서 파디와 모니카 라일리도 비슷한 개념을 제시했다.

12) Cynthia Brantley Johnson, *The Scarlet Pimpernel* (Simon & Schuster, 2004), 124.

13) "Albert Lasker Award for Special Achievement in Medical Science: Sydney Brenner," Lasker Foundation, http://www.laskerfoundation.org/awards/2000special. htm.

14) 엘리엇 볼킨과 라자루스 아스트라찬도 1956년에 RNA가 유전자의 중간물질이라는 주장을 내놓았다. 1961년에 브레너/제이콥 그룹과 왓슨/길버트 그룹에서 두 편의 선구적인 논문이 발표되었다. F. Gros et al., "Unstable ribonucleic acid revealed by pulse labeling of Escherichia coli," *Nature* 190 (May 13, 1960): 581–85; and S. Brenner, F. Jacob, and M. Meselson, "An unstable intermediate carrying information from genes to ribosomes for protein synthesis," *Nature* 190 (May 13, 1960): 576–81.

15) J. D. Watson and F. H. C. Crick, "Genetical implications of the structure of deoxyribonucleic acid," *Nature* 171, no. 4361 (1953): 965.

16) David P. Steensma, Robert A. Kyle, and Marc A. Shampo, "Walter Clement Noel—first patient described with sickle cell disease," *Mayo Clinic Proceedings* 85, no. 10 (2010).

17) "Key participants: Harvey A. Itano," *It's in the Blood! A Documentary History of Linus Pauling, Hemoglobin, and Sickle Cell Anemia*, http://scarc.library.oregonstate.edu/coll/pauling/blood/people/itano.html.Regulation, Replication, Recombination

조절, 복제, 재조합

1) 다음에서 인용. Sean Carrol, *Brave Genius: A Scientist, a Philosopher, and Their Daring Adventures from the French Resistance to the Nobel Prize* (New York: Crown, 2013), 133.

2) Thomas Hunt Morgan, "The relation of genetics to physiology and medicine," *Scientific Monthly* 41, no. 1 (1935): 315.

3) Agnes Ullmann, "Jacques Monod, 1910-1976: His life, his work and his commitments," *Research in Microbiology* 161, no. 2 (2010):68-73.

4) Arthur B. Pardee, François Jacob, and Jacques Monod, "The genetic control and cytoplasmic expression of 'inducibility' in the synthesis of β=galactosidase by E. coli," *Journal of Molecular Biology* 1, no. 2 (1959): 165-78.

5) François Jacob and Jacques Monod, "Genetic regulatory mechanisms in the synthesis of proteins," *Journal of Molecular Biology* 3, no. 3 (1961): 318-56.

6) Watson and Crick, "Molecular structure of nucleic acids," 738.

7) Arthur Kornberg, "Biologic synthesis of deoxyribonucleic acid," Science 131, no. 3412 (1960): 1503-8.

8) Ibid.

유전자에서 발생으로

1) Richard Dawkins, *The Selfish Gene* (Oxford: Oxford University Press, 1989), 12.

2) icholas Marsh, *William Blake: The Poems* (Houndmills, Basingstoke, England: Palgrave, 2001), 56.

3) 이 돌연변이체 중 상당수는 원래 앨프레드 스터터번트와 캐빈 브리지스가 만들었다. 이 돌연변이체들과 관련된 유전자들에 관한 자세한 내용은 에드 루이스의 1995년 12월 8일 노벨상 강연을 참조.

4) Friedrich Max Müuller, *Memories: A Story of German Love* (Chicago: A. C. McClurg, 1902), 20.

5) Leo Lionni, *Inch by Inch* (New York: I. Obolensky, 1960).

6) James F. Crow and W. F. Dove, *Perspectives on Genetics: Anecdotal, Historical, and Critical Commentaries, 1987-1998* (Madison: University of Wisconsin Press, 2000), 176.

7) Robert Horvitz, 저자와의 인터뷰, 2012.

8) Ralph Waldo Emerson, *The Journals and Miscellaneous Notebooks of Ralph Waldo Emerson*, vol. 7, ed. William H. Gilman (Cambridge, MA: Belknap Press of Harvard University Press, 1960), 202.

9) Ning Yang and Ing Swie Goping, *Apoptosis* (San Rafael, CA: Morgan & Claypool Life Sciences, 2013), "C. elegans and Discovery of the Caspases."

10) John F. R. Kerr, Andrew H. Wyllie, and Alastair R. Currie, "Apoptosis: A basic

biological phenomenon with wide-ranging implications in tissue kinetics," *British Journal of Cancer* 26, no. 4 (1972): 239.

11) 이 돌연변이는 Ed Hedgecock에 의해서 처음 발견되었다. Robert Horvitz, 저자와의 인터뷰, 2013.

12) J. E. Sulston and H. R. Horvitz, "Post-embryonic cell lineages of the nematode, Caenorhabditis elegans," *Developmental Biology* 56. no. 1 (March 1977): 110–56. Judith Kimble and David Hirsh, "The postembryonic cell lineages of the hermaphrodite and male gonads in Caenorhabditis elegans," *Developmental Biology* 70, no. 2 (1979): 39–417.

13) Judith Kimble, "Alterations in cell lineage following laser ablation of cells in the somatic gonad of Caenorhabditis elegans," *Developmental Biology* 87, no. 2 (1981): 286–300.

14) W. J. Gehring, *Master Control Genes in Development and Evolution: The Homeobox Story* (New Haven, CT: Yale University Press, 1998), 56.

15) 존 화이트와 존 설스턴이 그 방법을 개척했다. Robert Horvitz, 저자와의 인터뷰, 2013.

16) Gary F. Marcus, *The Birth of the Mind: How a Tiny Number of Genes Creates the Complexities of Human Thought* (New York: Basic Books, 2004), "Chapter 4: Aristotle's Impetus."

17) Antoine Danchin, *The Delphic Boat: What Genomes Tell Us* (Cambridge, MA: Harvard University Press, 2002).

18) Richard Dawkins, *A Devil's Chaplain: Reflections on Hope, Lies, Science, and Love* (Boston: Houghton Mifflin, 2003), 105.

제3부 "유전학자들의 꿈"

1) Sydney Brenner, "Life sentences: Detective Rummage investigates," *Scientist—the Newspaper for the Science Professional* 16, no. 16 (2002): 15.

2) The discovery of the transforming principle, 1940–1944," Oswald T. Avery Collection, National Institutes of Health, http://profiles.nlm.nih.gov/ps/retrieve/Narrative/CC/p-nid/157.

"교차"

1) 폴 버그의 교육과 안식년에 대한 내용은 저자와 폴 버그의 인터뷰(2013). 또한 "The Paul Berg Papers," Profiles in Science, National Library of Medicine, http://profiles.nlm.nih.gov/CD/.

2) M. B. Oldstone, "Rous-Whipple Award Lecture. Viruses and diseases of the twenty-first century," *American Journal of Pathology* 143, no. 5 (1993): 1241.

3) David A. Jackson, Robert H. Symons, and Paul Berg, "Biochemical method for inserting

new genetic information into DNA of simian virus 40: circular SV40 DNA molecules containing lambda phage genes and the galactose operon of Escherichia coli," *Proceedings of the National Academy of Sciences* 69, no. 10 (1972): 2904-09.

4) P. E. Lobban, "The generation of transducing phage in vitro," (essay for third PhD examination, Stanford University, November 6, 1969).

5) Oswald T. Avery, Colin M. MacLeod, and Maclyn McCarty. "Studies on the chemical nature of the substance inducing transformation of pneumococcal types: Induction of transformation by a desoxyribonucleic acid fraction isolated from pneumococcus type III," *Journal of Experimental Medicine* 79, no. 2 (1944): 137-58.

6) P. Berg and J. E. Mertz, "Personal reflections on the origins and emergence of recombinant DNA technology," *Genetics* 184, no. 1 (2010): 9-17,doi:10.1534/genetics.109.112144.

7) Jackson, Symons, and Berg, "Biochemical method for inserting new genetic information into DNA of simian virus 40," *Proceedings of the National Academy of Sciences* 69, no. 10 (1972): 2904-09.

8) Kathi E. Hanna, ed., *Biomedical politics* (Washington, DC: National Academies Press, 1991), 266.

9) Erwin Chargaff, "On the dangers of genetic meddling," *Science* 192, no. 4243 (1976): 938.

10) DNA Learning Center, doi:https://www.dnalc.org/view/15017-Reaction-to-outrage-over-recombinant-DNA-Paul-Berg.html.

11) Shane Crotty, *Ahead of the Curve: David Baltimore's Life in Science* (Berkeley: University of California Press, 2001), 95.

12) Paul Berg, 저자와의 인터뷰, 2013.

13) Ibid.

14) 보이어와 코언의 이야기는 다음의 자료들을 참조함. John Archibald, *One Plus One Equals One: Symbiosis and the Evolution of Complex Life* (Oxford: Oxford University Press, 2014). Stanley N. Cohen et al., "Construction of biologically functional bacterial plasmids in vitro," *Proceedings of the National Academy of Sciences* 70, no. 11(1973): 3240-44.

15) 이 일화는 다음의 자료들에서 참조. Stanley Falkow, "I'll Have the Chopped Liver Please, Or How I Learned to Love the Clone," *ASM News* 67, no. 11 (2001); Paul Berg, 저자와의 인터뷰, 2015; Jane Gitschier, "Wonderful life: An interview with Herb Boyer," *PLOS Genetics* (September 25, 2009).

새로운 음악

1) Crick, *What Mad Pursuit*, 74.

2) Richard Powers, *Orfeo: A Novel* (New York: W. W. Norton, 2014), 330.

3) Frederick Sanger, "The arrangement of amino acids in proteins," *Advances in Protein Chemistry* 7 (1951): 1-67.

4) Frederick Banting et al., "The effects of insulin on experimental hyperglycemia in rabbits," *American Journal of Physiology* 62, no. 3 (1922).

5) "The Nobel Prize in Chemistry 1958," Nobel prize.org, http://www.nobelprize.org/nobel_prizes/ chemistry/laureates/1958/.

6) Frederick Sanger, *Selected Papers of Frederick Sanger: With Commentaries*, vol. 1, ed. Margaret Dowding (Singapore: World Scientific, 1996), 11-12.

7) George G. Brownlee, *Fred Sanger—Double Nobel Laureate: A Biography* (Cambridge: Cambridge University Press, 2014), 20.

8) Sanger used: F. Sanger et al., "Nucleotide sequence of bacteriophage Φ174 DNA," *Nature* 265, no. 5596 (1977): 687-95, doi:10.1038/265687a0.

9) Ibid.

10) Sayeeda Zain et al., "Nucleotide sequence analysis of the leader segments in a cloned copy of adenovirus 2 fiber mRNA," *Cell* 16, no. 4 (1979): 851-61. "Physiology or Medicine 1993—press release," Nobelprize.org,http://www.nobelprize.org/nobel_prizes/ medicine/laureates /1993/press.html.

11) Walter Sullivan, "Genetic decoders plumbing the deepest secrets of life processes," *New York Times*, June 20, 1977.

12) Jean S. Medawar, *Aristotle to Zoos: A Philosophical Dictionary of Biology* (Cambridge, MA: Harvard University Press, 1985), 37-38.

13) Paul Berg, 저자와의 인터뷰, September 2015.

14) J. P Allison, B. W. McIntyre, and D. Bloch, "Tumor-specific antigen of murine T-lymphoma defined with monoclonal antibody," *Journal of Immunology* 129 (1982): 2293-2300; K. Haskins et al, "The major his-tocompatibility complex-restricted antigen receptor on T cells: I. Isolation with a monoclonal antibody, " *Journal of Experimental Medicine* 157 (1983): 1149-69.

15) "Physiology or Medicine 1975—Press Release," Nobelprize.org, Nobel Media AB 2014. Web. 5 Aug 2015. http://www.nobelprize.org/nobel_prizes/medicine/laureates/1975/ press.html.

16) S. M. Hedrick et al., "Isolation of cDNA clones encoding T cell-specific membrane-associated proteins," *Nature* 308 (1984): 149-53; Y. Yanagi et al., "A human T cell-specific cDNA clone encodes a protein having extensive homology to immunoglobulin chains," *Nature* 308 (1984): 145-49.

17) Steve McKnight, "Pure genes, pure genius," *Cell* 150, no. 6 (September 14, 2012): 1100-1102.

해변의 아인슈타인들

1) Sydney Brenner, "The influence of the press at the Asilomar Conference, 1975," Web of Stories, http://www.webofstories.com/play/sydney.brenner/182;jsessionid=2c147f1c4222a587 15e708eabd868e58.

2) Crotty, *Ahead of the Curve*, 93.

3) Herbert Gottweis, *Governing Molecules: The Discursive Politics of Genetic Engineering in Europe and the United States* (Cambridge, MA: MIT Press, 1998).

4) 애실로마에 대한 버그의 언급은 다음 인터뷰를 참조. conversations and interviews with Paul Berg, 1993 and 2013; and Donald S. Fredrickson, "Asilomar and recombinant DNA: The end of the beginning," in Biomedical Politics, ed. Hanna, 258-92.

5) Alfred Hellman, Michael Neil Oxman, and Robert Pollack, *Biohazards in Biological Research* (Cold Spring Harbor, NY: Cold Spring Harbor Laboratory Press, 1973).

6) Cohen et al., "Construction of biologically functional bacterial plasmids," 3240-44.

7) Crotty, *Ahead of the Curve*, 99.

8) Ibid.

9) "The moratorium letter regarding risky experiments, Paul Berg," DNA Learning Center, https://www.dnalc.org/view/15021-The-moratorium-letter-regarding-risky-experiments-P aul-Berg.html.

10) P. Berg et al., "Potential biohazards of recombinant DNA molecules," *Science* 185 (1974): 3034. 다음도 참조, *Proceedings of the National Academy of Sciences* 71 (July 1974): 2593-94.

11) Herb Boyer interview, 1994, by Sally Smith Hughes, UCSF Oral History Program, Bancroft Library, University of California, Berkeley, http://content.cdlib.org/view?docId=kt5d5nb0zs& brand=calisphere&doc.view=entire_text.

12) Morrow et al., "Replication and transcription of eukaryotic DNA in Escherichia coli," *Proceedings of the National Academy of Sciences* 71, no. 5 (1974): 1743-47.

13) Paul Berg et al., "Summary statement of the Asilomar Conference on recombinant DNA molecules," *Proceedings of the National Academy of Sciences* 72, no. 6 (1975): 1981-84.

14) Crotty, *Ahead of the Curve*, 107.

15) Brenner, "The influence of the press."

16) Crotty, *Ahead of the Curve*, 108.

17) Gottweis, *Governing Molecules*, 88.

18) Berg et al., "Summary statement of the Asilomar Conference," 1981-84.

19) Albert Einstein, "Letter to Roosevelt, August 2, 1939," Albert Einstein's Letters to Franklin Delano Roosevelt, http://hypertext book.com/eworld/einstein.shtml#first.

20) Alan T. Waterman, in Lewis Branscomb, "Foreword," *Science, Technology, and Society, a Prospective Look: Summary and Conclusions of the Bellagio Conference* (Washington,

DC: National Academy of Sciences, 1976).

21) F. A. Long, "President Nixon's 1973 Reorganization Plan No. 1," *Science and Public Affairs* 29, no. 5 (1973): 5.

22) Paul Berg, 저자와의 인터뷰, 2013.

23) Paul Berg, "Asilomar and recombinant DNA," Nobelprize.org,http://www.nobelprize.org/nobel_prizes/chemistry/ laureates/1980/berg-article.html.

24) Ibid.

"복제하든지 죽든지"

1) Herbert W. Boyer, "Recombinant DNA research at UCSF and commercial application at Genentech: Oral history transcript, 2001," Online Archive of California, 124, http://www.oac.cdlib.org/search?style=oac4;titlesAZ=r idT=UCb11453293x.

2) Arthur Charles Clark, *Profiles of the Future: An Inquiry Into the Limits of the Possible* (New York: Harper & Row, 1973).

3) Doogab Yi, *The Recombinant University: Genetic Engineering and the Emergence of Stanford Biotechnology* (Chicago: University of Chicago Press, 2015), 2.

4) "Getting Bacteria to Manufacture Genes," *San Francisco Chronicle*, May 21, 1974.

5) Roger Lewin, "A View of a Science Journalist," in *Recombinant DNA and Genetic Experimentation*, ed. J. Morgan and W. J. Whelan (London: Elsevier, 2013), 273.

6) "1972: First recombinant DNA," Genome.gov, http:// www.genome.gov/25520302.

7) P. Berg and J. E. Mertz, "Personal reflections on the origins and emergence of recombinant DNA technology," *Genetics* 184, no. 1 (2010): 9–17, doi:10.1534/genetics.109.112144.

8) Sally Smith Hughes, *Genentech: The Beginnings of Biotech* (Chicago: University of Chicago Press, 2011), "Prologue."

9) Felda Hardymon and Tom Nicholas, "Kleiner- Perkins and Genentech: When venture capital met science," *Harvard Business School Case* 813 102, October 2012, http://www.hbs.edu/ faculty/Pages/item.aspx?num=43569.

10) A. Sakula, "Paul Langerhans (1847–1888): A centenary tribute," *Journal of the Royal Society of Medicine* 81, no. 7 (1988): 414.

11) J. v. Mering and Oskar Minkowski, "Diabetes mellitus nach Pankreasexstirpation," *Naunyn- Schmiedeberg's Archives of Pharmacology* 26, no. 5 (1890): 371–87.

12) Banting and Best: F. G. Banting et al., "Pancreatic extracts in the treatment of diabetes mellitus," *Canadian Medical Association Journal* 12, no. 3 (1922): 141.

13) Frederick Sanger and E. O. P. Thompson, "The amino-acid sequence in the glycyl chain of insulin. 1. The identification of lower peptides from partial hydrolysates," *Biochemical Journal* 53, no. 3 (1953): 353.

14) Hughes, *Genentech*, 59-65.

15) "Fierce Competition to Synthesize Insulin, David Goeddel," DNA Learning Center, https://www.dnalc.org/view/15085-Fierce-competition-to-synthesize-insulin-David-Goeddel.html.

16) Hughes, Genentech, 93.

17) Ibid., 78.

18) "Introductory materials," First Chief Financial Officer at Genentech, 1978-1984, http://content.cdlib.org/view?docId=kt 8k40159r&brand=calisphere&doc.view=entire_text.

19) Hughes, Genentech, 93.

20) Payne Templeton, "Harvard group produces insulin from bacteria," *Harvard Crimson*, July 18, 1978.

21) Hughes, Genentech, 91.

22) "A history of firsts," Genentech: Chronology, http://www.gene.com/media/company-information/ chronology.

23) Luigi Palombi, *Gene Cartels: Biotech Patents in the Age of Free Trade* (London: Edward Elgar Publishing, 2009), 264.

24) "History of AIDS up to 1986," http://www.avert.org/history-aids-1986.htm.

25) Gilbert C. White, "Hemophilia: An amazing 35-year journey from the depths of HIV to the threshold of cure," *Transactions of the American Clinical and Climatological Association* 121 (2010): 61.

26) "HIV/AIDS," National Hemophilia Foundation, https://www.hemophilia.org/Bleeding-Disorders/Blood-Safety/HIV/AIDS.

27) John Overington, Bissan Al-Lazikani, and Andrew Hopkins, "How many drug targets are there?" *Nature Reviews Drug Discovery 5* (December 2006): 993-96, "Table 1 | Molecular targets of FDA-approved drugs," http://www.nature.com/nrd/journal/v5/n12/fig_tab/nrd 2199_T1.html.

28) "Genentech: Historical stock info," Gene.com, http://www.gene.com/about-us/investors/ historical-stock-info.

29) Harold Evans, Gail Buckland, and David Lefer, *They Made America: From the Steam Engine to the Search Engine—Two Centuries of Innovators* (London: Hachette UK, 2009), "Hebert Boyer and Robert Swanson: The biotech industry," 420-31.

제4부 "인류가 연구할 대상은 바로 인간이다."

1) Alexander Pope, *Essay on Man* (Oxford: Clarendon Press, 1869).

2) William Shakespeare and Jay L. Halio, *The Tragedy of King Lear* (Cambridge: Cambridge University Press, 1992), act 5, sc. 3. The Birth of a Clinic

임상의 탄생

1) Lyon and Gorner, *Altered Fates*.

2) John A. Osmundsen, "Biologist hopeful in solving secrets of heredity this year," *New York Times*, February 2, 1962.

3) Thomas Morgan, "The relation of genetics to physiology and medicine," Nobel Lecture, June 4, 1934, Nobelprize.org, http://www.nobelprize.org/nobel_prizes/medicine/laureates/1933/morgan-lecture.html.

4) "From 'musical murmurs' to medical genetics, 1945–1960," Victor A. McKusick Papers, NIH, http://profiles.nlm.nih.gov/ps/retrieve/narrative/jq/p-nid/305.

5) Harold Jeghers, Victor A. McKusick, and Kermit H. Katz, "Generalized intestinal polyposis and melanin spots of the oral mucosa, lips and digits," *New England Journal of Medicine* 241, no. 25 (1949): 993–1005, doi:10.1056/nejm194912222412501.

6) Archibald E. Garrod, "A contribution to the study of alkaptonuria," *Medico-chirurgical Transactions* 82 (1899): 367.

7) Archibald E. Garrod, "The incidence of alkaptonuria: A study in chemical individuality," *Lancet* 160, no. 4137 (1902): 1616–20, doi:10.1016/s0140-6736(01)41972-6.

8) Harold Schwartz, *Abraham Lincoln and the Marfan Syndrome* (Chicago: American Medical Association, 1964).

9) J. Amberger et al., "McKusick's Online Mendelian Inheritance in Man," *Nucleic Acids Research* 37 (2009): (database issue) D793–D796, fig. 1 and 2, doi:10.1093/nar/gkn665.

10) "Beyond the clinic: Genetic studies of the Amish and little people, 1960–1980s," Victor A. McKusick Papers, NIH, http://profiles.nlm.nih.gov/ps/retrieve/narrative/jq/p-nid/307.

11) Wallace Stevens, *The Collected Poems of Wallace Stevens* (New York: Alfred A. Knopf, 1954), "The Poems of Our Climate," 193–94.

12) Fantastic Four #1 (New York: Marvel Comics, 1961), http://marvel.com/comics/issue/12894/fantastic_four_1961_1.

13) Stan Lee et al., *Marvel Masterworks: The Amazing Spider-Man* (New York: Marvel Publishing, 2009), "The Secrets of Spider-Man."

14) Uncanny X-Men #1 (New York: Marvel Comics, 1963), http://marvel.com/comics/issue/12413/uncanny_x-men_1963_1.

15) Alexandra Stern, *Telling Genes: The Story of Genetic Counseling in America* (Baltimore: Johns Hopkins University Press, 2012), 146.

16) Leo Sachs, David M. Serr, and Mathilde Danon, "Analysis of amniotic fluid cells for diagnosis of foetal sex," *British Medical Journal* 2, no.4996 (1956): 795.

17) Carlo Valenti, "Cytogenetic diagnosis of down's syndrome in utero," *Journal of the American Medical Association* 207, no. 8 (1969): 1513, doi:10.1001/jama.1969.03150210097018.

18) 매코비의 인생에 대한 내용은 다음을 참조. Norma McCorvey with Andy Meisler, *I Am Roe: My Life, Roe v. Wade, and Freedom of Choice* (New York: Harper-Collins, 1994).

19) Ibid.

20) Roe v. Wade, Legal Information Institute, https://www.law.cornell.edu/supremecourt/text/410/113.

21) Alexander M. Bickel, *The Morality of Consent* (New Haven: Yale University Press, 1975), 28.

22) Jeffrey Toobin, "The people's choice," *New Yorker*, January 28, 2013, 19-20.

23) H. Hansen, "Brief reports decline of Down's syndrome after abortion reform in New York State," *American Journal of Mental Deficiency* 83, no. 2 (1978): 185-88.

24) Daniel J. Kevles, *In the Name of Eugenics: Genetics and the Uses of Human Heredity* (New York: Alfred A. Knopf, 1985), 257.

25) M. Susan Lindee, *Moments of Truth in Genetic Medicine* (Baltimore: Johns Hopkins University Press, 2005), 24.

26)V. A. McKusick and R. Claiborne, eds., *Medical Genetics* (New York: HP Publishing, 1973).

27) Ibid., Joseph Dancis, "The prenatal detection of hereditary defects," 247.

28) Mark Zhang, "Park v. Chessin (1977)," *The Embryo Project Encyclopedia*, January 31, 2014, https://embryo.asu.edu/pages/park-v-chessin-1977.

29) Ibid.

"개입하고 개입하고 또 개입하라"

1) Gerald Leach, "Breeding Better People," *Observer*, April 12, 1970.

2) Michelle Morgante, "DNA scientist Francis Crick dies at 88," *Miami Herald*, July 29, 2004.

3) Lily E. Kay, *The Molecular Vision of Life: Caltech, the Rockefeller Foundation, and the Rise of the New Biology* (New York: Oxford University Press, 1993), 276.

4) David Plotz, "Darwin's Engineer," *Los Angeles Times*, June 5, 2005, http://www.latimes.com/la-tm-spermbank23jun05-story.html#page=1.

5) Joel N. Shurkin, *Broken Genius: The Rise and Fall of William Shockley, Creator of the Electronic Age* (London: Macmillan, 2006), 256.

6) Kevles, *In the Name of Eugenics*, 263.

7) Departments of Labor and Health, Education, and Welfare Appropriations for 1967 (Washington, DC: Government Printing Office, 1966), 249.

8) Victor McKusick, in *Legal and Ethical Issues Raised by the Human Genome Project: Proceedings of the Conference in Houston, Texas, March 7-9, 1991*, ed. Mark A.

Rothstein (Houston: University of Houston, Health Law and Policy Institute, 1991).

9) Matthew R. Walker and Ralph Rapley, *Route Maps in Gene Technology* (Oxford: Blackwell Science, 1997), 144. A Village of Dancers, an Atlas of Moles

무용수들의 마을, 두더지들의 지도책

1) W. H. Gardner, *Gerard Manley Hopkins: Poems and Prose* (Taipei: Shu lin, 1968), "Pied Beauty."

2) George Huntington, "Recollections of Huntington's chorea as I saw it at East Hampton, Long Island, during my boyhood," *Journal of Nervous and Mental Disease* 37 (1910): 255-57.

3) Robert M. Cook-Deegan, *The Gene Wars: Science, Politics, and the Human Genome* (New York: W. W. Norton, 1994), 38.

4) K. Kravitz et al., "Genetic linkage between hereditary hemochromatosis and HLA," *American Journal of Human Genetics* 31, no. 5 (1979): 601.

5) David Botstein et al., "Construction of a genetic linkage map in man using restriction fragment length polymorphisms," *American Journal of Human Genetics* 32, no. 3 (1980): 314.

6) Louis MacNeice, "Snow," in *The New Cambridge Bibliography of English Literature*, vol. 3, ed. George Watson (Cambridge: Cambridge University Press, 1971).

7) Y. Wai Kan and Andree M. Dozy, "Polymorphism of DNA sequence adjacent to human beta-globin structural gene: Relationship to sickle mutation," *Proceedings of the National Academy of Sciences* 75, no. 11 (1978): 5631-35.

8) Victor K. McElheny, *Drawing the Map of Life: Inside the Human Genome Project* (New York: Basic Books, 2010), 29.

9) Botstein et al., "Construction of a genetic linkage map," 314.

10) N. Wexler, "Huntington's Disease: Advocacy Driving Science," *Annual Review of Medicine*, no. 63 (2012): 1-22.

11) Wexler NS. "Genetic 'Russian Roulette': The Experience of Being At Risk for Huntington's Disease," *Genetic Counseling: Psychological Dimensions*, ed. S. Kessler (New York, Academic Press, 1979).

12) "New discovery in fight against Huntington's disease," NUI Galway, February 22, 2012, http://www.nuigalway.ie/about-us/news-and-events/news-archive/2012/february2012/new -discovery-in-fight-against-huntingtons-disease-1.html.

13) Gene Veritas, "At risk for Huntington's disease," September 21, 2011, http://curehd. blogspot.com/2011_09_01_archive.html.

14) 웩슬러 가족에 대한 이야기는 다음을 참조. *Mapping Fate: A Memoir of Family, Risk, and Genetic Research* (Berkeley: University of California Press, 1995); Lyon and Gorner,

Altered Fates; and "Makers profile: Nancy Wexler, neuropsychologist & president, Hereditary Disease Foundation," MAKERS: The Largest Video Collection of Women's Stories, http://www.makers.com/nancy-wexler.

15) Ibid.

16) "History of the HDF," Hereditary Disease Foundation, http://hdfoundation.org/history-of-the-hdf/.

17) Wexler, Nancy, "Life In The Lab" *Los Angeles Times Magazine*, February 10, 1991.

18) Associated Press, "Milton Wexler; Promoted Huntington's Research," *Washington Post*, March 23, 2007, http://www.washingtonpost.com/wp-dyn/content/article/2007/03/22/AR20070 32202068.html.

19) Wexler, *Mapping Fate*, 177.

20) Ibid., 178.

21) Description of Barranquitas from "Nancy Wexler in Venezuela Huntington's disease," BBC, 2010, YouTube, https://www.youtube.com/watch?v=D6LbkTW8fDU.

22) M. S. Okun and N. Thommi, "Américo Negrette (1924 to 2003): Diagnosing Huntington disease in Venezuela," *Neurology* 63, no. 2 (2004): 340-43, doi:10.1212/01.wnl.0000129827. 16522.78.

23) for data on prevalence, see http://www.cmmt.ubc.ca/research/diseases/huntingtons/HD_Prevalence.

24) see "What Is a Homozygote?", Nancy Wexler, *Gene Hunter: The Story of Neuropsychologist Nancy Wexler*, (Women's Adventures in Science, Joseph Henry Press), October 30, 2006: 51.

25) Jerry E. Bishop and Michael Waldholz, *Genome: The Story of the Most Astonishing Scientific Adventure of Our Time* (New York: Simon & Schuster, 1990), 82-86.

26) 이 가계도는 이윽고 10세대가 넘는 18,000여 명으로 불어났다. 19세기에 이 마을에 그 비정상적인 유전자를 지닌 최초의 가문을 잉태한 마리아 콘셉시온(Maria Concepción, 잉태한 성모라는 의미/역주)이라는 기이하게 딱 들어맞는 이름의 여성이 이들의 공통 조상이다.

27) 이 미국인 가문은 연관을 입증할 만큼 규모가 크지 않은 반면, 베네수엘라 가문은 충분히 컸다. 과학자들은 양쪽을 결합함으로써 HD와 연관된 DNA 표지가 있음을 입증할 수 있었다. 다음을 참조. Gusella JF, Wexler NS, Conneally PM, Naylor SL, Anderson MA, Tanzi RE, Watkins PC, Ottina K, Wallace MR, Sakaguchi AY, Young AB, Shoulson I, Bonilla E, and Martin JB. "A Polymorphic DNA Marker Genetically Linked to Huntington's Disease." *Nature*, 1983 Nov 17-23; 306 (5940): 234-8.

28) James F. Gusella et al., "A polymorphic DNA marker genetically linked to Huntington's disease," *Nature* 306, no. 5940 (1983): 234-38, doi:10.1038/306234a0.

29) Karl Kieburtz et al., "Trinucleotide repeat length and progression of illness in

Huntington's disease," *Journal of Medical Genetics* 31, no. 11 (1994): 872-74.

30) Lyon and Gorner, *Altered Fates*, 424.

31) Nancy S. Wexler, "Venezuelan kindreds reveal that genetic and environmental factors modulate Huntington's disease age of onset," *Proceedings of the National Academy of Sciences* 101, no. 10 (2004): 3498-503.

32) *The Almanac of Children's Songs and Games from Switzerland* (Leipzig: J. J. Weber, 1857).

33) "The History of Cystic Fibrosis," cysticfibrosismedicine .com, http://www.cfmedicine.com/history/earlyyears.htm.

34) Lap-Chee Tsui et al., "Cystic fibrosis locus defined by a genetically linked polymorphic DNA marker," *Science* 230, no. 4729 (1985): 1054-57.

35) Wanda K. Lemna et al., "Mutation analysis for heterozygote detection and the prenatal diagnosis of cystic fibrosis," *New England Journal of Medicine* 322, no. 5 (1990): 291-96.

36) V. Scotet et al., "Impact of public health strategies on the birth prevalence of cystic fibrosis in Brittany, France," *Human Genetics* 113, no. 3 (2003): 280.85.

37) D. Kronn, V. Jansen, and H. Ostrer, "Carrier screening for cystic fibrosis, Gaucher disease, and Tay-Sachs disease in the Ashkenazi Jewish population: The first 1,000 cases at New York University Medical Center, New York, NY," *Archives of Internal Medicine* 158, no. 7 (1998): 777.81.

38) Elinor S. Shaffer, ed., *The Third Culture: Literature and Science*, vol. 9 (Berlin: Walter de Gruyter, 1998), 21.

39) Robert L. Sinsheimer, "The prospect for designed genetic change," *American Scientist* 57, no. 1 (1969): 134.42.

40) Jay Katz, Alexander Morgan Capron, and Eleanor Swift Glass, *Experimentation with Human Beings: The Authority of the Investigator, Subject, Professions, and State in the Human Experimentation Process* (New York: Russell Sage Foundation, 1972), 488.

41) John Burdon Sanderson Haldane, *Daedalus or Science and the Future* (New York: E. P. Dutton, 1924), 48.

"유전체를 알다"

1) Sulston and Ferry, *Common Thread*, 264.

2) Cook-Deegan, *The Gene Wars*, 62.

3)"OrganismView: Search organisms and genomes," CoGe: OrganismView, https://genomevo-lution.org/coge//organismview.pl?gid=7029.

4) Yoshio Miki et al., "A strong candidate for the breast and ovarian cancer susceptibility gene BRCA1," *Science* 266, no. 5182 (1994): 66.71.

5) F. Collins et al., "Construction of a general human chromosome jumping library, with application to cystic fibrosis," *Science* 235, no. 4792 (1987): 1046.49, doi: 10.1126/science. 2950591.

6) Mark Henderson, "Sir John Sulston and the Human Genome Project," Wellcome Trust, May 3, 2011, http://genome.wellcome.ac.uk/doc_wtvm051500.html.

7) *Departments of Labor, Health and Human Services, Education, and Related Agencies Appropriations for 1996: Hearings before a Subcommittee of the Committee on Appropriations, House of Representatives, One Hundred Fourth Congress, First Session* (Washington, DC: Government Printing Office, 1995), http://catalog.hathitrust.org/ Record/ 003483817.

8) Alvaro N. A. Monteiro and Ricardo Waizbort, "The accidental cancer geneticist: Hilario de Gouvea and hereditary retinoblastoma," *Cancer Biology & Therapy* 6, no. 5 (2007): 811.13, doi:10.4161/cbt.6.5.4420.

9) Bert Vogelstein and Kenneth W. Kinzler, "The multistep nature of cancer," *Trends in Genetics* 9, no. 4 (1993): 138.41.

10) Valrie Plaza, *American Mass Murderers* (Raleigh, NC: Lulu Press, 2015), "Chapter 57: James Oliver Huberty."

11) "Schizophrenia in the National Academy of Sciences.National Research Council Twin Registry: A 16-year up-date," *American Journal of Psychiatry* 140, no. 12 (1983): 1551-63, doi:10.1176/ ajp.140.12.1551.

12) D. H. O'Rourke et al., "Refutation of the general single-locus model for the etiology of schizophrenia," *American Journal of Human Genetics* 34, no. 4 (1982): 630.

13) Peter McGuffin et al., "Twin concordance for operationally defined schizophrenia: Confirmation of familiality and heritability," *Archives of General Psychiatry* 41, no. 6 (1984): 541-45.

14) James Q. Wilson and Richard J. Herrnstein, *Crime and Human Nature: The Definitive Study of the Causes of Crime* (New York: Simon & Schuster, 1985).

15) Matt DeLisi, "James Q. Wilson," in *Fifty Key Thinkers in Criminology*, ed. Keith Hayward, Jayne Mooney, and Shadd Maruna (London: Routledge, 2010), 192-96.

16) Doug Struck, "The Sun (1837-1988)," *Baltimore Sun*, February 2, 1986, 79.

17) Kary Mullis, "Nobel Lecture: The polymerase chain reaction," December 8, 1993, Nobelprize.org, http://www.nobelprize.org/nobel_prizes/chemistry/laureates/1993/mullis-lecture.html.

18) Sharyl J. Nass and Bruce Stillman, *Large-Scale Biomedical Science: Exploring Strategies for Future Research* (Washington, DC: National Academies Press, 2003), 33.

19) McElheny, *Drawing the Map of Life*, 65.

20) "About NHGRI: A Brief History and Timeline," Genome.gov, http://www.genome.

gov/10001763.

21) McElheny, *Drawing the Map of Life*, 89.

22) Ibid.

23) J. David Smith, "Carrie Elizabeth Buck (1906-1983)," *Encyclopedia Virginia*, http://www.encyclopediavirginia.org/Buck_Carrie_Elizabeth _1906-1983.

24) Ibid.

지리학자

1) Jonathan Swift and Thomas Roscoe, *The Works of Jonathan Swift, DD: With Copious Notes and Additions and a Memoir of the Author*, vol. 1 (New York: Derby, 1859), 247-48.

2) Justin Gillis, "Gene-mapping controversy escalates; Rockville firm says government officials seek to undercut its effort," *Washington Post*, March 7, 2000.

3) L. Roberts, "Gambling on a Shortcut to Genome Sequencing," *Science* 252, no. 5013 (1991): 1618-19.

4) Lisa Yount, *A to Z of Biologists* (New York: Facts On File, 2003), 312.

5) J. Craig Venter, *A Life Decoded: My Genome, My Life* (New York: Viking, 2007), 97.

6) R. Cook-Deegan and C. Heaney, "Patents in genomics and human genetics," *Annual Review of Genomics and Human Genetics* 11 (2010): 383-425, doi:10.1146/annurev-genom-082509- 141811.

7) Edmund L. Andrews, "Patents; Unaddressed Question in Amgen Case," *New York Times*, March 9, 1991.

8) Sulston and Ferry, *Common Thread*, 87.

9) Pamela R. Winnick, *A Jealous God: Science's Crusade against Religion* (Nashville, TN: Nelson Current, 2005), 225.

10) Eric Lander, 지지와의 인터뷰, 2015.

11) L. Roberts, "Genome Patent Fight Erupts," *Science* 254, no. 5029 (1991): 184-86.

12) Venter, *Life Decoded*, 153.

13) Hamilton O. Smith et al., "Frequency and distribution of DNA uptake signal sequences in the Haemophilus influenzae Rd genome," *Science* 269, no. 5223 (1995): 538-40.

14) Venter, *Life Decoded*, 212.

15) Ibid., 219.

16) Eric Lander, 저자와의 인터뷰, October 2015.

17) Ibid.

18) HGS는 하버드 교수였던 윌리엄 헤이슬타인이 시작했다. 그는 유전체를 이용한 신약을 개발하기를 원했다.

19) "1998: Genome of roundworm C. elegans sequenced," Genome .gov, http://www. genome.gov/25520394.

20) Borbáala Tihanyi et al., "The C. elegans Hox gene ceh-13 regulates cell migration and fusion in a non-colinear way. Implications for the early evolution of Hox clusters," *BMC Developmental Biology* 10, no. 78 (2010), doi:10.1186/1471-213X-10-78.

21) *Science* 282, no. 5396 (1998): 1945–2140.

22) 마이크 헝커필러도 유전체 서열 분석 기술의 발달에 중요한 기여를 했다. 그가 공동으로 개발한 반자동 서열 분석 장치는 DNA 염기 서열을 수천 개씩 빠르게 분석할 수 있었다.

23) David Dickson and Colin Macilwain, " 'It's a G': The one-billionth nucleotide," *Nature* 402, no. 6760 (1999): 331.

24) Declan Butler, "Venter's Drosophila 'success' set to boost human genome efforts," *Nature* 401, no. 6755 (1999): 729–30.

25) "The Drosophila genome," *Science* 287, no. 5461 (2000): 2105–364.

26) David N. Cooper, *Human Gene Evolution* (Oxford: BIOS Scientific Publishers, 1999), 21.

27) William K. Purves, *Life: The Science of Biology* (Sunderland, MA: Sinauer Associates, 2001), 262.

28) Marsh, *William Blake*, 56.

29) 버클리의 초파리 유전체 프로젝트의 수장인 게리 루빈의 말을 인용함. Robert Sanders, "UC Berkeley collaboration with Celera Genomics concludes with publication of nearly complete sequence of the genome of the fruit fly," press release, UC Berkeley, March 24, 2000, http://www .berkeley.edu/news/media/releases/2000/03/03-24-2000.html.

30) *The Age of the Genome*, BBC Radio 4, http://www.bbc.co.uk/programmes/b00ss2rk.

31) James Shreeve, *The Genome War: How Craig Venter Tried to Capture the Code of Life and Save the World* (New York: Alfred A. Knopf, 2004), 350.

32) 이 이야기에 대한 것은 위의 책을 참조하라. 또한 다음도 참조 Venter, *Life Decoded*, 97.

33) "June 2000 White House Event," Genome .gov, https://www.genome.gov/10001356.

34) "President Clinton, British Prime Minister Tony Blair deliver remarks on human genome milestone," CNN.com Transcripts, June 26, 2000.

35) 벤터 연구진이 발표한 서열은 이 남녀들에게서 얻은 서열들이 부분부분 섞인 것이다. 각 개인의 서열은 완전히 분석되지 않은 상태로 끝났다.

36) Shreeve, *Genome War*, 360.

37) McElheny, *Drawing the Map of Life*, 163.

38) Eric Lander, 저자와의 인터뷰, October 2015.

39) Shreeve, *Genome War*, 364.

인간이라는 책(23권으로 된 전집)

1) 인간 유전체 계획에 대한 것은 다음을 참조. "Human genome far more active than thought," Wellcome Trust, Sanger Institute, September 5, 2012, http://www.sanger.ac.uk/about/press/2012/120905.html;Venter, *Life Decoded* and Committee on Mapping and Sequencing the Human Genome, *Mapping and Sequencing the Human Genome* (Washington, DC: National Academy Press, 1988), http://www.nap.edu/read/1097/chapter/1.

제5부 거울 속으로

1) Lewis Carroll, *Alice in Wonderland* (New York: W. W. Norton, 2013).

"따라서 우리는 똑같아"

1) Kathryn Stockett, *The Help* (New York: Amy Einhorn Books/ Putnam, 2009), 235.
2) "Who is blacker Charles Barkley or Snoop Dogg," YouTube, January 19, 2010, https://www. youtube.com/watch?v=yHfX-11ZHXM.
3) Franz Kafka, *The Basic Kafka* (New York: Pocket Books, 1979), 259.
4) Everett Hughes, "The making of a physician: General statement of ideas and problems," *Human Organization* 14, no. 4 (1955): 21-25.
5) Allen Verhey, *Nature and Altering It* (Grand Rapids, MI: William B. Eerdmans, 2010), 19. 다음도 참조. Matt Ridley, *Genome: The Autobiography of a Species* In 23 Chapters (New York: Harper Collins, 1999), 54.
6) Committee on Mapping and Sequencing, *Mapping and Sequencing*, 11.
7) Louis Agassiz, "On the origins of species," *American Journal of Science and Arts* 30 (1860): 142-54.
8) Douglas Palmer, Paul Pettitt, and Paul G. Bahn, *Unearthing the Past: The Great Archaeological Discoveries That Have Changed History* (Guilford, CT: Globe Pequot, 2005), 20.
9) *Popular Science Monthly* 100 (1922).
10) Rebecca L. Cann, Mork Stoneking, and Allan C. Wilson, "Mitochondrial DNA and human evolution," *Nature* 325 (1987): 31-36.
11) Chuan Ku et al., "Endosymbiotic origin and differential loss of eukaryotic genes," *Nature* 524 (2015): 427-32.
12) Thomas D. Kocher et al., "Dynamics of mitochondrial DNA evolution in animals: Amplification and sequencing with conserved primers," *Proceedings of the National Academy of Sciences* 86, no. 16 (1989): 6196-200.
13) David M. Irwin, Thomas D. Kocher, and Allan C. Wilson, "Evolution of the cytochrome-b gene of mammals," *Journal of Molecular Evolution* 32, no. 2 (1991):

128-44; Linda Vigilant et al., "African populations and the evolution of human mitochondrial DNA," *Science* 253, no. 5027 (1991): 1503-7; and Anna Di Rienzo and Allan C. Wilson, "Branching pattern in the evolutionary tree for human mitochondrial DNA," *Proceedings of the National Academy of Sciences* 88, no. 5 (1991): 1597-601.

14) Jun Z. Li et al., "Worldwide human relationships inferred from genome-wide patterns of variation," *Science* 319, no. 5866 (2008): 1100-104.

15) John Roach, "Massive genetic study supports 'out of Africa' theory," *National Geographic News*, February 21, 2008.

16) Lev A. Zhivotovsky, Noah A. Rosenberg, and Marcus W. Feldman, "Features of evolution and expansion of modern humans, inferred from genomewide microsatellite markers," *American Journal of Human Genetics* 72, no. 5 (2003): 1171-86.

17) Noah Rosenberg et al., "Genetic structure of human populations," *Science* 298, no. 5602 (2002): 2381-85. A map of human migrations can be found in L. L. Cavalli-Sforza and Marcus W. Feldman, "The application of molecular genetic approaches to the study of human evolution," *Nature Genetics* 33 (2003): 266-75.

18) 서아프리카의 인류의 조상에 대한 내용은 다음을 참조. Brenna M. Henn et al., "Hunter-gatherer genomic diversity suggests a southern African origin for modern humans," *Proceedings of the National Academy of Sciences* 108, no. 13 (2011): 5154-62. 다음도 참조. Brenna M. Henn, L. L. Cavalli-Sforza, and Marcus W. Feldman, "The great human expansion," *Proceedings of the National Academy of Sciences* 109, no. 44 (2012): 17758-64.

19) Philip Larkin, "Annus Mirabilis," *High Windows*.

20) Christopher Stringer, "Rethinking 'out of Africa,'" editorial, *Edge*, November 12, 2011, http://edge.org/conversation/rethinking-out-of-africa.

21) H. C. Harpending et al., "Genetic traces of ancient demography," *Proceedings of the National Academy of Sciences* 95 (1998): 1961-67; R. Gonser et al., "Microsatellite mutations and inferences about human demography," *Genetics* 154 (2000): 1793-1807; A. M. Bowcock et al., "High resolution of human evolutionary trees with polymorphic microsatellites," *Nature* 368 (1994): 455-57; and C. Dib et al., "A comprehensive genetic map of the human genome based on 5,264 microsatellites," *Nature* 380 (1996): 152-54.

22) Anthony P. Polednak, *Racial and Ethnic Differences in Disease* (Oxford: Oxford University Press, 1989), 32-33.

23) M. W. Feldman and R. C. Lewontin, "Race, ancestry, and medicine," in *Revisiting Race in a Genomic Age*, ed. B. A. Koenig, S. S. Lee, and S. S. Richardson (New Brunswick, NJ: Rutgers University Press, 2008). 다음도 참조. Li et al., "Worldwide human relationships inferred from genome-wide patterns of variation," 1100-104.

24) L. Cavalli-Sforza, Paola Menozzi, and Alberto Piazza, *The History and Geography*

of Human Genes (Princeton, NJ: Princeton University Press, 1994), 19.

25) Stockett, *Help*.

26) Cavalli-Sforza, Menozzi, and Piazza, *The History and Geography*.

27) Richard Herrnstein and Charles Murray, *The Bell Curve* (New York: Simon & Schuster, 1994).

28) "The 'Bell Curve' agenda," *New York Times*, October 24, 1994.

29) Wilson and Herrnstein. *Crime and Human Nature*.

30) Charles Spearman, " 'General Intelligence,' objectively determined and measured," *American Journal of Psychology* 15, no. 2 (1904): 201-92.

31) IQ의 개념은 독일의 심리학자 윌리엄 스턴이 최초로 개발했다.

32) Louis Leon Thurstone, "The absolute zero in intelligence measurement," *Psychological Review* 35, no. 3 (1928): 175; and L. Thurstone, "Some primary abilities in visual thinking," *Proceedings of the American Philosophical Society* (1950): 517-21. 다음도 참조. Howard Gardner and Thomas Hatch, "Educational implications of the theory of multiple intelligences," *Educational Researcher* 18, no. 8 (1989): 4-10.

33) Herrnstein and Murray, *Bell Curve*, 284.

34) George A. Jervis, "The mental deficiencies," *Annals of the American Academy of Political and Social Science* (1953): 25-33. 다음도 참조. Otis Dudley Duncan, "Is the intelligence of the general population declining?" *American Sociological Review* 17, no. 4 (1952): 401-7.

35) 머리와 헌스타인이 살펴본 변수들은 언급할 가치가 있다. 그들은 아프리카계 미국인들이 시험과 점수에 몹시 좌절하여 IQ 검사를 받지 않으려 하는 것이 아닐까 생각했다. 그러나 그런 "검사 회피"가 미치는 영향을 파악하여 제거하는 미묘한 실험들을 거쳐도 15점이 차이가 났다. 그들은 검사가 문화적으로 편향되어 있을 가능성도 생각했다(아마 가장 유명한 사례는 노 젓는 사람:보트 경기(oarsmen:regatta)라는 단어 쌍을 찾아내라는 SAT의 문항일 것이다. 흑인이든 백인이든 저소득층의 아이들은 언어적으로도 문화적으로도 보드 경기라는 영어 단어는커녕 노 젓는 사람이라는 영이 단어도 알 만한 환경에 있지 않다). 하지만 머리와 헌스타인은 검사 문항에서 그런 문화적 및 계층적 항목들을 다 제거한 뒤에도 점수가 15점 차이가 났다고 썼다.

36) Eric Turkheimer, "Consensus and controversy about IQ," *Contemporary Psychology* 35, no. 5 (1990): 428-30. 다음도 참조. Eric Turkheimer et al., "Socioeconomic status modifies heritability of IQ in young children," *Psychological Science* 14, no. 6 (2003): 623-28.

37) Stephen Jay Gould, "Curve ball," *New Yorker*, November 28, 1994, 139-40.

38) Orlando Patterson, "For Whom the Bell Curves," in *The Bell Curve Wars: Race, Intelligence, and the Future of America*, ed. Steven Fraser (New York: Basic Books, 1995).

39) William Wright, *Born That Way: Genes, Behavior, Personality* (London: Routledge, 2013), 195.

40) Herrnstein and Murray, *Bell Curve*, 300-305.

41) Sandra Scarr and Richard A. Weinberg, "Intellectual similarities within families of both adopted and biological children," *Intelligence* 1, no. 2 (1977): 170-91.

42) Alison Gopnik, "To drug or not to drug," *Slate*, February 22, 2010, http://www.slate.com/articles/arts/books/2010/02/to_drug_or_not_to _drug.2.html.

정체성의 1차 도함수

1) Paul Brodwin, "Genetics, identity, and the anthropology of essentialism," *Anthropological Quarterly* 75, no. 2 (2002): 323-30.

2) Frederick Augustus Rhodes, *The Next Generation* (Boston: R. G. Badger, 1915), 74.

3) Editorials, *Journal of the American Medical Association* 41 (1903): 1579.

4) Nettie Maria Stevens, *Studies in Spermatogenesis: A Comparative Study of the Heterochromosomes in Certain Species of Coleoptera, Hemiptera and Lepidoptera, with Especial Reference to Sex Determination* (Baltimore: Carnegie Institution of Washington, 1906).

5) Kathleen M. Weston, *Blue Skies and Bench Space: Adventures in Cancer Research* (Cold Spring Harbor, NY: Cold Spring Harbor Laboratory Press, 2012), "Chapter 8: Walk This Way."

6) G. I. M. Swyer, "Male pseudohermaphroditism: A hitherto undescribed form," *British Medical Journal* 2, no. 4941 (1955): 709.

7) Ansbert Schneider-Gäadicke et al., "ZFX has a gene structure similar to ZFY, the putative human sex determinant, and escapes X inactivation," *Cell* 57, no. 7 (1989): 1247-58.

8) Philippe Berta et al., "Genetic evidence equating SRY and the testis-determining factor," *Nature* 348, no. 6300 (1990): 448-50.

9) Ibid.; John Gubbay et al., "A gene mapping to the sex-determining region of the mouse Y chromosome is a member of a novel family of embryonically expressed genes," *Nature* 346 (1990): 245-50; Ralf J. Jäager et al., "A human XY female with a frame shift mutation in the candidate testis-determining gene SRY gene," *Nature* 348 (1990): 452-54; Peter Koopman et al., "Expression of a candidate sex-determining gene during mouse testis differentiation," *Nature* 348 (1990): 450-52; Peter Koopman et al., "Male development of chromosomally female mice transgenic for SRY gene," *Nature* 351 (1991): 117-21; and Andrew H. Sinclair et al., "A gene from the human sex-determining region encodes a protein with homology to a conserved DNA-binding motif," *Nature* 346 (1990): 240-44.

10) "IAmA young woman with Swyer syndrome (also called XY gonadal dysgenesis)," Reddit,

2011, https://www.reddit.com/r/IAmA/comments /e792p/iama_young_woman_with_swyer_ syndrome_also_called/.

11) 데이비드 라이머에 대한 이야기는 다음을 참조. John Colapinto, *As Nature Made Him: The Boy Who Was Raised as a Girl* (New York: HarperCollins, 2000).

12) John Money, *A First Person History of Pediatric Psychoendocrinology* (Dordrecht: Springer Science & Business Media, 2002), "Chapter 6: David and Goliath."

13) Gerald N. Callahan, *Between XX and XY* (Chicago: Chicago Review Press, 2009), 129.

14) J. Michael Bostwick and Kari A. Martin, "A man's brain in an ambiguous body: A case of mistaken gender identity," *American Journal of Psychiatry* 164, no. 10 (2007): 1499–505.

15) Ibid.

16) Heino F. L. Meyer-Bahlburg, "Gender identity outcome in female-raised 46,XY persons with penile agenesis, cloacal exstrophy of the bladder, or penile ablation," *Archives of Sexual Behavior* 34, no. 4 (2005): 423–38.

17) Otto Weininger, *Sex and Character: An Investigation of Fundamental Principles* (Bloomington: Indiana University Press, 2005), 2.

18) Carey Reed, "Brain 'gender' more flexible than once believed, study finds," *PBS NewsHour*, April 5, 2015, http://www.pbs.org /newshour/rundown/brain-gender-flexible-believed-study-finds/. 다음도 참조. Bridget M. Nugent et al., "Brain feminization requires active repression of masculinization via DNA methylation," *Nature Neuroscience* 18 (2015): 690–97.

최종 구간

1) Wright, *Born That Way*, 27.

2) Sáandor Lorand and Michael Balint, ed., *Perversions: Psychodynamics and Therapy* (New York: Random House, 1956; repr., London: Ortolan Press, 1965), 75.

3) Bernard J. Oliver Jr., *Sexual Deviation in American Society* (New Haven, CT: New College and University Press, 1967), 146.

4) Irving Bieber, *Homosexuality: A Psychoanalytic Study* (Lanham, MD: Jason Aronson, 1962), 52.

5) Jack Drescher, Ariel Shidlo, and Michael Schroeder, *Sexual Conversion Therapy: Ethical, Clinical and Research Perspectives* (Boca Raton, FL: CRC Press, 2002), 33.

6) "The 1992 campaign: The vice president; Quayle contends homosexuality is a matter of choice, not biology," *New York Times*, September 14, 1992, http://www.nytimes.com/1992/09/14/us/1992-campaign-vice-president-quayle-contends-homosexuality-matter-choice-not.html.

7) David Miller, "Introducing the 'gay gene': Media and scientific representations," *Public Understanding of Science* 4, no. 3 (1995): 269–84, http://www.academia.edu/3172354/Introducing_the_Gay_Gene_Media_and _Scientific_Representations.

8) C. Sarler, "Moral majority gets its genes all in a twist," *People*, July 1993, 27.

9) Richard C. Lewontin, Steven P. R. Rose, and Leon J. Kamin, *Not in Our Genes: Biology, Ideology, and Human Nature* (New York: Pantheon Books, 1984).

10) Ibid., 261.

11) J. Michael Bailey and Richard C. Pillard, "A genetic study of male sexual orientation," *Archives of General Psychiatry* 48, no. 12 (1991): 1089–96.

12) Frederick L. Whitam, Milton Diamond, and James Martin, "Homosexual orientation in twins: A report on 61 pairs and three triplet sets," *Archives of Sexual Behavior* 22, no. 3 (1993): 187–206.

13) Dean Hamer, *Science of Desire: The Gay Gene and the Biology of Behavior* (New York: Simon & Schuster, 2011), 40.

14) Ibid., 91–104.

15) "The 'gay gene' debate," *Frontline*, PBS, http:// www.pbs.org/wgbh/pages/frontline/shows/assault/genetics/.

16) Richard Horton, "Is homosexuality inherited?" *Frontline*, PBS, http://www.pbs.org/wgbh/pages/frontline/shows/assault/genetics /nyreview.html.

17) Timothy F. Murphy, *Gay Science: The Ethics of Sexual Orientation Research* (New York: Columbia University Press, 1997), 144.

18) M. Philip, "A review of Xq28 and the effect on homosexuality," *Interdisciplinary Journal of Health Science* 1 (2010): 44–48.

19) Dean H. Hamer et al., "A linkage between DNA markers on the X chromosome and male sexual orientation," *Science* 261, no. 5119 (1993): 321–27.

20) Brian S. Mustanski et al., "A genomewide scan of male sexual orientation," *Human Genetics* 116, no. 4 (2005): 272–78.

21) A. R. Sanders et al., "Genome-wide scan demonstrates significant linkage for male sexual orientation," *Psychological Medicine* 45, no. 7 (2015): 1379–88.

22) Elizabeth M. Wilson, "Androgen receptor molecular biology and potential targets in prostate cancer," *Therapeutic Advances in Urology* 2, no. 3 (2010): 105–17.

23) Macfarlane Burnet, *Genes, Dreams and Realities* (Dordrecht: Springer Science & Business Media, 1971), 170.

24) Nancy L. Segal, *Born Together—Reared Apart: The Landmark Minnesota Twin Study* (Cambridge: Harvard University Press, 2012), 4.

25) Wright, *Born That Way*, viii.

26) Ibid., vii.

27) Thomas J. Bouchard et al., "Sources of human psychological differences: The Minnesota study of twins reared apart," *Science* 250, no. 4978 (1990): 223–28.

28) Richard P. Ebstein et al., "Genetics of human social behavior," *Neuron* 65, no. 6 (2010):

831-44.

29) Wright, *Born That Way*, 52.

30) Ibid., 63-67.

31) Ibid., 28.

32) Ibid., 74.

33) Ibid., 70.

34) Ibid., 65.

35) Ibid., 80.

36) Richard P. Ebstein et al., "Dopamine D4 receptor (D4DR) exon III polymorphism associated with the human personality trait of novelty seeking," *Nature Genetics* 12, no. 1 (1996): 78-80.

37) Luke J. Matthews and Paul M. Butler, "Novelty-seeking DRD4 polymorphisms are associated with human migration distance out-of-Africa after controlling for neutral population gene structure," *American Journal of Physical Anthropology* 145, no. 3 (2011): 382-89.

38) Lewis Carroll, *Alice in Wonderland* (New York: W. W. Norton, 2013).

39) Eric Turkheimer, "Three laws of behavior genetics and what they mean," *Current Directions in Psychological Science* 9, no. 5 (2000): 160-64; and E. Turkheimer and M. C. Waldron, "Nonshared environment: A theoretical, methodological, and quantitative review," *Psychological Bulletin* 126 (2000): 78-108.

40) Robert Plomin and Denise Daniels, "Why are children in the same family so different from one another?" *Behavioral and Brain Sciences* 10, no. 1 (1987): 1-16.

41) William Shakespeare, *The Tempest*, act 4, scene 1.

굶주린 겨울

1) Nessa Carey, *The Epigenetics Revolution: How Modern Biology Is Rewriting Our Understanding of Genetics, Disease, and Inheritance* (New York. Columbia University Press, 2012), 5.

2) Evelyn Fox Keller, quoted in Margaret Lock and Vinh-Kim Nguyen, *An Anthropology of Biomedicine* (Hoboken, NJ: John Wiley & Sons, 2010).

3) Erich D. Jarvis et al., "For whom the bird sings: Context-dependent gene expression," *Neuron* 21, no. 4 (1998): 775-88.

4) Conrad Hal Waddington, *The Strategy of the Genes: A Discussion of Some Aspects of Theoretical Biology* (London: Allen & Unwin, 1957), ix, 262.

5) Max Hastings, *Armageddon: The Battle for Germany, 1944-1945* (New York: Alfred A. Knopf, 2004), 414.

6) Bastiaan T. Heijmans et al., "Persistent epigenetic differences associated with prenatal

exposure to famine in humans," *Proceedings of the National Academy of Sciences* 105, no. 44 (2008): 17046-49.

7) John Gurdon, "Nuclear reprogramming in eggs," *Nature Medicine* 15, no. 10 (2009): 1141-44.

8) J. B. Gurdon and H. R. Woodland, "The cytoplasmic control of nuclear activity in animal development," *Biological Reviews* 43, no. 2 (1968): 233-67.

9) "Sir John B. Gurdon—facts," Nobel prize.org, http://www.nobelprize.org/nobel_prizes/medicine/laureates/2012/gurdon -facts.html.

10) John Maynard Smith, interview in the *Web of Stories*. www.webofstories.com/play/john. maynard.smith/78.

11) 일본 과학자 스스무 오노(乾大野)는 그 현상이 발견되기 이전에 X 불활성화에 관한 가설을 세운 바 있다.

12) K. Raghunathan et al., "Epigenetic inheritance uncoupled from sequence-specific recruitment," *Science* 348 (April 3, 2015): 6230.

13) Jorge Luis Borges, *Labyrinths*, trans. James E. Irby (New York: New Directions, 1962), 59-66.

14) K. Takahashi and S. Yamanaka, "Induction of pluripotent stem cells from mouse embryonic and adult fibroblast cultures by defined factors," *Cell* 126, no. 4 (2006): 663-76. 다음도 참조. M. Nakagawa et al., "Generation of induced pluripotent stem cells without Myc from mouse and human fibroblasts," *Nature Biotechnology* 26, no. 1 (2008): 101-6.

15) James Gleick, *The Information: A History, a Theory, a Flood* (New York: Pantheon Books, 2011).

16) Itay Budin and Jack W. Szostak, "Expanding roles for diverse physical phenomena during the origin of life," *Annual Review of Biophysics* 39 (2010): 245-63; and Alonso Ricardo and Jack W. Szostak, "Origin of life on Earth," *Scientific American* 301, no. 3 (2009): 54-61.

17) 최초의 실험은 시카고 대학교에서 밀러가 해럴드 유리와 함께 수행했다. 맨체스터의 존 서덜랜드도 중요한 실험을 수행했다.

18) Ricardo and Szostak, "Origin of life on Earth," 54-61.

19) Jack W. Szostak, David P. Bartel, and P. Luigi Luisi, "Synthesizing life," *Nature* 409, no. 6818 (2001): 387-90. 다음도 참조. Martin M. Hanczyc, Shelly M. Fujikawa, and Jack W. Szostak, "Experimental models of primitive cellular compartments: Encapsulation, growth, and division," *Science* 302, no. 5645 (2003): 618-22.

20) Ricardo and Szostak, "Origin of life on Earth," 54-61.

제6부 유전체 이후

1) Elias G. Carayannis and Ali Pirzadeh, *The Knowledge of Culture and the Culture of Knowledge: Implications for Theory, Policy and Practice* (London: Palgrave Macmillan, 2013), 90.

2) Tom Stoppard, *The Coast of Utopia* (New York: Grove Press, 2007), "Act Two, August 1852."

미래의 미래

1) Gina Smith, *The Genomics Age: How DNA Technology Is Transforming the Way We Live and Who We Are* (New York: AMACOM, 2004).

2) Thomas Stearns Eliot, *Murder in the Cathedral* (Boston: Houghton Mifflin Harcourt, 2014).

3) Rudolf Jaenisch and Beatrice Mintz, "Simian virus 40 DNA sequences in DNA of healthy adult mice derived from preimplantation blas\-tocysts injected with viral DNA," *Proceedings of the National Academy of Sciences* 71, no. 4 (1974): 1250-54.

4) M. J. Evans and M. H. Kaufman, "Estab\-lishment in culture of pluripotential cells from mouse embryos," *Nature* 292 (1981): 154-56.

5) M. Capecchi, "The first transgenic mice: An interview with Mario Capecchi. Interview by Kristin Kain," *Disease Models & Mechanisms* 1, no. 4-5 (2008): 197.

6) 다음의 예를 참조. M. R. Capecchi, "High efficiency transformation by direct microinjection of DNA into cultured mammalian cells," *Cell* 22 (1980): 479-88; and K. R. Thomas and M. R. Capecchi, "Site-directed mutagenesis by gene targeting in mouse embryo-derived stem cells," *Cell* 51 (1987): 503-12.

7) O. Smithies et al., "Insertion of DNA se\-quences into the human chromosomal-globin locus by homologous re-combination," *Nature* 317 (1985): 230-34.

8) Richard Dawkins, *The Blind Watchmaker: Why the Evidence of Evolution Reveals a Universe without Design* (W. W. Norton, 1986).

9) Kiyohito Murai et al., "Nuclear receptor TLX stimulates hippocampal neurogenesis and enhances learning and memory in a transgenic mouse model," *Proceedings of the National Academy of Sciences* 111, no. 25 (2014): 9115-20.

10) Karen Hopkin, "Ready, reset, go," *The Scientist*, March 11, 2011, http://www.the-scientist.com/?articles.view/articleno/29550/title/ready—reset—go/.

11) 아샨티 데실바에 대한 이야기는 다음을 참조. W. French Anderson, "The best of times, the worst of times," *Science* 288, no. 5466 (2000): 627; Lyon and Gorner, Altered Fates and Nelson A. Wivel and W. French Anderson, "24: Human gene therapy: Public policy and regulatory issues," *Cold Spring Harbor Monograph Archive* 36 (1999): 671-89.

12) Lyon and Gorner, *Altered Fates*, 107.

13) "David Phillip Vetter (1971–1984)," *American Experience*, PBS, http://www.pbs.org/wgbh/amex/bubble/peopleevents/p_vetter.html.

14) Luigi Naldini et al., "In vivo gene deliv\-ery and stable transduction of nondividing cells by a lentiviral vector," *Science* 272, no. 5259 (1996): 263–67.

15) "Hope for gene therapy," *Scientific American Frontiers*, PBS, http://www.pbs.org/saf/1202/features/genetherapy.htm.

16) W. French Anderson et al., "Gene transfer and expression in nonhuman primates using retroviral vectors," *Cold Spring Harbor Symposia on Quantitative Biology* 51 (1986): 1073–81.

17) Lyon and Gorner, *Altered Fates*, 124.

18) Lisa Yount, *Modern Genetics: Engineering Life* (New York: Infobase Publishing, 2006), 70.

19) Lyon and Gorner, *Altered Fates*, 239.

20) Ibid., 240.

21) Ibid., 268.

22) Barbara Sibbald, "Death but one unintended consequence of gene-therapy trial," *Canadian Medical Association Journal* 164, no. 11 (2001): 1612.

23) 제시 젤싱어에 대한 이야기는 다음을 참조. Evelyn B. Kelly, Gene Therapy (Westport, CT: Greenwood Press, 2007); Lyon and Gorner, Altered Fates and Sally Lehrman, "Virus treatment questioned after gene therapy death," *Nature* 401, no. 6753 (1999): 517–18.

24) James M. Wilson, "Lessons learned from the gene therapy trial for ornithine transcarbamylase deficiency," *Molecular Genetics and Metabolism* 96, no. 4 (2009): 151–57.

25) Paul Gelsinger, 저자와의 인터뷰, November 2014 and April 2015.

26) Robin Fretwell Wilson, "Death of Jesse Gelsinger: New evidence of the influence of money and prestige in human research," *American Journal of Law and Medicine* 36 (2010): 295.

27) Sibbald, "Death but one unintended consequence," 1612.

28) Carl Zimmer, "Gene therapy emerges from disgrace to be the next big thing, again," *Wired*, August 13, 2013.

29) Sheryl Gay Stolberg, "The biotech death of Jesse Gelsinger," *New York Times*, November 27, 1999, http://www.nytimes.com/1999/11/28 /magazine/the-biotech-death-of-jesse-gelsinger.html.

30) Zimmer, "Gene therapy emerges."

유전자 진단 : "선생존자"

1) W. B. Yeats, *The Collected Poems of W. B. Yeats*, ed. Richard Finneran (New York:

Simon & Schuster, 1996), "Byzantium," 248.

2) Jim Kozubek, "The birth of 'transhumans,' " *Providence (RI) Journal*, September 29, 2013.

3) Eric Topol, 저자와의 인터뷰, 2013.

4) Mary-Claire King, "Using pedigrees in the hunt for BRCA1," DNA Learning Center, https://www.dnalc.org/view/15126-Using-pedigress-in-the-hunt-for-BRCA1-Mary-Claire -King.html.

5) Jeff M. Hall et al., "Linkage of early-onset familial breast cancer to chromosome 17q21," *Science* 250, no. 4988 (1990): 1684-89.

6) Jane Gitschier, "Evidence is evidence: An in\-terview with Mary-Claire King," *PLOS*, September 26, 2013.

7) E. Richard Gold and Julia Carbone, "Myriad Genetics: In the eye of the policy storm," *Genetics in Medicine* 12 (2010): S39-S70.

8) Masha Gessen, *Blood Matters: From BRCA1 to Designer Babies, How the World and I Found Ourselves in the Future of the Gene* (Boston: Houghton Mifflin Harcourt, 2009), 8.

9) Eugen Bleuler and Carl Gustav Jung, "Komplexe und Krankheitsursachen bei Dementia praecox," *Zentralblatt fü Nervenheilkunde und Psychiatrie* 31 (1908): 220-27.

10) Susan Folstein and Michael Rutte, "Infantile autism: A genetic study of 21 twin pairs," *Journal of Child Psychology and Psychiatry* 18, no. 4 (1977): 297-321.

11) Silvano Arieti and Eugene B. Brody, *Adult Clinical Psychiatry* (New York: Basic Books, 1974), 553.

12) "*1975: Interpretation of Schizophrenia* by Silvano Arieti," National Book Award Winners: 1950-2014, National Book Foundation, http://www.nationalbook.org/nbawinners_category. html#. vcnit7fxhom.

13) Menachem Fromer et al., "De novo mutations in schizophrenia implicate synaptic networks," *Nature* 506, no. 7487 (2014): 179-84.

14) Schizophrenia Working Group of the Psychiatric Genomics, *Nature* 511 (2014): 421-27.

15) "Schizophrenia risk from complex variation of complement component 4," Sekar et al. *Nature* 530, 177-183.

16) 벤저민 닐의 말, 사이먼 매킨의 기사에서 인용. "Massive study reveals schizophrenia's genetic roots: The largest-ever genetic study of mental illness reveals a complex set of factors," *Scientific American*, November 1, 2014.

17) *Carey's Library of Choice Literature*, vol. 2 (Philadelphia: E. L. Carey & A. Hart, 1836), 458.

18) Kay Redfield Jamison, *Touched with Fire* (New York: Simon & Schuster, 1996).

19) Tony Attwood, *The Complete Guide to Asperger's Syndrome* (London: Jessica Kingsley, 2006).

20) Adrienne Sussman, "Mental illness and creativity: A neurological view of the 'tortured artist,'" *Stanford Journal of Neuroscience* 1, no. 1 (2007): 21–24.

21) Susan Sontag, *Illness as Metaphor and AIDS and Its Metaphors* (New York: Macmillan, 2001).

22)이 회의에 대한 내용은 다음을 참조. "The future of genomic medicine VI," Scripps Translational Science Institute, http://www.slideshare.net/mdconferencefinder/the-future-of-genomic-medicine-vi-23895019; Eryne Brown, "Gene mutation didn't slow down high school senior," *Los Angeles Times*, July 5, 2015, http://www.latimes.com/local/california/la-me-lilly -grossman-update-20150702-story.html; and Konrad J. Karczewski, "The future of genomic medicine is here," *Genome Biology* 14, no. 3 (2013): 304.

23) "Genome maps solve medical mystery for California twins," *National Public Radio broadcast*, June 16, 2011.

24) Matthew N. Bainbridge et al., "Whole-genome sequencing for optimized patient management," *Science Translational Medicine* 3, no. 87 (2011): 87re3.

25) Antonio M. Persico and Valerio Napolioni, "Autism genetics," *Behavioural Brain Research* 251 (2013): 95–112; and Guillaume Huguet, Elodie Ey, and Thomas Bourgeron, "The genetic landscapes of autism spectrum disorders," *Annual Review of Genomics and Human Genetics* 14 (2013): 191–213.

26) Albert H. C. Wong, Irving I. Gottesman, and Arturas Petronis, "Phenotypic differences in genetically identical organisms: The epigenetic perspective," *Human Molecular Genetics* 14, suppl. 1 (2005): R11–R18. 다음도 참조. Nicholas J. Roberts et al., "The predictive capacity of personal genome sequencing," *Science Translational Medicine* 4, no. 133 (2012): 133ra58.

27) Alan H. Handyside et al., "Pregnancies from biopsied human preimplantation embryos sexed by Y-specific DNA amplification," *Nature* 344, no. 6268 (1990): 768–70.

28) D. King, "The state of eugenics," *New Statesman & Society* 25 (1995): 25–26.

29) K. P. Lesch et al., "Association of anxiety-related traits with a polymorphism in the serotonergic transporter gene regulatory region," *Science* 274 (1996): 1527–31.

30) Douglas F. Levinson, "The genetics of depression: A review," *Biological Psychiatry* 60, no. 2 (2006): 84–92.

31) "Strong African American Families Program," Blueprints for Healthy Youth Development, http://www.blueprintsprograms.com/evaluationAbstracts.php?pid=f76b2ea6b45eff3bc8e43991 45cc17a0601f5c8d.

32) Gene H. Brody et al., "Prevention effects moderate the association of 5-HTTLPR and youth risk behavior initiation: Gene × environment hypotheses tested via a randomized prevention design," *Child Development* 80, no. 3 (2009): 645–61; and Gene H. Brody, Yi-fu Chen, and Steven R. H. Beach, "Differential susceptibility to prevention:

GABAergic, dopaminergic, and multilocus effects," *Journal of Child Psychology and Psychiatry* 54, no. 8 (2013): 863-71.

33) Jay Belsky, "The downside of resilience," *New York Times*, November 28, 2014.

34) Michel Foucault, *Abnormal: Lectures at the Collèe de France*, 1974-1975, vol. 2 (New York: Macmillan, 2007).

유전자 요법: 포스트 휴먼

1) "Biology's Big Bang," *Economist*, June 14, 2007.

2) Lyon and Gorner, *Altered Fates*, 537.

3) Stolberg, "Biotech death of Jesse Gelsinger," 136-40.

4) Amit C. Nathwani et al., "Long-term safety and efficacy of factor IX gene therapy in hemophilia B," *New England Journal of Medicine* 371, no. 21 (2014): 1994-2004.

5) James A. Thomson et al., "Embryonic stem cell lines derived from human blastocysts," *Science* 282, no. 5391 (1998): 1145-47.

6) Dorothy C. Wertz, "Embryo and stem cell research in the United States: History and politics," *Gene Therapy* 9, no. 11 (2002): 674-78.

7) Martin Jinek et al., "A programmable dual-RNA-guided DNA endonuclease in adaptive bacterial immunity," *Science* 337, no. 6096 (2012): 816-21.

8) 장펑(MIT)과 조지 처치(하버드) 같은 연구자들은 인간 세포에 CRISPR/Cas9를 적용하는 연구를 주도하고 있다. 다음의 예를 참조. L. Cong et al., "Multiplex genome engineering using CRISPR/Cas systems," *Science* 339, no. 6121 (2013): 819-23; and F. A. Ran, "Genome engineering using the CRISPR-Cas9 system," *Nature Protocols* 11 (2013): 2281-308. 다음도 참조. P. Mali et al., "RNA-Guided Human Genome Engineering via Cas9," *Science* 339, no. 6121 (2013): 823-26.

9) Walfred W. C. Tang et al., "A unique gene regulatory network resets the human germline epigenome for development," *Cell* 161, no. 6 (2015): 1453-67; and "In a first, Weizmann Institute and Cambridge University scientists create human primordial germ cells," *Weizmann Institute of Science*, December 24, 2014, http://www.newswise.com/articles/in-a-first-weizmann-institute-and-cambridge-university-scientists-create-human-primordial-germ-cells.

10) B. D. Baltimore et al., "A prudent path forward for genomic engineering and germline gene modification," *Science* 348, no. 6230 (2015): 36-38; and Cormac Sheridan, "CRISPR germline editing reverberates through biotech industry," *Nature Biotechnology* 33, no. 5 (2015): 431-32.

11) Nicholas Wade, "Scientists seek ban on method of editing the human genome," *New York Times*, March 19, 2015.

12) Francis Collins, *Letter to the author*, October 2015.

13) David Cyranoski and Sara Reardon, "Chinese scientists genetically modify human

embryos," *Nature* (April 22, 2015).

14) Puping Liang et al., "CRISPR/Cas9-mediated gene editing in human tripronuclear zygotes," *Protein & Cell* 6, no. 5 (2015): 1-10.

15) Chris Gyngell and Julian Savulescu, "The moral imperative to research editing embryos: The need to modify nature and science," Oxford University, April 23, 2015, Blog.Practicalethics.Ox.Ac.Uk/2015/04/the-Moral-Imperative-to-Research-Editing-Embryos-the-Need-to-Modify-Nature-and-Science/.

16) Cyranoski and Reardon, "Chinese scientists genetically modify human embryos."

17) Didi Kristen Tatlow, "A scientific ethical divide between China and West," *New York Times*, June 29, 2015.

에필로그: 베다, 아베다

1) Paul Berg, 저자와의 인터뷰, 1993.

2) David Botstein, letter to the author, October 2015.

3) Eric Turkheimer, "Still missing," *Research in Human Development* 8, nos. 3-4 (2011): 227-41.

4) Peter Conrad, "A mirage of genes," *Sociology of Health & Illness* 21, no. 2 (1999): 228-41.

5) Richard A. Friedman, "The feel-good gene," *New York Times*, March 6, 2015.

6) Morgan, *Physical Basis of Heredity*, 15.

감사의 말

1) H.Varmus, Nobel lecture, 1989. http://www.nobelprize.org/nobel_prizes/medicine/laureates/1989/varmus-lecture.html. 세포에 있는 내생 원발암유전자를 다룬 다음의 논문 참조. D. Stehelin et al., "DNA related to the transforming genes of avian sarcoma viruses is present in normal DNA," *Nature* 260, no. 5547 (1976): 170-73. 다음도 참조. Harold Varmus to Dominique Stehelin, February 3, 1976, Harold Varmus Papers, National Library of Medicine Archives.

참고 문헌

Arendt, Hannah. *Eichmann in Jerusalem: A Report on the Banality of Evil*. New York: Viking, 1963.

Aristotle. *Generation of Animals*. Leiden: Brill Archive, 1943.

Aristotle, and D. M. Balme, ed. *History of Animals*. Cambridge: Harvard University Press, 1991.

Aristotle, and Jonathan Barnes, ed. *The Complete Works of Aristotle*. Revised Oxford Translation. Princeton, NJ: Princeton University Press, 1984.

Berg, Paul, and Maxine Singer. *Dealing with Genes: The Language of Heredity*. Mill Valley, CA: University Science Books, 1992.

_____. George Beadle, *An Uncommon Farmer: The Emergence of Genetics in the 20th Century*. Cold Spring Harbor, NY: Cold Spring Harbor Laboratory Press, 2003.

Bliss, Catherine. *Race Decoded: The Genomic Fight for Social Justice*. Palo Alto, CA: Stanford University Press, 2012.

Browne, E. J. *Charles Darwin: A Biography*. New York: Alfred A. Knopf, 1995.

Cairns, John, Gunther Siegmund Stent, and James D. Watson, eds. *Phage and the Origins of Molecular Biology*. Cold Spring Harbor, NY: Cold Spring Harbor Laboratory Press, 1968.

Carey, Nessa. *The Epigenetics Revolution: How Modern Biology Is Rewriting Our Understanding of Genetics, Disease, and Inheritance*. New York: Columbia University Press, 2012.

Chesterton, G. K. *Eugenics and Other Evils*. London: Cassell, 1922.

Cobb, Matthew. Generation: *The Seventeenth-Century Scientists Who Unraveled the Secrets of Sex, Life, and Growth*. New York: Bloomsbury Publishing, 2006.

Cook-Deegan, Robert M. *The Gene Wars: Science, Politics, and the Human Genome*. New York: W. W. Norton, 1994.

Crick, Francis. *What Mad Pursuit: A Personal View of Scientific Discovery*. New York: Basic Books, 1988.

Crotty, Shane. *Ahead of the Curve: David Baltimore's Life in Science*. Berkeley: University of California Press, 2001.

Darwin, Charles. *On the Origin of Species by Means of Natural Selection*. London: Murray, 1859.

Darwin, Charles, and Francis Darwin, ed. *The Autobiography of Charles Darwin*. Amherst, NY: Prometheus Books, 2000.

Dawkins, Richard. *The Blind Watchmaker: Why the Evidence of Evolution Reveals a Universe without Design*. New York: W. W. Norton, 1986.

_____. *The Selfish Gene*. Oxford: Oxford University Press, 1989.

Desmond, Adrian, and James Moore. *Darwin*. New York: Warner Books, 1991.

De Vries, Hugo. *The Mutation Theory*. Vol. 1. Chicago: Open Court, 1909.

Dobzhansky, Theodosius. *Genetics and the Origin of Species*. New York: Columbia University Press, 1937.

_____. *Heredity and the Nature of Man*. New York: New American Library, 1966.

Edelson, Edward. *Gregor Mendel, and the Roots of Genetics*. New York: Oxford University Press, 1999.

Feinstein, Adam. *A History of Autism: Conversations with the Pioneers*. West Sussex: Wiley-Blackwell, 2010.

Flynn, James. *Intelligence and Human Progress: The Story of What Was Hidden in Our Genes*. Oxford: Elsevier, 2013.

Fox Keller, Evelyn. *The Century of the Gene*. Cambridge: Harvard University Press, 2009.

Fredrickson, Donald S. *The Recombinant DNA Controversy: A Memoir: Science, Politics, and the Public Interest 1974–1981*. Washington, DC: American Society for Microbiology Press, 2001.

Friedberg, Errol C. *A Biography of Paul Berg: The Recombinant DNA Controversy Revisited*. Singapore: World Scientific Publishing, 2014.

Gardner, Howard E. *Frames of Mind: The Theory of Multiple Intelligences*. New York: Basic Books, 2011.

_____. *Intelligence Reframed: Multiple Intelligences for the 21st Century*. New York: Perseus Books Group, 2000.

Glimm, Adele. *Gene Hunter: The Story of Neuropsychologist Nancy Wexler*. New York: Franklin Watts, 2005.

Hamer, Dean. *Science of Desire: The Gay Gene and the Biology of Behavior*. New York: Simon & Schuster, 2011

Happe, Kelly E. *The Material Gene: Gender, Race, and Heredity after the Human Genome Project*. New York: NYU Press, 2013.

Harper, Peter S. *A Short History of Medical Genetics*. Oxford: Oxford University Press, 2008.

Hausmann, Rudolf. *To Grasp the Essence of Life: A History of Molecular Biology*. Berlin: Springer Science & Business Media, 2013.

Henig, Robin Marantz. *The Monk in the Garden: The Lost and Found Genius of Gregor Mendel, the Father of Genetics*. Boston: Houghton Mifflin, 2000.

Herring, Mark Youngblood. *Genetic Engineering*. Westport, CT: Greenwood, 2006.

Herrnstein, Richard, and Charles Murray. *The Bell Curve*. New York: Simon & Schuster, 1994.

Herschel, John F. W. *A Preliminary Discourse on the Study of Natural Philosophy*. A Facsim. of the 1830 Ed. New York: Johnson Reprint, 1966.

Hodge, Russ. *The Future of Genetics: Beyond the Human Genome Project*. New York: Facts on File, 2010.

Hughes, Sally Smith. *Genentech: The Beginnings of Biotech*. Chicago: University of Chicago Press, 2011.

Jamison, Kay Redfield. *Touched with Fire*. New York: Simon & Schuster, 1996.

Judson, Horace Freeland. *The Eighth Day of Creation*. New York: Simon & Schuster, 1979.

_____. The Search for Solutions. New York: Holt, Rinehart, and Winston, 1980.

Kevles, Daniel J. *In the Name of Eugenics: Genetics and the Uses of Human Heredity*. New York: Alfred A. Knopf, 1985.

Kornberg, Arthur. *For the Love of Enzymes: The Odyssey of a Biochemist*. Cambridge: Harvard University Press, 1991.

_____. *The Golden Helix: Inside Biotech Ventures*. Sausalito, CA: University Science Books, 2002.

Kornberg, Arthur, Adam Alaniz, and Roberto Kolter. *Germ Stories*. Sausalito, CA: University Science Books, 2007.

Kornberg, Arthur, and Tania A. Baker. *DNA Replication*. San Francisco: W. H. Freeman, 1980.

Krimsky, Sheldon. *Genetic Alchemy: The Social History of the Recombinant DNA Controversy*. Cambridge: MIT Press, 1982.

_____. *Race and the Genetic Revolution: Science, Myth, and Culture*. New York: Columbia University Press, 2011.

Kush, Joseph C., ed. *Intelligence Quotient: Testing, Role of Genetics and the Environment and Social Outcomes*. New York: Nova Science, 2013.

Larson, Edward John. *Evolution: The Remarkable History of a Scientific Theory*. Vol. 17. New York: Random House Digital, 2004.

Lombardo, Paul A. Three Generations, *No Imbeciles: Eugenics, the Supreme Court, and Buck v. Bell*. Baltimore: Johns Hopkins University Press, 2008.

Lyell, Charles. *Principles of Geology: Or, The Modern Changes of the Earth and Its Inhabitants Considered as Illustrative of Geology*. New York: D. Appleton & Company, 1872.

Lyon, Jeff, and Peter Gorner. *Altered Fates: Gene Therapy and the Retooling of Human Life.* New York: W. W. Norton, 1996.

Maddox, Brenda. *Rosalind Franklin: The Dark Lady of DNA.* UK: HarperCollins, 2002.

McCabe, Linda L., and Edward R. B. McCabe. *DNA: Promise and Peril.* Berkeley: University of California Press, 2008.

McElheny, Victor K. *Drawing the Map of Life: Inside the Human Genome Project.* New York: Basic Books, 2012.

_____. *Watson and DNA: Making a Scientific Revolution.* Cambridge: Perseus, 2003.

Mendel, Gregor, Alain F. Corcos, and Floyd V. Monaghan, eds. *Gregor Mendel's Experiments on Plant Hybrids: A Guided Study.* New Brunswick, NJ: Rutgers University Press, 1993.

Morange, Michel. *A History of Molecular Biology.* Trans. Matthew Cobb. Cambridge: Harvard University Press, 1998.

Morgan, Thomas Hunt. *The Mechanism of Mendelian Heredity.* New York: Holt, 1915.

_____. *The Physical Basis of Heredity.* Philadelphia: J. B. Lippincott, 1919.

Müler-Wille, Staffan, and Hans-Jög Rheinberger. *A Cultural History of Heredity.* Chicago: University of Chicago Press, 2012.

Olby, Robert C. *The Path to the Double Helix: The Discovery of DNA.* New York: Dover Publications, 1994.

Paley, William. *The Works of William Paley.* Philadelphia: J. J. Woodward, 1836.

Patterson, Paul H. *The Origins of Schizophrenia.* New York: Columbia University Press, 2013.

Portugal, Franklin H., and Jack S. Cohen. *A Century of DNA: A History of the Discovery of the Structure and Function of the Genetic Substance.* Cambridge: MIT Press, 1977.

Posner, Gerald L., and John Ware. *Mengele: The Complete Story.* New York: McGraw-Hill, 1986.

Ridley, Matt. *Genome: The Autobiography of a Species in 23 Chapters.* New York: HarperCollins, 1999.

Sambrook, Joseph, Edward F. Fritsch, and Tom Maniatis. *Molecular Cloning.* Vol. 2. Cold Spring Harbor, NY: Cold Spring Harbor Laboratory Press, 1989.

Sayre, Anne. *Rosalind Franklin and DNA.* New York: W. W. Norton, 2000.

Schröinger, Erwin. *What Is Life?: The Physical Aspect of the Living Cell.* Cambridge: Cambridge University Press, 1945.

Schwartz, James. *In Pursuit of the Gene: From Darwin to DNA.* Cambridge: Harvard University Press, 2008.

Seedhouse, Erik. *Beyond Human: Engineering Our Future Evolution.* New York: Springer, 2014.

Shapshay, Sandra. *Bioethics at the Movies.* Baltimore: Johns Hopkins University Press, 2009.

Shreeve, James. *The Genome War: How Craig Venter Tried to Capture the Code of Life and*

Save the World. New York: Alfred A. Knopf, 2004.

Singer, Maxine, and Paul Berg. *Genes & Genomes: a Changing Perspective*. Sausalito, CA: University Science Books, 1991.

Stacey, Jackie. *The Cinematic Life of the Gene*. Durham, NC: Duke University Press, 2010.

Sturtevant, A. H. *A History of Genetics*. New York: Harper & Row, 1965.

Sulston, John, and Georgina Ferry. *The Common Thread: A Story of Science, Politics, Ethics, and the Human Genome*. Washington, DC: Joseph Henry Press, 2002.

Thurstone, Louis L. *Learning Curve Equation*. Princeton, NJ: Psychological Review Company, 1919.

_____. *Multiple-Factor Analysis: A Development & Expansion of the Vectors of Mind*. Chicago: University of Chicago Press, 1947.

_____. *The Nature of Intelligence*. London: Routledge, Trench, Trubner, 1924.

Venter, J. Craig. *A Life Decoded: My Genome, My Life*. New York: Viking, 2007.

Wade, Nicholas. *Before the Dawn: Recovering the Lost History of Our Ancestors*. New York: Penguin, 2006.

Wailoo, Keith, Alondra Nelson, and Catherine Lee, eds. *Genetics and the Unsettled Past: The Collision of DNA, Race, and History*. New Brunswick, NJ: Rutgers University Press, 2012.

Watson, James D. *The Double Helix: A Personal Account of the Discovery of the Structure of DNA*. London: Weidenfeld & Nicolson, 1981.

_____. *Recombinant DNA: Genes and Genomes: A Short Course*. New York: W. H. Freeman, 2007.

Watson, James D., and John Tooze. *The DNA Story: A Documentary History of Gene Cloning*. San Francisco: W. H. Freeman, 1981.

Wells, Herbert G. *Mankind in the Making*. Leipzig: Tauchnitz, 1903.

Wells, Spencer, and Mark Read. *The Journey of Man: A Genetic Odyssey*. Princeton, NJ: Princeton University Press, 2002.

Wexler, Alice. *Mapping Fate: A Memoir of Family, Risk, and Genetic Research*. Berkeley: University of California Press, 1995.

Wilkins, Maurice. *Maurice Wilkins: The Third Man of the Double Helix: An Autobiography*. Oxford: Oxford University Press, 2003.

Wright, William. *Born That Way: Genes, Behavior, Personality*. London: Routledge, 2013.

Yi, Doogab. *The Recombinant University: Genetic Engineering and the Emergence of Stanford Biotechnology*. Chicago: University of Chicago Press, 2015.

역자 후기

자기 가족과 집안의 비밀과 치부를 드러내기란 쉽지 않은 일이다. 게다가 유전병 이야기라면 더욱더 그럴 수밖에 없다. 과거와 현재만이 아니라 미래, 즉 자식들과 후손들의 미래까지도 걸려 있기 때문이다. 우리 집안에 유전병이 있고, 내 자식이 그 병에 걸릴 확률이 50퍼센트라는 이런 이야기를 공개적으로 하려는 사람이 과연 있을까?

이 책의 저자는 그런 의구심에 정면으로 맞선다. 그는 작정한 듯이 자기 집안의 비밀과 치부를 하나하나 드러낸다. 정신질환에 걸린 삼촌과 사촌 형의 이야기를 자세히 하면서, 그런 병을 유발하는 유전자가 자신에게도, 아니 자신의 자식들에게도 전해졌을 가능성에 대해서 진지하게 살펴본다. 그리하여 저자의 말처럼 이 책은 유전자의 역사인 동시에 유전자의 불행에 시달려온 한 집안의 역사이기도 하다.

저자는 이 둘을 하나로 엮으면서 유전자가 우리에게 어떤 의미가 있는지를 풀어나간다. 발견의 역사만이 아니라, 우생학과 나치 등 유전자를 왜곡된 관점에서 바라본 사람들이 저지르는 잔혹한 행위들과 그 희생자들의 슬프고 안타까운 모습도 세밀하게 쓰고 있다. 또한 자기 친척들의 불행한 모습도 가슴이 에이도록 차분하게 서술한다. 그 과정에서 퓰리처 상을 받은 전작 『암: 만병의 황제의 역사』에서 보여주었던 감명적인 필체가 오롯이 드러난다. 이런 감동적인 서술이야말로 과학 교양서에서 좀처럼 찾아보기 어려운, 이 저자만이 가진 뛰어난 점이다. 소설이나 전기를 읽을 때의 감동을 느끼게 하면서 과학책을 읽게 해주는 이런 저자를 만나기란 쉽지 않다.

게다가 전작과 마찬가지로 이 책 역시 독특한 시각에서 서술하고 있다. 유전자라고 하면 우리가 으레 떠올리는 여러 가지 발견들과 사실들이 있다.

그리고 유전자의 역사를 다룬 책은 예외 없이 그런 것들을 중심으로 이야기가 펼쳐지기 마련이다. 그러나 이 책은 그런 전형에서 벗어나서 다른 저자들이 기피하거나 곁가지로 다루고 넘어가고자 했던 것들에 초점을 맞추고 있다. 우생학의 추종자들과 나치가 저질렀던, 이른바 문명의 선진국에서 벌어졌던 인류 역사의 치욕들과 오점들을 전면에 내세운다. 또한 과학자들이 자신의 연구가 가져올 파장을 우려하여 일시적으로 연구를 유예하고자 했던 애실로마 선언을 둘러싼 인물들의 모습도 다각도로 살펴보면서, 미지의 영역을 여는 과학의 위험과 혜택이 어떤 의미인지도 다룬다. 유전자 연구가 가져올 희망의 미래에만 초점을 맞추고 나쁜 측면은 스쳐지나가듯이 그냥 넘어가는 책들과 달리, 이 책은 과거와 현재 그리고 미래에 유전자가 우리 삶에 좋은 쪽으로 또 나쁜 쪽으로 어떻게 영향을 미칠 것인지 그리고 그 상호작용은 어떻게 나타날 것인지에 대해서 상세하고 진지하게 고찰한다.

이런 사건들 및 일화들과 저자 집안의 슬픈 역사가 가로세로로 엮는 그물 속에서, 우리는 유전자를 단지 과학과 과학사의 관점에서만이 아니라, 더 폭넓게 인간의 삶이라는 관점에서 보게 된다. 유전자의 윤리적, 철학적 측면까지 정면으로 다루는 이 책을 통해서, 우리는 유전자가 우리에게 어떤 존재이며 그 영향력은 어떠한지를 깊이 폭넓게 생각할 수 있을 것이다.

읽다 보면 어쩌면 저자가 동양의 인도 태생이기 때문에, 인종과 민족, 학맥과 인맥, 알게 모르게 수치스러운 행동을 저지른 조상들의 후손이라는 관계에 얽혀서 과거를 제대로 보지도 비판하지도 못하는 서양의 학자나 저술가와 다른 관점을 취할 수 있었던 것이 아닐까 하는 생각도 언뜻 스치게 된다. 그리고 유럽인 혈통임이 노골적으로 드러나는 이름을 가진 저자들의 책을 은연중에 더 신뢰하던 태도가 얼마나 잘못된 것인지도 새삼 깨닫게 된다.

이한음

인명 색인

가드너 Gardner, Howard 433
가모 Gamow, George 213
갈레노스 Galen 444-445
개러드 Garrod, Archibald 330-331
거던 Gurdon, John 494-497, 501, 503
고슬링 Gosling, Raymond 197, 206
고츠먼 Gottesman, Irving 376
고프닉 Gopnik, Alison 438
골드버그 Goldberg, Rube 221
골드스타인 Goldstein, David 559
골턴 Galton, Francis 87, 90-98, 100-106,
　　113, 138, 147, 155-156, 159, 169, 206,
　　345, 376, 430-431
괴델 Goeddel, David 309-310, 313
구셀라 Gusella, James 361-363
(스티븐 제이)굴드 Gould, Stephen Jay 436
(존)굴드 Gould, John 52-53
굿십 Goodship, Daphne 478
굿펠로 Goodfellow, Peter 450-452
그랜트 Grant, Madison 114
그레이 Gray, Asa 64
그레이엄 Graham, Robert 346-347
그리피스 Griffith, Frederick 151-154, 173,
　　175-176, 178, 206-207, 270
글릭 Gleick, James 510
길버트 Gilbert, Walter 277, 279, 282,
　　306-310, 381

나폴레옹 Napoléon 53
네겔리 Nägeli, Carl von 78-79, 84

네그레테 Negrette, Américo 359
노엘 Noel, Walter 220, 223, 230
뉘슬라인폴하르트 Nüsslein-Volhard, Christiane
　　241-242
뉴턴 Newton, Issac 73, 102, 186, 222, 557
니런버그 Nirenberg, Marshall 218, 329,
　　529
니묄러 Niemöller, Martin 165
니콜라이 2세 Nicholas II, Czar of Russia
　　132, 135
닉슨 Nixon, Richard 295

다우드나 Doudna, Jennifer 582-585, 587,
　　590
(레너드)다윈 Darwin, Leonard 106
(애니)다윈 Darwin, Annie 57
(이래즈머스)다윈 Darwin, Erasmus 91, 94
(찰스)다윈 Darwin, Charles 26, 45-69, 76,
　　77, 80-84, 86, 88, 90-92, 94, 99, 101,
　　103, 106, 138, 140, 145-146, 155, 166-
　　167, 206, 232, 233, 347, 374, 416, 466,
　　493, 494
당생 Danchin, Antoine 252
대븐포트 Davenport, Charles 106, 116,
　　155, 159, 161
댄시스 Dancis, Joseph 341-342, 344
더비셔 Darbishire, Arthur 97
더프리스 de Vries, Hugo 23, 80-88, 97,
　　99, 140, 166
데고베아 De Gouvêa, Hiláario 373

(아샨티)데실바 DeSilva, Ashanti(Ashi) 524,
529-531, 532, 575
(밴과 라자)데실바 DeSilva, Van and Raja
529, 531
데이비스 Davis, Ron(Ronald) 351, 354-
355, 364, 380, 451
데일리 Daley, George 590
델리시 DeLisi, Charles 380
델브뤼크 Delbruck, Max 40, 172
도브잔스키 Dobzhansky, Theodosius 141-
143, 145-148, 335
도킨스 Dawkins, Richard 252-253, 398,
432, 493, 522, 563, 604
도플러 Doppler, Christian 34-35, 76
돌턴 Dalton, John 99
돕스 Dobbs, Vivian Buck → (비비안 일레인)
벅
둘베코 Dulbecco, Renato 260, 268
드라이저 Dreiser, Theodore 156
드라이즈데일비커리 Drysdale-Vickery, Alice
101
디커먼 Dieckmann, Marianne 288, 297

라마르크 Lamarck, Jean- Baptiste 62-63,
65, 82, 85-86, 166, 493, 506
라스푸틴 Rasputin, Grigory 80, 134
라우 Rau, Mary 163
라이머 Reimer, David 453-457
라이머스 Reimers, Niels 300
라이어든 Riordan, Jack 365-366
라이언 Lyon, Mary 497-498
라이엘 Lyell, Charles 49-50, 52-53, 59
라킨, 필립 Larkin, Philip 425
라플라스 Laplace, Pierre-Simon 53
랑게르한스 Langerhans, Paul 303-304
랜더 Lander, Eric 381, 388, 392, 396,
400-403
랜들 Randall, J. T. 187, 189, 194

러더퍼드 Rutherford, Ernest 183
러벨배지 Lovell-Badge, Robin 452
레더 Leder, Philip 218
레더버그 Lederberg, Joshua 299
레빈 Levene, Phoebus 178
레오폴드 Leopold, Prince, Duke of Albany
133
렌츠 Lenz, Fritz 158
로버츠 Roberts, Richard 278-279, 386, 400
로번 Lobban, Peter 261-262, 264, 266
로블린 Roblin, Richard 292-293
롤런드 Lorand, Sándor 462
루빈 Rubin, Gerry 397-398
루스벨트 Roosevelt, Franklin D., 294
루이스 Lewis, Ed 239-241
르원틴 Lewontin, Richard 428-429, 465-466
리들리 Ridley, Matt 414
리센코 Lysenko, Trofim 166-167, 494, 506
리오니 Lionni, Leo 244
리펜스탈 Riefenstahl, Leni 160
릭스 Riggs, Art 305-308
린네 Linnaeus. Carl 35
링컨 Lincoln, Abraham 331

마이어 Mayr, Ernst 347
마이어스 Myers, Richard 421
마타이 Matthaei, Heinrich 218
만토 Manto, Saadat Hasan 15
매니어티스 Maniatis, Tom 313-314
매카티 McCarty, Maclyn 179-180
매코비 McCorvey, Norma 339-340
매쿠직 McKusick, Victor 330-336, 341,
348-349, 557
매클라우드 MacLeod, Colin 179-180
매클린 Macklin, Ruth 540
맥개리티 McGarrity, Gerard 528
맥니스 MacNeice, Louis 354
맥섬 Maxam, Allan 277

맬서스 Malthus, Thomas 55-56, 58, 65, 347

머니 Money, John 454, 474

(존)머리 Murray, John 59

(찰스)머리 Murray, Charles 430-431, 433-435

머츠 Mertz, Janet 266-269, 271-272, 287

멀러 Muller, Hermann 127-128, 153-159, 166, 171-173, 280, 347, 395

멀리건 Mulligan, Richard 525-526, 531, 586

멀리스 Mullis, Kary 380-381

메더워 Medawar, Peter 260, 282

메링 Mering, Josef von 303-304

메셀슨 Meselson, Matthew 214, 231

멘델 Mendel, Gregor Johann 26, 32-35, 45, 48-49, 52, 63, 68-79, 82-87, 91-92, 97-98, 114, 124, 127-128, 138-139,150, 153, 166, 177, 206, 232, 235, 244, 373-374, 395, 506

멩겔레 Mengele, Josef 164, 170, 181, 475

모건 Morgan, Thomas Hunt 24, 101, 125-132, 141, 149-150, 153-154, 156, 166, 173, 178, 190, 206, 210, 223, 225, 227, 234-235, 238, 244, 265, 329-330, 395, 397, 446, 507, 610

모네 Monet, Claude 235

모노 Monod, Jacques 213, 223-229, 274, 396, 489

모리슨 Morrison, Jim 14

모즐리 Maudsley, Henry 101-103

무어 Moore, Joseph Earle 332

뭉크 Munch, Edvard 558

뮐러 Müller, Max 244

미셰르 Miescher, Friedrich 177

민코프스키 Minkowski, Oskar 303-304

밀러 Miller, Stanley 511

밀레이 Millais, Sir Everett 96

밀턴 Milton, John 49

바랑구 Barrangou, Rodolphe 583

바머스 Varmus, Harold 374

바빌로프 Vavilov, Nicolai 167-168

바이닝거 Weininger, Otto 458

바이런 Byron, George Gordon 556-557

바이스만 Weismann, August 106

발데예르-하르츠 Waldeyer-Hartz, Wilhelm von 126

발레리 Valery, Paul 204

밴 웨저넌 Van Wagenen, Bleecker, 106-107

밴팅 Banting, Frederick 275, 304

밸푸어 Balfour, Arthur James, 1st Earl of 106

뱃쇼 Batshaw, Mark 533-537

버그 Berg, Paul 259-272, 274-275, 282-283, 286-293, 295-297, 301, 306, 367, 508, 517-518, 542, 589, 600

버널 Bernal, J. D. 190

버넷 Burnet, Macfarlane 474

버로스 Burroughs, Edgar Rice 114

(비비안 일레인)벅 Buck, Vivian Elaine110, 112, 384

(에마)벅 Buck, Emmett Adaline 108-112

(캐리)벅 Buck, Carrie 108, 110-116, 156, 159, 383-384

(프랭크)벅 Buck, Frank 108

베르슈어 Verschuer, Otmar von 164

베스트 Best, Charles 275, 304

베이트슨 Bateson, William 86-88, 96-99, 101, 103, 114, 124-125, 206, 331

베일리 Bailey, J. Michael 466-467, 469

베터 Vetter, David 525

벤터 Venter, Craig 385-393, 397, 399-403

(알렉산더 그레이엄)벨 Bell, Alexander Graham 106

(존)벨 Bell, John 113, 115, 155

벨스키 Belsky, Jay 571
보겔스타인 Vogelstein, Bert 375, 389
보드머 Bodmer, Walter 389
보르헤스 Borges, Jorge Luis 502
보베리 Boveri, Theodor 125-126, 190, 338, 447
보이어 Boyer, Herb 268-275, 282, 288, 290-310, 313, 318-319, 388
보츠스타인 Botstein, David 351, 353-355, 358-359, 364-365, 380, 450, 601
볼티모어 Baltimore, David 284, 289, 291-294, 590
볼프 Wolff, Caspar 43
부샤드 Bouchard, Thomas 475-476, 478, 480
부시 Bush, George W. 581-582
브란트 Brandt, Karl 162
브레그 Breg, Roy 338
브레너 Brenner, Sydney 214-215, 217, 245-246, 250, 276-277, 381, 396
브리지스 Bridges, Calvin 127-128, 156
블랙먼 Blackmun, Henry 340
블레어 Blair, Tony 400
블레이즈 Blaese, Michael 526-528, 533
블레이크 Blake, William 398
블로일러 Bleuler, Eugen 548
비들 Beadle, George 210-212, 395
비버 Bieber, Irving 462
비샤우스 Wieschaus, Eric 241-242
비어리 Beery, Alexis and Noah, 559
비켈 Bickel, Alexander 340
비트겐슈타인 Wittgenstein, Ludwig 73
빅토리아 여왕 Victoria, Queen of England 133

살러 Sarler, Carol 463
생어 Sanger, Frederick 275-278, 282, 304, 306, 371, 381, 390, 396

샤가프 Chargaff, Erwin 201, 203, 267
샤펜티에 Charpentier, Emmanuelle 583-585
샤프 Sharp, Phillip 278-279, 386
샤피로 Shapiro, Lucy 390
섀넌 Shannon, James 347
서스톤 Thurstone, Louis 433
서튼 Sutton, Walter 126
설스턴 Sulston, John 203, 246-249, 372, 382, 388, 393, 403, 607
(시모어)세이빈 Sabin, Seymour 356
(에이브러햄)세이빈 Sabin, Abraham 356
(제시)세이빈 Sabin, Jessie 356
(폴)세이빈 Sabin, Paul 356
세이어 Sayre, Wallace 427
세잔 Cézanne, Paul 235
셰익스피어 Shakespeare, William 102
손태그 Sontag, Susan 558
쇼 Shaw, George Bernard 101, 153, 454
쇼스택 Szostak, Jack 511-512
쇼클리 Shockley, William 346, 349
슈뢰딩거 Schrödinger, Erwin 172-173, 178, 183, 185, 191-192, 275
슈발리에 Chevalier, Maurice 224
(존 메이너드)스미스 Smith, John Maynard 496
(해밀턴)스미스 Smith, Hamilton 389-390, 400
스바메르담 Swammerdam, Jan 43
스와이어 Swyer, Gerald 450
스완슨 Swanson, Robert 301-303, 305-310, 318-319
스카 Scarr, Sandra 437
스콜닉 Skolnick, Mark 351-355
스탈 Stahl, Frank 231
스터더드 Stoddard, Lothrop 161
스터트번트 Sturtevant, Alfred 127-128, 130-131, 156, 235
스털링 Sterling, Jane 545-546, 562-563

스트링어 Stringer, Christopher 425
스티븐스 Stevens, Nettie 126, 446-448
스티븐스 Stevens, Wallace 23, 336
(마크)스틸 Steele, Mark 338
(클로드)스틸 Steele, Claude 436
스펜서 Spencer, Herbert 57, 103
스피어먼 Spearman, Charles 431
시걸 Segal, Nancy 474
신세이머 Sinsheimer, Robert 346, 368
실라르드 Szilard, Leo 294
싱어 Singer, Maxine 292-293

아가시 Agassiz, Louis 415-416, 430
아낙사고라스 Anaxagoras 445
아렌트 Arendt, Hannah 163
아리스토텔레스 Aristoteles 38-40, 43-44,
    64, 98, 174, 185, 230, 326
아리에티 Arieti, Silvano 549
아스퍼거 Asperger, Hans 557
아이스킬로스 Aeschylus 36
아이언스 Irons, Ernest 220
아이젠하워 Eisenhower, Dwight D 349
아인슈타인 Einstein, Albert 171-172, 294,
    588
알렉산드라 표도로브나 Alexandra Feodorovna,
    Tsarina of Russia 133-134
알렉세이 니콜라예비치 Alexei Nikolaevich,
    Tsarevich of Russia 133-135, 577
애덤스 Adams, Mark 397
앤더슨 Anderson, William French 526-531,
    533
앨리스 Alice, Princess 133
앨리스 Allis, David 499
야마나카 Yamanaka, Shinya 山中伸弥
    503-504
에를리히 Ehrlich, Paul 184
에번스 Evans, Martin 520
에이버리 Avery, Oswald 175, 178-180,

182, 206, 209, 235, 262, 329, 337, 395
엘리스 Ellis, Havelock 105
(조지)엘리엇 Eliot, George 104
(찰스)엘리엇 Eliot, Charles 106
엡스타인 Ebstein, Richard 480, 482
오바마 Obama, Barack 589
오언 Owen, Richard 52, 60
오웰 Orwell, George 26, 172
오초아 Ochoa, Severo 218
올슨 Olson, Maynard 393
와딩턴 Waddington, Conrad 490, 492, 494,
    497, 499, 504
와인버그 Weinberg, Richard 437
와일드 Wilde, Oscar 291
(루퍼스)왓슨 Watson, Rufus 382
(제임스)왓슨 Watson, James 27, 190-203,
    205-209, 212-214, 216, 228, 231, 234-
    235, 269, 277, 281-282, 289, 292, 347,
    372, 380, 382-383, 385, 387, 389, 391,
    395, 400-401, 574-575, 591
요한센 Johannsen, Wilhelm 99, 222
워터먼 Waterman, Alan 295
워터스톤 Waterston, Robert 393
월리스 Wallace, Alfred Russel 58
웨이드 Wade, Henry 340
(낸시)웩슬러 Wexler, Nancy 355, 357, 358-
    361, 363
(레오노어)웩슬러 Wexler, Leonore 356,
    358
(밀턴)웩슬러 Wexler, Milton 357-358
웰던 Weldon, Walter 97, 101
웰비 Welby, Lady, 101
웰스 Wells, Herbert G. 101, 103, 105
웹 Webb, Sidney 344
(앨런)윌슨 Wilson, Allan 418-421, 543,
    545
(에드먼드)윌슨 Wilson, Edmund 448
(제임스)윌슨 Wilson, James 533-536, 539-540

(제임스 Q.)윌슨 Wilson, James Q. 378-379
윌킨스 Wilkins, Maurice 27, 183, 186-192, 194-195, 197, 199-200, 202, 205-207, 277, 395
이타노 Itano, Harvey 220
이타쿠라 板倉啓壹 305-308

자코브 Jacob, François 213-215, 225-229, 274, 290, 396, 489
재니시 Jaenisch, Rudolf 523, 590
재미슨 Jamison, Kay Redfield 556
잭슨 Jackson, David 264, 266, 268, 271, 367
저트 Judt, Tony 594
젠슨 Jensen, Arthur 433
젠킨 Jenkin, Fleeming 65-67, 92
(제시)젤싱어 Gelsinger, Jesse 532-536, 538-539, 543, 576-577
(폴)젤싱어 Gelsinger, Paul 536-537, 539, 577
지멘스 Siemens, Hermann Werner 169
진더 Zinder, Norton 289, 383, 385, 400

차인 Chain, Ernest 172
처칠 Churchill, Winston 106
체르마크 Tschermak-Seysenegg, Erich von 84
체신 Chessin, Herbert 342-343
추이 Tsui, Lap-Chee 徐立之 365-366

카뮈 Camus, Albert 594
카발리스포르자 Cavalli-Sforza, Luigi 421, 429-430
카이저 Kaiser, Dale 262
카일리 Kiley, Tom 306
캘빈 Calvin, John 102
커 John Kerr, John 248
컷셜 Cutshall, Cynthia 529-530, 532

케틀레 Quetelet, Adolphe 93, 138
켄트 Kent, James 402
켈러 Keller, Evelyn Fox 368
켈브스 Kevles, Daniel 100
코넬리 Conneally, Michael 361
코라나 Khorana, Har 218
코렌스 Correns, Carl 84-85
코리 Corey, Robert 187, 198
코스마이어 Korsmeyer, Stanley 249
코언 Cohen, Stanley 270-275, 282, 288, 290-291, 299-301, 388
콘버그 Kornberg, Arthur 125, 231-232, 259, 262, 297, 300
콜린스 Collins, Francis 365-366, 391, 393, 399-401, 403, 591
퀘이크 Quake, Stephen 559, 561
퀘일 Quayle, Dan 463
퀴리 Curie, Marie 189
크라비츠 Kravitz, Kerry 351-354
(게르하르트)크레치마르 Kretschmar, Gerhard 162
(리나)크레치마르 Kretschmar, Lina 162
(리하르트)크레치마르 Kretschmar, Richard 162
크렙스 Krebs, Hans 172
크로 Crow, James 347
크릭 Crick, Francis 27, 192-194, 196-199, 201-203, 205-209, 213-214, 216-217, 219, 228, 231, 234-235, 269, 276-277, 281, 284, 347, 395
클린턴 Clinton, Bill 399-400
키드 Kidd, Benjamin 101
킨즐러 Kinzler, Ken 389
킴블 Kimble, Judith 250
(데즈먼드)킹 King, Desmond 568
(메리클레어)킹 King, Mary-Claire 543-545

터먼 Terman, Lewis 431

터크하이머 Turkheimer, Eric 435, 602
테민 Temin, Howard 284
테이텀 Tatum, Edward 210-212, 395
토폴 Topol, Eric 543, 562
톰슨 Thomson, James 579-581
톰킨스 Tomkins, Gordon 254
트웨인 Twain, Mark 157
티시코프 Tishkoff, Sarah 424

파디 Pardee, Arthur 226, 228
파라켈수스 Paracelsus 41
(로라)파크 Park, Laura 342
(헤티)파크 Park, Hetty 342-343
파트리노스 Patrinos, Ari 399
패터슨 Patterson, Orlando 436
퍼루츠 Perutz, Max 172, 191-192, 202, 245, 276
페르마 Fermat, Pierre de 81
페이지 Page, David 451
페일리 Paley, William 46
펠드먼 Feldman, Marcus 421, 424, 429
펠드버그 Feldberg, Wilhelm 172
폴 Poll, Heinrich 159
폴락 Pollack, Robert 267
폴링 Pauling, Linus 187, 193-194, 198-199, 213, 220
폴코 Falkow, Stanley 270
푸코 Foucault, Michel 573
프랭클린 Franklin, Rosalind 27, 187-190, 192, 194-200, 202, 205-207, 277, 395
프로이트 Freud, Sigmund 549
프리드먼 Friedman, Richard 606
프리디 Priddy, Albert 111-114, 155, 159, 345
프타신 Ptashne, Mark 313
플라톤 Platon 37-38, 96, 104
플뢰츠 Ploetz, Alfred 106, 159-160, 169
피셔 Fisher, Ronald 138-140, 497
피어슨 Pearson, Karl 97, 101, 106, 156

피타고라스 Pythagoras 36-40, 42, 44, 62, 64, 77, 96, 203, 445

하르추커르 Hartsoeker, Nicolaas 42
하마르스텐 Hammarsten, Einar 182
하우스먼 Housman, David 355, 358
하우슬러 Haussler, David 402
한 Hahn, Otto 171
할데인 Haldane, J. B. S. 369
해머 Hamer, Dean 464-474, 480
허버트 Herbert, Barbara 478
허버티 Huberty, James 375-376, 379
허셜 Herschel, John 46-47
허시 Hirsh, David 250
헉슬리 Huxley, Julian 347
헌스타인 Herrnstein, Richard 378-431, 433-435
헤릭 Herrick, James 220
헤이절든 Haiselden, Harry 117
헨 Henn, Brenna 424
헨슬로 Henslow, John 46, 49
헵번 Hepburn, Audrey 491
호바트 Horvath, Philippe 583
호비츠 Horvitz, Robert 246-249
호지킨 Hodgkin, Dorothy 189, 196
혼 Horne, Ken 311-312
홈스 Holmes, Oliver Wendell Jr. 115
홉스 Hobbes, Thomas 104
(길버트)화이트 White, Gilbert 315
(레이)화이트 White, Ray 355, 358
(존)화이트 White, John 246
화이트헤드 Whitehead, Alfred North 148
황 Huang, Junjiu 黃俊就 592-593
후드 Hood, Leroy 381, 386
휴스 Hughes, Everett 413
히틀러 Hitler, Adolf 158, 160, 162, 164, 171-172, 347